U0263578

卢嘉锡 总主编

# 中国科学技术史

## 机 械 卷

陆敬严 华觉明 主 编
钱小康 张柏春 副主编

科学出版社

2000

# 内 容 简 介

本书是中国第一部完整的古代机械工程史。

作者在大量文物考证和史料研究的基础上，对中国历代机械的发明、应用及技术发展进行了翔实的记述和全面的评价，充分反映了祖国机械工程领域的辉煌成就。本书共分十章，首章是概述，其后八章把机械的分类和发展巧妙结合，最后一章介绍了西方机械的传入和影响，真正做到了结构有总有分，内容详略得当，记述准确流畅，还辅以大量珍贵的图片，不仅是机械工程和机械史的学习者和研究者的权威参考，也是广大机械科技工作者不可多得的启发性读物。

**图书在版编目（CIP）数据**

中国科学技术史：机械卷/卢嘉锡总主编；陆敬严，华觉明分卷主编. -北京：科学出版社，2000.9

ISBN 978-7-03-007883-4

Ⅰ.中…　Ⅱ.①卢…②陆…　Ⅲ.①技术史-中国②机械工业-技术史-中国　Ⅳ.N092

中国版本图书馆 CIP 数据核字（1999）第 44001 号

科学出版社出版

北京东黄城根北街 16 号
邮政编码：100717
http://www.sciencep.com

北京厚诚则铭印刷科技有限公司印刷
科学出版社发行　各地新华书店经销

\*

2000 年 9 月第　一　版　　开本：787×1092 1/16
2025 年 4 月第六次印刷　印张：28
字数：690 000

定价：**235.00** 元

# 《中国科学技术史》的组织机构和人员

**顾　问**（以姓氏笔画为序）

王大珩　王佛松　王振铎　王绶琯　白寿彝　孙　枢　孙鸿烈　师昌绪
吴文俊　汪德昭　严东生　杜石然　余志华　张存浩　张含英　武　衡
周光召　柯　俊　胡启恒　胡道静　侯仁之　俞伟超　席泽宗　涂光炽
袁翰青　徐苹芳　徐冠仁　钱三强　钱文藻　钱伟长　钱临照　梁家勉
黄汲清　章　综　曾世英　蒋顺学　路甬祥　谭其骧


**总主编　卢嘉锡**

**编委会委员**（以姓氏笔画为序）

马素卿　王兆春　王渝生　艾素珍　丘光明　刘　钝　华觉明　汪子春
汪前进　宋正海　陈美东　杜石然　杨文衡　杨　煥　李家治　李家明
吴瑰琦　陆敬严　周魁一　周嘉华　金秋鹏　范楚玉　姚平录　柯　俊
赵匡华　赵承泽　姜丽蓉　席龙飞　席泽宗　郭书春　郭湖生　谈德颜
唐锡仁　唐寰澄　梅汝莉　韩　琦　董恺忱　廖育群　潘吉星　薄树人
戴念祖

**常务编委会**

主　　任　陈美东
委　　员（以姓氏笔画为序）

华觉明　杜石然　金秋鹏　赵匡华　唐锡仁　潘吉星　薄树人　戴念祖


**编撰办公室**

主　　任　金秋鹏
副 主 任　周嘉华　杨文衡　廖育群
工作人员（以姓氏笔画为序）

王扬宗　陈　晖　郑俊祥　徐凤先　康小青　曾雄生

# 总　序

　　中国有悠久的历史和灿烂的文化,是世界文明不可或缺的组成部分,为世界文明做出了重要的贡献,这已是世所公认的事实。

　　科学技术是人类文明的重要组成部分,是支撑文明大厦的主要基干,是推动文明发展的重要动力,古今中外莫不如此。如果说中国古代文明是一棵根深叶茂的参天大树,中国古代的科学技术便是缀满枝头的奇花异果,为中国古代文明增添斑斓的色彩和浓郁的芳香,又为世界科学技术园地增添了盎然生机。这是自上世纪末、本世纪初以来,中外许多学者用现代科学方法进行认真的研究之后,为我们描绘的一幅真切可信的景象。

　　中国古代科学技术蕴藏在汗牛充栋的典籍之中,凝聚于物化了的、丰富多姿的文物之中,融化在至今仍具有生命力的诸多科学技术活动之中,需要下一番发掘、整理、研究的功夫,才能揭示它的博大精深的真实面貌。为此,中国学者已经发表了数百种专著和万篇以上的论文,从不同学科领域和审视角度,对中国科学技术史作了大量的、精到的阐述。国外学者亦有佳作问世,其中英国李约瑟(J. Needham)博士穷毕生精力编著的《中国科学技术史》(拟出 7 卷 34 册),日本薮内清教授主编的一套中国科学技术史著作,均为宏篇巨著。关于中国科学技术史的研究,已是硕果累累,成为世界瞩目的研究领域。

　　中国科学技术史的研究,包涵一系列层面:科学技术的辉煌成就及其弱点;科学家、发明家的聪明才智、优秀品德及其局限性;科学技术的内部结构与体系特征;科学思想、科学方法以及科学技术政策、教育与管理的优劣成败;中外科学技术的接触、交流与融合;中外科学技术的比较;科学技术发生、发展的历史过程;科学技术与社会政治、经济、思想、文化之间的有机联系和相互作用;科学技术发展的规律性以及经验与教训,等等。总之,要回答下列一些问题:中国古代有过什么样的科学技术? 其价值、作用与影响如何? 又走过怎样的发展道路? 在世界科学技术史中占有怎样的地位? 为什么会这样,以及给我们什么样的启示? 还要论述中国科学技术的来龙去脉,前因后果,展示一幅真实可靠、有血有肉、发人深思的历史画卷。

　　据我所知,编著一部系统、完整的中国科学技术史的大型著作,从本世纪 50 年代开始,就是中国科学技术史工作者的愿望与努力目标,但由于各种原因,未能如愿,以致在这一方面显然落后于国外同行。不过,中国学者对祖国科学技术史的研究不仅具有极大的热情与兴趣,而且是作为一项事业与无可推卸的社会责任,代代相承地进行着不懈的工作。他们从业余到专业,从少数人发展到数百人,从分散研究到有组织的活动,从个别学科到科学技术的各领域,逐次发展,日臻成熟,在资料积累、研究准备、人才培养和队伍建设等方面,奠定了深厚而又广大的基础。

　　本世纪 80 年代末,中国科学院自然科学史研究所审时度势,正式提出了由中国学者编著《中国科学技术史》的宏大计划,随即得到众多中国著名科学家的热情支持和大力推动,得到中国科学院领导的高度重视。经过充分的论证和筹划,1991 年这项计划被正式列为中国科学院"八五"计划的重点课题,遂使中国学者的宿愿变为现实,指日可待。作为一名科技工作者,我对此感到由衷的高兴,并能为此尽绵薄之力,感到十分荣幸。

《中国科学技术史》计分 30 卷,每卷 60 至 100 万字不等,包括以下三类:

通史类(5 卷):

《通史卷》、《科学思想史卷》、《中外科学技术交流史卷》、《人物卷》、《科学技术教育、机构与管理卷》。

分科专史类(19 卷):

《数学卷》、《物理学卷》、《化学卷》、《天文学卷》、《地学卷》、《生物学卷》、《农学卷》、《医学卷》、《水利卷》、《机械卷》、《建筑卷》、《桥梁技术卷》、《矿冶卷》、《纺织卷》、《陶瓷卷》、《造纸与印刷卷》、《交通卷》、《军事科学技术卷》、《计量科学卷》。

工具书类(6 卷):

《科学技术史词典卷》、《科学技术史典籍概要卷》(一)、(二)、《科学技术史图录卷》、《科学技术年表卷》、《科学技术史论著索引卷》。

这是一项全面系统的、结构合理的重大学术工程。各卷分可独立成书,合可成为一个有机的整体。其中有综合概括的整体论述,有分门别类的纵深描写,有可供检索的基本素材,经纬交错,斐然成章。这是一项基础性的文化建设工程,可以弥补中国文化史研究的不足,具有重要的现实意义。

诚如李约瑟博士在 1988 年所说:"关于中国和中国文化在古代和中世纪科学、技术和医学史上的作用,在过去 30 年间,经历过一场名副其实的新知识和新理解的爆炸"(中译本李约瑟《中国科学技术史》作者序),而 1988 年至今的情形更是如此。在 20 世纪行将结束的时候,对所有这些知识和理解作一次新的归纳、总结与提高,理应是中国科学技术史工作者义不容辞的责任。应该说,我们在启动这项重大学术工程时,是处在很高的起点上,这既是十分有利的基础条件,同时也自然面对更高的社会期望,所以这是一项充满了机遇与挑战的工作。这是中国科学界的一大盛事,有著名科学家组成的顾问团为之出谋献策,有中国科学院自然科学史研究所和全国相关单位的专家通力合作,共襄盛举,同构华章,当不会辜负社会的期望。

中国古代科学技术是祖先留给我们的一份丰厚的科学遗产,它已经表明中国人在研究自然并用于造福人类方面,很早而且在相当长的时间内就已雄居于世界先进民族之林,这当然是值得我们自豪的巨大源泉,而近三百年来,中国科学技术落后于世界科学技术发展的潮流,这也是不可否认的事实,自然是值得我们深省的重大问题。理性地认识这部兴盛与衰落、成功与失败、精华与糟粕共存的中国科学技术发展史,引以为鉴,温故知新,既不陶醉于古代的辉煌,又不沉沦于近代的落伍,克服民族沙文主义和虚无主义,清醒地、满怀热情地弘扬我国优秀的科学技术传统,自觉地和主动地缩短同国际先进科学技术的差距,攀登世界科学技术的高峰,这些就是我们从中国科学技术史全面深入的回顾与反思中引出的正确结论。

许多人曾经预言说,即将来临的 21 世纪是太平洋的世纪。中国是太平洋区域的一个国家,为迎接未来世纪的挑战,中国人应该也有能力再创辉煌,包括在科学技术领域做出更大的贡献。我们真诚地希望这一预言成真,并为此贡献我们的力量。圆满地完成这部《中国科学技术史》的编著任务,正是我们为之尽心尽力的具体工作。

卢嘉锡

1996 年 10 月 20 日

# 目　录

# 绪　论

中国的机械工程技术源远流长，内涵丰富，成就至为辉煌。它与中华民族的形成和发展同步成长，对社会经济、文化的增长起着极其重要的作用，也为世界物质文化的进步增添了光彩。因此，系统地阐述中国古代机械工程技术的发生、发展，具有重要的学术价值。鉴于中国近代机械工程的发展与传统机械有密切的联系，本书也以适当篇幅予以论述。绪论部分则着重探讨机械的涵义和分类及机械工程技术史的研究现状及展望。

## 第一节　机械的涵义和分类

研究机械史，须先讨论机械一词的涵义。一般认为机械是机器与机构的总称，它的根本目的是完成预定的机械运动及完成特定的运动（即功能），然后才是省力。机械具有三大特征：

第一，它是许多构件的组合体；

第二，其各构件间具有确定的相对运动；

第三，它能转换机械能或完成有效的机械功。

凡具有以上三个特征的是机器，而仅具有第一、二特征的是机构。

## 一　机械的古代涵义[①]

### （一）关于机械的最早定义

在中国，机械的定义最早见于《庄子》，在《外篇·天地第十二》中说："子贡南游于楚，返于晋。过汉阴，见一丈人，方将为圃畦。凿隧而入井，抱瓮而出灌。搰搰然用力甚多而见功寡。子贡曰：有械于此，一日浸百畦，用力甚寡而见功多，夫子不欲乎？为圃者仰而视之，曰：奈何？曰：凿木为机，后重前轻，挈水若抽，数如洪汤，其名曰槔。"就是说，中国在公元前5世纪由子贡将机械界定为"能使人用力寡而成功多的器械"。

关于机械的定义，在《韩非子·卷十五·难：第三十七》中有类似的记述："舟车机械之利，用力小，致功大，则入多。"

### （二）机械一词在古代的不同涵义

中国古代常用"机"指某种特定机械，以后才泛指一般机械。

古代以"机"指与轴相配的转动件。《尚书》有"在旋机玉衡以齐七政"[②]。伏胜《尚书

---

① 刘仙洲，中国机械工程发明史（第一编），科学出版社，1962年，第4页。

② 李志超，机发论——有为的科学观，自然科学史研究，1990，9（1）：1～8。

大传》云："旋机者，何也？传曰：旋者还也，机者几也，微也。其变几微，而所动者大，谓之旋机。"《管子·形势解》也载："奚仲之为车器也，方圆曲直皆中规矩钩绳。故机旋机得，用之牢利，成器坚固。"

"机"或指弩机。《尚书·太甲》有"若虞机张"。但此篇可能作于西汉。东汉时成书的《说文解字》对"机"的解释是"机，主发者也"，说的也是弩机。由弩机延伸，角发式捕兽器也称为"机"。《文子·山林》道："丰狐，文豹……不免于网罗机辟之患。"后来的"机阱"和"机关"也是这个意思。

古代又以"机杼"指织布机。《史记·郦生传》有"农夫释耒，二女下机"。南北朝《木兰词》有"不闻机杼声，唯闻女叹息"。《说文解字》："杼，机之持纬者也。"宋《集韵》也说："机以转轴，杼以持纬。"

"机"还是许多发明创造的泛称，《战国策·宋上策》说："公输般为楚设机，将以攻宋。"这里的机实指云梯等。《后汉书·张衡列传》说："衡善机巧。"《南齐书·祖冲之传》："初，宋武平关中，得姚兴指南车，有外形而无机巧，每行，使人于内转之。"

"机"的涵义延伸颇广，如机会、机兆、机缘、机要、机密、机谋、机能、机制、机理、机构、机巧、机智、机敏、机灵、机警等，都含有灵活、巧妙之义。早在《易经·系辞上传》中，"机"（原书作几）已具抽象的意蕴，元代的《韵会》将"机"释为"要也，会也，密也"，概括了"机"的涵义。

### （三）西方的"机械"涵义 [①]

西方最先提出机械定义的是古罗马的建筑师味多维斯（Vitnuvius）。他说："机械是由木材制造且具有相互联系的几部分组成的一个系统。它具有强大的推动物体的力量。"

1724 年，德国莱比锡的机械士廖波尔特（Leopold）提出："机械或工具是一种人造的设备，用它来产生有利的运动；同时在不能用其他方法节省时间和力量的地方，它能做到节省。"

1912 年，凯文（Keown）说："机械者，固定部分与运动部分之组合体，介乎能力与工作之间，所以使能力变为有用之工作者也。"

1915 年，麦凯（Mckay）说："机械者，两个以上物体之组合体，其相对运动皆继续受一定之限制，使一种能力由之变化或传达，以作一种特别之工作者也。"

1935 年，刘仙洲说："机械者，两个以上具有抵抗力的机件的组合体。动其一件，则其余各件，除固定的机架之外，各发生一定的相对运动或限制运动，吾人得利用之使一种天然能力或机械能力发生一定之效果或工作者也。"

1955 年，奥德萨工业大学多布罗沃利斯基（В. А. Добровольский）在一篇论文中说："机械是为人所使用的劳动工具，在这个劳动工具中，形状和尺寸适合的部分是由能经受很高压力（阻力）的材料所制成；在引入能量不断作用下，能完成适合的实际上有利的运动和动作；这些运动和动作是人们为完成技术的工艺目的所必要的。"

美国罗伯特·欧布林（Robert Obrien）所著《机器》一书中提出：英文的"机械"（machine）一词来源于希腊文 mechine 及拉丁文 mecina，两者原意都指的是"巧妙的设计"。

---

① 刘仙洲，中国机械工程发明史（第一编），科学出版社，1962，第4～6页。

　　工具可以利用机械能做功，可以减轻人的体力劳动，提高劳动生产率。从这个意义上来说，可以认为工具是简单的机械。从发展过程看，工具是机械技术的发端，机械和工具有着不可分割的联系。工具的原理、设计和制作都属于机械工程范围。因此，本书讨论的机械史亦包含工具在内。

## 二　机械的分类

　　刘仙洲在《中国机械工程发明史（第一编）》中将机械分为七类，即：简单机械、发动机或原动机、工作机、传动机、仪表、仅用发动机原理的机械、发电机与电动机。

　　按机械史的分期，可将机械分为四类：①远古工具；②古代机械；③近代机械；④现代机械。

　　按其使用功能可分为动力机械、物料搬运机械、粉碎机械等；按服务的产业可分为农业机械、矿山机械、纺织机械等；按工作原理可分为热力机械、流体机械、仿生机械等。

## 第二节　中国机械工程技术史的研究现状及展望

　　机械工程技术史的研究旨在继承、发扬优秀的民族文化和科技遗产，提高全民族的科学技术与文化素养，探索机械工程技术的发展规律，为当前及今后机械科学技术的发展提供借鉴。

　　在中国，机械工程技术史的现代研究源自20世纪二三十年代。张荫麟、王振铎、刘仙洲等是这一学科的开拓者和奠基者。其后，汉默尔、李约瑟等国外学者也多有建树。20世纪50年代以来，中国机械史的研究工作经历了一个曲折的发展历程。在“文化大革命”之前，刘仙洲撰写了《中国机械工程发明史（第一编）》等许多机械史论著，并主持汇集中国工程史料。王振铎主持复原了水运仪象台、候风地动仪、指南车、记里鼓车等一系列古代机械装置。他们的出色工作，博得学术界的一致好评，在国内外产生了巨大影响。“文化大革命”期间，和其他学科一样，机械史的研究也处于停顿状态。“文化大革命”以后，老一辈的学者续有力作，如王振铎刊行他的论文集《科技考古论丛》，清华大学出版了根据刘仙洲生前汇集的史料编纂而成的《中国科技史资料汇编—农业机械》。北京航空航天大学、同济大学、中国科学院自然科学史研究所、西北工业大学、西北农业大学等单位，都积极开展了机械史的研究工作和国内外学术交流，并通过招收研究生，努力培养新一代的研究人员。一些大专院校开设了机械史的选修课，取得了良好的成效。从20世纪80年代起，机械史的研究网络开始形成，涌现了一批具有较高质量和较大影响的研究成果，诸如郭可谦、陆敬严合著的《中国机械史》，陆敬严编撰的《中国古代兵器》和他主持的悬棺葬研究、古代机械模型复原等课题，华觉明撰写的《中国冶铸史论集》和他参与主持的曾侯乙编钟的复原研究，张柏春撰写的《中国近代机械简史》，杨青、钱小康等参与主持的秦陵铜车马技术研究及其研究专辑等。在这样的背景下，1990年春，中国机械史学会宣告成立。这是中国机械史工作者的第一个学术组织，为中国机械工程学会的分会，由雷天觉院士任首任理事长，郭可谦、华觉明任副理事长，陆敬严、杨青等任常务理事。同一时期，中国科学技术史丛书委托陆敬严、华觉明主编该丛书的机械卷，清华大学科技史暨古文献研究所张春辉、游战洪等着手编撰《中国机械工程发明史》续编和《中国古代农业机械发明史》补编。这些专著都将在近期陆续出版。以上情况标志着中国机械工程技术史的研究，在新的历史时期已进入一个新的发展阶段。可以预期在今后一个时期内，这一学科领域无论在研究的深度和广度方面，还是在国内外学术交流等方面，都将有更良好的拓展。

# 第一章　中国古代和近代机械工程发展概述

## 第一节　远古工具和机械

中国机械史的萌芽，是以旧石器的出现为标志的。远古时期的绝大部分时间属于粗制工具阶段，技术原始，生产水平低下，发展缓慢。直到大约 1 万年前才进入精制工具阶段，发展速度加快。这一阶段的生产工具主要仍是石器，但制作比以前精良，种类繁多，后期陆续出现了一些简单的机械。无论是在古代机械时期，还是近、现代机械时期，工具和简单机械的使用与进化从未停止过。

人类的祖先利用工具的详情，很难用可靠的证据来说明。推测是先利用带有锋利刃口且可砍、刮或切割的石块，继而才有意识地制作刃口，逐渐形成一套用石块互相敲砸制作石器的方法，这就是粗制工具阶段。这从今天看来，或许显得极为简单和平常。但在当时，却是具有非凡意义的重大进步，由这里开始，发展出人类的文明。

旧石器数量众多，但种类有限，有时只有大小的区别。这是因为旧石器常一物多用。依其功用大致可分为砍砸器、刮削器、尖状器等。稍晚些时还出现了狩猎用的石矛、石球和石镞。除石器外，木棒也应用甚广。

在大约 1 万余年前，中国出现了畜牧业，先后驯养了狗、猪、牛和羊等动物，狩猎技术和狩猎工具都有了较大的进步。约七八千年前，由采集野生果实，发展为种植作物，出现了原始农业。畜牧业和农业促使先民由游动变成定居。为制作衣物，抵御寒冷，出现了原始的纺织工具。捕鱼工具也有发展，还出现了原始制陶业。这一时期开始进入精制工具阶段，尚无专用兵器，原始人群只是选择利于杀伤的工具用于械斗。

这一阶段的工具制作技术有了明显的进步。生活条件的改善，体能、智能的发展，为精制工具的大量出现准备了条件。生产工具一物多用的情况发生了改变，出现了种类繁多的专用工具，大约有农业生产工具、木工建筑工具、狩猎工具、纺织工具、捕鱼工具、制陶工具计六大类、三十多种。工具材料已渐趋多样，除石料和木料外，还应用了骨、陶、蚌等材料，并由不同材料组合成器。工具形状与结构也有改进，渐趋专用，效率提高，制作也更精良。

有关远古时期出现的陶轮、踞织机等简单的机械详见下文。

## 第二节　古代机械时期

### 一　古代机械的萌芽

远古工具为机械的产生和发展创造了条件。大约在六七千年前，中国出现了机械的萌芽，如陶轮、踞织机、犁形器、独木舟和钻孔工具等。

陶轮出现甚早，由机座和旋转构件组成，是一种简单的机械。

踞织机是专门的纺织机械。根据出土的原始织机图像或织物残片，再结合现在边远地区仍保留的原始织机来考察，可阐明其形状和结构的大体情况。

新石器时代后期已有石质的犁形器。根据刘仙洲的看法，犁是由向前翻土的农具发展而成的。另一种观点认为，犁是由向后翻土的锄发展而成的。对这两种不同的看法，目前尚不能作定论。

以往许多中外学者认为，中国的木船是由竹筏或木筏发展而来的，而不是由独木舟演变而来的。然而，考古发掘表明，中国是世界上独木舟出现得较早的国家之一。1972 年在浙江余姚河姆渡新石器时代遗址，发现了大约 7000 年前的独木舟残骸和木桨。在当时的技术条件下，制作独木舟并非易事，用石斧、石磋挖削，工作量非常大，为减少加工的困难，可能须兼用火烧。

元谋人和北京人都已知用火，而后发展为人工取火。新石器时代已有孔加工技术和专用的钻孔工具。远古钻木取火的具体方法虽不易确定，但肯定和孔加工技术有关。

# 二　古代机械的产生和发展

## （一）运输机械

### 1．车的发展和应用

关于车的发明者和发明时间，主要有以下两种传说：

第一种说法如《古史考》、《释名》和《绍物开智》，说车是黄帝发明的，时间约在 4500 年前。

第二种说法如《吕氏春秋》、《荀子》、《世本》和《山海经》等，则说夏代奚仲发明车，比黄帝要晚约 300 年。

关于车的发展过程，较多的古籍作了仿生学的解释，如"见飞蓬转，而知为车"，还有些学者认为是受到转轮工具（陶车、纺轮）的启发。我们则推断，车是由拖运重物的滚子直接发展而成的。

殷商时期，车的制作水平已经很高。河南、陕西、山东、北京等地都曾发现众多的车马坑，并成功地发掘出许多车辆。

目前发现的早期车辆都是战车。商周时期应当还有运输车辆，它们可能比战车更粗糙和笨重些。《诗经·大雅》说："与尔临冲，以伐崇庸。""临"是临车，即云梯；"冲"是冲车，用来对付坚固的城墙。这说明周初已使用这两种战车。《左传》还有"楚子登巢车，以望晋军"的记述。它是一种侦察车。

### 2．船的发展和应用

商代已能建造较大的船只。周初出现战船，配备有一定数量的军士和兵器。秦汉时期，造船技术达到较高水平。从东汉的船模看，舵已被应用，刘熙《释名》也有关于船舵的记载。早期的锚可能是石质的，后来才使用金属锚。

## （二）农业机械的发展和应用

这一阶段，农具和农业机械发展迅速，种类更多，也更合理有效。有些农具则因效率不高而渐淘汰。到战国时期已有成套的、小型高效的农具和农业机械。农具的制作材料也有变化，特别是铁器得到了广泛应用。影响最大的则首推犁耕的形成。

## （三）起重机械的发展和应用

中国古代几种主要的起重机械，在这一阶段都已出现并得到广泛应用，包括桔槔、滑车、辘轳和绞车等，其中有些与农业灌溉关系密切。

### 1. 桔槔

桔槔最早用于水井的提水。龙山文化遗址已发现有水井。仰韶文化遗址出有取水用的尖底小口大腹陶罐。王祯《农书》认为成汤的大臣伊尹发明了桔槔。江西瑞昌铜岭矿冶遗址出土实物表明，至迟在商代中期已用桔槔提升矿物。

### 2. 滑车与辘轳

桔槔的提升高度有限，在深井中须用滑车和辘轳等机械。

滑车亦即滑轮。最先出现的定滑轮并不省力，但能改变受力的方向，使人的操作较为自如。西安张家坡曾发现西周水井，可容纳两个吊桶，中部有人踩出的脚窝，说明该井已使用了滑车。

关于辘轳，《物原》说"史佚始造辘轳"。史佚是周初的史官。如以此为据，则辘轳的出现应在大约三千年之前。由于辘轳的手柄半径明显地大于卷筒半径，比较省力，比滑车更合理，它的出现应在滑车之后。只是中国古籍有时未将滑车、辘轳、绞车相区别，而统称之为辘轳，因此，仅从名称上很难将它们区分。

### 3. 绞车

绞车是辘轳的进一步发展，手柄由一根变成了四根或更多，半径更大，也更省力，人的操作改成二手交替搬动，有时由二人同时操作。

中国晋代才有使用绞车的记载。但考古工作者已在铜岭商代矿井和铜绿山战国矿井中发现了此类实物。

## （四）其他机械

如在战争中广泛应用了威力比弓大得多的弩。估计木弩机出现的时间要比铜弩机早得多。据《战国策》载，韩的强弩，可以"射六百步之外"。《太公六韬》还说，当时已有"一发二矢"的大黄弩。

## （五）技术家与技术著作

与机械工程技术关系密切的早期技术家有鲁班和墨翟。《考工记》则是这一时期出现的百科全书式的技术专著，具有非常重要的学术价值。

鲁班是中国古代的杰出匠师，机械与工具的发明家。长期来一直被木工行业尊为祖师。鲁班复姓公输，名般，鲁国人，因"般"，"班"同音，常称之为鲁班。据明代《鲁班经》说，鲁班的生卒年代为公元前507年和公元前444年。他出身于工匠家庭，经过长期的实践练就了高超技艺。他一生创造发明甚多，《孟子》曾将他作为"巧人"的典范加以称道。关于鲁班在机械方面的发明创造，《墨子》中说"（鲁班）削竹木以为鹊，成而飞三日不下"。传说鲁班改进过锁。原先的锁徒有其表，常做成猛兽的形状借以吓人，或做成鱼形喻其不眨眼睛而守卫门户。鲁班在锁中安置了"机关"，必须用专门的钥匙才能打开，自然更加安全可靠。

古籍还记载他发明了许多工具，如《物原》说他发明木工钻；《世本》说他发明了石磨；《古史考》说他发明了铲；《事物绀珠》说他发明了木工刨等等。将众多的发明创造归功于某一个人，是中国古代的传统思维，本不足为凭。这些记载无非是极言鲁班的巧能与才思，把他奉为大匠和一代宗师。关于鲁班发明的兵器，《墨子》记载有云梯和水战用的钩强。

墨翟是春秋战国时重要的政治家、思想家、科学家，墨子学派的创始人。相传墨子为宋国人，但长期生活在鲁国。其生卒年代有一种说法是公元前468年至公元前376年。

墨子本人可能做过工匠。他所制作的各种守城器械，足以对付鲁班的攻城器械。墨子的学生很多，大都来自社会下层，以"兴天下之利，除天下之害"为己任，在科学技术上有较大成就。在《墨子·备城门》等篇中，记载了多种战争防御技术和器械，这些成就在当时是很先进的。

《考工记》是先秦古籍中一本重要的科技著作。郭沫若认为它是春秋齐国记录手工业生产的官书，也有人认为是较晚时的著作。书中论及的工种达30种之多，包括"攻木之工七，攻金之工六，攻皮之工五，设色之工五，刮摩之工五，搏埴之工二"，涉及运输、建设、工具、兵器、皮革、染色、乐器、容器和玉器等手工业部门。每一部门都有较细的分工和较深入的技术论述。如车辆制造部分，就分别叙述了车轮、车厢、车辕的制造方法。但原书已有佚失，有的只有名目而无内容。现存部分行文、语气也不尽相同，有后人整改的痕迹。至于将《考工记》作为《周礼》的《冬官篇》，乃是汉人所为。这使《考工记》从此成为儒家经典，得以流传至今。

《考工记》对一些手工业技术记录甚详，包括结构、尺寸规范、制造过程、工艺和质量要求等。这对推动中国古代机械发展起了很大作用。对摩擦、斜面运动、惯性、浮力、材料和强度等理论问题，该书也有所涉及。

《考工记》向为历代学者所看重，有关的研究著作也较多，如《考工记图》、《考工创物小记》等。由于原书文字艰涩，很费推敲，近些年来虽有众多学者结合考古发掘和科技史研究成果予以阐发，但仍有许多疑难之处有待明辨，值得我们继续加以整理和探讨。

# 三　古代机械的成熟阶段

秦汉时期的工程技术已达较高水平，进入了成熟阶段，有些成就在中国乃至世界具有里程碑的作用。

## （一）机器已在中国出现

一般意义的机器由发动机、传动机构和工具机或工作机所组成。秦汉时期，这样的机器已经出现。

水排是利用水力鼓风或进行其他操作的机械。《东观汉记》和《后汉书》都记载杜诗

"造作水排"。杜诗是河南汲县人，东汉建武七年（31）任南阳太守。南阳自战国起就是重要的冶金基地。杜诗"善于计略，省爱民役"，倡导用水排鼓风，"用力少，见功多，百姓便之"。根据考古发现，南阳附近的一些汉代冶铸遗址都是傍河兴建的，很可能是为使用水排之便。

《三国志·魏志》还记载韩暨曾用水排代替畜力驱动的马排，"计其利益，三倍于前"。其后，水排便长期成为中国冶铁业的习用鼓风机械。

《后汉书》等古籍没有说明杜诗制造的水排的型式，但《三国志》说韩暨所制水排与马排有关，则二者结构应有相似之处，很可能都是卧轮式水排。刘仙洲先生也持此说。

### （二）齿轮传动的出现及其应用

从考古资料看，有关齿轮出土的报道较多，但实际情况较为复杂。根据实物分析，山西永济县出有两种齿轮，其材料为青铜。同时出土的有战国到西汉之间的遗物。据此判断，齿轮断代的下限应为西汉。

中国古籍有应用齿轮的记载，西汉时已有相当复杂的齿轮传动系统，所记内容符合当时机械发展水平，也与考古资料相符。

据此可以说，中国在西汉时已经出现金属齿轮，并有比较复杂的齿轮传动系统。木制齿轮的出现，可能会更早一些。

西汉已有指南车和记里鼓车，以后各代都曾制作和应用这两种专用车辆。但直到宋代，才记载了指南车和记里鼓车的内部结构，使后人得知，它们是用齿轮传动的。

东汉张衡所造天文仪器也用齿轮传动。张衡制作的浑象能精确演示天象，原动件的转速须很均匀，传动系统也很准确，这只有采用齿轮才有可能。在张衡的天文仪器上，使用同一原动水轮驱动机械日历，可确保浑象与机械日历的同步，其传动机构亦为齿轮装置。

### （三）农业机械的成就及技术家赵过

秦汉时期发明的农业机械以翻车和三脚耧最有代表性。

翻车是中国农业生产中应用最广、效果最好的一种灌溉机械。它可以连续提水，工作效率很高，除农业排灌外，还用于制盐等行业。

播种是农业生产的一个重要环节，时间紧迫，质量要求也较高。汉代出现的三脚耧可同时完成下种、覆盖、压实等工作，是播种方法的一大改进。直到今日，它仍在中国农村广泛使用。

三脚耧的发明者为西汉武帝时期的农业官员——搜粟都尉赵过。这一发明对促进农业生产和西汉经济发展，起了重要作用。

### （四）古代机械的其他成就

#### 1．运输工具的多样化

秦汉时期，为适应不同的需要，车辆的类型有所增多，出现了四轮车和独轮车。后来，诸葛亮即在独轮车的基础上，改进其为木牛流马。

#### 2．造船方面的进步

西汉经济繁荣，推动了中国造船和航运业的发展。秦代徐福受秦始皇之命，率数千童男童女东渡扶桑，其航海规模之大，时间之久，均为前所未有。据《汉书·地理志》载，汉武帝时，中国船队曾远涉重洋，直达斯里兰卡。西汉已有橹。至迟到东汉，已广泛应用风帆及尾舵，当时的造船工艺已较先进，用铁钉代替竹木钉，并用油灰填缝，使船的强度和密封性都较好，可以造出很大的木船。据宋徐天麟《西汉会要》记载，汉武帝曾下令在长安城西，挖出方圆四十里的昆明池，池中有"楼船，高十余丈，旗帜加其上，甚壮"，可演习水战。《后汉书·公孙述传》有"造十层赤楼吊栏船"的记载，其高大壮观可以想见。汉代水战频繁，船队庞大，《汉书》记载武帝时一次水战就出动楼船 2000 多，水军 20 万之众。

　　3．纺织机械的发展

汉代出现手摇纺车，使纺纱技术有了明显的进步。

秦汉时期已用斜织机织布，用手投梭引纬和打纬，织布的速度和质量都有提高。

战国楚墓曾出土优美的纹锦，更早时期出有带花纹的丝织残片，说明中国的提花织机出现得很早。

　　4．自动机械方面的发明

据《西京杂记》等书的记载，西汉末年丁缓制成被中香炉。它是在镂空球内安装两或三个互相垂直而可灵活转动的圆环，装香的炉体支持在内环上，可绕三个互相垂直的轴线转动。无论球体如何滚动，炉体始终向上，即所谓"为机转运四周而炉体常平，可置之被褥"，其原理与现代陀螺仪中的万向支架相同。

# 四　古代机械的持续进步

中国古代机械在秦汉以后继续发展，取得多方面的成就：

## （一）运输工具

### 1．造船业的发展与祖冲之

三国孙吴立国不久即大造舰船，拥有量曾多达 5000 艘，航运范围北至辽东，南达南海。大船有 5 层，可载 3000 人。晋为灭吴曾发展双体船——舫，所造连舫用多艘单体船连接而成，长宽都达 120 步。每舫可容纳 2000 人，"可起楼橹，开出四门"，甚至可在甲板上驰马，俨然是一座水上城堡。只是这种巨型连舫，虽宽阔稳定却缺乏机动性，后来并没有继续发展。

这一时期造船技术的重大突破是出现了"车船"。它由船侧的桨轮驱动，而不是依靠桨和帆。船工可以隐蔽在舱内操作桨轮。车船的起源可追溯到 5 世纪。《南齐书》载：祖冲之"又造千里船，于新亭江试之。日行百余里"。如果不是由桨轮驱动，是很难达到这种速度的。《旧唐书》一百三十一卷也记载 8 世纪时，李皋"为战舰，挟二轮踏之，翔风鼓疾，若挂帆席"。

祖冲之，字文远，生卒年为公元 426 年和 500 年，范阳（今河北涞水县）人。他在数学、天文、工程技术等方面都有杰出的贡献。除千里船外，他还曾仿造诸葛亮创造的木牛流马，在乐游苑中制造水碓磨。水碓与水磨原是两种机械，祖冲之将它们组合在一起，结构上更加复杂。祖冲之还制造过指南车。宋武帝平定关中，从秦国君姚兴处获得一辆指南车，但只有车的外型，而无内部传动装置；使用时，须由人藏在车内转动木仙人指示方向。南齐高帝肖道成让祖冲之"追修古法",用铜制作传动装置,修复了指南车,可以"圆转不穷,司方如一"。北朝人索驭麟自称也能造指南车。高帝让他们分别制造,在乐游苑中进行比较。两种指南车的功效悬殊,索驭麟所做劣车遂被毁弃。

2. 关于诸葛亮所造的木牛流马

《三国志》说,建兴九年(221)诸葛亮复出祁山,使用木牛运粮。建兴十年(212)大批制造木牛流马,建兴十二年(234)诸葛亮从斜谷出兵又用流马运粮。可见木牛和流马都是用于崎岖山路的运输工具。

木牛流马的影响很大,在中国几乎是妇孺皆知。但长期以来,由于史述未详,众说纷纭,有的说木牛流马是一种奇异发明,可以"不因风水,不劳人力,施机自运";有的说木牛是独轮车,流马是四轮车;也有的说木牛流马就是独轮车。

研读有关史料可以看出木牛流马实为经过改装、具有特殊性能和外形的独轮车。这些特点包括:木牛外形如牛,比一般独轮车稍大;流马外形像马,略狭长。木牛与流马前后各有两个支柱,很像四条腿,使其在山路上行走时,可以随处停放。车辆两边各有一个箱形容器,用以盛粮。尤其值得提及的是,木牛流马有一套用绳索控制的刹车系统,保证了停走中的安全。为适应战争中粮食供给的需要,木牛流马的数量很大,结队行进,非常壮观,加以文辞的渲染,因而于后世影响很大。总的来说,木牛流马结构新颖,构思巧妙,尤其解决了山路运粮的困难,是因地制宜解决技术问题之一典范,堪称机械史上的一件大事。

### (二)农业机械的成就

比较突出的表现在灌溉机械方面。

《三国志》记载马钧制作翻车。马钧所做翻车可用于农业灌溉,使用轻便,效率也很高,"百倍于常",结构上当有所改进 。唐代又出现从井中垂直提水的水车。

### (三)兵器制作的巨大成就

从三国到唐代为适应战争的需要,在兵器和军事技术方面的发展尤为显著。

1. 攻守机械

此时的战争多以城池攻防为其主要方式,攻守器械不但种类繁多,而且结构复杂巧妙,许多大型器械与车辆组成一体,便于转移,形成多种多样的战车。

辒辌车在西周开国之战中已经出现,其后记载渐多,反映其应用日渐普遍。晋朝时期的辒辌车有冲车、木牛、尖头木驴、蛤蟆车等名称。具体结构有所不同,但都是用粗大的木料制成,外用生牛皮包裹,内藏军士。

撞车最晚在三国已经出现,已发现该时期撞车的铁零件。车身用厚木板制成,外用生牛皮包裹,用以冲撞城门和破坏防守设施。

云梯在西周开国之战中也已出现,用来攀登城墙,并且居高临下地打击杀伤对方。唐代的云梯外廓封闭,下置六轮,形制已趋完善。

三国时已有炮车。《三国志·袁绍传》记载官渡之战袁绍军堆起土山制造楼车,杀伤曹军。曹操则制作发石车(即炮车)打击袁军。

2. 弩的发展

汉代弩机有重大进步,已应用带刻度的望山,其功用相当于步枪的标尺,可根据射击目标的距离加以校正，以提高射击的准确性。另一重大进步是在弩机外增设机廓，反复使用时，不致影响弩臂强度，装拆也较方便。

随着弩弦拉力的增加，张弩的方法也不断变化。开始时用手张弩，称为臂张弩；汉代用脚张弩，称为蹶张弩；晋代用腰张弩，为腰引弩；唐代则用绞车开弩。

蹶张弩用力为二三石（每石约合 21 公斤），腰引弩的力量已至七至十石或更多；绞车弩的力量更大。弩的力量越大，箭的射程也越远。唐杜佑《通典》记载，马弩，可射二百步，臂张弩可射三百步，绞车弩的射程可达七百步。南京秦淮河曾出土晋代大型弩机，机身长达39 厘米，推断其弩臂长度应在 2 米以上。

三国时还出现了连弩，为诸葛亮所创，所以也称诸葛连弩。这种弩在使用时每发一箭，槽中又落下一箭，可连续发射十箭。为快速放箭，弩臂较软，力量较弱，箭短小，只八寸长，箭头涂有毒药，"一中人马，见血立毙"。

**（四）自动机械与技术家马钧**

1. 自动机械

这一时期出现一些构思巧妙的自动机械，是机械技术进一步提高的重要标志。

东晋《邺中记》记后赵石虎制"舂车木人及作行碓于车上，车动则木人踏碓舂，行十里成米一斛；又有磨车，置石磨于车上，行十里辄磨麦一斛"。推想这两种机械都应以车轮与地面之间的摩擦力驱动齿轮使磨和舂做功。供玩赏的自动机械的代表作是《傅子》所记魏明帝（227～239）命马钧所做水转百戏。从史料记载看，是将木人龙兽安装在一旋盘上，盘下有水轮带动旋盘和木人龙兽。

用于捕捉动物的自动机械如《搜神后记》所载：东晋元帝大兴年间（318～321）衡阳巧匠区纯制成"四方丈余"的巨型捕鼠笼，开有四门，每门有一木人把守。进入笼中的鼠如欲出门，木人就会用手击鼠。在赵元声《快史拾遗》中，还记载唐代南阳民间私发古墓到铁铸石门，启开墓门石，"箭如雨发"，进入二门，又遭木人"张目运臂挥剑"，多人受伤。

2. 技术家马钧

马钧，字德衡，三国时魏国扶风人（今陕西兴平县）。当时的织绫机很笨重，生产效率低下，经马钧苦心研制，制成新型的织绫机，其结构大为简化，效率倍增，织出的图案，优美自然。

马钧还有一些很好的构想。他认为诸葛连弩如加以改革，可增强五倍。他还认为发石车威力不够大，用湿牛皮即可挡住，且不能连发，如做成轮式发石机，可将石块连续发出，射程可达几百步。可惜这些设想当时都未能实现。

**（五）天文仪器与一行**

继张衡制作浑象之后，有不少人研制出颇具特色的天文仪器。三国时孙吴的葛衡曾制作一种别致的浑象。它是一个空心的大圆球，球面布列星宿，人处球内，宛如看到天象，可形象地演示星宿的运行出没。北魏永兴四年（412），在天文学家斛兰的主持下制成铁制浑仪。唐代的李淳风（633）和梁令瓒（725）也都对浑仪作了改进。其后，在一行和梁令瓒的主持下，又制成一架更复杂巧妙的新型浑象。

一行，本姓张名遂，唐代魏州昌乐（今山东昌乐县）人，生于公元 683 年。一行自幼刻苦好学，青年时已精通天文、历法，人称"后生颜子"。因避武三思的纠缠，他入嵩山当了和尚，法名一行。玄宗即位，他被聘进京。开元九年（721），玄宗命一行主持修订历法，并制作浑仪、浑象和水运仪象。《新唐书·天文志》记载水运仪象与张衡浑象相比，增加了记时装置，每过一刻自动击鼓，每过一个时辰自动敲钟；浑象之外，又有日环月环，以演示日月运行。所有动作都由水轮驱动，并以齿轮系将其联系起来。刘仙洲对其传动系统做过研讨，由中国历史博物馆予以复原。

# 五　宋元——古代机械的又一高峰

宋元时期，机械技术有重大发展，如活塞式木风箱、水运仪象台、水力大纺车及火器都是极重要的发明，而《宋史》等古籍给后世留下了指南车，记里鼓车内部结构的文字记载；《梦溪笔谈》和《梓人遗制》是该时期的重要科技著作，沈括、苏颂和郭守敬等科学家都在科技史上据有显要的地位。

### （一）苏颂、郭守敬和水运仪象台与简仪

苏颂，字子容，泉州南安人。元祐八年（1093），73 岁的苏颂辞去官职，专事天文学研究，并制成水运仪象台，写成《新仪象法要》这一天文仪器和机械工程的重要著作。

郭守敬在苏颂之后开创了一条由繁到简、方便实用的创制天文仪器的新路，尤以简仪为其代表作。

郭守敬，字若思，生于南宋理宗绍定四年（1231），毕生从事科学事业，是中国古代的伟大科学家，在世界科技史上也有重要地位。

郭守敬是邢州邢台人，生于书香门第，自幼刻苦学习，能自制小型天文仪器。他在水利勘测工作中显露才华，先后被任命为副河渠使，都水少监，都水监，工部郎中；元至元十二年（1276）调到太史局，参与制订新历，开展了规模空前的天文观测工作。他研制、改进了近 20 种天文仪器。天文仪器的结构型式在宋以前日趋复杂，沈括已有简化天文仪器的议论，到元代就出现了郭守敬的简仪。

针对浑仪的缺点，郭守敬的设计大为简化，并采取措施提高安装及使用的精确度。为减少圆环运动的摩擦，在环下安装了四个滚动圆柱，首创了滚动支承。

郭守敬所制简仪等天文仪器完好地保存到清初，后被毁。明正统四年（1434）曾仿造简仪，现存紫金山天文台，大体保存了郭守敬简仪的原貌。

### （二）火器

火药大约在 8 世纪发明，到宋代用于实战，在先是制作燃烧类火器（火枪、火球等），以后又制成爆炸类武器（炸弹、地雷、水雷等）。火器威力空前，又有突发性，远非冷兵器所能抗衡，从而给战争形式，军队编制乃至社会变革带来巨大影响，而其肇始则是在宋元时期。

### （三）指南车与记里鼓车

指南车是皇帝出行时所用仪仗车的一种，并不用于实测方向，也未用于实战。它虽豪华

精致，但准确性并不高。由于指南车是皇室威权的象征，所以每逢朝代更迭，旧车大都毁弃，屡废屡制使历代指南车都有独立研制的性质，古籍记载历史上曾经制作指南车的人也就相当多。

早期史籍对指南车的记载多限于外形、性能、制作及使用，唯有《宋史》、《愧郯录》详述了两种宋代指南车的内部结构。

记里鼓车与指南车有许多相似之处，它们同为皇帝出行时的仪仗车，都由齿轮传动，使用时间也同为汉到宋。记里鼓车的功用颇似现代车辆上的里程表。它是将车辆行驶的里数通过齿轮系统减速后表现出来。它的结构不及指南车复杂，制作也较简易。1937 年，王振铎根据《宋史》记载复原了指南车及记里鼓车，现存中国历史博物馆。

### （四）其他与机械有关的科学家及其贡献

#### 1. 沈括和《梦溪笔谈》

沈括（1031～1095）字存中，钱塘（今浙江杭州）人。1088 年定居京口（现江苏镇江）梦溪园，直到去世。

沈括是一位很有作为的政治家，又是一位博学多才的科学家。《宋史·沈括传》说他博学善文，于天文、方志、律历、音乐、医药、卜算无所不通，皆有所论著。沈括在晚年认真地总结了一生的经历和科学活动，写成《梦溪笔谈》这部伟大著作。该书共 26 卷，另有《补笔谈》3 卷，《续笔谈》1 卷，内容可分 17 类 609 条，其中科学技术的条目约占三分之一。书中除叙述沈括本人的研究成果外，也记录了当时的科技成就，如喻皓的《木经》，毕升的活字印刷，水工巧合龙门的三埽施工法，冷锻瘊子甲和灌钢技术等，从而具有极重要的学术价值。

沈括的成就是多方面的。他之所以能达到如此高的造诣，与他的治学方法有密切关系。他十分重视民间的发明创造，认为"技巧、器械、大小尺寸、黑黄苍赤、岂能尽出于圣人，百工、群有司、市井、田野之人莫不预焉"。

#### 2. 王祯及其《农书》

王祯，字伯善，山东东平人，王祯《农书》分为三个部分："农桑通诀"是总论性的；"百谷谱"论述了各种农作物的栽培技术；"农器图谱"则全面论述了农具和农业机械，这一部分的篇幅约占全书的 80%，有图 306 幅和扼要的文字说明。这在中国历史上是空前的，为以往众多农书所不及，其中还为已失传的农业机械作了记载。此书问世后，引起很大重视，其后各种典籍记述农业机械无不以此为据，在世界上也有重要影响。

#### 3. 薛景石和《梓人遗制》

元代薛景石，字叔矩，山西万泉（现万荣县）人。他的专著《梓人遗制》记载了多种器械、纺织机械的结构和制作方法。该书的特点是既介绍了《考工记》的技术规范，又介绍了该时期实际应用的法式，并进行比较和分析。在叙述方法上，该书重视用图形表示结构，既有装配图，又有重要的部件零件图，并配以简要的文字注明各部分的尺寸和位置，使人一目了然。

但是这样一部重要的技术专著，似乎在当时流传并不很广，以后也未见重刊本，以致原书佚失。现在看到的《梓人遗制》是明《永乐大典》中的一卷，也许只包含原书的部分内容。

4．黄道婆

黄道婆又称黄婆，生于南宋末年淳熙年间（约 1245 年），松江府乌泥泾镇（现上海龙华）人。她在崖州生活了二三十年，学会了黎族的纺织技术，又将汉黎两族纺织技术的长处融合起来，成为出色的纺织能手。

黄道婆在 50 岁左右返回故乡。她无保留地推广其精湛技艺，为推动当地纺织业的发展，做出了很大贡献。从古籍记载看，她带到家乡的纺织工具有搅车、椎弓等。她传授的纺织技术有配色、提花、织带等。她在短短几年内，使家乡的纺织生产由落后变成先进，从而受到了人们的普遍尊敬。

# 六　古代机械缓慢发展时期

16 世纪后，中国的科学技术发展缓慢，逐渐丧失了领先地位。这一阶段重要的技术成果有造船和航海、火器、明清宫殿和增修万里长城等。这一时期的科学家及科学著作有宋应星及其《天工开物》，王徵及其《诸器图说》等。现就机械方面的内容介绍如下：

## （一）明代的造船和航海技术

明成祖时，派郑和率船队七下西洋（今南洋群岛和印度洋一带）。

郑和，回族人氏，原姓马，小字三宝，生卒年代为 1371 年和 1445 年，云南昆明人。因随燕王朱棣起兵有功，被赐姓郑，习称三宝太监。

郑和每次出海都有船只 100 至 200 艘或更多，其中大船就有 40 至 60 艘。这些船只都是在江苏太仓或南京制造的，所用船型可能是福船，一说是沙船。古籍记载郑和宝船长 44 丈，宽 18 丈，约当公制 120 多米长，40 多米宽。南京曾出土有可能是郑和宝船的舵杆，长达 11.7 米。

明代所用航海仪器与航海技术是当时最先进的。郑和船队七次远航，在大约 30 年间访问了亚洲和非洲的 30 多个国家，这不但是中国航海史上的壮举，也在世界航海史上占有重要的地位。

## （二）宋应星及其《天工开物》

宋应星，字长庚，江西奉新县人，生于明万历中叶（1587），卒于清顺治或康熙初年。他 28 岁中举，侯后屡试不中，即把精力放在实用生产技术的研究上。他任分宜县教谕时着手编写《天工开物》，崇祯十年（1637）刊行，时年 50 岁。

宋应星博学多才，熟悉多种生产技术，对天文、音律、哲学也很有研究。《天工开物》一书共十八卷，包括作物栽培、养蚕纺织、染色、粮食加工、熬盐、制糖、酿酒、制瓷、冶铸、锤锻、舟车制造、烧制石灰、榨油、造纸、采矿、兵器、颜料、珠玉采集等，几乎涉及所有农业和手工业部门，内容十分丰富，是中国古代手工业技术的全面总结，堪和《考工记》媲美，也是世界上罕见的百科全书式的技术专著。

宋应星在《天工开物》序言中表白了自己的价值观，说此书与功名进取毫不相干。他鄙视不务实际的高谈阔论，认为应钻研实务，具有丰富的知识和技能。他冲破旧时代士大夫脱离实际的陋习，深入下层了解各种生产技术，如车辆的结构和制作方法，弩的构造，大型工件的失蜡铸造工艺，各种农业机械的结构等等。《天工开物》这部巨著在当时并未受到应有的重视，《古今图书集成》和《四库全书》中都没有辑入此书。它的初刊本一度湮没无闻，至本世纪 20 年代才从日本找到几种翻刻本。50 年代该书的初刻本终于在本土被发现，使人们得以了解其本来面目。

此书不但在日本早就流传，1869 年还出版了法文摘译本，后又被译成德、英等多种文字，受到各国学者的普遍重视，被誉为"中国 17 世纪的工艺百科全书"。

### （三）王徵及其《诸器图说》

王徵，字良甫，号葵心，又号了一道人。陕西泾阳人，明代隆庆五年（1571）生。王徵的父亲在农村教书，舅舅也很有学问，使他得以在少年时就受到很好的教育。他 16 岁中秀才，17 岁入县学，24 岁中举人，接着 9 次进京考进士，都未中试。他在这段时间里，表现出对机械的浓厚兴趣：对指南车、木牛流马、连弩等奇器进行研究，并想予以复原。王徵在进京时结交了意大利传教士利玛窦等人，并加入了耶稣会，受到西方近代科学技术的影响，写成《诸器图说》一书，并于 1626 年刊刻。

王徵到 52 岁（1622）终于中了进士，曾担任一些地方官职。但他对机械的浓厚兴趣并未减退，一直从事这方面研究，因而被人讥笑为做官不像官。在此期间，他又结识了传教士龙华民、金尼阁、邓玉函和汤若望等，并与邓玉函合作翻译了《远西奇器图说》二卷，由邓口述，王笔录并绘图，于 1627 年在扬州刊刻。

《诸器图说》一书仅一卷，叙述得相当精练，为王徵多年研究的总结。其初刻本内容有：引水之器（虹吸、鹤饮）、转碓之器（轮激、风动、自转）、自行车（靠重力推动的车）、轮壶（自动报时的刻漏）、代耕（一种耕地机械）及连弩（连发的弩），其中有的是既有机械的总结，有的则可能是王徵本人的新颖设想，但并未经实践验证。在保守的旧时代，作为一个官员，能冲破旧习，勇于创新，是难能可贵的。

# 第三节　近代机械时期

鸦片战争打破了清朝闭关自守的政策，也开始了中国机械史上的近代时期。西方诸国推行帝国主义的侵略政策，清朝统治集团中出现了洋务派。于是，在"师夷之长技以制夷"和"中学为体，西学为用"的方针指引下，西方科学技术和设备涌入中国，近代机械工业开始在中国产生，机械学和机械工程教育也有一定发展。

# 一　近代机械的前奏

16 世纪，资本主义的发展促进了宗教改革运动，使基督教分成新教与旧教两大派别。旧教为了生存也进行革新。他们把科学技术、文化教育作为扩大教会影响的手段。创建于 1534 年的耶稣会重视海外传教，派出了一些辅导团到亚洲和非洲。就是在这种背景下，许多传教士来到了中国。早期来华的传教士有著名的利玛窦，此后一百多年间，有姓名事迹可考的传教士有 40 多人，分别来自葡、意、法、德、西、比等国，其学术专长有天文、数学、物理、地学、兵器、艺术、语言等。他们在上层人士中有一定的影响，有的还受到皇帝的赏识，被授予要职。这些传教士带来了大量书籍，其中有些著作反映了西方机械技术的最新进展，如《远西奇器图说》，即大体代表了当时西欧诸国机械学的水平。此外与机械有关的还有《泰西水法》，《火攻契要》，《神武图说》，《灵台仪象志》，《火攻奇器图说》及《自鸣钟说》等。

由于传教士的传教活动引起中国朝野的不安，1723 年（雍正元年）清廷规定，除在钦天监供职的外，所有外国传教士一律驱逐到澳门，不准进入内地，西方科学技术的传入遂告中辍。这种情况直到鸦片战争之后，才又发生了变化。

## 二　近代机械工业的产生

美国人富尔顿首先将蒸汽机装在轮船上，并于 1907 年试航成功。1830 年轮船首次在中国出现。鸦片战争时，中国人更切身感受到西方舰船的坚固和快速。1847 年，《海国图志》介绍了蒸汽机。第二次鸦片战争，清政府又遭失败，促使一部分上层人士力主向西方的先进科学技术学习，掀起兴办洋务的热潮。西方科学技术与机械设备相继传入。

近代机械工业以三种形式在中国产生，即清政府的官办工业、外资工业和民营工业。江南、福州、天津等制造局及一些民营厂都曾进行过西方先进机械的仿制。

早在 19 世纪 40 年代，有些学者就认识到文人与工匠的脱离，又缺乏几何学与力学的研究，因而在制造方面"难与西人争胜"。其后，洋务派更深感机器制造人才的匮乏，于是办学堂，请外国人授课，培养设计制作人员和技工，以应急需，并取得一定成效。

这一时期的著名的机械工程学家有丁拱辰、徐寿和华蘅芳。

丁拱辰又名君轸，字星南，福建晋江县人，生于 1800 年，卒年不详。他在青年时就酷爱机械理论，1831 年随商船出洋，接触到西方科学技术。1841 年在广州著成《演炮图说》一册。在铸炮实验成功后，被授六品军功顶戴。1851 年受命赴广西铸炮。1831 年至 1841 年先后制成火车和轮船的雏型。1843 年将《演炮图说》修订为《演炮图说辑要》，这是第一部由中国学者撰著的有关蒸汽机、火车、轮船的著作。

徐寿，字雪村，江苏无锡人。1818 年生。1862 年徐寿在安庆军械所与华蘅芳等共同试制火轮船，同年 8 月制成蒸汽机模型。1864 年军械所迁南京，1865 年 3 月制成中国第一艘木质蒸汽机船"黄鹄号"，重 25 吨，长 55 尺，航速每小时 6 海里，主机是单汽缸蒸汽机，汽缸长 2 尺，直径 1 尺。1868 年徐寿到上海制造总局翻译馆任职。此后 17 年中，他翻译了《汽机发轫》、《化学鉴原》等 13 种书籍。1875 年前后，他在上海创立格致书院。

华蘅芳，字若汀，江苏无锡人，生于 1833 年。1862 年在安庆与徐寿合作试制火轮船，由他负责计算和绘图。1865 年制成中国第一艘木质蒸汽机船"黄鹄号"，后赴上海参与江南制造局筹备事宜。1868 年江南制造局设翻译馆，华蘅芳从事数学、地学、矿物学等书籍的翻译。

早期被送往国外留学的有容闳（1828～1912）。其后，清政府又曾派遣幼童赴美留学，其中就有詹天佑，他后来在铁路建设中取得了杰出的成就。

# 三、近代机械工业的初步发展

从 1914 年至 1937 年，中国机械工业有了一定的发展，并在设计制造、研究、教育等方面为以后的发展奠定了基础。

1914 年第一次世界大战爆发，西方无暇东顾，使中国机械工业得以初步发展，尤其是民营机器厂数量不断增加，规模扩大。但绝大多数工厂规模很小，设备简陋，主要从事修配工作。在此期间，北洋政府和国民政府先后接管了江南造船所、福州船政局和一些铁路机车车辆修造厂及兵工厂。"九·一八事变"后，日本为把东北变成侵略基地，输入资本和技术，创办了一批工厂，大都集中在沈阳、大连等城市。

孙中山先生在 1919 年编制的《实业计划》中，提出兴办机械工业，利用外国资金和外国技术。其后国民政府各种政策多以此为方针。20 世纪 20 年代末，国民政府着手扩建机械工业，但由于日本侵华，这一计划未能全部实施。尽管如此，这一时期的中国机械技术水平还是有所提高，仿造的机械设备质量较好，有的已接近国外同类产品，品种有车床、刨床、铣床、钻床、蒸汽机、内燃机、发电机、电动机，万吨级运输舰，铁路机车车辆；曾修配并试制汽车和飞机，但其中的主要零部件都是进口的。其他产品还有纺织机械，农业机械，给排水机械，起重运输机械，造纸橡胶机械，化工机械等。

和先进国家相比，这一时期中国的机械设计制造技术相当落后，仍以仿造和局部改进为主，重要的原材料多依赖进口。国产机械设备的精度、效率和使用寿命都不如先进国家的产品，高压、高速、高温、高精度及大型机械尚难以制造。

为适应工业发展的需要，中央工业试验所于 1930 年 9 月在南京成立，下设机械组，为中国最早的机械工程实验研究机构。一些省份的工业实验所也设有机械工程的实验研究机构。大学的机械工程系则多围绕教学开展研究工作。

机械工程技术史的现代研究也在此时肇始，1917 年 10 月刘仙洲在《东方杂志》上发表译文《徐柏林飞艇小史》。1925 年，张荫麟翻译了摩尔的《中国之指南车》一文，发表时改名为《宋燕肃·吴德仁指南车造法考》。刘仙洲收集史料，撰成《中国机械工程史料》一书，于 1938 年由清华大学出版。1937 年，王振铎发表《指南记里鼓车的考证及模制》一文，并成功地予以复原。

1912 年詹天佑发起成立中华工程师会，1913 年该会和另两个学会合并成为中华工程师学会。1918 年陈体诚等留美学者发起成立中国工程学会，下设有机械工程学科。1931 年，中华工程师学会与中国工程学会合并为中国工程师学会，积极开展各种学术活动，出版《工程》和《工程周刊》杂志。

1935 年秋，庄前鼎、刘仙洲等在清华大学发起筹备中国机械工程学会，1936 年 5 月在杭州正式成立。1937 年上半年，学会出版《机械工程》期刊，这是中国最早的机械工程学术专刊。

这一阶段机械工程教育继续发展。1921 年初，国立东南大学在南京成立，设有机械工程系。同年，交通大学开设机械工程系，1928 年改称机械工程学院。到 1936 年 10 月，全国已有 19 个院校办了机械工程系和专业，其中交通大学，清华大学，北洋工学院、中央大学、唐山工学院、浙江大学、同济大学、武汉大学、中山大学和北平大学实力较强。

# 四　抗战时期及战后的中国机械工程

## （一）机械工业布局的变化

抗战时期，上海和沿海其他地区的机器厂大批迁往内地。机械工业在当时主要为抗战服务，得到了一定的发展。但由于正面战场节节败退，有些工厂多次迁移，损失很大。1937年，沈鸿带领一批工人及设备到达陕北，进入陕甘宁边区机器厂，为边区机械工业的发展作出了贡献。

沦陷区的机械厂大都是日本机器厂的分厂，技术由日本人掌握。东北地区的机械工业带有明显的殖民性质，但专业比较齐全，有些厂具有较大规模。

抗战后期，国民政府正式编制战后经济建设计划，抗战胜利以后也确实做过这种努力。但1946年6月，内战全面爆发，上述计划无从实现。

抗战胜利后，国民政府接收日伪工厂，几乎停止了对内地机械工业的扶持；同时内迁员工纷纷返回原籍，工厂难以维持生产。在原沦陷区，日军撤退时破坏了一些厂房和设备，导致许多工厂停工，据估计从1945年秋至1946年初全国机器厂处于停顿状态的有三分之一左右。总的来看，这一时期经济每况愈下，机械工业处境十分艰难。

抗战期间，国外机械难以进口，仿制技术普遍提高，新产品有精密铣床等，有些质量可与国外先进产品媲美。在交通机械方面，新中工程公司迁到湖南后，经多方努力，1939年6月在祁阳仿制成功65马力柴油汽车发动机，后又将它改型为45马力煤气机。抗战时期，纺织业以小型工厂为主并有不少作坊，小型纺织机械的制造十分活跃。

在机械工程研究与教育方面，1937年11月中央工业试验所迁往重庆，1942年8月在兰州设立分所，在西安、宁夏、青海等地设立工作站，添置设备，开展多方面的试验研究。1939年7月航空委员会在成都设立航空研究所。1941年8月扩充为航空研究院。清华大学航空研究所于1939年迁至昆明。

中国机械工程学会积极参加中国工程师学会的活动，如讨论工程标准，研究工业专利法等。战时，《机械工程》停刊，另出《机工通讯》。1941年11月陕甘宁边区成立了机械电机学会。1944年在重庆成立了中国农具学会。

抗战胜利后，各机器厂忙于复员和恢复生产，无力开发研究，大学和研究机构也境况不佳，机械工程研究反不及抗战时活跃。1946年中央工业试验所迁往南京和上海，同时筹建三个试验馆，留在重庆的部分改组成重庆工业试验所。

抗战爆发后，沿海地区的大学纷纷迁往西南、西北或其他远离战场的地区。由于战时迫切需要技术人才，工科教育尤其受到重视，机械工程系的招生人数有所增加。到1940年，大学机械工程系学生实有人数1806名，占大学生总数的17.9%。1939年中央大学机械工程系招收的首名研究生，成为国内培养的第一位机械工程硕士。1940年延安自然科学院成立，附设有机械实习工厂。

抗战胜利后，内迁的学校搬回原址上课。到1949年前，中国各大学的机械工程系一共招收过3名研究生。同一期间，经济部、交通部、航空委员会、教育部分批派遣高、中级技术人员赴美、英等国深造，其中有许多是机械工程技术人员。

　　1949 年 10 月中华人民共和国成立，中国机械工业开始进入现代化时期。经过 1950～1952 年三年经济恢复时期，对原有企业进行改组，筹建了一批大的机械工厂。1953～1957 年第一个五年计划期间，在苏联援助下建成了一大批现代化的大型机械工厂，开始形成完整的机械工业体系和机械科学研究与教育体系。

　　在此前提下，大量引进新技术，发展新产品，在相当程度上满足了国民经济和国防建设的需要，技术水平和生产水平都有大幅度提高。由于"大跃进"和"文化大革命"的严重失误，中国机械工业的发展经过了曲折的历程，同时也严重影响了机械科学技术研究和工程教育的发展。"文化大革命"以后，在改革开放方针指引下，机械工业再次走上稳步发展的道路，在引进国外先进技术的同时，对企业结构、设备和经营管理做了更新和调整，产品种类和质量明显改善和增长，为大型企业提供的成套设备可满足需求量的 90％左右，从而为国家的现代化建设作出重要贡献。机械行业的科研体制也进行了改革，呈现了更强的活力，自行研制的数控机床、柔性制造单元均达到较高水平。高等和中等的机械工程教育有显著的发展，培养出众多的博士和硕士。这一时期著名的机械学家有刘仙洲、沈鸿、雷天觉、周惠久等，他们都是中国科学院的院士。路甬祥研究液压传动卓有建树，为中国科学院和工程院两院院士，现任中国科学院院长、中国科技史学会理事长。物换星移，岁月流逝，曾经拥有辉煌业绩的中国机械工程技术在经历了漫长、曲折的历程之后，必将在新的历史时期焕发出更辉煌的光彩。

# 第二章 工具与简单机械

## 第一节 远古工具的制造与应用

在人类的发展史上，标志着人猿最终分离的界石之一是劳动，是制造工具与应用工具，这同时也孕育了远古的简单机械。

中国远古工具起源很早，约有数百万年的历史。如距今约有 170 万年的云南元谋人遗址，就发现有石制工具。其后经过漫长的岁月，大约到 1 万年前均属旧石器时代。考古界在中国各地旧石器遗址发现了大量的石制工具。这些工具大体上可以反映出粗制阶段的概貌。从距今 1 万年至 4000~5000 年，属新石器时代，工具制造较前有了很大的改进，逐渐由粗制发展到精制。同时，随着原始农业、畜牧业、手工业、制陶业和纺织业的兴起，不仅使工具制造得到了发展，而且还出现了原始犁、陶轮、纺织机具及金属工具，使中国由石制工具的精制阶段进入到简单机械制造时期。

## 一 粗制工具阶段

它相当于中国的旧石器时代，工具制造总的特点是简单、粗糙和随机性。但是，任何一件简单工具的制造，甚至就是对自然界的石块、兽骨或树枝的应用，也是人类利用及制造工具的开端。随着人类自身的不断进化，与其生存、发展紧密相关的工具，也随之得到改进与创新。这一点我们可以从出土的大量原始工具中得到证实。

### （一）工具的制造与应用

迄今所知，无论元谋人、蓝田人（距今约 80 万年至 75 万年），还是北京人（距今 70 万至 20 万年），他们使用的工具大都是用石英石、燧石经打击、锤击、碰击、砸击等方式制成的，加工极为粗糙。所制工具有砍砸器、石锤、石钻、石锥、刮削器、尖状器、石片、石核等。其中刮削器又可分为盘状复刃、凸刃、直刃、凹刃等。甘肃姜家湾出土的龟背状刮削器和寺沟出土的尖状刮削器加工比较好。还有宁夏灵武水洞沟出土的一部分尖状器，器形端正、对称明显、定型程度较高，为我国旧石器时代遗址出土所少见[1]。如图 2-1 至图 2-3，是元谋人、北京人和蓝田人使用的一些工具。这些工具既可以用于狩猎、采集、斫木，又可以用作防身武器。 工具之间无明

图 2-1 元谋人石器
（采自《考古》1976（3））

---

[1] 参见文物编辑委员会编，文物考古工作三十年，文物出版社，1979 年，第 154 页。

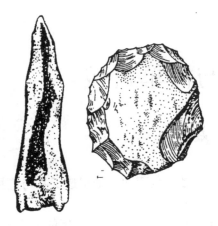

图 2-2 北京人骨器、石器
（采自《考古》1976（3））

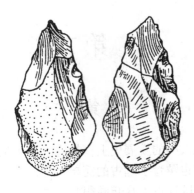

图 2-3 蓝田人石器
（采自《新中国的考古发现和研究》）

确的分工。尽管这些工具制作简单、粗糙，但他们已经懂得在制作时，器具必须要有刃口、尖锋，这样才有利于切割、刮削、斫木或与猛兽搏斗。

图 2-4 是山西丁村人（距今约 15 万年至 10 万年）遗址出土的三棱尖状器，其制作技术较前进步，工具的尖锋已打制得相当锐利。这种工具既可能是一种挖掘器，也可能是一种复合工具——投枪，即用兽筋或藤条，把锋利的尖状器绑在木竿或竹竿上，作为狩猎用的投掷器。[①]

图 2-5 是湖北江陵鸡公山出土的三棱尖状器。采用厚长条砾石加工而成，长 16 厘米、宽 7 厘米左右，两斜面与底相交成锐角，十分锋利。

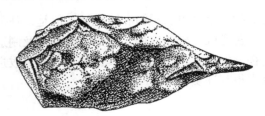

图 2-4 丁村人三棱尖状器
（采自林耀华《原始社会史》）

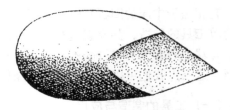

图 2-5 三棱尖状器（湖北鸡公山出土）

在粗制工具阶段，尽管普遍使用的是简陋、粗糙的工具，但同时也制造了一些在当时比较先进的工具。如以下所述：

1. 石球、抛石索

这是原始狩猎用的一种重要工具。在陕西蓝田、山西丁村、甘肃镇原等地旧石器遗址中均有发现。图 2-6 是从山西许家窑遗址（距今约 8 万年至 10 万年）出土的石球。这里石球多得惊人，达上千枚之多，且大小制作相当规整，经考古学者研究，这批石球是约 10 万年前狩猎时使用的抛石索的遗物。

图 2-7 是从甘肃镇原黑土梁出土的旧石器晚期的石球，加工更为精细。这些石球与木矛相配合是一种用于较远距离的狩猎工具，它可以装在绳索一端的兜内，使用时使绳索作旋转

---

① 参见北京仪器厂等,祖国历史的开端,考古,1976 ,(3):158 。

图 2-6　许家窑人狩猎用的石球
（采自林耀华《原始社会史》）

图 2-7　甘肃镇原石球
（采自《考古》1983）

图 2-8　原始狩猎图
（采自陈维稷《中国纺织科学技术史》）

运动，当对准猎物时突然松手，石球索借助惯性飞出，击中或绊束猎物。如图 2-8 所示。

2. 石镞

图 2-9 是山西朔县出土的一枚距今约有 2.8 万年的石镞。该镞用很薄的长石片制成。镞的一端较锋利，镞的两边经过精细的修理，肩部两侧变窄呈铤状。镞的出现揭示了中国在旧石器时代已利用弹性材料来制作弓。为狩猎增添了一种新的工具。

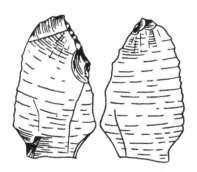

图 2-9　山西峙峪石镞
（采自《新中国的考古发现和研究》）

3. 钺形小刀

图 2-10 是山西峙峪出土的一件引人注目的工具，即钺形小刀，它用半透明水晶石制成，刀的弧形刃口宽约 3 厘米，两平肩之间有短柄凸起，以便

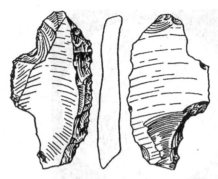

图 2-10　钺形小刀（山西峙峪出土）
（采自《新中国的考古发现和研究》）

镶嵌在木、竹、骨柄内成为复合工具。

复合工具的出现，是远古工具制造的一个突出的进步。它与投枪、石箭一样，反映了古人已经在思考如何改善打制工具的使用性能。在小刀上装一个手柄，既节省了体力，又提高了切割的性能，这正是工具发展的一个重要方向。

**4．石锯**

图 2-11 为石锯，山西沁水县下川遗址出土，属旧石器晚期，它是用石片或石块打出锯齿形，齿形不规整，但很锋利。这种工具制作困难，加工技术要求高，在当时还很少见。

**5．石镰、石磨、石杵**

旧石器中晚期，随着原始农业的出现，产生了与此相适应的生产工具与加工工具。如山西怀仁县鹅毛口遗址出土的半月形石镰，用于粮食作物的收割。图2-12 湖南怀化岩屋滩出土的石杵和图 2-13 山西沁水县下川遗址出土的石磨，距今约有 1.7 万年，用于谷类作物的脱壳加工。

**6．石砧、石锤**

图 2-11　下川石锯
（采自《新中国的考古发现和研究》）

图 2-12　岩屋滩石杵
（采自《考古与文物》1993(2)）

图 2-13　山西沁水下川石磨盘
（采自陈文华《中国古代农业科技图谱》）

从人类开始制造工具起，锤、砧就作为一种基础工具装备而出现。它们用于锤击、碰击、砸击的加工，在全国各地的旧石器遗址中均有发现。如北京人遗址出土的石锤、石砧，是用长而圆的砾石制成。湖北江陵鸡公山出土的石锤、石砧，不仅数量多，而且体形较大，大多用砾石制成，有椭圆与球形两种形状。贵州盘县出土的石砧，最大的有几十公斤重。

**7．钻、锥、凿、雕刻器**

随着原始社会的发展，加工工具日渐增多，出现了山西许家窑的石钻、宁夏水洞沟的骨锥、江苏灵县的石锥和石钻、山西峙峪的凿形雕刻器、下川的锥钻和斜边形雕刻器以及台湾长滨文化的两头尖骨器与骨凿。这些工具大都打制而成，比较粗糙，还仅仅是一种雏形。

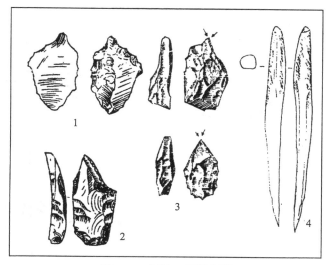

图 2-14  石钻、石雕刻器
1. 许家窑石钻  2. 下川斜边雕刻器
3. 许昌灵井雕刻器  4. 水洞沟骨锥

图 2-14 中河南许昌灵井出土的雕刻器，较上述器具制作要规整些，器身呈典型的"屋脊状"，长 1.6 厘米、宽 0.9 厘米、厚 0.5 厘米，是制作原始工艺品的重要工具。山西大同市小站王龙沟出土的石钻，重 21 克，长 5.6 厘米，宽 4.1 厘米，厚 1.1 厘米，是用石片加工而成，该钻体形虽小，但钻头突出，长约 1 厘米，是一种很好的钻具，如图 2-15 所示。

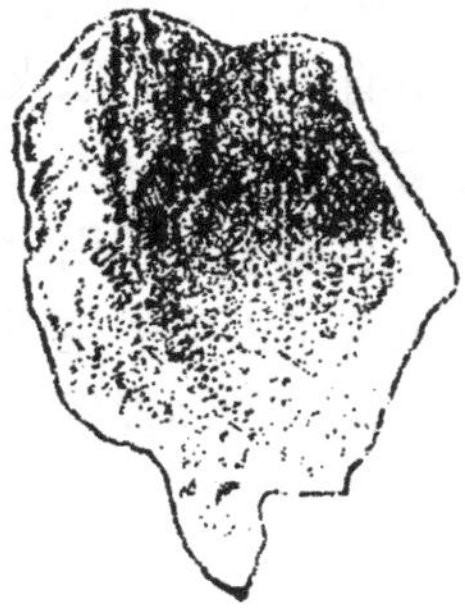

图 2-15  石钻（山西大同市小站王龙沟出土）

8. 骨针

图 2-16 是北京周口店山顶洞旧石器晚期遗址出土的一枚骨针，距今约有 18 000 年。针长 8.2 厘米，针身圆滑，磨得很光，针尖锐利，针孔刮挖而成。以后又在辽宁海城县小弧山旧石器晚期遗址出土了三枚精制骨针。针可用来缝制兽皮或树叶，对原始纺织业的兴起起了促进的作用。

以上所述，仅是全国各地旧石器遗址出土的一部分常用和有代表性的工具。它们的出现与生产力的发展是相适应的。粗制工具阶段，在石、骨、蚌器的加工中出现的钻、刮、磨等，是远古机械加工中的基础工艺。而锥、钻、凿、雕刻器等工具，为原始手工业的兴起创造了条件。

**（二）火的利用**

远古工具的发展离不开对用火的实践与认识，元谋人遗址的炭屑、蓝田人遗址的粉末状炭粒、北京人遗址的木炭、辽宁喀左鸽子洞的灰烬层和甘肃楼房遗址用火遗迹，这一系列的考古发现，决不是一种偶然现象，而是表明中国很早就已经开始用火。除了对天然火的认识外，基于石器加工时，锤击迸出火星，磨、钻等加工因摩擦产生热能等认识，逐渐掌握了人工取火的技能。古书记载的"钻燧取火"，就是用人工磨削的"钻具"——尖头硬木棒钻木取火，这是一个了不起的发明。直到20世纪初期，在一些少数民族地区还保民留着这

图 2-16　山顶洞人的骨针

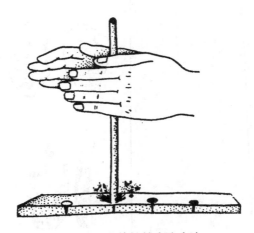

图 2-17　黎族的钻木取火法
（采自林耀华《原始社会史》）

类人工取火方法，如苦聪人的锯竹法、黎族的钻木法、佤族的摩擦法和傣族的压击法等。[①]

图 2-17 为海南岛黎族钻木取火法。取一块长约 37 厘米的木板，在其一侧挖若干小穴，穴下有一竖槽，取火时将硬木钻杆插在穴内，双手搓动钻杆，火星沿着竖槽向下，可将槽底的艾绒引燃。

从简单地利用天然火到人工取火，既是一个漫长的过程，又是一个了不起的进步。它大大改善了人类的生活方式与生存条件，而且为原始农业、畜牧业、手工业的产生与发展，为新工具的创制提供了必要的条件。

## 二　精制工具阶段

相当于中国的新石器时代。原始农业、畜牧业和手工业的出现，推动着氏族社会向前发展，适应于这一变化的是工具制作日益精细、规整。加工工艺有打制、磨制、琢制、压制及磨、钻、凿等多工艺的综合运用。新石器晚期还出现了管钻，懂得钻具蘸水加沙的钻削方法。沙可帮助钻削，水起到了润滑的作用。由于穿孔技术的出现和复合工具的增多，工具开始向分工、专用的方向发展，如农用工具（包括专用的谷物加工工具、手工业加工工具等）。新石器时代中后期，已有原始织机与快轮制陶，火的利用由生活领域发展到生产领域，用来烧制陶器、冶炼红铜，制造更加锐利的工具，由此，进入简单机械制造时期。

### （一）农用工具

考古学家在河北磁山、河南裴李岗、陕西老官台以及江西万年仙人洞等遗址，发现了距今 7000～8000 年的石制与骨制工具。这些工具明显已采用磨、钻、凿等工艺，有的制作得相当精细，并根据不同的需要有了一定的分工。

---

① 参见杜石然等编，中国科学技术史稿（上册），科学出版社，1985 年，第 9 页。

由于中国幅员辽阔、民族众多、地形复杂、气候不一，各个地区往往对农、牧、渔业各有侧重，因而，使用的工具各不相同，制作水平也存在差距。

1. 石锸

器身窄长，横向装柄，用于翻土，由于形状与锛相似，又称为弓背锛。陕西半坡、湖南安仁等遗址均有出土。图2-18是广东曲江石峡出土的石锸，呈长弓背形，两端有刃，一宽一窄，最长的达31厘米，是适用于华南红壤地带挖土的利器。图2-19是山东滕县出土的鹿角锸。这种锸的发现，为我们了解其装柄方式提供了实物依据。此外，江苏大墩子、内蒙古巴林左旗乌尔吉木伦河沿岸出土的石镐与锸类似，也是一种挖土工具。

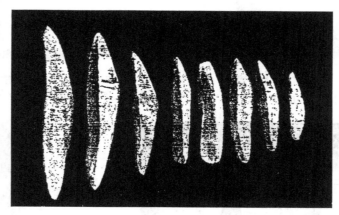

图2-18　广东曲江石峡石锸
（采自陈文华《中国古代农业科技图谱》）

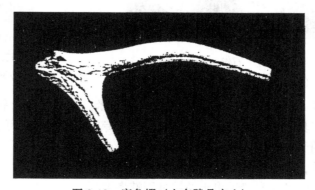

图2-19　鹿角锸（山东滕县出土）

2. 石铲

翻土工具，因形状似耜，又称耜类工具。这种器具适应性强，几乎在全国各地均有出土，且制作各异，有带肩的、凿孔的、肩部下凹的等，所有这些形式都是为装柄之用。如裴李岗出土的石铲，铲身狭长、扁薄，两端呈圆弧刃，装柄利于挖土。河南陕县庙底沟出土的方形铲，肩部两侧下凹以便装柄。图2-20是陕西宝鸡北首岭出土的舌形铲，器端虽无突肩，但两面略有浅窝，当为装柄之用。图2-21为广东曲江石峡出土的带孔石铲，加工精细、规整。图2-22为广西桂南地区出土的石铲。图中左为直腰形，中为束腰形、右为短袖形，无论哪种形式，出土数量之多都是惊人的。最大的一件高66.7厘米、宽44.8厘米、厚2.1厘

图 2-20　宝鸡北首岭舌形铲
（采自《考古》1979（2））

图 2-21　广东石峡石铲
（采自陈文华《中国古代农业科技图谱》）

图 2-22　石铲
（广西桂南地区出土）

图 2-23　河姆渡木铲
（采自陈文华《中国
古代农业科技图谱》）

米，最小的一件高 4.5 厘米、宽 3.4 厘米、厚 4.4 厘米。这些大小石铲，均加工精细、规整，是很好的实用工具。尤其值得注意的是它们已由专门工场生产，可以明显地看出农业与手工业的分离，表明了这一地区生产力的发展水平。

铲除了用石制外，还有骨制、蚌制的。如甘肃齐家山出土的骨铲，是用动物的肩胛骨或下颚骨制成，而山东滕县北辛遗址出土的铲是用蚌壳磨制，别有特色。最早很可能是用木制的，由于年代久远，木制器具不易保存。可庆幸的是浙江河姆渡遗址出土的木铲，保存得相当完好，如图 2-23，为我们研究农具的起源提供了珍贵的实物。

3. 耒、耜

据《周易·系辞》记载，"神农氏作，斫木为耜，揉木为耒"。

耒、耜都是原始农业的重要翻土工具。最初的耒就是一根尖头木棒或双尖木棒。图2-24为神农执耒图，所用的工具就是一把双尖木耒。这种工具的遗迹在陕西临潼姜寨与河南陕县庙底沟等遗址均有发现。

　　图 2-25 至 2-27，为木制、骨制、蚌制的耜。河北武安磁山、河南新郑裴李岗等遗址还出土了石耜。耜的出现，表明原始农业有了新的发展。"因天之时，分地之利，制耒耜，教民农作"，就是这种耜耕农业的反映。耜在南方是水田翻土用的主要工具，浙江河姆渡遗址出土的大量骨耜和木耜，有的骨耜残留有用绳索捆扎的木柄。骨耜中部两侧磨有一浅槽，下端有两个长孔，两孔之间相距 2～3 厘米。木柄从骨耜中间沿凹槽向下夹持，再用绳索穿过长孔捆扎在木柄下端，然后在骨耜的肩部用绳紧固。这种装柄方法既牢固又科学。河姆渡骨耜、木耜的发现表明中国的农具具有独特的传统与渊源。[①]

　　耒、耜这两种农具在少数民族地区一直被沿用至近代。图 2-28 为 20 世纪 50 年代前西藏门巴族与洛巴族使用的耒、耜。耒的制作极为简单，用一根长 1 米、直径约 5～6 厘米的圆木棒，将工作一端削尖，上方绑一横木。松土时，脚踏横木使耒尖插入土内，用力一撬即可松土。

图 2-24　神农执耒图

图 2-25　河姆渡骨耜
（采自《文物考古三十年》）

图 2-26　木耜
（浙江余姚河姆渡出土）

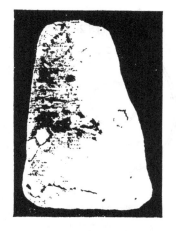

图 2-27　蚌耜
（福建闽侯县石山出土）

### 4．石锄

　　中耕除草工具。东汉刘熙《释名》释用器曰："锄，助也，去秽助苗长也。齐人谓其柄曰橿，橿然正直也，头曰鹤，似鹤头也。"可见这是一种横向装直柄的农具。

　　从全国各地发掘的情况看，这种农具应用广泛，形状各异，制作材料多样。邯郸涧沟出有穿孔蚌锄，客省庄有用动物下颚骨制成的骨锄。山东大墩子、大汶口、三里河、泰安等地出有鹿角短柄鹤嘴锄。河北承德岔沟门有簸箕形石锄。湖北大寺有双肩石锄。新疆木垒四道

---

① 参见文物编辑委员会编，文物考古三十年，文物出版社，1979 年，第 219 页。

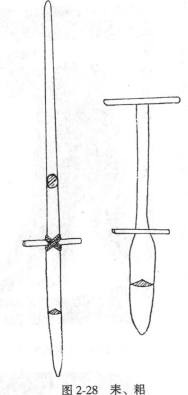

图 2-28　耒、耜

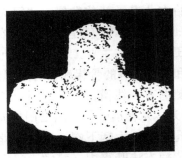

图 2-29　吉林兴城石锄
（采自《文物考古工作十年》）

图 2-30　石锄
（内蒙古富河沟口出土）

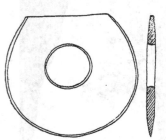

图 2-31　石锄
（南京北阴阳营出土）

沟有穿孔石锄。江苏南京北阴阳营有磨制精细的石锄。如图
2-29至图 2-31 所示。

5．犁形器

翻土工具。1979 年 10 月在江苏吴县淹湖畔出土了一批石
质犁形器，形体较大，双刃夹角呈锐角，刃唇向下斜。犁体正
面微微隆起，上有 2～4 孔，适用于南方松软土质。图 2-32 是
上海松江县汤庙村出土的三角形石犁形器。图 2-33 是浙江绍兴
出土的石犁形器。其后在山西等地也均有出土。它们是新石器
晚期用于水田翻土的新式农具。与之类似的如图 2-34 为浙江绍
兴出土的三角形犁形器（亦称破土器）和图 2-35 湖州市（旧称
吴兴）钱山漾出土的耘田器，无论哪一种类型，器身几乎均有孔，以便装柄或由绳索牵引。
犁形器的出现，对推动古代农业的发展具有重要意义。

6．石刀

收割工具，各地出土的石刀很多，形状各异，有半圆形、梳形、梯形、长方形、靴形
等。为收割方便，器身普遍穿孔，有单孔、双孔或多孔，也有无孔的，如图 2-36 至图 2-38
所示。

图 2-32 松江汤庙崧泽文化
墓葬出土石犁
（采自《文物考古工作十年》）

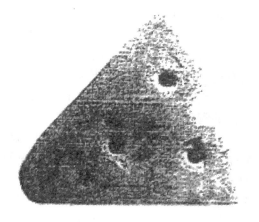

图 2-33 石犁形器
（浙江绍兴义峰山出土）

图 2-34 石破土器
（浙江绍兴狮子山出土）

图 2-35 耘田器
（浙江湖州钱山漾出土）

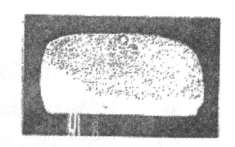

图 2-37 湖北朱家台石刀
（采自《考古学报》1989）

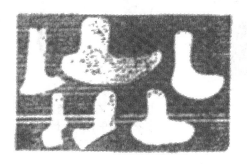

图 2-36 台湾屏东鹅銮鼻出土
新石器时代靴形石刀
（采自《文物考古工作十年》）

图 2-38 七孔石刀（江苏南京北阴阳营出土）

　　无孔刀具为手刀,用于直接握刀作业。穿孔石刀,既可以装柄,又可以直接在孔内穿绳,作业时将绳套在中指上,图 2-39 为江苏薛家岗出土的 13 孔石刀,孔与孔的间距以及孔的大小大致相等,加工精细,甘肃永靖马家湾出土的双孔石刀,通体磨光,两孔对钻而成,所有这些石刀的磨钻加工技术已相当成熟,不失为省时的先进收割工具。刀具除了石制外,还有蚌制、骨制、陶制,如陕西半坡出土的蚌刀、陶刀,广西南宁贝丘的蚌刀和内蒙古海生石流的陶刀等。

　　石刀除用作收割外,还可以用于切割、刮削等,如对竹片、纺织用纤维和皮革的加工。它是一种用途广泛的多功能刀具,像南京北阴阳营出土的七孔石刀,长约 23 厘米、宽约 7 厘米,可用于多种手工业操作。此外,在东北、新疆等牧区,有一种无孔扁刀(图 2-40),两端呈圆弧形,是制作熟皮的刮刀。刀具夹在一木杈中,木杈的另一端系一绳索,作业时手持木架,按住挂在墙上的生皮、兽毛向下,右脚踩动刮杆上的绳索,使刮刀在皮上来回摩擦,将生皮制成柔软的熟皮。图 2-41 是甘肃永昌鸳鸯池出土的石刃骨刀与石刃骨匕,制作较复杂,加工技术更高,石刃骨刀由骨柄、夹刃刀身和石刀片组成。在夹刃的一边呈弧形,并挖有一较深的凹槽。槽内镶嵌用小石片磨成的刀片。石刃骨匕的结构与制作与骨刀相似。图 2-42 是内蒙古翁牛特旗石棚山出土的石刃骨柄刀。这些刀具,通体磨光,刀刃锋利,不仅可用于采集、收割,而且是适应牧区日常生活需要的多功能刀具。

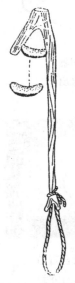

图 2-40　熟皮刮刀
(采自《考古》
1980(6))

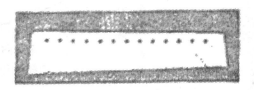

图 2-39　13 孔石刀(江苏潜山薛家岗出土)

图 2-41　石刃骨刀、石刃骨匕
(采自《考古》1974(5))

图 2-42　石刃骨柄刀
(内蒙古翁牛特旗石棚山
遗址出土)

### 7. 石镰、蚌镰

　　收割工具,这种农具不仅要有良好的切割性能,即刀刃要锋利,而且还要有一定的防滑性能以便提高切割效率。为此,在刀部增加锯齿便成为镰。如新疆阿克塔拉出土的石镰,磨制精细,呈月牙形凹刃,背厚刃薄,是一种很好的收割工具。图 2-43 和图 2-44[①] 为河南新

———————

　　① 本章插图主要来自《新中国的考古发现和研究》、《文物考古三十年》、《中国古代农业科技史图谱》、《龙岗寺》、《中国古代冶金》、《考古》、《文物》、《考古学报》、《文物天地》等书刊,因此,以下插图并未全注明采自何处。

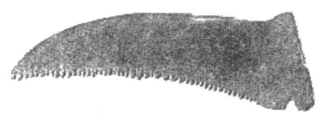

图 2-43　石镰（河南新郑裴李岗出土）

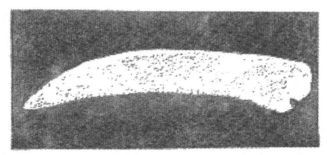

图 2-44　石镰（河南新郑沙窝出土）

郑裴李岗、沙窝出土的石镰，制作精美、形式多样。据此可知，中国的石镰至少有 8000 年以上的历史[①]，还有黑龙江嫩江下流、山东茌平尚庄、陕西临潼白家村（图 2-45）等遗址出土的蚌镰，江苏刘林、大墩子、山东泰安遗址出土的鹿角镰以及大汶口出土的獐牙勾形器，如图 2-46 和图 2-47 所示。所有这些收割工具都磨制精细，值得指出的是，齿镰制作相当困难，磨制要求很高。因此，从新石器早期出现齿镰后，至中期仰韶文化时期，齿镰渐少，到晚期龙山文化时期，镰仍以无齿为主。当金属材料出现以后，铜齿镰、铁齿镰再度兴起，不仅使齿镰成为中国古代农业收割中的重要工具，而且还成为现代收割机中的主要部件。而无齿镰，因其制作简单，使用方便，同样是传统农业中不可缺少的收割工具。由此看出，中国从古代起，镰的发展分为有齿与无齿两种。这两种形式一直沿用至今。而齿镰的变化，无不与材料、工具更新和制造技术的提高有关。

### （二）谷物加工工具

在中国原始农业发展过程中，由于生产力发展的需要，逐渐出现了对收获后的谷物进行脱粒、加工的专用农具。

1. 磨盘、磨棒

谷物加工工具。这种工具早在旧石器时代晚期已经出现，但到新石器时代，从各地出土的磨盘、磨棒来看，有了很大的改进，充分体现了精制工具阶段的特色。磨盘制作精细、实用，如图 2-48 至图 2-50 为河北磁山、河南新郑沙窝、裴李岗遗址出土的靴形磨盘、磨棒。山西武乡出土的是一种圆角长方形磨盘、磨棒。新疆喀什出土的是一种两端翘起，中间凹下，呈马鞍形的磨盘。此外，在伊吾、巴里坤出土的磨盘以体大著称，最大的长 114 厘米、宽 50 厘米、厚 20~30 厘米[②]，无论哪一种形式，都经过精心磨制，外形美观。图 2-51 为陕

---

① 参见陈文华，中国古代农业科技史图谱，农业出版社，1991 年，第 31 页。
② 参见文物编辑委员会编，文物考古三十年，文物出版社，1979 年，第 154 页。

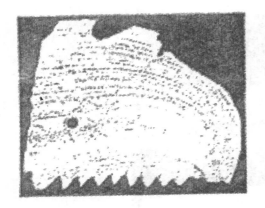

图 2-45　蚌镰（陕西临潼出土）

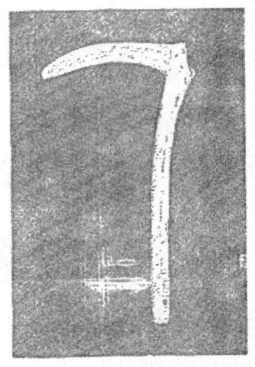

图 2-46　鹿角镰（采自《江苏历史陈列》）

图 2-47　獐牙勾形器
（大汶口文化器物）

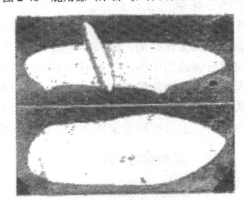

图 2-48　石磨（河北武安磁山出土）

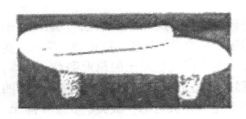

图 2-49　石磨（河南新郑沙窝出土）

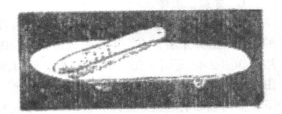

图 2-50　石磨（河南裴李岗出土）

图 2-51 石磨盘（陕西西安半坡出土）

西半坡出土的大磨盘，其表面十分光滑，凹坑深陷，说明它久经使用。

2. 杵臼

谷物加工工具。据《周易·系辞》记载，"神农氏没，黄帝尧舜作……断木为杵，掘地为臼"。江苏邳县大墩子遗址发现了三个地臼形烧土地窝（即地臼），旁边还堆放有石杵。在河南成皋等地区也发现有类似的地臼、石杵。图 2-52 为杵臼图。从考古资料看，杵臼的出现时间晚于磨盘，但至少也有 5000～6000 年的历史，其延续时间很长，至今还能见到。① 图 2-53 为江南农村仍在使用的杵臼，它的特点是对小批量谷物脱壳或杵粉都比较方便，故一直被沿用。

杵臼制作是由木质发展为石质的。浙江湖州钱山漾出土的木杵，保存完整，在这里还发现了陶臼。在草鞋山则发现了陶杵。这是古代利用陶质材料制作谷物加工工具的有意义的尝试。

图 2-52 杵臼图
（采自《古今图书集成》重绘）

图 2-53 石臼
（摄于江苏常熟毛桥）

**（三）渔猎工具**

中国氏族社会后期，无论是在黄河流域还是长江流域，农业普遍发展起来，成为人们经济生活中的主要生产活动。但是，传统的采集、打猎、捕鱼仍是重要的生产手段，渔猎工具与农具一样，有明显的改进与分工，各地出土的镞、矛、刀、铲、锥、匕、镖、钩、叉、球、网等渔猎工具，大都制作精细，造型规整。以下列举其中一些主要工具。

1. 镞

镞自旧石器时代出现以后到新石器时代变化很大。从江西万年仙人洞、陕西半坡、山东

---

① 参见陈文华编，中国古代农业科技史图谱，农业出版社，1991 年，第 7 页。

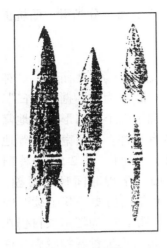

图 2-54　石镞
（陕西半坡出土）

大汶口、大范庄、江苏大墩子、黑龙江昂昂溪等遗址出土的石镞、骨镞、角镞、蚌镞来看，无论造型和制作都充分体现了精制工具阶段的工艺制作水平，已出现了三棱带短铤、双翼起脊带长铤。如图 2-54 所示，半坡出土的中部起脊、两侧有翼的圆铤镞。图 2-55 所示大范庄出土的瘦长柳叶形、扁平宽柳叶形、扁平无脊无铤形石镞；棱形、瘦长带铤、尾部短铤的骨镞。浙江河姆渡出有斜铤镞。黑龙江新乐下层文化出土的长身镞、等腰三角形镞、长三角形镞。从珠江出土的三角形、六角形、柳叶形镞。以及图 2-56 所示，黑龙江昂昂溪出土的各式玉质石镞，其中有灰碧玉质、白碧玉质、碧玉质、红玛瑙质等，且形式多样，有平底镞、圆底镞、凹底镞和带铤镞，绝大部分为实用镞。值得注意的是，广东曲江石峡出土的石镞，不仅数量多达 500 余件，相当于其他石器数量总和的两倍，而且除用作渔猎工具外，很有可能已用作武器。由此可知，镞的改进与制造技术的提高，促进了原始

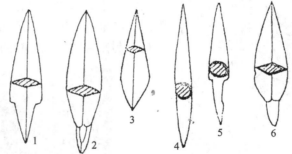

图 2-55　石镞、骨镞（山东大范庄出土）
石镞——1. 瘦长柳叶形　2. 扁平宽柳叶形　3. 扁平无脊无铤形
骨镞——4. 棱形　5. 瘦长带铤　6. 尾部短铤

渔猎业的发展。随着氏族社会的解体，私有制的出现和部落斗争的日益频繁，曾主要用作生产工具的镞将转而用于军事目的。

2．鱼叉、鱼镖、鱼钩

捕鱼工具。这些小小的用具之所以引起重视，主要是设计科学、磨制精细。这一时期出现了带单倒钩、双倒钩的骨鱼叉、角鱼叉，带双倒刺、三角刺的骨鱼镖、角鱼镖，还有带倒钩的鱼钩，如江西万年仙人洞的骨鱼镖，河北磁山的骨鱼镖、骨网梭，陕西宝鸡北首岭的骨鱼叉、骨镞和西安半坡的连柄骨质单倒钩鱼叉、脱柄双倒钩鱼叉、直钩与单倒钩的骨鱼钩等（图 2-57 和图 2-58）。

3．骨质的铲、锥、刀、匕、矛及角矛、骨矛、石矛

渔猎工具。它们均经精心磨制，如江西万年仙人洞出土的刻纹骨锥和带圆把的骨制小刀，广西桂林甑皮岩的石

图 2-56　石镞
（黑龙江昂昂溪出土）

矛，西安半坡的角矛、石矛、石匕和大溪文化
遗址出土的骨矛、石矛，不仅用于渔猎，而且
还是很好的防身武器。图 2-59 是大汶口出土的
骨矛。图 2-60 是陕西南郑龙岗寺出土的骨锥、
骨铲、骨刀、骨匕（属半坡类型）。

　　4. 陶球、陶网坠

　　随着制陶业的发展，我们的祖先利用这种
新型材料制作陶球、陶刀、陶网坠等渔猎工

图 2-57　骨鱼镖、骨网梭
（河北磁山出土）

图 2-58　骨质叉、镞、钩、镖

1. 骨鱼叉、骨镞（陕西宝鸡北首岭出土）

2. 骨鱼钩、骨叉（陕西西安市半坡出土）

3. 骨鱼镖（江西万年仙人洞出土）

图 2-59　木矛、石矛、骨矛

1. 木矛（浙江余姚河姆渡出土）

2. 石矛（山东泰安大汶口出土）

3. 骨矛

图 2-60　骨质锥、铲、刀、匕
（陕西南郑龙岗寺出土）

具。这不仅缩短了工具制作时间，还满足了渔猎业的发
展需要。图 2-61 和图 2-62 是陕西南郑县龙岗寺出土的石
球与陶球。

　　**（四）手工业加工工具**

　　这里主要指用于木器、石器、骨器、角器以及装饰
品制作的加工工具。其中有些在粗制工具阶段已经出现
过，但并非简单的重复。一些工具从农业、渔猎的通用
工具中分离出来，由生产工具转为手工业加工工具，这
是远古工具发展史的一个重大突破。如石斧、石锛、石
镬、石刀等，最初为原始农业开垦、森林砍伐的工具。其后日益小型化、规范化、系列化，
成为手工业制作的专用工具。有的还是制作生产工具与加工工具的基础性工具。

　　1. **石斧**

　　砍削工具。这种工具的显著特点是适应性广，几乎在各地新石器遗址中都有发现，如

图 2-61　石球（陕西南郑龙岗寺出土）

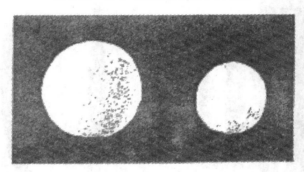

图 2-62　陶球（陕西南郑龙岗寺出土）

图2-63至图2-66所示。其中湖北宜都红花套出土的一把石斧，用花岗岩磨制而成，器形规整光滑，长 43.1 厘米、顶宽 14.5 厘米、刃宽 17.5 厘米、厚 4.7 厘米，重 7250 克，是迄今所知中国新石器时代最大的石斧。[①] 而西部边陲新疆喀什的库鲁克塔拉出土的石锤斧，器形独特，上宽下窄，上部正中有一孔是对钻而成。孔的外径 8.7 厘米、内径 4.5 厘米，在当时要钻这么大的孔实属不易。[②] 图 2-66 为台湾出土的有肩石斧。 从河北磁山、陕西半坡等

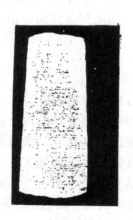

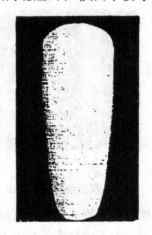

图 2-63　石斧　　　　　　图 2-64　石锤斧　　　　　　图 2-65　磁山石斧
（湖北宜都红花套出土）　（新疆库鲁克塔拉出土）　（河北武安磁山出土）

---

① 参见李文杰，试论大溪文化与屈家岭文化、仰韶文化的关系，考古，1979，(2):161。

② 参见新疆维吾尔自治区博物馆考古队，新疆疏附县阿克塔拉等新石器时代遗址的调查，考古，1977，(2)：109。

图 2-66 台湾有肩石斧
（厦门大学收藏）

图 2-67 装柄陶斧
（江苏海安青墩出土）

地出土的石斧来看，最早的通用工具是用手直接把握的手斧。其后，出现了钻孔的、有肩的，成为装柄工具。

斧绝大多数为石质，但也有用其他材料制成的，如河北台口遗址出土的角质斧。图2-67是江苏海安青墩出土的装柄宽握陶斧，它不仅使我们了解到古人在制斧材料方面的探索，也为我们提示了当时石斧的装柄方式，图 2-68 是河南临汝阎村仰韶文化遗址出土瓮棺的彩绘鸟衔鱼纹图。类似图形最早出现在陕西北首岭的彩绘蒜头壶上，距今有 6000～7000 年。关于这种图形的含义，有的学者认为是氏族部落的图腾，也有的认为是原始宗教的崇拜物。但从生产力发展的角度来看，这一时期氏族社会正处于繁荣阶段，村落的出现和生产工具的改进为原始农业的发展创设了条件。图中出现的石斧，不仅以器具造型的优美和制作的精细反

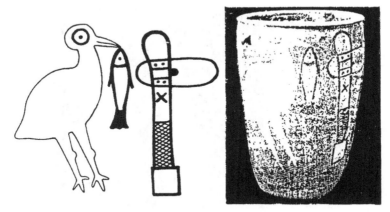

图 2-68 鹳鸟衔鱼图（河南临汝阎村出土）

映了当时制造工艺的提高，成为生产力发展的象征，而且这种工具的制造者与拥有者无疑像鹳鸟能轻易衔鱼一样更是一种权力的象征。人类在对物的崇拜的同时，第一次将生产工具作为标记载入画史，其意义是十分重大的。

2. 石锛

手工业加工工具。主要用于木器与工艺品制作，它不仅磨制精细，而且形式多样，有长方形、梯形、扁平形等，如图 2-69 至图 2-70 所示。其中有用手直接握住使用的手锛，又

图 2-69　有段石锛

（江西清江筑卫城出土）

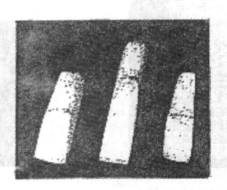

图 2-70　有段石锛

（江西修水出土）

有装柄用的复合工具锛。有适用于做大型器具的锛，也用于小型工艺品制作的锛。如广东鱿鱼岗、湖北屈家岭出土的小型石锛和江西出土的有段石锛，仅长 3.4 厘米，磨制十分精细。西藏墨脱发现的石锛，通体磨光，顶部有被长期敲砸和刃部破损的痕迹。值得注意的是，江苏武进潘家塘出土的石锛，不仅数量多，而且具有大小不一的各种规格，其中最大的一件长 29 厘米，最小的一件仅长 4 厘米。与此类似的在江西修水、广东曲江石峡等遗址也出土有不同规格的锛，如图 2-71 所示。由此看出，根据不同的加工需要，制作不同规格的加工工具，是手工业工具向专门化、系列化发展的方向，也是远古工具发展的一个重要标志。

图 2-71　有段石锛（广东曲江石峡出土）

　3．锥、钻、凿、雕、锯、刨

　　手工业加工工具，与粗制工具阶段相比，这些工具制作规整，磨制精细、锐利，用途更为广泛。尤其是当手工业从农业中分离出来后，它们便成为手工业生产中的重要加工工具。如陕西武功县及城固县出土的石凿，通体磨光，刃部锋利，是很好的凿孔工具。图 2-72 是湖北米家台出土的石凿、石锥。图 2-73 是江苏南京北阴阳营出土的石凿。从这副石凿的造型可以看出，到新石器晚期，工具的制作水平有了很大的提高，有些工具的制作，与现代金

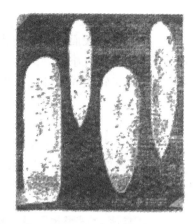

图 2-72 石凿、石锥
（湖北米家台出土）

图 2-73 石凿
（江苏南京北
阴阳营出土）

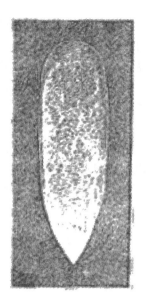

图 2-74 雕刻器
（湖北桂花树出土）

图 2-75 石钻
（西乾沟出土）

图 2-76 刨形器（河南开封出土）

属工具几乎已无多大的差别。图 2-74 是湖北松滋桂花树出土的雕刻器，近似圭形，通体磨光，双面刃，刃尖极锋利。此外，从内蒙古昭盟富河沟门出土的石锥、罗家柏岭出土的棒形石钻、陕西临潼白家村出土的牙钻和图 2-75 西乾沟出土的大型石钻，都是很好的钻、锥工具。还有在浙江发现的鲨鱼齿牙钻，很有特色。由于这种工具的使用，使骨、角制品甚至象牙器上的穿孔成为可能。[①] 锯和刨的发现虽不多，但都比较特殊，如陕西临潼白家村发现骨锯，是用大型兽肋骨制成，残长 7.9 厘米、宽 2.1 厘米，还残留有 3 个齿，磨制。山东茌平尚庄出土的蚌锯和图 2-76 是河南开封出土的刨形器，呈丁字形，两侧为把手，微凹，中部为刃，单面磨，刃呈斧状，极为锋利，柄长 25.3 厘米，刃长 6 厘米、宽 3.2 厘米。[②] 从器形看，它无疑是一种加工工具，可用于木器、骨器的推刨，所有这些工具的不断改进和制造技术的提高，促进了原始手工业的发展，并成为远古器具加工中的基础工具。

4. 陶锉

加工工具。在相继出现了陶刀、陶臼、陶杵、陶球、陶网坠时，又创制了陶锉。陕西宝

① 参见文物编辑委员会，文物考古三十年，文物出版社，1979 年，第 219 页。
② 参见开封地区文物管理委员会，河南开封地区新石器时代遗址，调查简报，考古，1979，（3）：222。

鸡北首岭和陕西南郑县龙岗寺（图 2-77 和图 2-78）以及湖北米家台等地出土的陶锉，形状相似，制法相同，这种工具的制作是将陶土制成所需要的形状，然后在器表面嵌入粟粒状的草籽，经焙烧后草籽炭化，器表面便形成蜂窝状的麻点。根据需要可制成大小不同的锉。锉身均较细长、扁平，两端很尖，平面呈棱形，这种工具主要用于被加工物表面的锉光，以及对孔、榫卯进行细加工。

5. 石锤、石砧、研磨器

在原始的各类器具加工中，凡锤击、打眼、凿孔等都离不了锤、砧。石锤有手锤，如图 2-79 是陕西南郑出土的梨形石手锤，也有装柄的锤具，如内蒙古奈曼旗大沁他拉石锤，器身厚重，扁平圆形，中间有一个对钻而成的圆孔，直径3.6厘米。细小、精致的工艺制品

图 2-77 陶锉
（陕西宝鸡出土）

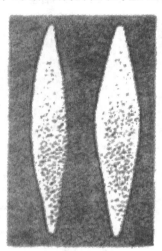

图 2-78 陶锉
（陕西南郑龙岗寺出土）

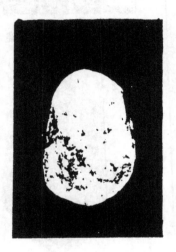

图 2-79 石手锤
（陕西南郑龙岗寺出土）

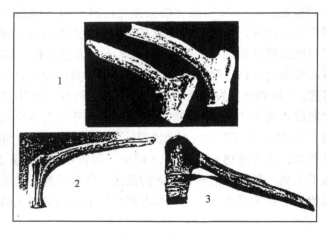

图 2-80 槌击工具
1. 扁槌（河南郑州大河村出土）
2. 骨槌（江苏吴江梅堰出土）
3. 木槌（浙江余姚河姆渡出土）

或木、竹器的加工，不需要用石锤，而用角槌、骨槌、木槌。浙江河姆渡遗址出有这种工具，如图 2-80 所示。石砧是配合锤击的垫底工具。广西甑皮岩发现的石砧，多用圆厚的砾石，器面有被打击的痕迹。[①] 磨石、研磨器用于石器、骨器、角器等器面的磨光和槽孔的研磨，一般器面平整。图 2-81，是广西甑皮岩出土的磨石，分为平面磨、槽磨两种。陕西出土的半坡类型的磨石用细石岩制成，有的因长期使用，表面被磨成凹坑。图 2-82 是一种圆型研磨器，比较特殊。

图 2-81　磨石

（广西桂林甑皮岩出土）

图 2-82　研磨器（陕西半坡出土）

6. 铜刀、铜锥、铜凿、铜钻

加工工具。从以非金属材料为主的工具到制作、使用金属工具是一个重大的历史性转变。考古工作者在甘肃齐家文化发现了距今四千年的小型铜器，其中仅武威皇娘娘台遗址出土的红铜器即达 23 件之多，有刀、锥、凿、钻、环等，如图 2-83 所示。在大何庄发现了铜匕。秦魏家发现了铜锥、铜斧。齐家坪发现了铜斧、铜刀。此外，在陕西、河南、河北、山东、新疆等地也发现少许小件铜工具，尽管这些铜工具数量少，还不普遍，外形加工也比较粗糙，但是它们揭开了工具史的新的一页，标志着木、石、骨、角质工具将逐渐被更加坚固、锐利、耐用的金属工具所代替，人类也将从漫长的野蛮阶段跨入文明社会。

图 2-83　铜刀、铜锥

（甘肃武威皇娘娘台出土）

# 三　远古机械

这里讲的"机械"，主要指的是陶轮与织机，它们的出现大大推动了原始手工业的发展，为制陶业与纺织业的兴起奠定了初步基础。

1. 陶车

新石器时代相继出现了慢轮修整与快轮制陶。中国最早的陶器出土于河南新郑裴李岗、河北武安磁山、陕西华县老官台、江西万年仙人洞等新石器时代早期遗存，距今约有7000～

---

① 参见广西壮族自治区文物工作队，广西桂林甑皮岩洞穴遗址的试掘，考古，1976 年，(3):17。

8000 年的历史，早期陶器均为手工制作，一般是把泥或沙泥搓成泥条盘接而成。有些小件器物，直接用手捏制。因此，表面粗糙，器壁厚薄不均。到仰韶文化时期（距今约有7000年至 5000 年），浙江余姚河姆渡、陕西西安半坡、甘肃兰州白道沟坪马家窑、河南陕县庙底沟、山东大汶口、四川巫山大溪、湖北京山屈家岭（早期）及浙江嘉兴马家浜等遗址，均发现有大量轮制陶器。慢轮修整，是把已经制成的陶坯，放在可以转动的圆盘轮上，边旋转，边修整陶坯。从陶器的口沿上，可以看到经慢轮修整的痕迹。大溪文化后期出现快轮制陶，至龙山文化即新石器时代晚期（距今约 5000 年至4000 年）。普遍由慢轮修整发展到快轮制陶。快轮制陶是靠陶轮的快速旋转与陶工用手提拉陶坯而成，陶器的质量有了明显的提高，其中以山东龙山文化的蛋壳黑陶为最著名。如高柄杯、大宽沿黑陶杯等。这些黑陶器坯胎轻巧、壁厚均匀、器形规整、造型优美，器壁仅厚 0.5～1 毫米，可见当时快轮制陶水平之高。

图 2-84　陶车（采自《天工开物》）

尽管目前已很难发现几千年前使用的陶车。但是，要了解这种陶车的结构还是有资料可供参考的。其一，明代宋应星《天工开物》记述的古代陶车（图2-84）如下：

车竖直木一根，埋三尺入土内，使之安稳。上高二尺许，上下列圆盘，盘沿以短竹棍拨运旋转，盘顶正中用檀木刻成盔头，冒其上。凡造杯盘无有定形模式，以两手捧泥盔冒之上，旋盘使转，拇指剪去甲，按定泥底，就大指薄旋而上，即成一杯碗之形（初学者任从作费，破坏取泥再造）。

其二，这种原始陶车，目前在云南、陕西等地还能见到。如云南景洪傣族使用的制陶慢轮，是挖一直径为 25 厘米、深 19 厘米的小坑，坑中央插入一圆木桩，为固定立轴，陶轮就套在其上，陶轮呈锥体状，约 10 厘米厚，直径上大下小，在陶轮下边中央凿一方孔，有一定深度，但上下不能凿通。在方孔里嵌入一竹管，为紧配合，竹管的直径略大于固定立轴。作业时用手或脚拨动陶轮作旋转运动，对陶坯进行修整。[①]

2. 纺坠与腰机

纺坠由纺轮与拈杆组成，是成纱的工具。腰机由卷布棍、纬刀、综杆、织梭等部件组成，是织布的机具。如距今 10 万年前许家窑人使用的"投石索"，就是用植物纤维或皮条编结的绳索与网。距今 1.8万年的山顶洞人使用磨制的骨针，将编结技术与缝制技术相结合。以后纺坠出现，使成绳的搓捻与合股融为一体，提高了绳的质量。到新石器时代，纺坠已普遍使用，目前所知最早出土的是河南新郑裴李岗与河北武安磁山。各地出土的纺轮，其形状多样，有矩形、鼓形、算珠形、梭形、圆盘形，如图 2-85 与图 2-86 所示，材质有石制、骨制、木制、陶制，重量大小不一。这种多样性固然与材料的来源不同和制作技术的差异等有关，

图 2-85　纺轮
（陕西南郑龙岗寺出土）

① 参见傣族制陶工艺联合考察小组，记云南景洪傣族慢轮制陶工艺，考古，1977 年，(4):251。

但也包含着古人的经验积累。因为纺轮的外径与重量的大小，决定着它的转动惯量，外径大而重的，转动惯量就大，适合于纺刚性的粗硬纤维，成纱较粗。反之，惯量就小，适宜于纺柔性的丝毛类软纤维，成纱就细。此外，纺轮圆盘大而轻，则旋转延续的时间就长，成纱操作省力、均匀，质量又好。因此，纺轮的变化，适用于不同纤维的成纱需要，是成纱技术不断改进的反映，也是纺织技术提高的一个重要方面。如距今约 6000 年的西安半坡遗址出土的陶器上，印有麻织物的痕迹，其经纬密只有 10 根/厘米。而距今约 4700 年前的浙江钱山漾遗址发现的麻布，其经密达 30.4 根/厘米，纬密达 20.5 根/厘米。[1] 两者的差别与成纱的质量有关。

图 2-86　石纺轮
（新疆奇台县出土）

原始腰机约在 6000～7000 年前就已出现，从仰韶文化至龙山文化，不仅能得到葛、麻、毛等织物，而且还创立了中国特有的丝织技术。西安半坡出土的纺轮、骨梭及众多陶器底部出现的布纹，说明半坡人已经能织布，使用的原料就是葛麻类植物纤维。江苏吴县草鞋山出土的织物残片，也是用葛纤维织成的。1985年浙江钱山漾出土的苎麻织物、残绢等，其经纬密达每平方厘米 48 根。可见当时纺织技术之先进。

图 2-87　原始纺织工具
（浙江余姚河姆渡出土）

1975 年考古工作者在对浙江余姚河姆渡遗址的发掘中，发现了一根硬木制作的木刀，一根折断的木棍（一端有经过削制的圆头，另一端残缺），18 件硬木制圆棒及骨梭、骨针等，如图 2-87 所示。这些物件与云南、广东、陕西等地民间仍在使用的腰机上的卷布棍、打纬刀、提综杆、织梭极为相似。当使用腰机织布时，两端用木棍拉紧经线。其中一端用两脚蹬住，另一端用绳系在腰部，使人体起机架的作用，借用腰部与两脚蹬力，使经线被拉紧。由分经棍将经线按单双上下分开，形成梭口，

图 2-88　云南石寨汉代贮具器盖上的织造图
（采自陈维稷《中国纺织科学技术史》）

---

① 参见陈维稷主编，中国纺织科学技术史（古代部分），科学出版社，1984 年，第 20 页。

提综杆提起下层经线，再由织梭穿经引纬，并随时用纬刀打紧，使织物紧密均匀，原始腰机的织造过程，可以从图 2-88 云南石寨山出土的汉代贮贝器盖上的一组铸像看到。

# 第二节　简单机械

中国远古工具机械，随着原始社会的解体而进入到古代机械的发展阶段。大体上从夏朝（公元前 21 世纪）至秦统一六国（前 221）之前，这一时期斧、钻、锥、凿、锯、钳等青铜工具逐渐代替非金属工具，到春秋战国时期，铁器的出现，又使加工工具产生了质的跃变。

## 一　中国古代简单机械的特点

中国古代简单机械的产生与发展有它自身的特点，并受着一系列因素的影响：

第一，以农业机械为主。从耕地、播种、中耕、灌溉、收割、运输到加工形成了一整套的简单作业机具与机械。尤其是春秋战国时期，各诸侯国的变法与重农，从魏国李悝采取"尽地力之教"、"治田勤谨"，到商鞅"辟草莱"（即开垦荒地），为农业机械的产生与发展创造了良好的条件。

第二，几乎与农业同时产生的中国古代纺织业，尤以丝织业最为突出，与其相配套的纺织机械，继原始腰机之后、在秦汉以前，又发明了缫车、纺车、斜织机、提花机等。可织出锦、绢、绸、纱、纨、绨、罗、绮、缟等十几个品种。1982 年在湖北江陵马山一号楚墓出土的"舞人动物纹锦"和"塔形纹锦"，是战国中期最珍贵的丝织物。它们是用当时最先进的提花机织成的。

第三，从夏、商、周至春秋战国，中国的青铜冶铸业高度发达，春秋战国之交又有冶铁业的兴起。为适应冶铸业发展的需要，从采矿、运输、冶炼到加工制造，为提高工效，产生了相应的一系列机械装备。

第四，列国纷争使军事技术受到高度重视，对古代机械的发展也起着推动作用。

第五，春秋战国时期的社会大变革，出现了百家争鸣的局面。中国古代简单机械就是在这种背景下成长发展的，其实际应用与理论基础见于《孙子》、《墨子》、《考工记》、《吕氏春秋》等重要著作。

总之，从农业、纺织、采矿、冶铸、交通、军事等方面均出现了用简单机械代替旧有工具的趋向。它们是以杠杆、斜面、滑动、轮轴等力学原理为基础发展起来的，因此，既提高了工效，又节省了劳力。在军事上，则提供了攻守兼备的新式武器装备。

## 二　各式简单机械的产生与应用

本节着重论述利用杠杆、斜面、螺旋、滑车、轮轴做功的简单机械。在某些方面适当做了历史延伸，以纵观它们的发展趋向。

### （一）杠杆

杠杆是中国古代应用最普遍的简单机械，包括桔槔、藉车、衡器等。

1. 桔槔

亦称吊杆，提升机械。王祯《农书》记载商初成汤时遇大旱，伊尹发明桔槔，"教民田头凿井灌田"。1988 年，江西瑞昌古铜矿选矿区，发现一根长 2.6 米，下粗上细的圆木杆。杆自上而下的 1.66 米处，有一弧形凹槽，正好可用绳将其系在另一立杆上。经研究，认为该杆为桔槔的衡杆，这是西周时用桔槔提拉矿石的实证。春秋战国时期，这种机械已普遍使用，《庄子外篇·天地》说：

> 子贡南游于楚，反于晋，过汉阳。见一丈人方将为圃畦、凿隧而入井，抱瓮而出灌，搰搰然用力甚多而见功寡。子贡曰："有械于此，一日浸百畦，用力甚寡而见功多，夫子不欲乎？"为圃者卬而视之曰："奈何？"曰："凿木为机，后重前轻，挈水若抽，数如泆汤，其名为槔。"

西汉《说苑·反质》亦载："卫有五丈夫，俱负缶而入井灌韭，终日一区。邓析过，下车，为教之曰：'为机重其后，轻其前，名曰桥，终日溉韭百区不倦。'"

这里讲的"槔"与"桥"，都是指桔槔，这种机械结构简单，利用杠杆原理，在河边、井边竖一立木，或就地利用树叉，架上一根横木，一端绑上配重（石块），另一端系绳（或细杆）及汲水器，用这种机械灌溉，其功效当然比抱缶而溉要高得多，如图 2-89、2-90 所示。由于它制作简易，使用方便、省力，因此用途很广。仅《墨子》一书记述用于军事方面的即有：悬挂信号、吊置屏障、皮囊鼓风等。所谓"藉（幕）长八尺，广七尺，其木也广五尺，中藉苴为之桥，索其端"，即当敌人攻城投石、抛物时，守城的士兵，用桔槔吊起屏障，以遮挡投掷物，起着防护的作用。所谓"置窑灶、门旁为橐充灶伏柴艾，寇即入，下轮而塞之，鼓橐而熏之"，即利用桔槔一端联接牛皮做的风箱，将燃烧的艾烟扇进敌人挖的地道，以窒息敌兵。

图 2-89　桔槔（采自《古今图书集成》重绘）

图 2-90　汉武梁祠石刻桔槔图

## 2．藉车

亦称抛石机，与桔槔相同，利用杠杆原理作业，是一种攻守兼备的战具。春秋末期《范蠡兵法》（已佚）记载："飞石重十二斤，为机发，行二百步。"（引《汉书，甘延寿传》）《墨子·备城门》[①] 记述：

> 诸藉车皆铁什，藉车之柱长丈七尺，其狸者四尺，夫长三丈以上至三丈五尺，马颊长二尺八寸，试藉车之力而为之困，失四分之三在上。藉车，夫长三尺，四二三在上，马颊在三分中。马颊长二尺八寸，夫长二十四尺，以下不用。治困以大车轮，藉车桓长丈二尺半，诸藉车皆铁什，复车者在之（图 2-91；图 2-92）。

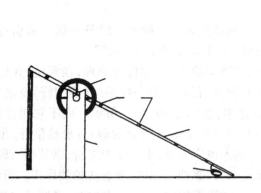

图 2-91　藉车复原侧视图
（采自《中国科学史探索》）

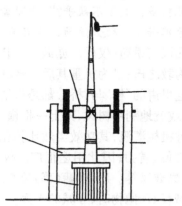

图 2-92　藉车复原正视图
（采自《中国科学史探索》）

藉车的结构是：固定柱长为十七尺，埋于地下部分为四尺，捽臂长三十至三十五尺，小于二十四尺的不能用。古人不是用一根粗大的圆木做捽臂，而是用铁丝将几根较细的圆木捆绑在一起，既增强了捽臂的强度，又增加了弹性。支点放在捽臂的四分之三处，捽臂的一端叫上端，在其顶端系一装石用的马颊。马颊长二尺八寸。为了确保投石的速度与距离，以支点为中心，在捽臂的两边各装一个飞轮，名"困"。它将人的部分拉力所形成的动能积蓄在飞轮之中，当抛石的一瞬间释放，以助石块抛掷。困的大小与抛石的距离、石块的大小、人的拉力有关。战争中需要远距离的投射。困就要做大些，拉的人也得多些，亦即"藉车之力而为之困"。唐代李善注："礮石，今之抛石也。"所以，藉车亦算抛石机。在宋朝兵书《武经总要》中也有记述。

## 3．秤

衡器，相传起源很早，《吕氏春秋》说："黄帝使伶取竹于昆仑之嶰谷，为黄钟之律，而造取衡度量。"目前所见较早的衡器实物是环形铜权，1975 年在湖北江陵雨台春秋墓出土（约公元前 5 世纪以前）。[②] 中国古代最早使用的衡器是天平。实物发现最多、最集中的是在湖南长沙、常德、衡阳等古楚国地区。1949 年以前，长沙市郊战国楚墓出土了一套十枚砝码，其中一枚刻有"钧益"两字。1949 年以后，这一地区陆续清理发掘了两千余座楚墓，其中上百座墓发现有天平与砝码。如1959 年长沙左家公山十五号战国楚墓出土的一套衡器，有一木衡杆，九枚环形铜权（砝码）、铜盘，系在衡上的丝线提襻及系在铜盘上的丝线（图 2-93）。衡杆上无刻线，杆中心有一提纽，杆两边各

①　清·孙诒让著，墨子闲话（下），中华书局，1986 年，第 465 页。
②　参见河南省计量局主编，中国古代度量衡论文集，河南中州古籍出版社，1990 年，第 298 页，第 404 页。

挂一个铜盘。九枚铜权虽无自重刻铭,但是标秤值呈倍数递增,如表 2-1 [①]。

**表 2-1　左家公山砝码量值表**

| 标秤值 | 一铢 | 二铢 | 三铢 | 六铢 | 十二铢 | 一两 | 二两 | 四两 | 八两 |
|---|---|---|---|---|---|---|---|---|---|
| 实重(克) | 0.6 | 1.2 | 2.1 | 4.6 | 8 | 15.6 | 31.3 | 61.8 | 125 |

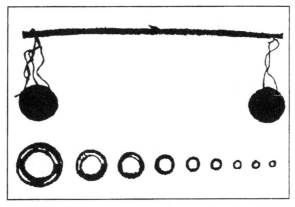

图 2-93　战国天平和砝码(左家公山 15 号墓出土)

　　从一这套衡器权的标值可推知其使用方法,与现代等臂天平的使用原理是相同的。这种衡器的结构很简单,且方便实用。

　　随着古代农业与商品经济的发展,衡器也在不断地变革,它由天平、不等臂秤到提系杆秤的这个发展过程是渐进的,在某一时期会出现各种衡器同时使用的情况。其后,不等臂秤逐渐被淘汰,而天平与提系杆秤则一直沿用至今。现存中国历史博物馆的两件铜衡(图 2-94)是安徽战国楚墓出土的(约公元前 5 世纪),为不等臂秤。

　　甲衡长 23.1 厘米,相当于战国一尺,衡上有十等分的刻度线。乙衡长 23.5 厘米,除有十等分的刻度线外,在每寸的中间还刻有半寸的等分线,比甲衡更精确。两铜衡中间的纽孔有磨损痕迹,表明衡是悬吊使用的。物与权分别悬挂在衡臂的两边。无论改变权的大小,或移动权与物在衡臂上的位置,总可使悬臂处于相对的平衡。当权与物离中心刻度线相等时,表明被称的物与权的标值是相等

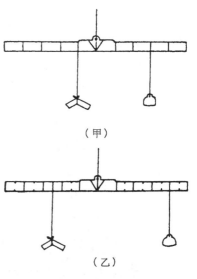

(甲)

(乙)

图 2-94　铜衡示意图
(安徽战国楚墓出土)

的。当物离衡的中心距为一寸,而权为两寸时,则物是权标值的二倍重。反之,物是权标值的一半,以此类推,可秤出不同重量的物体。

　　关于天平与不等臂秤的使用,在中国古典著作中屡有记述。其中《墨子·经说下》[②] 说得比较详细:

①　参见河南省计量局主编,中国古代度量衡论文集,河南中州古籍出版社,1990 年,第 298 页,第 404 页。

②　清·孙治让著,孙以楷点校,《墨子·闲话》,中华书局,1986 年,第 334~355 页。

　　　　衡木，加重焉而不挠，极胜重也，右校交绳，无加焉而挠，极不胜重也。衡加
重于其一旁，必捶。权重相若也相衡，则本短标长。两加焉，重相若，则标必下，
标得权也。

　　这一段说明在使用不等臂秤时，无论是本端（重臂）或标端（力臂）的任意一边，增加
重物或权。秤的平衡就会被打破，若在本端加重，则必垂，要保持衡的平衡，秤的提纽向本
端移动，若衡的提纽在衡的中间位置固定不能移动，则移动本端的提系，向中心提纽靠拢，
上述两种方法都是要维系衡的平衡。而后一种方法平衡的结果是"则本短而标长"。若在这
种平衡状态下，两边又各加相等的重物，平衡再次被打破，"则标下，标得权也"。墨子在这
里把力臂乘砝码，等于重臂乘重物的杠杆原理，被生动地描述出来了。

　　由不等臂秤向提系杆秤的发展，究竟始于何时，至今仍无定论。这里还涉及到对考古发
掘所得秦汉时期各种权的看法。有的认为这一时期的大小权是砝码（为天平与不等臂秤用）。
有的认为是砣（为提系杆秤用）。但是有一点趋于共识，即从春秋至东汉以前，已发现的石、
铜、铁等各种大小的权，多数有记重刻铭。而东汉的大小权，既无秤值的倍数关系，又不是
斤的整数倍。一个权的标值，可能是几斤几两几铢。这种情况说明每一个权是独立的，它仅
与特定衡杆的标星位置有关。此外，从出土的权来看，在常用段，每个权的重量相差不大，
一般在一至三斤之间，这也是出于使用简便考虑的权的一种特征。由此推断，至东汉（25～
280），提系杆秤已被使用。

　　中国南朝(420～589)画家张僧繇绘的执秤图(图2-95)，是迄今所见最早的杆秤图。该秤有
三纽，第三纽约在秤杆的五分之二处，它与现代使用的秤极为相似。而与此同一时代的敦煌莫高
窟北魏壁画中的执秤图，虽属提系杆秤，但秤的制作比较原始，提纽几乎仍在衡木的中央，秤盘的
篮子处于重臂一端的中间，这种杆秤依然保留有不等臂秤的痕迹，如图2-96所示。

图 2-95　南朝张僧繇绘执秤图
（采自《中国历史参考图谱》）

图 2-96　北魏执秤图（敦煌莫高窟）

图 2-97　清《两淮盐法志》中的称盐图
（采自《中国古代度量衡论文集》）

至于天平，从清嘉庆 11 年刻本《两淮盐法志》卷四海盐图还能见到（图 2-97）。这种衡器有一个很有趣的历史回归，它从开始用于称少量的黄金等贵重金属，发展为称重物。而现代的天平，已是精密量仪，用于微量测重。

### （二）斜面与螺旋

中国古代关于斜面与螺旋的利用比较早，但史料与实物较少。

#### 1. 斜面

同水平面成一倾角的平面，其倾角通称为升角，沿斜面提升物体比垂直提升要省力。基于这一力学原理，古代宫殿建筑材料上运，斜面提升是一个很好的方法。而森林砍伐，木材外运，利用山坡滚动而下，可达事半而功倍之效。这种斜面省力的经验，早在日常生活中为古人所利用。图 2-98 的石臼内壁为锥形斜面，不是垂直的圆柱形。当杵下舂时，被舂的谷物沿臼壁斜推而上，这实际就是斜面提升。当谷物沿壁升到一定高度时，在自重与震动力的作用下，又回落到底部，被二次加工。如此往复，谷物可脱壳或被加工成粉。

图 2-98　杵臼加工示意图

图 2-99　西汉有臂铁犁
（陕西咸阳出土）

又如河南辉县、河北易县燕下都出土的战国铁犁铧，均呈 V 字型，中间有一凸起的脊，使犁体略呈斜面，随着犁壁的使用，犁铧与犁壁相结合，成为真正的斜面体，如图 2-99 所示，这不仅改善了犁的入土性能，而且起到了翻垡、碎土的作用，这是犁的一次重大改进。《墨子·经下》利用斜面做实验时指出"不止，所犁之止于拖也"，就是说，可用斜面提升物体，当改变升角时，所需的牵引力也随之改变，这是墨家约在公元前 5 世纪得出的科学结论。

### 2. 尖劈

为斜面利用的一种形式。其两平面必须成锐夹角。它的锐角越小，在相同作用力下，产生的劈力就越大。早在旧石器时代如蓝田人遗址的石制尖状砍砸器，北京人遗址的石制尖状器等就都是利用尖劈原理的原始工具。到新石器时代，石刀、石斧、石镬、石锄出现，以及其后的同类金属工具，无不与利用尖劈原理有关。归纳起来，古代对尖劈的利用，主要有以下几方面：

其一，用作工具。除上述工具外，还有钻、锥、凿、雕刻器等，更重要的是，中国古代很早就懂得将尖劈与杠杆原理相结合。如陕西省凤翔县秦公一号大墓（春秋中晚期秦国国君秦景公之墓）出土的一把青铜手钳，结构合理，扣合严密，大小与现代手钳相似。其后出现的剪、铡等工具，均属这一类（图 2-100）。

图 2-100　铁剪（广州淘金坑西汉墓出土）

其二，用作兵器。从最原始的镞头，到铜、铁制的刀、枪、剑、矛等冷兵器，无不与利用尖劈原理有关。

其三，楔的应用。1974 年在浙江余姚河姆渡发现了一枚石制斧形器，经专家鉴定为中国迄今所知最早的实用楔，楔不仅可用于古代森林砍伐，也可以起紧固作用。中国古代许多宫殿建筑，可以不用铁钉，只用卯、榫和楔。楔既起张紧作用，又起连接作用。关于这方面的事例，以榨油机最为典型。图 2-101 为明代南方榨。《天工开物·膏液》对这种榨机做了如下描述：

> 凡榨木巨者，围必合抱，而中空之，其木樟为上，檀与杞次之。此三木者脉理循环结长，非有纵直纹。故竭力挥椎，实尖其中，而两头无璺拆之患，他木有纵文者不可为也。
>
> 实槽尖与枋唯檀木、柞子木两者宜为之，他木无望焉。其尖过斤斧而不过刨，盖欲其涩，不欲其滑，惧报转也。

图 2-101　南方榨（采自《天工开物》）

这里不仅对榨木提出严格的选材要求，而且对楔也是这样，指出檀、柞为宜。楔的制作，要求用斧砍制，不用推刨，使楔面保持粗糙，这样在榨时，楔一方面以巨大的劈力榨油，另一方面又利用楔面的粗糙增加了表面摩擦力，使楔与楔之间紧紧连接，以免开榨时滑脱。

此外，古代井盐开凿使用的钻头，也属于尖劈一类。如《天工开物·作咸》卷中对井盐开凿机钻头的描述："其器冶铁锥，如碓嘴形，其尖使极刚利，向石山舂凿成孔。其身破竹缠绳，夹悬此锥。每舂深入数尺，则又以竹接其身，使引而长。初入丈许，或以足踏碓梢，如舂米形，太深则用于手捧持顿下。"

### 3. 螺旋

具有螺纹的圆柱（或圆锥）体，也属斜面类简单机械，起增力、推进及连接的作用。中国古代把螺旋原理应用于实际生活中，其起源是相当早的。但以后在机械工程中，没有充分发挥它的作用，以致落后于西方。早在新石器时期，陶器除用模制外，就是用泥条螺旋式的盘旋而上制作的。如果把盘旋的泥条提起来，如图 2-102，就可以看出它是一个锥状螺旋体。

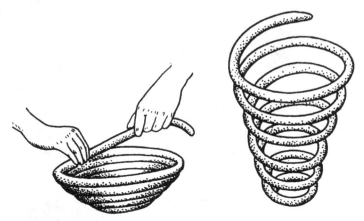

图 2-102　陶器手工制作示意图

又如，中国古代将这原理比较多的应用在古塔建筑中。著名的西安大雁塔，建于唐代高宗李治永徽三年（652），为方形砖塔。历经宋、明、清等多次修缮，现有七层，高 64.1 米。在塔内有限的面积与空间里，修一螺旋式的楼梯，结构紧凑，游人可盘旋而上，直至顶层。还有流传中国民间久广的儿童玩具——竹蜻蜓（图 2-103），用手搓蜓杆，使蜓片呈螺旋状旋转，推动空气而飞升。这与现代直升机的螺旋桨原理极为相似，它约于 18 世纪传入欧美，被称为"中国陀螺"。

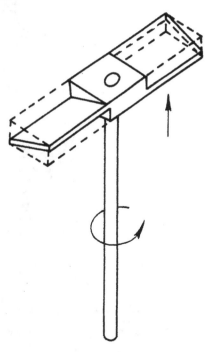

图 2-103　竹蜻蜓

### （三）滑车与绞车

以杠杆原理为基础，包括有滑车、复式滑车、辘轳、绞车等。这些机械在中国发明较早，应用也相当广泛。

#### 1. 滑车

主要构件为木架、滑轮、短轴及绳索，其核心构件是滑轮。1973 年在江苏圩墩出土一件骨制滑轮（图 2-104），中心有一圆孔，磨制光滑，直径为 2.3 厘米，属青莲岗文化江南类型（新石器时代晚期）。此后又在山东薛国故城发现两具铰具，为动物骨骼磨制而成。圆柱体、中间呈亚腰状，见图 2-105。前者虽还不能确定为用于起重机械。但它的造型与以后的滑轮极为相似。后者出现于春秋时期，这时已有滑车、辘轳。因此，很可能是实用的滑轮。

滑车是用绳索绕在滑轮中间的槽内。滑轮中穿一短轴，两端固定在木架上，这种机械叫定滑轮滑车。1988 年江西瑞昌古铜矿遗址发现滑车，滑轮为五齿形，轮宽320毫米，轮的

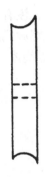

图 2-104　骨制滑轮
（江苏圩墩出土）

骨铰具（左. M1:10—1
　　　　右. M1:10—2)
图 2-105　骨铰具
（山东薛国故城出土）

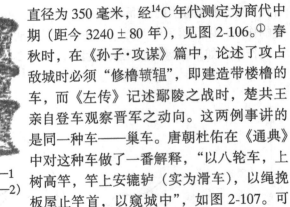

直径为 350 毫米，经 $^{14}$C 年代测定为商代中期（距今 3240±80 年），见图 2-106。[1] 春秋时，在《孙子·攻谋》篇中，论述了攻占敌城时必须"修橹轒辒"，即建造带楼橹的车，而《左传》记述鄢陵之战时，楚共王亲自登车观察晋军之动向。这两例事讲的是同一种车——巢车。唐朝杜佑在《通典》中对这种车做了一番解释，"以八轮车，上树高竿，竿上安辘轳（实为滑车），以绳挽板屋止竿首，以窥城中"，如图 2-107。可见滑车在春秋时已扩大到用于军事方面。

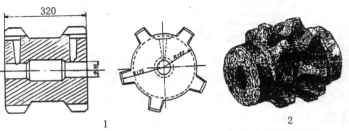

1　　　　　　　　　　2

图 2-106　滑车复原示意图（江西瑞昌古铜矿遗址出土）

1. 1988 年发现，滑车为五齿形，$^{14}$C 测定为商代中期（距今 3240±80 年）
2. 1993 年采集，滑车为九齿形，$^{14}$C 测定为春秋时期（距今 2615±80 年）

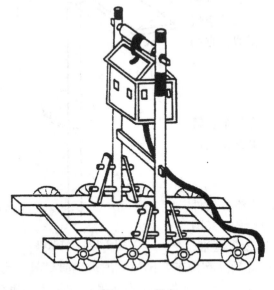

图 2-107　巢车
（采自《武经总要·攻城法》）

图 2-108　陶井及铜井架
（成都东站东乡西汉墓出土）

① 参见卢本珊、张柏春、刘诗中，铜岭商周矿用桔槔与滑车及其使用方式，中国科技史料，1996 年，第 17 卷，第 23～80 页。

秦汉时期，滑车已被普遍使用。如成都东站东乡西汉墓出土的陶井（图 2-108）、河南洛阳出土的汉陶井模型（图 2-109）及山东嘉祥桔槔画像石等，都有定滑轮装置的滑车。

明朝王圻、王思义编著的《三才图绘》[①] 记述了煮絮滑车（图 2-110）：

> 絮车构木作架，上控钩绳滑车，下置茧汤。蠥絮者掔绳，上转滑车，下微蠥内，钩茧出没汤，渐成絮段。莊子谓洴澼统者，古者纩絮絖也。今以精者为锦，粗者为絮，因蚕家退茧造絮，故有此车煮之法。

图 2-109　汉陶井模型
（河南洛阳出土）

图 2-110　煮絮滑车（采自《三才图绘》）

这种滑车与上述滑车不同之处，是用环代替了滑轮，优点是拉绳不易滑脱。作者并没有说明这种滑车始于何时。

由上所述，不论哪一种滑车，都有一个共同的特点，它们仅仅是改变了作用力的方向，使施力比较容易，但并不省力。

复式滑车，是由几个滑轮组成，俗称"胡芦"，较之单个滑车要省力。图 2-111 为《天工开物·作咸》记述的蜀省井盐汲卤机械，它由一个辘轳和两个定滑轮组成。用牛拉辘轳作动力。很明显，它比单个滑车的功效要高。还有一种复式滑车，如宋代所画的捕鱼图，在同一轴上装有直径不同的两个滑车（实为一辘一绞），直径大的为绞，作为原动力由人搬动绞车，带动直径小的辘轳转动，把罾吊起来。

2. 辘轳

为利用轮轴与杠杆原理相结合的简单起重机械。它的主要构件有木架、轮轴、曲柄及绳索，核心构件是轮轴。一头较粗，呈圆柱形，上装曲柄。另一头细长，支持在木架上。这种圆柱体本身不能单独绕轴旋转，而整个轮轴可以自由转动的方式恰好与滑轮、滑车相反。宋朝高承在《事物纪原》中记述"史佚始作辘轳"，史佚是西周初史官，实际的运用可能比这更早。至春秋战国，辘轳与滑车同时流行，并应用于农田灌溉、矿业开采、工程建筑、军事

① 参见明·王圻、王思义编著，三才图绘，上海古籍出版社，1988 年，第 1264 页。

图 2-111　蜀省井盐
（采自《天工开物》）

等方面。如《墨子·备高临》中记载的"连弩之车"，靠"引弦鹿长奴"。就是将射出去的系绳火箭，用辘轳卷收回来。1976 年陕西省考古工作者在凤翔县发掘秦公一号大墓时，发现墓室南北两侧各竖一根高 172 厘米、直径为 40 厘米的木柱，古时称为"碑"。研究者认为，为了使秦景公的棺木能顺利地下至墓室内，把两根主木当作"辘轳"，上绕绳子，两边各有数百人牵拉，以击鼓为号，有节奏地松绳，使棺木慢慢下落。这里的立柱，虽还说不上是真正的辘轳，但古代有些帝王与贵族的棺木下葬，确实有用辘轳作起吊之用的。南朝宋刘义庆在《世说新语》中讲述了这样一件事：魏明帝（227～239）在修建凌霄台时，误将尚未题字的匾挂了上去，于是"乃笼盛韦诞，辘轳长絙引上"。

中国古代有时把滑车、辘轳与绞车统称为"辘轳"。图 2-112 为辽阳三道壕汉代壁画中的"辘轳图"，图2-113为山东东汉墓画像石中的"辘轳图"，以及四川成都出土的汉代盐场画像砖上的"辘轳图"等，有一个共同

图 2-112　辽阳三道壕
汉墓画像

的特点是"辘轳"还没有曲柄。也就是说，上述起重机械还不是曲柄辘轳，仅仅是辘轳的圆柱体变成两头大、中间小的"细腰"状。这样就克服了绳容易从滑轮中滑脱的缺点。由于这种拉绳式的细腰辘轳，与滑车的工作原理相同，形式也差不多，故有时就把它们混为一谈了。实际上这是由滑车向辘轳过渡的一种形式，实质仍是一种滑车。图 2-114 为山西绛县裴家堡金墓壁画中的辘轳图，已能明显地看出是一种曲柄式辘轳。绳子绕在轮轴上，利用杠杆原理，摇动曲柄，由于回转柄的半径大于辘轳轴的半径，故可以使小力、生大力。这种辘轳在《农书》、《农政全书》、《天工开物》等古籍中均有记述，如图 2-115 所示。据王祯《农书》记载，在元代，为了提高汲水效率，便用"双绠而顺逆交转所悬之器，虚者下，盈者上，更相上下，次弟不辍，见功甚速"。一轴之上沿相反方向绕两根绳索，并各系一个汲水器，使其交替汲水，确实提高了功效。

　　3. 绞车

　　为古代起重机械，其结构与原理基本和辘轳相同。只是绞车手柄的回转半径比卷轴的半径要大得多。因此，它在提升重物时更省力。1973 年在湖北铜绿山矿冶遗址发现了春秋战国时期的"木辘轳轴"，实际上是绞车的卷轴（图 2-116），这是迄今中国发现实物最早的。其轴长 250 厘米，两头砍出轴头，轴的两端各有两排疏密不同的孔。疏孔为 6 孔，密孔为 14 孔。疏孔用于安装手柄，密孔沿轴一周均匀分布，以便在孔内镶嵌长木条。用这种方法，既减轻了整个卷轴的重量，又增大了卷筒轴的半径，改善了提升能力。

图 2-113 山东东汉墓画像石

图 2-114 山西绛县金墓辘轳图

图 2-115 单辘轳
（采自《天工开物》）

关于绞车的记载，晋史卷一百七，石季龙（约 336）："邯郸城西石子冈上有赵简子墓，至是季龙令发之。初得炭深丈余，次得木板原一尺。积板厚八尺乃及泉。其水清冷非常。绞车以牛皮囊汲之。"又如北宋曾公亮（998～1078）的《武经总要》前集卷十二，其中载有

图 2-116　木绞车轴（湖北铜绿山古矿井遗址出土）

"绞车,合大木为床,前建二叉手柱,上为绞车,下施四单轮,皆极壮大,力可挽二千斤"[①]。

### （四）轮轴

两物触地,在相同的条件下,滚动比滑动省力。这一力学原理,人类在很早以前就已经懂得利用。如远古时期,古人发现要搬运砍伐下来的木材,除用人抬以外,还可用拖拉的办法,但都不如将圆木滚动省力。使圆木作滚动运动,很可能是启迪轮轴产生的一个重要因素。新石器时代中晚期的陶车,是最早利用轮轴的原始机械。由此,轮轴的转动与滚动,产生出各式各样的机械。除上面已经提到的滑车、辘轳、绞车外,还有纺车、水碾、水磨、翻车等,这些机械将在以后的章节中论述。下面所要列举的是一些日常应用、看起来非常简单的轮轴机械,但正是它们的出现,孕育了更复杂、更先进的轮轴机械。

#### 1. 车

轮轴机械中最典型的机械。早在商周,车已经是军事上不可缺少的装备,在春秋战国,车战已成为军事上一种主要的作战方式。双方交战,出动的战车,少则几十辆,多则上千辆。如《孙子·作战》篇所描述的"驰车千两,革车千乘,带甲千万",不仅如此,在作战中动用车辆的种类也很多,仅《孙子》、《墨子》著作中所提及的车就有:驰车、革车、楼橹、辎辒、云梯、冲车、轩车、藉车、弩车等,真是轻重结合,攻、守、瞭兼备。因此,当时各诸侯国拥有战车的多少,是该国军事实力强弱的一个重要标志。除此而外,有帝王、贵族用的车,有一般平民用的车,有运输用的车,有独轮车、双轮车、三轮车、四轮车及多轮车,车成为中国古代轮轴机构中最为显著的一种系列机械。

图 2-117　商代轮（河南安阳殷墟出土）

自 1936 年从河南安阳殷墟首次发现商代车辆（如图 2-117）后,陆续在陕西长安张家坡、山东胶县西庵发现西周车辆。在河南陕县上村岭虢国墓发现春秋车辆。在河南辉县琉璃阁发现战国车辆等。这一系列古代不同时期车辆,均为木质结构。只有在重要部位,有的装有青铜构件。1980 年在陕西省临潼县秦始皇陵封土西侧发现的一号、二号铜车,这是中国首次发现秦代全金属结构制作的车辆,整车结构设计合理,外型优美,制造工艺精湛,它既是中国古代轮轴机械中的杰出代表,也是古代机械工程高度发展的典型。

#### 2. 石碾

谷物加工机械。《天工开物·攻稻》记载:"凡碾（指碾）砌石为之,承藉、转轮皆用

---

①　刘仙洲,中国机械工程发明史,科学出版社,1962 年,第 22～23 页。

图 2-118　石碾（采自《天工开物》）

图 2-119　石磙子（采自《天工开物》）

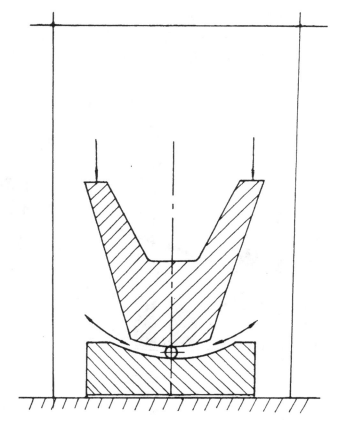

图 2-120　踹石砑光示意图

石。牛犊马驹，惟人所使。"从图2-118中看出，石碾为圆轮形（也有的为圆柱体）。无论哪一种形式，由于简单、方便、耐用，在农村一直沿用至今。

3. 石磙子

中国北方的盖种工具。每当秋季作物收割、翻耕、播种之后，紧接着就要用石磙子碾压，使种子很好地着床，有利于出芽。这种石磙子有两个小石轮（亦叫陀），中穿一细长的轴，工作时如《天工开物·乃粒》所说"用驴驾两小石团，压土埋麦"。这种轮轴工具简单、实用，至今在北方一些农村仍沿用着。

4. 踹石

用于丝织物整理的机械。从外型看，它既无轮，又无轴，似乎与轮轴机械无关（图2-120）。但其工作原理却是利用滚动。这种机械的主要构件有扶手架和踹石（分上下两部分），重达千斤。踹石的上半部呈元宝状（故又称元宝石），底部为圆弧形，下半部踹石呈微凹圆弧形，内放用木轴卷的丝织物。工作时，由一人手扶木架，两脚踩在元宝石的两尖端，慢慢用力，使上踹石左右滚动，碾压放在下踹石内的织物。经过反复踹磨，织物就变得柔软、平挺、光泽，提高了它的品位。一直流传民间的制鞭炮机，与踹石有相似的工作原理。它是利用悬吊的半圆形木摆轮，碾压置于轮下的鞭炮身，使鞭炮越碾越紧。

5. 研朱

朱砂加工机械。在柱下端固定一短轴，轴上穿一铁碾轮。短轴不能转动，而铁轮可绕轴旋转。轮下有一月牙形铁碾槽，立柱上端穿在一个三角架内，可动（图2-121）。

1987年4月，陕西省扶风县法门寺宝塔地宫发现了一件鎏金团花银锅轴，是碾茶的轮轴工具，制作精细。采用银制，对碾茶有利，可保持茶的原有品味。其形状与研朱的碾与槽

图2-121　研朱（采自《天工开物》）

几乎完全相同（图 2-122）。就是在今天，这种工具仍可在中药房见到，陕西关中农民则用它来碾制辣椒粉。

图 2-122　鎏金壶门座茶碾子（陕西扶风法门寺出土）

## 参 考 文 献

安金槐主编．1992．中国考古．上海：上海古籍出版社

曹础基著．1985．庄子浅注．北京：中华书局

陈维稷主编．1984．中国丝织科学技术史（古代部分）．北京：科学出版社

陈文华主编．1991．中国古代农业科技史图谱．北京：农业出版社

杜石然等著．1985．中国科学技术史稿（上册）．北京：科学出版社

郭可谦、陆敬严编．1987．中国机械发展史．北京：北京机械工程进修大学出版社

林耀华主编．1984．原始社会史．北京：中华书局

刘仙洲编著．1962．中国机械工程发明史．北京：科学出版社

马承源主编．1988．中国青铜器．上海：上海古籍出版社

宋应星（明）著．1976．天工开物．广州：广东人民出版社

孙诒让（清）著．1986．墨子·闲话（上、下）．北京：中华书局

王圻、王思义（明）编著．1988．三才图绘．上海：上海古籍出版社

文物编辑委员会编．1979．文物考古工作三十年．北京：文物出版社

文物编辑委员会编．1990．文物考古工作十年（1979～1989）．北京：文物出版社

# 第三章 机 构

机构是由两个以上构件组成且各部分间具有一定的相对运动的装置，能传递、转换运动或实现某些特定的运动。中国古代在机构的设计和应用方面有许多重要的发明创造，本章主要根据古代文献资料以及传统机械，对有代表性的实例加以介绍和探讨。

## 第一节 连 杆 机 构

中国古代对于连杆机构的应用有许多实例，这里介绍有代表性的几种机械。

### 一 卧轮水排、马排、水击面罗

水排是一种水力鼓风机械。其原动力为水力，通过曲柄连杆机构将回转运动转变为连杆的往复运动。马排与水排一样也是鼓风机械，其结构和传动机构相同，只是原动力不同。

关于水排的记载，最早见于《东观汉记》、《后汉书》等文献。《后汉书·杜诗传》称："（建武）七年（31），遇南阳太守，……善于计略，省爱民役。造作水排，铸为农器，用力少，见功多，百姓便之。"[1]唐李贤注："冶铁者为排以吹炭，今激水以鼓之也。"这是关于杜诗在东汉初年到南阳做太守时制造水排之事的记载。三国时期水排有了进一步的推广。《三国志》载："旧时冶作马排，每一熟石用马百匹；更作人排，又费功力；暨乃因长流为水排，计其利益，三倍于前。在职七年，器用充实。"[2]这说明韩暨也用河流水力作为水排的动力，推广应用。这记载表明，马排在中原地区还广为应用。当时熔化一次矿石要"用马百匹"，可见其冶铁工场已有相当大的规模了。韩暨的重要贡献是通过技术改造将马排换为水排，提高了工作效率。

早期的水排应当与马排一致，是卧轮式的。在王祯《农书》中有关于卧轮式水排构造的描述："其制，当选湍流之侧，架木立轴，作二卧轮；用水激下轮，则上轮所周 绫索通缴轮前旋鼓，棹枝一侧随转。其棹枝所贯行桄而推挽卧轴左右攀耳，以及排前直木，则排随来去，搧冶甚速，过于人力。"[3]现传本王祯《农书》所绘原图（图3-1a）有误，刘仙洲先生参考文字叙述绘出了稍加修正的水排图（图3-1b）。早期的卧轮式水排发展到王祯《农书》成书时代，其构造已相当完善，但连杆装置却始终是这种机械的主要传动机构，起着将旋转运动转换为往复运动的作用。

由水排的构造可以大致推想马排的机构。在立轴上装一个或两个横杆，由马拉着横杆转动，再在立轴上部装大绳轮，用绳套带动小绳轮。在绳轮上装曲柄，再由连杆和另一曲柄将

---

① 《后汉书·杜诗传》卷三一。

② 《三国志·魏书·韩暨传》卷二四。

③ 王祯，《农书》，"农器图谱集之十四""利用门"。

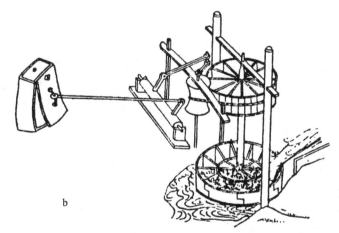

图 3-1 卧轮式水排

a 原图；b 修正图

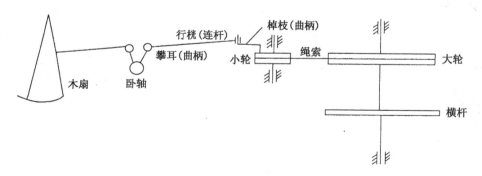

图 3-2 马排结构

动力传到卧轴，使其发生摆动。再由卧轴上的曲柄和另一连杆推动木扇，使它往复摆动，而达到鼓风的目的。[1]下图是马排机构的推想图（图3-2）。

图 3-3　水击面罗

水排和马排都应用了典型的曲柄连杆机构。这种机构也被应用到另一种传统机械"水击面罗"上。王祯《农书》在介绍这种机具时说："水击面罗，随水磨用之，其机与水排俱同，按图视谱，当自考索。罗因力互击椿柱，筛面甚速，倍于人力。"书中还绘有水击面罗的图形，可以看出其构造形式（图3-3）。

## 二　人　力　砻

图 3-4　制烛用磨

砻是用以去掉稻粒外壳的一种机具。在王祯《农书》、《农政全书》、《天工开物》等书中均有记载并绘有图形。它是用绳悬挂横杆，再用连杆和砻上的曲柄相连。当用两手往复地并且稍有摆动地推动横杆，就可以经过连杆曲柄等构件使砻的上半旋转。这种机构从原理上看，具有曲柄连杆机构的作用，可以看作一种曲柄连杆装置。《天工开物》还记载了制造蜡烛用的石磨（图3-4），其传动机构与同书所载人力砻（图3-5）相同。

图 3-5 箸

## 三 脚 打 罗

脚打罗与水击面罗一样都是用于筛面的粮食加工机械，不同的是脚打罗是利用一部分身体的重力通过两脚工作。它把面罗悬在一个大面箱之上。其两边各装一杆，通到箱的外部，安于两杆上的一横杆又与一摇杆相连。此摇杆装置在下部安有踏杆的横轴上。当人用两脚交替踩动踏杆的两头时，摇杆左右摆动，带动面罗往复运动。又在通到箱外的两杆上，按左右往复摆动范围装有两短横杆，并在中间立一个撞杆（《天工开物》插图注为撞机），在来回摆动时，各撞击一次，以增强筛面的效果。人在工作时可坐在凳子上，以减轻劳累程度。脚打罗的传动机构也属于连杆装置。

图 3-6 脚打罗

## 四 脚踏纺车、轧花机、脚踏缫车

脚踏纺车的传动机构采用了曲柄、踏杆等机件。中国最早反映脚踏纺车的图像出自 1974 年在江苏省泗洪县曹庄出土的东汉画像石。[①]这种纺车由脚踏机构和纺纱机构组合而成。纺纱机构属于绳带传动，而脚踏机构从原理上看相当于一曲柄连杆机构。不少文献资料载有脚踏

---

① 参见陈维稷主编，中国纺织科学技术史（古代部分），科学出版社，1983 年，第 180 页。同书第 199 页载有南京博物院提供的画像石刻图形。

纺车的图形。如东晋画家顾恺之为汉代刘向《列女传·鲁寡陶婴》所配插图，原图虽久已失传，但历代均有翻刻本可据以考察。宋刻本《新编古列女传》的插图展示了这种纺车的工作情形（图3-7）。王祯《农书》记载了用于纺棉的脚踏"木棉纺车"和用于加捻麻缕的"小纺车"（图3-8），以及可控制缕纱张力的脚踏纺车"木棉线架"（图3-9）。三种脚踏纺车均配有图形。根据记载和图形（图中某些结构表示得不太清楚），脚踏机构可分为踏杆、凸钉和曲柄三个部分。踏杆与凸钉座相衔接处装有铁质凸钉，构成一滑动配合机构，与木船上装置的使橹能前后左右摇动的结构相类似。踏杆中间刻一小凹穴与凸钉配合。在大绳轮轴头装有曲柄。曲柄与踏杆的一端相连接。当脚踏杆左右两侧（以凸钉为支点）交替被踩动时，通过曲柄带动绳轮，使纺纱机构工作。这种机构至今在民间仍能见到。

图3-7　脚踏纺车

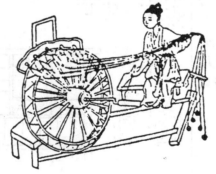

图3-8　小纺车　　　　　　　　　　　　图3-9　木棉线架

脚踏机构除了凸钉滑配式结构外，还有"窍"式，其历史尤为久远。这种结构在东汉画像石所绘脚踏纺车中已经存在。清褚华《木棉谱》对这种配合有较详细的介绍。"窍"式结构不用曲柄，而是在绳轮轮心边的轮辐上开一个"窍（孔）"。踏杆前端，穿过"窍"而稍长，在孔中能自由进退，从而带动大绳轮旋转。由于踏杆在"窍"中须自由进退，故后端采用木质山口托架支承形式。[①] 这实际上已具有飞轮的作用，利用绳轮转动的惯性，使其保持

───────────────

① 参见陈维稷主编，中国纺织科学技术史（古代部分），科学出版社，1983年，第184页。

连续回转。

轧花机是一种去除棉籽的机械。王祯《农书》记载的"木棉搅车"是三人操作的手摇轧花机。明代在此基础上发展出一人操作的轧花机。《农政全书》在说明了轧花机的结构后指出："今之搅车，以一人当三人矣。所见勾容式，一人可当四人；太仓式，两人可当八人。"[①] 书中还绘出了这种轧花机的图形，其主要的运动是把左脚向下的踏动间接传

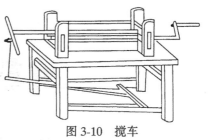

图 3-10 搅车

递到一轴上，使它连续转动，相当于曲柄连杆机构（图 3-10）。这种类型的工具在某些地区也仍有保留，其构造如图 3-11 所示，[②] 在桌上固定一个木架，架上部横安一木轴，一铁轴。铁轴在上，木轴在下。木轴右边装有曲柄。铁轴左边安装具有飞轮作用的十字形木架。工作时右手转动曲柄，与曲柄相联的辗轴随之转动，左脚踏动踏杆，使辗轴与下轴作等速运动，方向相反。如此二轴相轧，左手将仔棉添入轴间，则棉花被带出车前，棉籽落于车后。

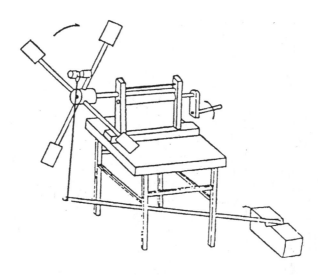

图 3-11 搅车构造图

《天工开物》还记载了另一种轧花机"赶车"，用绳子将辗轴一端的曲柄与踏杆相连。其作用也与曲柄连杆装置相当。

脚踏缫车的主要传动机构为较典型的平面曲柄连杆机构。北宋哲宗时人秦观所著《蚕书》对缫车作了较详细的描写，但未配图，有关脚踏机构的构造也未说明。王祯《农书》在复述《蚕书》有关文字后指出："上文云'车'者，今呼为'軖'。軖必以床，以承軖轴。轴之一端，以铁为'袅棹'，复用曲木撥作活轴，左足踏动，軖即随转，自引丝上軖，总名曰'缫车'。"[③] 在"軖必以床"一句下，王祯诠曰："《农桑直说》云，軖牀下鼎一尺，轴长二尺，中经四寸，两头三寸用槐木，四角或六角，辐通长三尺五寸。六角不如四角。軖小则丝易解。"元初司农司编撰的《农桑辑要》对脚踏缫车的构造和工作过程也有详细的介绍。王

① 徐光启，《农政全书》卷三十五，"蚕桑广类"。
② 参见刘仙洲，中国机械工程发明史（第一编），科学出版社，1962 年，第 33 页。
③ 王祯，《农书》，"农器图谱集之十六"，"蚕缫门"。

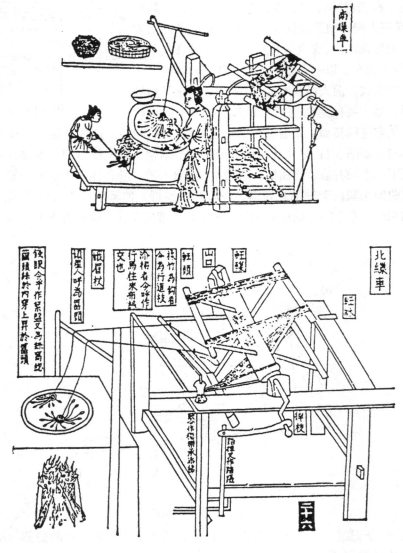

图 3-12 缫车

祯《农书》除文字记述外，还载有南、北缫车示意图（图 3-12）。

　　脚踏缫车是在手摇缫车的基础上发展而成的。大约在唐宋之间，脚踏机构被普遍用于缫车。如使用手摇缫车，一人投茧索绪添绪，另一人手摇丝軖，须两人合作。脚踏缫车在丝軖的曲柄处接上连杆并和脚踏杆相连接。用脚踩踏杆作往复摆动，通过连杆带动丝軖曲柄。利用丝軖回转时的惯性，使其保持连续转动，带动整台缫车运转。这样可使索绪、添绪和回转丝軖由同一人分别用手和脚来操作。

　　踏板或踏杆有所不同，如王祯《农书》中的南缫车为一平放于地的长踏杆，而北缫车则采用踏板。关于踏板的构造，清人沈公练《广蚕桑说辑要》有详细说明："脚踏板，用尺五寸长、六寸宽木一块，上制两耳以为底，再用八寸长厚板一块，削成履样，缀二准嵌于底木两耳上，直镶二尺小木条，头裁榫口，另用二尺小木条，一头凑于直木之榫口，以竹钱贯之，一头凿成圆孔贯于轴柄，踏动板木，可屈可伸，即随之转矣。此《蚕桑辑要》法。"图 3-13 为清人袁克昌为《蚕桑合编图说》所绘缫车插图，脚踏板及脚踏机构在图中表示得比较清楚。

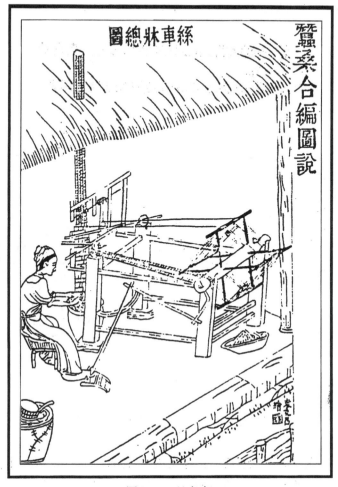

图 3-13　丝车床

　　浙江省杭州市中国丝绸博物馆收藏的脚踏缫车的踏板活套在轵床柱脚地面处支承架的水平短轴上。踏板上固定安装一竖杆与踏板垂直，竖杆上端有短圆榫，与水平连杆活榫连接，连杆的另一端活套于轵轴的曲柄上。脚踩踏板，则竖杆以水平短轴为轴心来回摆动，带动连杆往复运动，从而使曲柄带动丝轵转动（图 3-14）。

# 五　界　尺

　　界尺是中国传统的作画工具，在界画绘制时用以作出平行线。界尺即平行尺，可视为平行运动机构。它由相等的上下二尺与等长的两条铜片杆铰接而成。当下尺方向确定后，用左手

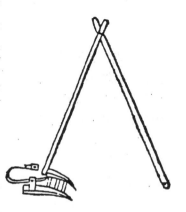

图 3-14　踏脚板式

按住，改变铜杆与直尺所夹角度，上尺就形成与下尺平行的直线。杭州市园林局设计室保存有明代界尺和槽尺。槽尺为用毛笔画直线时所用工具，可与界尺配套使用。图3-15为界尺实物与实测构造图。[①] 从机械原理看，界尺实为一平面连杆机构。

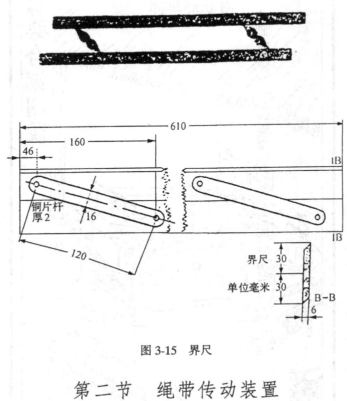

图 3-15　界尺

## 第二节　绳带传动装置

绳带传动装置是通过绳带传递动力、运动或转换运动的机构，在中国古代和传统机械中应用十分广泛。本节具体介绍古代机械中一些典型的绳带传动实例。

## 一　纺　车

上节曾介绍脚踏纺车，它的工作机构的动作最后是通过绳带传动得以实现的。脚踏纺车是在手摇纺车的基础上发展起来的。手摇纺车在汉代已经普遍应用。1976年山东临沂金雀山西汉墓出土的帛画（图3-16）上已有纺车的图形。在山东滕县宏道院、龙阳店和江苏铜山洪楼等处的汉画像石上也有纺车图形。最初的纺车为单锭，主要机件包括锭子、绳轮、绳带和手柄。图3-17为汉墓壁画上的纺车图形，[②] 它清楚地反映了手摇单锭纺车的结构形式。大绳轮的轴上装有一曲柄，通过曲柄转动大绳轮，由绳带动锭杆（轴），使锭子高速旋转达到纺线的目的。这种只纺一条线的纺车至今在农村仍容易见到。

①　沈康身，科技史文集（第八集），界画，视学，透视学，上海科学技术出版社，1982年，第160~161页。

②　刘仙洲，中国机械工程发明史（第一编），科学出版社，1962年，第86页。

图 3-16  汉墓壁画的纺车图形                    图 3-17  单锭纺车

单锭纺车经改进发展出双锭和多锭纺车，最后演变成大纺车。

大纺车是在各种普通纺车的基础上发展起来的。中国最早对大纺车作详细记载的著作是王祯《农书》，并配有图形（图 3-18）。虽这配图只是示意，但却是研究元代大纺车结构的主要依据。书中的记载为：

> 大纺车其制长二丈余，阔约五尺。先造地拊木框，四角立柱，各高五尺。中穿横栻，上架枋木，其枋木两头山口，卧受捲纑长轩铁轴，次于前地拊上立长木座，座上列臼，以承辒底铁篗。辒上俱用杖头铁环以拘搅轴。又于额枋前排置小铁叉，分勒绩条，转上长轩。仍就左右别架车轮两座，通络皮弦，下经列辒，上拶转轩旋鼓，或人或畜转动左边大轮。弦随轮转，众机皆动。上下相应，缓急相宜，遂使绩条成緊，缠于轩上。昼夜纺绩百斤。[①]

中国历史博物馆曾根据王祯《农书》和《农政全书》的有关记载和图形制作了水力大纺车的复原模型。图 3-19 为其示意图。人力大纺车与此只是原动机构不同。只要将大纺车左侧竹轮直径增大，在轴端装上手柄，利用人力摇转即可。

大纺车的加捻卷绕机构由车架、锭子、导纱棒和纱框等组成。车架上方左右各装一根枋木，其中央各有一山口形的轴槽，纱框长铁轴的两端即卧放在轴槽内。长铁轴固装四角形或六角形的木纱框即"轩"。为使纱框上卷绕的已加捻麻缕（"纑"）能顺利卸下，纱框一个角的两横辐要做成活络的，与缫车的轩相类似。纱框长铁轴右端装一有凹槽的木轮（"旋鼓"）。锭子部分是在车架下方装置一长方木板，其上有 32 个间距相等的木轴承（"臼"），用以承托锭子（"辒"）底部的铁锭杆（"篗"）。同样数目的"杖头铁环"楔入木板以固定锭子，使其卧置于车架之下。每一锭杆都由木轴承和铁环承托。

大纺车的传动机构由两部分组成，一是传动锭子的部分，另一是传动纱框的部分。大纺车车架左侧安装竹轮，右侧安装另一竹轮，利用称为"皮弦"的皮带贯通两轮。下皮弦依靠

---

①  王祯，《农书》卷二十二，"农器图谱·麻苎门"。

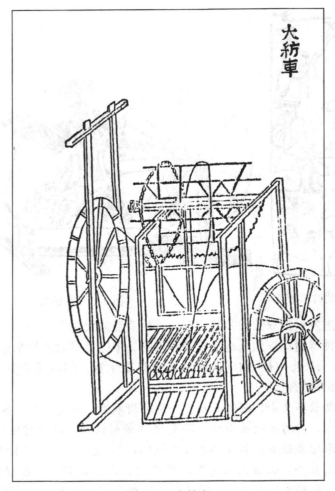

图 3-18　大纺车

图 3-19　水力大纺车复原示意图

自重直接压在锭杆上，当左侧的主动轮转动时，通过皮弦对锭杆的摩擦传动，使锭子旋转。纱框的传动，是通过一对直交的木轮（旋鼓）与绳带的作用实现的，即由上皮弦的摩擦带动右端下面的小旋鼓旋转，再通过绳套带动上面的旋鼓旋转。这对旋鼓传动的速比，影响着麻缕的捻度。通过两部分绳带传动，使锭子与纱框按一定的速比相应地运转（图3-20）。即王祯所说的"众机皆动，上下相应，缓急相宜"。

由于纺锭较少，手摇纺车都采用绳弦来传动，而且常将绳弦交叉，使其在锭杆上所包围的弧度较大，不易打滑。大纺车要使几十个锭杆同时转动，传动带与锭杆接触面又极小，故采用皮革作传动带，因其既重又软，增强了对锭杆的摩擦力。皮革价高，使用一段时期后表面磨光，摩擦力减小，因而明末也用绳带加涂料的办法来代替皮带。

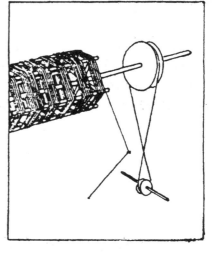

图 3-20　旋鼓与绳带

## 二　脚踏缫车的绳带装置

本章第一节介绍了脚踏缫车的连杆机构。此外，还

图 3-21　脚踏缫车

有一个重要的传动机构即绳带传动装置。

图3-21为《天工开物》原刻本中的脚踏缫车图，与杭州丝绸博物馆收藏的脚踏缫车对比，主要结构基本相同。在煮茧锅或缫丝盆上方设有"钱眼"[①]或"竹针眼"[②]。丝缕从丝眼往上要绕过"锁星"[③]（或称为"星丁头"[④]，清代则称"响绪"），即套在上方小轴上的芦管或竹管。丝缕绕过锁星后，转向下方通过"添梯"[⑤]（又称"送丝杆"[⑥]、"丝秤"或"抽枪"[⑦]）上面的送丝钩，绕到丝轩上去。所谓"添梯"（图3-22a）即横动导丝杆，它的横动是通过绳带传动实现的。

宋秦观《蚕书》对脚踏缫车的绳带传动机构有清楚的记述："车之左端，置环绳。其前尺有五寸，当车床左足之上，连柄长寸有半。匼柄为鼓，鼓生其寅以受环绳。绳应车运，如环无端，鼓因以旋。鼓上为鱼，鱼半出鼓，其出之中，建柄半寸，上承添梯。添梯者，二尺五寸片竹也。其上揉竹为钩以防系，窍左端以应柄，对鼓为耳，方其穿以闲添梯。故车运以索环绳，绳簇鼓，鼓以舞鱼，鱼振添梯，故系不过偏。"[⑧]这里被称为"鼓"的木制圆鼓轮，在《广蚕桑说辑要》中称为"牡娘

---

①，③，⑤　参见秦观，《蚕书》，丛书集成初编本。

②，④，⑥　参见《天工开物·治丝》。

⑦，⑧　沈公练著，仲昂辑补，《广蚕桑说辑要》卷下，丛书集成本。

镫"，并绘有说明"牡娘镫绳式"的图形（图 3-22b）。圆鼓中心开圆孔，活套于轵床架左侧竖直的短圆榫上。外缘有绳槽，用一绳将其与轵轴上的绳槽相套。鼓的上面横穿在两凸耳中的短轴称为"鱼"，一端露于鼓缘之外，其上有圆榫，成为偏心轴，与添梯套接。转轴转动时通过绳套带动鼓和鱼旋转，鱼上的偏心轴便作圆周运动。而添梯的另一端贯穿在轵床右侧的柱孔中，这样在偏心轴作圆周运动时，整个添梯就作往复运动。这时在添梯送丝钩的作用下，丝缕"横斜上轴"，被交叉分层卷绕在轵上。

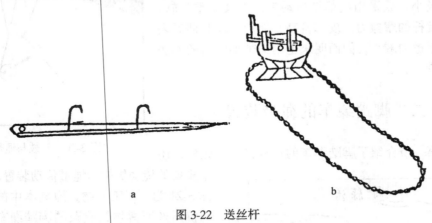

图 3-22　送丝杆
a. 添梯；b. 牡娘镫绳式

绳带在传动中起着重要作用。《广蚕桑说辑要》称："镫宜桑木。绳以棉绞者为上，棕绞者次之。凡丝之成片，必由于镫。镫之灵否，半由于绳。"[1]说明绳的质量对传动有很大影响。

缫丝机的绳带偏心装置是中国古代的一种典型机构，卧轮式水排也有这种传动方式。这一装置巧妙地将圆周运动转换成直线往复运动。李约瑟高度评价此项发明在世界机械史上的重要地位。他指出："在蒸汽机的祖先中另一个需要考虑的是中国的卷丝机或绕线机。我之所以要回溯到 11 世纪，乃因其时有一本著作对此已充分加以描述，即秦观（卒于 1101 年）所著的《蚕书》。"[2]在说明了这种机构的原理后，他进一步得出结论："这样我们得以提到了蒸汽机的两个组成部分，但还不是全部三个部分。我们立即可以看到在 15 世纪的欧洲仍未超越这个限度，然而 11 世纪中国缫丝机已充分发展了。……关于 13 世纪昂内库（Villard da Honnacourt）的水力锯床，怀特（Lynn White）已经指出，它是包括两种既分离而又相关联的运动的（锯的运动和进给运动，给料）完全自动的工业机器之最早实例。我确信，缫车是获得这项荣誉的更适当的候补者，因为它肯定有一种自动的第二项运动。"[3]这说明与近代往复式蒸汽机的主要传动机构有相同功能的机构早已存在于古老的中国纺织机械中。

## 三　畜　力　砻

古代的畜力砻是通过绳带传递动力和运动的。王祯《农书》记载："复有畜力挽行大木

①　《广蚕桑说辑要》卷下。

②，③　李约瑟，中国古代对机械工程的贡献，载《李约瑟文集》，辽宁科学技术出版社，1986 年，第 936～937 页。

轮轴，以皮弦或大绳绕轮两周，复交于砻之上级，轮转则绳转，绳转则砻亦随转。计轮转一周则砻转十五余周，比用人功，既速且省。"① 同书还载有驴砻（图3-23）。

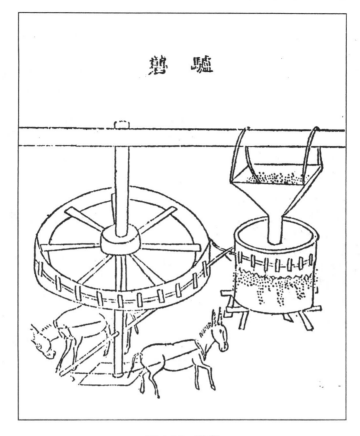

图 3-23 驴砻

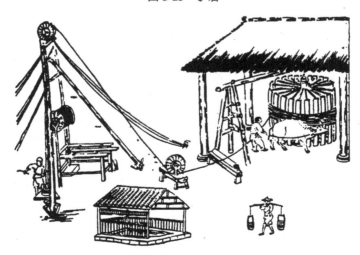

图 3-24 推卤图

---

① 王祯，《农书》卷十六，"农器图谱九·杵臼门"。

## 四　汲卤工具

明清时期四川井盐开采，在采卤设备中采用了绳带牵引与传动的方式。《天工开物》称："井上悬桔槔、辘轳诸具，制盘架牛，牛拽盘转，辘轳绞絚，汲水而上。"书中所载汲卤图（见图2-111），是用牛旋转一大绳轮，绳经异向装置连接于汲卤筒，将筒上提。在钻井时也要用到这样的设备。清代文献对采卤设备和工具有详细的记载。图3-24是清代《四川盐法志·图录》中的推卤图。

图 3-25　磨床

## 五　磨床的绳带牵引传动

加工玉石的传统磨床，都利用绳索或皮条传递动力和运动。《天工开物》载有磨床图形（图3-25），磨石轮装在横轴上，磨轮两边各有一条绳（或皮条）钉在轴上，并按相反方向绕轴若干周。绳的下端分别装在两个脚踏板上。当交替踩动两板时，通过绳索的牵引，使磨轮往返转动。

## 六　代耕或木牛

明王徵《诸器图说》[①] 介绍了一种他本人研制的代耕机具。书中称：

以坚木作辘轳二具，各径六寸，长尺有六寸，空其中。两端设轵，贯于轴，以利转为度。……架之后长尽处安横桄，桄置两立柱，长八寸。上平铺以宽板，便人坐而好用力耳。先于辘轳两端尽处，十字安木橛，各长一尺有奇。其十字头反以不对为妙。辘轳中缠以索，索长六丈。度六丈之中安一小铁环。铁环者，所以安犁之曳钩者也。两辘轳两人对设于三丈之地。其索之两端各系一辘轳中，而犁安铁环之内。一人坐一架，手挽其橛则犁自行矣。递相挽亦递相歇。虽连扶犁者三人乎，而用力则止一人。且一人一手之力足敌两牛。……此余在计部观政时，承松毓李老师之命而作，业已试之有效也。故图之因并记。

书中有这种机具的构造图，但没有画出绳子。

在王徵翻译的《远西奇器图说》中载有西方的代耕机械，与此构造原理类同。但王徵明确指出，在他翻译此书之前已研制过这种机械。

---

①　王徵，《新制诸器图说》，守山阁丛书本。

清初屈大均所著《广东新语》(1655)也记载了这种机具："木牛者，代耕之器也。以两人字架施之。架各安辘轳一具。辘轳中架以长绳六丈。……一手而有两牛之力，耕具之最善者也。"① 这种绳索牵引机械似可追溯到更早的时期。《枣林杂俎》载："成化二十一年(1487)户部左侍郎隆庆李衍，总督陕西边备，兼理荒政，发廪赈饥。作木牛，取牛耕之耒耜，易制为五。……或用二人，多则三人。多者自举少者自合，一日可耕三四亩。作木牛图布之。"②

清代晚期，由于各地牛荒，耕牛严重不足，马彦（安徽桐城人）曾改进王徵发明的代耕机具在甘肃、湖北等地推广，取得一定效果。③

## 七　提水工具的绳索牵引

中国古代提水辘轳都采用绳索传动和牵引，这里仅对唐代的"机汲"作一介绍。

唐刘禹锡《机汲记》描述了一种提水工具，采用绳索牵引传动，原文如下：

> 由是比竹以为畚，寘于流中。中植数尺之臬，絫石以壮其趾，如建标焉。索绹以为絙，縻于标垂，上属数仞之端，亘空以峻其势，如张弦焉。锻铁为器，外廉如鼎耳，内键如乐鼓，牝牡相函，转于两端，走于索上，且受汲具。及泉而循绠下缒，盈器而圆轴上引。其往有建瓴之驶，其来有推毂之易。瓶缩不赢，如搏而升。④

这种提水工具由辘轳（绞车）、滑轮、盛水器、绳索、水槽、输水竹管等组成，在流水中树立木柱，用竹畚装满石块，将柱基培固。将一长绳索系于柱上，另一端系于高岸的立柱上，架成滑索，其上悬贯一动滑轮。此滑轮"锻铁为器，外廉如鼎耳，内键如乐鼓"。推测具有图3-26所示形制，体现了"牝牡相函"的特征。滑轮上系有拉绳，绳的另一端与高岸的辘轳连接。滑轮上悬挂着水桶。当水桶空着时，可利用其自重使滑轮向下滑动。水桶盛水后（"盈器"），转动辘轳（"圆轴上引"）牵引水桶上升。这种提水工具不同于水井辘轳（仅适合垂直方向提升）的是增加了滑索和动滑轮，从而扩大了使用范围。滑丝（或索道）、动滑轮、绞车及绳带牵引控制方式是近代许多起重运输设备的主要组成部分，这些机件和相应的传动牵引原理在中国古代机汲工具中已经应用。20世纪50年代陕西省使用的"自动装卸绞水车"⑤，其原理和功能与唐代的提水工具几乎完全相同。

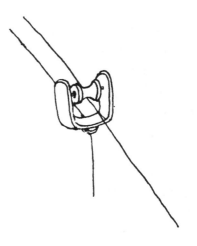

图3-26　滑轮形制

①　屈大均，《广东新语》卷十六。

②　谈迁，《枣林杂俎》中集，适园丛书本。

③　参见《耕架代牛图说》之跋，上海农学会编，《农学丛书》第十三册。

④　刘禹锡，《刘梦得文集》卷二十七，四部丛刊本。

⑤　见中华人民共和国农业部编，农具图谱，第四卷，通俗读物出版社，1958年，第253～254页。

# 第三节　链　传　动

链传动是机械传动中的一种重要型式，在中国古代及传统机械中有不少应用实例。

## 一　翻　　车

翻车是中国长期来普遍采用且效果很好的灌溉或扬水机械，按动力的不同，又可分为人力、畜力、风力和水力几种类型。人力翻车因操作方式的不同又有手摇式和脚踏式两种。但无论哪一种翻车，都是由上下两个链轮和传动链条作为其主要组件的。

翻车有多种名称，如龙骨车、水龙、水车、踏车、水蜈蚣等。早期文献则多称为翻车。它的发明年代不晚于东汉。《后汉书·张让传》称："中平三年（186）又使掖庭令毕岚铸铜人四。……又铸天禄虾蟆，吐水平门外桥东，转水入宫。又作翻车、渴乌，施于桥西，用洒南北效路，省百姓洒道之费。"[①] 文献中还有三国时马钧研制翻车的记载："时有扶风马钧，巧思绝世。……居京都，城内有地，可以为园，患无水以灌之，乃作翻车，令童儿转之，而灌水自覆，更人更出，其巧百倍于常。"[②]

王祯《农书》对脚踏式翻车有较详细的记载：

> 翻车，今人谓之"龙骨车"也。……今农家用之溉田。其车之制，除压栏木及列槛桩外，车身用板作槽，长可二丈，阔则不等，或四寸至七寸，高约一尺。槽中架行道板一条，随槽阔狭，比槽板两头俱短一尺，用置大小轮轴，同行道板上下通周以龙骨、板叶。其在上大轴两端，各带拐木四茎，置于岸上木架之间。人凭架上踏动拐木，则龙骨、板随转，循环行道板刮水上岸。此车关键颇少，必用木匠，可易成造。其起水之法，若岸高三丈有余，可用三车，中间小池倒水上之，足救三丈已上高旱之田。凡临水地段，皆可置用。[③]

书中还载有这种翻车的图形（图 3-27）。王祯《农书》对利用畜力的牛转翻车和利用水力的水转翻车也有较为详细的描述。

明代《农政全书》、《天工开物》、《鲁班经》等书均有翻车的记述。《天工开物》称："其湖池不流水，或以牛力转盘，或聚数人踏转。车身长者二丈，短者半之，其内用龙骨拴串板，关水逆流而上。大抵一人竟日之力，灌田五亩，而牛则倍之。"[④]书中还有关于风力翻车的记载："扬郡以风帆数扇，俟风转车，风息则止。"[⑤]明方以智《物理小识》也有风力翻车的记述。

古代文献中虽有许多翻车的记载，但对某些关键的结构却大都没有清楚的叙述，而所载图形对传动链的构造也没能显示。由于这种机械流传到现在，其基本结构并无大的变化，可将文献记载和存世翻车对照说明其原理和构造。

---

①　《后汉书·张让传》卷六十八。

②　《三国志·魏书·方技传》，裴松之注。

③　《农书》卷十八，《农器图谱·灌溉门》。

④，⑤　《天工开物》上卷，"乃粒·水利"。

图 3-27 翻车

翻车以木制零件为主，以木板制成长槽，以一丈至二丈不等，槽宽一尺左右，高度相近，其中安置行道板。槽的前端安有轮轴，上装拨链齿轮。槽入水的尾端，装有小链轮。大小链轮一般都有六个以上的拨齿板。环绕两链轮架设木制链条（即龙骨）一周，上装许多板叶作为刮水板（文献上多称斗板或关水板）。当用人力、畜力或风力装置驱动轮轴旋转时，

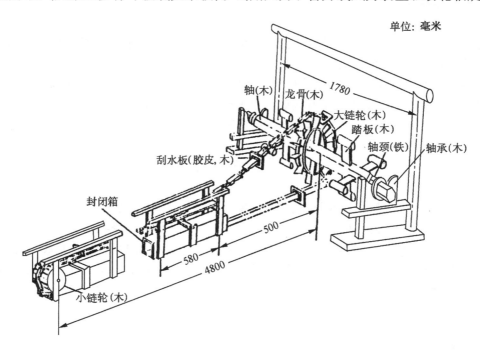

图 3-28 50 年代安徽省所用翻车

大链轮随之转动，带动木链及其上的刮水板循环运转，不断将水刮入槽内，并沿槽流入田间。图 3-28 为 20 世纪 50 年代安徽省使用的一种翻车，[①] 它与古文献记载的脚踏翻车所不同的是将长槽改为封闭式长箱，其他结构则基本相同。

翻车的木链条被称为龙骨，其主要零件在文献中称作"鹤膝"[②]，将其用木销连接就成为链条。鹤膝前端为凸形，后端为凹形，在《鲁班经》中称之为阴阳笋（榫），各有一圆孔，故可凹凸相合，插入圆木销钉，使其铰接，而弯曲自如。凸端安一斗板，以木销固定。鹤膝前端有一刻口，与上端链轮拨齿相触，只能从一个方向带动链条连续运动。链轮上齿间距与鹤膝刻口间距相等。安装时斗板要与横轴垂直，并在车槽的中间，还要使两链轮轴的轴线平行且链轮相互间没有位移（图 3-29）。

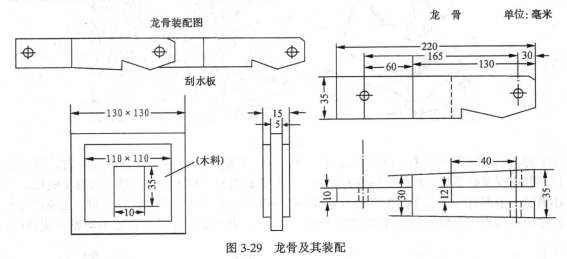

图 3-29　龙骨及其装配

翻车是中国古代链传动的典型实例，它使连续提水成为可能，其操作和迁移相当方便，功效比有些灌溉机械大为提高，是农业机械史上的一项重大改进。

据调查，翻车寿命一般在 30 年以上，使用期间须常用桐油揩抹以防腐烂。鹤膝与刮水板则要经常更换。这一点古人早有认识，徐光启在讨论水力翻车时指出："水势太猛，龙骨板一受龃龉，即决裂不堪，与今风水车同病。"[③]

## 二　高　转　筒　车

高转筒车也是一种具有搬运链性质的机械。王祯《农书》记载：

高转筒车，其高以十丈为准，上下架木，各竖一轮，下轮半在水内，各轮径可四尺。轮之一周，两旁高起，其中若槽，以受筒索。其索用竹，均排三股，通穿为一，随车长短，如环无端。索上相离五寸，俱置竹筒。筒长一尺，筒索之底，托以木牌，长亦如之。通用铁线缚定，随索列次，络于上下二轮。复于二轮筒索之间，

① 全国农机农具展览会编，农具图选 1，农业出版社，1958 年，第 51 页。

② 《农政全书》卷十九，"水利"，石声汉校注本，上海古籍出版社。

③ 《农政全书》卷十七，"水利"。

架刳木平底行槽一连，上与二轮相平，以承筒索之重。或人踏，或牛拽转上轮，则筒索自下兜水循槽至上轮，轮首覆水，空筒复下。如此循环不已，日所得水，不减平地车戽。若积为池沼，再起一车，计及二百余尺。如因高岸深，或田在山上，皆可及之，今平江虎邱寺剑池亦类此制，但小小汲饮，不足溉田，故不录。此近创捷法，已经较试，庶用者述之。①

由此可知，高转筒车由上、下轮、筒索、支架等部件组成。下轮有一半埋于水中，汲水高程可达十丈，如两架筒车配合则可达二十丈。汲水筒长约一尺，以索相连成链环状，筒的间距为五寸，索链用竹制成。从传动方式看，高转筒车也是链传动的实例。它以上轮为主动轮，由于动力不同，轮轴部件构成有所变化，"所转上轮，形如辊制，易缴筒索。用人则于轮轴一端作棹枝，用牛则制作竖轮，如牛转翻车之法，或于轴两端造作拐木，如人踏翻车之制"②。

图 3-30  高转筒车

王祯《农书》还介绍了一种水转高车，基本结构与高转筒车相同，但用水力代替了人力或畜力，"于下轮轴端，别作竖轮，傍用卧轮拨之，与水转翻车无异。水轮转，则筒索兜水，循槽而上，余如前例"③。水转高车的主动轮在下面，岸上的轮为从动轮，这与一般高转筒车有所不同。

需要指出的是，王祯《农书》及以后的农书所载高转筒车图（图 3-30），一般都没有把动力是如何传递到上下轮轴的过程反映出来，因而有人误以为图中所绘下立轮为动力输出轮。

高转筒车的发明年代，从文献考察可推断在唐代。唐人陈廷章《水轮赋》所描述的水轮灌溉装置，可能就是高转筒车式的机械。该赋称：

水能利物，轮乃曲成。升降满农夫之用，低细随匠氏之程。……信劳机于出没，惟与日而推移，殊辘轳以致功，就其深矣，鄙桔槔之烦力，使自趋之转毂。谅由乎顺动，盈科每悦乎柔随。……钩深之远，沿洄而可使在山，积少之多，灌输而各由其道。尔其扬清激浊，吐故纳新。……常虚受以载沉，表能圆于独运，低徊而涯岸非阻，委而农桑是训。③

这里已指出利用架设的水轮装置提水上升，可"钩深之远"、"积少之多"，突破涯岸阻隔，引水为农桑服务。但文中没有明确指出如何兜水而上，就"盈科每悦平柔随"、"扬清激

---

① 《农书》，"农器图谱集之十三"。
②，③ 引自《农书》卷十八，"农器图谱·灌溉门"。
③ 《全唐文》卷九四八，清嘉庆刻本。

浊，吐故纳新"等词句推测，当也是用筒类作兜水工具。① 又杜甫《春水》道："三月桃花浪，江流复旧痕。……接缕垂芳饵，连筒灌小园。"当指高转筒车一类的工具。

## 三　木斗水车与管链水车

木斗水车是一种从井中提水的工具。它用木斗代替刮水板，使一串木斗互连成链，套在井边的立轮上。当立轮转动时，木斗连续上升提水。

《太平广记》引《启颜录》称："邓玄挺入寺行香，见水车，以木桶相连，汲于井中。"② 又按《旧唐书》：邓玄挺"永昌元年（689）得罪，下狱死"。③ 由此推断这种水车在唐初已被应用。此外唐人有"栉比载篱樵，呀哑转井车"④ 的诗句，说明当时井车提水工具已相当普及。

元人熊梦祥《析津志辑佚》有关于这种水车的更为详细的记载：

> 京师乃人马之宫，……城大地广故也。而马匹最为负苦，其思渴尤甚于饥者。顷年有献水车，以给井而得水于石槽中，用饮马。由是，牛畜马匹之类咸赖之。仍依于释氏之侧，庶几毋劳于民，不妨于其力。其制随井浅深，以举硾水车相衔之状。附木为庯斗，联于车之机，直至井底。而上推平轮之机，与主轮相轧，庯斗则顷于石规中，透出于栏外石槽中。⑤

徐光启《农政全书》也提到了木斗水车："近河南及真定府，大作井以灌田，……其起法，有桔槔，有辘轳，有龙骨木斗，有恒升筒，用人用畜。"⑥

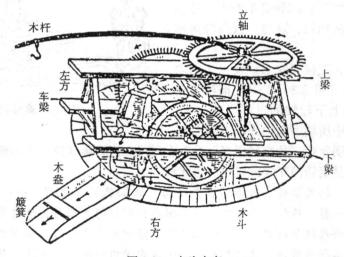

图 3-31　木斗水车

---

① 中国农业科学院、南京农学院、中国农业遗产研究室编著，《中国农学史》（初稿）下册，科学出版社，1984 年，第 21 页。
② 《太平广记》卷二五。
③ 《旧唐书·邓玄挺传》卷一百九十上。
④ 刘禹锡，《刘梦得文集》卷二十七，四部丛刊本。
⑤ 元·熊梦祥著，北京图书馆善本组辑，《析津志辑佚》，北京古籍出版社，1983 年，第 110 页。
⑥ 《农政全书》卷十六，"水利"。

图 3-31 是 20 世纪 20～30 年代使用的木斗水车示意图。[①] 在竖井上装一长条凳形状的机架，有大梁三根，上一下二，各以撑木联固。上梁正中穿一孔，水平安装一有齿链轮。二下梁间安一轮轴，其上有两轮盘，用横条连接安放木斗链的链轮。一端轮盘为有立齿的立轮。立轮与上梁平轮相垂直衔接。当畜力或人力通过立轴上的长杆带动平轮转动时，立轮（链轮）随之转动，木斗便能够循环运转。木斗同时起着传动和运输的作用。木斗是水车的关键性构件，它为长方形，口阔底狭，左右上下各有两耳，耳上有孔。用铁棍贯穿各木斗上、下耳孔，使它们相嵌成链条状，数十个木斗联成一环，挂于链轮上便形成了搬运链。

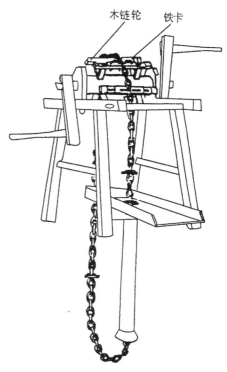

图 3-32 管链式水车

20 世纪 50 年代中国北方曾广泛流行过一种管链式水车，主要用于立井提水。它的基本构造形式为，以铁管垂直放入立井，管中有循环铁链，其上串有与管壁密合的许多个皮钱。铁链绕于管顶的链轮上，转动链轮，皮钱随之运动，将水不断上提。铁管上接水簸箕，水由簸箕中流出。图 3-32 为河北省使用的这类水车的一种。这类水车有手摇式的，也有脚踏式的。铁管有圆形的，也有方形的，除单管车外，还有双管和三管水车。图 3-33 为河南新乡地区所用三筒水车，[②] 这种水车由两人操作，用摇把转动，是有较高效率的提水工具。

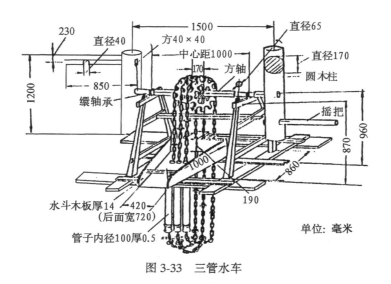

图 3-33 三管水车

---

① 顾复，《农具》，商务印书馆，1935 年，万有文库本，第 46 页。
② 全国农具展览会，农具图选 1，农业出版社，1958 年，第 36 页。

这种管链水车结合了中国古代水车和唧筒装置的特点，利用链传动方式将井水连续提升。李约瑟在《中国科学技术史》中介绍了他在中国看到的这种提水工具。[①] 它的来历是一个引人关注的问题。我们在清代文献中发现了与此类同的提水工具。《新绘中华新法机器图说》记载了一种"转水机器"：

　　　　于井阑上安一木架，用瓜楞轴，轴有曲柄可转，将长棕绳一条，绳上连贯皮球数十个，形如鸭子，球中包棉絮，每个相去五、六寸。用铅管如杯口粗，下端入于井水内，而口湾转旁向，其上口在木架之中，凑于瓜楞轴下，其棕绳球穿于铅管中，两头环转接牢，套绕于轴上。用时手转曲柄，则水自由管内上升于架中木盘内，本盘有嘴口向下，受以桶，其水源源而来矣。[②]

图 3-34 为书中所载图形，由此可以将管链式水车的创制追溯到清代。

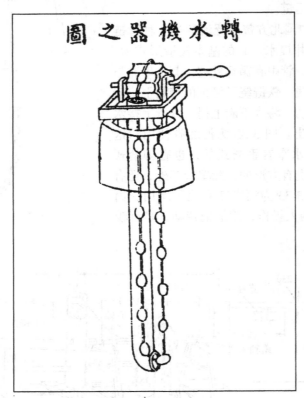

图 3-34　转水机器

# 四　天　梯

　　天梯是北宋元祐初苏颂和韩公廉所研制的水运仪象台中的传动装置。它是一种用来传递动力和运动的铁制链条，是典型的链传动装置。图 3-35 是原书所载天梯图。这一装置把驱轴的转动经过两个小链轮传递到上面的横轴上，再经过三个齿轮带动浑天仪的天运环，使

①　Joseph Needham, Science and Civilisation in China, Vol IV:2, Cambridge University Press, 1965, p. 351.

②　唐·芸洲氏著，《新绘中华新法机器图说》卷二，清光绪石印本。

三辰仪随之转动。原文载："天梯，长一丈九尺五寸。其法以铁括联周匝上，以鳌云中天梯上毂挂之。下贯枢轴中天梯下毂。每运一括则天运环一距，以转三辰仪，随天运动。"[①] 这里所说的"铁括"就是组成铁链的零件。天梯的上下毂则指的是上下轴的小链轮。利用天梯和链轮可以准确地传递运动，它们的作用与现代机械的链传动完全相同。

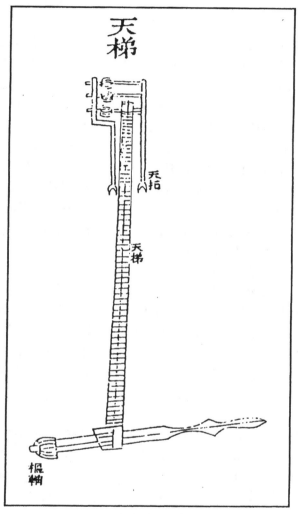

图 3-35　天梯

# 第四节　齿轮机构与轮系

　　齿轮机构是最重要的传动机构之一，它可以传递任意两轴间的运动和动力，近代重要机械普遍应用了齿轮传动。在机械技术史上，齿轮机构及其轮系的设计和应用水平往往标志着一个民族或国家的机械技术水平。中国古代不但齿轮机构出现得早，而且在应用方面达到了很高的水平。本节主要论述齿轮机构在古代的应用情况并对各种复杂机械应用的轮系进行分

---

　　① 苏颂，《新仪象法要》卷下，丛书集成初编本。

析和讨论。

# 一　齿轮机构的发明与应用

齿轮机构在中国发明的确切年代目前还不清楚，根据文物和文献资料来看，可以推定发明年代当不晚于汉代。

在中国古文献中未见有关于齿轮在汉代出现的明确记载，但有些见于记载的机械可以推断其应用了齿轮传动机构。《西京杂记》载："汉朝舆驾祠甘泉汾阴，备千乘万骑。……司南车，驾四，中道。辟恶车，驾四，中道。记道车，驾四，中道。"[①] 这里提到的"司南车"即指南车，"记道车"即记里鼓车，它们都是采用齿轮传动机构的机械。由于《西京杂记》的成书年代存有疑问，一般认为它不是刘歆的著作，[②] 所以仅以此条史料还不易作出结论。但是《三国志·魏书·杜夔传》裴注称马钧与高堂隆、秦朗争论于朝，"言及指南车，二子谓古无，记言之虚也。先生（马钧）曰：古有之。……明帝诏先生作之，而指南车成"。所谓"记言之虚也"一句中的"记"，刘仙洲先生认为可能指的就是《西京杂记》。[③] 马钧认为指南车"古有之"，也说明指南车早已见于记载。此外，古文献中还多记载东汉张衡"复创造"或"继作"指南车等机械，[④] 特别是他首创水运浑象这种水力天文仪器，可能应用了相当复杂的齿轮传动系统。因此可以断定汉代已经发明了齿轮机构。

出土文物也证明了这一结论。1954 年在山西永济薛家崖出土了两个铜制齿轮，一个齿数为 5，外径 30 毫米，厚度约 11 毫米；另一个齿数为 6，带柄，外径 21 毫米，厚度约 13 毫米。这对齿轮齿形瘦长，齿廓弯曲，两边大体对称，齿廓曲线与半径方向夹角较小。同时出土的有战国到西汉的遗物，据此推断，两个齿轮至迟是西汉时代的物品。关于其应用场合，已无法从出土现场与同时出土的文物中找到线索。陆敬严先生曾三次去山西调查研究这两个齿轮。经研究分析，因其轮齿瘦长，强度不高，不大可能用于传递动力，只适合传递运动。[⑤] 从当时中国机械发展水平看有可能应用于天文仪器或其他一些较精密的演示性自动机构上。

但是由于受机械技术整体水平的制约，汉代时齿轮机构的应用还不广泛。近几十年来，有大量关于古代金属齿轮出土的报道，许多著作曾加以引用，造成了汉代有大量用于机械传动的齿轮的印象。但进一步的研究表明，除了上面介绍的永济出土的两个齿轮外，其他出土的各种汉代"齿轮"实际上并非齿轮。[⑥] 这些"齿轮"可分为两类，一类为棘轮状制品，另一种为人字形齿轮状制品。前一类"齿轮"发现较多，在河北保定、磁县和唐县，山西永济，河南南阳、镇平、郑州、鹤壁和渑池，陕西礼泉等地均有出土，沈阳博物馆所藏"齿轮"铸范，也是这一类。这类齿轮的特点是其两边齿廓不对称，一侧齿廓与半径方向大体一致，另一侧与径向夹角较大，因此齿轮倾斜，齿廓曲线接近于直线。这类"齿轮"可以用作

---

① 《西京杂记》卷六，"大架骑乘数"。

② 《西京杂记》被《隋志》著录，但不著撰人，《旧唐书·经籍志》称"葛洪撰"。近现代学者多认为它是葛洪利用汉晋流传的稗乘野史等钞撮编集而成，但史料价值仍相当高。

③ 刘仙洲，中国机械工程发明史（第一编），科学出版社，1962 年，第 100 页。

④ 参见《宋书·礼志》卷十八及《宋史·舆服志》卷一百四十九。

⑤、⑥ 陆敬严、田淑荣，中国古代齿轮新探，中国历史博物馆馆刊，1989 年，总第 12 期。

棘轮，但不具备齿轮传动的功能。由于轮齿倾斜，有一侧压力角在30～40度之间，有的甚至高达50度，如用于传动，不但动力性能恶劣，传动效率低下，而且会发生卡死，无法正常工作。此外，齿槽狭小，与之相啮合的轮齿无法进入。两侧齿廓又近于直线，齿顶也很尖，受力后极易折断。这类金属零件绝大多数为16齿，少数几个为30～50齿。有些从当时工场遗址出土的这类制品，只有16齿一种齿数。这类制品不是用于变速传动。第二类"齿轮"出土的很少，文献中引用较多的只有1953年从陕西长安县红庆村东汉墓出土的两个。[①]其材料为铜质，外径约30毫米，厚约10毫米，各有23齿，从侧面看齿呈人字形。这两个"齿轮"现存陕西历史博物馆。1976年和1979年，在宁夏回族自治区盐池县北部一秦汉时期的古城废墟中也先后发现了两个这类人字形铜"齿轮"。一个轮径16毫米，厚9.5毫米，有45齿，中心孔径4毫米，齿距1毫米。另一个直径16毫米，厚10毫米，有25齿，但轮孔位置偏于中心，孔径6毫米，齿距1.5毫米，中间2毫米，齿顶锋利。[②] 这类"人字形齿轮"齿的高度、厚度和齿槽深浅都不均匀，齿形互不一致，无法正常啮合，有的齿不够直，有些弯曲。此外，齿廓略呈三角形，齿槽很浅，另一轮之齿也难以进入。如令其传动，齿廓压力角很大，无法正常工作。盐池县的一个"齿轮"的轮孔偏离中心，也或能说明这种"齿轮"不是用于传动。

　　总之，目前发表的考古资料中，出土"齿轮"实物虽然较多，但其中仅有两件能够用于齿轮传动，而其他"齿轮"并不具有传动齿轮的功用。出土齿轮实物少与中国古代机械的特点和发展状况也有关系。中国古代的齿轮机构，按其主要功用分类，有传递运动和传递动力的两类。传递运动的齿轮机构，主要用于指南车、记里鼓车和天文与计时仪器中。这类齿轮一般尺寸大的用木制，小的用金属制作，因受力较小，不必十分坚固，但制作较精细。由于应用这类齿轮的机械不属于民用范围，而且在汉代也属初创阶段，因而数量极为有限。传递动力的齿轮机构，主要用于畜力、水力和风力为动力的某些农业机械，如灌溉机械和农副产品的加工机械。这类齿轮要求有较高的强度，尺寸较大。而这类齿轮的出现可能稍晚一些，在汉代的文献资料中未见记载。由于这类齿轮基本上都是木质，难以长期留存，在出土文物中自难以见到。

　　古代对于传递运动齿轮的应用，一般都组成了相当复杂的轮系，我们将在本节第二部分加以介绍和讨论。这里先对传动方式较简单的传递动力齿轮的应用情况做一简要介绍。

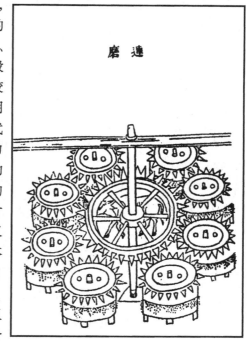

图 3-36　王祯《农书》所载的连转磨图

　　① 刘仙洲，中国机械工程发明史（第一编），科学出版社，1962年，第92页。
　　② 陈永中，宁县盐池县出土汉代铜齿轮，考古与文物杂志，1982，（5）。

#### 1. 连磨

晋代开始出现的"连磨"，是一种用一头牛同时带动八个磨的粮食加工机械。稽含的《八磨赋》载："外兄刘景宣作为磨，奇巧特异，策一牛之任，转八磨之重，……巨轮内达，八部外连。"① 又《魏书·崔亮传》载："亮在雍州，读杜预传，见为八磨，嘉其有济时用。"王祯《农书》称这种机械为"连磨"，并说它是晋代杜预发明的。《农书》不但载有连磨图形（见图 3-36），而且还有较详细的说明："连磨，连转磨也。其制中置巨轮，轮轴上贯架木，下承镤臼。复于轮之周围，列绕八磨。轮辐适与各磨木齿相间。一牛拽转，则八磨随轮辐俱转。"② 它的动力传递，是通过齿轮机构实现的。由牛带动立轴转动，轴上装一带齿的巨轮，通过巨轮带动八个磨的齿轮，使八个磨同时工作。

古代还出现了更为先进的"水转连磨"，它是由水轮驱动的。明人唐顺之对此有详细的描述：

> 水转连磨，其制与陆转连磨不同，此磨须用急流大水，以凑水轮。其轮高阔，轮轴围至合抱，长则随宜，中列三轮，各打大磨一盘，磨之周匝俱列木齿，磨在轴上，阁以板木，磨傍留一狭空，透出轮辐，以打上磨木齿。此磨既转其齿，复傍打带齿二磨，则三轮之力，互拨九磨。其轴首一轮，既上打磨齿，复下打碓轴，可兼数碓。③

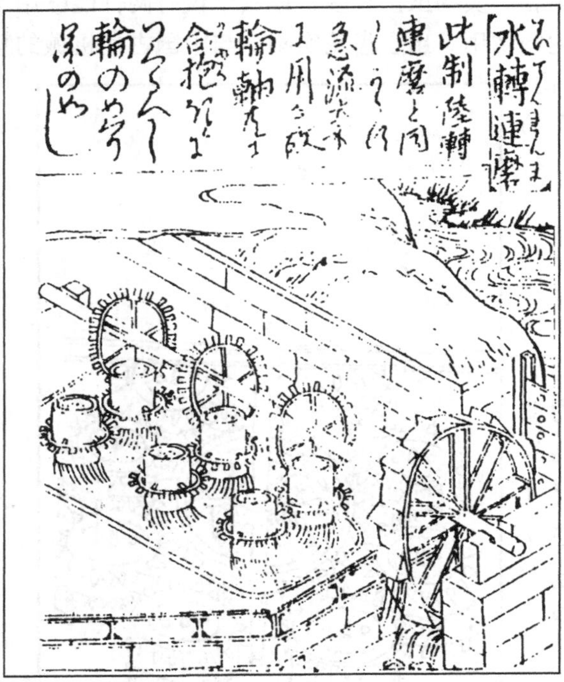

这是一个由水轮驱动通过齿轮传动带动九个磨同时工作的复杂机械，它还可同时带动碓工作。在清代的《授时通考》卷四十上也有介绍，且绘有图形。在日本江户时期的著作《唐土训蒙图汇》（18 世纪初刊行）中，有关于中国水转连磨的介绍，图 3-37 是其中的插图。④

图 3-37　水转连磨

#### 2. 水磨、船磨、水砻、畜力砻

水磨在南北朝时已广泛应用。《南史·祖冲之传》载："（祖冲之）于乐游苑造水碓磨，武帝亲自临视。"祖冲之造的水碓磨可能是用一个水轮同时带动碓和磨一起工作的粮食加工机械。由于水轮在中国最早应用于水碓，而水碓采用的是立式水轮，因而早期出现的水磨可能由立式水轮驱动，需要借助齿轮传动。《农政全书》所载的连二水磨就是由立轮驱动，通过两对齿轮的传动使两磨进行工作的。前面介绍的水转连磨与此类

① 清·严可均辑，《全上古三代秦汉三国六朝文·全晋文》卷六十五。
② 《农书》卷十六，农器图谱十四，"杵臼门"。
③ 唐顺之，《武编》卷前下，曼山馆刻本。
④ 平住专庵，《唐土训蒙图汇》，江户享保己亥年刊本。

同，只是形式更为复杂。《天工开物》第四卷《粹精·攻麦》中载有形式比较简单的采用一对齿轮传动的水磨，其出现的年代应当是较早的。

船磨实际上是一种特殊的水磨，在唐宋时期已经较多应用。唐朝在咸通八年（867）五月曾下令"洛水内及城外在侧，不得造浮硙"[1]。南宋诗人陆游有"湍流见硙船"的诗句。[2]硙即磨，因而"硙船"即磨船。在王祯《农书》中有较明确的记载："两船相傍，上立四楹，从茆竹为屋，各置一磨，用索缆于急水中流。……水激立轮，其轮轴通长，旁拨二磨。"[3]由"旁拨二磨"可知是由齿轮机构带动二磨工作。清人黄钺有更清楚的说明："载磨于船，碇急流中，夹两轮以运之。……巨轴横贯中，机牙巧相互，推拨刻不停，盘旋齿如锯。"[4]在伍斯特（Worcester）发表于 1940 年的论文中，载有在四川涪陵实测的船磨图（图3-38）。[5] 其传动机件的安置方式与清代文献的记载一致。两水轮将船夹于中间，中贯轴，轴上安一卧齿轮，带动磨上与之直交的平齿轮转动，达到使磨工作的目的。

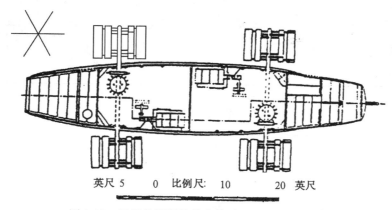

英尺 5　0　比例尺：　10　20 英尺

图 3-38　四川的船磨及其水轮（Worcester，1940）

水碓按水轮的安置方式也可分为立轮驱动水碓和卧轮驱动水碓。前一种要通过齿轮机构实现传动。王祯《农书》所载水碓图描述的就是这种水碓。在《唐土训蒙图汇》中也载有一幅水碓图（图 3-39a），也是这种通过齿轮机构传动的碓。畜力碓也可采用齿轮传动方式传递动力。图 3-39b 是《唐土训蒙图汇》所载的畜力碓的图形。

3．水转翻车、牛转翻车和驴转筒车

在王祯《农书》中对利用水力的水转翻车和利用畜力的牛转翻车都有较详细的介绍。它们都是利用齿轮机构传递动力的。图 3-40 和图 3-41 分别是《农书》中关于这两种机械的插图。牛转翻车的图形在故宫博物院所藏唐代绘画《柳阴云碓图》中已经出现。[6]《农政全书》和《天工开物》对水转翻车和牛转翻车分别进行了论述，并配有图形。

王祯《农书》中还有驴转筒车的记述，其传动方式与上述两种机械相同，也采用了齿轮

①　罗振王辑，《鸣沙石室佚书》，"唐水部式"。

②　陆游，《剑南诗稿》卷三。

③　《农书》卷十九，农器图谱十四，"利用门"。

④　黄钺，《壹斋集》卷九，清刻本。

⑤　Joseph Needham, Science and Civitisation in China, Vol. 4, Part Ⅱ, p. 405, Cambridge Univerisity Press, 1965.

⑥　故宫周刊，1936，（484）。

机构。

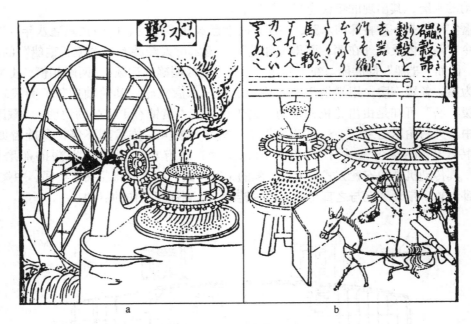

图 3-39　水硙

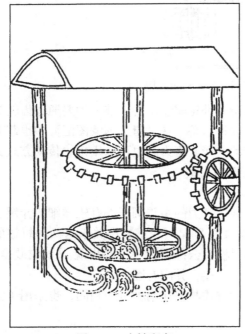

图 3-40　水转翻车

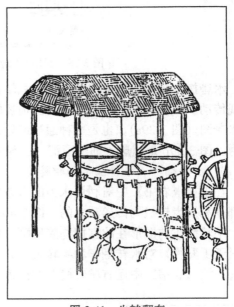

图 3-41　牛转翻车

### 4．风力翻车

风力提水翻车在宋代已经出现。宋人刘一止（1078～1161）《苕溪集》卷三有关于风力翻车提水的记载："我欲浸灌均两涯，……老龙下饮骨节瘦，引水上沂声呀呀。初疑蹙踏动地轴，风轮共转相钩加。"① 这种风车的结构形式如何，现在难以确定。但从明代的文献记载看，当时有两种形式的风车，一种是立轴式的，一种为卧轴式的。两种风车都沿用至现代。明人童冀《尚絅斋集》卷三对当时所用风力翻车有如下描述："轮盘团团径三丈，水声却在风轮上。……高岸低岸开深沟，轮盘引水入沟水，分送高田种禾黍，盘盘自转不用人。"② 这种大直径风轮适合于立轴式风车。李约瑟在其著作中引用过 1656 年来华荷兰人所绘江苏一带使用立轴式风车情景的绘画。③ 这种风车是采用齿轮机构传递动力的。清代周庆云《盐法通志》中有关于其传动方式的记载："风车者，借风力回转以为用也。车凡高二丈余，直径六尺许。上安布帆八叶，以受八风。中贯木轴，附设平行齿轮。帆动轴转，激动平齿轮，与水车之竖齿轮相博，则水车腹页周旋，引水而上。"④ 风轮转动，则平齿轮随之转动，通过与竖齿轮啮合传递动力，使水车横轴转动。

图 3-42　赣榆卧轴式风车与翻车的传动齿轮（冯立升摄）

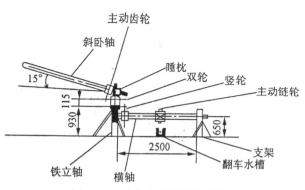

图 3-43　风力传动机构示意图

①　刘一止，《苕溪集》卷三，清刻本。
②　童冀，《尚絅斋集》，四库全书珍本初集。
③　Joseph Needham, Science and Civilisation in China, Vol. 4, PartⅡ, fig 688, Cambridge University Press, 1965.
④　周庆云，《盐法通志》卷三十六，民国初铅印。

卧轴式风力翻车在明代也已出现。明末方以智在其《物理小识》（崇祯16年即1643年成书）中称："用风帆六幅车水灌田者，淮、扬海堧皆为之。"[1] 这种风力翻车当与现代常见的卧轴六面帆式风车属于同一类型。

这种风车的风轮上多挂六面风帆，当风力较大时可少挂三面。风轮装于一斜卧的长轴上。1993年5月我们曾对江苏赣榆县盐场使用的这种风力翻车进行过调查。图3-42是笔者拍摄的这种机械传运系统的照片。其动力的传递是通过二级齿轮传动实现的，图3-43是风力传动机构示意图，风车斜卧长轴的一端安有主动齿轮，并贯于轴座之中。立轴上安一双轮，它是在一较长轮毂上制成的两平行齿轮。在翻车横轴一端安有竖齿轮，中央安置翻车主动链轮。当风轮旋转时，主动齿轮随之转动。主动齿轮与双轮上齿轮啮合，双轮与翻车横轴上的竖轮啮合。主动齿轮转动便带动横轴转动，将动力传达到主动链轮。

齿轮的构造如图3-44所示，由木制轮毂、木齿和铁箍组合而成。主动齿轮、双轮、竖轮的直径和齿数均取相同。

5. 轧蔗糖车

在《天工开物》中介绍了一种轧蔗取浆的造糖车。这是一种木制的两辊压榨机械。图3-45是书中给出的轧蔗取浆图。书中对这一机械的构造、传动机构和工作过程有详细的说明：

> 凡造糖车，制用横板二片，……上板中凿二眼，并列巨轴两根（木用至坚重者），轴木大七尺围方妙。两轴一长三尺，一长四尺五寸，其长者出笋安犁担。担用屈木，长一丈五尺，以便驾牛团转走。轴上凿齿分配雌雄，其合缝处须直而圆，圆而缝合。夹蔗于中，一轧而过，与棉花赶车同义。蔗过浆流，再拾其滓，向轴上鸭嘴扱入，再轧又三轧之，其汁尽矣。……其下板承轴凿眼，只深一寸五分，使轴脚不穿透，以便板上受汁也。其轴脚嵌安铁锭于中，以便捩转。[2]

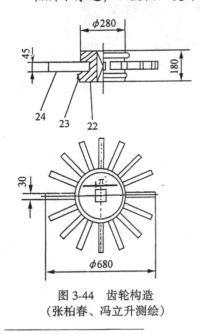

图3-44　齿轮构造
（张柏春、冯立升测绘）

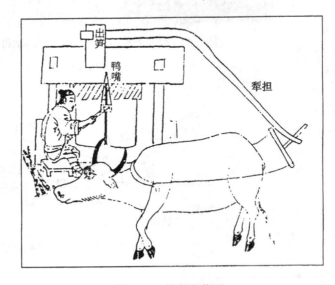

图3-45　轧蔗取浆图

---

① 方以智，《物理小识》卷八。

② 《天工开物》上卷，《甘嗜·造糖》第六卷。

由图形和记载可知，糖车不但采用齿轮机构传递动力，而且还应用了斜齿轮传动，因而改善了传动的平稳性。但书中的糖车图有两个明显错误：一是主动轮和从动轮轮齿被画为同向，二是牛的旋转方向有误。[①]斜齿圆柱齿轮啮合时必须两齿轮螺旋角大小相等，方向相反，即一为右旋，而另一为左旋。原图从动轧辊（即"巨轴"）上的齿应是左旋，而牛应绕主动轮轴逆时针方向行走。这样，当牛带动主动轧辊转动时，通过上述的齿轮与从动轧辊的啮合将动力传递给从动辊，使其转动。主动辊轴逆时针方向旋转，从动辊轴顺时针方向旋转，两轴在"鸭嘴"位置与插入蔗接触处的运动方向与进料方向一致，得以轧蔗取浆。

我们所引用的糖车图是明崇祯 10 年（1637）初刻本《天工开物》的图形。该图明确绘出了辊轴上的倾斜轮齿，并将主动轮轮齿的倾角与从动轮轮齿的倾角画为相同，在表达上有其值得称道的地方。尽管该图在某些方面也存在着错误，但却清楚地反映了斜齿轮传动的特征。这是目前所知中国关于斜齿传动的最早记录。刘仙洲在其《中国机械工程发明史》中所引用的《轧蔗取浆图》出自民国时期《天工开物》的刊本，该图未将传动方式反映在图上，[②]因而在书中没有涉及斜齿轮的讨论。斜齿轮机构在明代的出现应当说是中国机械工程史上的一项重要突破，值得进一步研究。

潘升材早年（抗日战争时期）在福建仙游县农村曾见到石匠制作石质轧辊的糖车。几年前曾重返仙游山区考察糖车，虽未能找到整机实物，但找到了轧辊，据调查结果可知，仙游山区的糖车与《天工开物》所述一致。主要差别是轧辊材料为石质，而《天工开物》所记轧辊用木材制做。采用石料，一是就地取材，二是由于石制零件比木制零件经久耐用。但是石轧辊上的石质轮齿啮合时会出现严重的冲击、摩擦与磨损。工匠们在轮齿工作的一侧镶上木片，以达到缓冲、减磨的目的。考虑到石辊加制外伸的轴较困难，采用木制的外伸轴段。轴段一端为六棱柱形，可插入轧辊端面的六棱柱状的凹坑中构成联接。轴段的另一部分为圆柱形，为轴承所支承。二轧辊上的齿轮是斜齿圆柱齿轮。从实物看轮齿旋角约为 10 度。二齿轮传动比为 1，齿数有 12、14 和 16 等。[③]"仙游糖车考"一文给出了三种轧辊的尺寸数据。经作图分析，如果使齿轮节圆位于齿高（均为 50 毫米）处，可得大于 1 的重合度，保证齿轮连续传动。

仙游石制糖车出现的年代还有待进一步考证。20 世纪 60 年代中期所编《仙游县志》载："明万历四十八年榨蔗工具得以改良，蔗农始建糖车夹取汁煎为糖，改变原来以舂、捣、磨取汁老法。"这一说法当有所据。万历 48 年为 1620 年，与《天工开物》成书的 1637 年很近，在时代上也较吻合。仙游糖车似应视为明代遗制。

在云南景洪县的传统水力轧糖机上也采用了斜齿轮机构。日本学者对此进行过调查。由于原动装置采用立式水轮，所以两木质轧辊采用了轴向水平安置的方式。水轮被安在主动辊轴上，当水轮带动主动辊轴转动时，其上的斜齿与从动辊轴上的斜齿啮合，从而带动从动辊转动。[④]这种卧轴式轧蔗机出现的年代，目前还不清楚。

---

①，③ 潘升材、蔡庆中、郑新如，仙游糖车考，古今农业，1993，(2)。

② 刘仙洲，中国机械工程发明史（第一编），科学出版社，1962 年，第 55 页。

④ 唐立，云南省西双版纳傣族の製糖技術と森林保護，就实女子大学史学論集，平成二年十二月。

## 二　轮系的应用

轮系是指由一系列齿轮组成的传动系统。上面介绍的一部分机械，如水转还磨、风力翻车的齿轮传动已经采用了轮系。采用轮系可以完成一对齿轮难以实现的传动，如获得大的传动比、进行远距离传动、获得一多传动比的传动以及实现分路运动等等。古代有不少重要机械采用了一对以上的齿轮组成的传动装置，而且有些轮系的设计和应用具有很高的创造性，蕴含了现代机械设计的一些重要原理和准则。下面介绍一些有代表性的实例。

### 1. 指南车

指南车是一种机械定向装置，它采用了能自动离合的轮系。关于指南车的发明，古文献中众说纷纭。如崔豹《古今注》说为黄帝所造，《宋书·礼志》称同公所创。这些都不可靠。《宋书》卷十八《礼志》五上说："后汉张衡始复创造"，或许有其根据。但最可靠的记载是《三国志·魏书》裴松之注的记载，前面已有引述。

从马钧制成指南车后，晋开始用为卤簿仪仗之一。《晋书·舆服志》（卷二五）云："司南车一名指南车，驾四马，其下制如楼三级。四角金龙衔羽葆，刻木为仙人，衣羽衣，立车上，车虽回转，而手常南指，大驾出行，为先启之乘。"

《南齐书·祖冲之传》（卷五二）说：

> 初，宋武平关中，得姚兴指南车，有外形而无机巧，每行，使人于内转之。升明中（477～479）太祖辅政，使冲之追修古法。冲之改造铜机，圆转不穷，而司方如一，马钧以来未有也。

南朝后，帝王多备此车作为仪仗。在《隋书·礼仪志》、《旧唐书·舆服志》、《新唐书·舆服志》、《新唐书·仪卫志》及《玉海·车服部》等文献中均见记载。但这些记载都是简略记载指南车的应用，没有涉及内部构造。

北宋天圣五年（1027）燕肃献指南车，大观元年（1107）吴德仁又重新研制。在《宋史·舆服志》里，对指南车的构造保存了详细的记载。南宋岳珂《愧郯录》并有载录，可与《宋史》相互印证。《舆服志》关于燕肃指南车的记载如下：

> 其法：用独辕车，车箱外笼上有重构，立木仙人于上，引臂南指。用大小轮九，合齿一百二十。足轮二，高六尺，围一丈八尺。附足立子轮二，径二尺四寸，围七尺二寸，出齿各二十四，齿间相去三寸。辕端横木下立小轮二，其径三寸，铁轴贯之。左小平轮一，其径一尺二寸，出齿十二，右小平轮一，其径一尺二寸，出齿十二。中心大平轮一，其径四尺八寸，围一丈四尺四寸，出齿四十八，齿间相去三寸。中立贯心轴一，高八尺，径三寸。上刻木为仙人。其车行，木人指南。若折而东，推辕右旋，附右足子轮顺转十二齿，击（系）右小平轮一匝，触中心大平轮左旋四分之一，转十二齿，车东行，木人交而南指。若折而西，推辕左旋，附左足子轮随轮顺转十二齿，击（系）左小平轮一匝，触中心大平轮右转四分之一，转十二齿，车正西行，木人交而南指。若欲北行，或东，或西，转亦如之。[①]

由此记载看，燕肃指南车上各齿轮尺寸和齿数及基本构造已被叙述得相当详细，但由于

---

① 《宋史》卷一四九，"舆服志"上。

没有留下图形，其实际构造仍不易完全弄清。因而现代有种种不同复原方案。这里介绍两种比较合理的方案。

　　1948年鲍思贺在"指南车之研究"一文提出一种方案，并为刘仙洲先生肯定且在其论著中采用。[①] 1956年黄锡恺在其《机械原理》中给出的复原方案与此一致，叙述上和个别构件有所改进和不同，[②] 图3-46采自此书。

　　按照这一方案，燕肃指南车的主要构造如图3-48所示，图中D、D′为足轮即车轮，两轮相距应与轮的直径相等。E、E′为附足子轮，F、F′为小平轮，G为中心大平轮，装在辕上一竖轴（即贯心轴）上，其轴心为$O_1$，木仙人装置在此$O_1$轴的最上端。A为辕，装在车轮轴C上一短竖轴$O_2$上。H为固定于机架上的平几。当辕A在正中位置时，它在平几H中的左右两侧均有一些间隙，其值以适能使轮G与轮F或F′正常啮合为度。在车行之前，旋转G轮使木仙人的臂指向南方。当车直前行驶时，中心大平轮G不与小平轮F或E′相接，车轮的转动并不影响大平轮G。当车开始向东转弯时，马推辕A前端向左，使其绕$O_2$转动，此时轴$O_1$在圆弧α α上向右移动，使大平轮G和右侧小平轮F′啮合。由于平几H将辕A挡住，轮G和轮F′不致互相楔紧，同时因马推辕A而辕A被平几的左侧挡住，因而拖着车绕左车轮与地面接触点向东转动（即沿逆时方向转动），当车转90°折

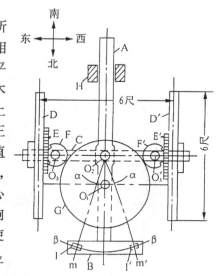

图3-46　指南车的主要构造图

向正东时，其右车轮在地面上滚过的距离为 $\gamma \cdot \theta = 6 \cdot \dfrac{\pi}{2} = 3\pi$ 尺（假设左车轮不动），所以右车轮绕C轴回转 $\dfrac{3\pi}{6\pi} = \dfrac{1}{2}$ 周。因 $Z_{E'} = 24$，$Z_{F'} = 12$，则E′转12齿，使右小平轮F′沿逆时针方向回转一周。大平轮"出齿四十八"，则转12齿正好为1/4周，即顺时针方向回转90°。因此木仙人的臂依然指向正南。当车折向正东直前行驶时，辕A又被拉至正中位置，使中心大平轮G与右小平轮F′分离，因车轮的转动不再影响木仙人。当车向西转向时，马推辕A的前端向右，结果左边的轮系发生作用而使中心大平轮逆时针方向转90°，所以木仙人所指仍然向南。

　　图中B为"辕端横木"，小立轮Ⅰ、Ⅰ′以铁轴贯于其上。黄锡恺先生认为，该两铁轴的延长线 $mO_2$ 及 $m'O_2$ 皆通过$O_2$点，当辕A绕$O_2$转动时，小轮Ⅰ与Ⅰ′沿β β圆弧滚动，摩擦很小。小轮Ⅰ与Ⅰ′的功用系支持辕A使其不致后倾，因为$O_1$轴及木仙人与大平轮G均偏于支点$O_2$的后方。

　　燕肃指南车的另一种重要复原方案，是王振铎先生于1937年在英国学者摩尔（A. C. Moule）初步推想设计的基础上修改、补充而成的。[③] 20世纪50年代为准备中国历史博物馆陈列，在研制模型时又进行了修正。

　　①　刘仙洲，中国在传动件方面的发明，机械工程学报，1954，（1）。另见中国机械工程发明史。
　　②　黄锡恺，机械原理，高等教育出版社，1956年，第205～208页。
　　③　王振铎，指南车记里鼓车之考证及模制，史学集刊1937，（3）。

图 3-47 为王振铎先生的复原设计图，图中 A、A′为车轮，两轮距也与轮径相等。B 与 B′为附足子轮，E 为中心大平轮，被固定安于贯心 $O_1$ 上，轴 $O_1$ 下装于辕上的止推轴承内。辕又与车轴通过短轴连接。C 与 C′为小平轮，辕端横木"下立小轮二"被认为是两滑轮，图中为 F、F′。D 与 D′是铁坠子分别与轮 C 和 C′固联，它们能沿立杆上下滑动。有两条竹绳一头系于车辕后端的一固定构件，分别通过两滑轮 F、F′且另一头分别系在 D 与 D′上。

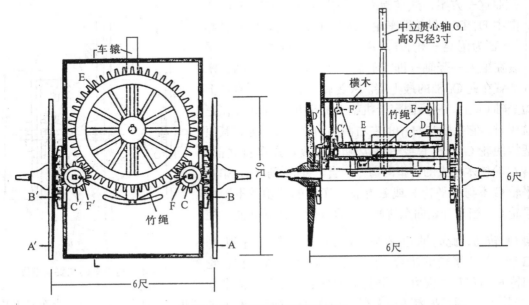

图 3-47　指南车的复原设计图

指南车的传动原理和动作过程是：先调整木人，使其手指向正南。在直前行走时，左右小平轮 C、C′都由竹绳悬挂起来，因此与小平轮 B 和 B′以及中心轮 E 都不接触，不产生传动关系。当车子拐弯时，如果是车辕前端向右，它后端就必向左转，这时右边小平轮 C 的绳子拉紧，使 C 向上升起，同时小平轮 C′的那段绳子松弛，由于铁坠子的重力作用，使小平轮 C′沿滑杆向下滑落，插入中心大平轮 E 和左附足子轮 B 之间，三者之间将产生传动关系。如果车辕前端左转，则同样道理使右附足子轮 B 和大平轮与水平轮 C 发生传动关系。假如车子由南行转向正东行，即左转 90 度，这时右边的车轮 A 恰好向前转动 1/2 周，由于附足子轮与大平轮的传动比为：

$$i_{BE} = \frac{Z_C}{Z_B} \cdot \frac{Z_E}{Z_C} = \frac{Z_E}{Z_B} = \frac{48}{24} = 2$$

则大平轮 E 应转 1/2×1/2＝1/4 周，即转 90 度，而方向是向右，与车行方向相反，结果木仙人的臂保持指南。无论车行向哪一个方向转，大平轮与车的转向正好相反，恰好抵消车转弯的影响，使木人指向保持不变。

这一复原方案与前一复原方案的区别主要是自动离合方式的不同。王振铎先生采用绳索牵引控制实现齿轮的上下离合，其主要理由是《宋史》所载，20 世纪 80 年后吴德仁设计的指南车采用的是这种离合装置，燕法在原理上应和吴法基本相近。《宋史》百衲本中"击小平轮一匝"是采自元正本，而明刊本和一些清刊本《宋史》中此句的"击"作"系"。王先生认为"系"字明确无误。可以说明离合装置采用绳索牵引的组装特征。

但是这一方案也有其困难之处。由于更早的元刊本《元史》用"击"而不用"系",因而从校勘和考据学上并不能作出判决性论断,实际上如从第一种方案赞同者的立场出发,显然会得出不同的结论。刘仙洲同样也进行过探讨,他肯定地说:"我认为击字正确。"此外,如果燕肃的离合装置与吴法基本相同,首创之功当属燕肃。而燕肃指南车与吴德仁指南车的详细说明均出自《宋史·舆服志》中,且燕法在前吴法在后,但《舆服志》在燕法的记述中对离合装置的最重要构件绳子和铁坠子却一字未提,而对吴法的论述中却有关于这些构件和组合控制方法的明确清楚说明。如果说《舆服志》的作者有意不提燕肃的重要发明或漏掉了关键性的机构或部件,则是令人难以理解的。实际上,《舆服志》对关键零部件的记述是十分重视的。

当然,第一种复原方案也不是没有任何问题。对于"辕端横木,下立小轮二"的作用,其解释显然不够完满。

这两个方案都是依据史料经过科学分析论证得到的,均有其合理性。根据现有历史资料我们还无法作出哪一个更合历史实际的判断。

《宋史·舆服志》介绍了燕肃指南车后,接着记述了吴德仁指南车的构造。原文如下:

> 大观元年,内侍省吴德仁又献指南车、记里鼓车之制,二车成,其年宗祀大礼始用之。其指南车身一丈一尺一寸五分,阔九尺五寸,深一丈九寸,车轮直径五尺七寸,车辕一丈五寸。车箱上下为两层,中设屏风,上安仙人一执杖,左右龟鹤各一,童子四各执缨立四角,上设关戾。卧轮一十三,各径一尺八寸五分,围五尺五寸五分,出齿三十二,齿间相去一寸八分。中心轮轴随屏风贯下,下有轮一十三,中至大平轮。其轮径三尺八寸,围一丈一尺四寸,出齿一百,齿间相去一寸二分五厘,通上左右起落。二小平轮,各有铁坠子一,皆径一尺一寸,围三尺三寸,出齿一十七,齿间相去一寸九分。又左右附轮各一,径一尺五寸五分,围四尺六寸五分,出齿二十四,齿间相去二寸一分。左右叠轮各二,下轮各径二尺一寸,围六尺三寸,出齿三十二,齿间相去二寸一分;上轮各径一尺二寸,围三尺六寸,出齿三十二,齿间相去一寸一分。左右车脚上各立轮一,径二尺二寸,围六尺六寸,出齿三十二,齿间相去二寸二分五厘。左右后辕各小轮一,无齿。系竹簹并索在左右轴上,遇右转使右辕小轮触落右轮,若左转使左辕小轮触落左轮,行则仙童交而指南。

吴德仁指南车分为上下两层。上层有十三个齿轮,其排列形式,黄锡恺与刘仙洲推定为图 3-48 的布置形式。[①]"左右龟鹤各一"被解释为左右各有一龟一鹤。加上四角各有一童子,所以外围应有八个齿轮。中间一圈有四个齿轮,每个带动外围两个。

对于吴德仁指南车下层的构造与传动系统有如下推测:如图 3-49 所示,A 为右边车轮(左边完全相同),B 为车脚上的立轮,有 32 齿。C 代表右边能起落的小平轮,装在竹索之上,有 17 个齿,且齿比较长。D 为附轮,有 24 个齿,只起变换方向的作用。E 为下叠轮,有 32 齿。F 为上叠轮,齿数也为 32。G 表示中间大平轮,

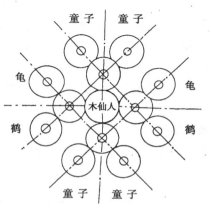

图 3-48 指南车的上层齿轮

① 刘仙洲,中国机械工程发明史(第一编),科学出版社,1962 年,第 103~104 页。

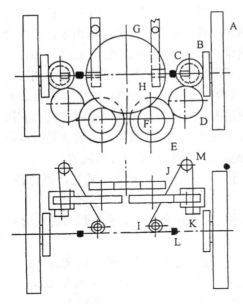

图 3-49　吴德仁指南车下层齿轮系推测图

有 100 个齿。它的立轴一直通到上层,装木仙人的小轮装在它上端。H 代表后辕。I 为右边后辕上的小轮,其上无齿。J 代表竹索。K 为铁坠子。竹索的一端系在右轴 L 处,绕过 I 轮和上边的小滑车 M,再下行,系住小平轮 C,并在下端系上铁坠子 K,使竹索总处于拉紧状态。

假定车正向南行,木仙人、四童子和两龟两鹤也都头向南方。当直前行驶时,两个被悬挂并且能够起落的小平轮 C 都空悬着,它的轮齿与 B 和 C 的轮齿都不接触。此时车轮转动并不影响中间的大平轮,因之也不影响木仙人所指的方向。当车转弯时,假如车要向东,即车辕前端向左转,则车辕的后端必向右转(即原文说"遇右转")。这时竹索受到铁坠子重力作用使右边的小平轮下降(同时使左边的小平轮升得更高),使它的齿和 B 与 D 两轮的齿相啮合。右车轴转动的作用经过转 B、C、D、E、F 传递到中间大平轮,使它前边相应地向西转,以抵消车辕前端向东偏时带着它也向东偏的结果,使木仙人所指的方向仍向正南,四童子和两龟两鹤面向的方向也不变。当转弯后又向东直前行驶时,两个小平轮又都回到原来悬空的位置。同样道理,当车辕前端向右转时,车辕的后端必向左转,左边一系列的齿轮发生作用,结果同样使木仙人所指方向保持不变,而四童子和两龟两鹤所向的方向也能保持不变。

吴德仁指南车设计巧妙之处在于采用了能够自动控制起落两个小平轮的离合装置。在重要尺寸参数的选取上也有一定突破。燕肃指南车必须遵足轮直径和两足轮间的距离相等(六尺)的原则,以此为基础构成相互制约的设计体制。这样轮系设计相对比较容易。吴德仁打破了足轮距离需要与足轮直径相等的限制,这就给轮系设计提出了更高的要求。

由于指南车从正南向正东或正西转弯,需要转 90 度,而大平轮必须按相反方向转 1/4 周才能保证木仙人指南。因此,在设计时大平轮的齿数要选 4 的整数倍为宜。燕肃指南车的车轮直径在一开始就同足轮距离尺寸一同被确定了下来,在此基础上确定大平轮齿数和半径,从而推出其他齿轮的尺寸。我们认为,吴德仁指南车的设计中,足轮的距离和大平轮齿数及半径是最初确定的参数。在两足轮距离和大平轮齿数及足轮附立轮齿数确定后,车轮(即足轮)的尺寸可以推算出来。车轮直径"五尺七寸",当为推算后确定之值。若取车轮距离为 9 尺,可推得车轮直径为 5.76 尺,约合 5.7 尺。在吴氏的指南车中采用了一叠轮,相当于一轴上固定了两个齿轮,因而构成了复式轮系。采用叠轮与大平轮齿数增多有关。分析一下吴法各齿轮的基本尺寸数据和参数,有助于说明吴法传动布置型式的成因。表3-1给出了吴氏指南车下层各齿轮的主要尺寸参数。

表 3-1　吴氏指南车下层各齿轮尺寸参数

| 名　　称 | 大平轮(寸) | 叠轮上轮(寸) | 叠轮下轮(寸) | 附轮(寸) | 小平轮(寸) | 立轮(寸) |
| --- | --- | --- | --- | --- | --- | --- |
| 直　径 | 38 | 12 | 21 | 15.5 | 11 | 22 |
| 齿　数 | 100 | 32 | 32 | 24 | 17 | 32 |

续表

| 名称 | | 大平轮（寸） | 叠轮上轮（寸） | 叠轮下轮（寸） | 附轮（寸） | 小平轮（寸） | 立轮（寸） |
|---|---|---|---|---|---|---|---|
| 齿间相去（齿距） | 原载数距 | 1.25 | 1.1 | 2.1 | 2.1 | 1.9 | 2.25 |
| | 取 π＝3 推算值 | 1.14 | 1.11 | 1.97 | 1.94 | 1.94 | 2.08 |
| | 取 π＝3.14 改正计算值 | 1.19 | 1.18 | 2.06 | 2.02 | 2.03 | 2.16 |

《宋史·舆服志》中燕氏指南车各齿轮齿间相去之值是取 π＝3 推算得到的，而吴氏指南车各齿轮齿间距离与推算却多有不合。《宋史》所载吴法齿间相去数据不够准确。表中也给出了修正计算值可做比较。吴氏大平轮齿数多达 100，因而周节较小，如不考虑叠轮，其他齿轮齿数较少，周节较大。如仿燕法布置，就要增加大平轮的尺寸以增大周节，或减小立轮与小平轮尺寸，以使周节接近一致。但立轮与小平轮尺寸不能太小，而大平轮也不宜过大。为此，吴德仁增加了叠轮以解决周节配合问题，并增加附轮以保证大平轮转向正确。由上表数据可知，大平轮与叠轮上轮周节基本相同，而叠轮下轮与其他齿轮周节大致相同。

指南车是机械发明史上的一项重要创造，它有一套自动调节转向的反馈机构，作为自动控制机械的始祖在技术史上占有重要地位。李约瑟称中国发明的指南车为"所有的控制论机器的祖先"[1]。

2. 记里鼓车

记里鼓车是古代一种能够自动计程的机械。它利用齿轮传动装置将车轮行走的里数反映出来，当车每行一里时，车上之木人击鼓一槌。晋代以来，被用于卤簿仪仗，与指南车相雁行。

《晋书·舆服志》卷二五载："记里鼓车驾四，形制如司南，其中有木人执槌向鼓，行一里，则打一槌。"

《宋书·礼志》卷一八云："记里车，未详所由来，亦高祖定三秦所获。制如指南，其上有鼓。行车一里，木人辄击一槌。大驾卤簿，以次指南。"

又传本《古今注》（题晋崔豹著）卷一称："记里鼓车，一名大章车，晋安帝时刘裕灭秦得之。有木人执槌向鼓，行一里打一槌。"五代马缟《中华古今注》卷一载："记里鼓车，所以识道里也。……车上有二层，皆有木人焉。行一里下一层击鼓，行十里上一层击钟。"此外在《南齐书·舆服志》、东晋陆翙《邺中记》、《隋书·礼仪志》、《旧唐书·舆服志》、《新唐书·车服志》及《皇朝类苑》（1145）等书中均有关于记里鼓车的简略记载。

早期的有关史料都没有对记里鼓车的内部构造作出详细说明。但宋代的记里鼓车在文献中保留了详细的记述。宋仁宗五年（1027）内侍卢道隆曾设计制作了记里鼓车，此后在大观元年（1107）吴德仁又研制了记里鼓车，《宋史》中有这两种记里鼓车具体构造的较详细的记载。

《宋史·舆服志》卷一百四十九关于卢道隆记里鼓车的记载如下：

独辕双轮，箱上为两重，各刻木为人，执木槌。足轮各径六尺，围一丈八尺。

---

① 李约瑟，科学与中国对世界的影响，李约瑟文集，辽宁科学技术出版社，1986 年，第 267 页。

足轮一周，而行地三步。以古法六尺为步，三百步为里，用较今法五尺为步，三百六十步为里。立轮一，附于左足，径一尺三寸八分，围四尺一寸四分，出齿十八，齿间相去二寸三分。下平轮一，其径四尺一寸四分，围一丈二尺四寸二分，出齿五十四，齿间相去与附立轮周。立贯心轴一，其上设铜旋风轮一，出齿三，齿间相去一寸二分。中立平轮一，其径四尺，围一丈二尺，出齿百，齿间相去与旋风（轮）等。次安小平轮一，其径三寸少半寸，围一尺，出齿十，齿间相去一寸半。上平轮一，其径三尺少半尺，围一丈，出齿百，齿间相去与小平轮同。其中平轮转一周，车行一里，下一层木人击鼓；上平轮转一周，车行十里，上一层木人击镯。凡用大小轮八，合二百八十五齿，递相钩镍，犬牙相制，周而复始。

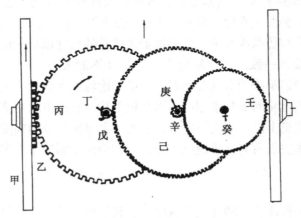

图 3-50　卢道隆记里鼓车图

张荫麟根据这段记载推断卢道隆记里鼓车的齿轮机构如图 3-50 所示。[①] 其中甲为足轮（车轮），乙为附于足轮的立轮，丙为下平轮，丁为第一贯心轴，戊为旋风轮，己为中平轮，庚为第二贯心轴，辛为小平轮，壬为上平轮，癸为第三贯心轴。第二贯心轴上所安击鼓的木人位于下一层。第三贯心轴上所安击镯的木人位于上一层。这一推断已被普遍接受，成为定论。其传动原理也易于说明，因车轮直径为六尺，当时圆周率取近似值 3 进行计算，车轮转一周，车行十八尺，转 100 周正好为 360 步，也即一里。又各齿轮齿数分别是 $Z_乙 = 18$，$Z_丙 = 54$，$Z_戊 = 3$，$Z_己 = 100$，$Z_辛 = 10$，$Z_壬 = 100$，当车行一里时，乙轮转 100 周，庚轴转：

$$100 \times \frac{Z_乙}{Z_丙} \cdot \frac{Z_戊}{Z_壬} = 100 \times \frac{18}{54} \cdot \frac{3}{100} = 1 \text{（周）}$$

癸轴则只转

$$100 \times \frac{Z_乙}{Z_丙} \cdot \frac{Z_戊}{Z_己} \cdot \frac{Z_辛}{Z_壬} = 1 \times \frac{10}{100} = \frac{1}{10} \text{（周）}$$

如果在庚轴和癸轴上分别装上一个相当于凸轮作用的拨子，能拨动或间接用绳拉动轴上木人的上臂，轴转一周使它击鼓一次。这样，行一里时庚轴上的木人击鼓一次，行十里时，癸轴转一周，其上木人击镯一次。

《宋史·舆服志》关于吴德仁的指南车有如下记述：

① 张荫麟，卢道隆、吴德仁记里鼓车之造法，清华大学学报，1925，2 (2)。

大观之制，车箱上下为两层，上安木人二身，各手执木槌。轮轴共四。内左壁车脚上立轮一，安在车箱内。径二尺二寸五分，围六尺七寸五分，二十齿，齿间相去三寸三分五厘。又平轮一，径四尺六寸五分，围一丈三尺九寸五分，出齿六十，齿间相去二寸四分。上大平轮一，通轴贯上，径三尺八寸，围一丈一尺，出齿一百，齿间相去一寸二分。立轴一，径二寸二分，围六寸六分，出齿三，齿间相去二寸二分。外大平轮轴上有铁拨子二。又木横轴上关掫、拨子各一。其车脚转一百遭，通轮轴转周，木人各一击钲、鼓。

吴德仁记里鼓车与卢道隆记里鼓车的传动方式是相同的，只是减少了产生击镯作用的一对齿轮，使两木人在车行一里时同时击钲击鼓。如果取消卢氏记里车的辛轮、壬轮和癸轴，则所用轮系与吴氏记里车轮系基本相同（图 3-51），只是齿轮齿数有所不同。后者的轮齿数分别为 $Z_乙 = 20$，$Z_丙 = 60$，$Z_戊 = 3$，$Z_己 = 100$，车轮直径也为六尺，当车前进一里时，乙只能转 100 周，庚轴则只转

$$100 \times \frac{Z_乙}{Z_丙} \cdot \frac{Z_戊}{Z_己} = 100 \times \frac{20}{60} \times \frac{3}{100} = 1 \text{（周）}$$

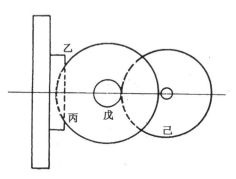

图 3-51　卢氏记里车轮系示意图

庚轴上和木横轴上有相当于凸轮作用的"铁拨子"和"上关掫拨子"，当庚轴转一周时，可牵动上层木人击钲击鼓。

记里鼓车采用的是复式轮系，获得了较大的传动比，当贯心轴上固定有两个齿轮时，为计算方便，大齿轮的齿数取小齿轮齿数的整数倍，使传动比的计算比较容易，齿数分配也较合理。文献中关于齿间相去（反映周节）数据的记载，有的存在着问题，未必准确。如吴德仁记里鼓车的齿节相去值很成问题，立轴上出齿 3，齿间相去 2 寸 2 分，而与之啮合的外大平轮上齿数为 100，齿间相去 1 寸 2 分，这样难以相互啮合和连续平稳传动。

3. 水力天文仪器上所用轮系

中国的水力天文仪器最早出现于东汉时期。据《晋书·天文志》卷十一载："张平子既作铜浑天仪，于密室中以漏水转之。令伺之者闭户而唱之。其伺之者以告灵台之观天者，曰：璇机所加，某星始见，某星已中，某星今没，皆如合符也。"张平子即张衡，《晋书·天文志》谈到这种天文仪器时又说："顺帝时（130 年左右）张衡又制浑象，……以漏水转之。"将这种水力天文仪器称为"水运浑象"较为恰当。刘仙洲推测张衡是用稳定的漏水推动水轮作为动力装置，而传动机构则采用了齿轮系。根据刘的设计，中国历史博物馆复原了张衡的水运浑象。

张衡水运浑象的驱动方式和传动机构，由于史料阙如，考证颇难。有学者对刘仙洲的复原方案表示异议，提出了驱动和传动系统的另一种推测方案：在盛水筒中置一浮子，用绕过滑轮的绳子将筒外的重锤与浮子连起来，绳子压过驱动轮组成驱动装置，运动传递经二级绳带传动实现。这一方案是以浮子和绳索为关键构件来控制浑象运转的。[1] 它以刻漏精度的研究成果作为依据，应当说确是一个创见。但这一方案存在着致命弱点。我们知道，水运浑象

① 李志超、陈宇，关于张衡水运浑象的考证和复原，自然科学史研究，1993，（2）。

是对传动精度要求很高的仪器，其传动无疑是准确的定比传动。而绳带是靠摩擦传动的，无法完全克服绳与绳轮间的相对滑动，因此传动比不准确，不能用于要求定比传动的机械传动。绳子使用不久，其与绳轮接触一面会被磨光，摩擦力下降，难以顺利实现传动。对于长时期处于运转状态的机械，采用绳带传动，绳子使用寿命短也是难以克服的障碍。我们认为，尽管刘仙洲的方案存在一些问题，有些机构的复原设计确实有复杂化和现代化的倾向，但他推测水运浑象采用了齿轮系是有明显的合理性的。

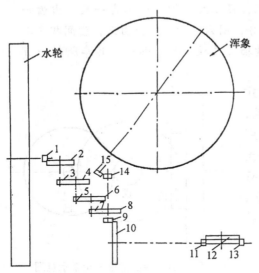

图 3-52　张衡水力天文仪器中齿轮系推想图

图 3-52 为刘仙洲先生给出的张衡水力天文仪器齿轮系推想图。为了使浑象能每天正好回转一周，从驱动轮到浑象间假定采用四对齿轮组成一个轮系，每对齿轮的速比均为 6，齿轮 1，3，5，7 取相同的尺寸，齿数均为 6；齿轮 2，4，6，8 也取相同尺寸，且齿数都为 36。再在齿轮 8 的轴上和浑象的轴上各装上一个齿数为 12 的小齿轮 14 和 15。齿轮 8 的转数与浑象的转数相同。如它每天有规律地只转 1 周，则水轮每天的转数应为

$$1 \times \frac{36}{6} \times \frac{36}{6} \times \frac{36}{6} \times \frac{36}{6} = 1 \times 6 \times 6 \times 6 \times 6 = 1296 \text{（周）}$$

如果采用漏壶的原理调整流入水轮的流量，可使水轮基本保持稳定的转速。通过精细调整，如每小时能使水轮回转 1296÷24＝54 周，则浑象就能有规律地每天回转一周。

自张衡以后，不断有人制造水力天文仪器，吴有王蕃、葛衡，晋有陆绩，南朝钱乐之（宋）、南朝陶宏景（梁）及隋初耿询都制造过浑象，并在正史中留下了记录。这些仪器多以水力为原动力并采用了齿轮传动系统，但文献记载都较简略。到了唐代，一行和梁令瓒所创作的水力天文仪器又有了较大的进展。《新唐书·天文志》卷三十一有较为详细的记载：

> 又诏一行与令瓒等更铸浑天铜仪，圆天之象，具列宿赤道及周天度数。注水激轮，令其自转。一昼夜而天运周。外络二轮，缀以日月，令得运行。每天西旋一周，日东行一度，月行一十三度十九分度之七。二十九转有余而日月会。三百六十五转而日周天。以木柜为地平，令仪半在地下。晦明朔望迟速有准。立木人二于地平上：其一前置鼓以候刻，至一刻则自击之；其一前置钟以候辰，至一辰亦自撞之。皆于柜中各施轮轴，钩键关锁，交错相持。

《全唐文》卷二百二十三所载张说《进浑仪表》的内容与此相同，最后还多"转运虽同而迟速各异，周而复始，循环不息"几句。文献中将浑象和日月等天体的相关运动表述得相当清楚，但关于传动机构的机造和布置型式却只提了几句。后来，北宋宣和年间王黼和元代郭守敬都曾研制过同样的仪器并保留了有关记载。这些记载有助于弄清楚一行水运浑象的传动机构。

《宋史·律历志》卷八十记载王黼的水力天文仪器时说："月行十三度有余。……注水激轮，其下为机轮四十有三。钩键交错相持，次第运转，不假人力。多者日行二千九百二十八

齿，少者五日行一齿。疾徐相远如此，而同发于一机，其密殆与造物者侔焉。"

《元文类》卷五十《郭守敬行状》载："大德二年（1298）起灵台水浑。……大小机轮凡二十有五，皆以刻木为冲牙，转相拨击，上为浑象，点画周天度数。日月二环斜络其上。象则随天左旋，日月二环，各依行度，退而右转。"

由此可以推断一行和梁令瓒的仪器采用了齿轮系为主要传动装置。此仪器的轮系必须满足的条件是：由每天旋转一周的轴间接带动日环和月环，使日环每天只能转 1/365 周，使月环每天只旋转 $3\frac{7}{19}{365}$ 周。根据这一要求，按照轮系的设计原理可以进行合理推测，将轮系复原。

图 3-53 为刘仙洲对此仪器齿轮系给出的推想图。可以将其分解为四组齿轮加以说明。

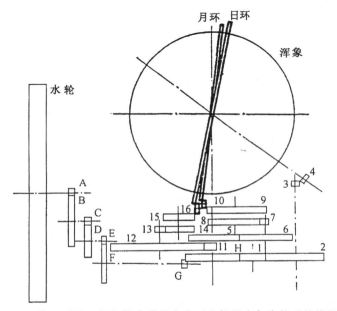

图 3-53　修正后的一行和梁令瓒的水力天文仪器中各齿轮系的推想图

第一组齿轮，由水轮轴上的 A 轮起，到 H 轮止。各齿轮的齿数依次为 6，48，6，30，6，36，6，48，如 H 轮每天旋转 1 周，则水轮每天转

$$\frac{48\times30\times36\times48}{6\times6\times6\times6}=1920（周）$$

即每小时转 80 周。

第二组齿轮，由 H 轮间接带动浑象，并使齿轮 1 的齿数为 24，齿轮 2 的齿数为 48，齿轮 3 与 4 的齿数均为 12，这样浑象也同样每天只转 1 周。这一组齿轮是为了安置上的需要而设计的，在速比上没有变化。当然可以由其他一组数目不同的齿轮达到同样目的。

第三组齿轮，由固定于 H 轮立轴上的齿轮 11 起，经过齿轮 12，13，14，15，16，间接带动日环。它们的齿数依次为：6，72，12，60，12，6，73（日环周围有 73 个齿）。如 H 轮每天旋转一周，则日环应转

$$\frac{6\times12\times12}{72\times60\times73}=\frac{1}{365}（周）$$

第四组齿轮，由固定于 H 轮立轴上的齿轮 5 起，经过齿轮 6，7，8，9，10，间接带动月环运动。它们的齿数依次为：127，114，6，60，24，6，73（月环周围也有 73 齿）。如 H 轮每天转一周，则月环转

$$\frac{127\times6\times24}{114\times60\times73}=\frac{254}{19\times365}=\frac{13\frac{7}{19}}{365}\ （周）$$

其中有的齿轮对速比不发生关系，如齿轮 10 与齿轮 16，这是由于便于装置和改变方向而设置的。[①] 按照这一方案复原的水力天文仪器，现陈列于中国历史博物馆。

在轮系和传动机构的设计方面，北宋的大型水力天文仪器——水运仪象台达到了极高的水平。

刘仙洲先生 20 世纪 50 年代初至中期对水运仪象台的传动机构最早进行了研究，[②] 20 世纪 50 年代后期由王振铎主持研制了复原模型，复原实物现收藏于中国历史博物馆。[③] 水运仪象台在本书中有专节讨论，这里也就不做详细介绍了。

4．沙漏采用的轮系

元末明初曾研制过机械计时器——沙漏。宋濂在《五轮沙漏铭》一文中对詹希元所制的五轮沙漏有详细的描述。原文如下：

　　沙漏之制，贮沙于池而注于斗。凡运五轮焉。其初轮轴长二尺有三寸，围寸有五分，衡莫之。轴端有轮，轮围尺有二寸八分，上环十六斗，斗广八分，深如之。轴杪傅六齿。沙倾斗运，其齿钩二轮旋之。二轮之轴长尺，围如初轮，从莫之。轮之围尺有五寸，轮齿三十六。轴杪亦傅六齿，钩三轮旋之。三轮之围轴与二轮同，其莫如初轮。轴杪亦傅六齿，钩四轮旋之。四轮如三轮，唯莫与二轮同。轴杪亦傅六齿，钩中轮旋之。中轮如四轮。余轮侧旋，中轮独平旋。轴崇尺有六寸。其杪不设齿，挺然上出，贯于测景盘。盘列十二时，分刻盈百。刘木为日形，承以云丽于轴中，五轮犬牙相入，次第运益迟。中轮日行盘一周，云脚至处则知为何时何刻也。……轮与沙池皆藏机腹，盘露机面。旁刻黄衣童子二，一击鼓，一鸣钲。[④]

刘仙洲推测五轮沙漏的轮系布置型式如图 3-54 所示。共有四对齿轮，因每对齿轮的速比都为 6，全轮系的速比为 $6\times6\times6\times6=1296$，即初轮转 1296 周，测景盘指针转一周。

沙漏的研制是为了解决冬天由于水结冰而使水漏无法使用的问题。《明史·天文志》卷二十五载："明初詹希元以水漏至严寒水冻辄不能行，故以沙代水。然沙行太疾，未协天运，乃于斗轮之外，复加四轮，轮皆三十六齿。"对于这种沙漏，詹希元之后又有人加以改进。《明史·天文志》载："厥后周述学病其窍太小而沙易堙，乃更制为六轮。其五轮恶三十齿，而微裕其窍，运行始与晷协。"詹希元为了使仪器的运转与实际相符，缩小了漏沙孔，增加了变速齿轮，通过设计一套轮系达到了目的。但是漏沙孔小，则会出现阻塞问题。周述学曾反复研究过"扩窍"和"增轮"问题，前后设计出五套齿轮系，经实验比较选择了第五套方

① 刘仙洲，中国机械工程发明史（第一编），科学出版社，1962 年，第 108～110 页。

② 参见刘仙洲，中国在传动机件方面的发明，机械工程学报，1954，(1)；中国在计时器方面的发明，天文学报，1956，(2)。

③ 王振铎，宋代水运仪象台的复原，文物参考资料，1958，(9)。

④ 见《宋学士全集》卷四十七。又见《皇朝文衡》卷十七。

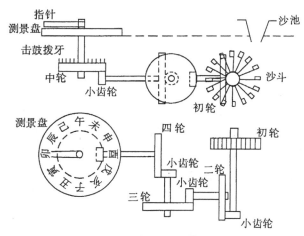

图 3-54　五轮沙漏推测图

案。这五个轮系方案，在其《神道大编历宗通议》卷十八中有详细介绍。五套轮系的速比分别为：2592，1973，2401，2212，和3125。[1] 周述学采用扩大流沙孔的办法，使初轮转速增高，又设法加大轮系的速比，使仪器运转符合实际。因此，周述学设计的轮系的速比都大于詹氏的五轮沙漏的速比。他最后选择的就是《明史·天文志》所介绍的方案。他指出："沙漏六轮之行机同而势异，要在末轮法天一日一周，而首轮必三千一百二十五转，然后数始协，是皆五、六相因，不容毫发舛乱者也。"又说："首轮三千二百二十五匝而后第六轮一周，中轮行一齿则首轮行一百有四，而日晷三刻有三分刻之一矣。"[2] 即小轮仍为六齿，大轮改为三十齿，共五对，每对速比为5。中轮（即末轮）行一齿需用 $3\frac{1}{3}$ 刻，三十齿走完正好为 $30 \times 3\frac{1}{3} = 100$ 刻，即正好一天转一周。

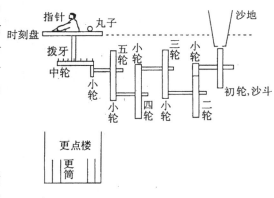

图 3-55　周述学沙漏推想图

图 3-55 为白尚恕、李迪所绘周述学沙漏推想图。这是按周述学的第五套轮系的记载加以推断的。

以上表明，中国古代的机械制造家不但掌握了普通轮系的一般原理，而且在应用上有很高的创造性。

## 第五节　凸轮机构和自动机械装置

凸轮传动机构也是中国古代应用很早的机构。在古文献中，还有许多关于自动机构和控制装置的记载，这些机构和机械多数采用了凸轮传动和连杆传动。本节具体介绍古代的一些

①　白尚恕、李迪，周述学在计时器方面的贡献，自然科学史研究，1984，（2）。

②　周述学，《神道大编历宗通议》卷十八。

典型凸轮机构并简要叙述自动机械发明和应用的情况。

# 一　凸　轮　机　构

### 1．水碓的凸轮装置

凸轮是一种可将机械中某部分连续运动变换为另一部分等速或不等速、连续或不连续运动的机件。中国最早应用凸轮机构的机械可能是水碓。水碓长轴上的拨板是起凸轮作用的机件。西汉末桓谭所著《桓子新论》已记载了"役水而舂"的水碓。[1]晋代已出现形式复杂的连机水碓。晋傅畅《晋诸公赞》载："杜预、元凯作连机水碓。"[2]后来的文献中不断有关于连机水碓的记载。图 3-56 为明刻本《天工开物》中的连机水碓图。在装有水轮的长轴上，装置了若干组拨板（图中只画了三组），每组有拨板四个。现在见到的传统水碓，拨板多为四组，带动四副碓，每组也是四个拨板。各组拨板在圆轴上的安置有一定的方位要求。如四组拨板在装置时，要使每一组比前一组落后 22.5 度，这样在圆周上彼此错开，力量可得到较均匀的分布。动力的传递是通过拨板实现的。当一个拨板转下时，下压碓杆的一头，使装碓的另一头升起。当拨板转过后，由于碓自身的重力即可下舂一次。

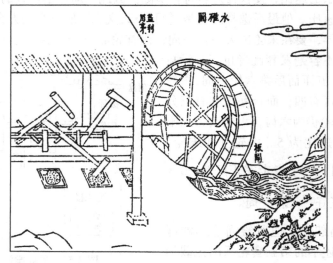

图 3-56　水碓图（采自《天工开物》）

在浙江省开化县华埠镇华民村有一种称为"托底碓"的水碓。我们在 1993 年曾去该地进行调查。这一水碓的主轴上装有八组拨板，每组拨板通过直接作用与间接作用可带动两个碓工作，即总共可带动 16 个碓进行工作。图 3-57 是这种水碓（一组）的构造示意图。[2] 图中 1 为主轴上安装的一组拨板，2 为反对碓拨板，3 为正碓，4 为反碓。当一拨板转下压正碓升起后，拨板与碓脱离接触，此时先转过的另一拨板开始拨动反碓拨板，使反碓拨板绕轴转动并通过反碓拨板下压反碓碓杆使碓升起。即正碓处于下落状态时，反碓正好处于上升状态。华埠水碓主轴上拨板的固定方式也较特别，如图 3-59b 所示，一组上四个拨板箍接于轴

①　清华大学图书馆科技史研究组，中国科技史资料选编（农业机械），清华大学出版社，第 266 页，第 271 页。
②　张柏春，中国传统水轮及其驱动机械，自然科学史研究，1994，(2)。

的外表上，用榫、销、楔等固定，其优点是不降低轴的强度，可延长轴的使用寿命。

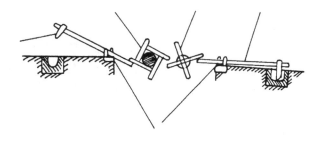
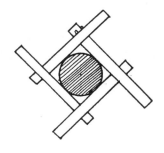

图 3-57　水碓构造示意图

### 2. 记里鼓车的凸轮机构

记里鼓车击鼓击镯与击钲的机构实际上也是一种凸轮机构。《宋史·舆服志》描述这一装置时说："外大平轮轴上有铁拨子二。又木横轴上关捩拨子各一。"王振铎先生推测其构造如图 3-58 所示，[①] 图中 A 为外大平轮上之轴，BB′为铁拨子，CC′为关捩拨子。BB′在一条直线上而方向相反，位置之高低有差，长短不同。CC′以文中所记当置于横木上。以 CC′上之横轴入于横木中，此拨子可以左右摆动。其上系以绳，同木人相连。这样外大平轮转一周（即车行一里）则轮轴 A 随之转一周，BB′亦转一周，当其转一周时，将关捩拨子推动，故系于 C 之木人击鼓（或钲），系于 C′之木人击钲（或鼓）。

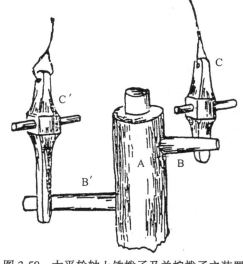

图 3-58　大平轮轴上铁拨子及关捩拨子之装置<br>A. 平轮立轴　B. 铁拨子　C. 关捩拨子<br>B′. 铁拨子　C′. 关捩拨子

### 3. 立轮式水排的凸轮

水排有立轮式和卧轮式两种。最初的水排是由立式水轮驱动还是由卧式水轮驱动，现在还无法确定。王祯《农书》介绍了卧轮水排，同时也描述了立轮水排。立轮水排的传动方式与水碓相近，也要用凸轮装置。

王祯《农书》关于立轮水排的记载如下：

> 又有一法，先于排前直出木簨，约长三尺，簨头竖置偃木，形如初月，上用秋千索悬之。复于排前植一劲竹，上带榫索，以控排扇，然后却假水轮卧轴所列拐木，自然打动排前偃木，排即随入，其拐木即落，榫竹引排复回，如此间打，一轴可供数排，宛若水碓之制，亦甚便捷。[②]

王祯《农书》中没有给出立轮式水排的图形，根据文字记载，推测其构造如图 3-59 所示，图中拐木是起凸轮作用的机件。当水轮带动长轴上的多组拐木转动时，拐木通过击压偃木，推动木簨向前运动，并使木扇转入箱内，此时劲竹被拉弯，储存了弹力。当拐木转过与偃木脱离后，劲竹与榫索将木扇从箱体内拉出，同时带动木簨向后运动。这样反复作用，使

---

① 王振铎，指南车记里鼓车之考证及模制，史学集刊，商务印书馆，1937，(3)。
② 《农书》卷十九，农器图谱之"利用门"。

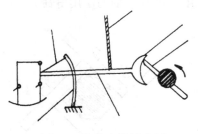

图 3-59　立式水排示意图

木扇来回往复摆动，达到鼓风目的。

4. 水运浑象的凸轮机构

张衡的水运浑象，除从水轮到浑象的传动轮系外，还有另一路传动系统。《晋书·天文志》载："至顺帝时（130），张衡又制浑象，……以漏水转之于殿上，室内星中出没与天相应，因其关捩，又转瑞轮蓂荚于阶下，随月虚盈，依历开落。"由此可知，这一天文仪器还有带动和控制蓂荚开落的机构。

"蓂荚"原为传说中的"符瑞"植物。班固《白虎通》卷三上"封禅"载："日历得其分度，则蓂以荚生于阶间。蓂荚者，树名也，月一日生一荚，十五日毕，至十六日荚，故荚阶生以明日月也。"[1] 张衡《东京赋》上载："盖蓂荚难莳也，故旷世而不觌，惟我后能殖之，以至和平。方将数诸朝阶。"注曰："蓂荚瑞应之草，王者贤圣太平和气之所生。生于阶下。始一日生一荚，至月半生十五荚，十六日落一荚，至每日而尽。小月则一荚厌而不落。"

因控制蓂荚开落的轴旋转一周，要表示一个月的时间，也即当浑象转一周时，它只转 1/30 周，就是说每天只转 12 度，再继续自动地运行。仍参看上节张衡水运浑象轮系推想图（图 3-52），在齿轮 8 的下面，装一齿数为 12 的齿轮 9，和一齿数为 60 的齿轮 10 相衔接。再在装齿轮 10 的长轴上装一齿数为 15 的齿轮 11，使其与一个齿数为 90 的齿轮 12 相衔接。当浑象回转一周时，齿轮 12 只转

$$1 \times \frac{12}{60} \times \frac{15}{90} = \frac{1}{30}（周）$$

此外还要在齿轮 12 的轴上，装置作用与蓂荚的机件，这一机件只能是凸轮。由于这一凸轮装置与以传递动力为主的凸轮有所不同，需传递准确的运动，因而对凸轮机构的设计提出了很高的要求。

由于蓂荚开落是一种间歇运动，每个蓂荚的开和落，各占 15 天，且每个的动作都比前边一个落后一天，这样就用 15 个相应的凸轮作用于 15 个蓂荚，但每一个比前一个的作用要正好落后一天。要达到这样的运动要求，无疑要用到相当复杂的凸轮装置。

连机水碓的凸轮机构对于推想蓂荚装置的构造是有启发性的。水碓的横轴上，装有具有凸轮作用的多组拨板，各组拨板在相位上要错开装置，当水轮带动横轴转动时，这些拨板按一定的次序向下拨动碓杆。刘仙洲就是受水碓凸轮装置的启示对张衡蓂荚控制装置进行推测和复原的。下面介绍他的复原结果[2]。

刘仙洲认为，张衡可能将凸轮变为在立轮上安装的 15 个拨板，这与水碓在横轴上装置拨板有所变化。使 15 个起凸轮作用的拨板依次分别作用于 15 个蓂荚，各按着应有的时刻升起和降落。在图 3-60 中的齿轮 12 的轴上装一高约七尺的圆柱，在其周围，由下往上装上 15 个拨板，立柱的外面围着一个安装蓂荚的套筒。这一机构的基本构造如图 3-60 所示，图中的拨板绕圆柱所布的长度约比 180 度稍多一些，展为平面的形状如图 3-61 所示。蓂荚的形状，参考了冯云鹏《金石索》一书所录汉武氏石室祥瑞图的蓂荚图，将其设计成杠杆形的长

① 班固，《白虎通》，丛书集成初编本。

② 刘仙洲，中国机械工程发明史（第一编），科学出版社，1962 年，第 117～120 页。

叶，外端较长较重，并将尖端展为叶片状。如图 3-61 所示，蓂荚的内端很短，在末尾还可装一灵活转动的小球，以减小摩擦力。在套筒上开有小方口，口上横装一小横轴，蓂荚就装在小横轴上。每一个蓂荚降落后一段时间内，只用其自身作用就可保持它应有的位置。不需用拨板作用。假设一个蓂荚在升起和落下的位置各对水平成 45 度。由右端起，开始使板面向下倾斜 45 度，越向左倾斜角变小，转过 6 度时，板面完全与立柱垂直。过此后逐渐向上倾斜，转过 12 度时，即向上倾斜 45 度，直到最左端为止。每个拨板均较下边一个偏前 12度。

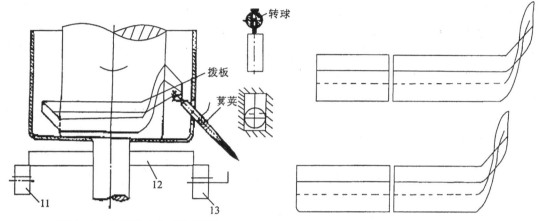

图 3-60　拨板推动蓂荚情形图

图 3-61　具有凸轮作用的拨板（表示展开的情形）

　　如果每个蓂荚都是从前一天中午就开始上升，到该升起的那一天中午完全升起，而到应该落的那一天上午六时（相当于卯时正）立即落下。这样的话，每一拨板在圆柱上的全长应围布 189 度。开始上升到完全升起，拨板上曲线的一部分占 12 度。如果想使蓂荚缓缓地下落，则每一拨板在圆柱上的全长应占 192 度。开始上升到完全升起及开始下落到完全落下，拨板上曲线的部分各占 12 度，但弯曲的方向正好相反。

　　套筒上共开有 15 个长方口，沿着一条整螺旋形的曲线分布的，各长方形口的中心如投影到圆柱底圆上，相邻的两个相距 24 度，这样使 15个蓂荚均匀地沿着一条螺旋线绕套筒一周。如将圆柱面展开则长方口分布在一条斜直线上，图 3-62 为刘仙洲先生给出的套筒表面展开情形图。上述复原采用了这种较复杂的螺旋线分布方式，除了从机械原理本身考虑外，是否在史料方面也存在一定的依据？对此，刘仙洲没有说明。笔者认为，在《九章算术·勾股章》有一"葛之缠木"，是计算圆柱螺旋线长度的问题[①]。葛呈螺旋绕于圆木上，已知木高三尺，围（底圆周长）三尺，葛绕七周，求葛长。《九章》的术文是："以七周乘三尺为股，木长为勾，为之求弦。弦者，葛之长。"如图 3-63 所示，《九章》是将圆柱面上的螺旋线展于平面上处理的，《九章》作者不仅知道将螺旋线展成一

图 3-62　套筒表面展开情形图

①　《九章算术》卷第九，"勾股"。

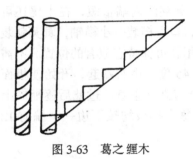

图 3-63　葛之缧木

平面斜直线，还给出了计算长度的公式（据勾股定理）。这说明早在西汉时期，我国学者已掌握了圆柱螺旋线的计算原理。根据三国时数学家刘徽的《九章算术注》可知，张衡曾对《九章》一书开立圆术涉及的球体积问题进行过研究，并取 π＝√10 进行计算，说明他对《九章》十分了解。张衡掌握螺旋线的处理方法显然不成问题。

为了调整小月只有 29 天的问题，要把齿轮 11 用一个滑键活装在轴上，可以由齿轮 12 将它移开，同时在它的对面再装上一个小齿轮 13，也是活装在轴上，可以左右移动一定距离。当小月时，在第十四个蓂荚落下后，一面将齿轮 11 移开，一面把齿轮 13 向左移，使之与齿轮 12 啮合，并转动它三个齿，即相当于 30 天应转的齿数，第 15 个蓂荚即行落下。然后再使两个齿轮恢复原位，这就可以由下一个月初一开始了。

古代应用凸轮的机械还有不少，如唐代一行和梁令瓒的水力天文仪器上有每刻击鼓和每一时辰撞钟的木人，无疑需要采用凸轮装置。水运仪象台上的"拨牙"也是起凸轮作用的机件。其他有报时装置的水力天文仪器要用凸轮传动。五轮沙漏自动击鼓击钟的装置要采用凸轮传动原理。还有走马灯上纸人的运动也用到了凸轮装置。下面介绍的一些自动机械装置，有不少采用了凸轮机构。

## 二　自动机械装置

中国古代曾发明许多自动机械装置，这些机械大都应用了设计构思相当巧妙的自动机构。我们前面介绍过的指南车、记里鼓车及各种水力天文仪器等都具有自动机械的性质，其中都有自动机构部分。在古文献中有许多属于自动机械的资料，但这些资料多数没有图形且缺乏详细的说明，对其所用机构只能作出大致的推测，复原研究还有待深入。下面综合有关资料，择要加以介绍。

1．自动调节装置

前面介绍的指南车就是典型的自动调节装置，它的工作原理在上一节已有详细介绍，这里不再叙述。

（1）早期的另一种自动调节装置是被中香炉。《西京杂记》最早记载了这一装置："长安巧匠丁缓者，……又作卧褥香炉，一名被中香炉。本出房风，其法后绝，至缓始更为之。为机环，转运四周，而炉体常平，可置之被褥，故以为名。"[①] 由这段记载可知，被中香炉最初由房风发明，后失传。西汉丁缓又重新制成了这一装置。这是一种利用重力作用保持炉体常平自动调节的装置。

在出土和传世文物中，有不少这类装置。1963 年春在西安东南郊沙坡村唐代官府遗址出土银熏球 4 枚。1970 年 10 月在西安南郊何家村出土唐晚期镂空银熏球 1 枚。[②] 1985 年在陕西临潼新丰唐庆山寺遗址出土鎏银虎腿兽石御环熏囊 2 个，与银球类似。此外在日本奈良

① 《西京杂记》卷一，"常满灯，被中香炉"条。
② 陕西省博物馆，西安南郊何家村发现唐代窖藏文物，文物，1972，(1)。

东大寺的正仓院有大量当年遣唐使带去的器皿和制品，在这些物品中也包括数枚制作精美的熏球。这些物品都是与被中香炉功能相同的自动持平装置。如沙坡村出土的银熏球，其主体是一个直径4.8厘米的圆球，由上、下两个半球扣合构成，在接合处装有一小卡轴。其余部分磨成扣合严密的子母扣。下半球内装有两个同心机环和一个焚香盂，各部件以相对称的活轴铰接方式连接。无论球体怎样转动，焚香盂都能保持常态而不致倾覆。

　　这些球形装置在球内都有两个或三个相互垂直而可灵活转动的同心圆环，即文献中所说的"机环"。装香的炉体或盂，装于内环上。香炉或香盂在空间可绕三个相互垂直的转轴转动，利用这个旋转自由度和炉体（或香盂）重量的作用，无论球如何滚动，炉体或香盂始终在稳定的下垂位置（开口向上），处于随机平衡的状态，香料不会倒出。被中香炉的平衡原理与现代陀螺仪中的万向支架相同，机环的作用与陀螺仪的平衡环作用相同（图3-64）。

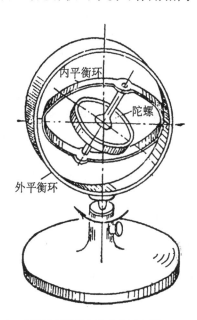

　　　　a　被中香炉　　　　　　　b　现代陀螺仪的万向支架示意图

图3-64　被中香炉与万向支架

　　（2）中国传统机械中还有一种重要的自动调节装置，这就是立轴式风车。这种风车的巧妙之处在于立帆风轮转动过程中，风帆的方向可自动调整。每当帆转到顺风一边，它就自动趋于与风向垂直，所受风力最大。当帆转到逆风一边时，就自动转向与风向平行，所受阻力最小。这种调节作用使风车的运转不受风向的影响，无论风从那个方向吹来，风帆总是向同一方向旋转。其工作原理的说明参见本书第七章有关风车的论述。

　　2．自动报时装置

　　在古代的水力天文仪器和机械计时器中，多数都有自动报时或显示时刻的装置，这些装置前文已涉及到不少，如一行、梁令瓒利用拨牙使每一刻自动地击鼓，每一辰自动地撞钟。苏颂、韩公廉的水力天文仪器是利用拨牙使每一个时辰之初自动摇铃，每一刻自动击鼓，每一个时辰的正中自动撞钟。在宋代王黼的水力天文仪器中也有类似的装置。詹希元的五轮沙漏除了测景盘显示时刻外，还有击鼓和鸣钲的自动装置。下面再介绍几种类似的自动装置。

(1) 元代郭守敬创制的大明灯漏，是一种复杂的机械计时装置。《元史·天文志》卷四十八载（《新元史》"历志二"所载同）：

> 大明殿灯漏之制，高丈有七尺。架以金为之。其曲梁之上，中设云珠，左日右月，云珠之下复悬一珠。梁之两端，饰有龙首。张吻转目可以审平水之缓急。中梁之上有戏珠龙二，随珠俯仰，又可察准水之均调。凡此皆非徒设也。灯毬杂以金宝为之。内分四层，上环布四神，旋当日月参辰之所在。左转日一周。次为龙虎鸟龟之象，各居其方，依刻跳跃。铙鸣以应于内。又次周分百刻，上列十二神，各执时牌，至其时四门通报。又一人当门内，常以手指其刻数。下四隅钟鼓钲铙各一人。一刻鸣钟，二刻鼓，三钲，四铙。初正皆如是。其机发隐于柜中，以水激之。

这一装置的自动机构，不但能使龙虎鸟龟之象依刻跳跃，还能使四个木人一刻鸣钟，二刻击鼓，三刻击钲，四刻击铙。更为巧妙的是还有"审平水之缓急"和"察准水之均调"的调控装置。这表明大明殿灯漏是一种高水平的自动机械。

(2) 元代顺帝曾在至正十四年（1354）自制宫漏。《古今图书集成》引元人的著作描述了这一仪器：

> 帝又自制宫漏，约高六七尺。为木柜藏壶其中，运水上下。柜上设西方三圣殿，柜腰设玉女捧时刻筹，时至则浮水而上。左右列二金甲神人。一悬镜，一悬钲。夜则神人能按更而击，分毫无爽。钟鼓鸣时，狮凤在侧飞舞应节。柜两旁有日月宫。宫前飞仙六人。子午之间，仙自耦进，渡桥进三圣殿。已复退如常。[①]

这一装置也有自动报时机构和复杂的联动机构。

(3) 明代司天监曾制造过水晶刻漏，也是一种水力计时装置。《明史·天文志》卷二十五载："明太祖平元，司天监进水晶刻漏。中设二木偶人，能按时自击钲鼓。太祖以其无益而碎之。"在周述学的著作中对这一仪器有更详细的记述。原文如下：

> 右水晶漏，元制，其巧，我太祖毁之，失传已久矣。其浑仪周围二尺五寸强，中列十二龃龉，长八寸，以按十二时，龃龉在轮上转。触直使之手，则系鼓以报时。旁列百龃龉以按一日刻，触直符之手，则系钲以报刻。丁甲庙中有十二神骑十二属相，下共一轴，龃龉触其轴，一时一神立水上矣。
>
> 水适自混沌天池下吕梁，流中江以激浑仪之轮，至分水庙折入南北海，会于尾轮，注星宿海。黄河逆流，泻入混沌天池，而循环不穷矣。[②]

在周述学的《神道大编历宗通议》中还载有一幅水晶漏图（图 3-65），结合文字说明，可以对"水晶漏"的形制和结构有大致的了解。它应是由水力驱动的机械装置，其中用到了齿轮传动机构，还有一套自动报时装置。这一装置的许多具体机构和运转方式的细节还有待于进一步研究。[③]

同书中还记有一种"浑仪更漏"，其中也有自动报时装置[④]，其报时方法有两种：一是用铅子鸣锣鼓；一是通过坠子推动金钱的小圈，小圈则推动金钱，"以行发筒鸣更"，可能是通过打击更筒发声来报时的。

---

① 《古今图书集成·历法典》卷九十八。

② 周述学，《神道大编历宗通议》卷十七。

③，④ 白尚恕、李迪，周述学在计时器方面的贡献，自然科学史研究，1984，（2）。

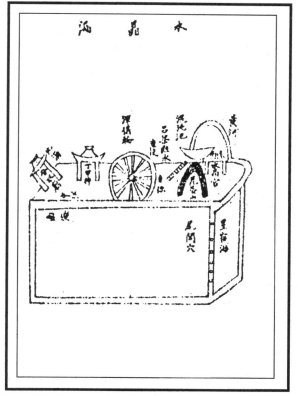

图 3-65　水晶漏图

另外，周述学制造的沙漏报时装置，与詹希元的沙漏有所不同。周述学的沙漏，晚上用"丸子"打更。《神道大编历宗通议》卷十八载："每日酉时安更点楼丸子，将两班筒子竖立，照更点装毕，以次安于柱上，务要照直，不可斜拗，然后以线系住，打更筒子须要与楼上时刻相对为准。"由此可知，每天酉时在更点楼上安装一些"丸子"，还要一些更筒，并准确地与时刻相对，每到一个更点，丸子便受到作用落下，打击更筒发声报时。

3．墓室和居室的自动防卫装置

利用自动机械装置来保护墓室或居室，当有偷盗者、刺客闯入时，就会触发机关，遭到箭射或刀枪砍杀，或者落入陷阱。这类装置在古文献中有不少记载，这里介绍几条。

《史记·秦始皇本纪》载：

始皇初即位，穿治骊山，及并天下，天下徒送诣七十余万人，穿三泉，下铜而致椁，宫观百官奇器珍怪徙臧满之。令匠作机弩矢，有所穿近者辄射之。

赵无声《快史拾遗》载："唐时南阳民有发古墓者，初遇一石门，锢以铁汁。用羊粪灌之，累日方开，则箭发如雨。取石投之，每投辄发。已稍缓，列炬入。至二门，有木人张目运臂挥剑，复伤数人。

元人吾衍《闲居录》记："陈州古墓，俗云高柴墓。……遂发之不疑。然用力甚多。毒烟飞箭皆随机轮而出。因断其机，得金铸禽鸟及玉单片。"[①]

又北宋曾公亮《武经总要·前集》卷十二载："机桥，用一梁。仍为转轴。两端施横栝，

---

① 元·吾衍，《闲居录》，丛书集成初编本。

置沟壕上。贼至即去栝，人马践之则翻。"

### 4．捕捉动物的自动装置

这类装置与上面所述防卫装置功能类似，其出现的年代可能更早。

《周礼·秋官》"司寇下"载："冥氏掌设弧张，为阱攫以攻猛兽，以灵鼓驱之"王安石在《周官新义》中注释："设弧以射之，设张以伺之，为阱攫以陷之。以灵鼓驱之，则使趋所焉。"[①]

唐张鹭《朝野金载》卷六载："彬州刺史王琚刻本为獭，沉于水中，取鱼，引首而出。盖獭口中安饵，为转关。以石缒之则沉。鱼取其饵，关即发。口合则衔鱼，石发则浮出。"

沈括《梦溪笔谈》卷七载："庆历中有一术士，姓李，多巧思。尝木刻一舞钟馗，高二、三尺。右手持铁筒，以香饵置钟馗左手中，鼠缘手取食，则左手扼鼠，右手筒毙之。"

清余庆远《维西见闻纪》载："地弩，穴地置数弩，张弦控矢，缚羊弩下。线系弩机，绊于羊身。虎豹至，下爪攫羊。线动机发，矢恶中虎豹胸。行不数武皆毙。"[②] 这是少数民族地区使用的一种自动捕杀猎物的武器。

清麟庆在其《河工器具图说》中介绍了一种称为"狐柜"的装置。书中还附有这一装置的图形（图3-66）。它"前以挑棍挑起闸板，以撑杆撑起挑棍。后悬绳于挑棍，而系消息于柜中。以鸡肉为饵，安置近栅栏处，使狐见而入柜攫取。一拼消息，则绳松杆仰，棍落板下，而狐无可逃遁矣。"[③] 这是一种捕捉狐狸的装置。文献中还可见到捕鼠的类似装置，被称为"木猫"。

### 5．自动玩具与表演装置

中国古代曾出现过许多自动玩具，其中多数为具有表演功能的复杂自动装置。这方面的史料很多，这里介绍有代表性的几种。

（1）水转百戏。晋傅玄《傅子》记载了马钧所造的这种水力自动装置：

> 有上百戏者，能设而不能动。帝（魏明帝）以问先生（马钧），可动否？钧曰：可动。帝曰：其巧可益否？对曰：可益。受诏作之。以大木雕构，使其形若轮。平地旋之，潜以水发焉。设为歌乐舞象，至令木人击鼓吹箫。作山岳，使木人跳丸，掷剑，缘絙倒立，出入自在。百官行署，舂磨斗鸡，变巧

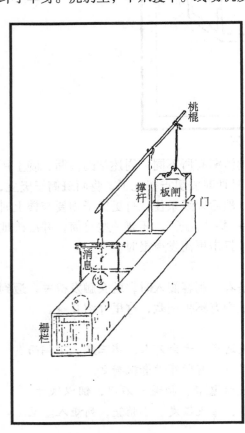

图3-66　狐柜装置

---

① 王安石，《周官新义》卷十五。
② 余庆远，《维西见闻纪》，"物器"，丛书集成初编本。
③ 麟庆，《河工器具图说》卷一，"宣防"。

百端。①

由这一记载可知，马钧成功地将一组不能动的百戏模型改成了能表演各种复杂动作和场面的机械装置。以水轮（卧轮）为驱动装置的联动机构，使上层的百戏木偶表演各种动作，还能演示百宫行署和舂磨斗鸡的场面。可见其设计制作达到了相当高的水平。

（2）水饰。隋代杜宝与黄衮曾为隋炀帝制作过特大型水力自动表演机械被称为"水饰"。《太平广记》卷二百二十六引《大业拾遗记》载：

> 水饰，……总七十二势，皆刻木为之。或乘舟，或乘山，或乘平洲，或乘磐石，或乘宫殿。木人长二尺许。衣以绮罗，装以金碧，及作杂禽兽鸟。皆能运动如生，随曲水而行。又间以妓航，与水饰相次。亦作十二航，航长一丈，阔六尺。木人奏音声，击磬、撞钟、弹筝、鼓瑟，皆得成曲。及为百戏，跳剑、舞轮、昇竿、掷绳，皆如生无异。其妓航水饰亦雕装奇妙。周旋曲池，同以水机使之。奇幻之异，出于意表。又作小舸子，长八尺，七艘。木人长二尺许，乘此船以行酒。每一船，一人擎酒杯立于船头，一人捧酒钵次立，一人撑船在船后，二人荡桨在中央。绕曲水池，迴曲之处各坐侍宴宾客。其行酒随岸而行，行疾于水饰。水饰绕池一匝，酒船得三遍，乃得同止。酒船每到坐客之处即停住。擎酒木人于船头伸手。遇酒客取酒，饮讫还杯，木人受杯，回身向酒钵之人取杓斟酒满杯，船依式自行。每到坐客处，例皆如前法。此并约岸水中安机。如斯之妙皆出自黄衮之思。宝时奉敕撰水饰图经及检校良工图画，既成奏进，敕遣宝共黄衮相知于苑内造此水饰，故得委悉见之。

此为集表演和娱乐于一体的大型机械系统，可以说是一种巨型自动玩具。《隋书·经籍志》"地理关"著录《水饰图经》二十卷，说明当时确实设计制造过这一装置。由记载看，它是在先完成设计制图后，才进行制造的。

（3）《朝野佥载》卷六记载有另一种表演装置："洛州殷文亮为县令。性巧好酒。刻木为人，衣以缯綵，酌酒行筋，皆有次第。又作妓女，歌唱吹笙，皆能应节。饮不尽则木人小儿不肯把杯，饮未竟则木妓女歌管连催。此亦莫测其神妙也。"

**6. 其他自动装置**

古代文献中关于自动机械装置的史料，有些显然存在夸大或虚构的成分，但不少记载仍有较高的可信度，不全为虚构，因而还是有一定史料价值的。

《朝野佥载》卷六载："则天如意中（692）海州进一匠，造十二辰车。迴辕正南则午门开，马头人出。四方回转，不爽毫厘。又作木火通铁盏，盛火辗转不翻。"这是两种自动机械装置，前一种当与指南车的自动机构类似，后一种显然是与被中香炉功能相同的自动持平装置。

晋陆翙《邺中记》载："石虎有指南车及司里车，又有舂车木人，及作行碓于车上。车动则木人踏碓舂。行十里成米一斛，又有磨车，置石磨于车上，行十里辄磨麦一斛。……中御史解飞、尚方人魏猛变所造。"①这种舂米磨面机械是以人力或畜力为动力，借车轮与路面的摩擦作用，在轮转动时通过齿轮、凸轮等机构的作用带动碓和磨工作。

同书又载："石虎性好倭佛，众巧奢靡，不可纪也。尝作檀车，广丈余，长二丈。四轮。

---

① 晋·傅玄，《傅子》卷五，"马先生传"。

作金佛坐于车上，九龙吐水灌之，又作木道人，恒以手摩佛心腹之间。又十余木道人，长二尺余，皆披裟绕佛行，当佛前辄揖礼佛，又以手撮香投炉中，与人无异。车行则木人行，龙吐水。车止则止。亦解飞所造也。"[①] 这也是一种较复杂的自动机械装置。

陶潜《搜神后记》载："太兴中（318～321）衡阳区纯作鼠市，四方丈余。开四门，门有一木人。纵四、五鼠于中，欲出门，木人辄以手推之。"[②]

宋人潘自牧《记纂渊海》卷八十四载："北齐有沙门灵昭，有巧思。武帝（561～564）令于山亭造流杯池船。每至帝前，引手取杯，船即自往。上有木小儿抚掌，遂与丝竹相应。饮讫放杯，便有木人刺还。饮若不尽，船终不去。"

## 参 考 文 献

陈寿（晋）撰. 三国志魏书　卷二四　韩暨传

陈维稷. 1983. 中国纺织科学技术史（古代部分）. 北京：科学出版社

范晔（宋）撰. 后汉书　卷三一　杜诗传；卷六八　张让传

李约瑟〔英〕著. 1986. 李约瑟文集. 中国古代机械工程的贡献. 沈阳：辽宁科学技术出版社

刘仙洲著. 1962. 中国机械工程发明史（第一编）. 北京：科学出版社

刘禹锡（唐）撰. 刘梦得文集　卷二十七. 四部丛刊本

秦观（宋）撰. 蚕书. 丛书集成初编本

屈大均（清）撰. 广东新语　卷十六

沈公练（清）撰. 仲昂辑补. 广蚕桑说辑要　卷下. 丛书集成初编本

宋应星（明）撰. 天工开物　卷三　作咸·井盐；卷五　膏液·皮油. 明崇祯刻本

苏颂（宋）撰. 新仪象法要　卷下. 丛书集成初编本

谈迁（清）撰. 枣林杂俎　中集. 适园丛书本

王祯（元）撰. 农书　卷十七　水利；卷十八　农器图谱

王徵（明）撰. 新制诸器图说. 守山阁丛书本

徐光启（明）撰. 农政全书卷十九　水利；卷三十五　蚕桑广类

中国农业科学院南京农学院中国农业遗产研究室编著. 1984. 中国农学史（初稿）下册. 北京：科学出版社

Needham．J．1965．Science and Civilisation in China．Cambridge：Cambridge University Press

---

①　陆翙，《邺中记》，丛书集成初编本。
②　晋·陶潜，《搜神后记》卷二，"鼠市"。

# 第四章 机械零件与制图

## 第一节 联 接 件

利用不同方式将机械零件组合成一体的技术称为联接。按联接件的相互关系，可分为静联接和动联接；按联接件能否不被破坏而拆卸，又可分为可拆卸和不可卸联接。

中国最早的联接技术，是伴随复合工具的出现而产生的。迄今发现的最早复合工具，是山西朔县旧石器时代遗址出土的一件钺形小刀（见图2-10），两平肩之间有短柄状突出部，嵌在骨木柄内形成复合工具[①]。说明在距今2.8万年前已有了联接技术。出现较早、应用较广的联接方式是用绳索捆绑。新石器时代晚期，大量复合工具的出现促进了原始联接技术的发展，例如镶嵌与绳索捆绑相结合以及由过盈配合形成的联接等。距今7000年的河姆渡遗址有石锛嵌在曲尺形木板中并缚以绳索的捆绑联接。江苏溧阳洋渚和吴县澄湖良渚文化遗址有安柄的石斧和石锛，石斧纵向嵌装在木柄前端的透孔中，石锛横向嵌装在木柄前端的未透孔中（图4-1a）。江苏海安青墩遗址出土有柄穿孔陶斧，柄为圆形棒状，前端有浅槽可嵌入穿孔斧，槽后有三孔可穿绳缚住穿孔斧，使其固定在槽内。甘肃永昌鸳鸯池遗址出土过盈配合联接的石刃骨柄刀和匕首（图4-1b）；江苏吴县淹湖畔，出土了一批双刃夹角为40°至50°的石犁形器，其中轴线上排列2至4孔，利用过盈配合使木犁床上的销钉与犁形器孔联成一体（图4-2）[②]。

随着工具和机械的进一步发展，对零部件的联接提出了新的要求，以下介绍几种中国古代有代表性的联接技术。

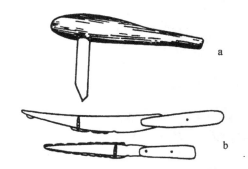

图4-1 新石器中晚期复合工具的联接
a. 有柄石锛；b. 石刃骨柄刀和匕首

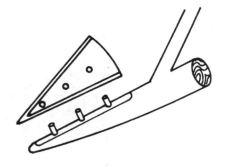

图4-2 石犁形器与木犁床的配合
（采自《农业考古》1984（1））

---

① 中国社会科学院考古研究所，新中国的考古发现和研究，文物出版社，1984年，第22页。
② 叶玉奇，江苏吴县出土的石犁，农业考古，1984，（1）。

# 一　榫 卯 联 接

在木制构件的各种联接方式中，榫卯联接有较好的强度又最为美观，因此应用最广。中国迄今发现的最早榫卯联接，是在新石器中期的河姆渡遗址。大量干阑式房屋建筑由桩、柱、板、梁、坊等构件组成。这些构件有的带有方榫、圆榫，有的凿出长方形或圆形卯眼，有的既有凸榫、在一侧又凿有卯眼，位置相互垂直（图4-3）[1]。榫的种类包括燕尾榫、梁头榫、双凸榫、柱头榫、管脚榫、企口榫、双叉榫等（图4-4）。其中最重要的发明是燕尾榫、带销钉孔的榫和企口板，并且后世常用的梁柱相交榫卯、水平十字搭交榫卯、横竖构件相交榫卯以及平板相接的榫卯等都已具备，说明当时木结构榫卯技术已具一定水平。其后，在黄河流域一些遗址的木结构中，也发现有榫卯联接。例如河南汤阴白营的一座水井，用井字形木架加固井壁，在井架木棍交叉处有卯。青海乐都柳湾原始社会墓葬的木棺，有三对上下对应、两端凿有圆形卯的木板，与竖立的木柱紧密联接，形成三个框架以固定棺板[2]。

战国时期，榫卯联接的应用已非常普遍。长沙、信阳、江陵等地的战国墓葬，出土了许多木棺椁及木器。研究表明[3]，当时的榫卯联接方式，大致可归结为：直榫、半直榫、燕尾榫、半燕尾榫、圆榫、端尖榫、嵌榫、嵌条、蝶榫、半蝶榫、宽槽结合、窄槽结合、切斜加半直榫结合和双缺结合等14类。凡现代细木工所应用的主要榫卯结构，几乎都已具备。

图4-3　河姆渡榫卯联接构件
（采自《中国大百科全书·考古卷》）

---

① 浙江省文管会，浙江省博物馆，河姆渡发现原始社会重要遗址，文物，1976，(8)：12。

② 青海省文物管理处考古队，北京大学历史系考古专业，青海乐都柳湾原始社会墓葬第一次发掘的初步收获，文物，1976，(1)：68。

③ 林寿晋，战国细木工榫接合工艺研究，香港中文大学出版社，1981年，第15页。

直榫的特征是截面为矩形、各边角为直角。战国时的直榫有闭口透直榫、闭口透直复榫、闭口不透直榫、闭口不透直复榫四种类型。透榫的特点是榫头从被联接零件的一端穿透至另一端，榫端不被遮盖，结合强度大，但装饰性差。不透榫又称暗榫或埋头榫，榫头不穿透被联接件，装饰性好，但结合强度不如透榫。从信阳长台关第一、二号楚墓出土的雕花木几来看，在强度要求高而不必上漆的脚座底部，采用了透榫；而在讲究外表需上漆的几面，则采用了不透直榫（图4-5）。另外，在接合边较长、强度要求较高的箱角接中，多采用两个以上的复榫；而在接合边较短、强度要求也较低的普通角接中，则采用单榫。说明战国工匠在生产实践中，

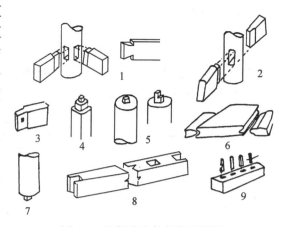

图4-4 河姆渡木构件榫卯联接
（采自《文物》1983（4））
1. 燕尾榫及转角柱卯 2、3. 梁头榫 4. 双凸榫
5. 埋头榫 6. 管脚榫 7. 企口榫 8. 双叉榫
9. 插入栏杆直根方木

已认识到各种榫卯联接方法在力学、制造工艺以及装饰效果方面的优缺点，并能灵活应用以满足不同的功能要求。

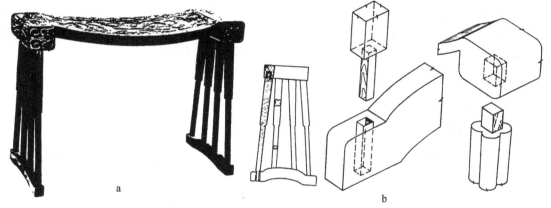

图4-5 信阳长台关2号墓出土的Ⅲ式几
a. Ⅲ式几；b. 闭口透直榫与闭口不透直榫示意图

研究还表明，战国时所用单直榫头的厚度，一般是方木厚度或宽度的1/3～1/4。这一数据非常接近现代细木工工艺学总结的1/3～3/7和1/3～2/7的比例。

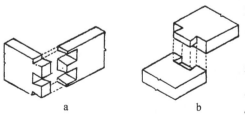

图4-6 燕尾榫
a. 开口透燕尾复榫；b. 开口不透燕尾榫

燕尾榫（也称鸠尾榫）的主要特征是榫头横截面为矩形、纵截面为梯形。战国燕尾榫主要有三种类型：开口燕尾榫、开口透燕尾复榫（图4-6a)和开口不透燕尾榫（图4-6b)，主要用于箱角接与搭接。在古代胶合技术水平不高的情况下，燕尾榫的联接最牢固，特别在承受拉应力方面大

大优于直榫和圆榫。

现代细木工艺的理论和实践表明，燕尾榫的倾角不能超过 10°，否则会造成榫颊尖端的剪力切割破坏。由表 4-1 所示的实测数据表明[1]，战国燕尾榫倾角的平均值小于或非常接近于现代木工工艺的榫颊临界角。另外，搭边榫、蝶榫、割肩透榫等精巧的榫卯联接技术已被应用，表明距今两千多年的战国时期，榫卯联接已有相当高的水平。

表 4-1　现代木工工艺的榫颊倾角

| 资　　料 | 榫　颊　倾　角 | 平均值 |
|---|---|---|
| 五里牌 406 一 | 4°，6°；7°，10°；10°，10°；4°，4° | 7° |
| 五里牌 406 二 | 9°，9°；9°，9°；6°，10°；9°，7°；7°，10° | 8°+ |
| 杨家湾 6 | 8°，10°；11°，8°；13°，12°；11°，15°；9°，9°；8°，9° | 10° |
| 陈家大山 124 | 14°，12°；11°，12°；12°，14°；10°，12°；12°，14°；14°，13° | 12°+ |

战国墓葬出土的实物表明，该时期榫卯联接的应用已非常普遍，包括车船、工具、兵器、生活用品、文具、乐器、葬具（见图 4-7）等。例如大冶铜绿山出土的矿井木支护构架均为榫卯联接（图 4-8），其结构随井巷形式和功能的不同而异。长沙刘城桥出土的车盖包括伞帽、伞柄及伞弓三部分，伞帽圆周上有 20 个不透直榫孔，盖弓首端有直榫插入伞帽榫孔，末端有圆榫套入弓帽；伞帽下有圆榫孔，以供伞柄插入用。图 4-9 为信阳长台关一号墓出土的用半蝶榫联接的木樽。图 4-10 是二号墓出土的开口不透直榫与开口不透半直榫制作的鼓架。图 4-11 是从长沙黄泥坑出土的、用开口透燕尾复榫联接的木棺。

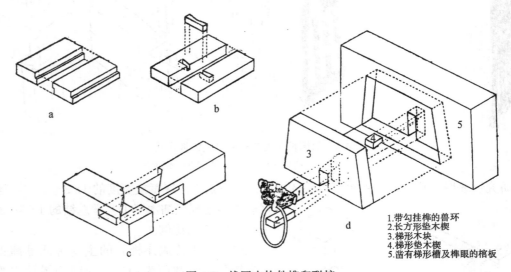

1.带勾挂榫的兽环
2.长方形垫木楔
3.梯形木块
4.梯形垫木楔
5.凿有梯形槽及榫眼的棺板

图 4-7　战国木构件榫卯联接

a. 搭边榫　湖南长沙出土木樽；b. 蝶榫　河南信阳出土木樽；

c、d. 割肩透榫　湖南长沙出土木樽、河南辉县出土木樽

① 林寿晋，战国细木工榫接合工艺研究，香港中文大学出版社，1981 年，第 31 页。

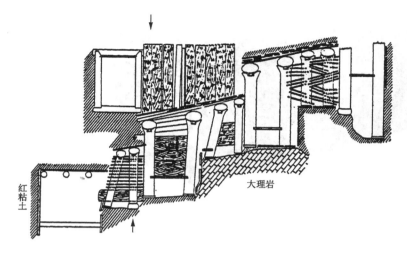

图 4-8　矿井支架的榫卯联接（大冶铜绿山出土）

图 4-9　半蝶榫联接的椁
（信阳长台关 1 号墓出土）

图 4-10　开口不透直榫与半直榫联接

（信阳长台关 2 号墓出土）

　　榫卯联接的另一重要应用是在车、船的制作上。据目前所知，中国已发现的最早车辆出自河南安阳，年代为商代晚期（约公元前 13 世纪）。车为双轮独辕，轮辐 18 根，车舆为长方形（图 4-12）。除个别饰件外，均为木制结构，构件之间均采用榫卯联接。车轮是车的关键部件，既要承受径向力又要承受轴向力，特别是在崎岖不平的道路上行驶，产生的振动和摇摆很大，轮辐和牙的联接可靠性尤为重要。《考工记·轮人》对轮辐与联接件榫卯的尺寸作了如下论述："凡辐，量其凿深以为辐广，辐广而凿浅，则是以大扤，虽有良工，莫之能固；

图 4-11　开口燕尾复榫联接的木棺
（长沙黄泥坑 20 号墓出土）

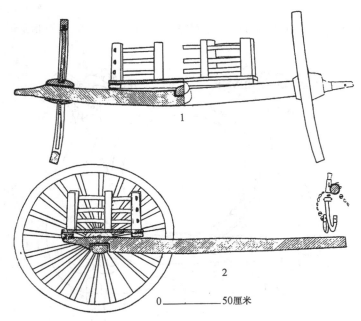

图 4-12　商代车的结构图（采自《新中国的考古发现与研究》）
1．正视　2．纵剖视

凿深而辐小，则是固有余而强不足也。故竑其辐广以为之弱，则虽有重任，毂不折。"也就是说，要以辐入毂卯眼的深度来定辐的宽度。若辐宽而卯眼太浅，极易摇动，联接不牢固；若辐窄而卯眼深，虽联接牢固但强度不足，因此辐宽与卯眼深度必须相适应，则即使车的负荷很重，也不致损毁。由此可知，春秋战国时期木构件榫卯联接的设计已综合考虑了尺寸与联接可靠性的关系。

　　中国古代木船的制作，很早就采用了榫卯联接技术。1975 年在江苏武进出土了一艘秦汉时期的木板船，全船由三段木料组成，船底是平板，两弦是整根圆木，木料之间用楔形木榫结合[1]。1974 年底在广州发现秦汉时期的木船残骸，其中一件木料一端有榫头，另一端被砍

　　[1]　王冠倬，从文物资料看中国古代造船技术的发展，中国历史博物馆馆刊，1983，(5):18。

劈成尖状,板面凿有方形榫眼,很像划桨船的桨架底座残骸(图4-13)。可见,当时用榫接法拼合船板并与各支撑构件相接已很普遍。[①] 1973年在江苏如皋出土了一艘唐代木船,共分九舱,船身用三段木材榫合而成。[②] 1975年江苏武进县万绥发现了一艘汉代用木榫联接的木板船。底板彼此以半搭接形式用四个 $5 \times 5$ 平方厘米的方榫固定,使之成为整体。底板的两侧开有与船弦相接的长方形榫孔,两侧榫孔成对排列。船弦用独木一剖为二挖空而成。弧形船弦下方边沿也开有榫孔,孔距与底板完全相吻。船体全部用木榫严密相接。榫有两种:一种是方榫,用在船底板相接部位;另一种是斜榫,长方形榫头呈三角形,用于底弦相接。这种斜榫可插得很深,联接牢靠 (图4-14)。

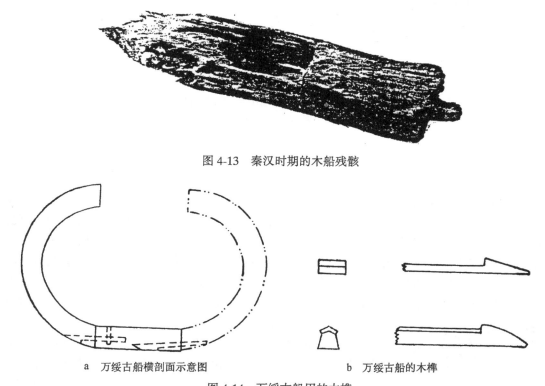

图4-13　秦汉时期的木船残骸

　　　a　万绥古船横剖面示意图　　　　　　　　　　　b　万绥古船的木榫

图4-14　万绥古船用的木榫

　　榫卯联接在金属构件中也得到广泛应用。例如上村岭[③] 和辛村[④] 出土的西周晚期木车遗迹,每只轮车由二或四节弧形牙木榫接而成,其结合处裹着青铜制的牙饰,用于增加车木间的结合强度,说明西周已应用了金属缔固联接。出土战国时期的青铜构件,有多种形式的榫卯联接。如河北平山县中山国墓出土的螳螂头榫,银锭式联接键榫、插承口加销钉榫联接等 (图4-15)。陕西临潼秦陵出土的铜车马,大量采用榫卯联接。如马的饰件及鞍具鞥、辔、鞦、缰、络头等,都是仿照皮革的形状,用多节带凸榫和凹口的金属构件、用贯以销的榫卯联接而成的链条。有的可以上下自由活动,有的可左右活动,灵活自如,榫卯联接的技术已非常成熟。

---

①　广州文物管理处,中山大学考古专业75届学员,广州秦汉造船工场遗址试掘,文物,1977,(4):19~20。
②　南京博物馆,如皋发现的唐代木船,文物, 1974, (5):84~86。
③　林寿晋,上村岭虢国墓地,北京科学出版社,1959年,第46页。
④　郭宝钧,浚县辛村,北京科学出版社,1964年,第49页。

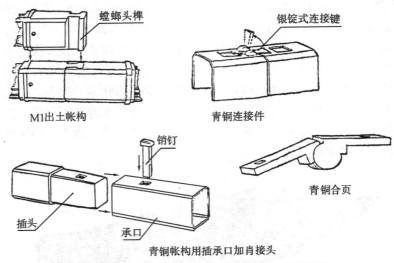

螳螂头榫

M1出土帐构

银锭式连接键

青铜连接件

销钉

插头　　　承口

青铜合页

青铜帐构用插承口加肖接头

图 4-15　河北平山县中山国墓出土的青铜榫卯构件

（采自《考古学报》80（1））

## 二　钉接和挂锔联接

　　钉接和挂锔联接是木结构船应用较多的联接工艺。如前所述，中国很早就使用榫接技术。这种技术在木船修造中逐步发展为联接紧固的木榫和木钩钉等。随着金属材料的出现，又出现榫接和铁钉并用以及技术更为先进的铁锔联接。例如，1960 年在江苏扬州施桥镇出土的一艘唐宋古船，全船分五个大仓和若干小仓，船身以榫和铁钉并用衔连的方法建造。船内仓隔板及仓板枕木，均与左右船舷榫接。船舷由四根大木料以铁钉成排钉合而成，船底也以同样方法建造。前述江苏如皋出土的唐代木船，船仓及底部以铁钉成人字缝而成，并填石灰桐油，严密紧固。

图 4-16　古代木船的两种钉接法

（采自《中国古代材料力学史》）

　　木船外板的钉接技术有两种，一种是如皋木船所用的搭接法，另一种是扬州木船平用的平接法（图 4-16）。由于平接时铁钉穿入木，比垂直打入的铁钉更能保证深度，并可节省材料，减轻船体自重，加之整体光滑减少阻力，因此一直沿用至今。

　　铁钉联接在其他方面应用的历史，可以追溯到更早。例如，安徽淮南市瞿家洼出土了 8 枚铁棺钉。湖南长沙黄土岭出土了 6 枚铁棺钉和一些普通铁钉。由此看来，战国时期随着冶铁业的发展，铁钉联接已较普遍。另外，从平山县中山国墓出土的木船来看，其中一艘大船的船板是用铁箍拼联而成的，这是中国用金属作为造船辅料的最早发现。由于该墓曾被盗，木船详情已无法考证，但既已使用铁箍，也不排除造船时使用铁钉的可能性[①]。

　　锔是以铁锻制的、用于修造木船的专用紧固件，由三部分组成。中间称锔板，扁平形，

　　① 王冠倬，从文物资料看中国古代造船技术的发展，中国历史博物馆馆刊，1983，（5）:19 。

可嵌入木结构的锔槽，跨贴由它结合的构件；两端为锔嘴和锔尾，分别钉入相邻的板料或构件。有的长锔在锔板上有若干钉眼，可加钉以提高其紧固性。根据不同的使用部位和强度要求，锔有多种规格和形状，如长尾锔、双嘴锔、双须锔、蝌蚪锔、拐锔、万锔以及锔尾特殊的丝杆锔和牛鼻锔（图 4-17）。

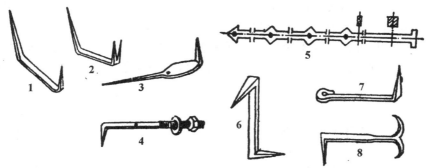

图 4-17　锔的类型
1. 长尾锔　2. 双嘴锔　3. 蝌蚪锔　4. 丝杆锔
5. 拐锔（桃锔，四桃锔）　6. 万锔　7. 牛鼻锔　8. 双须锔

拐锔又称桃锔，常用在舱壁和外板连接处，穿过船底的板缝，锔尾同时拉住两块相邻的外板。锔板及加钉孔处的桃形锔板，都埋入舱壁板内。挂锔前右构件上先开槽，槽内涂刷桐油，将锔打入槽内，用钉钉住桃孔，再用油麻灰捻实；万锔的作用如双向船钉，不必开槽，划线定位钻孔后，将万锔打入。牛鼻锔用在船首尾不便用其他锔或物材较大而空间狭窄的部位。双须锔用于联接外板和肋骨，先将锔尾从里向外穿过船板缝，再将锔头打入肋骨，然后用工具将锔尾劈开向里压紧弯曲，最后用油麻灰捻实。另外还有一类和锔的作用基本相同的"卡"。卡身扁平，两端为同向的与卡身成直角的尖角供打入构件固定用，有的卡身有钉孔可以加钉紧固（图 4-18）[①]。

图 4-18　卡
1. 两脚卡　2. 四脚卡

史料记载和出土实物表明，铁锔的使用有着悠久的历史。《宋会要辑稿》载仁宗天圣元年（1023）十二月诏："自今有落水舟船须昼时取出相验修补。如必然不堪装载盐粮，亦便驾送合属去处修充杂役。委实不任修补，即差官监折板木，量定长阔，钉锔称计斤重，因便纲船附带趁船场交纳修打。"由此证实北宋在修造船只时已经使用了铁锔，并且在船报废时，钉锔称计斤重被列入重要的统计项目。从实物资料来看，1978 年上海嘉定县封浜出土了一艘南宋木船，船的舱壁板根部与船底板结合处，用扒头钉从船外部钉入，有的加用宽背钩钉把舱壁板和船壳板钉住。在宽背钉上有两个钉眼，扒头钉从钉眼打入舱板（图 4-19），这

图 4-19　封浜古船上的锔

① 徐英范，挂锔连接工艺及其起源考，船史研究，1985，(1):65～67。

种宽背钩钉相当于现在所用的锔①。另外，1973 年在福建泉州后渚港出土一艘木结构海船，年代为南宋末年至元初。该船在舱壁板与船底板衔接处使用了宽铁钩钉，把舱壁板同船底板钩连在一起。残钉长约 40～50 厘米，宽 5 厘米。其一端弯成钩状，平直板身约 30 厘米长，上面钻五个加钉孔。其钉法是先在贴近龙骨处的舱壁板上凿出板槽，又在相连的壳板里层挖一方孔，先将铁钩一端插入方孔，另一端套入板槽，再分别用铁钉钉紧，由此舱壁板和壳板锔联成整体。后渚古船壳板是多层板结构，因此锔是从最里面一层的外表面向船内打入的，然后再覆之以第二层外板（图 4-20）②。上述两艘古船的锔联接法和现代木船修造中的挂锔法基本相同，既加强了舱壁板与外板联接，又加强了舱壁板强度的作用。另外，挂锔的同时

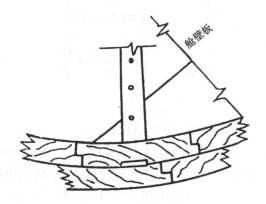

图 4-20　后渚古船挂锔复原示意图

图 4-21　封浜古船上的卡

还可用卡来加强舱壁板的联接。卡的使用灵活方便，在嘉定封浜古船上除挂锔外，也使用了卡（图 4-21）。

铁锔作为一般结构的紧固件联接，使用时间更早。五代后梁，顾野王《玉篇》在梁大同九年（674）成书，原本已不可见，今传三十卷本，是经过唐孙强在上元元年（674）增字，宋陈彭年等重修的。由此说明铁锔至迟在公元七世纪已经使用。根据 1321 年（元至治元年）沙克什汇编的《河防通议》以及明嘉靖 20 年（1541）成书的《南船记》记载，当时已有多种类型的锔，锔的名称、规格已定型化，用量也有明确规定，挂锔工艺已非常完善。

## 三　销轴联接

销轴联接是古代金属构件中最常用的一种联接工艺，历史悠久，广泛应用在兵器、车马

① 倪文俊，嘉定封浜宋船发掘简报，文物，1979，（12）:32～33。
② 泉州湾宋代海船发掘报告编写组，泉州湾宋代海船发掘报告，文物，1975，（10）。

构件以及各种器物的附属构件中。有枢轴、合页、活铰、曲柄等形式。

　　古代兵器弩机中，由圆柱销联接望山、悬刀、勾形成杠杆联动的发射机构（图 4-22），是典型的销联接形式。圆柱销固定在木廓上，望山、悬刀及勾上的销孔与销形成间隙配合，

图 4-22　铜弩机的销轴联接（秦兵马俑坑出土）

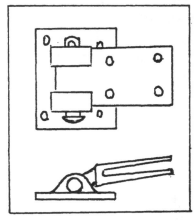

图 4-23　山西临猗程村东周墓出土铜合页（采自《考古》91（11））

可以相对转动。

　　在出土的古代墓葬及车马器件中，有不少销轴联接的构件，如图 4-23 是 1987 年在山西临猗县程村东周墓出土两种铜合页。一种合页页体为夹，一端有三穿，另一端联接带扣的销轴。另一种合页页体为 3.5×4.8 平方厘米，夹体为 3.5×3 平方厘米，页体与页夹为销轴联接，均为四穿。而在秦始皇陵西侧出土的铜车马中，有金属节约件制成的各种形式的链条，相邻两零件之间均为圆柱销联接。销子直径一般在 1～1.5 毫米之间，制作精细，转动灵活；有秦陵一号铜车立伞的夹紧机构中多处采用的活铰型销联接；有二号铜车后门的锁紧机构采用的曲柄型销联接，用以开启门扉等（详见本书第七章第一节秦陵铜车马）。

图 4-24　秦都咸阳出土的合页与三向活铰
a. 铜合页；b. 铁三向活铰

图 4-25　西汉出土的铜合页

　　图 4-24 是在秦都咸阳第一号宫殿建筑遗址出土的铜合页和铁三向活铰构件。出土的三件铜合页，由两块厚 0.2 厘米的铜页片中间卷成筒形，弯成门形，长 5.4 厘米，宽 5.3 厘米，中间距 1.5 厘米。出土的 6 件铁三向活铰，由联接销轴与三个铰页装配而成。轴长 4.8 厘米，铰合处外径 1.2 厘米，铰页长 9.2 厘米，宽 1 厘米，页尖宽 0.8 厘米，页厚 0.1 厘米。[1] 图 4-25 是由山东淄博齐王墓（西汉）随葬器物坑出土的铜合页。[2]

　　由考古发掘的实物表明，西汉晚期以来，在生活用的器物中，广泛使用了销联接的枢轴机构，图 4-26a 是 20 世纪 50 年代以来考古发现的部分实物例证[3]，都是器物上的附属构件，其所附的器物由于原料的关系多已腐朽不存。图 4-26b 表示铜灯、炉的器身与器盖之间的销轴联接[4]。1987 年在陕西扶风法门寺出土的银宝函以及鎏金镂空香囊等唐代精致的金银器件，无论是宝函与盖，还是香囊的上下半球的联接，均采用了销联接，开合自如。

①　秦都咸阳考古工作站，秦都咸阳第一号宫殿建筑遗址简报，文物，1976，(11):21。

②　山东市淄博博物馆，西汉齐王墓随葬器物坑，考古学报，1985，(2):223。

③，④　王振铎，科技考古论丛，文物出版社，1989 年，第 316～317 页。

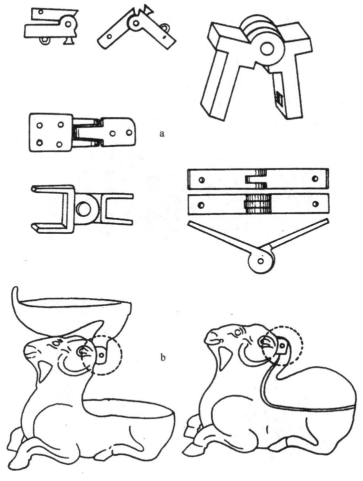

图 4-26 古代销联接的枢轴机构

（采自《科技考古论丛》）

# 第二节 活门、活塞

活门和活塞是中国古代鼓风器的重要构件。其中，活门为控制管道内气体或液体进出口的启闭件；活塞是管道内作往复运动、压缩与扩张气体、液体，以产生推力的构件。在古代，应用于由气体推动的有橐和活塞式风箱；应用于由液体推动的有取卤工具与火焰喷射器。

鼓风器是古代冶金业中一种重要的送风工具。其结构、形状随古代工业与工程技术的发展而不断改进。从中国商代能够熔铸上百公斤的大鼎来分析，估计当时已经有了鼓风装置。而从考古发现来看，洛阳出土的西周早期铸铜炉，在其炉壁上发现有三个通风口，说明当时不仅使用了鼓风器，而且已一炉有多个装置了[1]。早期的鼓风器是用兽皮制成的橐，称为

---

① 华觉明，世界冶金发展史（第一版），科学技术文献出版社，1985 年，第 472 页。

"橐"，外接风口管道，称为"籥"，用压缩与扩张皮囊来鼓风。开始用单个皮囊，以后发展为多个皮囊串联或并联在一起。至春秋战国时期皮囊已被广泛应用，并见载于文献中。如《老子·道德经》中说："天地之间，其尤橐籥乎？虚而不屈，动而愈出。"[①]《墨子》一书中也多次论及皮囊："橐以牛皮，炉有两瓶，以桥鼓之。"[②] 又说："灶用四橐，穴且遇，以桔槔冲之，疾鼓橐熏之。"[③] 从这些论述中可看出，皮囊不仅在军事上得到广泛应用，而且还出现了一炉两罐或四个鼓风器。这在当时已是相当先进的鼓风装置了。由此，李约瑟认为，这种更迭式推动两缸（或两罐）的动作，似乎已经机械化了。

图 4-27　山东滕县宏道院汉画像冶铁图

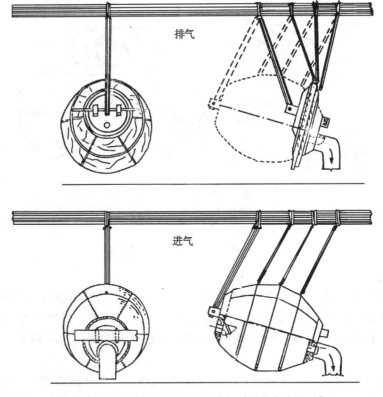

图 4-28　汉代鼓风器复原图（采自《科技考古论丛》）

---

① 陈鼓应，老子注释评价，中华书局，1984 年，第 78 页。
② 《墨子·备穴第六十二》，明嘉靖唐尧版本，上海商务印书馆编印，第 132 页。
③ 《墨子·备城门第五十二》，明嘉靖唐尧版本，上海商务印书馆编印，第 126 页。

　　到了汉代，为适应冶铸业发展的需要，鼓风器有了重大的改进。其一，鼓风器的构造更为完善，它的操作情况见于山东滕县出土的东汉画像石冶铁图，见图4-27。经复原，其结构如图4-28。[①] 其橐有三个木环、两块圆板外覆以皮囊组成，由四根吊杆将鼓风器悬挂在屋梁上。一端设有把手及进风口，另一端设有排风口及风管，并用构架固定，使橐只能沿悬杆摆动方向运动。当橐向右压缩时，左边进气活门关闭，右边排气活门开启，皮囊中的气体经出气口、通风管道至炉膛；当向左拉时，皮囊内形成真空，出风口活门关闭，进气门开启，空气被吸入囊内。由此，用人力不间断地推拉，以达到连续送风的目的。其二，鼓风器的动力有了新的突破。用畜力代替人力，古时称之为"马排"；用水力代替人力，古时称之为"水排"，使人力从笨重的体力劳动中解脱出来，这是中国古代机械工程的重大发展。有关这方面的内容，详见第六章。

　　皮囊鼓风器发展到唐宋（或更早些），逐渐为木扇式风箱所代替[②]。这种风箱实际上是一种悬扇式鼓风器。其形状最早见于北宋曾公亮所著的《武经总要·前集》（1044）的"行炉"图，图4-29。图中的梯形木箱即为简单的木扇式风箱。扇板上装有两根拉杆，并凿有两个小方孔（为进气阀门）。拉杆拉动扇板作压缩与扩张的摆动运动。当压缩时，进气门关闭，木箱内的气体被排出；扇板扩张时，木箱内成真空，进气门开启，空气进入。可见，木扇实际上起着

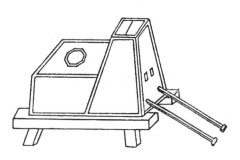

图 4-29　行炉（采自《天工开物》）

活塞的作用。这种风箱制作容易，但风量有限，为克服这一缺点，出现了双扇式风箱。如敦煌榆林窟西夏（1032～1226）壁画锻铁图中的风箱，见图4-30，显然这种风箱的排风量要大些。在元代陈椿《熬波图咏》（1330年成书）的"铸铁桦图"中，亦见有双木扇式鼓风器，见图4-31，扇板上装有四根拉杆，可由四人同时推拉鼓风，两扇板亦可相继连续鼓风。[③] 因此这种木扇式风箱较前又有了进一步改进。

图 4-30　西夏壁画打铁图中的木扇

①　王振铎，汉代冶铁鼓风机的复原，文物，1959，(5):43～44。
②　华觉明，世界冶金发展史（第一版），科学技术文献出版社，1985年，第533页。
③　梅建军，古代冶金鼓风器械的发展，中国冶金史料，1992，(27):46。

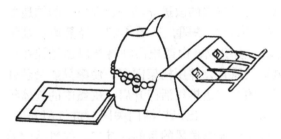

图 4-31　《熬波咏图》木扇复原图

由于木扇式风箱靠扇板的启闭运动产生风量，容易漏气，并且在回程中不能扇风，鼓风效率低。因此，随着冶铸业的发展，木扇风箱逐渐被淘汰，而活塞式风箱随之产生。学术界一般认为，中国的活塞式风箱发明于宋代。[1][2]其图形最早见载于宋元之际出版的《演禽斗数三世相书》中的"锻铁图"和"锻银图"，图4-32。图中的风箱呈长方形，与活塞板连接的拉杆是单根的，尺寸较小。而文字记载，最早见于明代成书的《鲁班经匠家镜》（简称《鲁班经》）。该书卷二载："风箱式样，长三尺，阔八寸，板片八分厚；内开风板，六寸四分大，九寸四分长。抽风扩仔，八分大，四分厚，扯手七寸四分长，（抽风扩仔八分大，四分厚，扯手七寸四分长），方圆一寸大。出风眼要取方圆一寸八分大，平中为主。两头吸风眼每头一个，阔一寸八分，长二寸二分，四边板片都用上行为准。"同时在明代宋应星所著的《天工开物》中，绘有这种风箱多达二十余幅，如图4-33。作者虽然没有说明这些风箱有什么区别，但从绘制的图形中可以看出，大致可分为两大类型。一类是双作用活塞风箱。如《冶铸》篇的"铸千斤钟与仙佛像"图。这种风箱的结构特点是在拉杆面与拉杆对面都有进风口，有的两边各有两个，有的两边各有一个。从风箱的断面来看（图4-34），风箱的底层与活塞分开，底层中间用木板隔开，在箱侧两个排气管道连接处，有一个双向活门，活塞用羽毛填密。当活塞向左移动时，右端活门开启，吸入空气，左端活门则关闭，空气排入底层，

图 4-32　《演禽斗数三世相书》中的风箱

---

① 北京大学物理系，中国古代科技大事记，人民教育出版社，1978 年，第 178 页。

② 华觉明，世界冶金发展史（第一版），科学技术文献出版社，1985 年，第 578 页。

迫使底层的双向活门摆向右方，盖住右方的出气口，左侧空气经排气口排出。仅仅当活塞向右移动时，空气从左端进气口吸入，活塞右侧的空气经下端活门排出，实现连续供气的目的。另一类是单作用活塞风箱，如《锤锻》篇的"锤钲与镯"图。这类风箱的结构特点是只有在拉杆的对面有一个进风口。风箱在工作时，拉杆的推与拉只能实现一次进气，一次排气，是一种间歇式排气风箱。再如"铸鼎图"中可以看到，在同一次浇铸中，同时使用了这两种类型的风箱。且不说它们的鼓风效果如何，但有一点是可以肯定的，实践证明，凡是用人力推动的风箱，在劳动强度大的推拉中，间歇式风箱最为适宜。因为所谓"间歇"，不仅是指风箱的鼓风是间歇的，而且由于进气时使用的拉力比排气时的推力要小，使人的体力在风箱进气时，得到一次缓慢的"间歇"恢复，只有体能的不断积蓄与恢复，才能再次推动风箱，以保证风箱的连续工作。正因为如此，间歇式风箱在民间一直沿用至今。在动力不受限制的情况下，如利用水力，则可选择鼓风效率高的双作用式风箱。

图 4-33　铸鼎图中的风箱
（采自《天工开物》）

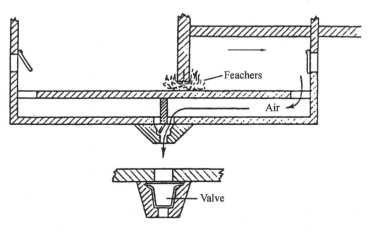

图 4-34　双作用活塞风箱剖面图
（采自李约瑟 Science and Civilisation in China）

关于双作用活塞风箱，清代徐珂著的《清稗类钞》中，对其结构及工作原理，作过如下详细的描述：

木箱以木为之，中设鞴鞴，箱旁附一空柜，前后各有孔与箱通，孔设活门，仅能向一面开放，使空气由箱入柜。柜旁有风口，藉以喷出空气。同时，抽鞴鞴之柄使前进，则鞴鞴后之空气稀薄，箱外空气自箱后之活门入箱。鞴鞴前之空气由箱入柜，自风口出。再推鞴鞴之柄使后退，则空气由箱后之活门入箱，鞴鞴后之空气自风口出。于是箱中空气喷出不绝，遂能使炉火盛燃。

中国古代这种双作用活塞风箱的独特结构，是在两个排气管道的连接处有一个双向作用的活门，使活塞在前进与后退的冲程中都能吸入和排出空气，以形成连续鼓风。构思巧妙，设计合理，鼓风效率明显提高。这是中国古代劳动人民在机械工程方面的一项重要成果，深得西方学者的钦佩。李约瑟认为，中国双作用活塞风箱（图 4-34）"是压出和吸入交互作用的空气泵"。并引用霍梅尔（Hommel）的话说："它在鼓风效果上，超过现代机器未出现前所创造的任何空气泵。"[1]

至迟于清代，还出现一种圆筒形的活塞木风箱，其鼓风效率更高。清吴其浚《滇南矿厂略图》记载了这种风箱："炉器曰风箱，大木而空其中，形圆，口径一尺三四五寸，长丈二三尺。每箱每班用三人，设无整木，亦可以板箍用，然风力究逊。亦有小者，一人可扯。"

中国古代在不断改进风箱的同时，甚至比活塞式风箱的产生更早，就已经有了中国式的液体"活塞泵"——猛火油柜。在这种军事器具出现之前，活塞、活门在液体中早已有了广泛的应用。

其一为取卤工具。它的结构是利用一段长竹杆，中间节打通，下端安一活门。取卤时，竹筒用绳吊着依靠重力沿井下落，筒底接触卤水时，活门被卤水上涌压力顶开，卤水自动注入筒内；当卤水注满时，竹筒上提，在筒内卤水的重力作用下，活门关闭，将卤水提上，然后采用煮卤制盐。据古籍记载，中国早在两千多年前的汉代，就已经利用天燃气煮卤制盐了[2]。关于取卤工具，历代古籍也多有记载。如北宋苏轼在《东坡志林》（1060）中说："庆历、皇祐以来，蜀始开筒井。……又以竹之差小者出入井中为桶，无底而窍其上，悬熟牛皮数寸，出入水中，气自吸呼而启闭之，一筒致水数斗。凡筒井皆用机械利之所在，人无不知。《后汉书》有水鞴，此法唯蜀中冶铁用之。大略似盐井吸水筒。"明《天工开物·井盐》中说："凡蜀中石山去河不远者，多可造井取盐。……井及泉后，择美竹丈长者，凿净其中节，留底不去。其喉下安消息（即活门），吸水入筒，用长绠系竹下沉，其中水满，（见图2-112 及图 4-35）。"清乾隆《富顺悬志》亦记载："筒皆去节，底缀熟皮，自可开闭，下入则开，水满则闭，用牛马挽上，致水数石，可煎一斗。"这些记载都非常明确地说明了取卤工具及其活门的启闭作用。

其二是唧筒，喷水灭火工具。据北宋《武经总要前集》卷十二记载："唧筒用长竹下开窍，以絮裹水杆，自窍唧水。"这就是说，它也是利用一段长竹筒，一头开口可插入活塞，另一头在竹底中间开一个小孔。工作时，推动活塞至筒底，并将竹筒底插入水中，然后慢慢抽动活塞杆，活塞向后运动，使筒内成真空，水从筒底的小孔中吸入。当活塞运动至筒口时，停止抽动，此时筒内已吸满水，然后将筒底对准燃烧的火焰，用力推动活塞，水从底孔中喷出。

由此可见，上述两工具，一个是有活门而没有活塞，一个是有活塞而没有活门，但各自都能达到一定的目的。而用于军事方面的火焰喷射器——猛火油柜，则吸取了上述两种工具的长处，制成了具有中国特色的液体活塞泵。《武经总要》对它描述如下：

① Joseph Needham, Science and Civilisation in China, Vol. 4, Part Ⅱ, Mechanical Engineering, p. 135～158.
② 刘仙洲，中国机械工程发明史（第一编），科学出版社，1962 年，第 53～54 页。

入井底其上曲接以口嘘对釜脐注卤水釜中只见火
冷水绝无火气但以长竹剖开去节合缝漆布一头插
牢顷刻结盐色成至白西川有火井事奇甚其井居然
牛拽盘转辘轳绞绠汲水而上入于釜中煎炼釜只用不用
紧乃盘转辘轳诸器制盘驾牛
净其中节留底不去其喉下安消息吸水入筒用长绠
卤气游散不克结盐故也井及泉后择美竹长丈者凿
抵深者半载浅者月余乃得一井成就盖井中空润则
下所舂石成碎粉随以长竹接引悬铁盏空之而上大

图4-35 取卤史（采自《天工开物》）

右放猛火油以熟铜为柜下施四足上列四卷筒卷筒
上横施一巨筒皆与柜中相通横筒首尾大细尾开
小窍大如黍粒首尾圆口径寸半柜旁开一窍卷筒
为口口有盖为注油处横筒内有杋丝杖杖首缠散麻厚
半寸前后贯二铜束约定尾有横拐拐前贯圆捧
入则闭筒口放时以杓自沙罗中提油注柜窍之及
三斤许筒首施火楼注火药于中使然发火用烙锥入杋丝
令人此出皆成烈焰油有烙铖以夹火有烙铖以补溉
之凡用十二

图4-36 猛火油柜史
（采自《武经总要前集》）

右方猛火油，以熟铜为柜，下施四足，上列四卷筒。卷筒上横施一巨筒，器与柜中相通。横筒首尾大，细尾开小窍，大如黍粒，首尾圆口，径半寸。柜旁开一窍，卷筒为口，口有盖，为注油处。横筒内有杋丝杖，杖首缠散麻厚，半寸，前后贯二铜束约定。尾有横拐，拐前贯圆捧，入则闭筒口，放时以杓自沙罗中提油注柜窍中，及三斤许。筒首施火楼，注火药于中使然（燃）。发火用烙锥，入杋丝，放于横筒。令人自后抽杖，以力蹙之，油自火楼中出，皆成烈焰。

（图4-36和图4-37）其中"火楼"为点火室，"杋丝杖"为活塞及拉杆，杆头缠有散麻，以保持其密封性，相当于现代活塞环的作用。四个卷筒，中间两个为抽油管，两边两个为排油管（亦有人认为四个皆为抽油管），横筒为活塞缸体。整个工作过程如图4-38所示：当活塞杆从左向右完全推入时，（如图（a）中活塞位置X与Y），缸体前室的喷发油，通过喷嘴C被排出。而缸体后室由于活瓣d'的关闭，使室内呈真

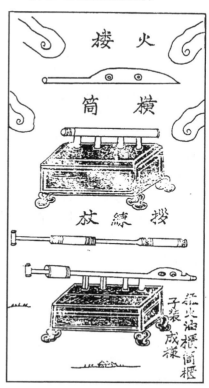

图4-37 猛火油柜（采自《武经总要》）

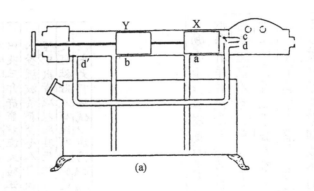

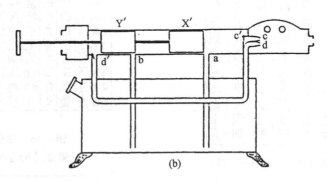

图 4-38　火焰喷射器复原图

（采自李约瑟 Science and Civilisation in China）

空，挥发油通过管道 b 被吸入后室。当拉杆从右向左后退时，输油管 b 被遮盖，活瓣 d′ 开启，缸体后室的挥发油经"U"形管道从喷口 d 排出。由于活瓣 c′ 的关闭，前室呈真空，因此当活塞杆完全退回时，挥发油从输油管 a 被吸入前室（如图（b）中活塞位置 X′ 与 Y′）。这样，当活塞再从左推向右时，就会重复上述过程。如此往复循环，就可以实现连续喷火的目的。此外，在"火楼"室内，放有含少量硝酸盐混合物的黑色火药，以保证导火及喷火的持续稳定。

　　可见，猛火油柜是将取卤工具的"活门"和唧筒的"活塞"集一身的双作用式液压活塞泵，它与双作用式的风箱，在工作原理上是相似的。西方学者认为："它出现的时代比欧洲英王威廉一世（William the Cangueror）首先使用火焰喷射器的 1064 年还早 20 年[①]，是现代火焰喷射器的前身。"

# 第三节　弹性件——弓、弩、锁及其他

　　中国对弹力的应用是相当早的。最早利用弹力的是弹弓，以后发展为弓和弩。其原理是先施力于弹性元件，使之变形而储存变形能，需要时释放变形能做功。以下根据文献资料及出土文物，简介几种有代表性的实例。

---

① Joseph Needham, Sience and Civilisation in China, Vol. 4, Part Ⅱ, Mechanical Engineering, p. 145～147.

# 一　弓

弓由弹性件弓臂和弦组成（图 4-39）。早期的弓用弹射击，称为弹弓，以后发展为用箭射击。弓在弦张过程中积聚变形能，发射时，将变形能转变为弹力，使扣在弦上的箭疾飞而出。

《易经·系辞》说："黄帝尧舜作，弦木为弧，剡木为矢，弧矢之利，以威天下。"《世本》说："黄帝之臣牟夷作矢"和《诗·小雅·角弓》有"骍骍角弓，翩其反矣"的诗句，已涉及弓的弹性变形。一般认为，《小雅》是西周后期的作品，所以《角弓》这一诗句，也许是中国关于弹性变形的最早记载[1]。山西朔县峙峪旧石器时代遗址出土的一枚用燧石薄片制作的石镞（见图 2-9），说明弓箭的使用至少可追溯到距今 2.8 万年前的旧石器时代晚期，这比文献记载更早。

原始的弓比较简单，只是用单根有弹性的木材或竹片弯曲而成，即"弦木为弧"的单体弓。河南安阳小屯商代后期墓发现与战车一起随葬的弓，其弓身虽已朽失，但还留有铜质的弓弭及弓形器[2][3]。从保留下来的弓体灰痕，结合甲骨文、金文中有关弓的形象，大体可推知商代弓柎已明显向射手一侧凹入（图 4-40），比原始单体弓在形制上有了很大的改进。当解弦弛弓时，弓身反向拘曲，张弓后有较强的弹射力。

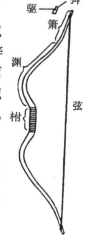

图 4-39　弓的
各部位名称

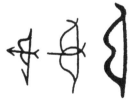

甲骨文　　　金文

图 4-40　甲骨文、金文
中的"弓"字

（采自《大百科全书·军事·
中国古代兵器分册》）

春秋战国时期，弓箭的使用已非常普遍。如湖南长沙市楚墓出土了一件保存完好的弓，全长 140 厘米，最宽处 4.5 厘米，厚 5 厘米，两侧装角质弭，弓身为竹质，中间用 4 层竹片叠加，既增加了强度，又提高了弹力。其外粘有胶质薄片状的动物筋，再缠丝涂漆。1952 年长沙扫把塘出土一件战国时期的竹弓，全长 106.5 厘米，弓的中部由两层竹片叠成，用绸绢包缠后再丝絮黑漆（图 4-41）。另外在长沙常德战国楚墓中还多次出土絮漆的木弓[4]。这些实物与《考工记·弓人》所载以干、角、筋、胶、丝、漆"六材"制弓的技术相符。这类弓称为复合弓，在弓身上傅角被筋，弹性比单一材料制作的要强得多。可见，战国时期的制弓技术已相当成熟。战国以后，弓在形制上没有多大变化，但在材料选择与制造工艺方面有改进。1974 年秦始皇兵马俑坑出土的弩弓，"木弓已朽，长约 117～140 厘米，弓背径 3～4.5 厘米，木外绕扎皮条，皮条上涂有红漆。弓背内侧辅有细木，以增强弓背的张力"[5]（图 4-42）。甘肃居延汉代遗址出土的一件木弓，"外侧骨为扁平长木，中部夹辅二木片；内侧骨由几块牛角锉磨、拼接、粘接

①　老亮，中国古代材料力学史，国防科技出版社，1991 年，第 12～13 页。

②　北京大学历史系考古研究室商周组，商周考古，文物出版社，1979 年，第 81 页。

③　唐兰，弓形器（铜弓柲）用途考，考古，1973，(3)：178。

④　高至喜，常德出土弩机的战国墓——兼谈有关弩机、弓矢的几个问题，文物，1964，(6)：33～34。

⑤　始皇陵秦俑坑考古发掘队，临潼县秦俑坑试掘第一号简报，1975，(11)：8。

而成"[①]。在弓体中部叠置适当长度的辅木，从材料力学的角度来看，相当于板弹簧的结构，既增加了弓的强度、刚度和储存变形能的能力，又利于制作轻巧而弹力大的弓。在冷兵器时代，弓在战争中发挥过巨大的作用，直至火器发明才逐渐被代替。

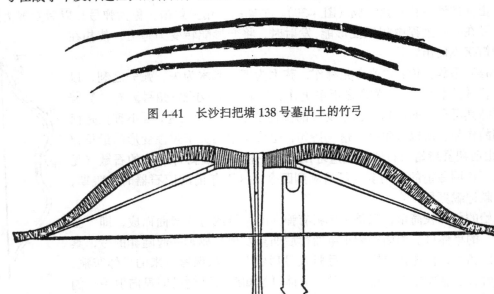

图 4-41　长沙扫把塘 138 号墓出土的竹弓

图 4-42　秦弓复原图（采自《秦始皇陵东侧第一号兵马坑试掘简报》）

关于制弓技术的详尽记载，最早见于《考工记·弓人》："弓人为弓。取六材必以其时，六材既聚，巧者和之。干也者，以为远也；角也者，以为疾也；筋也者，以为深也；胶也者，以为和也；丝也者，以为固也；漆也者，以为受霜露也"。制弓时对材料的选择特别重视，比较了七种弓干用料，探讨了如何增加弓身的弹力、射速以及加固和保护弓身等问题。得出"得此六材之全，然后可以为良"的结论。尤其值得提出的是，《考工记·弓人》"量其力，有三均"的记载说明当时已涉及弹性力的测量问题[②]。东汉经学家郑玄（127～200）对此做了如下注释："令弓胜三石，引之三尺，弛其弦，以绳缓揳之，每加物一石，则张一尺。"有文献认为，这是中国古代关于力和变形成正比的最早论述，比英国科学家胡克（1635～1703）提出的弹性定律早 1500 年。

北宋沈括在《梦溪笔谈·技艺》中，进一步将制弓的经验总结为：

弓有六善：一者形体少而劲，二者和而有力，三者久射力不屈，四者寒暑力

一，五者弦声清实，六者一张便正。凡弓性体小则易张而寿，但患其不劲，妙在治

①　甘肃居延考古队，居延汉代遗址的发掘和新出土的简册文物，文物，1978，（1）：6。

②　老亮，中国古代力学史，国防科技大学出版社，1991 年，第 23 页。

筋。凡筋生长一尺，干则减半，以胶汤濡而梳之，复长一尺，然后用，则筋力已尽，无复伸弛。又楺其材令仰，然后傅角与筋，此两法所以为筋也。凡弓节短则和而虚，节长则健而柱，节若得中则和而有力，仍弦声清实。凡弓初射与天寒，则劲强而难挽；射久，天暑，则弱而不胜矢，此胶之为病也。凡胶欲薄而筋力尽，强弱任筋而不任胶，此所以射久力不屈，寒暑力一也。弓所以为正者，材也。相材之法视其理，其理不因矫楺而直中绳，则张而不跛。

其中对弹性体的材料、结构力学以及如何提高弓的弹射力都做了精辟的论述。如概括了弓要"小而劲"，即重量轻，强度高，弹射力大。又说"欲其劲者，妙在治筋"，即弹射力大小的关键在于治筋。其制作方法是：使筋预先受拉，且紧靠筋的材料要预先受压，发挥筋的抗拉作用，从而提高弓的弹力，这与现代预应力复合梁的原理是一致的。再如，"节得中则和而有力"，弓节"得中"，类似于现在的变截面梁概念。也就是在弓体中部叠适当长度的增强木条，使弓成为板弹簧式变截面组合曲梁，这对减轻弓的重量，提高弓的强度、刚度和弹力都有重要的作用。

明代宋应星在《天工开物·弧矢》中，对制弓的材料及制作工艺同样做了详尽的描述，并明确提出，弓的制作不能大小一律，而要因人而异，要按人的挽力大小来分轻重，即"凡造弓视人力强弱为轻重：上力挽一百二十斤，过此则为虎力，亦不数出；中力减十之二三；下力及其半"。书中还介绍了测量弓力的方法："凡试弓力，以足踏弦就地，秤钩搭挂弓腰，弦满之时，推移秤锤所压，则知多少。"图4-43所示为试弓定力图。

图4-43 试弓定力（采自《天工开物》）

## 二 弩

弩是古代重要的远程武器。由可延时发射的张弦机构（弩臂和弩机）及弓组成（图4-44）。弩机是弩的关键部件，由望山（瞄准器）、悬刀（扳机）、勾心（或称牛）、联动机构、两个键或栓及联接件组成（图4-45）。

关于弩的起源，有人根据庙底沟仰韶文化的骨匕、徐州高皇庙文化的有孔蚌饰认为，"木弩的起源可追溯到原始社会晚期"[①]。《礼记·缁衣》引《太甲》说："若虞机张，往省括于厥度则释。"《韩非子·说林》篇说："羿执鞅持杆，操弓关机。"这两处提到的"机"，均宜

① 黄麟雏等主编，从古铜车马到现代科学技术，西安交通大学出版社，1986年，第31页。

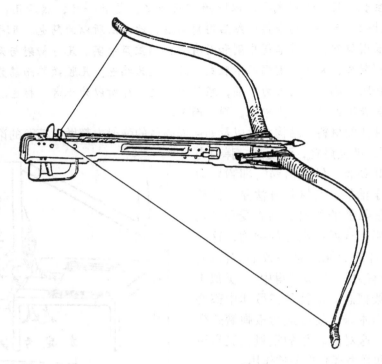

图 4-44　战国弩复原示意图
（采自《古代兵器论丛》）

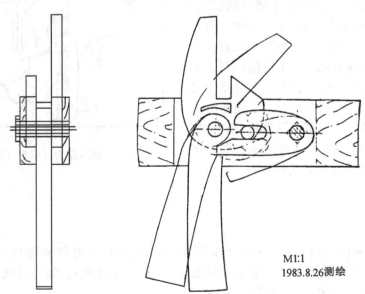

M1:1
1983.8.26测绘

图 4-45　弩机结构图（吴京祥、杨青测绘）

解释为弩机，年代都在商周之前。由此推知，中国木弩的发明年代，应不晚于商周时期。

弩的射出与弓不同，可分为两个独立的动作，先张弦装箭，储蓄弹性能，再俟机瞄准和发射。其特点是射手可借助臂力以外的动力（如脚踏、车绞等张弦），因此具有较大的弹射力和更远的射程，命中率高，又利于齐射，杀伤力大。

弩在春秋战国时期，已大量用于军事装备。如著于春秋末期的《孙子兵法》，其中就提到弩的作用。战国时，《孙膑兵法》谈及了"劲弩趋发"的威力。公元前 314 年，在著名的马陵之战中，孙膑就是用"万弩俱发"的突然袭击，击败了轻敌而怠惰的庞涓部队。说明弩在当时已是必备的武器，而且在实战中发挥着重大的作用。

迄今发现的最早的弩属战国中期。如 1952 年长沙扫把塘战国楚墓出土的弩，木臂用两段坚木斗合而成，涂有黑褐色漆，两端通长 51.8 厘米。机件为铜制，有牙（上有望山）、悬刀、钩和塞栓等件，无铜廓。长沙左家塘新生砖厂 15 号墓和常德山 12 号墓出土有铜弩机[①]。1972 年洛阳中州路战国车马坑出土了一件制作精细的弩，弩机为铜质，木质弩臂末端装有错银的铜弩盖，弩机总长 54 厘米，前面安有错银的铜承弓器[②]。成都羊马山 172 号墓出土的弩亦有铜制的牙和悬刀，无廓，臂后套有错金银的铜盖。1972 年在涪陵小田溪战国墓出土了三件弩机和一件带有错金银纹饰的弩臂铜盖，和羊马山 172 号墓出土的大致相同。其中 3 号墓的一组牙、牛、悬刀为铜质，塞栓为铁质。

木廓铜弩机的形制一直沿用至秦汉。陕西临潼秦始皇兵马俑坑就出土了大量实战用的木廓铜弩机。木弩臂长约 71.6 厘米，高约 8～10 厘米，臂的前端有凹形槽，以承弓臂，臂的末端较宽，装置弩机机件，其中牙、悬刀、塞栓均为铜质，与战国弩形状基本相似。所不同的是悬刀呈长方形，较宽短有力，望山加大加高，增强了机件的灵敏度和瞄准性能。但由于弩机直接装在木廓上，不能承受很大的张力。因此，这种弩弓较小，弩箭也较短，是以臂力张弦的"臂张弩"。在《孙膑兵法》中称这种弩为"发于肩膺之间，杀人百步之外"，射程较近。到战国晚期，出现了足踏张弦的蹶张弩。这种弩装有粗壮的弓，开弦的张力相当大，为臂力所不及。为强化机槽，在弩机外增加了铜廓部件。《战国策·韩策》称韩国武卒"被坚甲，蹶劲弩"。这种弩的射程可达 600 步（战国时一步约合 120 厘米）。

1980 年秦始皇陵西侧出土的木车马随葬品中，有一件制作精致的铜弩机（图 4-46）。其大小为弩机实物的 1/2，由廓、牙、钩、悬刀、键（两枚）和孚（木臂的铜弩盖）组成。弩的木臂和弓弦均已腐烂，但金属件保存完好。铜廓全长 10.48 厘米，上表面刻有箭槽，加工

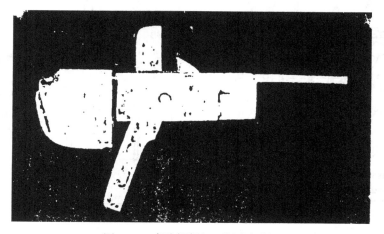

图 4-46　秦陵铜弩机（侯介仁摄）

①　高至喜，记长沙常德出土弩机的战国墓——兼谈有关弩机、弓矢的几个问题，文物，1964，（6）:33～45。
②　洛阳博物馆，洛阳中州路战国车马坑，考古，1974，（3）:173。

精细，两侧嵌在木架中。廓、牙、乎等零件的外表面都有精致的卷云状错金银花纹，同时出土的还有两个银制承弓器。由此看出，战国晚期至秦代，铜廓弩机已经出现，这是弩的重大改进。

汉代弩机又有新的发展，铜廓弩被普遍采用，并在望山上出现刻度。这种刻度类似于近代步枪上的标尺，可提高射击的准确性。汉代弩的强度以"石"来计算（1 石约 30 公斤），并逐渐实行了标准化，分为 1，3，4，5，6，7，8，10 石八种，其中以 6 石弩最为常用。1972 年河南灵宝张湾汉墓出土的一种铜弩机，廓、牙、悬刀、键俱在，惟钩心残断，夹于车中。廓身前端较窄，面刻箭槽，车的望山上有五道刻度，当作瞄准之用。廓身一侧还刻有铭文"永元六年考工所造八石钒"。[1]

东汉时，出现了强度更大的腰引弩。《晋书·马隆传》称当时测试勇士所用的腰引弩为三十六钧（约合九石）。[2] 至东汉晚期又出现了用绞车开弦的车弩，宋代以后称为床弩。据《后汉书·陈球传》记载，在一次战争中，陈球曾"弦大木为弓，羽矛为矢，引机发之，远射千余，多杀所伤"。这种大弩用手臂、足踏之力难以张开，故应是车弩。唐代杜佑《通典》记载："绞车弩射七百步。"车弩在宋代得到较大发展，曾公亮《武经总要》记载的床弩，自 2 弓至 4 弓种类很多（图 4-47）。多弓床弩张弦时绞车的人数，少则三五人，多至 100 人以上，瞄准和以椎击机发射都有专人司其事。北宋初床弩经魏丕改造能射 1000 步（宋代 1 步约合154厘米），各种强弩张力可达15至30石（宋代1石合63.6千克），是中国古代弩类

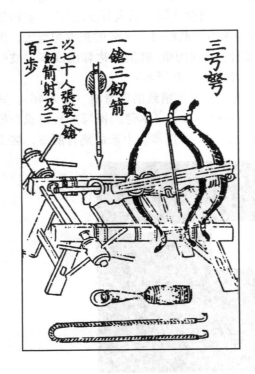

图 4-47　三弓床弩图（采自《武经总要》）

图 4-48　连发弩（采自《天工开物》）

---

① 河南博物馆，灵宝张湾汉墓，文物，1975，（11）:81。
② 明《武备志》称之为腰开弩，有"力弱者用蹶张，力雄者仍用腰开"。

武器中威力最大、射程最远者。

此外，装有连射机构的连弩始见于《汉书·李陵传》，有"连发弩，射单于"。三国时，诸葛亮改制的连弩，"一弩十矢俱发"，威力很强。《天工开物·弩》篇曰："又有诸葛弩，其上刻直槽，相承函十矢，其翼取柔木为之。另安机木，随手板弦而上，发去一矢，槽中又落下一矢，则又板木上弦而发。机巧虽工，然其力棉甚，所及二十余步而已（图 4-48）。"1986 年，湖北江陵县一楚墓发现一件双矢并射连发弩。在木臂机体上有矢匣，木臂上平面有双矢发射面、发射管孔以及弦活动槽，可以集中进矢、贮矢，矢自动落槽，自动进入发射管孔并控制运行方向。将矢装满矢匣，可以连续发射 10 次，两个并列的发射孔可以同时发射，射程在 20 至 30 米。[①] 设计者巧妙地运用物体滚动和受重力作用下落的原理，解决了自动进矢和自动落槽问题。活动木臂的设计，运用了运动力学和杠杆原理，使弩发射的全部程序（钩弦、拉弦、发射）统一于活动木臂的前后运动过程中。另据《史记·秦始皇本记》记载，在修筑秦始皇陵时，"令匠作机弩矢，有所穿近者辄射之"。这种弩设于暗藏处，待野兽或敌人绊触机关，即使机发矢射，称为暗弩或伏弩。

# 三　锁

簧锁是中国古代对弹簧利用的最普遍的实例。1988 年湖北当阳曹家岗 5 号楚墓出土一件锁形器，形状如图 4-49 所示，"凹字形有长栓，侧面呈 8 字形，饰陶纹和三角雷纹，栓轴可抽动，但不能脱出"[②]。由此可推知锁的发明，至少在春秋晚期（约公元前 6 世纪）以前。

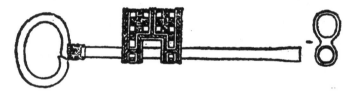

图 4-49　铜锁形器（采自《考古学报》1988（4））

最初的锁，结构很简单，仅有一个栓，栓附着在门上，并能在一木块上滑动。以后增加了一个制子及两个锁环，以防止锁的脱出。再其后又在墙上增加了一个锁环。为便于在门外开锁，就在门上开孔，使手能伸入。显然这种锁的安全性有限。为了提高锁的安全性能，于是出现了将孔缩小到仅能使一器具（如钥匙）插入开启的锁[③]。

中国古代锁的设计制作第一个重大突破是制栓器的发明，即用木制或金属制的移动件，靠本身的重量落入栓的卯眼内，使锁紧闭，然后用钥匙上适当部位的凸起，将制栓器顶起而使锁开启。开启制栓器的方法有多种。图4-50a为中国古代一种通用的锁形器机构。钥匙经栓上部的开口平行插入锁匣，然后由其上突起部位从制栓器侧面的榫眼将制栓器提起，使栓退出卯眼而开启。图4-50b是一种采用旋转原理的锁形机构，在平行插入栓内的钥匙上有两个突起的锁，当钥匙旋转使凸锁上行时，顶起嵌入栓内的L形制栓器，使锁能自由退出，而锁开启。图4-51是新疆柏孜克里千佛洞遗址出土的木锁和钥匙，木钥匙

①　王振铎，中华文化集粹丛书·工巧篇，中国青年出版社，1991 年，第 214~215 页。

②　湖北省宜昌地区博物馆，当阳曹家岗 5 号楚墓，考古学报，1988，（4）:455。

③　Joseph Needham, Science Civilisation in China, Vol. 4, Part Ⅱ, Mechanical Engineering, p. 411~416.

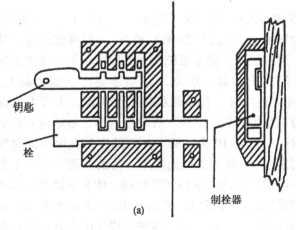

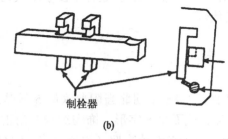

图 4-50　锁的制栓器机构
（采自李约瑟《中国科学技术史》）

图 4-51　木锁、木钥匙（采自《文物》85（8））

有三个或四个柱状齿，靠齿的凸起顶起制栓器，从而开启锁。

锁的设计制作的第二个重大突破是弹簧的应用。它使制栓器的结构发生了显著的变化，即不再需要靠自身重量落入卯眼，而是靠簧片的张与合来达到锁紧与开启。如图4-52所示，制栓器的锁簧是由若干片状金属弹性（如铜片）组成，将其一端固定在一

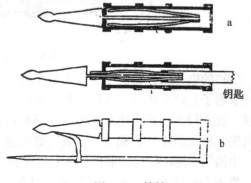

图 4-52　簧锁
（采自刘仙洲《中国机械工程发明史》）

根金属杆上，簧片的另一端呈伞状散开，而与杆有一定的距离。当簧片由狭窄的开口挤入锁内时，簧片被压缩合紧。当簧片完全进入锁内时，又恢复原状呈伞状张开，锁被自动锁紧(图 4-52a)。当钥匙从锁的另一开口插入，把伞状簧片束紧，并向后开口推动，则锁就被开启(图 4-52b)。

　　北宋欧阳修《归田录》记载："燕龙图肃有巧思。初为永兴推官，知府寇莱公好舞柘枝，有一鼓甚惜之，其环忽脱。公怅然，以问诸匠，皆莫知所为。燕请以环脚为锁簧内之，则不脱矣。"[1] 但锁的最初应用，远比文献所载为早。1987 年在安徽亳县曹操宗族葬墓（东汉，164）中曾发现一铜构件，"似为铜锁，上略呈弧形，中间有一横眼"[2]。1972 年，西安何家村唐代窖藏出有鎏金铜锁 17 件（图 4-53），锁长 9.5～13.5 厘米，钥匙长 5.2～7.8 厘米；鎏银锁 6 件，锁长 9 厘米，钥匙长 5 厘米。[3] 同年，在唐代

①　刘仙洲，中国机械工程发明史（第一编），科学出版社，1962 年，第 30～31 页。
②　安徽省亳县博物馆，亳县曹操宗族墓葬，文物，1978，(8):36。
③　陕西省博物馆，文管会等委会写作组，西安何家村发现唐代窖藏文物，文物，1972，(1):42。

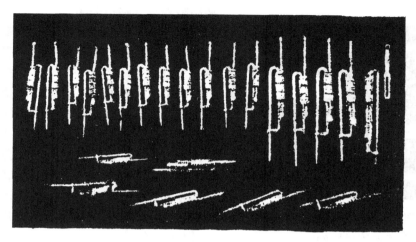

图 4-53　西安何家村出土的鎏金银锁

（采自《文物》72（2））

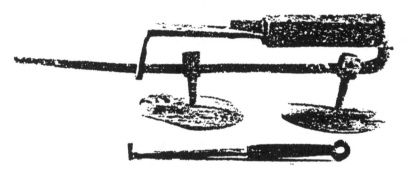

图 4-54　唐代临川公主墓出土铜锁

（采自《文物》77（10））

图 4-55　金筐宝钿珍珠装斌珐石盝顶
宝函上的鎏金铜锁（采自《法门寺地宫珍宝》）

图 4-56　西魏侯义墓出土铜锁

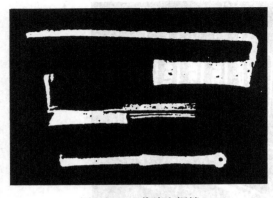

图 4-57　辽代鎏金铜锁

昭陵陪葬墓（临川公主墓）出土了两件铜质实用门锁，锁长 31～33 厘米，都带有钥匙（图 4-54）。[①] 1987 年陕西法门寺唐代真身宝塔地窖出土的银宝函口，挂有鎏金的铜锁（图 4-55），形状与西安何家村鎏金银铜锁相同。同年在陕西咸阳胡家沟西魏侯义墓发现铜锁一把，锁长 6.5 厘米，宽 2.2 厘米（图 4-56）和内蒙古青龙山辽代陈国公主驸马合葬墓（开泰 7 年，1015）发现两套鎏金铜锁及铜钥匙（图 4-57）[②]，这一系列不同历史时期的锁的发现，说明锁的应用之广。簧锁因其结构简单、实用而深受民间的欢迎，至今在中国农村仍能见到。

## 四　其他弹性件的应用

中国古代在生产中应用弹性件的实例也是很多的。如最初的钻井机械就是将钻具的上端

图 4-58　弹棉弓
（采自宋应星《天工开物》）

---

① 昭陵文物管理局，昭陵陪葬墓出土文物，文物，1977，(12):58。
② 内蒙古文物考古研究所，辽陈国公主驸马合葬墓发掘简报，文物，1987，(11):4。

系在竹弓弦的中间，其装置与弓弩相似。钻井时，将弓弦向下拉，使钻具下行钻凿。当钻具返回时，弓弦将储存能释放，使钻具自动复位。又如，王祯《农书·木棉序》说："木棉弹弓，以竹为之，长可四尺许，上一截颇长而弯，下一截稍短而劲，控以绳弦，用弹绵英如弹毡毛法。务使结者开，实者虚，假其功用，非弓不可。"《天工开物·乃服》也说，"弹棉"与"腰机"，都是利用弹弓之力，达到弹棉与织绸的目的（图4-58、图4-59）。

　　从历年出土的文物中，同样可以看到弹性件在各方面的应用。1987年在陕西扶风法门寺出土的银器中，有用弹簧制成的螺旋形小银碟圆座（图4-60），有应用拉伸弹簧性能制成的鎏金镂空香囊上下半球的钩状扣合件（图4-61）。以及元代茅元仪在《武备志·火器图》中记述的"掤子"（图4-62），也是利用弹簧弹力的一种器械。此外，河南陕县出土的汉代铁剪和湖南长沙出土的隋朝铁剪的手柄，前者呈8字形，后者呈U字形（图4-63、图4-64）。它们都是利用熟铁锻制而成，

图4-59　腰机

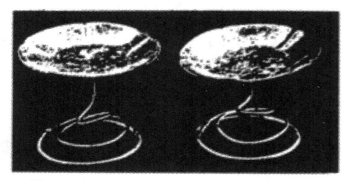

图4-60　盘圆座葵口小银碟（采自《法门寺地宫珍宝》）

图4-61　银香囊扣合件

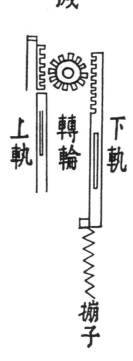

图4-62　掤子
（采自茅元仪《武备志》）

图 4-63　陕县刘家渠汉墓出土的铁剪

（采自《考古学报》68（1））

图 4-64　长沙隋墓出土的铁剪

（采自《考古学报》59（3））

图 4-65　山西侯马 3 号车马坑出土的铜活夹

（采自《文物》88（3））

具有一定的弹性。山西侯马上马墓地 3 号车马坑属春秋早期偏晚（约前 655）出土的 3 件铜活夹很有特色。它们形制大致相同，主要由两部分组成，一部分由长方形铜片锻折而成，中间留空，可夹物。折曲处呈圆形，内置一轴，对折两片各有长条形镂孔，半折铜片长 4.8 厘米、宽 3.7 厘米、厚 0.2 厘米。另一部分为平面呈王字形的压片，向下压对折铜片，使铜片开口处紧合，夹持物件。当压片松开时，铜片靠弹力张开，放下夹持物。这种活夹应是现代活夹的前身（图4-65）。

## 第四节　润滑与润滑剂[①]

摩擦学作为一门独立的科学出现是不久以前的事，但它并不是凭空出现的。追溯其发展，却是渊远流长。在摩擦学领域里，中国古代有过巨大贡献。

# 一　古代关于润滑的记载

### （一）早期记载

滑动轴承的出现，提出了润滑的需要或者说促进了摩擦学的发展。现已知道，润滑普遍用于古车上，但由于润滑的出现，远不如车的出现那样赫然易见，所以要确切论述润滑出现的时间，是一件十分困难的事。经过翻阅和考证史料，得知关于润滑的最早记载是见于《诗经》。《诗经》是中国最早的诗歌总集，所收诗歌大抵产生于周初到春秋中期之间，即公元前

---

①　陆敬严，中国古代摩擦学成就，润滑与密封，1981，（2）。

　　陆敬严，中国古代摩擦学成就（续编），润滑与密封，1984，（5）。

　　陆敬严，关于中国古代金属轴瓦的初步研究，同济大学学报，1986，14（4）:461~510。

11 世纪到公元前 6 世纪。在《邶风·泉水》篇中，有"载脂载舝，还车言迈，遄臻于卫，不瑕有害"的诗句。"舝"在古代解释为"车轴端键"。实际上，"舝"即"辖"字，用于古车上，它相当于我们现在所说的销钉，穿过轴端，可以将车轮"辖"住，使车轮轴向固定；而"脂"当然是润滑剂；"还"即回还，"迈"就是快。这几句诗译成现代语言，就是：

> 用油脂，将车轴润滑，
> 在轴端，把销钉检查，
> 驱车远行，送我回家。
> 快快地赶到家乡卫啊！
> 切莫让我问心有愧。

《诗经》中还有一处提及润滑。《小雅·何人斯》云："尔之安行，迹不遄舍；尔之亟行，遄脂尔车？"意思是：

> 你在安闲时出行，
> 还要时常休息；
> 你这次既然走得匆忙，
> 怎么还来得及在车上加油呢？

当与无润滑进行比较时，相同木材间摩擦系数 $\mu$ 可以相差好几倍。连当时的诗人也明白这个道理，这就足可说明润滑在当时已应用得相当普遍，这方面的知识也已相当普及。在古代，达到这种程度是要很长时间的，这就从侧面证明，润滑的出现可能要比《诗经》早得多。

在公元前 400 年到公元前 250 年间完成的《左传》中有两段很有价值的记载，其一在《鲁襄公卅一年传》："诸侯宾至，甸设庭灯，仆人巡宫，车马有所，巾车脂辖，隶人、牧、圉，各瞻其事。"其二在《鲁襄公三年·传》："校人乘马，巾车脂辖。"值得注意的是两处引文都提到了"巾车"，"巾车"是当时的官名。西汉成书的《周礼·春官》中明确记载："巾车，襄公车之政令。"晋代杜预对《左传》所作注释中也说"巾车"是"主车之官"。从史料看，这种官职当时不但鲁国有，齐国也有。所谓"巾车脂辖"，当可说明：春秋时期，鲁、齐宫中都设有官员专门负责掌管车子的安全与润滑。1975 年在湖北云梦睡虎地出土的秦简，在《秦律·司空》中明文规定，"官有金钱者为买脂、胶，毋金钱者乃月为言脂、胶，期蹙"、"一脂、攻间大车一两，用胶一两、脂二锤"、"为车不劳，称议脂之"[1]。也就是说，有钱的官员，使用公车要自购润滑油与胶。无钱者可每月报领，以足用为度。在加油与修车时，大车用胶一两，润滑油为三分之二两。车在行驶中不快时，可适量加点润滑油润之。

### （二）古代关于润滑的其他记载

汉代潘正叔《赠陆机诗》："星陈凤驾，载脂载辖。"

唐代杜甫《赤谷》："我车已载脂。"王起《蒲轮赋》："载脂载辖，既攻既坚。"前人《墨子迴车朝歌赋》："载脂载辖，却而不疑。"宋代吴淑《车赋》有"胥方载脂而载舝，岂弗驰而弗驱"、"孔博狶膏棘轴之喻，盐浦染轮之乐"。

明代大药物学家李时珍《本草纲目·卷卅八·器部》中有《车脂》一条，"释启：车毂脂、轴脂、辖脂、缸（钅工）脂"。说车毂缸"频涂以油则滑而不濇"。《集韵》对"濇"字的解释

---

① 睡虎地秦墓竹简整理小组，睡虎地秦墓竹简，文物出版社，1978 年，第 82～83 页。

为"不滑也"。

明代宋应星《天工开物》:"乃车得铢而辖转……非此物之为功也不可行矣。"并说如果车子没有油,"犹啼儿之失乳焉"。文中的"铢"为重量单位,每铢合二十四分之一两。

通过以上史料,无疑可以看出,古代润滑应用的普遍性和发展连续性,而且多处资料都直接引用《诗经》"载脂载辖"的诗句。

润滑剂并非愈多愈好,从《天工开物》"乃车得铢而辖转"来看,已认识到添加润滑油数量应适当,每次一铢,反映出对润滑规律已有进一步认识。

另从古籍看,润滑二字的含义还是很清楚的。首先,诞生时间与《诗经》相近的《易经·说卦》中有"雨以润之"及"润万物者莫润乎水"的话。

稍晚时,战国中叶著作《周礼·天宫》有"调以滑甘"。这里的"滑"字,古人解释为"通利往来"之意。在最早的字典《说文解字》中对"滑"字的解释就是"利也"。

另外,东汉王充《论衡·雷虚》也说"雨润万物"。显然,在古代,"润"字就有湿润之意。

值得注意的是,在《后汉书·孔奋传》中,有"身处脂膏,不能自润"的说法。这里的"润"字已显然指的是添加油脂了。古代将润滑二字合起来,指的是将其湿润,使其光滑。可以说,从古至今润滑二字的含义一直没有根本变化。

# 二　润　滑　剂

## (一) 早期的润滑剂

前述《诗经》引文中的"脂"具体是指什么物料呢?《说文解字》对"脂"字的解释为"戴角者脂,无角者膏,从肉旨声"。看来,当时的"脂"是指牛油或羊油。

但是动物脂肪,尤其是牛、羊油,熔点较高,常温时处于凝固状态,使用起来非常困难。那么润滑是如何进行的呢?《史记·孟子荀卿列传》为形容人的能言善辩,智慧无穷,用了"炙毂过"一语,"炙"表示烘烤,"毂"指车毂,而据西汉刘向《别录》解释,"过"就是辖,"车之盛膏器也"。在其他史料上,也对"过"(即辖)作了相同解释,而且说明"辖"是个筒形容器。我们分析,为了便于烘烤,"辖"以陶制为宜,当车行进时,"辖"可悬于车上。"炙毂过"一语向我们提示最早的润滑装置是"过",使用前要对轮毂及动物脂肪进行预热。

猪油用于润滑也很早,《史记》上有"豨膏棘轴,所以为滑也"的话。"豨膏"即猪油,它与《说文解字》"无角为膏"的解释是一致的。后来,"脂"和"膏"的含义有变化,在明代张自烈所编《正字通》上已变为"凝者为脂,释者为膏"。即以其存在状态作为区分标志。今天,我们区分润滑脂与润滑油,也仍然是沿用了"凝者为脂"的概念,只是以"油"字代替了"膏"字。对液态润滑剂称之为油,而不称膏了。

## (二) 矿物油用于润滑

中国是利用石油较早的国家。用矿物油作为润滑剂,最先见于公元3世纪左右西晋张华所著《博物志》上。其中说:"酒泉延寿县南山出泉水,大如筥,注地如沟,水有肥如肉汁,取著器中,始黄后黑如凝膏,燃极明,与膏无异。膏牟及水碓甚佳。彼方人谓之石漆,水肥亦所在有之,非止高奴县洧水也。"这里的"膏"应为动词,所记地点应为今之甘肃玉门油矿一带。所说的"高奴县洧水也",据《汉书·地理志》记载"高奴县有洧水可燃"。而唐代段成式所著《酉阳杂俎》中则说:"高奴县石脂水,水腻,浮水上,如漆,采以膏车及燃灯极明。"高奴即今陕西延安附近。"石脂水"、"石漆"、"洧水"都是石油。宋代沈括《梦溪笔谈》说得很清楚:"鄜延境内有石油。旧说高奴县出脂水,即此也。"

以上记载证明在中国的西晋或更早些时,已将石油用于车和水碓上的滑动轴承作润滑剂。

## 三 金 属 轴 瓦

中国很早就已经有了金属材料制作的轴瓦。战国时,大约在公元前 400 年前后就有这方面的记载,兵书《吴子》记有"膏铜有余,则车轻人"。《说文解字》对"铜"作了说明,"铜:车轴铁也,从金间声"。与铜配合使用的是"釭",《说文解字》的解释为"釭:车毂中铁也,从金工声"。

汉代刘熙所著《释名》一书也对"釭"、"铜"作了说明,"铜,间也,间釭,轴之间,使不相磨也"(图 4-66)。

以上引文足可证明,远在 2400 多年以前,中国已经创造了这种铁、木合成的滑动轴承。它分内外三层,内层称为"铜",外层称为"釭"。史料上提及金属轴瓦之处相当多,只是名称不统一,比如釭,《方言》称其为釳或锟;《博雅》称其为锅;《广韵》、《韵会》称其为镫。铜,《玉篇》、《博雅》称其为锴;《释名》、《正字通》、《扬子方言》则称其为铼。

图 4-66 河北满城汉墓
中出土的铜

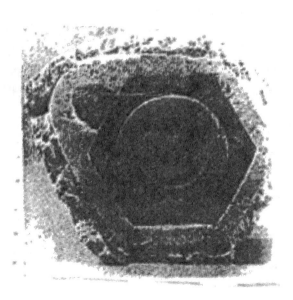

图 4-67 汉代六角圆轴承铸模

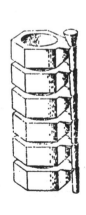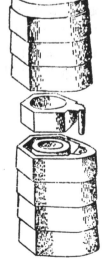

图 4-68 汉代使用叠铸法生产
金属轴瓦的情况

　　近年来，在考古发掘中曾出土了一些古代金属轴瓦及铸模，分别称之为承或轴承及轴承范。比较突出的有1974年5月在河南省温县发掘的东汉烘范窑，出有几百套叠铸模，大部分仍然完好。图4-67就是这种轴径约为10厘米的铸模。图4-68、4-69是使用这种铸模进行批量生产的情况。在其他地方也曾发现金属轴瓦，其外部形状有六角形和圆形。应用时，釭可安装在轮毂中，六角形轴瓦本身可以周向定位；圆形的承外面另有数榫起周向定位作用。金属轴瓦宽径比 L:d 约为0.5左右，比现在的宽径比要小一些。

　　其他机械的滑动轴承有用半圆形、长条形金属轴瓦的，从图上当可看出。

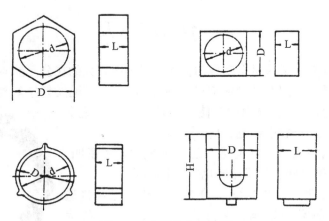

图 4-69　古代的金属轴瓦

# 四　推　力　轴　承

　　车辆在笔直而平坦的道路上行驶时，车轮处的滑动轴承并不承受轴向力。但如道路弯曲、高低不平或路面倾斜时，就有轴向力作用，有时轴向力可能很大。

　　起初，在推力轴承出现之前，轴毂的轴向外侧与车辖直接接触，传递轴向推力，可以起到轴向止推的作用，但这显然还不能称之为推力轴承。这种结构决定车辖与轮毂外侧的接触面积很小，比压 p 数值很大，必然造成车辖的迅速磨损，导致过早地失效，非常需要改善。于是，就出现了车軎。《说文解字》对軎的解释为"车轴头也"。图4-70绘出了使用车軎时

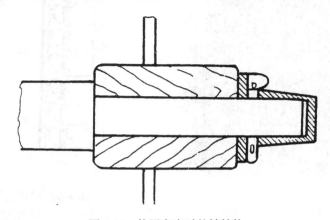

图 4-70　使用车軎时的轴结构

轴毂部分的结构。车軎呈筒形，套在轴端，由车辖将其固定在轴上。车軎内侧应有较大的圆环面，顶住车毂，借以改善承受轴向推力时的工作情况。无论从形状、功用和性能看，我们都可以说，軎就是推力轴承，是目前所发现的最早的推力轴承。

关于车軎的文字记载，目前只能追溯到春秋时期。《晏子春秋·内篇·杂下》说："齐人甚好毂击，相犯以为乐。"据此推断，"毂击"时，轴端是应安装有车軎的。这还反映车軎的出现，可能与战争或争斗有关，甚至有可能是战车上首先使用车軎的。以下引文也可说明这一点：

战国兵书《吴子》上提到战车"缦纶笼毂"。

《史记·田单列传》讲到战国时期，燕国攻打齐国，"齐人走，争涂（途），以辖（軎）折车败，为燕所掳"。只有田单的部队得以逃脱，这是因为田单事先已"令其宗人，尽断其轴末而傅（缚）铁笼"。可知当时兵车上应用车軎已相当普遍。当然，车軎太长也会妨碍车辆行动。

车軎的名称繁多，《方言》上将其写作"轊"，有的古籍写作"轊"或"軎"等同音字；《尔雅》、《扬子方言》称其为"軔"，与"笼"同音，互相通用；有时还被称作"轒"、"锏"、"销"或"削"等，已见到的名称不下几十种。

考古发掘中，出土了许多车軎，从而可以断定，车軎出现的时间不晚于西周，比文字记载要早得多。较早发现青铜车軎的有：山东胶县西庵西周车马坑，陕西长安沣河西岸西周车马坑，湖南湘乡地区春秋古墓，陕西户县宋村春秋时期的秦国古墓；此外，山西省博物馆，上海博物馆也藏有西周铜軎。

还有两次考古发现值得一提：山西闻喜百官庄汉墓的殉葬品中，有青铜车軎模型；在古代边远地区广西贵县罗泊湾一座汉墓中，还出土过鎏金的青铜车軎。

分析和对比各地出土的车軎，可以按其结构及功用分为两类：

第一：普通车軎，图 4-71 是根据山西省博物馆收藏的一件战国车軎测绘而成的。各地出土车軎中，似以这种居多。

第二：有刃车軎，它是普通车軎加上刀刃而成，图 4-72 是根据陕西户县春秋时期秦国墓出土的车軎绘成的示意图。按照《释名》一书的解释，前面所说的"锏"、"销"及"削"等名称，似应是专指这种有刃车軎的。

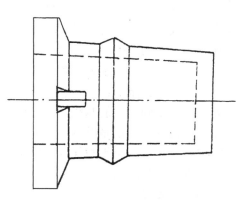

图 4-71 普通车軎

当然还有其他的车軎，如据《沣西发掘报告》说，沣西出土的车軎插入轮毂以内两公分，尺寸细长，壁厚较薄，它可以增加轴端强度，装

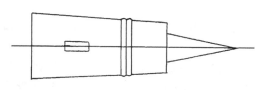

图 4-72 有刃车軎

饰车辆，但却完全不起止推的作用。另外，出土的这类车軎，使用年代都较早，稍晚些就未再发现。因此，它可能是早期的车軎，结构、功用不完备。汇总有关资料加以分析，可知古车上车軎的作用是多方面的：①加大销与轮毂间的接触面积，减少比压 $p$，增加耐磨性，延

长零件使用寿命；②增加轴端强度，尤可适应车辆奔驰和冲撞的需要；③有刃车書在战争中能增加战车对敌方兵员马匹的杀伤力；④美化与装饰车辆，如广西出土的鎏金车書。

# 五　减摩措施

为了减少滑动轴承中的摩擦，除了润滑和使用金属轴瓦外，中国古代也从材料选择、结构设计和采用滚动摩擦等方面采取减摩措施。

## （一）材料方面的减摩措施

木材是古代机械制造上的主要材料，古车上滑动轴承一般也是由木材制作，但所用木材是经过合理选择的。

《周礼·考工记》明确提出车轴及轮毂材料所应具备的条件。对于轴，书中说，"轴有三理：一者，以为嫩也；二者，以为久也；三者，以为利也"。对此，古人的注释为"嫩：无节目也；久：坚刃（韧）也；利：滑密也"。其中"嫩"包含有要求材质均匀，无疤痕残损之意。对轮毂则说："毂也者，以为利转也。"这里提出的选择滑动轴承材料的三条原则，就是用现代的眼光来看，也已概括得相当全面了。其实前述《史记》中"稀膏棘轴"也包含有选择材料的道理，因为棘就是一种很坚硬的木材。

清代的《古今图书集成》中保存有东汉应劭所著《风俗通义》的一段佚文："桑车榆毂，声闻数里。俗说凡人柔桑作车，又以榆为毂，牢强明彻，声响乃闻数里。"而南北朝时萧子显所著《南齐书·舆服志》中也有"檩榆毂轮，箕子壁，绿油衣"及"檩榆为轮"的话，这反映出当时即已认为榆木是制作轮毂的理想材料。

唐代柳宗元所著《说车赠杨诲之》也对古车轮轴材料的选择及工艺要求作过分析："若知是之所以任重而行于世乎？材良而器攻，圆其外而方其中然也。材而不良，而速坏；工之为切也，不攻则速败。"强调了选材时注意强度，免其速坏。

在《天工开物》中，作者宋应星更对多种木材进行了比较，"第九卷·车"中写道："凡车质惟先择长者为轴，短者为毂，其木以槐、枣、檀、榆为上。檀质太久劳则发烧，有慎用者，合抱枣、槐其至美也。"其中"檀质太久劳则发烧"一语，是很耐人寻味的。可以认为：当时人们已对不同木材的摩擦特性进行过细心的观察与分析、比较，并取得了不少宝贵的经验。今天，发热问题仍是滑动轴承的一个重要研究内容。上面引用的那句话，包含了不少摩擦学上的重要概念。至于为什么"檀质太久劳则发烧"，这可能因为檀木木质过于坚密，吸附润滑油太少，长时间连续工作，就实现不了半液体润滑，而处于干摩擦状态之下，以致摩擦系数加大，发热严重。

## （二）结构设计方面的减摩措施

从结构设计上采取措施，减少滑动轴承的摩擦与磨损，中国古代也已有了深入的研究和高明的做法。

前述《周礼·考工记》中要求轴"以为久"、"以为利"，轮毂要"以为利转"的原则，既是对材料也是对结构的要求。同时文中还作了精辟的分析："毂小而长则柞，大而短则挚。"这里的"柞"是柞迫，转动不灵之意；而"挚"则是动而不安，不够稳固之意。这段文字显然是说明：如滑动轴承直径（$d$）过小，长度（$L$）过大，由于加工精度不易保证，轴变形量大，则摩擦较大；反之，如（$d$）过大、（$L$）过小，则工作时不够稳定，又易于磨损，影响运转精度。又说："行泽者欲短毂，行山者欲长毂。短毂则利，长毂则安。"文中的"泽"指平坦的泥地，泥地行车比较平稳，强度当不成问题，应着重考虑减少摩擦，轮毂宜短；而当车行山路时，为防颠簸损坏，轮毂宜长，以保证足够的强度。还说："凡为轮，行泽者欲杼；行山者欲侔。"这里的"杼"指的是薄，是说整个车轮（包括毂轮）都应当薄些；而"侔"指的是整齐，均匀，似乎可理解为加工制作都应较为精确，当然也包含有尺寸较厚之意。在明代王圻《三才图会》中，也有类似的话，如"行泽者欲短毂，则利转"。

另外，《诗经》中的《秦风·小戎》一诗是歌颂兵车的威仪与快速的。宋朝朱熹（12 世纪）在《诗经集注》中，曾对兵车的结构特点作了较清楚的说明，他指出：从整体而言，兵车尺寸明显小于大车（即大型运输车）；但仅从轮毂长度（即滑动轴承的轴向尺寸）而言，兵车则明显大于大车。大车的轮毂长为"一尺有半"，兵车则为"三尺有二"。这无疑是为适应兵车征战、奔驰的需要，必须更加坚固与灵活。兵车上滑动轴承负荷更大，线速度也更高，为此，应当比大车上的滑动轴承具有更高的承载能力。古人也已知道：不能采用加大轴承直径的办法，而只能采用加大轮毂长度的办法。这和现在通过比压（$p$）及比功（$Pv$）的计算来分析半液体润滑滑动轴承的承载能力，所得结果是一致的。即：增加轴承直径，只能减少轴承比压（$p$），并不能减少轴承的比功（$Pv$）；只有增加轮毂长度，才能使比压（$p$）及比功（$Pv$）同时减少，达到提高轴承承载能力的目的。

此外，在《易经》释文中还有"辐以利轮之转，毂以利轴之转"的话，意思似为应保证轮辐及车毂的制造精度，达到减少摩擦的目的。其中的"毂"是指古车上将车轴固定在车身上的零件，有人解释"毂"即"缚"字，它影响车轴的安装位置，如轴安放偏斜，就不利于车轮的转动，这反映了对装配精度的要求。

### （三）滚动摩擦的利用

根据原始建筑物的情况来推断，中国应在 5000 年前已能利用滚子搬运重物。大约在 4600 年前就出现了古车，更使滚动摩擦得到了推广和发展。唐代吴竞的《贞观政要·纳谏第五》生动地记载了公元 6 世纪时，隋朝皇帝为修建东都（洛阳），利用滚子从江西运送巨木的情况：

> 贞观四年，诏发卒修洛阳之乾元殿，以备巡狩，给事中张玄素上书谏曰："臣尝见隋室初造此殿，楹栋宏壮，大木非近道所有，多自豫章采来。二千人拽一柱，其下施毂，皆以生铁为之。中间若用木轮，动即火出。"

从中不难看出，当时使用滚子的操作水平是相当高的，并已明确指出滚子的材料不同时所带来的不同后果，总结出了对滚动体材料应有较高要求的原则。

到元代，滚动轴承已经出现。《元史卷四十八·天文志第一》中记载了郭守敬所造简仪，其上就应用了滚动轴承，文载："……百刻环内广面卧施圆轴四，使赤道环旋转无涩滞之患。"这里很明确地记载了滚动轴承结构，这项发明要比西方早了 200 年左右，因为郭守敬的天文仪器是 1276 年制成的。

## 六　摩擦力利用

为了减少摩擦与磨损，人们曾经做了大量的工作。但有些场合，要利用一定的摩擦力工作或有意加大摩擦。例如：滚子和车的使用，固然以滚动取代滑动，从而减少摩擦。但是滚子和车要能正常工作，滚动体与地面接触处又必须有足够的摩擦力。此外，摩擦力也用来做功，作为动力而广泛使用，如汉代出现的指南车和记里鼓车。东晋时（4世纪）出现的臼车、磨车等。如果取其行走车架作参考系，就能看出，这些机构是由车轮与地面接触处的摩擦力驱动的。此外，中国古代还广泛应用摩擦传动，如汉代出现的手摇纺车，以及立轴式水排，就是绳索传动的例子。

如果是在冰上运输，就不能、也不需要加大摩擦，而要用"撬"作工具。"撬"在中国出现很早。《史记·河渠书第七》记载："禹抑洪水十三年，过家不入门，陆行载车，水行载舟，泥行蹈毳，山行即桥。"据考证"毳"即"橇"，表明禹的时代已经应用了"橇"。"橇形如箕，通行泥上"，这说明它的前部是向上翘起的，这种结构，使橇和泥地形成一定斜度，利于行驶。

我国北方地区，冬季使用雪橇。清代萨英额的《吉林外记》中记叙了东北地区"耙犁"（即雪橇）的结构："耙犁，用两辕木作底，立插四柱，高三寸许，上穿二横木，或铺板或搪木，坐人拉运货物皆可，前辕上弯，穿以绳套。二马服驾，轻捷于马。若驰驵，更换马匹。冰雪之地，可以日行三四百里。"这是北方雪橇的一种。在清宫中曾盛行"托床"之类的冰上游戏，这和满族长期生活在北方有关。所谓"托床"是"以木为床，下镶钢条"而成，"一人在前引绳，可坐三四人，行冰如飞"。这是北方雪橇的另一种，它的摩擦阻力应当更小一些。

中国古代也已注意到，在冰雪上行走时，由于摩擦力太小而引起不便。在史籍及文学作品中都曾叙述过，由于冰雪覆盖而造成军事行动的困难，甚至导致战争的失利。

# 第五节　机　械　制　图

用图样来表达设计意图，是指导生产的技术文件，也是技术人员的通用工程语言。它所达到的水平映射出所处时代科学技术发展的水平。

## 一　中国机械制图的先河

中国机械制图的渊源可以追溯到新石器时代陶器上的几何纹饰。它采用点、线、面、圆、曲线来构成图形，如方格纹、网纹、波纹、三角纹和圆圈等。无论是仰韶文化，还是龙山文化出土的陶器，都具有富于变化、作图方便的特点。这些几何图形有一定的组成规律，包括同心圆、等分圆、等分线段、平行线、菱形、三角形、螺旋线等等。从这些图形和画法程序可以推断，它们是由制图工具绘制的。有些图形，如鸟纹和兽纹，采用侧面描写的方法，如同侧视。而叶形纹和枝叶形纹等，采用正面描写，如同正视。这是其后工程制图应用投影方法及组合视图的先声（图4-73）。

图 4-73 新石器时代的陶器几何纹样

## 二 早期的工程几何作图及制图工具

**1. 早期的工程几何作图**

工程几何作图是机械制图的技术基础。器物的轮廓形状尽管多种多样，但都是由直线、曲线、圆、弧所组成的几何图形。在工程制图中常会遇到等分线段、等分圆周、正多边形、平行线、圆弧连接以及曲线、椭圆的几何作图问题。安阳出土的殷商时期车轴上所绘五边形和九边形图案，已十分精确。曾侯乙墓出土的青铜器，上有各种几何纹样，包括上述工程几何作图的主要内涵。特别是錍盖八等分圆周的装饰图案，表现了极其准确的作图能力（图4-74 及图 4-75）。

秦汉时期作图内涵最丰富的是铜镜。以等分圆为例，有 4，5，6，7，8，9，10，11，12，14，16，32，43，62 等分等，绝大多数绘制准确。其中尤以 3，6，8，12，16 等分圆周为多，因为它们都能用规和矩绘制。

**2. 制图工具**

先秦文献对制图工具发明与应用多有记载，并讨论了作图的一般方法。

《墨子·天志上》云："轮匠执其规、矩，以度天下之方、圆。"《孟子·离娄》云："离娄之明，公输之巧，不以规矩，不能成方圆。"《荀子·赋篇》云："圆者中规、方者中矩。"《尸

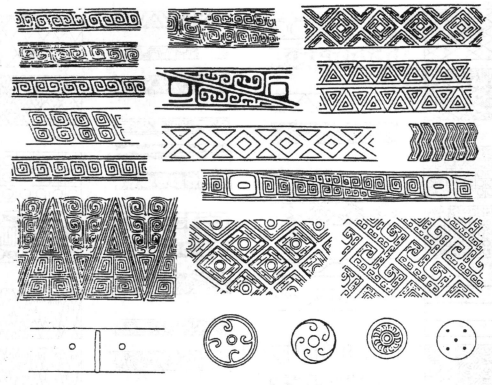

图 4-74　殷商青铜器的几何纹样

图 4-75　曾侯乙墓出土文物上的几何纹样

子》卷下云："古者倕为规、矩、准、绳，使天下做焉。"《周髀算经》和《九章算术》也载有平面作图的方法。《周髀算经》称："万物周而圆方用焉，大匠造制而规矩设焉。或毁方而为圆，或破圆而为方。方中为圆者，谓之圆方，圆中为方者，谓之方圆也。"所谓"圆方"，即正方形的内切圆。"方圆"，即圆的内接正方形。刘徽在《九章算术》方田章注割圆文中说："圆中容六觚之一面，与圆径之半，其数相等。"就是说 $a_6 = r$（$r$ 为半径，$a$ 为内接六边形边长），这是正六边形最简单的几何作图法。

## 三  宋以前机械制图的有关记载

《汉书·律历志》称："规者所以规圆，器械令得其类也，矩者所以画方，器械令不失其形也。规矩相须，阴阳位序，圆方乃成。"制造器械须先准确绘制图像，器械合乎法式。唐大中元年（847）成书的张彦运《历代名画记》列举的"秘画珍图"，有机械图一幅，是为"鲁班攻战器械图"，此图绘制时代不详。《历代名画记》还称赞汉代大科学家张衡："性巧，明天象，善画。"梁虞荔《鼎录》则称："张衡制地动图，记之于鼎，沉于西鄂水中。"

据《北史》卷八十九记载，后魏信都芳精通历算，由安丰王延明请入宾馆，延明"聚浑天、欹器、地动、铜鸟、漏刻、候风诸巧事，并图画为《器准》，并令芳算之"。《隋书》卷三十四，经籍三，载有《器准图》三卷，为后魏丞相相士曹行参军信都芳所撰。《玉篇》谓："准，俗準字。"《器准图》应即制造器械所依据的图样标准。它是在安丰王延明工作的基础上经信都芳精心验算完成的已知中国最早的一部机械图样专集。

隋代在机械制造及制图方面卓有成就者，当推何稠。据《隋书·何稠传》称其"性绝巧，有智思，用意精微"，"博览古图，多识旧物"。大业初（605），隋炀帝拟去扬州，曾令何稠"讨阅图籍，营造舆服羽仪"。何稠有两位"巧思绝人"的助手黄亘和黄衮，"于时改制多务，亘、衮每参典其事"，"凡有所为，何稠先令亘、衮立样，当时工人皆称其善，莫能有所损益"。这说明隋朝葆有的前代图籍相当丰富，为何稠等人制作仪仗车辇等提供了参考依据。样者，栩实也，段注：像之假借也。所谓"立样"，并非仅为图样，还应有器物的预制模型，如《资治通鉴长编》所载宋太祖谓陶穀曰"闻草制皆检旧本，依样画葫芦"。

唐柳宗元（773～819）"梓人传"再现了唐代工程设计的全貌。其中称，在工程施工之前须"画宫于堵，盈尺而曲尽其制，计其毫厘而构大厦，无进退焉"。这充分说明图样在工程设计中的重要作用及其应用的普遍性。

《五代史》载："显德四年（957）庚午，诏有司更造祭器、祭玉等，命博士聂崇文讨论制度，为之图。"现存世有聂氏编撰的《三礼图》。

综观宋以前机械制图的历史，可以看出：

（1）机械制图已运用于天文仪器、农业机械和器具制作等领域，图样已成为制造过程中的主要依据。

（2）图样与立体模型、文字说明并用，有作图比例、尺寸和简单的技术要求等。

（3）一般采用直观图的形式，并按一定标准和规定绘制。

（4）设计制图人员有工匠、专业画工和其他专门家。

所有这些成就积累，为工程图学在宋代的进一步发展奠定了坚实的基础。

# 四　宋代机械制图的科学成就

宋代是中国古代工程制图的全盛时期，机械制图也达到了前所未有的技术水平。宋代科学技术著作附有图样的甚多，大都绘制精细，一改宋以前科技文献收录文字而不收图绘的旧习。在附有图样的著作中，以曾公亮（999～1079）《武经总要》；苏颂（1037～1101）《新仪象法要》；吕大临（1040～1092）《考古图》；王黼（1079～1126）《宣和博古图录》，以及佚名的《续考古图》为代表，是为中国机械制图史上的重要里程碑。

## （一）机械制图学术体系的形成

宋代机械制图的表现方法和绘制技术大大超越了前代。科技专著中的机械图样，有用类似正投影方法绘制的正视图；也有用类似透视和等角投影方法绘制的立体图。有的为清楚显示物体结构和表面形状，还注意到零件放置的方位。有的装配部件除总装图外，还有去掉外壳后表示内部结构的剖视图。这些都与现代工程图的表现方法相似。而且，这些图样不仅正确地用图示法表现器物、机械设施的形状、大小；还在文字说明部分详述物件名称、高度、宽度、长度、厚度、形制以及容量与重量；有的还包括物件所用材料、加工工艺、装配方法等，已和我们今日所称的施工用图相去不远。形和数的结合，使宋代机械制图摆脱了旧有的绘画形式，是机械制图形成学术体系的重要标志。

工程图样具有运算功能和信息储藏功能。《新仪象法要》的机械图已起到这样的作用。《宋史》所载"宣和更铸"是一个很好的例证。宋室南渡之后，水运仪象台"悉归于金"，"不知所终"。"中兴更谋制作"，"绍兴三年（1133）正月，工部员外郎袁正功献浑仪木样"，"在廷诸臣罕通其制度"，"乃召苏颂子携，取颂遗书，考质旧法"，"久而仪成"，"其制差小"。这就是南宋人根据《新仪象法要》记述水运仪象台的制作原理及图样进行复制的真实记录。

## （二）《武经总要》的图学成就

《武经总要》是曾公亮、丁度等于宋仁宗康定元年（1040）奉敕编修的一部兵书（图4-76及图4-77）。《武经总要》前集载有宋代各种兵器图样以及武器制造的样图。曾公亮在《武经总要·器图》中说："历代异宜，形制有异，今但取当世兵械，绘出其形，以记新制云。"在"攻城法"中又说："今采历代攻城之器可施设者，图形于左，以备用云。"大部分军械和火器的图样采用轴测投影和平行投影的画法。如卷十二的"卧车砲"、"旋风砲"、"杷车"、"行天桥"等。这些用等角轴测投影绘制的图样，立体感较强。兵器的正面平行于轴测投影面，在投影图上反映出物体的等比实长和实形。卷十三中的"骑兵旁牌"和"旁牌一种二色"（图4-78）等除用类似平行线投影的画法绘制外，在一张图里用两个视图来反映兵器各部形状，并注上"正"，"里"二字，犹如现代机械制图的主视图和后视图。这是中国工程图学史上最早应用组合视图的例证。

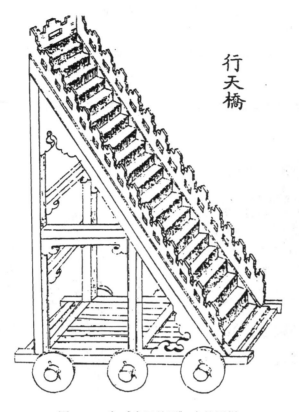

图 4-76　宋《武经总要》中的图样

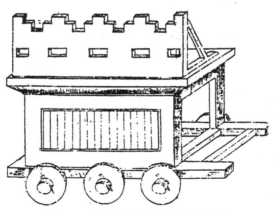

图 4-77　宋《武经总要》中的图样

对于较为复杂的军用器械，绘制者采用了零件图和装配图相结合的方式，如"猛火油柜"。卷十中的"棚绪"，除装配图外，又将"芭盖棚绪"和"芭垂棚绪"的真实形状绘于一图，并用文字注明各零件名称。

《武经总要》图样的文字说明具备了工程制图应有的技术事项。如卷十二中的"旋风砲"，其文字内容包括各部零件的技术要求（"（轴一根）长四尺五寸，径寸，两头用铁叶裹包"）和实际操作注意事项（"凡一砲用五十人拽，一人定放，放五十步外，石重三斤，其柱须埋定，即可发石，守则施于城口，战棚左右，手砲，敌近则用之"）。这些条文简明扼要，并包括图中难以表达的尺寸、形状、安装位置、零部件性能和要求、器械使用功能等等。

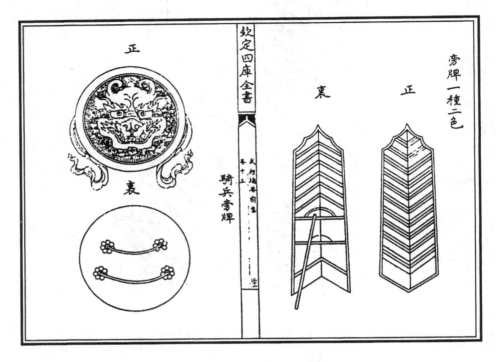

图 4-78　宋《武经总要》中的图样

### （三）《新仪象法要》图样的内容及特点

宋元祐初（1086），苏颂奉旨建造浑仪。绍圣初年（1094～1096）撰成《新仪象法要》一书。

《新仪象法要》中的图样内容丰富、完整。除中卷 14 幅星图外，均为机械图样及图说，阐明所示部零件的原理、材质、形制等。《四库全书提要》称它"图样界画，不爽毫发"，"楮墨精妙绝伦"。据统计，上卷"浑仪"至"水趺"共 17 图，其中总图 1 幅，装配图 3 幅，零件图 13 幅。中卷浑象部分总图 1 幅，零件图 2 幅，有 4 种零件。下卷"仪象台"至"圭表"计图 25 幅，其中总图 2 幅，装配图 4 幅，零件图 19 幅，计 30 多种零件。全套图样 60幅，有零部件 50 多种。

由于水运仪象台结构复杂，包括轴、杆、架、箱体、滑动轴承、水准仪等多种零部件，有锥、柱、环、球和平面等几何形体，几乎涉及机械制图的整个体系。绘图者通过图示和图说，将总体与局部，装配关系与零件形制做了详细的交待，成为制造、检验必备的技术依据，正如《四库全书提要》所赞："其列玑衡制度，侯视法式，甚为详悉。"和宋以前比较，《新仪象法要》的图样，更加规范，更接近于轴测表示方法，如仪象台总图即其代表。除此之外，还采用俯视、平视合一的表达方法，如下卷中的"夜漏司辰轮"将直立的"司辰"平视图像立面画在轮圆平面上。

在宋代，正投影概念及图示法因其简便、准确的特点得到更大的发展。《新仪象法要》中多数轮盘类零件图样都符合投影原理，用主视图或示意图表现。它是最早应用正投影原理图系机件的科技专著之一。

《新仪象法要》还打破了传统的一器一图的表现手法，按实际需要将外形与内部结构分别图系。浑仪的总图表示了水运仪象台的外部结构、总体尺度和装饰造型。与之相配合的还有用以说明内部结构、装配关系和工作原理的总装配图。这种表达方法已经蕴含着现代剖视图的基本思想，对后世产生了较大的影响。

为了表达零件在仪象台中的位置和相互关系，按其装配关系配置在同一幅图中（如"天柱"、"矢毂"和"枢轴"），配合图说使这三个零件的结构形状和相对位置一目了然。在浑仪总图中，为强调某一部分零件的形状，采用大块涂黑的方法，使之更加醒目。这些绘制手法至今仍为许多机械图册和设计说明书所采用。

图形结合比例、尺寸（即形与数的结合）是机械制图形成自身体系的主要标志。如果不使用比例作图，全套水运仪象台的图样是很难绘制的。上卷"浑仪"诸零件图与总图之间大致保持1∶1的作图比。图中每一零件都给定了准确的尺寸。这表明该书图样已经具备工程图的基本内容，具有指导实际施工的作用。

### （四）宋代金石学著作中图样的表现手法

宋代金石学著作《考古图》、《宣和博古图》等，对古代器物图其像，写其形，从一个侧面反映了制图学所取得的成就。

《考古图》成书于北宋元祐壬申元年（1092）。由吕大临编修。该书著录古铜器 211 件，玉器 13 件，所绘之图，一笔不苟（图 4-79）。北宋大观年间（1107）成书的《宣和博古图》，著录宣和殿所藏古器 839 件，绘有图样及器的尺寸和重量，亦均有说明，在方法上是以《考古图》为范本。《钦定四库全书》称其"附会古人，动成舛谬"。

《续考古图》于绍兴二十二年（1162）之后，共记载物器 100 件。从制图的风格来看，和《考古图》如出一辙。

以上这三部著作共有图 1250 幅，可谓洋洋大观，而其图绘之精、体例之严，阅之有"时代虽遥，犹足动人"之感。它们用图样摹绘代替文字描写是十分成功的。

古器物的几何形状有多面体、旋转体、圆柱体之间的相贯，球柱相贯等。针对不同器物形状，宋代学者采用了平行投影、中心投影、不同轴向的正、斜轴测、装配示意图、展开图等表达

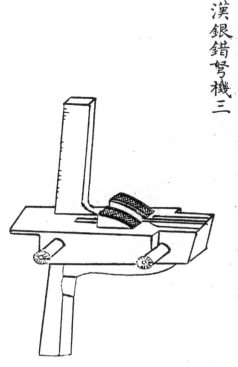

图 4-79　宋《考古图》中的图样

形式。这使宋代的绘制技术大大超越了前代。

（1）类似平行投影的画法，如《考古图》中的遣磬，其图与拓片极为吻合。《宣和博古

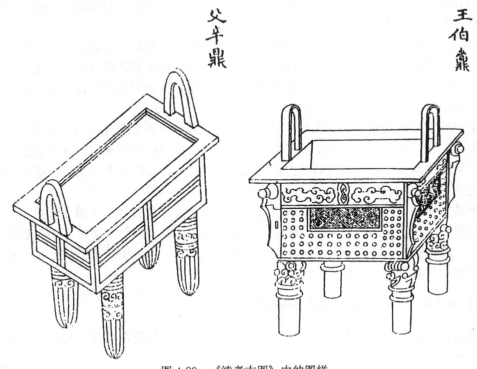

图 4-80　《续考古图》中的图样

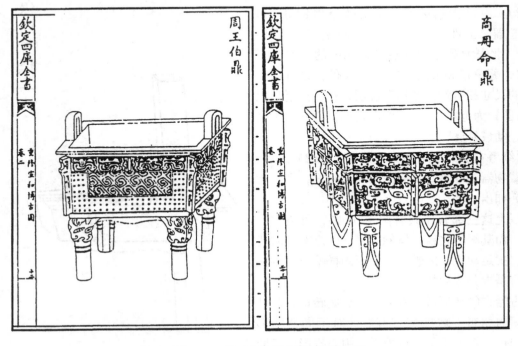

图 4-81　宋《宣和博古图》中的图样

图》中的鉴大都用一个正视图表示，简洁明快，若注明厚度若干，即可按图制作。

（2）中心投影法，即类似透视投影的方法。正方体、圆柱体、近似球体的鼎、鬲、瓿、壶、簋、敦等。

（3）类似轴测投影的画法，如方鼎（图4-80和图4-81）、冰鉴等。有的相当于用正等轴测投影绘制，如《续考古图》中的"父辛鼎"。有的相当于斜二测作图法，如《考古图》中的"东宫方鼎"。有的按斜投影的方法绘制，如《续考古图》中的"王伯鼎"。有的直观图注意到了器物的放置方位，如《考古图》同样大小的两个秦权，就是改变其中一个的放置方位，画在同一张图上，使权的形象更好地显示出来。

（4）对于复杂且不对称的器物（如《考古图》中的"玉带钩"）采用主视图与侧视图（即左视和右视图）来表示，"玉杯"则采用主视图和俯视图表示（图4-82）。"双鱼四钱大洗"选择了放置方位，采用主视和俯视将透视或轴测图不能反映的底部纹饰表现出来。

图4-82　宋《考古图》中的"玉杯"图

以上表明宋人制图已迈向组合视图的更高层次。

## 五　宋以后机械制图的代表作

元代机械制图的代表作，当推薛景石《梓人遗制》和王祯《农书》。

《梓人遗制》成书于中统四年（1263），以介绍木制机具形状、结构、制造方法为主旨，包括五明坐车子、华机子（图4-83）、泛床子、掉篗座、立机子、罗机子、小布卧机子等七项，图样12幅，绘制规范，释文详明。

《梓人遗制》"序言"称薛景石："夙习定业，而有智思，其所制作，不失古法，而间出新意，砦断余暇，求器图之所自起，参以时制，而为之图，取数凡一百一十条、疑者阙焉。每一器必离析其体而缕数之，分则各有其名，合则共成一器、规矩尺度，各疏其下，使工木者揽焉，所得可十九矣。"

王祯《农书》成书于元代皇庆癸丑年间（1313）。《四库全书总目》引《读书敏求记》云：该书"引据赅洽，文章尔雅，绘画亦皆工致，可谓华实兼资"。《农书》"农器图谱"有图样258幅，包括农具图、农机图、建筑图等（图4-84），为该书突出成就之一，开中国古农书用图的先河。

综观《梓人遗制》和《农书》中的机械图样，可以看出，元代制图的专业化倾向更为明显。其特点为：

（1）大部分图样采用等角投影绘制方法，有的为表现得更为清晰，还选择了有利的轴测投影方向。

（2）《梓人遗制》和《农书》的图样大都采用一器一图。这种绘制方式是机械制图规范化的重要标志。但对复杂的农业机械"水转连磨"则去除建筑物外部结构，以更好地显示其形状，总体尺寸，传动方法，工作原理和装配关系。这是《新仪象法要》所开创的机械图画

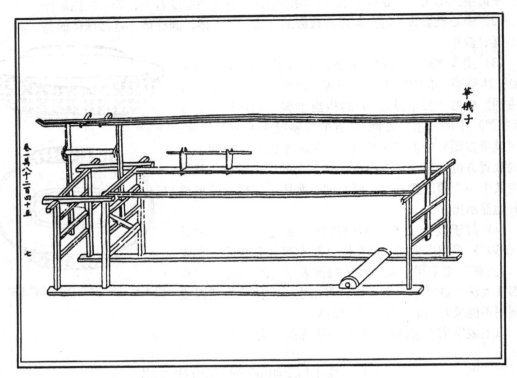

图 4-83    《梓人遗制》的华机子图

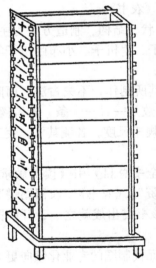

图 4-84    元《农书》中的谷匣

法的继续，表现出明显的继承性。

明万历二十六年（1598）赵士桢撰《神器谱》一书。他创制的迅雷镜经过长期研究，设计绘图后，据图样做出样机。《神器谱》的图样，不仅有总装图，而且有零部件图，加工工艺图和使用操作图，详细的技术说明和部分零件图（图 4-85），尤其是各部分的对应非常准确，已达到了现代组合视图的水平。

明代，附有图样的技术著作甚多，如嘉靖年间（1522～1566）出版的《南船记》，作者沈启。在书中绘有各种船只的轴测图样，为中国较早载有造船工艺规范的专著。宋应星《天工开物》有图 133 幅，涉及的机械有榨机、提花机、筒车、桔槔等，有的图注有尺寸，部件和零件名称，以及某些装配说明等。徐光启（1562～1638）所撰《农政全书》也有很多农业机械图样，细致工整，代表了明代制图的水平。

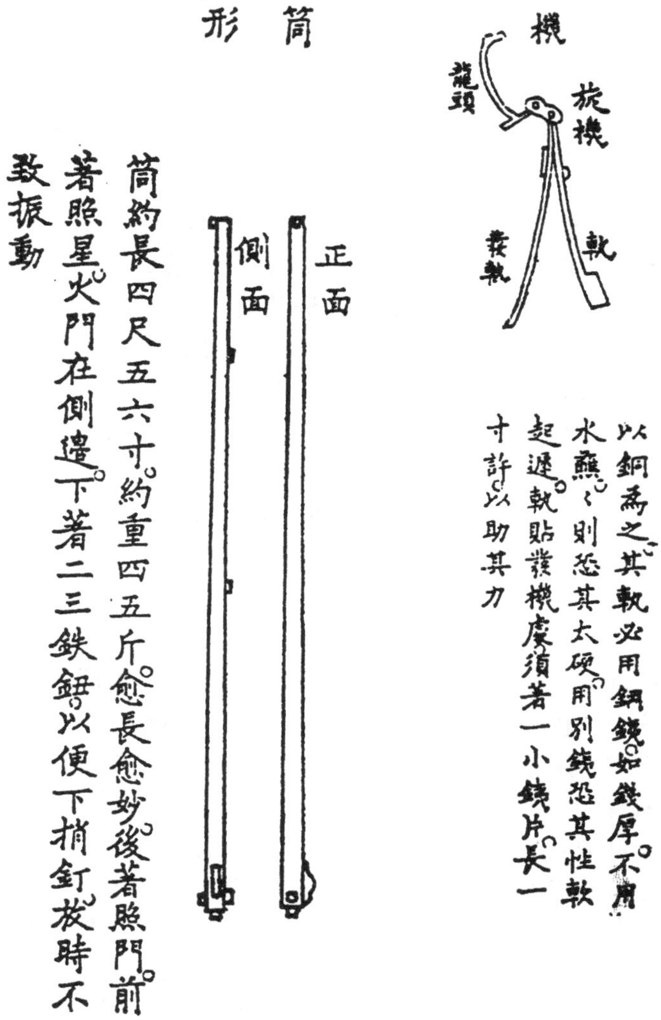

形 筒

机 旋
龙 機
头

衮
軹 軹

筒約長四尺五六寸。約重四五斤。愈長愈妙。後著照門前

著照星火門在側邊下著二三鉄釘。以便下捕釘。發時不

致振動

側面 正面

以銅為之。其軹必用銅鏡。如錢厚不用

水藤心。則恐其太硬。用別銑恐其性軟

起遲軹。貼發機處須著一小鏡片長一

寸許。以助其刀

图 4-85 《神器谱》中的图样

## 参 考 文 献

华觉明. 1985. 世界冶金发展史. 北京：科学技术文献出版社

老亮. 1991. 中国古代材料力学史. 北京：国防工业出版社

林寿晋. 1981. 战国细木工榫接合工艺研究. 香港：香港中文大学出版社

刘仙洲. 1962. 中国机械工程发明史（第一编）. 北京：科学出版社

陆敬严. 1981. 中国古代摩擦学成就. 润滑与密封. (2)：4～9

陆敬严. 1984. 中国古代摩擦学成就. 润滑与密封，(5)：4～10

陆敬严. 1986. 关于中国古代金属轴瓦的初步研究. 同济大学学报. 14（4）

《墨子》. 明嘉靖唐尧版本. 上海商务印书馆

上海交通大学，上海市造船工业局《造船史话》编写组. 1979. 造船史话. 上海科技出版社

王冠倬. 1983. 从文物资料看中国古代造船技术的发展. 中国历史博物馆馆刊

王振铎. 1989. 科技考古论丛. 北京：文物出版社

中国科学院考古研究所. 1984. 新中国的考古发现和研究. 北京：文物出版社

Jingyan Lu. 1987. The Development of Trilology in Ancient China. Science and Technology in Chinese Civilisation. Word Scientific

# 第五章 材料、制造工艺与质量管理

材料是机械制造的基本要素，材料的强度、硬度、弹性和加工状况，对机械过程的实现都具有重要意义。人类最早使用的材料是非金属的木、竹、骨、陶、石等，之后才是金属；在金属中，最早使用的是铜和铜合金，之后才是铁及其合金。考古学家依据物质文明的进展，把人类社会区分为石器时代、青铜时代和铁器时代。中国机械制造材料的演变情况大体也是这样。在古代，作为非金属材料的木材一直占有重要地位。有关石材及其加工使用情况，本书第二章已有说明，本章主要介绍竹木等非金属材料和铜铁等金属材料。

## 第一节 非金属材料

### 一 木 材

至迟在新石器时代晚期，中国木材加工技术便达较高水平。浙江余姚河姆渡遗址先后出土有大量加工精细的木器，较为重要的有船用木桨、木刀、木匕、木卷布棍、木纺轮等纺织工具，木矛、木箭头等狩猎用具，木质齿状器、木耜、木杵等农用器具，木锤、漆碗、木筒等日用器具，以及带有榫卯结构的木质建筑物件。有一件木桨残长 63.0 厘米，宽 12.2 厘米，厚 2.1 厘米；柄与叶为同一块木料制成，柄的一端有阴刻弦纹和斜线纹。木漆碗出土于第三层，口径 10.6 厘米×9.7 厘米，高 5.7 厘米，有圈足，这些木器都经过较好的锉磨加工[1][2]。遗址距今约 6000～7000 年。《易·系辞下》云"黄帝尧舜垂衣裳而天下治，……刳木为舟，剡木为楫"，"断木为杵"，"弦木为弧，剡木为矢"。这些记载未必十分确切，舟楫、杵、弓矢的发明年代，皆远在传说中的黄帝时代以前。夏商周时期，木材的开采和利用进一步受到重视。《禹贡》云：青州厥贡"铅松怪石"，徐州厥贡"峄阳孤桐"，扬州厥贡"惟木"（孔氏传：楩、梓、豫章）；荆州厥贡杶（香椿）、干（杨木）、枯（圆柑）、柏（侧柏）。中国很早就建立了木工的组织管理机构，《考工记》记有先秦官府手工业的 30 个主要工种，即"攻木之工七，攻金之工六，攻皮之工五，设色之工五，刮摩之工五，抟埴之工二"。可见"攻木之工"是居于百工之首的，而且工种也最多。历年来，各地发掘的众多先秦车辆，其部件多系木材制作。汉代之后，木材使用和相应记载进一步增多。在历代官府和民间手工业中，木工一直占有重要地位。《史记·货殖列传》说"山西饶材竹谷纻……，江南出柟梓姜桂"，"巴蜀亦沃野，地饶……铜铁竹木之器"，"江南卑湿，……多竹木。豫章出黄金"。汉代官府木工由将作大匠属官"东园主章令丞"掌管，武帝太初元年更名为"木工令丞"[3]。元代，还出现了一部木工专著，即薛景石的《梓人遗制》。在历代农书、兵书、本草以及管

---

① 浙江省文管会等，河姆渡遗址发现原始社会重要遗址，文物，1976，(8)。
② 河姆渡遗址考古队，浙江河姆渡遗址第二期发掘的主要收获，文物，1980，(5)。
③ 《汉书·百官公卿表》并注。

造、船舶等类古籍中，都有大量关于木材的记载，反映了古代木材加工技术的发展，及其在机械制造中的地位。

以下主要介绍木材在船舶、车辆、器具制作这三个方面的使用情况：

1. 船舶

船舶用材的一般性能要求是强度和弹性较大，木理通直，不易变形，能耐潮湿。桨橹用材则要求竖直而少节，《毛诗名物解》卷五云：杨湿生，故材为下。松桧之木，至刚而不为四时风雨之所迁也。桧坚实而理直，则宜以为楫；松刚直而不变，则宜以为舟。杨非坚实之材，故《菁菁者莪》之卒章言，"汎汎杨舟，载沉载浮"，仅可以载任而已。这里不仅把松、桧（圆柏）、杨做了一些比较，同时阐明了船舶用材的性能要求。

船用木材一般是因地制宜，就地取材的，见于记载的主要有杉、松、桧、柏、杨等，华南地区还用樟、楠，其中以松、杉、楠最为习见。

杉　《尔雅·释木》晋部璞注云："煔似松，生江南，可以为船及棺材，作柱埋之，不腐。"煔即杉。

松、桧　《诗·卫风·竹竿》云："淇水滺滺，桧楫松舟。"即以圆柏（桧）为桨（楫），以松为舟。又据《宋会要辑稿》"食货五十之二九"载，孝宗淳熙十年，在湖南曾建造松木粮船一百艘。

柏　《诗·邶风·柏舟》："汎彼柏舟，亦汎其流。"

楠　《重修政和经史证类备用本草》卷十四引《本草衍义》云："楠材，今江南等路过船场皆此木也。"

樟　《酉阳杂俎》卷十八云："樟木，江东人多取为船。"《华夷花木写兽珍玩考》云："（樟）树最大，可解为桌面及为船，其气中烈，熬其汁，可为脑，置水上，火燃而熄。"

明宋应星《天工开物》第九"舟车·漕舫"对造船用材作了简要归纳："凡木色、桅用端直杉木，长不足则接。……梁与枋樯（墙）用楠木、槠木、樟木、榆木、槐木（樟木春夏伐者，久则粉蛀）；栈板不拘何木；舵杆用榆木、榔木、槠木；关门棒用椆（稠）木、榔木；橹用杉木、桧木、楸木。此其大端云。"同一艘船的不同部位，所用木材品种是不同的。1975 年，江苏武进县出土一艘大型木船残部，经鉴定，其船底板为樟木，船舷为柿树，底、舷相接用的斜榫为花柏（又名扁柏），固定斜榫用的木梢为榉树，[1] 可作例证。

2. 车辆

人们对车辆用材的基本性能要求是强度大、硬度高、弹性好、比重小、不易变形、光滑美观等。见于记载的主要有青檀、黄檀、榆、写木、柘、柳等。

《诗·小雅·秋杜》云："檀车幝幝。"《诗·大雅·大明》云："檀车煌煌。"前句是说檀木制成的车已渐损坏，后句是说檀车的华丽堂皇[2]。明王象晋《群芳谱·木谱》说，檀有黄白二种，"肌细而腻，体重而坚，状与樟、榆、荚蒾相似，材可为车辐及斧、锤诸柯"。

《考工记·轮人为轮》郑玄注云："今世毂用杂榆，辐以檀，牙以橿也。"

《潜夫论·相列篇》云："檀宜作辐，榆宜作毂。"

《齐民要术》第四十六云："（榆）十五年后，中为车毂及蒲桃瓷。"又说："（榆）任车

---

① 吴达期等，江苏武进县出土汉代木船的木材鉴定，考古，1982，（4）。
② 也有学者将"檀车"分别释为役车和兵车。

毂，一树三具。”

《齐民要术》第五十载：“凭柳，可以为楯、车辋、杂材及枕。”又说：楸之树干作“在、板、合、乐器，所在任用”。《天工开物》第九“舟车、车”对车辆用材作了简要概括：“凡车质，惟先择长者为轴，短者为毂。其木以槐枣、檀、榆（用榔榆）为上，檀者太久劳则发烧。有慎用者，合抱枣，槐其至美也。其余轸、衡、箱、轭，则诸木可为耳。”

3. 器具

器具对木材性能的要求各不相同，斧锤类工具的柄部要求质重而坚，木理细致光滑，弓材则要求坚密而富于弹性。

如桑、柘可以为弓。《本草纲目》卷三十六“桑”条集解引郭璞云：“其山桑似桑，材中弓弩。”《考工记·弓人为弓》说：“凡取干之道七：拓为上，檍次之，檿桑次之，橘次之，木瓜次之，荆次之，竹为下。”随县曾侯乙墓出土弓 55 件，皆为木质，其中一件是由小圆木条做成的，余皆由木片叠合而成[①]。

# 二 竹 材

中国古代对竹材的利用可上推到新石器时代，商周期间，有关文献记载和考古实物都大为丰富。《诗·卫风·竹竿》云：“藋藋竹竿，以钓于淇。”《诗·秦风·小戎》：“交粘二弓，竹闭绲縢。”前一段引文是说以竹杆钓鱼，后一段说的是竹弓。考古发掘的竹器尤以南方的楚国为最，除日用竹器外，竹弓约有数十件，竹箭杆更多。长沙浏城桥一号墓出土的 3 件竹弓，皆由 3 块竹片叠合而成，再用丝线缠紧、涂漆；弓长 125～130 厘米，中部宽 2.7 厘米，厚 2.0 厘米。[②] 古代在竹的栽培、选材、采伐、加工技术方面很早就积累了丰富的经验，晋末至刘宋时期还出现了一部专著《竹谱》（戴凯撰），在本草、农书中亦常涉提及竹子。以下着重介绍竹材的采伐和利用。

## （一）竹的采伐年龄

竹的采伐年龄与下列两个因素有关，一是竹的种类和用途，二是要兼顾到竹林生长发育的需要。《齐民要术·种竹》云：“其欲作器者，经年乃堪杀（原注：未经年者软未成也）。”《群芳谱·竹谱》说竹“每长至四年者，即伐去、庶不碍新笋，而林即茂盛”。又云：“竹要留三去四，盖三年者留，四年者去。”谚云：“公孙不相见，母子不相离。”谓隔年竹可伐也，凡竹未经年，不堪作器。若老竹不去，竹亦不茂。但伐之有时。这说到了采伐与整个竹林生长的关系。但这种“母子不分离”，“公孙不相见”的采伐方式一般是指淡竹、刚竹言的。毛竹以二年为一代，它的采伐年度是“留三去四莫存亡”。毛竹在第二、四代时出笋甚少，第五代更少；第三代（五年及六年生时）及三代半（七年生竹）的母竹，正是行鞭出笋的旺盛时期，应当禁止采伐，以免引起竹林衰败；第四代（七、八年生育）竹虽仍能发笋，但已开始衰退；第五代以上便不宜多予保留了。

---

① 湖北省博物馆，曾侯乙墓（上），文物出版社，1989 年，第 295 页。

② 湖南省博物馆，长沙浏城桥一号墓，考古学报，1972，（2）。

### （二）竹采伐季节

从文献记载看，竹林采伐季节有三：一是腊月。《礼记·月令》云："仲冬之月，日短至，则伐木，取竹箭。"郑玄注："此其坚成之极时。"所谓"竹箭"当指小竹而言。到了冬季，竹杆内水分、养分皆移存根部，此时砍伐便不易引起虫类危害。二是夏季。《种树书》云："竹之滋泽，春发于枝叶，夏藏于干，冬归于根。如冬伐竹，经日一裂，自首至尾不得全。盛夏伐之最佳，但于林有损。夏伐竹，则根色红而鞭皆烂。然要好竹，非盛夏伐之不可。"这是反对冬天伐竹，主张夏季伐竹的，同时也指出了夏季伐竹的缺点。其三是主张三伏和腊月伐竹。《琐碎录》云："竹以三伏内及腊月中砍者不蛀。竹有六、七年便生花。"以上说法都是一些经验总结。今浙江龙泉县有"大年秋后砍，小年春前砍"之说；江西的经验是立冬后、惊蛰前砍伐，其他季节砍伐则易发生虫蛀。[①]

### （三）竹材的处理和利用

竹林的习见处理方式是浸泡，目的是：促使竹林更为柔韧，以便劈篾；浸出竹杆中有机物质，以便防虫和保存。人们对竹材的性能要求是：具有一定的强度、韧性、弹性，不变形、不虫蛀、易剖分而不易自然开裂。浸泡后，许多性能都有一定的改善。

文献上关于竹材使用情况的记载不多，大体上可归结为七个方面：（1）编织的和非编织的日用器，如筐、篓、席、床、椅、凳等；（2）建筑材料；（3）兵器构件，如弓等；（4）交通工具，如竹筏、轿子、轿杠、桥、竹缆等；（5）农具及手工工具的构件；（6）造纸等工业原料；（7）乐器。以上七个方面，从第三到第七在机械史上都具有一定地位。

# 第二节 金 属 材 料

中国古代生产和使用过的金属有八种，即金、银、铜、铁、锡、铅、汞、锌。其中最早使用的是铜及铜合金，稍后是金、银、铅、锡、铁、汞，这七种在先秦时期都已使用。单质锌大约是明代才出现的。此外还有砷，系半金属，约出现于晋[②]。

## 一 中国古代金属材料技术发展的基本情况

从现有考古资料看，中国古代金属材料技术约始于新石器时代中晚期，即仰韶、龙山文化时期。当时使用的金属材料主要是黄铜、青铜、红铜三种。已知的早期黄铜计有三起，一是 1973 年陕西临潼姜寨出土的黄铜片和黄铜管。遗址的 $^{14}C$ 测定年代为前 $4675 \pm 135$ 年，与仰韶文化早期相当，这是迄今所知最早的金属物件。另两起皆属龙山文化时期，分别为山东胶县三里河出土的两段黄铜锥和长岛店子出土的一件黄铜片。早期青铜器件目前做过科学分析的有 7 种，分属马家窑文化、龙山文化和齐家文化，有刀、镜、锥、容器等。做过科学分析的早期红铜器约有 10 余件，分属龙山文化和齐家文化，器物种类有刀、铃、锥、片、斧

① 于铎，中国林业技术史料初步研究，农业出版社，1964 年，第 269~270 页。
② 王奎克等，砷的历史在中国，自然科学史研究，1982，（2）。

等。这些早期铜器有铸件，也有锻件，属仰韶文化的铸件有姜寨黄铜片、黄铜管，属马家窑文化的铸件有东乡青铜刀，属龙山文化的铸件有山西陶寺红铜铃、河南登封青铜容器、山东胶县三里河黄铜锥等，属齐家文化的铸件有尕马台青铜镜、齐家坪红铜斧等。可见中国金属技术从发明之始，在成形工艺中就占据了重要的地位。

从夏代至商初，金属技术的发展，主要表现在三方面：

（1）铜及铜合金冶炼和加工技术的进步。铜器出土数量和种类明显增多，仅二里头文化遗址出土的铜器便达 30 件以上，器物种类有：爵、斝、鼎、铃、戈、镞、戚、锛、凿、刀、锥、鱼钩等，此外还有铜泡，镶嵌绿松石的铜饰。火烧沟出土的铜器达 200 多件，值得注意的器物有四羊锤、镢、镰等。这些铜器的形制较前复杂，铸件明显增多，合金成分也发生了明显的变化，以锡为主要合金元素的 Cu-Sn-Pb 三元合金开始出现。

（2）已能熔炼金属铅。

（3）开始冶炼并使用金、银这两种贵金属。

商代中期至西周，金属技术又有长足的进步，主要表现在：

（1）以礼乐器为中心的青铜冶铸技术达到鼎盛阶段。北方和南方都出现不少大型采矿场和冶铸作坊。在南方有今湖北大冶铜绿山矿冶场（商代晚期到西汉），江西瑞昌采矿场（商代中期），吴城铸铜作坊（商代中期），皖南矿冶场（西周至春秋）；中原有郑州铸铜作坊（商代中期），洛阳北窑铸铜作坊（西周前期），安阳小屯铸铜作坊（商代晚期）。这一时期在社会生产和生活的各个领域，都大量地使用青铜器，其种类之众、体型之大、铸造之精，都是举世无双的。从商代中期起，Cu－Sn－Pb 三元合金系已在中国完全确立。

（2）铅的使用技术有了发展，炼出了金属锡。

（3）炼制和使用了块炼铁。从现有资料看，中国最早的冶铁地点当是今新疆哈密一带。1981 年，哈密焉不拉克墓地出土铁器七件，包括刀、剑、戒指各一件，残铁器四件。前三类器物断代为西周早、中期以前，其中铁刀距今 3240±1375 年（树轮校正），约与商代晚期相当。这是中国已知最早的铁器。此外，在乌鲁木齐市南山东风机械厂、和静察吾乎沟口、轮台群巴克墓地都出有公元前 1000 年到前 400 年前的铁器，种类有小刀、短剑、镰、锥、指环、小管、铁釜（残片）、镯等。在中原文化区，铁器始见于西周晚期，即河南三门峡虢国墓出土的铜柄铁剑。

春秋战国时期，多种青铜技术更加精湛；使用了硫化矿炼铜，总结出了世界上最早的合金配制法则——"六齐"。先铸附件，后铸主件的分铸法得到了充分的发展；层叠铸造、失蜡铸造、金属型铸造都已产生，有的还发展到了较高水平。锻打、冲压、焊接、金银错、镀金银、硫化处理、青铜复合材料等多种金属工艺都已兴起。生铁技术率先在中原文化区被发明，生铁可锻化退火处理在战国时期迅速发展起来。制钢术和钢的淬火回火技术约发明于春秋晚期，并用于兵刃制作。战国中晚期，铁器已在中国农业、手工业中取代了青铜和木石器，占据主导的地位。炼汞术亦在这一期间或之前发明。

秦汉是中国古代钢铁技术全面发展的时期。由于铁业官营，国家兴建了许多大型冶铸作坊，使用了水力鼓风。生铁的三个基本品种，即白口铁、麻口铁、灰口铁都已使用。铸铁可锻化退火处理发展到更高水平，并出现了名之为"球墨可锻铸铁"和"铸铁脱碳钢"的优良产品。发明了半液态冶炼的炒钢技术、灌钢工艺和百炼钢。以"生铁—炒钢、灌钢"为中心的古代钢铁技术体系基本形成。钢铁兵刃器取代了青铜兵刃器的主导地位。人们在社会生产、社会生活的所有部门，都大量地使用钢铁材质。钢铁时代至此完全确立。青铜的主要用途转到了铸钱、铸镜以及其他日用品生产上。

魏晋南北朝时期，金属技术备受摧残，创造性成就较少，其中比较值得注意的是：由于炒钢技术的发展，锻件在农具中逐渐取代了铸件的主导地位；人们开始了对淬火剂的选择，发明了油淬和尿淬，花纹钢工艺发展到繁盛的阶段；作为铜锌合金的黄铜已在民间使用；炼出了镍白铜；配制了砷白铜；制取了单质砷；在今新疆等地用煤大量炼铁。

隋唐五代是中国古代金属技术平稳发展的阶段，比较值得注意的事件是：胆水炼铜开始出现，失腊法铸造已见于记载。

宋辽金元时期，金属技术进入了一个新的发展阶段，多种金属冶炼加工技术都有进步，尤其在北宋，金属产量有大幅度的提高。此时的高炉炉型更趋合理，使用了活门式风扇鼓风。灌钢、百炼钢工艺都有所发展。胆铜被大规模生产。炉甘石配制黄铜和沙型铸造都开始见于记载。花纹钢、锣钹类高锡青钢的热加工技术都有发展。还创造了冷锻瘊子甲工艺。许多生产工具的形制与现代已经十分接近。

明代是中国古代金属技术集大成的时期。金属的产量和质量都有很大提高，技术上的创造性成就颇多，在炼铁方面发明了用焦炭冶炼，使用了活塞式风箱和用莹石作稀释剂。在炼钢方面，发明了串联式炒炼炉，灌钢技术更有提高，焖钢工艺始见于记载。有色金属冶炼方面，始创了中国的炼锌工艺。在铸造方面，总结出了除气、脱氧、加锌，最后加锡的锡青铜熔炼工艺。泥型、砂型、熔模铸造技术都有发展，制作了不少既宏大又精致的器物。在金属加工方面，热锻、拉拔及化学热处理等都有所发展，还创造了名为"生铁淋口"的热处理工艺，在合金成分选择、铸造、表面处理方面，都表现了高超的技艺。

清代是中国古代金属工艺的衰退期，其中比较值得注意的技术成就是：广东地区在炼铁炉上使用了机车装材，坩埚炼铁进一步得到推广。

## 二　铜及铜合金的应用

### （一）铜合金的应用范围

1. 制作手工工具[①]

主要是斧、锛、凿、锯、锥、钻、锉、针等，它们大体上都是由新石器时代相应的石质、骨蚌质、陶质器物演变而来的。为适应生产需要，其形制又发生了变化，如：

铜斧　始见于齐家文化时期，甘肃广河齐家坪，永靖秦魏家都有出土。从装柄方式看，初始主要是空首斧（直銎斧）大约在东周，又出现了一种横銎斧（穿肩斧）。

铜凿　始见于齐家文化时期，永靖秦魏家、武威皇娘娘台都有出土。从刃部形态看，截至商周为止，至少有五种类型，即单面刃、双面刃、圆刃、宽刃、窄刃，其中的圆刃显然是为了穿凿圆孔的，至迟见于战国时期。可知凿刃的形态早已相当完备。

2. 制作农具

主要是耒、耜、铲、镬、锸、锄、镈、镰、铚等。铜农具的产生较铜兵器、手工工具稍晚，始见于火烧沟文化时期。1976年，火烧沟墓葬出有镬、锄、镰，此外还有可兼作农具

---

① 陈振中，青铜生产工具与中国奴隶制社会经济，中国社会科学出版社，1992年。

用的刀、斧等器。

从考古发掘看，青铜农具主要见于南方的吴越和云南地区，年代在春秋战国到汉代。与青铜兵器、手工业工具相较，其出土数量较少，使用地域和时间亦有局限。但青铜农具确对中国古代农业生产发生过重要作用。以往有学者认为商周时期不曾或很少使用青铜农具，是与史实不符的。

3．制作兵器

主要有戈、矛、戟、钺、剑、匕首、弩机、镞、火炮等。其中的铜矛、铜镞等应从木石兵器演变而来，铜剑、铜戟等则是金属技术发明后逐渐产生的。

金属管形火器始见于宋末元初，已知较早的器物有4件，即阿城铜火铳、西安东关铜火铳、"至顺之年"北京铜火铳、传世"至正辛卯"铜火铳。火炮始为青铜质，后又有黄铜质、钢铁质；始为铸制，后又有锻铁而成者。

4．制作车马器

主要有车軎、车辖、毂饰、轴饰、辕首饰、衡饰、銮铃、踵饰、舆饰、衔、镳、轭饰、当卢、铜泡、节约等。其作用有三：即加固、保护、装饰车辆马匹。历年来，出土的古车多属商周时期。秦俑坑铜马车的出土，为我们了解古代战车形制提供了有力的证据。青铜车马器一般是铸制的，战国时出现过少量锻件。

此外，还制作各种连接件，天文仪器（详见第八章）和其他机械构件。如河南淅川下寺春秋墓所出铜锁、陕西凤翔战国墓出土的铜钳等。

**（二）铜合金的成分选择和熔炼技术**

为使金属器件能达到最佳使用状态，古代工匠从材质和成形技术等方面进行了不懈的努力。《荀子·强国篇》云："刑范正，金锡美，工冶巧，火齐得，剖刑而莫邪已。"归结起来便是材质和成形技术。

从现有资料看，大约二里头时期，就开始注意铜合金成分的选择和配制，已分析的26件二里头时期铜器中，可定为青铜的至少有19件；做过定量分析的13件中有5件为锡青铜，5件为Cu-Sn-Pb三元合金。与龙山、齐家文化相较，红铜器大为减少，早期黄铜再不复见，说明以Cu-Sn-Pb型和Cu-Sn型为主的青铜合金体系已基本形成。其后经过商、西周的大量实践，春秋战国时总结出了著名的"六齐"合金配制法则。

《考工记·攻金之工》云："六分其金而锡居一，谓之钟鼎之齐；五分其金而锡居一，谓之斧斤之齐；四分其金而锡居一，谓之戈戟之齐；三分其金而锡居一，谓之大刃之齐；五分其金而锡居二，谓之削杀矢之齐；金、锡半谓之鉴燧之齐。"其中的"金"指赤铜。依张子高先生的解释，这六种器物的含锡量应分别为钟鼎14.29%、斧斤16.67%、戈戟20.0%、大刃25.0%、削杀矢28.57%、鉴燧50%。[①] 这一成分规定虽未成为指导生产实践的工艺规范，但它的基本精神与现代金属学原理是相符的。[②] 从大量考古实物的科学分析看，中国古代青铜成分控制最为规范的是剑和镜。东周青铜剑的含锡量多在16%～20%之间，此外尚含有少量的铅；由战国到汉唐，铜镜含锡量多在18%～24%之间。

① 张子高，六齐别解，清华大学学报，1958年6月。

② 何堂坤，六齐之管窥，科技史文集，第15辑，1989年。

在青铜合金的熔炼技术上，很早就积累了丰富的经验。《考工记·栗氏为量》云："凡铸金之状，金与锡黑浊之气竭，黄白次之；黄白之气竭，青白次之；青白气竭，青气次之；然后可铸也。"这里记述了一整套如何依据火焰颜色来辨别熔炼进程的方法，它与现代技术原理也是基本相符的。《考工记》还提出了另外一条衡量金属熔炼质量的标准："栗氏为量，改煎金锡则不耗；不耗然后权之，权之然后准之，准之然后量之。"即栗氏铸造量器时，需将金属反复精炼，令其中夹杂除尽，至不耗为止，之后称其重量，量其体积，再行铸器。汉唐时期，人们又将这反复精炼的思想发展成为"百炼"工艺。这一时期的许多铜镜铭文和诗文中，常可看到这一说法。明代又总结出"除气—脱氧—加锌—加锡"的熔炼工艺。冯梦祯《快习堂漫录》云："凡铸镜，炼铜最难，先将铜烧红打碎成屑，盐醋捣，荸荠拌，铜埋地中。一七日取出，入炉中化清。每一两投磁石末一钱，次下火硝一钱，次投羊骨髓一钱，将铜倾太湖沙上，别沙不用。如前法六七次，愈多愈妙。待铜极清，加椀锡。每红铜一斤，加锡五两，白铜一斤加六两五钱。所用水，梅水及杨子江水为佳。"这里的"磁石"、"火硝"都是氧化性熔剂；骨髓含磷，是脱氧剂；"椀锡"即锌。这一工艺与现代技术原理基本相符，反映了古代金属熔炼技术的发展水平。

我国古代机械使用的铜合金主要有两种，一是铅锡青铜（和锡青铜），二是黄铜。黄铜的成分配制和熔炼也十分讲究。《天工开物》卷十四"五金、铜"云："每红铜六斤，入倭铅四斤，先后入罐熔化。冷定取出，即成黄铜，唯入打造。"考虑到锌的挥发，"四六黄铜"似是含锌量较高的α黄铜，其张度、硬度、塑性较好。清代《钦定仪象考成·御制玑衡抚辰仪说》在谈到天文仪器的制造工艺时说：其铜质宜精。凡铸黄铜器具，应用红铜六成，倭铅四成，熔炼精到，然后铸之。使用的应仍是"四六黄铜"。

## 三　钢铁的应用

### 1. 制作农具

主要有铁质的犁、铧、耙、镢、铲、臿、锄、镰、铚等。在中原文化区，铁农具始见于春秋时期，考古发掘出土的有甘肃永昌春秋早期铁臿、陕西凤翔雍城马家庄春秋中秋期铁臿；属春秋晚期的有：凤翔雍城秦公1号墓铁铲、铁臿，长沙识字岭铁臿等。战国中后期，多种铁农具相继出现。在铁农具中，犁铧一般都由生铁铸制；汉魏时期，曾部分进行可锻化退火。从战国到西汉，镢、铲、臿、锄常在铸造成形后做可锻化退火处理；东汉六朝时期，锄、铲的锻制件增多；宋代之后，铸制的铲、锄、镂类已很少看到，农具形制与后世已十分接近，一般是以锻件为主。

### 2. 制作手工工具

主要有斧、凿、锯、铇、钻、锥、锉、锛、剪、针、削等。在中原文化区，铁质手工工具始见于春秋战国之际，长沙一期楚墓、龙洞坡、杨家山以及常德德山都出有春秋晚期铁削，四川荥经出有春秋战国之际铁斧；湖北包山楚墓出有战国钢针。除剪、刨等器外，多数铁质手工工具在战国中晚期皆已出现。从战国到明清，这些器物的形制和制作工艺都有许多变化。横銎的青铜斧虽早已出现，但战国铁斧多是直銎的；西汉晚期，横銎铁斧才增多起来。斧、锛等器，在战国两汉时期多是生铁铸就的，之后再做可锻化处理，唐宋之后才多改为锻制。

### 3．制作兵器

主要有刀、剑、矛、戟、斧、匕首、弩机、镞、火炮等。在中原文化区，见于考古发掘属西周至春秋早期的铁器一共5件，其中有4件是兵器，即河南三门峡虢国墓西周晚期铜柄铁剑，陕西陇县边家庄、甘肃灵台的两柄春秋早期铜柄铁剑，陕西长武县春秋早期铁匕首。但铁兵器大量使用并取代青铜兵器主导地位却是西汉以后，随着炒钢技术的发展而实现的。1953年，洛阳烧沟发掘225座西汉中期到东汉晚期墓葬，出土钢铁兵器140件，其中有刀107件，剑25件，矛4件，斧4件[①]。而铜兵器只有镞、矛各一件可作佐证。

自古以来，人们对兵器用材都十分讲究。从大量考古实物的科学分析看，从先秦到明清，刀剑类多系锻制；斧、镞在汉代有铸制，之后亦逐渐改用锻件。汉以后的锻件皆以炒钢制作。东汉时期的百炼钢和花纹钢，都是在制作宝刀宝剑过程中发明的。

### 4．制作车船器件

考古发掘中常见有轴承、棘轮、铁锚等。1974年，河南渑池汉魏铁器窖藏出土铁器4000多件，其中有六角承445件，计17种规格，圆轴承32件，亦有多种规格；棘轮2种4件，均为16个斜齿；轴承、棘轮等多系生铁铸制；有的六角轴承系麻口铁。

### 5．制作纺织、采矿等机械构件和连接件

如棉花搅车上的辗轴、纺车上的锭子。如孙琳《纺织图说》云："习学用于，脚车纺纱。木锭铁锭。理同事一。木锭纺纱细而光，铁锭纺纱慢而粗。"

又如井盐开采工具，宋代发明了竹筒井开采法，使用了钢铁顿钻；明代又发明撞子钎等器具，把开井、治井技术都发展到相当高的水平。这些器具的主要部件都是钢铁材质。明马骥《盐井图说》在谈到开井口时说："鸠之立石圈，尽去面上浮土，不计丈尺，以见坚石为度，而凿大小窍焉。大窍，大铁钎主之，小窍，小铁钎主之。"所谓"铁钎"，实为钢钎。

## 四　其他金属的应用

金、银、铅、锡等金属，不论是单质或其合金，在古代机械中的应用，以下仅举数例。

银，可作硬焊料，亦可制作被中香炉这类器具。

铅、锡，可作合金元素配制青铜合金，亦可作软焊件。

汞，可配制金、银、铅、锡、汞齐作外镀用，亦可以汞齐为焊料。

锌，可配制黄铜和锌镍白铜，前一工艺始见于《天工开物》卷14"五金"，后一工艺始见于清末《中国矿产志略》。

## 第三节　铸造及热处理技术

## 一　铸　造　技　术

铸造在中国始于新石器时代中晚期。在整个夏商周三代，金属农具、手工工具、兵刃

---

① 洛阳烧沟汉墓，科学出版社，1959年。铁刀计出土116件，分三型，Ⅰ型18件，为兵器，Ⅱ型89件，两用，Ⅲ型9件为书刀，斧4件，亦为两用。

器、车马器及其他机械构件，大体上都是铸造的；在农具和手工工具中，这种情况甚至一直延续到两汉时期。铸造的优点是：可以生产器形较复杂的大小器件；可以成批制作，生产率较高；金属收得率较高。中国使用最早的铸范是石型和泥型。在历史上起主导作用的是泥型、金属型和熔模铸造三种；砂型大约是唐宋之后才出现的。

### （一）石型铸造

早期石范分布较广，数量亦多。山西夏县东下冯出有石质斧范，唐山雹神庙出有石质刀范、矛范、斧范[1]，赤峰红山后出有石质斧范。值得注意的是，雹神庙石范均用片麻岩制成，这种石质较软，便于加工，在材料选择上表现了一定水平。石范上刻有供两范接合的记号，说明人们在制范、合范上已积累了一定经验。

商代中期之后，泥型铸造飞速发展起来，但石型并未消亡。在江西吴城等地，石型于商代中后期还相当盛行。

彭适凡先生曾对吴城石范做了细致的考察，阐明了它的一般特点：石料较为松软，多为红色粉砂质岩，少数为灰白粉砂岩和青砂岩；石范背面和左右皆琢磨致光，一端刻有直浇口杯，范侧刻有合范记号，有的凿出有榫头和卯眼，作定位之用；多为双合范，单合范和复合范为数较少。所做器具多是形制较为简单的生产工具、兵刃器与马饰。刀范、镞范已从一范一器发展到了一范两器和多器。

汉代之后，石范仍有使用。山东博兴出土过汉半两钱石范。20 世纪 80 年代，云南曲靖仍采用石范来铸造铁铧和犁镜。

石型是一种半永久型，一范可浇多次。它的主要缺点是易在高温下破损，且制作困难，只适于铸造形制和纹制十分简单的器物。

### （二）泥型铸造

有关研究认为，中国泥型铸造约始于龙山文化时期，已知最早的泥型铸件是山西襄汾陶寺出土的铃形器[2]；已知最早的陶范属二里头文化。在偃师二里头[3] 和赤峰四分地[4] 等处都有发现。二里岗时期，泥塑铸造逐渐成熟，河南郑州已发现的两处铸铜遗址，其中一处出土陶范一千多块，器形有镞、刀、镬、鬲、斝、爵等，以镞范为多，镬范次之；另一处出土陶范 184 块，完整者有刀范、镞范、钱范等。殷商及西周，泥型铸造达到了鼎盛阶段；东周之后，虽然金属型和熔模铸造都已出现，但泥型铸造依然是最重要的，直到 20 世纪 90 年代仍有使用。以下着重介绍几个有关工艺环节。

1. 造型材料的选择和加工[5]

郑州南关外紫荆山、安阳殷墟、洛阳北窑、侯马牛村等商周青铜冶铸遗址出土的大批陶范，其造型材料都经过精心选择和加工。其组成基本上都是粘土掺砂粒，有的还掺有蚌壳；

① 原断代说晚于春秋（见《考古学报》1954 年第 7 册，安志敏文），后一般认为是夏家店下层文化。
② 张万钟，泥型铸造发展史，中国历史博物馆馆刊，总第 10 辑，1987 年。
③ 赵芝荃，二里头遗址与偃师商城，考古与文物，1989，(2)。
④ 辽宁省博物馆等，内蒙古赤峰县四分地东山咀遗址试掘简报，考古，1983，(5)。
⑤ 叶万松，从洛阳西周铸铜遗址出土的陶范熔炉炉壁谈西周前期的青铜铸造工艺，1981 年国际冶金史北京学术讨论会论文。谭德睿，中国陶范制作技术初探，1983 年技术史学术讨论会论文，考察的实物主要是侯马陶范。

一般都经过淘洗，其目的是依粒度分级。安阳曾发现有淘洗坑，其中尚剩有成层的细泥料。有学者曾对侯马陶范进行考察，认为泥模所用泥料是以当地原生土为基础，再配入砂粒，这就提高了范中 $SiO_2$ 量，降低了 CaO 和 MgO 量，从而提高了范的耐火度。

2. 模、范、芯的制作

泥型铸造的基本过程是先塑模，再依模制范，最后合范浇铸。一般而言，模、范、芯料的组分是不同的，前二者含泥量稍多，目的是提高其可塑性、复印性，芯的含泥量少，砂粒亦可稍粗，以改善其透气性。

模通常以泥做成，再烧成半陶质。模上的高浮雕型花纹，可能是堆塑而成的，最后再进行修理。细小花纹可能是直接雕塑的。有的花纹在制作过程中应使用过简单的绘图工具。洛阳北窑铸铜遗址出土的车軎模顶部刻有同心圆，圆心部有针眼，无疑使用了规。北窑出土的许多模型表面都有明显的分型刻线，看来分型设计应是在泥模上进行的。古人分型的基本原则是：在便于造型的前提下，尽量减少范的片数，同时兼顾到一些特殊需要。大约从商代中期起，铸型的分型便开始规范化。

制范所用泥料，最初是单一的，至迟于西周前期，已有"背料"和"面料"之分[①]。面料层较薄，料较细，以便复印出清晰的花纹。背料层较厚，料较粗。可节省宝贵的细料，亦可改善透气性。

范可直接雕塑，亦可模印，或者二者同时使用。模印法在商代晚期已较发展，安阳殷墟苗圃北地铸铜遗址曾出土有少量陶模，种类有鼎、瓿、角、盘、器盖等，此外还有制模和刻制花纹的铜质、骨质刀具。模印法有多种形式，可以整模复印，一件模复印出一个型腔，亦可采用分块模复印，用以处理同一器物的不同部位，或不同器物的相应部位。侯马牛村春秋铸铜遗址曾发现一个陶范窑，其中有不少的分模，部分铜器的纹饰经常是同一图案的反复，即用分模反复印制而得[②]。西周早期之前，通常是一器一范，很少看到两件完全相同的器物。西周中期之后，出现了一模多范的复印法。西安普渡村西周中期墓出有 27 件青铜器，多数器物的形态各不相同，但有两件簋的形制、尺寸、纹饰完全一样[③]，这类操作一直被沿用，在铜镜中经常有一些形制、花纹、铭文完全相同，习称为同形镜[④]。可以肯定，有些花纹繁缛的镜的铸型是使用同一模子复印的。

范芯的制作方法有两种：一是造型结束后，将模的表面削去一层作芯，削去的厚度便是铸件的厚度，二是另行制作。第一种方法为人们经常提及，后面一种有如下事例为证：(1) 洛阳北窑西周前期铸铜遗址出土的模都要翻制两套同样的铸范；西周中期之后，许多模子要复印多次，翻制出多个范来；其模自然不是复印一次就把表层削去。(2) 此窑模子的含砂量（61.375%）明显地低于范芯的含砂量（内层 72.46%，表层为 64.18%），这至少说明在洛阳西周前期铸铜工艺中，相当部分范芯是另外制作的。

3. 铸型的干燥和焙烧

侯马春秋青铜冶铸作坊是把范置于地窖内干燥的，这样可使水分缓缓蒸发，不易开裂。

---

① 叶万松，从洛阳西周铸铜遗址出土的陶范熔炉炉壁谈西周前期的青铜铸造工艺，1981 年国际冶金史北京学术讨论会论文。

② 张万钟，泥塑铸造发展史，中国历史博物馆馆刊，总第 10 辑，1987 年。

③ 陕西省文物管理委员会，长安黄渡村西周墓的发掘，考古学报，1957，(1)。

④ 何堂坤，关于铜镜铸造技术的几个问题，自然科学史研究，1983，(4)。

考古发掘所见年代较早的烘范窑属于西周，洛阳铸铜作坊便发现有三座[1]。烘范的目的：
（1）是进一步去除水分；（2）使碳酸盐等分解，并释出部分气体；（3）使范块达到半陶质状
态，以固定外形，提高强度。在此尤其值得注意的是第二、三两项。有学者曾考察过侯马春
秋陶范的成分，发现其中有较多的方解石（$Cu_2CO_3$），以及石英、长石，其 CaO 量可达 6 %
以上。在 850～900℃时，方解石会分解而逸出二氧化碳。所以，陶范熔烧温度不应低于方
解石分解温度（850～900℃）。否则在浇铸时会析出大量气体。焙烧温度之上限是其烧结温
度（900～950℃)[2]。所以所谓陶范实是一种介于泥与陶之间的"半陶"。西周之后的烘范窑
发现较多，如新郑郑韩故城战国铸铁作坊烘窑（2 座)[3]，阳城铸铁遗址战国晚期窑咸阳秦汉
车马器范窑[4]，郑州古荥镇汉代冶铸作坊烘窑（13 座），巩县铁生沟烘窑（11 座，另有多功
能窑 5 座)、南阳瓦房庄东汉铸铁作坊烘窑（4 座)、西安北郊新莽钱范窑（1 座)[5]，温县汉
代车马器范烘窑（1 座)[6]等。范片经焙烧定形后，便可装配、合范和浇铸。梁上椿《岩窟藏
镜》曾录有西汉草叶纹日光镜范为顶注式，浇口和冒口已经分开，皆设于镜缘上；其与镜缘
接触处较窄且薄，使金属冷凝后便于清理。郑州古荥镇汉代冶铸作坊所出铧模的浇口和冒口
也是分开的，都是浇口居中，冒口居于两侧。

4．大型、复杂铸件生产工艺

（1）多片范造型。

二里头时期，器形简单，铜爵范只有四片（连芯子）；二里岗时期，器形增大，形制稍
见复杂，范片数随之增加。

（2）分层造型。

此技术始见于商代中期，郑州商城附近出土的大圆鼎，其腹范分为两层，每层又分成三
块。全器六块范，再加一个连足的芯子。[7]分层造型技术在中国一直沿用。

（3）分铸法。

即将器体和附件分开铸造，最后再铸接到一起。主要用于形制较为复杂，有附件的器
物，如盉、簋、卣、甗、中柱盂等。分铸法又有两种不同的操作，即：

先铸主件（器体）法。始见于商代中期，如郑州出土的提梁卣等。[8]它应是在陶器附件
分作的工艺启发下发明的。[9]操作要点是：先铸器体，并在器件的相应部位铸出榫头，之后
再在器体上安放模型、制范、浇铸，使器体和附件形成榫卯式接合；因冷凝收缩之故，附件
卯穴将紧紧地抱住榫头；如妇好墓出土的方罍（791 号）肩部四隅怪翼兽与器体的铸接等。

先铸附件法，始见于商代晚期，操作要点是：先铸附件，后把附件放入器体的铸范中并
铸在一起，如妇好墓出土的中柱盂（764 号），先铸中柱，铸就后放入芯中，浇铸盂体时，
和盂体铸接在一起，盂的底部有明显的铸接痕迹，盂体金属覆盖于中柱之上，中柱根部稍凸

①　文物考古工作三十年，文物出版社，1979 年，第 277 页。

②　谭德睿，中国古陶范制作技术初探，技术史学术讨论会论文，1983 年 1 月。

③　河南省博物馆新郑工作站等，河南新郑郑韩故城的钻探和试掘，文物资料丛刊，第 3 辑，文物出版社，1980 年。

④　李长庆等，咸阳发现秦代车零件泥范一窑，文物参考资料，1958，（5）。

⑤　陕西省博物馆，西安北郊新莽钱范窑址清理简报，文物，1959，（11）。

⑥　河南省博物馆等，河南温县汉代烘范窑发掘简报，文物，1976，（9）。

⑦，⑧　河南省文物研究所等，郑州新发现商代窖藏铜器，文物，1983，（3）。

⑨　《中华文明史》第 2 卷，先秦·手工业技术的发展（何堂坤执笔），河北教育出版社，1989 年，第 198～199 页。

出于盂底之外。[①]

这几种铸造方法的流行时间各不相同，商代中期及其之前是以浑铸为主，商代晚期以分铸法中的"先铸主件"为主，春秋之后以"先铸附件"为主。实际生产过程要比这复杂得多，往往多种方法同时使用，经过多次铸接，才能最后成型。这些技术措施中尤为重要的是分铸法，它是了解商周青铜铸造技术得以高度发展的关键，若无它的广泛使用，要铸造出那许多体型复杂，图纹细腻的青铜器是不可能的。[②]

5. 叠铸

为了提高产量，早在商代中期，人们就发明了一片泥范浇铸 7～9 枚铜镞的技术[③]；春秋时期又出现了叠铸法。叠铸工艺的基本特点是：将多层泥范积叠起来，组装成套，共用一个直浇口，一次浇铸数件以及数十件产品。依积叠方式之不同，又可分为卧式和立式两种。在中国古代主要用来生产钱币、车马器以及生产工具等。它不但生产量大，且可节省造型材料，减少浇注系统的消耗。

与叠铸有关的实物最早见于春秋时期。1959 年，山西侯马春秋铸铜遗址出土过一种范片，一面有型腔，一面却作为另一铸型的平板范，各自具备一个独立的浇道。人们认为，这便是卧式叠铸的早期形态。新郑郑韩故城春秋铸铜遗址出土过类似的镘范。[④]

战国时期，随着商品交换和铸钱业的兴盛，叠铸技术亦逐渐发展起来，并首先在齐国达到了较高水平。山东临淄曾出土一件"齐法化"铜质铸钱模盒，呈长方形，尺寸为 20.5 厘米×10.8 厘米，背面光平，范的四周有边框，内底列有两枚阳文齐刀；直浇口居于斗合线中心，内浇口呈半月形与二刀背及刀柄相通，两侧设有卯和榫。用这种铜模盒可翻印出无数泥范。将泥范扣合，装配成套，便可浇铸。这是使用了统一浇口的立式叠铸，构思十分巧妙。

两汉时期，叠铸技术逐渐推广，陕西、河南等地都出有叠铸用的西汉铜质模盒和泥质范块。1971 年，陕西省博物馆在西安市征集到一件铜质五铢钱模盒，呈长方形，内置五铢钱模正背各四枚，字体属西汉昭、宣时期。该馆还藏有新莽时期"大泉五十"、"大布黄千"、"货泉"、"货布"以及"布泉"模盒，皆是铜质。"大泉五十"叠铸范在陕西西安北郊、河南邓县、南阳等地都有出土。陕西西安还出有"货布"铜质模盒，甘肃崇信、河南商水出有"货泉"铜质模盒。除了钱币外，汉代还较多地使用了叠铸工艺来生产车马器，河南温县汉代烘范窑、南阳瓦房庄东汉冶铸作坊、山东临淄东汉冶铸作坊等都有这类铸范出土。一般的叠铸工艺都是一个直浇道只有一叠铸范。但南阳瓦房庄却是两叠铸范共用一个直浇道，技术上更为先进，这是中国已知最早的多堆式叠铸。[⑤]

六朝时期，叠铸工艺仍有发展。罗振玉《古器物范图录》有"大泉当千"和"常平五铢"等铜质模盒。1935 年南京通济门外出土有大量梁代叠铸泥质钱范。这些范片的正背两面都有型腔，分别做出钱的正面和背面饰纹。这就简化了制范工序，把不同模具翻制的范片叠合起来，对准直浇道，便可浇铸。传统的叠铸工艺沿用至今，广东佛山仍用它铸造小型构

---

①，② 华觉明等，妇好墓青铜器群铸造技术的研究，考古学集刊，第一辑，1981 年。

③ 河南省文化局文物工作队第一队，郑州商代遗址的发掘，考古学报，1957，(1)。

④ 汤文兴，从古代铸钱看我国叠铸技术的起源与发展，中原文物，1982，(1)。

⑤ 河南省文物研究所，南阳北关瓦房庄汉代冶铁遗址发掘报告，华夏考古，1991，(1)。

件和工艺品。

从有关考古实物看，叠铸泥范多数都是模印的，汉和汉以前多以铜质模盒翻印，六朝时期又使用了木质模具。铜质模盒的制法是：先做木模，再翻出模盒的泥型，再用泥型浇出铜质模盒。叠铸泥范的泥料都较细腻，故范面致密光洁。温县铸范和芯子中都掺有细砂和旧范土，芯中还有一定量的草秸屑。旧范土即所谓"熟料"，它的使用是制范技术发展中的一个重要事件。旧范曾经高温相变，热稳定性较好，铸范在干燥和烘烤时皆不易变形和开裂。

### （三）失蜡铸造

中国古代原称出蜡铸造[①]。操作要点是：先以蜡塑造实物模型，再在蜡上挂泥，先挂细泥，后挂粗泥。经晾干，加热去蜡后，便可得到与实物完全一样的型腔，最后再把金属液注入型腔。主要用来铸造花纹精细、不宜用分铸和焊接来生产的器物。

中国失蜡铸造技术约发明于春秋中期，已知较早的实物是 1979 年河南淅川下寺春秋 2 号墓即楚令尹子庚墓出土的铜禁及其兽形饰，1、3 号墓所出铜盏之耳和器足，55 号鼎的兽形饰等。据考，楚令尹子庚卒于楚康王七年（前 552）。铜禁体形较大，纹饰繁缛，说明出蜡法铸造的发明年代应可上推至春秋中期或稍早[②]。年代稍后的有 1978 年湖北随县曾侯乙墓出土的尊、盘两器风格一致，器身周边有夔龙等附件，盘的口沿和尊的圈足有镂空花纹，其透空附饰更是异常精巧，由表层的蟠龙纹饰和内部较粗的铜梗组成，彼此脱空全依铜梗支持，铜梗分多层，彼此联结，玲珑剔透，堪称国之瑰宝。学术界普遍认为，尊盘兼用了整铸、分铸、锡焊、铜焊等工艺，透空附饰则为出蜡法所铸无疑[③]。

汉代之后，出蜡法铸造向实用器方向发展，目前学术界公认的出蜡铸件有：河北满城汉墓出土的错金博山炉（1:5182），云南晋宁石寨山出土的祭祀青铜贮贝器[④]，以及部分汉印等等。

中国古代关于失蜡法铸造的记载始见于唐。《唐会要》卷八十八说："武德四年七月十日废五铢钱行开元通宝钱，……郑虔《会粹》云，（欧阳）洵初进蜡样，自文德皇后掐一甲迹，故钱上有掐文。""蜡样"即蜡样，说明开元通宝最初曾使用了失蜡法铸造。此外还有两份资料是可以作为印证的：一是姜绍书《石斋笔谈》云："余幼时见开元钱与万历钱参用，轮廓圆整，书体端庄，……背有指甲痕……形如新月。"二是 20 世纪 70 年代初，唐郑仁泰墓曾出土三枚开元通宝，其中一枚的背面亦有明显的指甲纹[⑤]。

宋代之后，失蜡铸造有了进一步发展，有关记载亦变得详细起来。南宋赵希鹄《洞天清禄集》云："古者铸器必先用蜡为模，如此器样，又加欹识刻画，然后以小桶加大而略宽，入模于桶中，其桶底之缝、微令有丝线漏处，以澄泥和水如薄糜，日一浇之，俟干再浇，必

①　"出蜡法"之名至迟出现于元（详后）；本世纪五六十年代时，民间习谓之"拔蜡法"，"脱蜡法"。"失蜡法"似是 Lost Wax Process 的意译，其实很不确切。

②　张剑，从河南淅川春秋楚墓的发掘谈对楚文化的认识，古物，1980，（10）。汤文兴，淅川下寺一号墓青铜器的铸造技术，考古，1981，（2）。

③　随县擂鼓墩一号墓考古发掘队，湖北随县曾侯乙墓发掘简报，文物，1979，（7）。华觉明等，曾侯乙尊盘和失蜡法的起源与嬗变，第 1 届科学技术史学术讨论会北京论文，1980 年。

④　云南晋宁石寨山古墓发掘报告，文物出版社，1959 年。

⑤　陕西省博物馆等，唐郑仁泰墓发掘简报，文物，1972，（7）。

令用足遮护讫，解桶缚，去桶板，急以细黄土，多用盐并纸筋，固济于原澄泥之外，更加黄土二寸，留窍中，以铜汁泻入，然一铸未必成，此所以为贵也。"这是中国古代关于出蜡法具体操作的最早记载，铸型由三层泥料组成。内层为澄清泥，中层为细黄土，并掺纸筋，外层为黄土。元时，工部所属诸色人匠总管府下设有"出蜡局提举司，……掌出蜡铸造之工。至元十二年始置局，延祐三年升提举司"。这是关于出蜡法的最早命名。元代曾用此法铸造过不少佛像，《元代画塑记》等文献中都有记载。

明代出蜡铸造又有发展，出现了关于铸造万钧大钟的比较详细的记载。《天工开物》卷八"冶铸"钟条云：

凡造万钧钟，与铸鼎法同。掘坑深丈几尺，燥筑其中如房舍，延泥作模骨。其模骨用石灰三和土筑，不使有丝毫隙坼。干燥之后，以牛油、黄蜡附其上数寸。油蜡分两，油居什八、蜡居十二。其上高蔽抵晴雨（原注：夏日不可为，油不冻结）。油蜡墁定，然后雕镂书文、物象、丝发成就。然后，舂筛绝细土与炭末为泥，涂墁以渐而加厚至数寸。使其内外透体干坚。外施火力炙化其中油蜡，以口上孔隙熔流净尽，则其中空处即钟、鼎托体之区也。凡油蜡一斤虚位，填铜十斤，塑油时尽油十斤，则备铜百斤以俟之。中既空净，则议熔铜。凡火铜至万钧，非手足所能驱使，四面筑炉，四面泥作槽道。其道上口承接炉中，下口斜低以就钟鼎入铜孔。槽旁一齐红炭炽围。洪炉熔化时，决开槽梗（原注：先泥土为梗塞住）一齐如水横流，从槽道中视注而下，钟鼎成矣。凡万钧铁钟与炉、釜，其法皆同，而塑法则由人省啬也。

这里详细地谈到了出蜡法的全过程，从挖筑浇铸坑，制作芯骨和芯子，做蜡样、蜡料配比，用铜量到设炉鼓铸都一一作了描述。它对我们了解明代甚至商周大型铸件的浇铸方法，都具有重要的意义。

### （四）金属型铸造

中国古代金属型包括铜范，铁范两种，前者使用稍早，但衰退亦早，后者则直到近现代仍在使用。铜范主要用来铸钱，铁范主要用来铸造农具、手工工具、车马器以及板材等。

已知年代最早的金属型属春秋时期，见于著录的有"卢氏"空首布铜范等。战国时期，金属型铸造有大的发展，见于著录的有平首布"梁-釿"铜范等，见于考古发掘的有河北兴隆铁范[1]，易县燕下都铁质镈内范[2]，磁县下潘汪遗址铁质铲范和范芯[3]。安徽繁昌出土的铜质蚁鼻钱范等[4]。其中尤其值得注意的是兴隆铁范，1953年出土，计6种87件，包括锄范、双镰范、镢范、斧范、双凿范、车具范；有外范，也有内范，结构紧凑，壁厚均匀，范上设有加强筋和把手，符合均匀散热和抵御冷热变化的强度要求，经分析，其中一件铁芯为共晶白口铁[5]。

汉魏时期，金属型铸造被逐渐地推广，并发展到了比较繁荣的阶段。目前在河南南阳、

① 郑绍宗，热河兴隆发现的战国生产工具范，考古通讯，1956，（1）。
② 河北省文物管理处，河北易县燕下都第21号遗址第一次发掘简报，考古学集刊第2辑，1982年。
③ 河北省文物管理委员会，磁县下潘汪遗址发掘报告，考古学报，1975，（1）。
④ 汪本初，安徽近年出土楚铜贝初探，文物研究，1986，（2）。
⑤ 华觉明等，战国西汉铁器金相学考察的初步报告，考古学报，1960，（1）。

郑州、鲁山、镇平、渑池、浚县、登封、江苏彭城，山东莱芜、泰安、滕县，河北满城等地分别出土有西汉至北魏的铁范或铸造铁范的泥型；种类包括铲、锄、镬、凹字形臿、一字形臿、犁、双柄犁、镂铧、大铧、小铧、斧、凿、锤、六角形钉、镞、板材等；在陕西澄城、北京怀柔、山东诸城、河北石家庄、江苏徐州、青海海晏、湖南攸县等地都发现有铜质钱范。汉代已有铁范 13 种，北魏增至 20 种，而且材质也有变化。莱芜一件外范为白口铁，锄内范采用了灰口铁，渑池铁范只检测了镞范、铧范、臿范各一件，全都是灰口铁的[①]。这说明至迟到北魏，对铁范材质与其使用性能的关系已有了较深的认识。

金属型铸造工艺大体上可分作五步：（1）用木材（或陶片）制作实物模型；（2）依木模翻出"一次泥型"；（3）以"一次泥型"为模，翻出"二次泥型"；（4）以"二次泥型"为范，浇出金属型；（5）由金属型浇出器件[②]。

汉魏铁范的芯子常有铁质和泥质两种，銎呈尖劈状者，如铲、镬、凿、臿、铧等，其芯多为铁质，不致影响到铸件的冷凝收缩；銎呈穿空式的等截面者，则采用具有良好退让性的泥芯。浇口有扁圆形、扁六角形等。两汉时期多用垂直顶浇；北魏时期浇口改成了倾斜式，浇铸时铁范倾斜放置，可减少金属液的冲击。汉魏铁范制作多已规范化，一般作坊的模具都由重点作坊提供。河南鲁山望城岗出土有"阳一"铭文泥质铧模残块，它原是南阳都铁官作坊（宛）所制，山东滕县出土有"山阳二"、"钜野二"铭文泥模残块，它原是山阳郡（在今山东金乡县西北）铁官作坊所制[③]。这些都反映了汉魏铁范铸造技术及管理制度的完善。

金属型铸造的优点是：铸型可数十次、数百次地重复使用，从而减少制范工作量，降低成本，提高生产率。用铁范铸造时，易于得到白口铁组织，有利于进行可锻化处理。

唐宋之后，由于翻砂法在铸钱工艺中的推广，铜范铸钱不复使用。由于炒钢技术的进一步发展，在农具和手工工具中完成了以锻代铸的转变，铁范铸造随之削弱。但金属型并未失传，驰名海内外的阳城犁镜便是铁范所铸。鸦片战争期间，为加强海防，浙江嘉兴县丞龚振麟作《铸砲铁模图说》，用铁范铸造火炮工艺显然是对古法之继承和改进。

## （五）砂型铸造

对砂型铸造的发明年代，目前学术界尚无定见。不少学者认为唐代铸钱"铜母"和"锡母"翻砂，具体操作与明《天工开物》所载相似，但依据尚不充足。已知比较确切的资料属于宋代。宋张世南《游宦记闻》卷二云："铸钱用工之序有三：曰沙模作，次曰磨钱作，末曰排整作。""沙模"即沙型，可见宋代已用翻砂铸钱。

到了明代，有关翻砂铸钱的记载更为明白和具体。《天工开物》卷八"冶铸"钱条说：

　　凡铸钱模，以木四条为空匡（原注：木长一尺二寸，阔一寸二分）。土、炭末筛令极细，填实匡中，微洒杉木炭灰或柳木炭灰于其面上，或薰模则用松香与清油。然后以母钱百文（原注：用锡雕成），或字或背布置其上。又用一匡，如前法填实合盖之。既合之后，已成面、背两匡，随手覆转，则母钱尽落后匡之上。又用一匡填实，合上后匡，如是转覆，只合十余匡，然后以绳细定。其木匡上弦原留入铜眼孔。铸工

① 北京钢铁学院金属材料系中心化验室，河南渑池窖藏铁器检验报告，文物，1976，（8）。
② 河南省文物局文物工作队，从南阳宛城出土汉代犁、铧模和铸范看犁铧的铸造工艺过程，文物，1965，（7）。
③ 李京华，秦汉铁范铸造工艺探讨，冶金史国际学讨论会（北京）论文，1981 年。

用鹰嘴钳，洪炉提出熔罐，一人以别钳扶抬罐底相助。逐一倾入孔中，冷定，解绳开
　　匣，则磊落百文，如花果附枝。模中原印空梗，走铜如树枝样。挟出逐一摘断，以待
　　磨挫成钱。凡钱，先错边沿，以竹木条直贯数百文受锉，后锉平面，则逐一为之。

这里详细地介绍了翻砂铸钱的全过程，是一段十分难得的记载。所谓"方匣"实是型盒。木
炭灰、松香是分型剂。由"逐一倾入孔中"一语可知，每合范都有独立的浇口。"空梗"即
内浇道。除了铸钱外，明人还用翻砂法铸造印章等物。明文彭《印章集说》、清陈克恕《篆
刻鍼度》在谈到铸印时，都有类似的文字。

# 二　热处理技术

　　中国金属热处理技术至迟发明于齐家文化时期，最早使用的是退火处理。商和西周时
期，退火主要用于青铜工艺。春秋战国之后，又用于钢铁工艺，并发明和推广了铸铁可锻化
退火处理。淬火、回火技术发明于春秋晚期，战国西汉逐渐推广。汉魏时期，已对不同淬火
剂的冷却性能有了认识，并开始选择淬火用水；至迟在南北朝，又发明了尿淬和油淬。

## （一）退火技术

### 1．青铜退火

　　考古发掘中所见最早的青铜退火件是甘肃永靖秦魏家齐家文化遗址出土的青铜锥（T6：
2），为锻制，基体组织α相；（α＋δ）共析体沿加工方向排列，曾做再结晶退火。稍后有岳
石文化的青铜刀（T198⑦：5），由热锻而成，基体为经过了再结晶的α固溶体，并有退火孪
晶。再结晶退火可消除加工应力，提高材料的可塑性。

　　西周之后，青铜退火技术有了进一步发展，不管局部锻打还是整体锻打的器件，一般都
做过再结晶退火。目前所知局部加工后做过这一处理的器件有：琉璃河西周早期青铜戈
B35、戈B36等。整体锻打成形后进行再结晶退火的器件有：河南固始春秋青铜匜YG2，江
苏淮阴高庄战国刻纹铜器Ha3～Ha8，湖北荆门十里铺战国青铜盒M2：2.5、杓柄M2：19、C
形海M2：3.5-1。尤其是刻纹铜器，其工艺程序是先锻造成形，之后退火，再刻纹，这是十
分合理的[①]。

　　汉代之后，青铜锻件的退火工艺仍一直沿用。西汉南越王墓出土的铜盒G77便是明证。
当今云南的斑铜，实际上就是退火孪晶工艺。

### 2．铸铁可锻化退火

　　中国铸铁可锻化退火技术约发明于春秋晚期，战国中晚期普遍推广，至汉魏发展到鼎盛
阶段，唐宋时代仍有使用。它是由商周青铜退火处理工艺演绎而来。在工艺原理上，又包括
脱碳退火和石墨化退火两种操作。前者在强氧化性气氛中进行，退火过程中基本上不析出或
很少析出石墨；后者则以石墨化为主。

　　已知中国最早的铸铁可锻化退火件是河南新郑县唐户南岗春秋晚期墓出土的残铁板，为
脱碳退火，其表层已轻微脱碳，但内层仍为共晶生铁。战国早期，铸铁可锻化退火技术有一
定发展。有人分析过6件河南登封阳城铁器，包括铁镬5件，铁锄1件，皆为脱碳退火，其

---

　　① 何堂坤，刻纹铜器科学分析，考古，1993，(5)。

中至少有 3 件整个断面皆已脱碳的可锻铁或熟铁。这些都是中国也是世界上最早的铸铁可锻化退火处理件，说明春秋晚期至战国早期，铸铁脱碳退火和石墨化退火两种工艺在中国皆已出现，其中最先发展起来的是脱碳退火工艺。

　　战国中晚期，可锻铸铁技术进一步推广。主要表现在：分布地域有了较大扩展，器物种类和数量明显增加，不但有大量生产工具和部分兵器、生活用具，而且生产出一种半成品板材，经可锻化处理后可进一步加工成其他器物。石墨化退火技术有了明显发展，我们统计的 46 件战国中晚期可锻化处理器件，经石墨化退火的达 13 件，占总数的 28.3%，比中国早期有较大增长。在西方，铸铁可锻化退火于 1722 年才由法国人发明，最初也是脱碳退火，直到 1826 年才由美国人发明了石墨化退火。而中国在石墨化退火处理中，不但有发展较为充分的絮状石墨，而且有好几件试样如登封阳城出土的锄"YEH 采:42"，新郑出土的板材"新 25"，条材"新 312"都析出了球状石墨。球状石墨可锻铸铁的性能优于絮状石墨可锻铸铁。当然，从总体上看，这一时期可锻化退火技术依然不太成熟，这主要表现在：相当部分器件属夹生即不完全的可锻铸铁，中心残有白口铁组织。这类试样的组织特征是：表层脱碳为熟铁，越往里含碳量越高，依次可能出现铁素体、亚共析、共析、过共析，中心为莱氏体。这一时期的脱碳处理件含碳量一般较低，多属熟铁及处于下限的低碳钢，很少发现高碳钢和中碳钢。故强度是不高的。如辉县和荆门战国铁斧本应进行脱碳退火，却成了石墨化退火，因而可锻性较差。

　　两汉时期，铸铁可锻化退火处理技术发展到相当成熟的阶段，目前在北到吉林、南到广州的广大地域内都出土有这类器物，品种之多，数量之大，都是前所未有的。主要成就是：（1）不管脱碳退火还是石墨化退火，相当大一部分器件都处理得较为完全，中心不再残有白口组织。今人曾对 85 件两汉可锻铸铁试样作过较为全面的分析，其中整个试样断面没有或很少残有白口组织的有 58 件，占总数的 68.2%。（2）石墨化退火技术更为娴熟，不但析出了许多发展得较为充分的絮状石墨，而且培育出了较为规整的球状石墨。已发现的试样有近 10 件，其中有的石墨已全部球化，金属基体既有铁素体，也有珠光体和铁素体 + 珠光体，成分范围较宽。铁生沟铁镬 74:1 的退火石墨全部球化，有明显的核心和放射结构，与现行球墨铸铁国家标准一类 A 级相当。（3）脱碳退火处理运用得比较自如，许多器件不但整个断面都脱碳成为钢和熟铁，没有或很少有石墨析出。而且人们还可视需要，对这类器物重新进行渗碳，以及组织均化处理和锻打加工，从而获得含碳量较高、组织和成分都比较均匀的钢材，其性能与现代铸钢十分接近。有学者称之为"铸铁脱碳钢"。郑州东史马曾出土过 6 把东汉铁剪，便是用这种材料制成的。其工艺要点是：先用生铁铸出条材或剪出基本形态，再整体脱碳成钢或熟铁，之后可能还进行了渗碳、组织均匀化以及成形加工。（4）脱碳退火、石墨化退火这两种工艺的产品在使用上表现了分工的倾向。作为手工业工具的剪、刀、凿、斧，以及作为农具的镰，多做脱碳退火，少做石墨化退火。这表明，当时对铸铁脱碳退火、石墨化退火工艺与其产品性能的关系，已有了较深的认识。

　　战国西汉铸铁可锻化退火的工艺操作，今日尚难详知，河南新郑郑韩战国铸铁遗址，登封阳城战国晚期铸铁遗址，郑州古荥镇，巩县铁生沟汉代冶铸遗址，都发现过退火炉残迹，其中最值得注意的是设有抽风井[①]，看来，用于脱碳的氧主要是由空气供给的。欧洲最早的

---

　　①　河南省文物研究所等，登封王城岗和阳城，文物出版社，1992 年，第 282～284 页。

铸铁脱碳退火是在炽热的赤铁矿粉中进行的。

铸铁可锻化处理的发明和推广具有重要的技术和社会意义。可锻化处理后，材料硬度和脆性明显降低，强度和塑性大为提高，综合机械性能得到很大改善。这对战国两汉时期铁器的广泛使用和社会经济的发展，起到了十分重要的作用。在西方，生铁大约是在公元14世纪才开始使用的。可锻铸铁技术在欧洲虽始见于公元18世纪，但到19世纪中期即石墨化退火技术由美国发明后，人们才逐渐看到它的技术意义。

南北朝时期，铸铁可锻化退火技术使用依然较广，技术水平亦较高。河南渑池、唐河等地都出土过许多这类铁器，器物种类有环首刀、斧、镰、铧、镬、铲、锚等，其中有脱碳退火件，也有石墨化退火件。在脱碳退火件中，也有再做渗碳和组织均匀化处理并经锻打的；石墨化退火件中，亦有球墨可锻铸铁件①②。从现有资料看，这一工艺一直沿用到唐宋时期。目前见于报道的，隋代有洛阳出土的大业九年墓铁镜③。唐代有西安大明宫铁锄、铁板、洛阳铁锛（皆石墨化退火），洛阳唐贞元十七年墓残铁农具（脱碳退火）④。宋代有登封出土的4件铁锛（3件不完全脱碳退火，1件石墨化退火），1件铁斧，1件铁刮刀（脱碳退火，斧为熟铁，刮刀为中碳钢）⑤。这一工艺在元代之后是否仍在使用，有待进一步研究。现代可锻铸铁工艺在中国是1933年从西方引入的。

### 3. 可锻铁的退火和正火

中国古代可锻铁的退火和正火技术约发明于战国时期。经考察，河北易县燕下都出土的战国铁剑（M44∶19）。西安半坡战国铁锄，河南登封阳城战国铁凿，河南新郑郑韩故城战国残铁刀（87号）、铁锥（6号、140号）等都曾进行过退火处理。燕下都出土的战国晚期镞铤 M44∶87、钢矛 M44∶115 皆为正火组织，前者含碳量0.2%左右，组织为铁素体＋珠光体，有分层现象。

不管青铜退火还是可锻铁退火，都可起到均匀组织，消除加工应力，提高塑性，改善工件加工和使用性能的作用。汉代之后，这一技术进一步发展，并广泛用于农具、手工工具、兵器。目前见于报道的有河北满城汉墓、广州西汉南越王墓和内蒙古呼和浩特二十家子出土的西汉铁甲片，元大都出土的铁斧（4059号）、铁铲（4020号）等。有关可锻铁退火的明确记载见于《天工开物》卷十"锤锻"条，详细情况见本章第四节。

### 4. 黄铜退火

中国古代大量使用黄铜的年代较晚，但在黄铜退火技术上却取得了一项比较重要的成就。

《天工开物》卷十"锤锻"，治铜条云："凡黄铜，原从炉甘石升者，不退火性受锤；从倭铅升者，出炉退火性以受冷锤。""升"即升炼、冶炼之意。以炉甘石配制的黄铜，常因洪烟飞损而金属收得率较低，所得铜锌合金往往是含锌量不太高的α黄铜。它的塑性极佳，可进行冷、热加工，在一定成分范围内，其室温伸长率随含锌量的增加而增大。"不退火性受锤"便是指这种黄铜说的。以"倭铅"（金属锌）直接配制黄铜时，锌挥发量较少，比较容

①　北京钢铁学院金属材料系中心试验室，河南渑池窖藏铁器检验报告，文物，1976，(8)。
②　柯俊等，河南古代一批铁器的初步研究，中原文物，1993，(1)。
③　何堂坤，我国古代铁镜技术初步研究，中国国学，第20辑，1992年11月。
④　杜荋运，隋唐墓出土铁器的研究，全国金属史学术讨论会（舞阳）论文，1989年。
⑤　柯俊等，河南古代一批铁器的初步研究，中原文物，1993，(1)。

易得到含锌较高的材质。当含锌量达 30%～33% 时，合金凝固范围较宽，在快速冷却的铸造条件下，锭心部分往往因含锌量较高而析出少量 β 相。β 相在室温下是既硬且脆的，不宜于冷加工。而（α＋β）黄铜在室温下又含有有序 β′ 相，其强度极高，塑性较低。而且，两相黄铜比单相 α 黄铜更易于加工硬化，随着 β′ 相的增加，两相黄铜的塑性将急剧降低。"出炉退火性"实际上是一种组织均匀化退火，目的是消除 β 相和 β′ 相，令整个铜材处于单一 α 相区范围。这显然是长期生产经验的总结，是符合科学原理的。

### （二）淬火回火技术

#### 1．钢的淬火回火技术的发明和推广

1976 年，长沙杨家山出土一把春秋晚期钢剑，通长 38.4 厘米，茎长 7.8 厘米，经取样分析得知，系块炼钢反复折叠锻打而成，组织均匀致密，含碳量约 0.5% 左右，碳化物有些球化，并依一定方向成串状排列，约与中碳钢高温回火态相当[1]。战国中晚期，钢铁刀剑使用未广，所知淬火器物仅易县燕下都 44 号墓出土的两把钢剑和一把钢戟，钢剑刃部的高碳部分为马氏体，局部有少量索氏体（细珠光体），低碳部分为带有铁素体的细珠光体；心部因冷却速度较慢，高碳部分的细珠光体增加，低碳部分则铁素体量增加[2]。从文献记载看，当时的楚、韩两国都能制作十分锋利的钢铁兵器，与热处理技术是不无关系的。《史记》卷六十九"苏秦列传"云："天下之强弓劲弩皆从韩出。"并说韩之名剑有棠溪、墨阳、合膊、邓师、冯宛、龙渊、太阿。唐司马贞"索隐"引晋《太康地埋记》云："汝南西平有龙泉水，可以淬剑，特坚利，故有龙泉水之剑。"当属可信。

汉代之后，淬火技术迅速推广开来，目前见于报道的实物有：辽阳三道壕西汉钢剑，广州西汉南越王墓钢剑（171 号），满城刘胜墓佩剑和错金书刀，山东苍山东汉永初六年"州冻大刀"，密县古桧城所出铁凿、铁刀等。淬火技术的使用，极大地提高了材料的硬度和强度。刘胜佩剑是表面渗碳后淬火的。刃部马氏体部分硬度为 HV900～1170 公斤/平方毫米，中心硬度为 HV220～300 公斤/平方毫米；错金书刀只做了局部淬火，维氏硬度 HV570 公斤/平方毫米，背部低碳部分只有 HV140 公斤/平方毫米，边缘珠光体部分为 HV260 公斤/平方毫米[3]。这种局部渗碳、局部淬火，说明汉代制刀技术、热处理技术已发展到相当高的水平。中国古代关于淬火的记载也是汉代才出现的。《汉书》卷六十四下"王褒传"引《圣主得贤臣颂》云："巧冶铸干将之璞，清水淬其锋。"《史记·天官书》云："火与水合为焠。"《汉书·天文志》云："水与火合为淬。"许慎《说文解字》云："焠，坚刃也。""焠"同"淬"。这些都说明了汉代淬火技术的发展。

#### 2．淬火剂的选择

有关记载始见于汉魏时期。《太平御览》卷三四五引《蒲元传》云：

> 君性多奇思，忽于斜谷为诸葛亮铸刀三千口，熔金造器特异常法。刀成，白言："汉水纯弱，不任淬用，蜀江爽烈，是谓大金之元精。"……乃命人于成都取之。有一人前至，君以淬，乃言："杂涪水，不可用。"取水者犹悍言不杂。君以刀

---

① 长沙铁路东站建设工程文物发掘队，长沙新发现春秋晚期的钢剑和铁器，文物，1978，(10)。
② 北京钢铁学院压力加工专业，易县燕下都 44 号墓铁器金相考察初步报告，考古，1975，(4)。
③ 李众，中国封建社会前期钢铁冶炼技术发展的探讨，考古学报，1975，(2)。

　　画水云："杂八升，何故言不？"取水者方叩头首伏云："实于涪津渡负倒覆水，惧

怖，遂以涪水八升益之。"于是咸共惊服，称为神妙。刀成，以竹筒密内铁珠，满

其中，举刀断之，应手灵落。故称绝当也，因曰神刀。

这个故事虽有些夸张，但基本精神与现代技术原理是相符的。不同的水，发源地和流经地域
都不同，成分必有差别，对炽热物件的冷却能力便不一样；故汉水、蜀江水、涪水的淬透性
不同是十分自然的。据《三国志》卷三十五"诸葛亮传"载："建兴十二年（234）春，亮悉
大众由斜谷出。"看来，蒲元淬刀应较此稍前。但蒲元并不是中国最早对淬火剂进行选择的
人。建安七子之一的王粲（177～217）在《刀铭》中已谈到类似的操作："相时阴阳，制兹
利兵，和诸色剂，考诸浊清。灌襞已数，积象已呈，……陆剸犀兕，水截鲵鲸。""考诸浊
清"为指选择淬火剂而言。

　　后世文献常见有关选择淬火剂的记载。宋周去非《岭外代答》云："今也吹毛透风乃大
理刀之类。盖大理国有丽水，故能制良刀云。"这显然是指丽水之水具有良好的淬透性。现
代昆明一带仍传说杨柳河之水淬尤佳，周围数十里之锻工皆到那里驮水淬火。明李时珍《本
草纲目·水部·流水》条云："观浊水、流水之鱼，与清水、止水之鱼，性色迥别；淬剑染布，
各色不同，煮粥烹菜，味亦有别。"即不同的水对鱼类性状、淬剑染帛的质量，煮粥泡菜的
味道都有一定影响。

　　以上所说都是水淬，其优点是在高温区（550～650℃）冷却能力较强，能避免珠光体类
型的转变。缺点是低温区（200～300℃）冷却能力也较强，易产生较大的组织应力，使工件
产生裂纹，于是人们又发明了油淬。

　　中国古代关于油淬的记载始见于《北齐书》卷四十九"方伎列传"，说綦母怀文"造宿
铁刀，其法烧生铁精以重柔铤，数宿则成刚，以柔铁为刀脊，浴以之牲之溺，淬以五牲之
脂，斩甲过三十札，今襄国冶家所铸宿柔铤乃其遗法"。生铁精当即优质生铁，"柔铤"即可
锻铁料，"数宿"在此可理解为数次相炼、合炼，"宿铁刀"即后世所谓灌钢刀。这段文献谈
到了綦母（又作毋）怀文造作锋利钢刀的三项技术措施：（1）炼制灌钢。（2）使用复合材料
技术，即"以柔铁为脊"，以宿铁（灌钢）为刃。（3）使用动物的尿和油脂作淬火剂，即
"浴以五牲之溺，淬以五牲之脂"。此三项技术措施，尤其是最后一项，是保证宿铁刀能"斩
甲过三十札"的关键所在。中国古代对油淬的认识是比较明确的，元人伪撰《格物麤谈》卷
下的"香油蘸刀，则刀不脆"与现代技术原理相符。

　　除尿淬、油淬外，中国古代还使用过其他一些淬火剂。《新唐书》卷二二二和《蛮书》
卷七谈到过马血淬，《格物麤谈》卷下说到过地溲淬，清徐寿基《续广博物志》"第八制造·
炼铁之法"谈到过以硝黄、盐卤、人溺的混合液淬火。这些应是人们对淬火剂不断进行探索
的反映。

　　中国古代关于金属回火的记载较少，惟见清陈克恕《篆刻铖度》卷七曾经提及，这情况
下面还要谈到。

### （三）化学热处理

　　中国古代化学热处理工艺至迟发生于两汉时期，并一直沿用至今。使用的渗入剂有固
态、液态和膏状三种，主要是渗碳和碳氮共渗。

### 1. 固态渗碳技术的产生和发展

　　渗碳技术约发明于先秦时期，燕下都出土的战国钢剑、钢戟等是块炼铁渗碳而成的。但这种渗碳一般都被当成制钢操作，因它是对整个铁料进行渗碳的。作为化学热处理的表面渗碳，始见于西汉时期，如满城汉墓所出刘胜佩剑和错金书刀、广州西汉南越墓出土的铁削，河南密县古桧城出土的铁凿等。刘胜佩剑和错金书刀内层含碳量低处为0.05%，最高处为0.15%～0.4%，而表层含碳量均在0.6%以上①。

　　早期的表面渗碳大约是在煅炉的炽热炭层中进行的，之后才演变成了箱式渗碳。箱式渗碳的起始时间尚无十分确凿的资料，但有两件事很值得注意：（1）渑池汉魏铁器窖藏出土了许多先行退火脱碳再渗碳的铸件，表现了相当高的技术水平②。（2）在陶瓷工艺中，匣钵烧造技术早在南北朝便已发明，隋唐时代得到推广③。由这些情况看，似不能排除南北朝或隋唐发明箱式渗碳的可能性。关于箱式渗碳的明确记载始见于明代《天工开物》卷十"锤锻"针条说，制针时，先用拉拔方式抽成铁线，后逐节剪断，镃出针尖，"刚锥穿鼻，复镃其外。然后入釜，慢火炒熬，炒后以土末入松木火天（矢），豆豉，三物罨盖，下用火蒸。留针二、三个插于其外，以试火候，其外针入手捻成粉碎，则其下针火候皆足。热后开封，入水健之"。这里的铁釜实际上就是渗碳箱。类似的操作直到20世纪50年代还在河南、江苏等地沿用，俗称焖钢，主要用来处理一些低碳钢和熟铁的小型农具、手工工具、滚球轴承及薄板等。这种箱式渗碳和此前的锻炉渗碳，所用渗碳剂一般都是固态的。

　　2. 生铁淋口，习称"擦生"、"擦渗"

　　所用渗碳剂是液态生铁。主要用来处理锄、镈一类小农具的锋刃部。它至迟发明于宋代，明代有明确记载并一直沿用下来。

　　《天工开物》卷十"锤锻"，锄镈条云："凡治地生物，用锄、镈之属，熟铁锻成，熔化生铁淋口，入水淬健，即成刚劲，每锹、锄重一斤者，淋生铁三钱为率，少则不坚，多则过刚而折。"其操作要点是将生铁水浇到工件表面而达到渗碳目的。"三钱为率"是一种经验总结。类似的操作直到20世纪七八十年代还在浙江、河北等地流传，并且演绎出了另外一种操作：其要点是把固态生铁小块均匀地撒在工件渗碳部位上，之后一起入炉加热，使生铁熔化而渗碳，随后再稍加锻打并淬火，比宋应星所说又进了一步。

　　生铁淋口通常只在器物表面进行，下表面不做任何处理，故其断面组织通常是：表层为莱氏体或莱氏体与珠光体的混合物，以下依次为过共析、共析、亚共析组织，之后才是工件本体组织④。近年有学者分析过河南南召（3件）、登封（2件）、邓州（1件）出土的宋代铁器，其中5件为锄、1件为镢。它们的本体金属皆为熟铁，刃部断口的组织计分五层，由上表面往下，第一层组织为条状渗碳体＋马氏体；第二层为过共析层，组织为马氏体＋晶界上析出的网状渗碳体；第三层为共析层，组织为马氏体＋珠光体；第四层为亚共析，为马氏体＋珠光体＋铁素体；第五层为本体金属。前三层皆为"生铁"覆盖层，但已非生铁，第四层为渗碳层⑤。这些宋代铁器与现代擦生工件的组织基本一致，故把生铁淋口发明年代上推到宋是可信的。

　　① 李众，中国封建社会前期钢铁技术发展的探讨，考古学报，1975，(2)。
　　② 北京钢铁学院金属材料系中心试验室，河南渑池窖藏铁器检验报告，文物，1976，(8)。
　　③ 熊海堂，中国古代的窑具与装烧技术，东南文化，1992，(1)。
　　④ 凌业勤，"生铁淋口"技术的起源、流传和作用，科学史集刊，1966，(9)。
　　⑤ 柯俊等，河南古代一批铁器的初步研究，中原文物，1993，(1)。

生铁淋口的优点是：设备简单，操作方便，生产率高。又因其只在工件刃部的上表面渗碳，故可自然磨刃，越用越锋利，深受农民欢迎。

3．膏剂渗碳法

这是一种把渗入剂作成凝膏状的化学热处理工艺，多属渗碳，可能有一部分为碳氮共渗。它的确切发明年代尚难定论，有关记载始见于明。主要用途：一是刃部渗碳，以改善锋刃器的使用性能，二是一般的表面渗碳，以显示不同的花纹。

明《便民图纂》卷十六"制造类"点铁为钢点云："羊角，乱发，俱煅灰，细研，水调，涂刀口，烧红，磨之。"这是刃部渗碳。羊角、乱发均为含碳物质。方以智《物理小识》卷八也有类似说法。

清陈克恕《篆刻针度》卷七"炼刀法"谈到了另外一种渗碳并淬火、回火的操作，说："用酒蟹钳觜烧灰存性，仍用蟹酒调涂刀口，入火烧红，复入蟹酒淬之，更涂钳灰于上，如前烧红淬酒，愈炼愈坚。依法炼毕，仍用火烧红寸许，取悬火上，刀口昂出火外，渐渐退出，相其口上变色转白，未可即淬，淬之则脆，既而转黄转青，淬之适中可用，太迟则火候过矣。"以上"仍用火烧红寸许"数句所说的是回火工艺，目的是消除淬火应力，提高刃的韧性。这是一种局部反复渗碳和淬火工艺。同卷还谈到了与此相类似的另一种操作："炼刀法，用菊花钢锻而为刀，刀成乃砺，砺好方炼。用箬皮灰、牛角灰、青盐、硇砂各五六分为末，将醋调涂刀口，向灯火上烧红为度，入清冷水（一法用甘草水，一法即用醋）淬之，多炼如前，药尽而止，炼而再磨。""菊花钢"可能是由含碳量不同的铁碳合金折叠锻打而成的。箬，竹属，与牛角灰同为含碳物质。硇砂为含氮物质。青盐是北方池盐的一种[①]。这很可能是以渗碳为主、渗氮为辅的碳氮共渗工艺。

# 第四节　机械加工和焊接技术

机械加工在人类生产活动中占有十分重要的地位。人们所需要的多数产品，手工工具、农具、交通工具、日常生活用器、兵器等，都是经由各种不同的机械加工制作的。机械加工的萌芽期可上推到石器时代；其对象是非金属，之后才是金属材料。本节主要介绍金属材料的机械加工，依加工类型，可归纳为六个方面：（1）压力加工；（2）拉拔加工；（3）钻、锯、刨、剪；（4）车镟镗，陶轮和琢玉车；（5）焊接；（6）复合材料。

## 一　压　力　加　工

中国早期青铜器相当大一部分是锻造的；商周铜铁器虽以铸造为主，但锻造技术亦有一定发展；汉魏之后，大量的农具、手工工具、兵刃器、日用器都是压力加工成的。其工艺形式主要有三种，即冷锻、热锻、模压。

### （一）青铜热锻技术

中国青铜锻造技术始见于龙山、齐家文化时期，属龙山文化的有唐山大城山斧形铜牌

---

① 《本草纲目·石部》"戎盐"条云："青盐、赤盐，则戎盐也。"

等，属齐家文化的有皇娘娘台铜刀、铜锥、铜凿，大河庄铜锥，秦魏家铜环等；夏代至商初，青铜锻造技术曾在部分地区获得一定发展。有人分析过9件岳石文化铜器，其中6件都经过锻打，其中一件红铜环属于锻制，4件铜刀和一件铜锥是铸造成形后再作局部或整体锻打的，有热锻，也有冷锻[①]。由龙山到岳石文化，锻件多较简单细小，主要是小型生产工具，反映了技术上的原始性。商周时期，青铜锻造技术有了较大发展，较多地用于器形较大、形制较为复杂、加工要求较高的兵刃器、甲片、容器、车马器等；汉后又用于锣钹制作，并且使用了淬火、退火技术。以下仅介绍青铜兵器锻打的部分情况。

西周青铜兵刃器热锻，主要用于戈、矛、剑、斧等器的局部加工，有北京玻璃河出土的西周早期青铜戈 B35、B36，四川青铜戈 S5、S15、矛 29，云南江川出土的战国西汉青铜剑 D6 等。这些器物原都是铸制的，但刃部取样分析时，整个观察面都可看到数量不等的双晶

表 5-1　热锻加工青铜器成分分析结果

| 名　称 | 断代 | 出土地点 | 成　分　（%） | | | 资料来源 |
|---|---|---|---|---|---|---|
| | | | 铜 | 锡 | 铅 | |
| 戈 B35 | 西周早期 | 琉璃河 | 89.311 | 10.688 | | ⓐ |
| 戈 B36 | | | 84.930 | 14.864 | 0.204 | |
| 戈 S5 | 战　国 | 成都 | 86.423 | 13.576 | | ⓑ |
| 戈 S15 | | | 88.178 | 11.821 | | |
| 矛 S29 | | 彭县 | 87.147 | 9.570 | 3.282 | |
| 剑 D6 | 战国西汉 | 江川 | 87.801 | 12.198 | | ⓒ |
| 臂甲 D1 | | | 92.951 | 7.048 | | |
| 臂甲 D2 | | | 89.88 | 10.12 | | |
| 刻纹铜器 Ha3 | 战　国　淮　阴 | | 88.433 | 10.417 | 1.148 | ⓓ |
| 刻纹铜器 Ha4 | | | 86.259 | 9.572 | 4.168 | |
| 刻纹铜器 Ha5 | | | 86.337 | 11.001 | 2.660 | |
| 刻纹铜器 Ha6 | | | 89.299 | 10.366 | 0.333 | |
| 刻纹铜器 Ha7 | | | 85.064 | 11.736 | 3.199 | |
| 刻纹铜器 Ha8 | | | 87.206 | 10.368 | 2.425 | |
| 青铜匜 YG2 | 春　秋 | 固　始 | 85.83 | 14.17 | | ⓔ |
| 青铜盒 EB10 | 战　国 | 荆　门 | 90.609 | 9.194 | 0.195 | ⓕ |
| 杓柄 EB11 | | | 92.386 | 17.076 | 0.537 | |
| C形铈 EB12 | | | 89.600 | 8.852 | 1.546 | |

注：ⓐ何堂坤，几件琉璃河西周早期青铜器的科学分析，文物，1988，（3）。
　　ⓑ何堂坤，部分四川青铜器的科学分析，四川文物，1987，（4）。
　　ⓒ何堂坤，滇池地区几件青铜器的科学分析，文物，1985，（4）。
　　ⓓ何堂坤，刻纹铜器科学分析，考古，1992，（5）。
　　ⓔ资料待发。
　　ⓕ何堂坤，包山楚墓金属器初步考察，包山楚墓上，文物出版社，1992 年。

---

① 孙淑云，山东泗水县尹家城遗址出土岳石文化铜器鉴定报告，中国冶金史论文集，北京科技大学，1994 年。

或滑移线。其合金成分具有两个明显的特点，一是含锡量稍高，平均为 12%，其中 B36 达 14.864%；二是不含铅或很少含铅（表 5-1）。现代机械加工的青铜含锡量一般不超过 8%；故这些器物的加工难度是不小的。铅是以软夹朵形式存在于铜基体中的，含铅量低，便减少了铅对金属基体的切割作用。反映了较高的认识水平。青铜戈、矛等兵刃器锻打工艺的发现具有重要的学术意义。长时期来，不少人认为中国古代青铜兵刃器皆为铸制，是不能锻打的。这一发现不仅使此疑团得释，且为人们正确理解《书·费誓》中的一段文字找到了实物依据；其原文是这样的："鲁侯伯禽（周公之子）宅曲阜，徐夷并兴，东郊不开，作费誓。……备乃弓矢，锻乃戈矛，砺乃锋刃，无效不善。"其时为西周初年，与琉璃河青钢戈 B35、B36 的年代相近。"锻乃戈矛"当指青铜兵刃。锻打刃部，可使外形更为尖锐，还可致密组织，提高材料的强度和硬度，从而提高杀伤力。

日用器之锻制，多见于春秋之后，主要用于薄壁的小件器皿，习见者有匜、盘、盆、奁等，其中又包括刻纹铜器和非刻纹铜器两种类型。从工艺上看，前者稍见复杂。

刻纹铜器用锐利工具在器壁上刻出装饰性图案，习见于战国，已报道的约有 40 多件[1][2]，如江苏六合程桥春秋晚期铜盘（残片），淮阴高庄战国盘、匜，河南辉县战国铜盘等；所刻常为几何形图案，以及写实的人物、禽兽、台榭楼阁、树木、车马等。壁厚常低于 1.0 毫米。

非刻纹的青铜日用器锻制工艺也至迟出现于春秋时期，见于考古发掘的有河南固始春秋青铜匜 Y15，湖北荆门十里铺战国中晚期包山楚墓出土的青铜平顶盒 M4:25，构柄 M4:19，C 形锔 M2:315-1 等。

我们曾对淮阴刻纹铜器（6 件），固始青铜匜（1 件），荆门青铜盒、构柄、C 形锔（计 3 件）进行科学分析，知其含锡量稍高，平均 11.275%，波动范围 8%～17%，含铅量较低，平均 1.621%，波动范围 0～4%。这种成分特征与前述青铜兵刃器大体一致（表 5-1），都体现了较高的技术水平。由此推测，刻纹铜器工艺是：（1）浇出板状坯材。（2）在高温下用锤击方式加工成形。（3）退火，以消除加工应力、提高塑性。（4）表面磨光、绘图、刻纹。（5）镀锡。

锣钹之锻制。锣钹皆为响器。铜锣，始谓之钲。《旧唐书》卷 29 "音乐志"云："钲，如大铜盘，悬而击之，节鼓。"其始见于汉，广西贵县罗泊湾汉墓[3] 和海南琼中县鸟石农场东汉初期墓[4] 都有出土。铜钹大约是从西域传入的，起始年代尚无定论。《文献通考》云："哥罗国汉时闻于中国，其音乐有琵琶、横笛、铜钹、铁鼓。"若依此说，铜钹在汉代便已闻于中国[5]。但一些正史上却说它是东晋十六国时期传入的。《隋书》卷十五 "音乐下"云："天竺者，起自张重华据有凉州，重四译来贡男伎，天竺即其乐焉，……乐器有凤首箜篌，琵琶，五弦……铜钹，贝等九种为一部。"张重华于公元 346 年自称凉州牧，假凉王。这些记载说明，公元四五世纪时，铜钹已在中国北方流行开来。

铜锣、铜钹都是中国古代重要的打击乐器，都由用锻造成型。《天工开物》卷 10 "锤

①　叶小燕，东周刻纹铜器，考古，1983，（2）。
②　淮阴市博物馆，淮阴高庄战国墓，考古学报，1988，（2）。
③　蒋廷瑜，广西贵县罗泊湾出土的乐器，中国音乐，1985，（3）。
④　王克荣，海南省的考古发现与文物集保护，文物考古工作十年，文物出版社，1990 年。
⑤　转引自《钦定古今图书集成》第一〇八函七三八册 "经济汇编·乐律典"。

锻"治铜条：

> 凡锤乐器，锤钲（原注：俗名锣）不事先铸，熔团即锤，锤镯（原注：俗名铜
> 鼓）与丁宁，则先铸成圆片，然后受锤。凡锤钲、镯皆铺团于地面。巨者众其挥
> 力。由小阔开，就身起弦，声俱以冷锤点发。其铜鼓中间突起隆炮（泡），而后冷
> 锤开声。声分雌与雄，则在分厘起伏之妙。重数锤者其声为雄。

"镯"可能指钹，在我们看到过的打击乐器中，惟有钹是"中间突起隆炮（泡）"的。宋应星注"镯"为铜鼓，应是一方之称谓，中国古今文献上的"铜鼓"实际上都是铸造的。"丁宁"可能是一种小锣，状其声而名之。宋应星详细地谈到了锣、钹类打击乐器热锻成形，冷锤定音的整个工艺过程，是一段十分难得的资料。我们分析过一件江西出土的宋代铜钹 G2，基体合金成分为：铜 81.26%，锡 12.74%。《天工开物》卷十四"五金"铜条云："凡用铜造响器，用出山广锡无铅气者入内钲（原注：今名锣）、镯（原注：今名铜鼓）之类，皆红铜八斤，入广锡二斤。"依此计算，明代响器成分当为铜 80%，锡 20%。可知江西宋代铜钹成分与明代的十分接近，含锡较高，且不含铅；使音质既清脆又悠扬。铅以软夹杂形式存在于铜基体中，可加速振动的衰减。刻纹铜器和响器之加工，都反映了中国古代青铜热锻加工的高超技艺。

### 2. 钢铁热锻

中国古代钢铁锻打技术始见于商西周时期。最早掌握这一技术的是今新疆一带。但这种技术的真正提高和发展，却是汉以后的事。由汉到明清，在钢铁热锻加工技术中最值得注意的是百炼钢、花纹钢工艺，以及铁锚和铁炮的锻打。人们常把百炼钢列入制钢工艺中，下文主要介绍另外三种锻打技术。

### （1）花纹钢。

花纹钢是一种可呈现花纹的铁碳合金，将表面打磨光净，或再予腐蚀，花纹即现。其形态若流水，似彩云，类木纹，如菊花，变化万千。这种花纹实际上是钢铁材料本身组织和成分极不均匀、不连续而表现出来的一种光学效应。花纹钢主要用来制作宝刀宝剑一类名贵器物。宋沈括《梦溪笔谈》所云鱼肠剑即是花纹钢所制。

传说中的花纹钢始见于春秋末年。《吴越春秋》卷四"阖闾内传"载，春秋末年时，吴国干将莫邪夫妇制作铁剑两枚，一曰干将，呈龟裂纹；一曰莫邪，呈水波纹。又据《越经书》卷十一"越传外传纪宝剑"云：欧冶子为楚王作铁剑三枚，曰龙渊、泰阿、工布，都呈现有花纹。汉晋时期，花纹钢工艺有了较大发展，有关记载也多了起来。曹丕《宝刀赋》记载，建安中，曹操做宝刀五枚，"垂华纷纷葳蕤，流翠采之滉漾"。《剑铭》载，建安二十四年，曹丕命国工做宝刀宝剑九枚，宝剑"光似流星"者，名为"飞景"，色似采虹者名为"流采"；宝刀"文似灵龟"者名为"灵宝"，"采似丹霞"者，名为"含章"。曹毗《魏都赋》，裴景声《文身刀铭》、《文身剑铭》，傅玄《正都赋》，张协《七命》都描绘过这类花纹的具体形态。如裴景声《文身刀铭》云："良金百炼，名工展巧，宝刀既成，穷理尽妙，文繁波迴，流光电照。"花纹钢在中国一直被沿用，唐代有"文身铁"、宋代有"蟠钢剑"、清代有"菊花钢"，20 世纪 30 年代，北京还有折花剑。

中国古代花纹钢有多种类型，其中最有代表性、最能反映热锻加工水平的是折花钢，魏晋时代或谓之"百辟文身"钢。它是由两种含碳量悬殊的铁碳合金，通过多层积叠、反复折叠、旋拧的方式锻合而成的。中国古代由波斯和罽宾传入的镔铁，亦有与此相类的工艺。

（2）铁锚。

中国古代铁锚工艺的记载始见于明，《天工开物》卷十"锤锻"、锚条云：

> 凡舟行遇风难泊，则全身系命于锚。战舰、海舰，有重千钧者。锤法：先成四瓜，以次逐节接身。其三百斤以内者，用经尺阔砧，安顿炉傍，当其两端皆红，掀去炉炭，铁包木棍，夹持上砧。若千斤内外者，则架木为棚，多人立其上，共持链练，两接锚身，其末皆带巨铁圈链套，提起掀转，咸力锤合。合药不用黄泥先取陈久壁土筛细，一人频撒接口之中，浑合方无微罅。盖炉锤之中，此物其最巨者。

这里详细地谈到铁锚加工的全过程，它是用分段接合法锻制的，制作时使用了简单的提升机械。"黄泥"为造渣溶剂，也是复盖剂。不管在中国还是在欧洲，铁锚都是炉锤中最为巨大之物，它的出现反映了航运技术的发展和钢铁热锻技术的进步。

（3）火炮锻造技术。

中国管形火器约发明于南宋，但管形火炮却是元明时期才出现的。始为铜质，后为钢铁质。大炮多为铸铁，小炮以铁锻成。

《天工开物》卷十五"佳兵"火器条：

> 凡鸟铳长约三尺，铁管载药，嵌盛木棍之中，以便手握。凡锤鸟铳，先以铁挺一条大如箸者为冷骨，果（裹）红铁锤成。先为三接，接口炽红，竭力撞合，合后以四棱钢椎如箸大者，透转其中，使极光净，则发药无阻滞。其本近身处，管亦大于末，所以容受火药。

这是中国古代关于锻造鸟铳的较早记载，其主要技术措施是：分节锻制，使用冷骨，以四棱钢锥加工鸟铳内壁。

清魏源《海国图志》卷五十五引江苏候补知府黄冕《炸弹飞砲说》亦谈到过小炮锻造技术：

> 如欲以少胜多，须讲究小炮可容大弹之法，因又精益求精，别制捷胜小炮，不用铸造而用打造，不用生铁而用熟铁，方能使炮身薄而砲膛宽。缘生铁铸成，每多蜂窝混体，不能光滑，难于削磨。故弹小施放不能迅利，至熟铁则不可铸而但可打造，其打造之法，用铁条烧熔百炼，逐渐旋烧成团，每五斤熟铁方能炼成一斤，坚刚光滑无比，……铁经百炼，永无铸造之炸裂。施用灵活，尤滕巨砲之笨重。

这里提到的"旋浇法"也是古代钢铁百炼的基本操作工艺之一。

3. 钢铁冷锻技术

中国古代关于钢铁冷锻技术的记载始见于宋代，主要用于铁甲。沈括《梦溪笔谈》卷十九载："青堂羌（在今青海西宁附近）善锻甲，铁色青黑，莹澈可鉴毛发。以麝皮为缧旅之柔薄而韧。……去之五十步，强弩射之不能人。……凡锻甲之法，其始甚厚，不用火，冷锻之，比元（原）厚三分减二乃成，其末留筋头许不锻，隐然如瘊子。"冷锻的优点，一是加工硬化，使甲片具有更高硬度；二是避免了热锻时的高温氧化，器表更显得晶莹光洁。李焘（1115～1184）《续资治通鉴长编》卷一三二，岳珂（1183～1234）《愧郯录》卷十三等都有类似记载。中国铁甲约发明于战国时期，《吕氏春秋·贵卒篇》云："赵氏攻中山，中山之人多力者曰吾丘鸠，衣铁甲操铁杖以战。"1965 年燕下都 44 号墓曾发掘过一具由 89 件铁甲片编缀而成的兜鍪[①]。但从对河北满城汉墓和内蒙古二十家子汉代铁甲金相分析的情况来看，早期铁甲大都是热锻成的。

至迟到明代，冷锻又用于制作生产工具。《天工开物》卷十"锤锻"锯条说锯是以"熟铁"锻成的，无须淬火，开锯后退火，再用冷锻提高其硬度。关于制锯工艺的全过程，后文还要谈到。

## 二 拉 拔 加 工

中国古代金属拉拔技术约发明于汉代，当时主要用于黄金加工；宋明时期才用于钢铁加工。

1968 年，河北满城汉墓出土两件金缕玉衣，经考察，金缕有三种类型：一近似圆形、扁圆形，可能由金片剪下细条稍经加工而成；第二种呈麻火状，系由剪下的金丝拧扭而成；第三种由 12 根横断面仅为 0.08～0.14 毫米的细金丝拧成，细金丝可能是经拉拔得到的。在金相显微镜下，其横断面的边缘部晶粒较细，中间晶粒粗大，晶界平直，估计再次退火后加工量都较小，以至变形不能深透，只在表面形成细晶粒层[②]。

《宋会要辑稿·职官》二十九之一载，宋代少府监所辖文思院领有 42 个工种，其中包括打作、镀金作、旋作、镂金作等，值得注意的是还有一个"拔条作"。上海市博物馆藏有一块宋代的"济南刘家功夫针铺"广告铜版，内有"收买上等钢条，造功夫细针"的文字。一般认为，很可能已使用了拉拔工艺。

拉拔工艺的详细记载始见于《天工开物》卷十"锤锻"针条："凡针，先锤铁为细条，用铁尺一根，锥成线眼，抽过条铁成线，逐寸剪断为针。先磋其未成颖，用小槌敲扁其本，刚锥穿鼻，复磋其外。"然后入釜，慢火炒熬渗碳，淬火而成。这里详细地谈到了冷拔铁条制针的工艺过程，其中被锤为"细条"的料铁当与现代熟铁和下限低碳钢相当，作为模具的"铁尺"应为含碳量较高的铁碳合金。

拉拔工艺在清代进一步发展，其中又以广东为盛。屈大均《广东新语》卷十五说："诸冶惟罗定大塘基炉铁最良，悉是锴铁，光润而柔，可拔之为线。"陈炎宗《乾隆佛山忠义乡志》卷文说："铁线有大缆、二缆、上绣、中绣、花丝之属。以精粗分，铁锅贩于吴、越、荆、楚而已，铁线则无处不需，四方贾客各辇运而转鬻之，乡民仰食于二业者甚众。"清代工程则例中还有一些拉制铜材用料的规定，如《圆明园内工铜锡作现行则例》说："拔红铜丝、蟒条、黄豆条，每红铜一斤用耗铜二两。"又说："由黄豆、小豆、绿豆、高粱、黄米、小米、油丝、花丝、毛丝，每斤用耗铜二两二钱。"可见铜条、铜丝计有 10 种不同型号。《广储司磁器库铜作则例》在谈到拉拔铜材所用人工数时，也提到有 10 种不同型号。

## 三 钻 锯 刨 剪

钻孔、锯断、刨平、剪切是中国古代较为重要的四种机械加工工艺。钻、锯在原始社会便已发明，剪、刨的发明年代稍晚。

---

① 河北省文物管理处，河北易县燕下都 44 号墓发掘报告，考古，1975，(4)。
② 中国社会科学院考古研究所等，满城汉墓发掘报告（上），文物出版社，1980 年，第 355 页，第 390 页。

钻。钝刃或利刃器。

钻始为石质，后为钢质铁质。石钻始见于旧石器时代晚期[1]，山西阳高许家窑遗址出土一件小石钻，长2.6厘米[2]，山西沁水县下川遗址出土一件石锥钻，长3.2厘米。新石器时代，人们常用竹、木之杆茎加细砂来洞穿石器、玉器、陶器等。金属钻始见于齐家文化时期，1975年甘肃武威皇娘娘台出土2件，皆为红铜、四棱体，其中一件钻头呈圆锥形，长5.2厘米，另一件钻头呈三棱形，长7厘米[3]。商周时期，铜钻头出土明显增多，河南、河北、陕西、江苏、广西、云南等地都曾发现。钻身断面有圆形、方形、三棱、四棱、八棱等，以菱形为多。铁钻始见于战国时期。《管子·轻重乙》篇云："一车必有一斤一锯一钉一钻一凿一球一轲，然后成为车。"这段话大体上反映了战国中后期铁钻、铁锯、铁凿等手工工具广泛使用的情况。

古代金属钻具的操作方法，由木工钻具推测，至少有两种类型：(1)钻具上端做成可以自由旋转的套筒，钻身缠绕皮索，按住钻具顶端，一手拉动皮索，钻头便可下钻。(2)采用民间流行的"舞钻"。钻杆上端装一钻陀，下端接钻头，又做一钻扁担套入钻杆；再取一绳索，将其系于钻扁担的一端，并穿过钻杆顶端圆孔，系于钻扁担的另一端上。使用时，先令钻陀旋转数周，使绳索绕于钻杆上，然后间断地按压钻扁担，钻杆左右旋转，便可使钻头钻入工件。钻陀的作用是利用它的惯性，令皮索不断地缠于钻杆上。

锯。依靠往返运动来析解物体的片形齿状工具，《墨子·备城门》篇云："门者皆无得挟斧斤凿锯椎。"

锯始为石质、蚌质，后为青铜质、钢质。石锯、蚌锯皆始见于新石器时代[4]。1973年，山东邹县南关出土一件石锯，长功，中部宽8，背后1.0厘米，直背弧刃，刃薄齿大，这是已知早期石锯之一。蚌锯约始于仰韶文化时期，流行于龙山文化。青铜锯始见于商代中期，湖北黄陂盘龙城李家咀[5]，河北满城台西村[6]等地都有出土，流行于春秋战国。依照外形和把持方式之不同，铜锯可分为四种类型，即厚背刀形锯，环首削形锯，木柄夹背锯，夹腰双刃锯，此外很可能还有一种弓架锯。前四者只能锯割一些浅槽和厚度不大的物件，后者性能约与后世弓架锯相近。四川省博物馆珍藏一战国锯片，残长20.9厘米，宽2.3厘米，一端残断，完整的一端有一个小孔，很可能是用来固定锯条的[7]。若两端都有小孔的话，便可能是弓架锯[8]。与钢锯相比较，青铜锯的强度和硬度都较低，锯条不可能做得太长太宽。我们曾分析过一件四川峨眉出土的战国青铜锯，合金成分为：铜88.955%，锡11.044%，这成分控制得是不错的[9]。

钢锯实物约始见于战国晚期，湖南长沙楚墓曾有出土。[10]汉后逐渐推广开来，目前山东

①《新中国出土文物》(1972年，图版柒)说旧石器时代早期的北京周口店北京人遗址出土过石钻，待定。

② 贾兰坡等，阳高许家窑旧石器时代文化遗址，考古学报，1976，(2)。

③ 甘肃省博物馆，武威皇娘娘台遗址第四次发掘，考古学报，1978，(4)。

④ 也有学者认为石锯始见于旧石器时代晚期，见《考古学报》山西省沁水县下川遗址出土，1978，图版5(3):10。

⑤ 湖北省博物馆，盘龙城商代二里冈期青铜器，文物，1976，(2)。

⑥ 河北省博物馆等，藁城台西商代遗址，文物出版社，1977年。

⑦ 陈振中，青铜生产工具与中国奴隶制社会经济，中国社会科学出版社，1992年，第77页。

⑧ 孙机，我国古代的平木工具，文物，1987，(10)。

⑨ 何堂坤，四川峨眉县战国青铜器的科学分析，考古，1986，(11)。

⑩ 高至喜，湖南古代墓葬概况，文物，1960，(3)。

临淄，福建崇安，河南鹤壁、长葛①、洛阳，河北满城，安徽寿县，陕西宝鸡，以及汉景帝阳陵南区从葬坑等地都有汉锯出土，但因年代久远，多已锈残，多数是夹背锯和刀锯，也可能有一些弓形框架锯。锯身有直条状，也有弧形和半环形。安徽寿县安丰塘发现有削形锯，锯身近似新月形，一端有孔。河南长葛东汉墓出土弧形铁锯1件，锯体半环形，是由两块弧形锯条锻焊而成，两端间距72.0厘米，宽2.0～4.0厘米，全锯皆有锯齿，向中间倾斜，并左右相间偏开。锯的中部有明显的锻接痕迹。两端锯齿已被磨去。从该锯锯条呈半圆形的情况看，欲安装弓形框架，或者"工"字形框架，都是不太适宜的；故推测，它很可能是镶嵌在半圆形或圆形木板（或木框）上的特殊夹背锯。至于汉代是否使用过"工"字形框架锯，尚难定论。清宫旧藏一幅《斲琴图》摹本或谓原出顾恺之手笔，风格与《列女传图》、《女史箴图》相近，所绘木工工具有大锛、小锛、斧、尖背锯、弓形锯、刀、锉、凿，没有"工"字形的框架锯。《汉晋西陲木简汇编》记有"胡铁大锯"，《东观汉记》记有"藏宫锯断城门，限令车周转出入"之语。这种"大锯"和能够锯断城门之锯，其具体形态很难推断。和现在所用相类似的完整的工字形框架锯，到宋代才见于《清明上河图》。

　　早期铁锯多为铸制，再经脱碳退火处理；后期铁锯多数是锻制的。《天工开物》卷十"锤锻"锯条简要的介绍工字形框架锯的结构和制作过程："凡锯，熟铁断（锻）成薄条，不钢，亦不淬健。出火退烧后，频加冷锤坚性，用锉开齿。两头衔木为梁，纠篾张开，促紧使直，长者剖木，短者截木，齿最细者截竹。齿钝之时，频加锉锐，而后使之。""工"字形框架锯结构的主要特点是"两头衔木为梁，纠篾张开，促紧使直"。故其锯条绷得直且紧，框架可做得较大，吃进时锯条所受锯背的干扰较少，可加工粗长的木材。

　　刨。平木工具，其发明年代尚难定论。从现有资料看，应在汉唐②。这有三条资料为证：一是陕西汉景帝阳陵南区从葬坑出土有铁刨刃；二是唐元稹《长庆集》十三"江边四十韵"云，"方础荆山采，修椽郢匠刨"。后一句显然是指郢地工匠用刨修椽，三是《玉篇》载有刨字，原注为"蒲茅切，平木器"。有学者说宋代《清明上河图》以铲平木而不见刨，认为刨出现于明代中期以前③。这是值得商榷的。

　　文献上关于刨的形态描述是明代才出现的。张自烈《正字通》云："刨，正木器，铁刃状如铲，衔木框中，不令转动。木匡有孔，旁两小柄，以手反复推之，木片从孔出，用捷于铲。"国家文物局藏明万历刊本《鲁班经匠家镜》一书清晰地图示了匠人推刨加工桌面的情况。《天工开物》卷十"锤锻"刨条对刨的制作和使用方法作了细致的描述："凡刨，磨砺嵌钢寸铁，露刃秒忍，斜出木口之面，所以平木。古名曰准。巨者卧准露刃，持木抽削，名曰推刨。圆桶家使之。寻常用者，横木为两翅，手执前推，梓人为细功者，有起线刨，刃阔二分许。又刮木使极光者，名蜈蚣刨，一木之上，衔十余小刃，如蜈蚣之足。"以上可知，《正字通》、《鲁班经匠家镜》和《天工开物》三种文献描写的刨与现在木工用刨大体相同。宋应星说铇"古名曰准"，当有所依凭。

　　剪。剪皆金属所制，铜剪较少，铁剪始见于西汉时期。1991年安徽天长县西汉早中期

---

①　李京华，河南长葛汉墓出土的铁器，考古，1982，(3)：322。

②　何堂坤，平木用刨考，文物，1996，(7)。

③　孙机，我国古代的平木工具，文物，1987，(10)。

墓葬群①，河南洛阳烧沟西汉晚期墓葬等都有出土，东汉时期迅速推广，出于陕县刘家渠、郑州东史马、河北石家庄等地。汉刘熙《释名》云："剪刀。剪，进也。所剪稍进前也。"说明铁剪在东汉使用已广。由汉到唐，剪皆交股状，即呈"8"字形。捩轴剪是到唐代才出现的。1991 年湖南益阳轴承厂出土一件，原报道说剪呈两片式，长 18 厘米，刃宽 2.2 厘米。断为唐代晚期②。1954 年洛阳烧沟涧西区熙宁五年（1072）墓，1958 年河南方城宋"宣和改元"墓，以及稍后北京通县（今通州区）金大定十七年（1177）墓都有出土。早期铁剪多由铸铁脱碳退火而成，之后才演变为由炒炼产品锻制，这交替的时间约在宋前。前引郑州东史马铁剪是铸铁脱碳退火的典型产品。

## 四　车镟镗、陶轮和琢玉车

车、镟、镗技术以及陶轮和琢玉车都是利用旋转运动来实现切削加工的。车削主要用于金属加工，镟镗在金属和非金属器上都曾大量使用，陶轮和琢玉车则是专用于治陶和攻玉的。

金属车削技术。1970 年西安南郊何家村出土 200 多件金银器，其中的盘、碗、盒等器表面留有车削加工纹路，螺纹、起刀和落刀点均清晰可辨。有的小金盒螺纹同心度很高，纹路细密，子扣经锥面加工，子母扣接触紧密，各种加工件很少有轴心摆动现象③。

镟削。习惯上称曲面上的车削加工为镟，发明于先秦时期，最初主要用于木器，后来才用于金属器。

1975 年~1976 年，湖北江陵雨台山楚墓出土有漆木器 900 多件，均为木胎，大部分较为厚实，制作方法有斫制、镟制、雕刻三种。圆盒、卮、樽等器物外表为镟制，器内斫制④。关于镟制木器的记载也是较早的。《齐民要术》种榆白杨条云：榆"五年之后便堪作橑，……楔者，镟作独乐"。"独乐"即陀螺。明焦勗《火攻挈要》卷上"造作绕模诸法"云："用乾久楠木或杉木，照本铳体式，镟成铳模。"

镟削金属器的技术约始见于汉。河南南阳出土的汉代铜舟 YN1，外表面皆呈现细密均匀的螺旋状镟削道纹，西安何家村出土的唐代金银器大约也有一部分表面是镟削加工的。《宋会要辑稿·职官》二十九之一载，内寺省下所置后苑造作所计辖 81 作，其中有"旋作"。《明史》卷八十一"食货志"云："时所铸钱有金背、有火漆、有镟边。议者以铸钱艰难，工匠劳费，革镟车，用炉锡。于是铸工竟杂铅锡，便剉治而轮廓粗粝，色泽黯黲。"同卷又云："万历通宝金背及火漆钱一文，重一钱二分五厘，又铸镟边钱一文重一钱三分。"显然"镟车"是用于钱币镟削加工的。

镗。据说良渚玉器的内腔常发现螺纹，很可能早在新石器时代晚期，中国便发明了用于镟镗的工具。但从现有比较确凿的资料看，至少可把镗的发明期上推至汉或稍前。前面谈到的南阳汉代铜舟 YN1，内表面上亦密布了许多细小均匀的镗削加工纹路。

① 邓朝源，安徽考古获重大成果——天长汉墓群出土大批珍贵文物，中国文物报，1992 年 7 月 5 日。
② 益阳地区博物馆，湖南益阳市大海塘宋墓，考古，1994，(9)。
③ 陕西省博物馆等，西安南郊何家村发现唐代窖藏文物，文物，1972，(1)。
④ 湖北省荆州地区博物馆，江陵雨台山楚墓，文物出版社，1984 年，第 91 页。

陶轮。为修理、拉制陶器，使之成形的简单机械装置，有慢轮和快轮两种；慢轮主要用于协助成形，并做修整，快轮主要用于拉坯成形。

快轮制陶迄今在中国许多地方仍可看到，基本构造和结构原理与第二章列举的景洪慢轮大体一致。主要区别是：将慢轮的竹质套筒改成瓷碗；用木杆拨动轮台，使其转速达 $60 \sim 70$ 转/分；利用旋转时产生的离心力和工匠双手的托拉力将陶瓷器坯拉制成形。据考古发现，中国最早的陶车遗物是浙江虞帐子山东汉窑址出土的瓷质顶轴碗，其内呈臼状，壁面施有清轴，光洁均匀，外壁呈八角形，上小下大[1]。

琢玉车。一种用于治玉的简单轮轴机构。

中国古代治玉技术至迟出现于新石器时代早期。辽河流域的兴隆洼文化，黄河中下游的裴李岗文化，大汶口文化，长江下游的河姆渡遗址，以及年代稍后的马家浜文化都有玉器出土；到了红山文化、龙山文化、良渚文化时期，已发展到相当繁荣的阶段。早期治玉主要是磨光和饰以简单纹饰。龙山、良渚文化时期，切割、弦纹阴刻、钻孔、镂空、浮雕等技艺都已运用自如。之后，历代又有不少改进和发展。后世的治玉基本方法，是利用转动的砣具，黏带高硬度细颗粒的解玉砂（金刚砂），以磨蚀的方式对玉材进行加工，即所谓的"琢玉"。具体操作是：将解玉砂和以适度的水，利用旋转工具带动砂浆缓慢地来回琢磨。琢磨工序有切割、做坯、饰纹、镂空、钻孔、抛光等；加工目的不同，旋转工具带动的器械亦异。切割、镂空常用无齿的"拉条"；饰纹用砣子（一种圆盘形器）；钻孔用实心钻和空心钻。有人认为，在商代[2] 或早在良渚文化时期[3] 已发明多种砣具。

良渚文化玉器表面常有一些粗细、长短、深浅不一的阴线弦纹，难度极高的剔地阳纹、象纹、弧线纹、云雷纹、面纹等，有的细如丝发，并自然流畅，显示出高超的技艺。其中相当一部分应是陀具加工的。故宫博物院珍藏一件浙江出土的玉璧，其中一个侧面残留明显的直线、圆弧形阴线开料痕迹便是明证[4]。钻孔是良渚玉器使用很广的技术，除镶嵌用玉粒外，几乎无玉不钻。主要是用于贯穿悬挂的直透孔，其次是用于穿缀固定的斜向对钻的"隧孔"。在穿凿圆形，宽扁的不透卯眼时，也使用了钻孔工艺。在装饰纹样中，如表现眼珠的圆形，有实心钻和空心钻两种痕迹可寻[5][6]。有学者认为：良渚玉器钻孔时，很可能使用过一种手摇使之旋转的原始机床。福泉山出土的一件玉管（T23M2：4），内壁密布清晰细密、层层递进的螺旋纹[7]；不少良渚玉器的内腔里有沿同一方向旋转时留下的镗线纹，类如螺丝口[8]。若无旋转机床，这种镗线是很难得到的。

关于原始砣具和扩孔机床的具体形态，有关记载到了明代才出现[9]。《天工开物》卷十八"珠玉"玉条云：

① 中国硅酸盐学会，中国陶瓷史，文物出版社，1982 年，第 131 页。

② 北京市玉器厂技术研究组，对商代琢玉工艺的一些初步看法，考古，1976，(4)。

③ 杨伯达，中国古代玉器面面观，故宫博物院院刊，1989，(1、2)。中国古玉研究刍议五题，文物，1986，(9)。

④ 周南泉，试论太湖地区新石器时代玉器，考古与文物，1990，(5)。

⑤ 杨伯达，中国古代玉器面面观，故宫博物院院刊，1989，(2)。中国古玉研究刍议五题，文物，1986，(9)。

⑥ 牟永抗，良渚玉器三题，文物，1989，(5)。

⑦ 张明华，良渚古玉综论，东南文化，1992，(2)。

⑧ 周南泉，试论太湖地区新石器时代玉器，考古与文物，1990，(5)。

⑨ 牟永抗先生认为良渚玉器是否使用了砣具尚难肯定，但他亦认为管钻法中使用了一种旋转性机械。见良渚玉三题，文物，1989，(5)。

凡玉初剖时，冶铁为圆盘，以盆水盛沙，足踏圆盘使转，添沙剖玉，逐忽划断。中国解玉沙，出顺天玉田与真定邢台两邑。其沙非出河中，有泉流出，精粹如面，借以攻玉，永无耗损。既解之后，别施精巧工夫，得镔铁刀者，则为利器也，……凡玉器琢余碎，取入钿花用，又碎不堪者，碾筛和灰涂琴瑟，琴有玉音，以此故也。凡镂刻绝细处，难施锥刃者，以蟾酥填画而后锲之，物理制服，殆不可晓。

文中谈到的圆盘即与砣相当。据考察，河北玉田解玉沙，实为石英，色白而细，邢台治玉沙系石榴子石；两者都只能治软玉。明代琢玉车的基本结构是：长方形木架上支一横轴，横轴正中贯一铁质圆盘，圆盘两侧的横轴上用皮条反向各绕数圈，其下与踏板相连。左、右脚分别踏动踏板，圆盘便可黏砂来回转动。

中国在南北朝时始有凳蹄，隋唐已有桌形高案，所以类似《天工开物》所示垂足坐式的琢玉架，有可能始于隋唐前后。

由良渚玉璧等残留的圆弧形开料痕、良渚玉器内腔残留的螺纹推测，原始砣具应当是转轴式的，配有一个木质支架以支撑旋转部件；砣具应包括刻细纹、减地、磨光、镂空等用途不同、形式各异的陀头。刻细纹可用尖状砣、钉头状（T字型）砣，镂空可用尖状钻，磨光可用平头砣。转轴可由琢玉人通过弓弦拉动，亦可通过兽筋和麻绳类拉动。[1]

古玉加工中的许多技术问题，迄未明晰。有的良渚玉琮的面纹，自始至终深浅如一，距离相等，纤细而清晰，纹间距在1毫米以下，用竹水砣子显然是很难成就的。有学者认为，很可能是用更为坚硬之物，如玛瑙、鲨鱼之牙，刻划出来的。[2]

# 五　焊　接

金属焊接技术是随着铸造和锻造技术的发展而兴起的。中国古代金属焊接有锻焊、铸焊、钎焊、汞齐焊四种工艺。锻焊即是锻接，前文已述及。铸焊在本章第三节亦已谈及，此外，补漏、补缺等补块操作，以及现今仍在使用的铁锅补漏工艺亦属这一范围。下面主要讨论钎焊和汞齐焊。

## 1. 钎焊

中国古代钎焊有软钎焊和硬钎焊两种，前者约发明于春秋，后者约发明于战国。

中国最早的焊料出自河南淅川下寺春秋中晚期墓，有学者分析过其中的三块焊料，都是以锡为主的合金，据考证，墓主人死于楚康王八年（前552）。[3] 河南郑州出土的一件春秋青铜簋，把手是焊接上去的，焊料均已氧化，成分为 PbO：88.78%，ZnO：2.4%，SnO$_2$：3.23%，AgO$_2$：0.26%，大体上属于锡铅焊料。[4]

1978年，湖北随县曾侯乙墓出土大批中国早期青铜器，不少部位都使用了软钎焊。经分析，建鼓焊料成分为：铅58.48%、锡36.88%、铜0.23%、锌0.19%；尊、盘所用焊料成分为：铅41.4%、锡53.4%、铜0.38%、铁<0.01%。现代锡铅焊料成分为：锡63%、

① 杨伯达，中国古玉面面观，故宫博物院院刊，1989，（1、2）。周南泉，试论太湖地区新石器时代玉器，考古与文物，1990，（5）。

② 见前引考古与文物，1990，（5）：周南泉文；东南文化，1992，（2）：张明华文。

③ 河南省文物研究所，淅川下寺春秋楚墓，文物出版社，1991年，第320页，第390页。

④ 试样承郑州市博物馆陈立信先生提供，承中国社会科学院考古研究所李敏生先生分析。

铅 37%。两者已比较接近。此外，有的曾侯乙墓青铜器在强度要求较高的部位还使用了铜焊，[1] 这是中国古代最早的硬钎焊。

关于硬钎焊的明确记载是明代才出现的。焊料有铜基合金、银基合金两种。《天工开物》卷十"锤锻"治铜条云："用锡末者为小焊，用响铜末者为大焊（原注：碎铜为末，用饭黏和打，入水洗去饭，铜末具存，不然则撒散）。若焊银器，则用红铜末。""用锡末者"即软钎焊，古人叫"小焊"；"用响铜末"、"用红铜末"者为硬钎焊，古人又谓之"大焊"。前者熔点较低（<450℃），强度亦较低；后者熔点较高（>450℃），强度亦较高。《物理小识》卷七"金石类"云："汗药，又硼砂合铜为之。"关于银焊料的记载始见于明末。方以智《物理小识》卷七"金石类"云："巧焊金玉用银末，如玉柄铁刀之类。"清郑复光《镜镜详痴》（1846）卷四附钟表焊："以银焊为良方，用菜花铜六分，纹银四分则老嫩恰好。"同卷还谈到一种以铜为基的 $Cu-Zn-Ag-So$ 四元合金焊料："铜大焊方，菜花铜一斤（原注：顶高之铜），白铅半斤，纹银一钱八分，合化然后入点锡（原注：四钱八分）速搅匀即得。"

早期钎焊是否使用了造渣熔剂，今已难考。但唐宋之后是用了硇砂（$NH_4C_1$），硼砂（$NaB_4O_7·10H_2O$）的。《本草纲目》卷十一"金石"硇砂条引唐苏恭云：硇砂"不宜多服。柔金银，可为焊药"。《重修政和经史证类备用本草》卷 5 "玉石"蓬砂条云：蓬砂味苦，消炎止咳"及焊金银用，或者硼砂（原注：新补，见《日华子》）"。日华子为四明人，五代末至宋初的医药学家，宋开宝（968～976）间撰《日华子诸家本草》传世。可见唐和宋初已分别使用了硇砂、硼砂造渣。宋后多用硼砂。《重修政和经史证类备用本草》卷 5 "玉石"硇砂条："《本经》云，柔金银，可为焊药。会人作焊药乃用鹏砂。"明末方以智《物理小识》卷七说得更为明白："以锡末为小焊，响铜末为大焊，焊银器则用红铜末，皆兼用硼砂。"对于硼砂在焊接过程中的作用机理，古人亦做过一些推测。《本草钢目》卷十一"金石"蓬砂条说，硼砂"能柔五金，而去垢赋"。"柔五金"的说法固然有欠妥处，但"去垢赋"一说则与近代技术原理相等。

中国古代还有一种以胡桐汁为银焊辅助剂的工艺。《汉书》卷九十六"西域传"鄯善国条，唐颜师古注"胡同"云："胡同亦似桐，不类桑也。虫食其树而洙出。下流者俗名为胡同泪，言似眼泪也。可以汗金银也，今工匠皆用之。"明方以智《物理小识》卷七也有类似的记载，并说得更为明白："汗药，以硼砂合铜为之，若以胡桐泪合银，坚如石。今玉石刀柄之类，汗药加银一分其中，则永不脱。试以圆金口，点汗药于一隅，其药自走，周而环之，亦一奇也。"第一种焊药显然是指铜焊，第二种则是银焊。可知胡同泪在银焊中是辅助性用料，主要作用是提高银的流动性、填充性，即所谓"其药自走"。有学者做过模拟试验，表明文物所记基本属实。胡杨碱确能改善 $Ag-Cu$ 焊料的填缝性能，它对赤铜银焊药的活性与现代合成银焊药基本一致，其焊接强度亦是较大的。[2]

2. 汞齐焊

有关记载始见于明末方以智《物理小识》卷七"金石类"的注中，"水银、铅、锡三合金亦成焊药"，其工艺原理是利用铅、锡很容易与水银形成汞齐，而汞又极易挥发的特点，把铅锡汞齐涂到接口上而达到接合的目的。其实是低温铅锡焊。

①　华觉明等，曾侯乙尊、盘和失蜡法的起源，自然科学史研究，1983，（4）。
②　华自圭、周丽霞，中国古代天然焊药初探，科技史学术讨论会论文，1985 年。

清郑复光《镜镜诊痴》卷四对这工艺说得更为明白："锡大焊方，先用锡化著松香，屡捞搅之，以去其灰，再逼出净锡，离火稍停，再参水银，自不飞，汞视锡六而一，不可过多。锡内水银过多则易碎研，……锡大焊用次锡参水银参松香。"这里的"锡大焊"与硬钎焊的"大焊"恐不相同，这种方法的缺点是汞对环境有污染，操作上并不比软钎焊来得简单，故使用未广。

# 六　金属复合材料

中国古代金属复合材料技术发明较早，种类亦较多；其中尤为重要的是它在金属锋刃器中的使用。[①]由商周到明清，它大约经历了四种不同的工艺形式，即铜与陨铁之复合、高锡青铜与低锡青铜之复合、铜与铁之复合、钢与铁之复合。它们都带有鲜明的时代特征，以下分别介绍。

## 1. 铜与陨铁之复合

这工艺主要见于商和西周时期，器物种类有陨铁刃的铜钺、铜戈等。

陨铁刃铜钺今日所见有三：一为1972年河北藁城台西村商代中期遗址所出，出土时刃部残断，器身残长11.1厘米，阑宽8.5厘米，内近方形，有一圆穿，残刃包入铜中约1.0厘米，其最薄处约为2毫米。[②]二为1977年北京平谷商代中期墓葬所出，形制与藁城的相似而略小。刃残，残刃中尚可见少许未曾氧化的陨铁。[③]三系传为1931年河南浚县所出西周铁刃铜钺。内稍偏上，身部有一个圆孔。

陨铁刃铜戈只有一器，传为1931年浚县辛村所出。戈内直、援部前段为陨铁。原断为西周器。据说浚县计出12件铜兵器，后流出海外，现藏美国弗利尔艺术博物馆。藁城铜钺铁刃、浚县铁刃铜钺、铜戈铁刃，都曾被视为人工冶炼之铁，后经科学分析证明皆为陨铁。

以陨铁为刃的铜利器工艺约分三步：把陨铁锻为薄片状，再把它嵌入器身铸范中，浇铸器身，待金属冷凝后，器身与刃部结合为一。

## 2. 高锡青铜与低锡青铜之复合

这工艺流行于春秋战国时期，主要用在青铜剑上。基本工艺形态是：剑刃部使用含锡量较高的青铜，脊部使用含锡量较低的青铜，复合嵌铸而成。因其脊部颜色发赤、刃部颜色泛白，故又谓之两色剑。目前在湖南长沙、资兴、衡山、常德、广东佛岗、广西恭城、湖北江陵、鄂城、江西清江、建新、九江、浙江长兴、江苏武进、山西浑源等地都有出土，其中年代较早的是恭城复合剑，断代为春秋晚期或战国早期。[④]出土数量较多的是湖南，1978年资兴旧市发掘战国墓80座，出有铜剑33枚，其中复合剑占7枚。[⑤]1957年，长沙陈家大山清理战国墓21座，出土复合剑3枚。在复合剑中，最负盛名的是故宫博物院珍藏的少虞剑和台湾左越阁所藏越王州勾复合剑。许多复合剑至今完好无损，长沙陈家大山一枚复合剑的格

①　何堂坤，我国古代金属锋刃器的几种复合材料技术，第一次古代技术史学术讨论会昆明论文，1985年。
②　原报导见河北省博物馆等，河北藁城台西村的商代遗址，考古，1973，(5)。分析报道见关于藁城商代钢钺铁刃的分析，考古学报，1976，(2)。
③　北京市文物管理处，北京市平谷县发现商代墓葬，文物，1977，(11)。
④　广西壮族自治区博物馆，广西泰城县出土的青铜器，考古，1973，(1)。
⑤　湖南省博物馆，湖南资兴旧市战国墓，考古学报，1983，(1)。

上铸有云纹，并嵌有绿松石，甚是精美。

表 5-2 所示为部分复合剑合金成分，由表可见：（1）刃部含锡量远较脊部为高，平均高出 7.579％；试样"上 2"的刃部含锡量更较其脊部高出 11.44％。（2）刃部含铅量很低，平均为 0.286％，应视为 Cu-Sn 二元合金，其中的铅皆为夹杂。脊部有的含铅量较高，平均为 5.048％，可视为含锡量较低的铅锡青铜。试样 1 和试样 3 甚至可视为锡铅青铜。（3）脊部含铜量较刃部稍高，平均高出 3.698％，其中试样"上 3"高出 7.9％。这种成分选择具有重要的技术意义，它使青铜剑既具有刚强的刃部，又具有柔韧的脊部，从而既十分锋利又不易折断。

**表 5-2　复合剑合金成分分析结果（％）**

| 样号 \ 组分 | 铜 | | 锡 | | 铅 | |
|---|---|---|---|---|---|---|
| | 刃 | 脊 | 刃 | 脊 | 刃 | 脊 |
| 长 1 | 73.79 | 79.16 | 18.416 | 10.276 | 1.025 | 10.44 |
| 上 1 | 80.33 | 84.58 | 17.73 | 11.79 | 0.25 | 2.13 |
| 上 2 | 78.48 | 79.70 | 19.88 | 8.44 | 0.25 | 10.15 |
| 上 3 | 79.13 | 87.03 | 19.35 | 11.22 | 0.19 | <0.1 |
| E53 | 82.785 | 88.265 | 17.214 | 11.734 | 痕 | 痕 |
| E68 | 82.233 | / | 17.766 | / | 痕 | / |
| E85 | 82.458 | / | 17.541 | / | 痕 | / |
| E86 | / | 83.773 | / | 8.759 | / | 7.467 |
| 平均值 | 79.887 | 83.585 | 18.271 | 10.370 | 0.286 | 5.048 |

注：（1）试样长 1 采自湖南省博物馆：《长沙楚墓》、《考古学报》1959 年第 1 期第 41 页。除表中所列外，其中尚含有一些夹杂元素；刃部：锌 0.82％，锑 0.419％，镍 0.176％，铁 0.021％，脊部：锌 1.02％，锑 0.167％，镍 0.198％，铁 0.031％。

（2）试样上 1、上 2、上 3 资料承上海市博物馆提供。

（3）试样 E53、E68、E85、E86 承鄂城县博物馆提供，承冶金部钢铁研究总院扫描电镜分析。其中试样 E68、E85 为复合剑刃部，其脊部残失。试样 E86 为复合剑脊部，其刃部残失。故表中剑刃平均成分统计了 7 件试样，剑脊只统计了 6 件试样。

鄂州复合剑 E53 的刃、脊是采用榫卯接合法嵌铸在一起的。我们推测，其嵌铸工艺步骤为：（1）先把榫头和脊棱一起浇出。（2）把榫头装配到刃部的铸范中，并一起预热。（3）浇铸刃部。这是一种分铸工艺，优点是刃部冷凝后将对榫头产生紧箍力，可加强两部分金属之接合。复合剑是中国古代铜剑工艺高度发展的反映，在合金技术、铸造技术上都具有先进水平。

3．铜与铁之复合

这种工艺流行于战国、西汉时期，主要器物是铁铤铜镞，即以铁做铤，以铜为箭头。

铁铤铜镞分布较广，东北的辽宁辽阳、吉林辑安，西北的陕西宝鸡，南方的广西平乐、湖南长沙，东部的江苏连云港，以及山西万荣、永济、芮城、侯马，河北石家庄、武安、易县、辉县，湖北鄂城，江西上高等许多战国西汉遗址都曾发现。在长沙、常德和燕下都甚至成堆成捆地出土。

铁铤铜镞和普通铜镞的合金成分处于同一性能范围。铁铤未分析过。其成形工艺当与复合剑相似,即先做铁铤,后把它置于镞范中一起预热,并浇铸铜镞。

铁铤铜镞是在战国、西汉这个历史时期特定条件下产生的,此前此后皆所见甚鲜。它在一定程度上反映了青铜兵刃器向钢铁兵刃器过渡这一时期的特征。

### 4. 钢与铁之复合

这种技术始见于汉,在兵器、生产工具、生活用具等刃器中都有使用,并一直沿用至今。

《考工记》汉郑玄注云:"首六寸,谓今刚关头斧。"唐贾公彦说:"谓今刚关头斧者,汉时斧近刃,皆以刚铁为之,又以柄关孔,即今亦然。"依贾疏之意,汉代之斧身当以含碳稍低的钢铁为之,刃部当为含碳量稍高之钢铁,并说唐代也是这样的。这是中国古代关于钢铁锋刃器复合材料技术的最早记载。年代稍后的《北史》卷八十九艺术列传。《北齐书》卷十九"方伎列传"所载綦毋怀又宿铁刀,也使用了与此相类的工艺。

宋代以后,有关记载更加多了起来。《重修政和经史证类备用本草》卷四引苏颂(1020~1101)《本草图经》云:"以生柔相杂和,用以作刃剑锋刃者为钢铁。"文中说用"钢铁"(刚铁)做刀剑锋刃,意即以柔铁做刀剑背部,显然是一种复合材料工艺。与苏颂大体同时的沈括(1031~1095)在《梦溪笔谈》卷十九云:"古人或以剂钢为刃,柔铁为茎干,不尔则多断折。剑之钢者,刃多毁缺,巨阙是也,故不可纯用剂钢。""剂"当作"调剂"解。"剂钢"即是刃钢。"柔铁"即柔性较大之可锻铁。

由文献记载和传统工艺调查来看,中国古代钢铁锋刃器的刃部用钢至少有三种形式:即包钢、夹钢、贴钢。包钢是把钢包在刃口外表,使之"钢表铁里"。夹钢是把钢夹在刃部当中,使之"钢里铁表"。贴钢是把钢焊在刃口的一侧,使之一侧为钢,一侧为"铁"。《天工开物》卷十"锤锻"斤斧条云:"刀剑绝美者以百炼钢包果(裹)其外,其中仍用元钢铁为骨。若非钢表铁里,则劲力所施,即成折断。其次寻常刀斧,止嵌钢于其面。"同书在谈到刨、凿等制作工艺时,也提到了嵌钢操作。在流传至今的传统工艺中,包钢已经很少看到,使用较多的是夹钢。著名的浙江龙泉宝剑、北平折花剑都曾使用这一工艺;今日民间所用刀、镰诸器,亦多用夹钢。三种操作,各有千秋。包钢操作难度较大,主要用于"刀剑绝美者",其余二者操作简单,多用于寻常器物,需一面形成斜刃者,则用贴钢。

以上谈到了中国古代金属复合材料技术的四种基本操作,它们的出现,反映了金属冶炼、加工技术由低级向高级发展的基本过程,在各个历史时期,人们都把所能获得的最为刚强的材料用到刃口上,这无疑具有十分重要的意义。

## 第五节　测量工具

用数和单位表示物理量称为计量。中国古代很早就总结出"布手知尺"、"迈步定亩"、"捧手成升"等计量方法。随着生产发展及交换的需要,人们对计量的数值要求准确和规范,由此产生了专用的计量单位和工具。中国古代将长度、容量和质量的计量称作度、量、衡。它们最早见于《尚书·舜典》:"协时月正日,同律度量衡。"

测量技术和测量工具是伴随着生产活动和社会生活而产生和发展的。据《史记·夏本记》记载,夏禹治水时"左准绳,右规矩,以开九州,通九道,陂九泽,度九山"。《淮南子》称禹令大臣太章,竖亥以步为单位测量距离,用规矩、准绳作为测量工具。以规画圆、以矩作方、以准定平、以绳量长。商周时期的青铜器、车辆、建筑都可表明，规、矩、准、绳已被广泛应用于各种制作活动中。

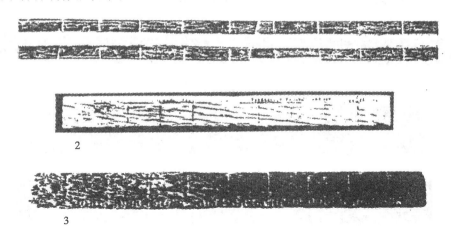

图 5-1　商代骨尺、牙尺（采自《中国古代度量衡图集》，《传世历代古尺图录》）

1. 骨尺　2. 牙尺　3. 牙尺（传均为河南省安阳县殷墟出土）

迄今见到的最早长度测量工具，传是河南安阳殷墟出土的商代的骨尺和牙尺（图 5-1）。骨尺长 17 厘米，由兽骨磨制而成。骨面刻有 10 寸，并可看到明显的骨沟痕迹。牙尺两支，各长 15.75 厘米和 15.8 厘米，尺面刻有 10 寸，每寸刻有 10 分，都采用 10 进位制。这三支尺的长度均在 16 厘米左右，约等于中等身材的人的拇指与食指间一拃的长度，与"布手知尺"的习用计量方法相合。据郭沫若考证，殷墟甲骨卜辞有一部分所标数字的间隔略等，这决非临时目测所成，而必有一客观的标准。由此也可说明，商代已有了尺度的应用。

东周铜尺，传河南洛阳金村出土，全长 23.1 厘米，尺面无刻度，只在一侧刻有 10 个寸格，第一寸处刻十一格，五寸处刻交午线（图 5-2）。秦始皇统一中国后，以秦旧制为统一的标准，虽至目前未见秦尺出土，而实测商鞅方升所推算的量尺长度 23.2 厘米，可代表秦 1 尺的标准。汉承秦制，汉尺出土约近百余支，长度一般在 23～23.7 厘米之间。西汉尺以满城汉墓出土的错金铁尺最为精致，长 23.2 厘米，两面均有错金流云纹及尺寸刻度，两边用错金小点表示尺星。全尺分为十寸，其中一边第三寸内刻三等分，第五寸内刻五等分，第七寸内刻七等分，第九寸内刻九等分。这种在三、五、七、九各寸内刻奇数等分线纹的尺，还是第一次发现[①]（图 5-3）。东汉尺形制以几何纹、鸟兽纹为代表，以纹饰分隔寸格（图 5-4）。此外还有鎏金铜尺、彩绘骨尺、龙凤纹铜尺、竹尺、木尺等。魏晋时期每尺长增至约 24.5 厘米；南北朝度量衡较混乱，南朝基本上沿用秦汉旧制，单位量值略有增加，约 25 厘米；北朝尺度增长率大于南朝，约 29 厘米。这期间尺的形制比较简朴，多以线纹为分寸刻度，以圆圈为尺星，很少有其他纹饰。

图 5-2　东周铜尺（采自《中国古代度量衡图集》）

---

① 丘光明，中国历代度量衡考，科学出版社，1992 年，第 12 页。

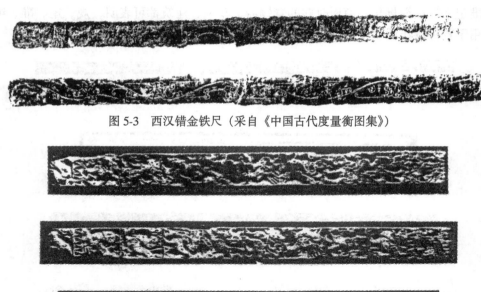

图 5-3　西汉错金铁尺（采自《中国古代度量衡图集》）

图 5-4　东汉几何纹、鸟兽纹铜尺（采自《中国古代度量衡图集》，《传世历代古尺图录》）

隋代以北朝旧制统一度量衡。唐承隋制，每尺长约 30 厘米。唐朝宫廷常以镂刻十分精美的各种牙尺和木画紫檀尺赠送给王公大臣和各国使节。其中以日本奈良正仓院所藏红、绿、白拨镂牙尺为代表（图 5-5），一面用双线分十寸格，寸格内镂刻花叶飞禽图案，背面通体有山水、花纹及飞天图饰。据《正仓院宝物》记载："现存白牙尺两把，分寸刻度极细，而且很清晰，刻线中一支嵌有胭脂紫红色，另一支嵌铜绿色。"一般铜铁尺都刻有各式花纹。民间常用木、竹尺十分简陋。

1

2

图 5-5　唐拨镂牙尺（采自《中国历代度量衡考》）
1. 拨镂红牙尺　2. 拨镂绿牙尺

近年来出土的宋尺约 10 余支（图 5-6），尺度相差甚多，据各家考证，暂以 31 厘米为一尺标准，另有学者认为在尚缺乏可靠资料确证之前，应取平均值，得北宋一尺长为31.6厘

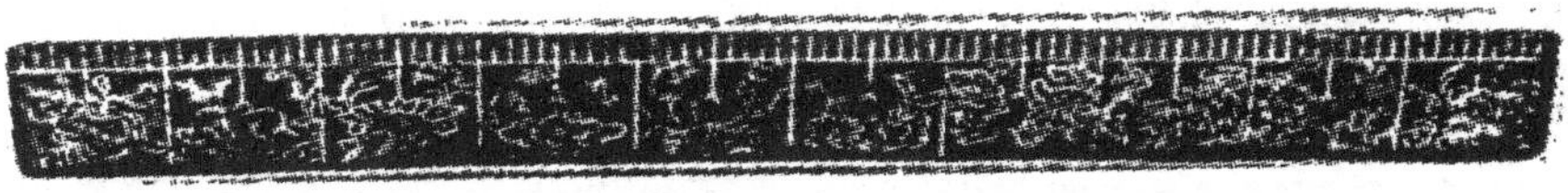

图 5-6　宋刻花铜尺（采自《中国历代度量衡考》）

米。明清尺度大抵相同，一尺为 32 厘米；民间将一尺长为 33.3 厘米。

综上所述，历代由国家规定的常用尺度量值表如表 5-3 所示。

表 5-3　中国历代度量值表

| 时　代 | 年　代 | 尺长（厘米） | 时　代 | 年　代 | 尺长（厘米） |
|---|---|---|---|---|---|
| 商 | 公元前 16～11 世纪 | 16 | 隋 | 581～618 | (29.5) |
| 战国 | 公元前 475～前 221 | 秦 23.1 | 唐 | 618～907 | 30.3 |
| 秦 | 公元前 221～前 207 | ⎫ | 宋（辽、金） | 960～1279 | 31.6 |
| 西汉 | 公元前 206～公元 8 | ⎬ 23.1 | 元 | 1271～1368 | |
| 新 | 公元 9～25 | ⎭ | 明 | 1368～1644 | 32 |
| 东汉 | 25～220 | 23.5 | 清 | 1644～1911 | 32 |
| 三国 | 220～265 | 24 | 中华民国 | 1911～1949 | 33.33 |
| 两晋 | 265～420 | 24.4 | | | |
| 南北朝 | 420～589 | 南朝 24.7 | | | |
| | | 北魏 (28) | | | |
| | | 北周 (29) | | | |
| | | 东后魏 (30.2) | | | |

注：本表数据摘自丘光明《中国历代度量衡考》520 页《中国历代度量衡量值表》，尺长一栏中，凡带括号的数字，为根据史书记载推算所得。

规是中国古代作圆和测量圆度的工具，其工作原理和现代圆规相同，而结构稍异。夏禹治水时所用的规，形状或如山东济宁武梁祠东汉画像石女娲手执之器（图 5-7）。

图 5-7　山东济宁东汉画像石上的规和矩

中国古代很早就对圆的几何学意义有了明确的认识。《墨子》说："圆，一中同长也。"这与现代数学对圆所作定义相同。在先秦手工业技术专著中，更明确了规在测量圆度中的作用。如在车的制作中，车轮是车的关键部件，为了保证车的质量，《考工记·轮人》对车轮的检测规定了如下六道工序：规、萭、水、县、量、权。规是第一道工序，"是故规之，以眡其圆也"，"不微至，无以为戚速也"。即用规来检测轮子是否正圆，如果不正圆，轮子与地面的接触面积就不可能非常小，轮子转动就不快。由此说明，在春秋战国时代，用规来检验圆度已成常规。

图 5-8    南朝鎏金雕凤铜矩尺（采自《传世历代古尺图录》）

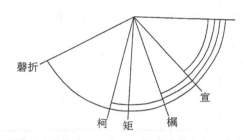

图 5-9    矩、宣、欘、柯、磬折示意

由于有辐车轮和磬等器件的制作引入角度和分度，由此产生了度量角度的计量单位和工具。矩是测量直角的工具，形状如图 5-7 中伏羲手执之器，与现代木工所用直角尺无异。图 5-8 为南朝鎏金雕凤铜矩尺。横端 5 寸，竖端 10 寸，尺面镂刻精美的鸾凤纹，至今保存在日本神户白鹤美术馆。《考工记·车人》云："车人之事，半矩谓之宣，一宣有半谓之欘，一欘有半谓之柯，一柯有半谓之磬折。"矩为角度度量单位，合今 90°。由此推论，半矩为宣，合 45°；一宣有半为欘，合 67°30′；一欘有半为柯，合 101°15′；一柯有半为磬折，合 15°52′30″。《考工记·磬氏》又称："磬氏为磬。倨句一矩有半。"要求磬的顶角倨句为一矩半，即 135°。矩、宣、欘、柯、磬折这一套角度的关系如图 5-9 所示。

春秋战国至秦代，对工件的角度已有明确要求，角度的测量也比较准确。图 5-10 为春秋中期的编磬，大部分磬的倨句相等。图 5-11 及图 5-12 为秦始皇陵兵马俑坑出土的实战兵器铜镞和铜殳。根据抽样实测：铜镞由三个互成 60°的空间曲面组成；铜殳的顶部由三个与圆柱母线成 145°的平面相交而成。同一零件和不同零件的角度误差非常小。表明测量角度的技术已达到较高水平。

新莽铜卡尺，是古代测量技术的一项创新。卡尺的结构如图 5-13 所示，由固定尺和滑动尺两个部分组成。固定尺正面刻有间距为 1 分的 40 个等分刻度，即 4 寸；中间部位开有导槽，它连同右端的套，供滑动尺移动导向之用，左端有量爪，上部有鱼鳞状装饰纹。活动尺正面刻有 5 个间距为 1 寸的等分刻度，左端有量爪。它与固定尺的量爪组成测量付。量爪与尺身相联处有环状拉手，引此环可使滑动尺移动，以便于测量工件。当两尺之两爪并拢时，两尺面上相应的刻度线基本对齐，尺的右端亦平齐。卡尺的另一面刻有铭文"始建国元年正月癸酉朔正制"，即制于公元 9 年。

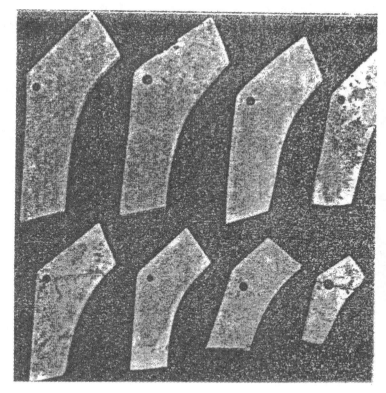

图 5-10　山西长治所出春秋中期编磬

图 5-11　铜镞

　　卡尺可用来测量轴径、板厚及槽深。测量轴径或厚度时，将滑动尺拉开，当工件卡入量爪后，移动滑动尺使之卡紧，以滑动卡尺量爪外测作为准线，在固定尺面上即可读到读数。当测量槽深时，以固定尺的右端面作为基准，引其环移动滑动尺，使活动尺右端面与槽底面接触，便可测得槽深。测量的最小读数为分，估读值可达半分。

　　新莽卡尺的原理与现代游标卡尺基本相同。在距今近两千年的新莽时期，中国的长度测量工具已从直尺发展到既可测量直径又便于测量深度的多功能量具。它比西欧 17 世纪 30 年代制造的螺旋式分厘卡尺要早 1600 多年，在世界测量技术史上占有重要的地位。

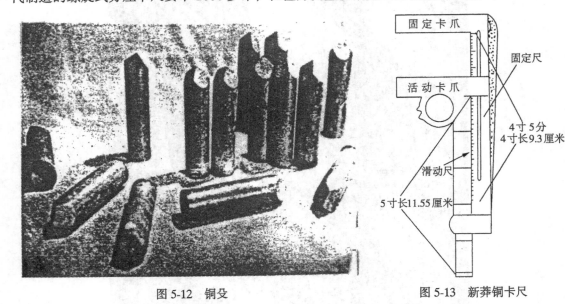

图 5-12　铜殳　　　　　　　　　　　图 5-13　新莽铜卡尺

# 第六节　标准化与质量管理

## 一　标准化的形成期

从商周至秦代手工业的专门化，逐渐形成了各自完备的工艺规程，由于生产发展和商品交换的需要，促进了标准化的产生，主要表现在实物形态的标准化计量器具和抽象形态的标准化制度形成，建立对生产的监督检查，并以法律形式保证标准化的实施。《考工记》是中国第一部涉及标准化的著作，秦始皇与秦二世的"诏书"、湖北云梦出土的《睡虎地秦墓竹简》反映了秦统一中国后，在全国实施标准化的有关法律条文。大量出土文物及史料表明，至秦代，机械工程的标准化已达到相当成熟的水平。

### (一)《考工记》与标准化

《考工记》是中国古代第一部记载官府手工业和技术规范的专著，书中详细记述了木工、金工、皮革工、染色工、玉工、陶工等六大类三十个工种的设计规范、制造工艺、质量检验、产品系列等，几乎涉及了现代机械标准化的各项内容。它是研究古代机械标准化的重要文献。

#### 1. 车的标准化

车在古代属于复杂的机械产品，"一器而工聚焉者车为多"。它由轮、舆、辀、盖四大部件组成，相当于现代的车轮、车厢、车辕和车盖。这些部件都由专职的工匠制作。《考工记》有"轮人为轮"、"轮人为盖"、"舆人为车"、"辀人为辀"、"车人为车"之说。可见，车辆的生产已经高度专门化，生产的组织和管理也相当严格。

从车的总体设计来看，《考工记》曰："车有六等之数：车轸四尺，谓之一等；戈秘六尺有六寸，既建而迤，崇与轸四尺，谓之二等；人长八尺，崇于戈四尺，谓之三等；殳长寻有四尺，崇于人四尺，谓之四等；车戟常，崇于殳四尺，谓之五等；酋矛常有四尺，崇于戟四尺，谓之六等。"即按车的高度，车有六个等差数。车轸离地四尺为一等；戈柄长六尺六寸，斜插在车上，比轸高四尺为二等；人长八尺比戈高四尺为三等；殳长一寻（等于八尺）又四尺，比人高四尺为四等；车戟长一常（等于二寻）比殳高四尺为五等；酋矛比常高四尺为六等。同样，对于车的长度，规定辕长为轮高的三倍，即"凡为辕，三其轮崇"。车的宽度与车轮的高度、车衡的长度相等，即"轮崇、车广、衡长、叁如一"。由此可见，车的总体参数设计已实现标准化、规范化。

从车的零部件制作来看，《考工记》对车的四大组成部分的型式、尺寸、制作工艺、质量要求和检验方法，都有明确的规定。以关键部件车轮为例，首先提出了严格的总体质量要求：由毂、辐、牙组成的轮，直至用旧了仍未失去三者功能的，才称得上是优质品。即"轮敝，三材不失职，谓之完"。然后又对各种零件分别提出了具体要求：

（1）毂。"毂也者，以为利转也"，"无所取之，取诸急也"。它的结构尺寸规定如下，"椁其漆内而中诎之，以为之毂长，以其长为之围"、"五分其毂之长，去一以为贤，去三以为轵"、"叁分其毂长，二在外，一在内，以置其辐"。毂的大小、长短须适宜，即"毂小而长则柞，大而短则挚"、"行泽者欲短毂，行山者欲长毂，短毂则利，长毂则安"。

（2）辐。"辐也者，以为直指也"，"无所取之，取诸易直也"。它的结构尺寸要求如下："叁分其辐之长而杀其一，则虽有深泥，亦弗之溓也。叁分其股围，去一以为骹围。"在制作工艺方面，要求辐入牙和入毂的榫要正直，不偄戾。揉制辐条，必须齐直如一、轻垂一致。即"欲其蚤之正也。察其菑蚤不齵，则轮虽敝不匡"，"揉辐必齐，平沈必均"。

（3）牙。"牙也者，以为固抱也"，"无所取之，取诸圜也"。牙的形状须因地制宜，行驶于泽地的车轮牙要削薄，行驶于山地的车轮牙要上下相等。在制作工艺方面，"凡揉牙，外不廉而内不挫，旁不肿，谓之用火之善"。即凡用火揉牙，牙的外侧不因拉伸而伤材断裂，内侧不焦灼挫折，旁侧不曝裂臃肿，这才是好的揉牙工艺。

从车的质量检验来看，为了确保车轮的质量，《考工记》提出了六条具体的检验标准和方法：第一，"规之，以眡其圜也"。即用规以精确校正轮子，视其是否正圆；第二，"萭之，以眡其匡也"。即将轮子平放在与轮子等大的平整圆盘上，视其轮子是否平整，与彼此密合情况；第三，"县之，以眡其辐之直也"。即用悬绳检验上下两辐是否对直；第四，"水之，以眡其平沈之均也"。即将轮子放在水上，视其沉浮是否一致；第五，"量其薮以黍，以眡其同也"。即用黍测量两毂中空之处容积是否相等；第六，"权之，以眡其轻重之侔也"。即用衡器称两轮的重量是否相等。如果制造出来的轮子能够圆中轨，手中萭，直中绳，沉浮深浅同，权衡轻重一致，就可称为国之名工了。

从车的产品系列来看，车有兵车、田车、乘车、大车之分，而车的零部件也有不同的规格。如车盖弓的长度有 6 尺、5 尺、4 尺之分；轮高有 6.6 尺和 6.3 尺之分；轮毂有长毂、短毂之分等等。可见，车的产品及零件设计，已实现了部分的系列化、规格化。

2．青铜器的标准化

这一时期的青铜冶铸业是最重要的手工业部门。因此，《考工记》中有关青铜器制作标准化的内容，也是这一时期机械标准化的重要组成部分，有关合金配比和冶铸工艺的标准化已如上文所述，本节着重讨论青铜器具制作的标准化。

以铜兵器为例，对镞、戈、戟、剑的结构、尺寸、重量分别规定如下，"冶氏为杀矢。刃长寸，围寸，铤十之，重三垸"，"戈广二寸，内倍之，胡三之，援四之。……重三锊"，"戟广寸有半寸，内三之，胡四之，援五之。倨句中矩。与刺重三锊"，"桃氏为剑。腊广二寸有半寸，两从半之。以其腊广为之茎围，长倍之。中其茎，设其后。叁分其腊广，去一以为首广而围之"。对兵器的质量也提出了明确的要求。例如，戈存在四个方面的问题：援和胡之间的夹角太钝（已倨），则不易啄入目标；援和胡之间的夹角太锐（已句），虽锐利却不易割断；内过长，援易折断；内过短，则欠迅猛，即"已倨则不入，已句则不决，长内则折前，短内则不疾"。因此，从产品系列来看，剑有上制、中制、下制之分；矢则有镞矢、兵矢、田矢、茀矢、杀矢之分。

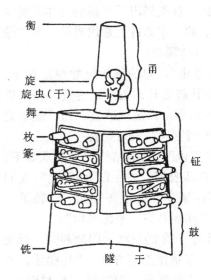

图 5-14　甬钟各部位的名称

编钟是古代的重要乐器，它的结构型式及加工质量，对音律有很大影响。《考工记》对钟的各部名称予以规范："凫氏为钟。两栾谓之铣，铣间谓之于，于上谓之鼓，鼓上谓之钲，钲上谓之舞，舞上谓之甬，甬上谓之衡，钟县谓之旋，旋虫谓之干，钟带谓之篆，篆间谓之枚，枚谓之景，于上之攠谓之隧（图 5-14）。"同时对钟的各部尺寸比例做了如下规定："十分其铣，去二以为钲。以其钲为之铣间，去二分以为之鼓间。以其鼓间为之舞修，去二分以为舞广。以其钲之长为之甬长，以其甬长为之围。叁分其围，去一以为衡围。叁分其甬长，二在上，一在下，以设其旋。"还说："大钟十分其鼓间，以其一为之厚；小钟十分其钲间，以其一为之厚……为遂，六分其厚，以其一为之深而圜之。"最后提出钟的音质与钟壁的厚薄、口径的大小、钟甬的长短有关，即"薄厚之所震动，清浊之所由出，修莒之所由兴，有说。钟已厚则石，已薄则播，侈则柞，弇则郁，长甬则震……钟大而短，则其声疾而短闻；钟小而长，则其声舒而远闻"。

### （二）秦代机械技术的标准化

秦代是中国古代标准化发展史上具有划时代意义的历史时期。秦始皇统一中国后，在经济、文化、生产等各个领域大规模地推行标准化，如车同轨，书同文，统一度量衡和货币等，并用法律的形式以及建立监督检验机构来保证标准化在全国的推广和实施。这不仅对创造灿烂的秦汉文明起到了重大的推动作用，也为中国古代标准化的形成和发展奠定了基础。对史料及大量出土文物的研究与考证表明，秦代机械工程技术的标准化有如下主要特征。

1. 零件几何参数的标准化

秦代标准化的特征之一，是以法律形式对产品的型式、尺寸、技术要求做了严格的规定。1975 年湖北云梦出土的《睡虎地秦墓竹简·工律》中规定"为器同物者，其大小、短长、广亦必等"、"为计，不同程者毋同其出"。即制作同一器物，其大小、长短、宽窄必须相同。计账时，不同规格的产品，不得在同一项内出账。根据秦始皇兵马俑坑出土的大量实战兵器及铜车马零件，可证明秦代已实现批量生产，并对制件几何参数有严格的要求。

（1）实战兵器。

箭是秦兵马俑坑出土最多的兵器，每个兵弩俑所佩带的箭支为 90～130 支不等。箭由镞和铤组成，镞为青铜制件。由于箭是易耗品，需求量很大。从制造角度考虑，它是一般精度的批量生产，它的制造和标准化水平，可代表秦代机械工程的一般水平。

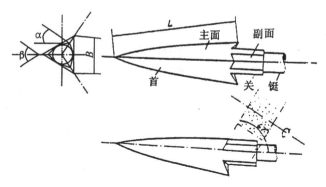

图 5-15　三棱铜镞的结构

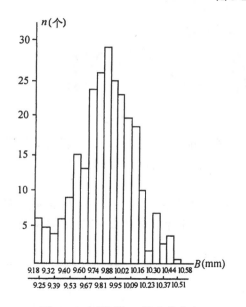

图 5-16　三棱镞 $B$ 尺寸的分布

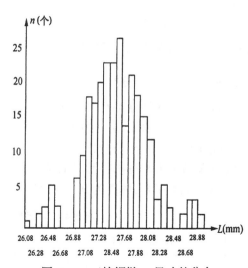

图 5-17　三棱铜镞 $L$ 尺寸的分布

秦始皇陵一号兵马俑坑出土的镞有 4 万余件，除 7 件外，其余均属Ⅰ型Ⅰ式（图 5-15）。对 172 件镞随机抽样所作数理统计的结果表明[①]：三棱镞的主要尺寸——主面宽度 $B$ 和长度 $L$ 的平面尺寸分别为 9.801 毫米和 27.586 毫米，同一镞不同主面相应尺寸的误差仅为几微米。按 95% 的置信度估计，其尺寸误差的平均离散度分别为 ±0.276 毫米和 ±0.572 毫米，呈正态分布（图 5-16 和图 5-17）。采用高精度三座标工具显微镜及投影仪测量表明，镞的 3

图 5-18　三棱铜镞主面轮廓的形状误差

① 杨青、杨成海，秦陵铜镞主面数学模型的建立及几何形状分析，西北农业大学学报，1981，(3):14～21。

个主面是几何形状相等的空间曲面。不同镞主面轮廓的不重叠度误差分别小于 0.15 及 0.16 毫米(图5-18)。镞表面微观不平度十点平均高度$R_2$值在1.58～3.96微米之间，相当于现代磨削工艺的加工质量。秦陵地区出土的 92 件长杆镞及 82 件双翼镞的测量结果表明[1]，其尺寸亦符合正态分布（图 5-19）。按95%的置信度估计，尺寸的离散度分别为 0.24 毫米及 0.214 毫米，镞表面形状的轮廓误差小于 0.20 毫米，微观不平度十点平均高度$R_2$值在 3～3.3 微米之间。用双管显微镜测量镞的表面粗糙度的图像见图 5-20。

兵马俑坑出土的兵器还有弩、殳、矛、戈、剑、

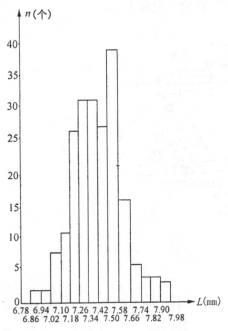

图 5-19　长杆镞的尺寸分布

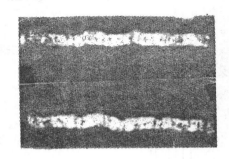

图 5-20　镞表面的轮廓粗糙度

戟、铍、吴钩等。这些兵器都是铸造成形；除铍和吴钩外，都经切削加工，加工表面平整光洁、几何形体准确、刃口锋利，说明对零件的几何参数及表面质量都有严格的要求。

（2）秦陵铜车马、木车马构件。

从秦陵铜车马及木车马构件测量的结果，也可得出相同的结论。如二号铜车马的 4 匹铜马，体长为 110～114 厘米，体高为 91.4～93.2 厘米，各部分尺寸和重量基本相同(见表5-4)。

表 5-4　二号铜马的尺度及重量

| 名称 | 马体高（厘米） | | | 身长（厘米） | | | | | 重量（kg） |
| --- | --- | --- | --- | --- | --- | --- | --- | --- | --- |
| | 通高 | 至甲高 | 腿高 | 通尾长 | 首至臀长 | 躯干长 | 颈长 | 头长 | |
| 左服马 | 93.2 | 66.8 | 38 | 114 | 109 | 73.0 | 31.0 | 29.2 | 192.0 |
| 右服马 | 92.0 | 65.6 | 36.0 | 110.0 | 106.0 | 73.0 | 31.0 | 30.0 | 180.7 |
| 左骖马 | 90.2 | 66.5 | 37.0 | 111.0 | 104.0 | 72.0 | 25.0 | 29.2 | 183.0 |
| 右骖马 | 91.4 | 66.0 | 37.0 | 114.8 | 107.0 | 72.0 | 30.0 | 30.0 | 177.0 |
| 均　值 | 91.7 | 66.225 | 37.0 | 112.45 | 106.5 | 72.5 | 29.25 | 29.6 | 183.0 |
| 均方差 | 1.25 | 0.53 | 0.816 | 2.31 | 2.08 | 0.58 | 3.00 | 0.46 | 6.38 |
| 变异系数 | 0.0136 | 0.008 | 0.022 | 0.02 | 0.0195 | 0.008 | 0.1025 | 0.0155 | 0.0348 |

---

①　杨青、吴京祥，秦陵铜车马木车马构件标准化初考，西北农业大学学报，1995，(23)：97～102。

又如，盖弓帽是联接伞盖与弓架的圆锥体零件（图 5-21），其内锥孔套在车盖弓架的端部，并由径向小孔楔入钉子，伞盖与弓架固定。一号和二号铜车各有盖弓帽 19 件及 20 件。锥体粗端的平均尺寸分别为 10.82 毫米与 8.465 毫米，均符合正态分布。尺寸误差的平均离散度分别为 0.122 毫米和 0.169 毫米，相对加工误差为 3% 左右。

图 5-21　银质盖弓帽

马衔（图 5-22）是用套铸的方法制成的，根据对 16 件马衔的实测，得知其尺寸亦十分相近。

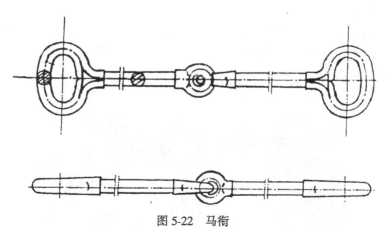

图 5-22　马衔

银环是用于连接缰绳的零件。对 28 件 I 型银环的测量，可知其平均尺寸为 16.97 毫米，基本符合正态分布，平均离散度为 0.136 毫米，相对误差不超过 1.5%。

轮辐是车的重要构件，一车有两轮，每轮 30 辐，均为铸造而成。轮辐的截面是沿轴线变化的。根据对 4 根辐实测的结果（表 5-5），轮辐剖面相应部位尺寸误差很小。

表 5-5　铜车轮辐截面尺寸

| $L$ | 10 | | 80 | | 125 | | 160 | |
|---|---|---|---|---|---|---|---|---|
| | $B$ | $S$ | $B$ | $S$ | $B$ | $S$ | $B$ | $S$ |
| 1 | 33.00 | 5.22 | 29.54 | 7.4 | 14.46 | 8.78 | 11.50 | 10.14 |
| 2 | 33.62 | 5.92 | 29.04 | 7.66 | 14.30 | 8.62 | 11.42 | 10.24 |
| 3 | 33.06 | 6.46 | 29.14 | 7.58 | 14.20 | 9.06 | 11.10 | 10.02 |
| 4 | — | 5.72 | 29.06 | 7.44 | 13.84 | 8.84 | 11.01 | 10.01 |

**2. 零部件的通用互换性**

零部件实现通用互换，是与批量生产密切联系的现代标准化的重要标志。秦代对零件几何参数的严格要求，为零部件通用互换奠定了基础。

（1）兵器。

秦始皇收天下兵器聚之咸阳，销毁铸成 12 个铜人，而把兵器的制造权集中于中央及各部，由官府手工业制造，这为兵器的通用系列化提供了条件。从各地出土的秦代兵器来看，其型式、尺寸大致相同。

如前所述，同一类型的铜镞几何形体及几何参数一致，有很好的互换性，放在任何弩机上均可发射，在相同的弹射力下，有相近的射程和命中率，即保证了功能的互换性。弩机是秦代主要的远程兵器之一。一号坑共出土弩机 28 套，抽样检测 13 套的结果表明，零件尺寸基本一致，特别是销和销孔的间隙配合，有较好的精度和互换性[①]。

铜殳为圆筒形兵器，顶部由 3 个与母线成 145°夹角的平面形成三条主刃，汇集于顶点（见图 5-12）。秦俑三号坑出土铜殳 30 件，形体规正，长 106 毫米，直径 25～27 毫米，銎深 89 毫米，壁厚 3 毫米，同一殳可与各殳柄相配，说明有很好的互换性。

（2）秦陵铜车马、木车马构件。

秦陵铜车马及木车马的金属构件有不少形成一定的配合。例如，一、二号铜车马盖弓帽内锥孔与伞盖弓的端部形成小过盈锥度配合；车轴两端与圆锥形的害形成锥度间隙配合；车栏板交接处圆柱形角柱顶部与银质盖帽形成圆柱形过盈配合等。根据实测得知相同零件的配合尺寸基本一致，可以通用互换。另外，铜车马上许多金银饰件，如泡和由子母扣衔接的管件（图 5-23），尺寸一致，可通用互换。

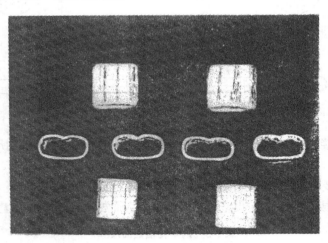

图 5-23　木车马攸勒银质管件

**3. 产品规格的系列化**

秦代标准化的另一重要标志，是产品规格的系列化已趋成熟，并在规格分档中，应用了十进等比数列的初步概念。其数值的选择，与现代国际通用的优先数系十分相近。

（1）兵器生产。

---

① 吴京祥、杨青、林倩，秦始皇兵马俑坑出土兵器铜镞机械技术初考，西北农业大学学报，1995，（23）：1～10。

秦代在各种兵器通用互换的基础上，同类兵器成系列发展。从兵马俑坑及木车马坑出土的铜镞，按其长度共有 3 种规格，若折合为秦尺，则分别为 1，1.25 及 1.6 秦寸。按箭的总长分，共有 4 种规格，分别为 16，24.5，33 及 41 厘米。这两数系，基本符合 R10 优先数系[①]。从弓的类型来看，《考工记》明确规定了制弓的标准："弓长六尺有六寸，谓之上制，上士服之。弓长六尺有三寸，谓之中制，中士服之。弓长六尺，谓之下制，下士服之。"即上、中、下 3 种弓，干长分别为 151.5 厘米、145.5 厘米及 138.6 厘米。大量出土实物证明，战国中期以后的弓已突破此标准。至秦代，弓的长度分别规定为 176.1 厘米、151 厘米、147 厘米 3 个系列，依次递增了一级，而且弓干变粗，弩机加大，张力和射程自然就相应增加。

（2）机械零件。

木车马零件银环计有 4 种规格。折合为秦尺，则外径分别为 5 分，6 分，8 分及 1 寸，其数值的选择基本符合 R10 优先数系；内径的尺寸则分别为 1.25 分，1.4 分，1.46 分，1.55 分，近似优先数系 R40。

总之，秦代在产品规格方面，已具有优先数系的初步概念，使同类产品的分档比较合理，用较少的品种满足广泛的使用要求。这种数值系列的选择，是先人们实践经验的科学总结。虽然优先数系的应用仍较原始，但比法国工程师 Renard 于 1877 年将优先数系用于气球绳索分类要早二千多年。因此，优先数系的应用应该说源于中国。

**4. 加工工艺的标准化**

根据对铜镞加工工艺的研究及模拟验证[②]，推断镞的制造由以下工序组成：铸造箭铤并加工铤的外圆；铸镞，使镞和铤铸接；打磨镞的端面及铤的外圆；以镞的端面及铤定位，加工主面；以镞的端面及铤定位，加工副面；刻标记，检验。

如前所述，镞的产量很大，尺寸、形状和表面质量都达到很高精度。按照现代科学的观点，零件的几何尺寸符合正态分布，必须具备相应的条件，首先必须对制件有明确的尺寸和精度要求，还要有相对稳定的加工工艺、设备条件及严格的质量管理制度。由此推断，秦代在制造工艺的标准化方面已具备相当高的水平。

**5. 产品的质量监督和管理**

严格的产品质量监督，是秦代标准化生产的又一重要特点。秦代建立了比较完善的生产技术管理和产品质量监督机构，并以法律形式实行和推广了一系列有关的制度。

（1）官府制造的质量管理机构。

以兵器制造为例，它隶属于少府，下有少府工室、寺工室、邦属工室和诏吏公室等主管机构。与此相应，配置了各级管理人员。相邦为代表中央督造兵器的行政长官。工师为手工业作坊的负责人，集技术与管理于一身，是主造者。工师要传授技艺，即"新工初工事"、"工师善教之"（《秦律·均工》），还要负责监督工匠操作、产品质量检验、材料的审核管理及考核上报成果等工作。监督工匠操作要做到"百工咸理，监工日长，毋悖于时"（《吕氏春秋·季春记》）；检查产品质量，须"案度程"、"必功致为上"（《吕氏春秋·孟冬记》）。丞（工大人、曹长），辅助主造者，负责各具体工种的技术监督。工（徒）为实际操作者，他们的技术水平将直接影响产品的质量，

　① 　杨青、吴京祥，秦陵铜车马木车马构件的标准化初考，西北农业大学学报，1995，（23）：100～101。
　② 　吴京祥、杨青、林倩，秦始皇兵马俑坑出土兵器铜镞机械技术初考，西北农业大学学报，1995，（23）：9。
　　　 侯介仁、吴京祥、杨青，秦俑坑出土铜镞制造工艺方法的分析研究，西北农业大学学报，1995，（23）：68～71。

须接受各级的监督检查。以上各级人员，各司其事，逐级负责。

秦代的质量监督机构，除中央官署外，地方政府还有郡、县、市、亭的官署机构和亭吏。地方官营和民间生产的手工业产品，均需经地方机构的检验，合格者才准入市售卖。

由此可见，秦代从中央至地方，已形成了比较完善的质量监督检验机构，从而保证了标准化的实施和推广。

（2）物勒工名制度。

物勒工名是早期对手工业制品进行质量监督的重要措施，它始于商鞅变法以后的秦国，继而又在其他诸侯国推行。秦始皇统一六国后，在法律的基础上进一步使之成为更具有官方性质和权威性的常规制度。

据《吕氏春秋·孟冬纪》记载："物勒工名，以考其诚，工有不当，必行其罪，以穷其情。"郑玄注："勒，刻也。刻工姓名于器，以察其信，知其不功者致。工不当者，取材美而器不坚也。"由此可见，物勒工名的目的是为了考核工匠的技艺和检验产品的质量，不合格者将给予惩处。秦代制器不仅勒有工匠之名，还勒有督造者和主造者之名。以便按情节逐级追查产品质量的责任。对于不能刻记的器件要用漆书写，不刻者，要罚款，即"公甲兵各以其官名刻之，其不可刻久者，以丹若髤书之"（《秦律·工律》），"公器不久刻者，官啬夫赀一盾"（《秦律·效》）。

清代梁玉绳说："后世制器，镌某造，盖始于秦。"这已为出土的大量文物所证实。例如，秦代的兵器是中央督造的，出土兵器刻辞充分反映了物勒工名制度的规范化。从始皇元年至十年，刻辞为四级（相邦、工师、丞、工）；从始皇十年至三十七年，刻辞基本上简化

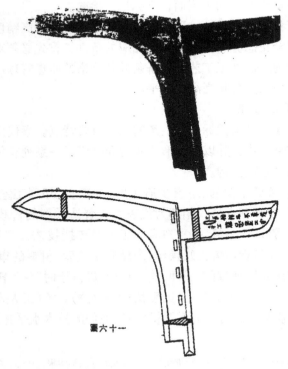

图 5-24　铜戈及其刻辞（采自《秦铜器铭文编年集释》）

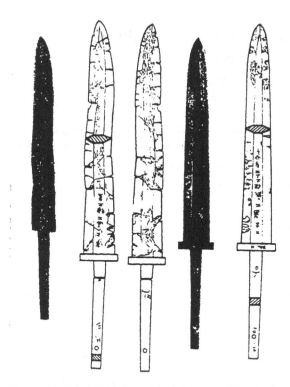

图 5-25　铜铍及其刻辞（采自《秦铜器铭文编年集释》）

为两级（工师、工）。秦俑坑出土的铜戟、铜戈，刻有
"三年相邦吕不韦寺工詟丞义工窝"及"四年相邦吕不韦
寺工詟丞义工可"，铜铍刻有"十六年寺工鲛造工黑"可
证（图 5-24 和图 5-25）。

　　秦陵出土的铜车马,很多制件如金银泡、曹、辖、盖弓帽、
档圈、银环、方策等，在其不加工的内表面或粗糙的加工表
面，有用锋利尖锐之物刻下的明显记号。最为典型的是 93
个小银泡，其背面全部刻有文字。其中丷(甲) 11 个,丁(丁) 5
个,工(壬) 21 个,卩(辛) 19 个,ʃ(申) 20 个,父(癸)7 个。同
样记号的字体极为相似，而且刻有同种记号的制品其加工痕
迹、尺寸及表面质量极为近似。在一枚小银泡背面，还刻有
"寺工"两字(图5-26)。

　　（3）度量衡管理和检定制度。

　　秦始皇统一中国后，将秦国实行已久的度量衡制度推
广到全国。所颁布的诏书为："廿六年，皇帝尽开兼天下
诸侯，黔首大安，立号为皇帝，乃诏丞相状。绾，法度则
不壹歉（嫌）疑者，皆明壹之。"出土的秦权、秦量，其

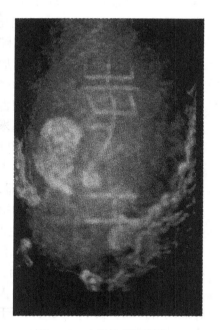

图 5-26　小银泡背面刻辞

上都有以不同方式铸刻的诏书（图 5-27）[①]。

为了保证产品质量的一致，必须首先实现度量衡器的统一。秦简《效律》对度量衡器的误差范围做了明确的规定，如"衡石不正，十六两以上，赀官啬夫一甲；不盈十六两到八两，赀一盾。甬（桶）不正，二升以上，赀一甲；不盈二升到一升，赀一盾"（详见表 5-6）。经实测，出土的秦权、秦量比较一致，都没有超出《效律》的允许范围。

**表 5-6　《效律》规定的衡量器误差范围**

| 衡　制 | | | 量　制 | | |
| --- | --- | --- | --- | --- | --- |
| 计量单位 | 误差范围 | 惩罚 | 计量单位 | 误差范围 | 惩罚 |
| 石 | ≥16 两 | 1 甲 | 桶 | ≥2 升 | 1 甲 |
| （120 斤，1920 两） | ≥8 两 | 1 盾 | （10 斗，100 升） | ≥1 升 | 1 盾 |
| 半石 | ≥8 两 | 1 盾 | 斗 | ≥1/2 升 | 1 盾 |
| （60 斤，960 两） | | | （10 升） | ≥1/3 升 | 1 盾 |
| 钧 | ≥4 两 | 1 盾 | 半斗 | ≥1/3 升 | 1 盾 |
| （30 斤，480 两） | | | （5 升） | | |
| 斤 | ≥3 铢 | 1 盾 | 参 | ≥1/6 升 | 1 盾 |
| （16 两） | （1/8 两） | | （3⅓升） | | |
| 黄金衡量 | ≥1/2 铢 | 1 盾 | 升 | ≥1/20 升 | 1 盾 |
| | （1/48 两） | | | | |

秦代还规定了度量衡器定期检定的制度。《秦律·工律》称："县及工室听官为正衡石赢（累）、斗用（桶）、升、毋过岁壶（壹）。"就是说县及官营手工业的工室使用的衡器、量器至少须每年校正一次。这也为出土文物所证实，如西安出土的高奴禾石铜权，上有三次刻铭。第一次铭文为"三年，漆工邲、丞诎造，工隶臣车，禾石，高奴"，为战国时所铸；第二次是在秦始皇统一后，经检定加刻四十字诏书；第三次是在秦二世时，又加刻二世书。足以说明秦代度量衡制度实施的严格性。

秦始皇统一度量衡，为中国古代机械标准化的最后形成奠定了基础。由商鞅开始执行的度量衡器单位量值（1 尺＝23 厘米，1 升＝200 毫升，1 斤＝250 克）一直沿用至东汉末年。

（4）规定生产任务与定额制度。

秦代已有了明确的生产任务与生产定额的法律条文。秦简《秦律·杂抄》说："非岁红（功）及毋（无）命书，敢为它器，工师及丞赀各二甲。"就是说，如果没有按照朝廷的规定生产年度产品，又没有朝廷的命书，而擅自制作其他器物的，工师及丞各罚二甲。秦简中的《工人程》，是关于官营手工业生产定额的法律规定，如"隶臣、下吏、城旦与工从事者冬作，为矢程，赋之三日而当夏二日"。就是说，隶臣、下吏、城旦与工匠在一起工作，冬季得放宽标准，三天相当于夏天两天的生产量。又如，规定做杂活的隶妾两人相当于工匠一人，更隶、妾四人相当于工匠一人，可役使的小隶臣妾五人相当于工匠一人。隶妾和女子制作刺绣等产品，女子一人以相当于男子一人计算。秦简中的《均工》是关于调征手工业劳动者的法律规定，如"新工初工事，一岁半红（功），其后岁赋红（功）与故等"。即新工开始工作，第一年仅要求达到生产定额的一半，第二年应与一般工匠相同。

---

①　王辉，秦铜器铭文编年集释，西安三秦出版社，1990 年，第 98 页、第 104 页。

（5）奖惩制度。

秦代已有考评奖惩制度。这是产品质量监督管理的重要措施，也是物勒工名的产品责任制的具体体现。

《秦律·杂抄》规定："省殿，赀工师一甲，丞及曹长一盾，徒络组廿给。省三岁比殿，赀工师二甲，丞、曹长一甲，徒络组五十给。"就是说，在产品被评为下等时，罚工师一甲，丞、曹长一盾，徒络组二十根。三年连续被评为下等时，要加重惩罚。又规定，采矿两次被评为下等时，罚啬夫一甲，佐一盾；三年连续被评为下等，除罚啬夫二甲外，还要撤职永不叙用。此外，还有每年规定交的产品如尚未验收就被丢失，或不能足数时，罚曹长一盾等各式条文。

秦简《均工》规定：学艺者由"工师善教之，故工一岁而成，新工二岁而成。能先期成学者谒上，上且有以赏之，盈期不成学者，籍书而上内史"。此外，《效律》、《工律》、《田律》、《厩苑律》、《仓律》、《金布律》、《徭律》都规定了相应的惩罚条文。

图 5-27　秦始皇诏书（采自《秦铜器铭文编年集释》）

## 二　标准化的发展

### （一）《汉书·律历考》与中国古代长度基准

汉代度量衡的量值承袭秦制，但在度量衡的标准化推广方面有新的发展。其中最重要的是西汉末年律历学家刘歆，召集学者百余人，总结先秦以来度量衡制，将单位量值、进位关系、标准器形制及管理制度进一步规范化，后收入《汉书·律历志》，成为中国最早的度量衡专著。

在这一著作中对中国古代长度基准和标准以及度量衡三者之间的关系，做了科学的总结。《汉书·律历志》曰："度者，分、寸、尺、丈、引也，所以度长短也，本起于黄钟之长。以子谷秬黍中者，一黍广度之，九十分黄钟之长，一为一分，十分为寸，十寸为尺，十尺为丈，十丈为引而五度审矣。"阐明了长度基准源于黄钟律管，即黄钟律管为九寸的标准长度，把律管分为九份，再加一份即为一尺之标准长。又以横排一百粒黍之长作为一尺的自然物基准。

中国古代度量衡制从来是伴随音律、历算学共同发展的。早在《尚书·舜典》中就有"同律度量衡"的记载。《吕氏春秋·适音》记述以管定律。传说黄帝派人到昆仑山阴面去寻找管壁厚薄均匀的竹子做律管，当律管吹出的声音与一种音频稳定、音质优美的鸟鸣声相吻合时，就把这一基音定为黄钟律。很早以前，中国人就认识到律管长度与音频之间有着密切关系。在某一恒定温度下，如律管口径固定，则管长与音频成反比，律管越长，音调越低。反之，当音频固定时，即可求出律管的长度。中国古代用固定音高的黄钟律管作为长度基准是符合声学原理的。而用自然物（100 粒黍的宽度）来定长度的标准，不但复现性好，其精度亦能满足该时期的需要。这种用数理统计来求平均值的方法，也是合乎科学的。经实验验证[①]，百粒黍之长约合 23 厘米，正是秦、汉 1 尺之长。这种累黍定尺法一直沿用至清朝。

---

① 　阳法鲁、许树安，中国古代文化史（三），北京大学出版社，1991 年，第 65 页。

《汉书·律历志》对量与衡也做了规定："量者，龠、合、升、斗、斛也，所以量多少也，本起于黄钟之龠。用度数审其容，以子各秬黍中者，千有二百实其龠，以井水准其概，合龠为合、十合为升、十升为斗、十斗为斛而互量嘉矣。"还规定："权者，铢、两、斤、钧、石也，所以称物平施知轻重也，本起于黄钟之重。一龠容千二百黍，重十二铢，两之为两。二十四铢为两，十六两为斤，三十斤为钧，四钧为石。"《汉书·律历史》不仅阐述了度量衡量值的各种计量方法和进位关系，并把三者的标准量值统一于黄钟律管，即用黄钟律管来定长度，并使度量衡相互校正。这是中国标准化的伟大成就。

### （二）汉魏铁器件的标准化

1974 年在河南渑池出土了成套系列化的汉魏时期的轴承[①]（图 5-28）。其中六角承 445 件，共 17 种规格，径长（两对应边间的垂直距离）最小 6.5 厘米，最大 15.5 厘米，相邻两种规格各相差 0.5 厘米；圆承 32 件，外径 6 至 12 厘米，有大、中、小三种规格；凹字形承 3 件。另有带方孔的齿轮 4 件，有大、小两种规格。从出土的工具来看，铁锤有单面锤、双面锤两种，双面锤中按重量有 1 公斤、3 公斤、5 公斤、7 公斤、16 公斤这 5 种规格。出土的兵器有 II 式斧 401 件，分两种类型，第一种 23 件，第二种 378 件。根据铭文，它们是由不同地区的不同作坊制作的，但其器形、尺寸甚至材料的化学成分都极为相近[②]，进一步说明了该时期铁器件的标准化和规格化程度。

图 5-28　河南渑池出土的六角承、圆承（采自《文物》1976（8））

### （三）唐代手工业的标准化

唐代的手工业随着农业生产的发展和经济的繁荣，进入了一个重要时期，更趋向于专业化、规范化生产。官府手工业管理机构分为监、署、坊三级，分工更为细致。例如织染署下就有 25 个坊，其中纺织作坊 10 个。分工细密的专业化生产，更有利于标准化发展。为了使工人熟练地掌握生产技艺，据《唐六典·少府监》记载，官府工匠要接受技术培训，时间按不同工种长短不一，"细缕之工，教以四年；东路乐器之工三年；平漫刀稍之工二年；矢镞竹漆屈柳之工半焉；寇冕弁帻之工九月。教作者传家技。四季以令丞试之，岁终以监试之。皆物勒工名"。这种对工匠的培训措施，无疑提高了工匠的技术水平，使唐代传统的手工业的技艺及标准化都达到了新的水平。与此同时，传统手工业的私营作坊也迅速发展，并组成同业者行会。个体生产者的产品标准变成了行会标准，一家作坊的产品不合格，就败坏了同

①　渑池文化馆、河南省博物馆，渑池县发现的古代窖藏铁器，文物，1976，(8):46～47。
②　李众，从渑池铁器看我国古代冶金技术的成就，文物，1976，(8):61。

行业的声誉,称为"行滥"。为了同行业的利益及产品的畅销,都需要遵守同行标准,使标准化范围进一步扩大,增强了标准化的约束力。这对唐代经济的发展和对外交流都起到了积极的作用。

## 参 考 文 献

北京市玉器厂技术研究组. 1976. 对商代琢玉工艺的一些初步看法. 考古. (4)

河南省博物馆等. 1976. 河南温县汉代烘范窑发掘简报. 文物. (9)

河南省文物研究所. 1991. 南阳北关瓦房庄汉代冶铁遗址发掘报告. 华夏考古. (1)

何堂坤. 1983. 关于铜镜铸造技术的几个问题. 自然科学史研究. (4)

何堂坤. 1985. 我国古代金属锋刃器的几种复合材料技术. 技术史学术讨论会论文(昆明)

何堂坤. 1986. 四川峨眉县战国青铜器的科学分析. 考古. (11)

何堂坤. 1989. 先秦手工业技术的发展. 中华文明史 第二卷. 石家庄:河北教育出版社

何堂坤. 1993. 刻纹铜器科学分析. 考古. (5)

何堂坤. 1996. 平木用刨考. 文物. (7)

华觉明等. 1980. 曾侯乙尊盘和失蜡法的起源与嬗变. 第一届科技史学术讨论会论文(北京)

华觉明等. 1981. 妇好墓青铜器群铸造技术的研究. 考古学集刊. 第一辑

华自圭,周丽霞. 1985. 中国古代天然焊药初探. 科技史学术讨论会论文

杨俊等. 1993. 河南古代一批铁器的初步研究. 中原文物. (1)

李京华. 1981. 秦汉铁范铸造工艺探讨. 冶金史国际学术讨论会论文(北京)

李众. 1975. 中国封建社会前期钢铁冶炼技术发展的探讨. 考古学报. (2)

凌业勤. 1966. "失铁淋口"技术的起源、流传和作用. 科学史集刊. (9)

丘光明. 1992. 中国古代度量衡考. 北京:科学出版社

谭德睿. 1983. 中国陶范制作技术初探. 技术史学术讨论会论文

吴京祥,杨青,林倩. 1995. 秦始皇兵马俑坑出土兵器铜镞机械技术初考. 西北农业大学学报. (23):1~10

杨青,吴京祥. 1995. 秦陵铜车马木车马构件标准化初考. 西北农业大学学报. (23):97~102

张子高. 1958. 六齐别解. 清华大学学报. 6月

郑绍宗. 1956. 热河兴隆发现的战国生产工具范. 考古通讯. (1)

# 第六章 动　　力

动力是机械的重要内容。它与机械的原理、构造、材料、制造工艺等相互影响、相互适应。中国古代机械的动力主要有人力、畜力、自然力（水力和风力）和热力。

## 第一节　人力的利用

原始人凭其肌肉力量采集和猎取生活资料，制造和使用工具。在利用畜力以前的漫长时期里，人类自身的力量就是机械的动力源。后来，人类才发明了杠杆、尖劈、滚子、轮轴等简单机械，使肌肉力量发挥得更有效。通过能量输入部件（如牵引绳、手柄、曲柄、踏板等），肌肉力使机械产生单向直线运动、直线往复运动、摆动、旋转运动等，以及它们的复合运动，达到一定的作业目的。

除了借助简单机械装置外，还有一些间接利用人力的办法。

## 一　利　用　重　力

即借助人体或物体的重量驱动工具或机械。在人类的早期活动中就利用了重力。到了石器时代，打制各种工具时，人类已普遍借用物体的重力及惯性。后来则发明了主要靠重力来工作的机械。国外文献记载的两种中国锥井机（图 6-1 和图 6-2），是利用重力的典型例子。[1]在图 6-1 中，把锥井的工具吊在杠杆的一端，由两个人在另一端交替地登上去或跳下来，使锥具上下工作。在图 6-2 中，两个人在锥具的同一端，坐上去或跳下来，同样可以使锥具工作。不过，这两种锥具的年代不详。

据桓谭《新论》记述，至晚在西汉时，中国已经有借身体重量践踏的踏碓，其功效远胜杵臼。脚踏翻车（踏车）是一种功效更佳的靠体重和肌肉力驱动的机械。它的动力输入装置是一根长轴和轴上的若干组拐木，每组有4个拐木（踏辊）。轴的中间是一个链轮，与龙骨

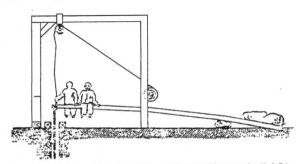

图 6-1　锥井机（采自刘仙洲《中国机械工程发明史》）

---

①刘仙洲，中国机械工程发明史（第一编），科学出版社，1962 年，第 35～36 页。

图 6-2 锥井机（采自刘仙洲《中国机械工程发明史》）

状链条相啮合。这种拐木装置也用于车船（也称轮船），装在桨轮的轴上。人踏拐木，则桨轮旋转并激水，船遂行进于水上。

车船的桨轮是由桨沿圆周旋转发展而来，并很可能受到了立式水轮的启发。将水碓、水磨等机械的立式水轮反用在船上，轮上的桨叶相继激水，使船前进。这样就消除了桨的虚功，利于提高航速。足踏力矩大于手划桨的力矩，因而车船达到了古代人力推进船舶的高水平。

在水中旋转的轮多称为水车，早期的车船被称作水车船或水车。《南史》卷六十七和《陈书》卷十三记载，南朝梁时徐世谱与侯景交战时，曾使用一种名为"水车"的兵船。稍

图 6-3 车船图（明茅元仪《武备志》，《古今图书集成》本）

后的《荆楚岁时记》记载，五月初五有人在河上举行"水车船"赛。《南齐书》卷二十五记载，祖冲之作日行百里的"千里船"。这种"千里船"可能就是车船。

据《旧唐书》卷一三一记载，唐代李皋"常运心巧思为战舰，挟二轮蹈之，翔风鼓浪，疾若挂帆席，所造省易而久固"。李皋造车船的时间大约为公元782～785年。

宋代车船成了一种重要的舰船。1130年，南宋大将韩世忠在与金军对抗中使用了"飞轮八楫"。两年后，王彦恢制作了"飞虎战舰"。宋李心传的《建炎以来系年要录》记载："王彦恢言：舟车之法，以轻捷为上，彦恢所制飞虎战舰，旁设四轮，每轮八楫，四人旋斡，日行千里。"宋代都料匠高宣曾在两个月内为杨么起义军赶制了十多种车船，由此可见车船制造技术的成熟。明代兵船中仍有车船（图6-3）。

## 二　利　用　惯　性

即先施力于某物体，使其得到一定的速度而储存了动能，然后借物体释放动能而进行

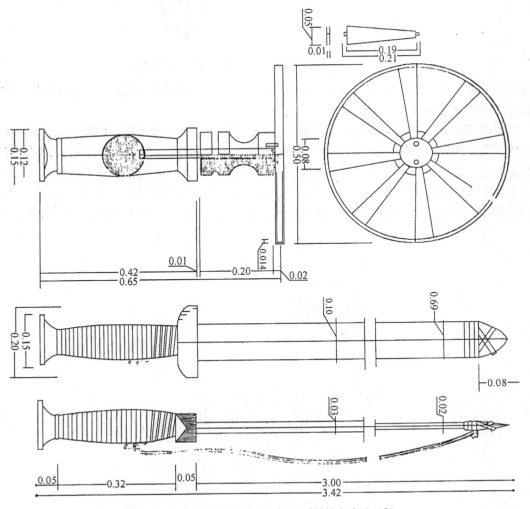

图6-4　飞车复原图（采自王振铎《科技考古论丛》）

工作。原始人打猎时就用手投掷石块或木棒来杀伤禽兽，后来又发明了专门的投掷工具。考古发掘表明，几十万年前，中国旧石器时代遗址中就有石球，经研究认为是当时的投掷工具抛石索所用遗物。投掷石球或石块的工具有多种，例如竹竿、木杆或绳索上的兜兜住石球，用手迅速挥动竹竿、木杆或绳索使之作回转运动，则石球随之运动。由于回转半径大，石球能达到很高的线速度而且有相当的动能。当手在适当位置突然停住时，石球就借惯性而快速飞向目标。后来，投石器又从狩猎工具发展为专用的抛石兵器——砲。舞钻是一种正反旋转的钻孔工具。在人力作用下，它充分利用了旋转钻杆及其配重的惯性，通过绳传动，实现钻孔目的。

　　晋代葛洪（283～363）在《抱朴子》内篇卷十五《杂应》中记述了一种"飞车"："……或用枣心木为飞车，以牛革结环，剑以引其机。"刘仙洲认为，飞车和竹蜻蜓都符合螺旋桨的原理。[①]王振铎对葛洪的记述进行了考证和复原，认为飞车是一种人力启动的飞轮，其发明可能受到了汉代以来水轮原理的启发。[②]他所复原的飞车结构如图 6-4 所示：下部为一个直立的握把，把上立小轴装一辘轳。辘轳的顶部有两个机牙，与飞轮毂上的槽孔相啮合。辐叶斜装在轮毂上，形制如走马灯的叶片或旋翼。用牛革制成的绳带环结在辘轳上，革带的两端系在"剑"的柄和锋上。根据叶片的倾斜方向，沿着特定方向用力拉"剑"，革带拉转辘轳和飞轮。飞轮旋转并升离辘轳，由于惯性和辐叶的旋翼结构而不断上升。当飞轮停止旋转时，上升过程终止。试验表明，飞车上升的快慢还取决于辐叶的斜度。

　　飞车的后裔当是一种玩具——竹蜻蜓。18世纪欧洲人所称的"中国陀螺"即指竹蜻蜓。1784 年，法国人洛努瓦（Launoy）和比恩韦纽（Bienvenu）注意到"中国陀螺"。他们制做了一个弓钻装置，推动两个旋向相反的螺旋桨式叶片。这激励凯莱（Sir George Cayley）在 1792 年进行"直升飞行器"的试验。他用一个弓钻簧带动两组羽毛旋翼（螺旋桨式叶片），弹性力使旋翼旋转，带动装置升空（图 6-5）。这里，人力是通过储能的弹性件来发挥作用的。中国历史上利用弹力的例子也不少（参见第四章第三节）。

　　利用弹力，即先施力，使一弹性件变形而储存变形能，然后在需要时释放此变形能而做功。最先利用弹力的可能是弓箭，又发展到弩。后

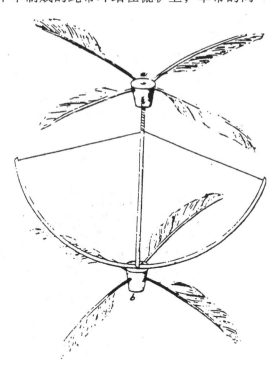

图 6-5　凯莱的旋翼（采自 Needham, Science and Civilisation in China, Vol. 4, Part II, p. 584）

来，弹力还应用于弹棉弓、腰机、锥井机等机械。实际上，随着经验的积累，古人早已将肌肉力、重力、惯性、弹力之中的两三种联合起来利用。在轧车中，就是同时利用手脚的肌

　　① 刘仙洲，中国机械工程发明史（第一编），科学出版社，1962 年，第 24 页。
　　② 王振铎，葛洪《抱朴子》中飞车的复原，科技考古论丛，文物出版社，1989 年。

肉力和飞轮的惯性（参见第四章）。

当感到人力不济或想摆脱繁重的劳作时，人类想到试用畜力、自然力，甚至热力。而人力利用的经验则是这些新尝试的基础。

## 第二节　畜力的利用

畜力的利用是人类的重要发明之一，它使人类从部分繁重劳作中解脱出来，并为制造和使用功率较大的机械创造了条件。而畜力利用的关键则在于系驾方法（即挽具、套具）的发明与改进。

## 一　畜力用于车辆

考古发现表明，中国在新石器时代已经发明了纺轮、陶轮和琢玉用的轮形工具。它们可能与车轮的发展有关。经过长期的社会实践和经验积累，古人终于发明了车。根据对出土实物的考证，在绝对年代不早于公元前 13 世纪的商代晚期，中国古车已经比较完备了。[①]其特征是双轮，独辀，至少需要两匹马。马以颈部承轭，轭系在衡上，衡装在辀的前端。车体轻而简单，车箱小，轮径大。这种车已经有了中国魏晋以前马车的基本轮廓。商代的战车是经过长期摸索而形成的。

从商周至春秋，中国盛行车战。马善于奔跑，速度快，适合于曳拉战车。西方古车的"颈带式系驾法"使马的气管受压迫，限制马的力量和速度的发挥。而当时中国，马是通过

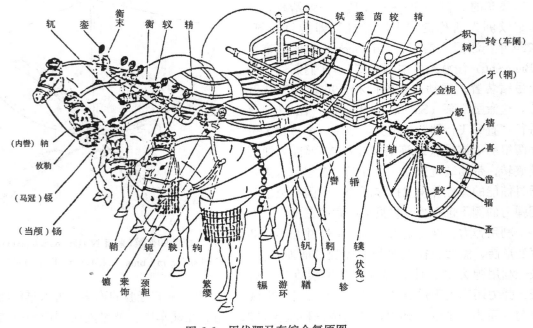

图 6-6　周代驷马车综合复原图

①孙机，中国古代马车的系驾法，自然科学史研究，1984，3（2）。

鞥来曳车的,这避开了颈带压迫马的气管的问题。20世纪70年代末,有学者据考古发掘资料和文献考证作出一种周代马车与其系驾法的复原图(图6-6)。[①]虽然此图将古文献中所提到的鞅、靷等多种挽具都作了安排,但却是将早期先秦古车的系驾法画成汉代通用的胸带式系驾法。20世纪80年代初,陕西临潼秦始皇陵西侧出土了两辆随葬的铜车马,其中先修复的二号车为四马曳引,为我们认识中国早期古车及其系驾法提供了可靠的依据。

在秦始皇陵二号车上,服马通过系在两軥内侧的軥上的两条靷绳来曳车。两靷的后端系在舆前辕上的绳环上侧。再用一粗绳将此绳环下侧与轴的中心点相连。由于发现的中国古

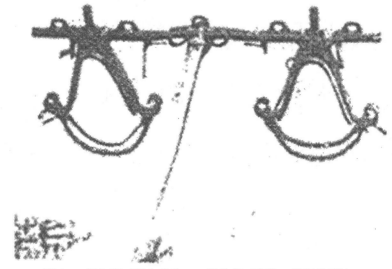

图6-7 軥与衡(采自袁仲一、程学华《秦陵二号铜车马》)

图6-8 系驾关系前视(采自袁仲一、程学华《秦陵二号铜车马》)

①孙机,从胸带式系驾法到鞍套式系驾法——我国古代车制略说,考古,1980(5)。

车的平均轮径达 1.33 米，所以自轭軥至轴的靷近于水平，减少了马曳车前进的无效分力。每匹服马的轭脚下系有鞅，但不通过它来曳车，故不影响马的呼吸。真正受力的部件是叉在马肩胛前面的轭，传力的则是靷，鞅的功用是防止服马脱轭。轭肢形状宽厚，扩大了轭与肩胛的接触面，增强了轭的承力曳车性能。另有软衬垫（即轉）缚于轭体内侧，以防轭体磨伤马颈（图 6-7）。从一定意义上说，衬垫是后世"衡垫"、"肩套"的前身。二号车的左右骖马各有一条单靷，后端分别系结于车舆底部左右轸内侧第一条纵行桄的环上。单靷的前段曲成一近似卵圆形套环，套于骖马胸部，前部束约马胸，后部搭在背上，其所连接的单股靷绳位于马腹内侧，左右骖马的腹部各有一条肚带（鞇）（图 6-8）。

许多迹象表明，二号车所采用的系驾法还可以追溯到更为久远的年代。在商代金文和内蒙古宁城出土西周末至春秋初的刻纹骨板上的车，或作

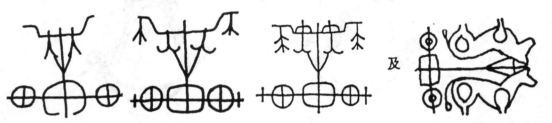

等形，其中从两轭内軥或与之相当的位置上连接到舆前的两条斜线，看来代表两靷。商代车上的轭有的包有铜套。河南浚县辛村和北京琉璃河出土的两周车上均曾发现缚痕。由以上情况推断，商周时所用系驾法的基本特征当与二号车一致。依其受力的最主要挽具可命名为"轭靷式系驾法"。它比颈带式系驾法更能适合于马体的特点，有利于马力的发挥，满足车战中高速奔跑的要求。

轭靷法在古代世界上独树一帜，是一项重要发明。不过，要使先秦体积较大的车运行平稳，必须掌握驾车的技巧。否则，在坎坷的山地难以驾驭自如。从战国时代开始，车战已逐渐过时。但在旧式战车完全被淘汰之前，中国古车已开始向双辕式过渡。西汉、东汉初，独辀车逐渐被双辕车所代替，驾一马之车越来越盛行。

迄今所知，装双辕驾一马的车最早发现于河南淮阳的战国晚期马鞍冢一号车马坑和甘肃秦安秦墓中。在湖南长沙楚墓出土的漆卮上也绘有驾一马的车。由于仅驾一马，已不需要过去在服、骖间的那些防护设施，单靷也改为双靷。在西汉的空心砖上，可以看到靷已与轭分离，两靷连接为一整条绕过马胸的胸带。马通过胸带曳车，而轭仅仅起支撑衡、辕的作用，故可称之为"胸带式系驾法"。与轭靷法相比，采用胸带法，使马体局部受力减轻，但未能充分发挥马体最有力的肩胛部。汉代还有一种马车，名为辇。它的车辕粗大，且上昂的曲度较小（图 6-9、图 6-10），降低了衡、辕支点的高度，增加了行车的稳定性。另外两轮高大，车舆呈长方形，有卷棚，舆后设有板门，其中一扇可以开启，为上下运物之便。这种车型在东汉中晚期得到推广。辽宁辽阳棒台子屯大墓壁画中的三国时的车，辕已接近平直了（图 6-11）。

图 6-9　山东肥城孝堂山下出土东汉画像石中的辇车

图 6-10　武氏祠中的辇车

图 6-11　辽阳棒台子屯大墓壁画中的鼓车

　　南北朝时较盛行牛车。当时有些马车的系驾法也模仿牛车，将衡、轭直接压在马鬐甲前部，马以鬐甲受力曳车。莫高窟 257 窟北魏壁画王本生故事与西魏大统十七年（551）石造像上就有这样系驾的马车（图 6-12）。但由于马的鬐甲低于牛的肩峰，这种方式并不太适合于马体的特点。在莫高窟 156 窟晚唐壁画中有一辆与上述西魏马车结构相同的车，驾车之马的颈部有用软材料填充起来的肩套，增加了马鬐甲部位的高度，使衡、轭不易滑脱（图6-13）。李约瑟（Joseph Needham）把肩套称作颈圈，认为辕、像牛轭一样的弯木和颈圈组成了"颈圈式挽具"（collar-harness），并推测它可以追溯到公元 475 年北魏时期甚至公元 3 世纪。[①]而孙机据图 6-14 认为，软肩套在中国的出现不晚于公元 9 世纪。[②]在宋代，软肩套（颈圈式挽具）已经成熟了（图 6-14）。后来，轭终于演变成近世常见的枷板，它下面垫的是软肩套（颈圈、套包）。枷板用皮带、绳子系在车辕前端。李约瑟相信它起源于图 6-13 中的挽具。

图 6-12　西魏大统十七年石造像供养人所用驾马的车

图 6-13　莫高窟 156 窟晚唐壁画中的马车

图 6-14　北宋《清明上河图》中的驴车，由人来承担车辕的压力

　　在故宫博物院所藏一宋代錾花铅罐的纹饰中发现过配有小鞍（驮鞍）的牛车（图6-15）。这种承担起车辕压力的重要部件可能是南宋发明的。肩套和小鞍一同装配到马车上的时间当不晚于元初，西安曲江至元二年（1265）段继荣墓出土的陶亭子车是已知最早采用小

　　① Joseph Needham, Science and Civilisation in China, Vol. 4, Part Ⅱ, Mechanical Engineering, Cambridge University Press, 1965, p. 321~326.
　　② 孙机，中国古代马车的系驾法，自然科学史研究，1984, 3 (2)。

鞍－肩套式系驾法的马车（图 6-16）。至此，近代式系驾法已基本形成，沿用至今。

图 6-15　故宫博物院藏宋
代錾花铅罐上的牛车

图 6-16　西安曲江元代至元二年
段继荣墓出土驾马的"亭子车"

综上所述，中国古代马车的系驾法主要采用过轭靷式、胸带式和鞍套式三种方式，其使用时间大致在商周至战国，汉至宋，以及元以后。在西方，罗马帝国时代仍有采用颈带式系驾法的小轮车，8 世纪才出现采用胸带式系驾法的大轮车；10 世纪颈带才被系有靷绳的颈圈所取代；中世纪开始推广双辕车；14 世纪才出现鞍套式挽具。考虑到中西交往的背景，胸带式和颈圈式挽具传到了欧洲[①]，或者说鞍套式挽具影响了欧洲。

考古资料证明，牛的驯化饲养在中国大约已有 7000 年历史了。相传夏代已有牛车。春秋战国时期，商业运输主要靠牛车。这时，齐国已有穿牛鼻的图形。[②] 春秋末年齐国人的著

图 6-17　山西太原北齐张肃俗墓牛车

①　Joseph Needham, Science and Civilisation in China, Vol. 4, Part Ⅱ, Mechanical Engineering, Cambridge University Press, 1965, p. 321~326.

②　郭沫若，殷周青铜器铭文研究，科学出版社，1961 年，第 153 页。

作《考工记》记载了"平地载任"的驾牛双直辕大车，其辕端有六尺长的鬲（牛轭），鬲起曳车及驾辕的作用。与当时的马车不同，牛车的直辕可用较粗的木材制作，车辆坚固，载重量大，行驶安稳。但当时双辕牛车只被用作是一种笨重的运输工具。

魏晋南北朝时，因牛车车厢宽大舒适，行驶平稳，为上层人物所喜乘。《晋书·舆服志》说："古之贵人不乘牛车。……自灵、献以来，天子至士庶遂以为常乘。"汉末魏晋时的高级牛车可供人任意坐卧，比马车舒适得多。当时牛车的形制如图 6-17 所示。[①]南宋以前可能就有"曲木窍其两旁"的牛轭，并系于辕端。

中国古代的畜力车还有用驴、骡、骆驼等为动力。驴性温顺，善走。骡（赢）是驴和马杂交所生，体质强健，适于挽曳。西北地区大概在春秋以前就驯养驴。[②]《吕氏春秋》说，春秋时赵简子有两头白驴，爱若至宝。《楚辞》称："腾驴、骡以驰逐。"可见，战国时已挽用驴骡。

汉代，驴、骡、骆驼等牲畜逐渐引入中原。《盐铁论·力耕》记："是以骡、驴、馲驼，衔尾入塞；驒騱騊駼，尽为我畜。"由于驴骡数量少，当时被上层人物视为珍畜。《汉书·五行志》记，汉灵帝曾在宫中"驾四白驴，躬身操辔，驱驰周旋，以为大乐"。魏晋南北朝时，驴、骡渐多。《魏书·食货志》记："有以马、驴及橐驼供驾挽耕载。"宋时出现骡（驴）大型运载车，又称"太平车"或"北方大车"，载重可达四五千斤，驾骡（驴）20 余头，后系骡（驴）两头，遇下坡时，驱其逆行，使车缓慢下行。驴、骡的体形与马相近，故可以利用马的系驾方法，包括颈圈式挽具（见图 6-14）。

在莫高窟 290、312、420 等窟中，有北周、隋唐、宋等时期骆驼驮载、拉车的画像。《清明上河图》中也有骆驼运载的场景。20 世纪甘肃的骆驼车系驾法是，车辕拴在绕过驼峰前后的绳子上，"肩隆带"被搭在一个小鞍状的皮垫上。

## 二　畜力用于犁耕

耒耜的长期使用，使古人摸索出了曳拉耕作的方式，发明了犁耕。早在公元前三千年的新石器晚期中国已经出现石犁形器。[③④]原始犁耕的曳拉者肯定是人。拉犁是一项繁重体力劳动，生产率低。《淮南子·主术训》说："一人蹠耒而耕，不过十亩。"当人力犁耕的经验有了一定积累，并掌握牲畜的驯服技术后，就可能发明畜力犁耕。

牛虽不善奔跑，但力量大，耐力极好，故适合于曳犁。牛耕始于何时，众说纷纭。近来，有人据新石器中晚期石犁（或犁形器）多较厚重和遗址中有牛遗骨，大胆推测当时可能有牛耕。[⑤]

郭沫若认为，卜辞中有很多犁字，作"𤞤"或"𤘝"，"勹"如犁头，小点像犁头启土，譬在"牛"上就是后来的"犁"字。他推断，这证明殷商已有牛耕。[⑥] 胡厚宣释甲骨文的

①　中国科学院考古研究所，新中国的考古收获，文物出版社，1961 年，图版玖捌。

②　赵国磐、佟屏亚，毛驴纵横谈，农业考古，1988（2）。

③　牟永抗、宋兆麟，江浙的石犁和破土器——试论我国犁耕的起源，农业考古，1981（2）。

④　余扶危、叶万松，试论我国犁耕农业的起源，农业考古，1981，（1）。

⑤　王星光，中国传统耕犁的发生、发展及演变，农业考古，1981（1）。

⑥　郭沫若，奴隶制时代，人民出版社，1954 年，第 7 页。

"犁"字，得出与郭沫若相同的结论。[1]还有人将甲骨文中"牛"字（半）中下面的一横解释为穿牛鼻子的木棍。[2]刘仙洲据郭沫若的考证，推断牛耕至晚应始于殷代武丁到帝乙时期（前1324～前1155）。[3]鉴于商代畜力车辆的完备，我们认为商代可能已有牛耕。

徐光启在《农政全书》中提出，牛耕始于春秋之间。当代学者徐中舒、齐思和、孙常叔等认为，中国牛耕的起源不早于春秋时期。[4][5][6]略保守的观点是，春秋之末才出现原始牛耕。[7]"春秋说"的主要文献依据如下：1)《国语·晋语》："夫范、中行氏，不恤庶难，欲擅晋国。令其子孙将耕于齐，宗庙之牺为畎亩之勤。"2)《论语·颜渊》："司马牛。"引孔安国曰："牛，宋人，弟子司马犁。"3)《论语·雍也》：孔子曰："犁牛之子骍且角。"

当古人感到人力挽犁很吃力时，很可能想到用畜力曳犁，参考车辆的系驾法，发明犁耕的挽具。春秋战国时期，牛耕在黄河中下游地区被推广。淮河以南，特别是长江以南，仍未用牛耕。不过，牛的主要动力用途大约仍是驾车。原始的牛耕系驾法可能使用了角轭，即一根直木绑在两头牛的角上，直木引犁的长辕。有人将此法溯源至甲骨文中"牛"字（半、半）角上的一横或两横，并认为它先于穿鼻法。[8]原西康省曾用此法引犁（图6-18）。[9]但这种方法易损伤牛角，也不能充分发挥力量。

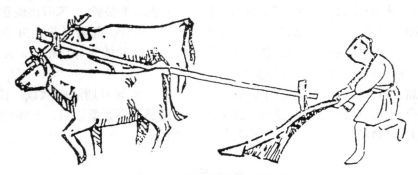

图6-18　使用角轭的牛耕挽具

西汉时，在朝廷的推动下，牛耕的推广南达长江以南的洞庭湖一带，西南到四川，西北至今甘肃、青海、新疆，北到今宁夏、内蒙古的河套地区，东部抵山东半岛，东北达辽东半岛和吉林。[10]东汉时，牛耕进一步向南方推广，西南已达云南。[11]魏晋南北朝时牛耕继续推广。当牛耕逐渐在中国推广之时，犁与犁辕也在不断地改进，使其更适合牛的施力，以提高耕作效力，关于这方面的内容，将在本书第八章"农业机械"中加以论述。

① 胡厚宣，甲骨学商史论丛（上册），齐鲁大学国学研究所专刊之一，民国三十四年（1945）。
② 黄绮，部首讲解，天津人民出版社，1962年，第26页。
③ 刘仙洲，中国机械工程发明史（第一编），科学出版社，1962年，第45页。
④ 徐中舒，论东亚大陆牛耕之起源，成都工商导报，1951年12月23日《学林》副刊。
⑤ 齐思和，少数民族对于中国文化的伟大贡献，历史教学，1953年7月。
⑥ 孙常叔，耒耜的起源及其发展，上海人民出版社，1959年。
⑦ 卫斯，关于牛耕起源的探讨，农业考古，1982，(2)。
⑧ 李瑞敏，我国农具、牛耕的起源及其发展，中国畜牧史料集，科学出版社，1986年。
⑨ 谢忠樑，我国古代的二牛耕田法，江海学刊，1963年5月。
⑩ 王星光，中国传统耕犁的发生、发展及演变，农业考古，1989，(1)、(2)，1990，(1)、(2)。
⑪ 李昆声，云南牛耕的起源，考古，1980，(3)。

中国用马挽车技术成熟较早。有人认为，西汉以前北方曾出现马耕。[1]东汉桓宽《盐铁论·未通》记："牛马成群，农夫以马耕载。"在汉简中也有马耕的记载。[2]马，体大，善跑，适合于挽车和骑乘。挽犁以牛为主。对小农经济来说，用驴、骡更为经济和灵便。据《魏书·食货志》记载，南北朝时有的地方用马、驴、骆驼挽犁。贾思勰《齐民要术》（约533～534）较详细记述了当时使役驴和骡耕作的技术。当耕牛不足时，驴骡会起到更大的作用。《旧唐书·宪宗纪上》记："牛皆馈军，民户多以驴耕。"

在一些条件特殊的边远地区，象、骆驼也用作犁耕的动力。唐代樊绰《蛮书·名类第四》中有关于云南用象挽犁的记载："象大如水牛，土俗养象以耕田，仍烧其粪。"据《五代史·回鹘传》记载，新疆吐鲁番盆地的农民用骆驼耕地。不过，骆驼、象因躯体庞大而不够灵便。

## 三　畜力用于固定的机械作业

自汉代起出现了牲畜绕固定机械的立轴行走并驱动此轴旋转的系驾方法，大多用在手工业及排灌设备方面，扩大了畜力的应用范围。这是畜力利用史上的一个突破。

正如第三章论述的，东汉乐陵太守韩暨改进鼓风机机构，使役马绕着一根立轴（见图3-2）通过曲柄、连杆机构来带动皮橐鼓风，大大提高了鼓风效力，此时马也不需驾辕，很可能是用胸带式挽具牵引王祯《农书》所记载的"牛转连磨"，在构造及畜力使用上当与刘景宜所制的"八磨"基本相同（见图3-38），牛环绕立轴行走，并驱动立轴及其齿轮机构。由于牛不需驾辕，其挽具可能是肩轭，即固定在立轴上的长杠（磨干、磨杠）。挽具也可能是长杠上接的双辕，辕端装曲轭。但肩轭较死板，且对牛约束不充分；用双辕时牛走环状路

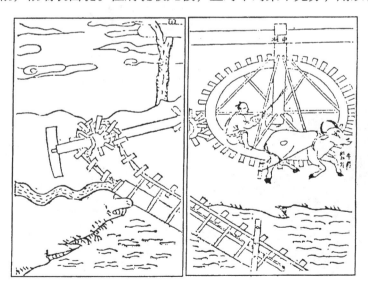

图 6-19　明代牛转翻车（采自《天工开物》）

---

① 中国农业遗产研究室，中国农学史（上册），科学出版社，1959年，第79页、第123页。

② 杨振红，西汉时期铁犁和牛耕的推广，农业考古，1988，(1)。

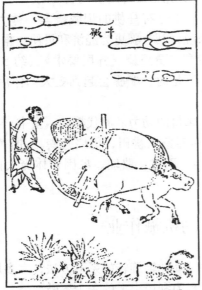

图 6-20　牛碾（采自《天工开物》）

图 6-21　二牛挽槽碾（采自《天工开物》）

图 6-22　二牛挽磨（采自《天工开物》）

图 6-23　三牛轧蔗（采自唐立《明末清初における新製糖技術体系の採用及び国内移転》）

线时不灵便。笔者认为，晋代很可能把车上的曲轭与绳索组合起来，系在磨的长杠上。至少，固定作业法会刺激古人发明这种系驾法。

唐代《柳阴云碓图》描绘出一牛带动立轴旋转，驱动翻车提水的情景。元代王祯《农书》、明代《天工开物》都绘有牛转翻车图（图6-19），图中挽具是由曲轭和绳索组成的绳套。较大的槽碾也用牛驱动（图6-20）。当负荷较大时，如驱动双轮式槽碾、大磨，就用两头牛（图6-21、图6-22）。为了增大旋转力矩，可有两种选择：一是加大力臂，即延长系牛套的长杠，增大牛的行走半径；二是增加牛的数量（图6-23）。

驴的躯体矮小，行走灵活，耐力好，适合于拉磨、碾等多种固定运转的机械。据《齐民要术》记载，南北朝时驴已用于拉磨。北宋时驴用绳套（肩套）已很成熟。大概由于负荷较大而驴力较牛小，元代以后的图画主要表现二驴挽磨碾，两头驴共系于一根杠上（图6-24、图6-25），但多数是两头驴分别系在两根杠上（图6-26、图6-27、图6-28），挽具大同小异，有的用了与耕盘相似的直杆（图6-25）。在当代中国农村，仍有用一头驴驱动辊辗的。

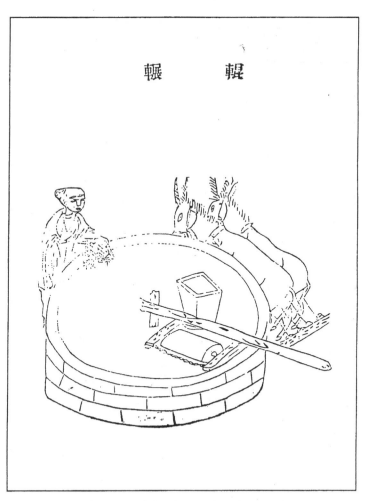

图6-24　二驴并挽辊辗（采自王祯《农书》）

图 6-25　改绘的二驴并挽图（采自《古今图书集成》，重绘）

图 6-26　二驴挽双轮槽碾

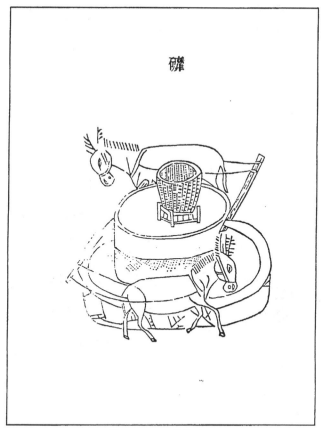

图 6-27　二驴挽磨

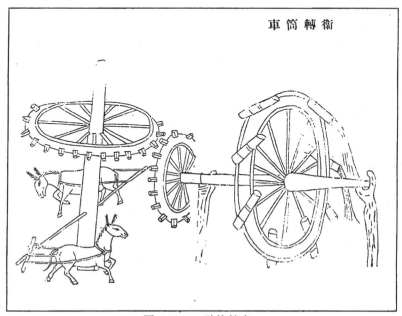

图 6-28　二驴挽筒车

在上述机械中,磨、碾的转速与立轴(主动轴)的转速相同,筒车通过齿轮传动来增加转速。另外,还有用绳轮传动来增速的畜力驱动方式,图6-29中的绳与轮的接触段较长,有助于防滑。

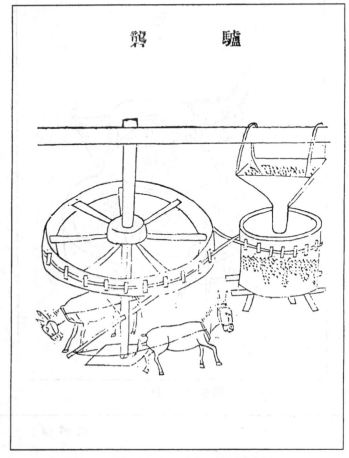

图 6-29　二驴挽砻（采自王祯《农书》）

综上所述,畜力用于固定作业的基本方式是:一头或几头牲畜（马、牛、驴等）绕定点环行,拉转一根立轴,立轴上固定工作部件或通过传动机构驱动工作部件旋转。具体驱动形式主要有四种（图6-30）,系驾方法源于车辆和犁耕的挽具[①]。

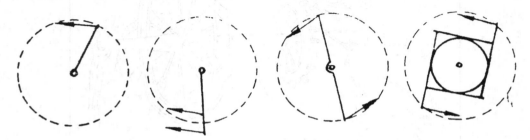

图 6-30　畜力驱动固定机械的四种形式

① 张柏春,中国古代固定作业农业机械的牲畜系驾法概述,古今农业,1995,(2)。

# 第三节　水力的利用

水力的最早利用大约是在浮力方面。浙江余姚河姆渡遗址出土的木桨、舟型陶器表明，距今六七千年前中国已利用水的浮力制造独木舟。殷商甲骨文中，"舟"、"朕"等字的形状表明，当时已用一些较小的材料拼装船。唐宋的浮箭漏刻利用浮力升箭，指示时刻。宋嘉佑八年（1063），河中府（今山西永济）蒲津黄河大浮桥的镇桥铁牛被暴涨的河水冲入水中。怀丙和尚巧妙利用浮力将铁牛捞上岸。《宋史》卷四六二《僧怀丙传》记载了打捞方法："以二大舟实土，夹牛维之。用大木为权衡状钩牛，徐去其土，舟浮牛出。"

水力应用于机械，关键在于发明了水轮。水轮把水流的能量转换为旋转机械能，开辟了人类利用水力的道路。本节主要叙述中国水轮的发明与发展。[①]

在中国古代，"水轮"一词有不同的含义。《全唐文》中有陈廷章的《水轮赋》，其中的"水轮"系指轮状的提水机械。元代以后所称的"筒车"，在宋代主要被称作"水轮"，有时也叫"水车"。元代王祯《农书》（1313）中，"水轮"的明确含义是作为动力的用水冲击的轮。这以后，"水轮"一词既指作动力的轮，又指筒车。本文所探讨的就是前者，它主要由轴和叶片构成。古代中国水轮，按工作原理可分为上射式、下射式、斜击式，按装用方式可分为立式和卧式，按叶片构造可分为平板式、斜板式和斗式。

## 一　立式水轮的发展

立式水轮（也称立轮），指轮盘立置，轴卧置，它有几条不同的发展线索。

1．水碓的水轮

文献记载表明，中国最早用水轮的机械是水碓。《物原》记："后稷作水碓，利于踏碓百倍。"这种明代的说法得不到其他文献及考古发现的支持，因而无法确定真伪。可信的早期记载见于桓谭的《桓子新论》："宓牺之制杵舂，万民以济，及后人加功，因延力借身重以践碓，而利十倍杵舂。又复设机关，用驴、骡、牛、马及役水而舂，其利乃且百倍。"桓谭为西汉末至东汉初的人。由此推断，至晚西汉末（公元25年前）已有"役水而舂"的水碓和畜力碓。"水碓"一词最早见于东汉服虔的《通俗文》和孔融的《肉刑论》。这以后各代都有文献记载水碓。傅畅《晋诸公赞》说："杜预、元凯作连机碓。"可见，东晋时水碓已较复杂了，水轮构造可能也有变化。从文献的连续记载及碓的工作原理来看，水碓采用立式水轮。否则，机构将复杂化。

北宋文献对魏元帝景元四年（263）或稍后的水碓作了如下描述：

> 为碓水侧，置轮碓后，以横木贯轮，横木之两头，复以木长二尺许，交午贯之，正直碓尾木。激水灌轮，轮转则交午木戛击碓尾木而自舂，不烦人力，谓之水碓。[②]

"横木"即水轮的卧轴，水轮必为立式。轴两头设"长木"（即凸杆），说明这是连机水碓。

---

① 张柏春，中国传统水轮及其驱动机械，自然科学史研究，1994，13（2，3）。

② 司马光，资治通鉴，卷七十八，"魏纪十"，中华书局，1956年。

王祯《农书》绘出了连机碓、连磨、大纺车的下射立式水轮的图，参见图6-31。明代以后，立式水轮驱动的机械系统更趋复杂。

图 6-31　下射立式水轮

图 6-32　筒车的水轮

### 2. 筒车的水轮

本节中的"筒车"系指由水流驱动的水转筒车。《全唐文》卷九四八中陈廷章的《水轮赋》描述了轮形提水机械：

> 水能利物，轮乃曲成，升降满农夫之用，低徊随匠氏之程。始崩腾以电散，俄宛转以风生。虽破浪于川湄，善行无迹；既翰流于波面，终夜有声。观夫斲木而为，凭河而引，箭驰可得，而滴沥辐凑，必循乎规准，何先何后，互兴而自契心期；……浴海上之朝光，升如日御；泛江中夜影，重似月轮。……罄折而下随毖彼，持盈而上善依於。

既然是水流使筒车运转，那么轮上必有叶片。王祯《农书》卷十八清楚地绘出了筒车的叶片（图6-32）。

### 3. 船磨的水轮

中国人用磨的历史很久。从出土文物看，战国已有圆石磨。西汉杨雄《方言》称："碢，或谓之硙（注：即磨也）。"在河北、河南、江苏、山东、湖北、辽宁、陕西诸省都出土了汉代圆石磨。可见旋转磨早已广泛应用。

唐代水部式禁止在洛阳附近的河道上建造"浮碢"，南宋陆游《剑南诗稿》说：湍流见"碢船"这类记载说明，唐宋时期船磨已不少见。船磨用的肯定是下射立式水轮，这被王祯《农书》卷十九所证实："两船相傍，上立四楹，以茆竹为屋，各置一磨，用索缆于急水中流。船头仍斜插板木凑水，抛以铁爪，使不横斜。水激立轮，其轮轴通长，旁拨二磨。"文中的"立轮"即立式水轮。明代《天工开物》（1637）及清代的某些文献都说，南方（包括四川）用船磨较普遍。

### 4. 天文仪器的水轮

《晋书·天文志》记载，顺帝时（130前后），张衡制浑象，"以漏水转之"。这句话对动力的交待较笼统。刘仙洲推测，这种仪器采用了冲击式（立式）水轮和齿轮系，从漏壶流下的水的流量恒定，使水轮等速回转。在据此所造模型的照片中，水轮是有辐的，叶片似斗式。[1]考虑到这种冲击式（立式）水轮转速的下限，该仪器的齿轮系传动比可能很大。

文献最早指明以水轮为动力的天文仪器，当属唐代一行、梁令瓒制造成功的浑象。《旧唐书·天文志》称"注水激轮，令其自转。"这个水轮肯定是立式的。这以后，以水轮为动力的仪器渐多。宋代苏颂《新仪象法要》画出了侧射立式水轮（枢轮）的图。明代，不仅有以水轮作动力的"水晶漏"，而且还有以沙代水的"五轮沙漏"。

下面我们看看立式水轮的构造。

## 二　立式水轮的构造

一般来说，最初的技术比较简单，但对后世的影响却很大。随着经验和知识的积累，早期的技术逐渐完善，发展成比较复杂成熟的技术。水轮的发展过程正是这样。

1．辋和辐

最古老的立式水轮应当是在轴上直接榫装直板，就像云南丽江县石鼓镇松坪子村水碓的水轮（图6-33），叶片即辐。[2]随着机械系统的复杂和负荷的增加，如连机碓、连磨的出现，必然要求水轮能输出更大的功率。扩大功率的几个基本途径是：增加水轮的直径、叶片的宽度和数量，改善叶片的形状。当水轮直径、叶片宽度和数量达到一定程度时，就会导致轴和叶片的强度与刚度的降低。当直径很大时，若不采用粗笨的轮毂，几乎难以制成实用的水轮。为克服这一技术障碍，古人给水轮装了辋，直至辐与叶片分离，辐为杆式，叶片为板式。这为叶片数量的增加与形状的改善创造了条件。《新仪象法要》、王祯《农书》、《天工开

①　刘仙洲，中国机械工程发明史（第一编），科学出版社，1962年，第116页。

②　张柏春，云南几种传统水力机械的调查研究，古今农业，1994（1）。

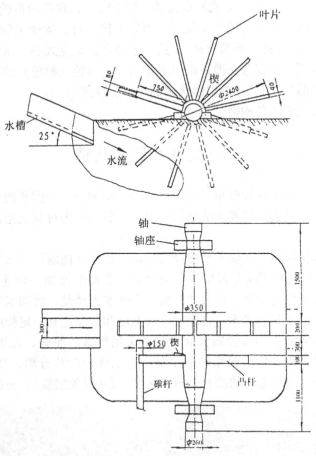

图 6-33 石鼓水轮的视图

物》等书所绘水轮都是有辋的。筒车一开始大概就采用了竹或木杆制作的辋。轻便的结构使兰州筒车的直径达 15 米多。

图 6-34 汉代画像石中的组合轮

由于早期文献记载过于简略，又没有图，很难确定中国水轮用辋的起始年代。不过，中国人至晚在西周已有由毂、辐、辋构成的车轮。山东嘉祥洪山出土的画像石表现了一种汉代组合轮的构造（图 6-34），李约瑟推想它是一种重型组合车轮（图 6-35）[1]可见汉代已掌握了复杂轮辋的技术。车轮是一种很容易传播的技术，容易被制水轮者参照。由连机碓的出现推测，晋代（317～420）中国已有带辋的立式水轮。明代立式水轮的辋、辐等已较复杂（图6-36）。

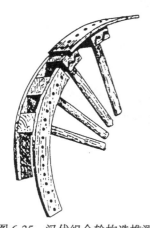

图 6-35 汉代组合轮构造推测

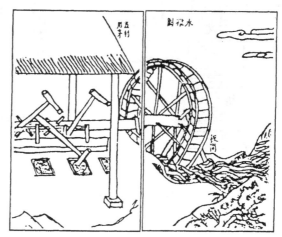

图 6-36 水碓的下射立式水轮

浙江开化县华埠镇"托底碓"（清末已有）的下射立式水轮结构比较复杂（图 6-37）。轴与辐的连接方式有两种：3 组 12 根辐直接穿过主轴；2 组 8 根辐紧箍在轴外（图 6-38）。"箍"式结构的优点是不降低轴的强度。

2. 下射式和上射式

以上各图所表现的都是下射或侧射立式水轮，下射式主要利用水的动量，侧射式与上射式利用水的重量和动量。从水碓、筒车、船磨的构造原理来看，下射式应用最广。

王祯《农书》卷十九对连机碓作了如下记述：

> 凡在流水岸傍，俱可设置，须度水势高下为之。如水下岸浅，当用陂栅，或平流，当用板木障水，俱使旁流急注。贴岸置轮，高可丈余，自下冲转，名曰撩车碓。若水高岸深，则为轮减小而阔，以板为级，上用木槽引水，直下射转轮板，名曰斗碓，又曰鼓碓。此随地所制，各趋其巧便也。

显然，撩车碓的水轮为下射立式，斗碓的水轮为上射立式。这是目前所知中国关于上射立式水轮的最早记载。明代《农政全书》和清代《农雅》都收录了这段记述。清康熙刻本《绍兴府志·水利》也提到"平流则以轮鼓水而转"的下射式水轮和"峻流则以水注轮而转"的上射式水轮。霍梅尔（Hommel）在 1937 年的著作中描述了中国的上射式和下射式水轮。[2]浙江和云南还在使用一种上射式水轮，其基本结构和装用方法与王祯所述无异。图6-39中的

① Joseph Needham, Science and Civilisation in China, Vol. 4, Part Ⅱ. Mechanical Engineering, Cambridge University Press, 1965, fig. 388, fig. 389.

② Joseph Needham, Science and Civilisation in China, Vol. 4, Part Ⅱ, Mechanical Engineering, Cambridge University Press, 1965, p. 405.

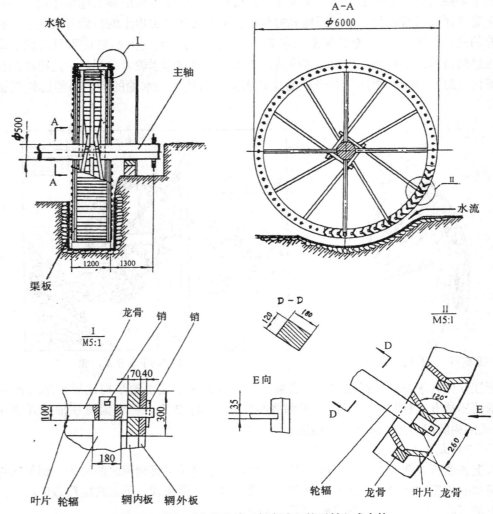

图 6-37　浙江开化县华埠"托底碓"的下射立式水轮

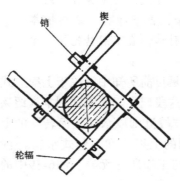

图 6-38　辐与轴的箍接

辐、辋等构造与图 6-37 相同或相似。

3. 叶片

为了叙述方便，在立式水轮中，将与轮径重合的平面叶片称为平式，将与轮径有夹角的平面叶片称为斜式，将成斗状的叶片称为斗式。

可以肯定，早期的叶片是平式的，水碓上用木板，筒车上用竹片或细木条编制。编制叶片的水轮现在还用在云南景洪县勐笼镇曼海村的轧蔗机上（图 6-40）[1]。在伍斯特（Worcester）1940 年发表的论文里，有一幅在四川涪陵测绘的船磨图，其中的立式水轮（直径近 2.3 米）用了平式叶片

---

① 唐立，雲南省西雙版納傣族の製糖技術と森林保護，就実女子大学史学論集，平成二年十二月。

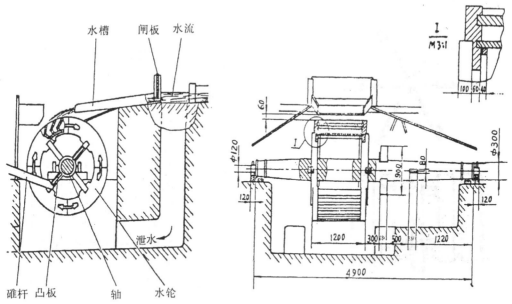

图 6-39　桐村水碓的水轮视图

（图 6-41）。[1]

图 6-40　勐笼镇轧蔗机的水轮

叶片从平式到斗式，中间似乎用过斜式。《古今图书集成》据《农政全书》重绘了连二水磨，图中水轮叶片被画得既像斜式又像斗式（图 6-42）。图 6-37 和图 6-39 中的叶片为斗式。图 6-43 中的水轮与图 6-37 构造相似，只是尺寸较小。

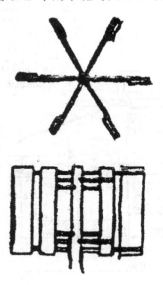

图 6-41　船磨的水轮

图 6-42　连二水磨及其水轮

① Joseph Needham, Science and Civilisation in China, Vol. 4, Part Ⅱ, Mechanical Engineering, Cambridge Univesity Press, 1965, p. 412.

图 6-43 开化县封家镇水碓的水轮

根据"斗"字，王祯所述斗碓的水轮叶片一定是斗式的。把直径不大的"鼓状"水轮制作得"阔"些，可以扩大叶片斗的容积，充分利用水的动量和重量。这种斗式叶片的构造当与桐村水碓基本相同（图 6-44）。

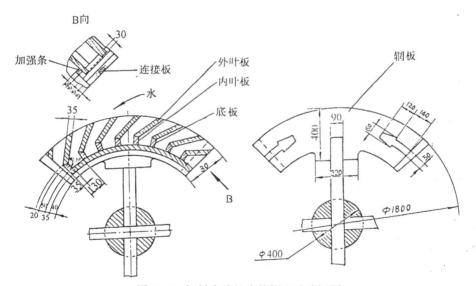

图 6-44 桐村水碓的水轮辋和叶片视图

由于要求较高的运动稳定性，一行和梁令瓒的浑象上很可能采用了有辋和斗式叶片的水轮。关于苏颂水运仪象台的枢轮，1958 年王振铎推断它的叶片是固定在轮辋上的斗，[1]1962 年康布里杰（J. H. Combridg）认为斗式叶片在辋上可转动，[2] 韩云岑则于 1987 年发表了

① 王振铎，宋代水运仪象台的复原，科技考古论丛，文物出版社，1989 年，第 238~273 页。

② Joseph Needham, Science and Civilisation in China, Vol. 4, Part Ⅱ, p. 460.

另一种转斗式叶片的推测图（图 6-45）。①无论哪个方案，都认定叶片是斗式的，轮的转动主要靠水的重量。明初，詹希元的"五轮沙漏"被《明史·天文志》和《宋学士全集》等书十分明确地描述为用了斗式叶片。

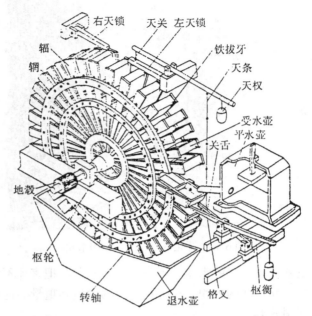

图 6-45　水运仪象台的枢轮（采自《中国大百科全书》机械工程卷）

## 三　卧　式　水　轮

中国有使用卧式水轮的传统。这种水轮在古代有时被称为卧轮，实际上就是斜击式水轮。

### 1. 发展线索

洛阳北窑西周早期铸铜遗址所出熔炉，已用多具革囊鼓风。②山东滕县宏道院东汉画像石表现了人力鼓风装置，王振铎考证说这是一种皮囊③《后汉书·杜诗传》记：建武七年（31）杜诗任南阳太守，"造作水排，铸为农器"。由此断定杜诗水排用了卧式水轮，可能靠不住。王祯《农书》卷十九绘出了卧轮式水排图（图 6-46），又简述了"宛若水碓之制"的立轮式水排。最初的水排很可能是立轮式的，它继承了水碓的立式水轮和凸轮机构。由于宋代才出现木扇，汉代水排上的鼓风器应当是皮囊。1959 年有过两个立轮式水排的推测。④⑤但更可信的结构是立式水轮驱动的皮囊（图 6-47）。

《三国志·魏书》记载乐陵太守韩暨改进鼓风机械："旧时治作马排，每一熟石用马百匹，更作人排，又费功力，暨乃因长流为水排，计其利益，三倍于前。"马排的原理和构造一定

①　韩云岑，中国古代计时器，中国大百科全书·机械工程，中国大百科全书出版社，1987 年，第 917~919 页。

②　华觉明等编译，世界冶金发展史，科学技术文献出版社，1985 年，第 530 页。

③　王振铎，汉代冶铁鼓风机的复原，文物，1959，(5)。

④　李崇州，古代科学发明水力冶铁鼓风机"水排"及其复原，文物，1959，(5)。

⑤　杨宽，关于水力冶铁鼓风机"水排"复原的讨论，文物，1959，(7)。

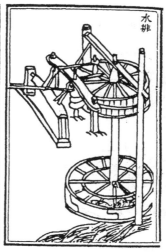

图 6-46　王祯《农书》的卧轮式水排

是：马拖动一个立轴转动，通过曲柄、连杆等组成的机构，将轴的旋转运动变成皮囊的往复运动。韩暨的水排当是继承了马排的机构，并用卧式水轮取代了马。韩暨是南阳人，可能受到杜诗水排传统的影响，但在水轮方面提出了新设计。

据傅玄记述，魏明帝时（227～239）马钧造"水转百戏"，"以大木彫构，使其形若轮，平地施之，潜以水发焉"，用于驱动多种木偶和"舂磨"[1]。显然，马钧制作了水轮。古人分类称呼水轮时，以轮体的置放方式为准，而不是以轮轴为准。按这一习惯，"平地施之"当是指卧置木轮，即水轮为卧式。

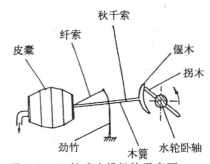

图 6-47　立轮式水排机构示意图

以上分析表明，三国时中国已有卧式水轮。晋代一牛驱动八磨，说明复杂的畜力磨可为水力磨提供成熟的传动机构。两晋以后，水磨水碓的记载渐多。《南史·祖冲之传》记：祖冲之"于乐游苑造水碓磨，武帝（483～493）亲自临观"。对于磨来说，用卧式水轮时机构最简单，而用立式水轮则需要齿轮传动。若祖冲之的"水碓磨"指的是两部独立的机械，那么，水磨很可能用的是卧式水轮。

雍州有造水磨水碓的传统。《魏书·崔亮传》说："亮在雍州，读杜预传，见为八磨，嘉其有济时用，遂教民为碾。及为仆射，奏于张方桥东，堰谷水造水碾磨数十区，其利十倍，国用便之。"崔亮大概主要是造了些卧式水轮驱动的水碾和水磨，也许还造了由立式或卧式水轮驱动的较复杂的碾磨系统。

据文献记载，唐代水磨、水碾被国内许多地区采用，甚至在 610 年和 670 年传到日本。[2]由于个人财力和水流大小的不同，唐代前后的水磨水碾一定有不少是用卧式水轮的。王祯《农书》卷十九首次绘图描述了卧式水轮驱动的水碾（图 6-48）、水磨和水轮三事（图 6-49），后者由水轮、磨、砻、碾几部分组成。

① 严可均辑，全上古三代秦汉三国六朝文·全晋文，卷五十，中华书局，1958 年。

② Joseph Needham, Science and Civilisation in China, Vol. 4, Part Ⅱ, p. 401.

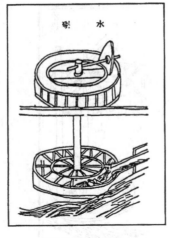

图 6-48　水碾

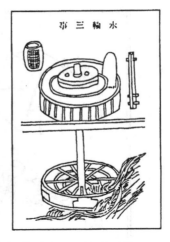

图 6-49　水轮三事

## 2．构造

与立式水轮一样，最早的卧式水轮没有辋，叶片榫接在轴上，平板叶片与轮的回转面垂直。为了输出更大的力矩，轮径逐渐加大。当轮径大到一定程度时，不得不专设辋和辐，并增加叶片数量，即出现了图 6-48 和图 6-49 中的结构。王祯《农书》基本上把卧式水轮的叶片都画成与轮的回转面垂直，这是比较原始的叶片形式。遗憾的是，《天工开物》连叶片的布置和形状都未描绘。

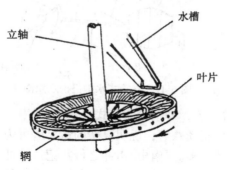

图 6-50　伞状有辋卧式水轮

20 世纪中国农村仍在用卧式水轮作碾、磨的动力。1958 年，李约瑟在甘肃天水附近的一个磨坊拍摄了一幅水轮照片，[1]我们将它改绘成线条图（图 6-50）。这个水轮成伞状，叶片数很多，叶片基本上与轮的回转面垂直。图 6-51 为云南大理州南涧县南涧镇营盘社的一台水碾。从图中可以看到它的辐、辋、斗式叶片等的构造。这台水碾是 20 世纪 50 年代就投入使用了。与浙江开化县的情况联系起来，可知至少晚清中国就有斗式叶片的卧式水轮了。

无辋卧式水轮不但没有退出历史舞台，而且还有所发展。在云南丽江县石鼓镇松坪子村，一部水磨的水轮的构造如图 6-52 所示。云南大理、腾冲也有这种水轮。它们均为伞状，即叶片上缘线与轴心线有夹角 α（图 6-52 中 α＝82°），有时 α＜45°。这种结构使直径小的水轮有较长的叶片，水流先冲击到叶片的外端，再沿叶片向下流，增加了水流对叶片的作用时间。另外，它们的叶片平面与轴心线夹角 β（图 7-71 中 β＝20°）。β 角使水流更有效地冲击到叶片面上。有时叶片面不是平的，而是个微凹的曲面，使水轮动力性能进一步改善。

卧式和立式水轮在技术上有相同之处，肯定是相互参照的。它们都是通过水闸来控制水的流量，实现水轮的启动、变速和停转；零部件连接主要靠榫、楔、箍，除个别铁箍、轴座外，几乎都用木质件；材料选用不易变形、抗水浸、强度较高的木材。

① Joseph Needham, Science and Civilisation in china, Vol. 4, Part Ⅱ, fig. 625.

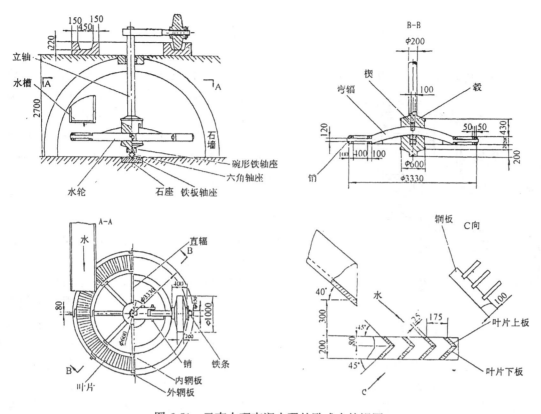

图 6-51 云南大理南涧水碾的卧式水轮视图

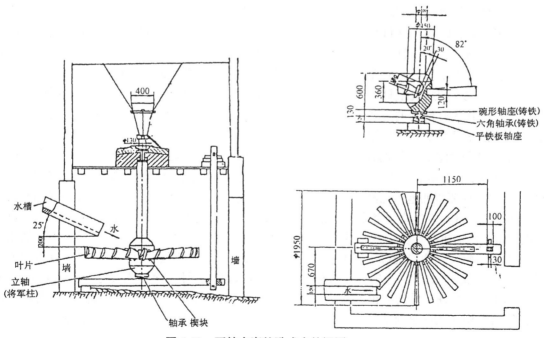

图 6-52 石鼓水磨的卧式水轮视图

## 四　关于中国水轮的起源

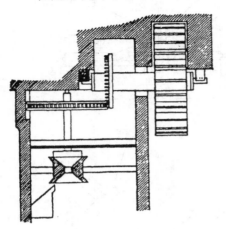

图 6-53　维特鲁威水磨

在国外，戽水车（noria）相当于中国的筒车，有着悠久的历史。罗马工程师维特鲁威（Vitruvius）约在公元前 30 年清楚地描述了水流驱动的戽水车，其中必然包括水轮。公元前 65 年，本都王国（Pontus）的卡维拉（Cabeira）已有水磨。维特鲁威则绘图描述了立式水轮驱动的水磨（图 6-53）。由于戽水车比水磨出现得早，西方学者认为立式水轮应当是由戽水车演变过来的。李约瑟进一步假设，戽水车发明于印度，于公元前 1 世纪到达古希腊文化地区，2 世纪时到了中国，因而中国也开始使用立式水轮，这个假设与中国水轮的发展情况是矛盾的。

已知立式水轮在中国首先出现在西汉的水碓上。西汉时也已具备与水轮相近的技术条件。周代车轮制造技术已很成熟。在利用力矩使轴旋转方面，中国人发明了绞车。如湖北铜绿山战国至西汉的古矿井中出土的两根较大的绞车轴就是例证。《西京杂记》记载，西汉长安人丁谖作"七轮大扇，皆径丈"。西汉人可以利用这类技术来发明水轮。这比等待遥远区域技术的传入可能性更大。中国唐代才有筒车。宋代，筒车被湖南、四川、广西等多山多水地区采用。明代以后，华南、东南、西南、西北都有筒车。16 世纪甘肃人曾到南方寻访大直径筒车的制造技术，可见南方的技术较成熟。如果中国水轮源自国外的戽水车，对比一下国外戽水车与中国筒车，就会发现它们在结构、材料及制作工艺方面都有差异。一个合理的解释是，中国筒车是由下射立式水轮演变成的，即在水轮上装了竹筒或木筒。历史上确有这样的例子。据明代《武编》记载，遇天旱时，人们在水轮的缘上列置水筒，使连磨既加工粮食，又提水灌溉。

其实，技术的发展不只是靠传播，还靠发明。不同文明区域各自独立发明相同或相近的技术，并使其具有自己的特色，这在历史上并不少见。根据中国水轮的发展特点，可以认为，中国独立发明了立式水轮。

当然，也不能忽视传播的作用。古代机械技术的主要载体是工匠，技术传播主要靠师徒传授、观察和体验，书籍的作用比较有限。这样，有工匠参与的传播效果是明显的，也比较快。2 世纪起，中国与中亚以西地区已经有了交往，其陆上通道是东起渭水流域经新疆向西的丝绸之路，另外两个通道分别经过滇缅交接地区和恒河。在这几条路上长途跋涉的主要不是工匠。因此，机械技术的传播机会不多。至少还没找到这种传播的证据。同样，云南景洪县轧蔗机上的水轮可能出自中国腹地，也可能源于印度。唐太宗曾派人去印度学习"熬糖法"，然后首先在扬州或绍兴试用。[①]中国何时开始用上射立式水轮尚难以断言，可能在元代以前就导致了这种水轮的发明。

从杜诗、韩暨、马钧、崔亮等人活动的时期和地点来看，中国卧式水轮首先出现在河南、陕西、山东的一些地方，然后向其他地区传播，并在南方多河多溪之地扎根。虽然波

---

①　季羡林，唐代印度制糖术传入中国问题，文献，1983，（3）。

斯、突厥斯坦等地区也有卧式水轮，但中国水磨水碾不像是从新疆以西的地区传入的。新疆在元代已有水磨水碾，但用水磨的兴盛期却在清代。①乾隆二十四年（1759）举办兵屯以后，迪化、奇台、伊犁地区都建造了水磨，阿克苏一带还有水碓。清代文献说："哈密及南八城，并多水磨，作法与南省略同。"②这表明新疆的水轮技术来自它的东边。4世纪时，希腊化的波斯人米特罗多鲁斯(Metrodorus)把水磨设计带到印度，印度人把水轮当成新发明。如果真是这样，中国早期水轮就肯定不是从印度传入的。实际上，三国时期中国具备发明卧式水轮的技术基础。同样，有了立式水轮和复杂的传动机构，在唐代出现船磨是符合逻辑的。

关于叶片，西亚和欧洲有多种结构相异的下射立式水轮，其具体构造和制作工艺与中国有较大的差异。但中国上射立式水轮的叶片形状（图6-44）与欧洲基本相近。西亚和欧洲的

图 6-54　近代挪威水磨的卧式水轮

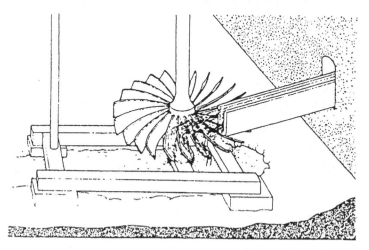

图 6-55　法国水磨的卧式水轮

---

① 戴良佐，新疆水磨业小史，农业考古，1991，(3)。

② 清华大学图书馆科技史研究组，中国科技史资料选编——农业机械，清华大学出版社，1985年，第332页。

卧式水轮的叶片主要是凹陷成勺状的，很少用辐，（图 6-54[①]和图 6-55）。[②]显然，它们不同于中国无辐伞状和有辐的卧式水轮。

各种差异表明，中外水轮有着各自的技术传统。可以认为，中国人独立发明了立式和卧式水轮。

## 第四节　风力的利用

中国古代对风的观察和利用的历史悠久。风力用于机械的关键在于风帆的发明以及风车的创制。

## 一　风　帆

为了利用风作用在物体上的压力，古人发明了船用风帆。新石器时代，中国已有编织物和榫木结构，有学者由此认为当时可能出现了风帆。[③]这种推测的依据似不充分。

20 世纪 60 年代，一些学者认为，甲骨文字中已经有可释义为"帆"的"凡"字（凵），进而推断至少 3000～3500 年前已有风帆。[④]这种观点被不少科技史学者认同。[⑤]但是，也有人认为甲骨文中的"凡"字不能解释为"帆"，西汉以前也无关于风帆的记载。[⑥]

东汉时，已有不少关于风帆的明确记载。《后汉书·马融传》记，东汉元初二年（115）马融所作的《广成颂》中云："方余皇，连舳舟，张云帆。"东汉末，刘熙所撰《释名·释船》给出了明确的定义："帆，泛也。随风张幔曰帆，使舟疾泛泛然也。"这说明，东汉时帆已经基本成熟并流行。看来，风帆起源于汉代的观点[⑥][⑦]还是可靠的。三国时，东吴丹阳太守万震撰《南州异物志》记载了采用多帆的船，其"邪张"的风帆为植物叶织成的硬席帆，通过调整帆角可利用侧向风驶船。这表明，当时已经会用风的分力作动力。明代，以沙船为主的各种木帆船，大多能逆风行驶。

中国帆船主要采用四角的硬质平衡纵帆，且多用布帆（图 6-56）。布帆上被密布横杆（帆竹、帆桁）支撑，保持着硬帆的特点。升帆索沿桅杆升降布帆，来调节风的作用面积。桅杆偏于帆面的纵中线一侧，把整个帆面分为窄边与宽边两部分，帆脚索系在宽边的上下帆竹上。这种布置使帆面上风压力中心在桅后，又距桅杆很近。只要收紧或放松帆脚索，就可借风力轻松地绕桅杆转动帆面，调整帆角。

中国古代还把风帆用到车辆上。梁元帝萧绎（552～555 在位）的《金楼子》卷六《杂记篇》记："高苍梧叔能为风车，可载三十人，日行数百里。"高苍梧叔似指南朝宋后废

①　John Peter Oleson, Greek and Roman Mechanical Water-Lifting Devices, The History of a Technology, University of Toronto Press, 1984, fig. 11.

②　Sigvard Strandh, A History of the Machine, A & W Publishers, Lnc., New York, 1979, p. 97.

③　孙光圻，中国古代航海史，海洋出版社，1989 年，第 66 页。

④　杨槱，中国造船发展简史，中国造船工程学会 1962 年年会论文集（第二分册），国防工业出版社，1964 年。

⑤　刘仙洲，中国机械工程发明史（第一编），科学出版社，1962 年，第 58～60 页。

⑥　文尚光，中国风帆出现的时代，武汉水运工程学院学报，1983（3）。

⑦　席龙飞，中外帆和舵技术的比较，船史研究，1985（1）。

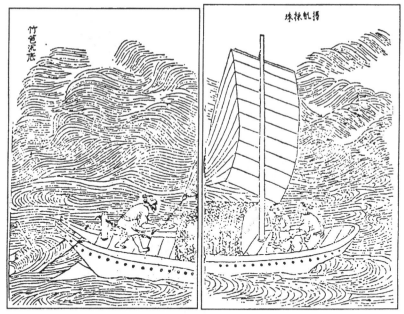

图 6-56　船用风帆（采自《天工开物》）

帝（473～477），被谋刺后追封苍梧郡王。[1]《宋书》卷九《后废帝纪》记，后废帝为了远游，曾"制露车一乘，其上施篷，乘以出入，从者不过数十人"。对照《金楼子》的记载，可以肯定这是加帆（篷）的无帷帐的车（露车）。为了便于三十人乘坐，车轮数可能较多。

16 世纪时，加帆车被一些地区广泛应用，以致给 16 世纪 80 年代以后来华的欧洲人留下了深刻的印象。[2]他们对中国加帆车大加宣传和赞赏，并把它们绘成装有矩形软帆的四轮车，其中必有想像的成分。这些宣传引起了胡克（Robert Hooke，1635～1703）、莱布尼兹（F. von Leibniz，1646～1716）等欧洲科学家的兴趣或尝试。

中国的加帆车很多是独轮车，上装风帆，顺风使用。1795 年，侯济斯特（van Bream Houckgeest）出版的著作中，有一幅加一面帆的独轮车简图（图 6-57），其中的帆是典型的中国船用纵帆。他描述说，帆装在车前端的小桅杆上；帆是布的或席做的，高 5～6 英尺，宽 3～4 英尺；有支撑索、帆脚索和升帆索。帆脚索连在独轮车的车辕上，便于掌车人操作。

道光年间，麟庆在《鸿雪因缘图记》（1839）中绘有一辆加帆独轮车（图 6-58）。这辆车由一人扶辕，前有牲畜曳拉，车上立一面帆，帆式与图 6-57 中类似。

20 世纪，在沿海的山东等省、内地的河南有人在用加帆车。在冬季，东北也有人在冰床上加帆。车辆基本上是沿固定的道路行驶，双轮车重载时行走阻力较大，独轮车掌握平衡需要一定的技巧。由于上述特点及风向的局限性，加帆车不及畜力车灵活、可靠。

风车（即风轮）的发明有助于使风力用于固定运转的提水机械。

① 戴念祖，中国力学史，河北教育出版社，1988 年，第 476 页。

② Joseph Needham, Science and Civilisation in China, Vol. 4, Part Ⅱ, Cambridge University Press, 1965, p. 275～280. Fig. 688, p. 554～567.

图 6-57　18 世纪末加帆车（采自 Houckgeest 绘，Needham，p. 276）

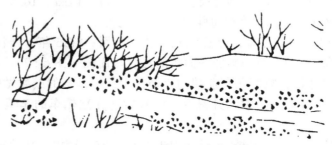

图 6-58　19 世纪中叶加帆车

## 二　立轴式风车

　　中国实用风车的记载始见于南宋刘一止（1078～1161）《苕溪集》卷三："老龙下饮骨节瘦，引水上沂声呷呀。初疑蹙踏动地轴，风轮共转相钩加。……残年我亦冀一饱，谓此鼓吹胜闻蛙。"这里，"风轮"当指风车的风轮，"钩加"应指风车与翻车之间的传动。从"残年"二字推断，这当是 1140～1150 年前后的事。明代，徐光启《农政全书》卷十六记，"近河南及真定诸府（在今河南、河北两省内），大作井以灌田"，"高山旷野或用风轮也"。《天工开物》卷一又记，扬郡（今江苏省扬州、泰州、江都等地）"以风帆数扇"驱动翻车，"去泽水以便栽种"。

　　风车的早期记载过于简略，没有指出装置的结构形式和叶片（风帆）数。明代童冀的《水车行》对零陵（今湖南永州及广西全州一带）使用风力翻车的情景作了如下描述："零陵水车风作轮，缘江夜响盘空云。轮盘团团径三丈，水声却在风轮上。……轮盘引水入沟去，分送高田种禾黍。盘盘自转不用人，年年祇用修车轮。"对照清代的记载，可以断定，这种直径达三丈的风车为立轴式（或称立帆式）"大风车"。1656年来华的荷兰使节作了一幅画，描绘了江苏使用立轴式风车的场面（图6-59）。清中叶，周庆云在《盐法通志》卷三十六中描述了立轴式风车的构造原理：

　　　　风车者，借风力回转以为用也。车凡高二丈余，直径二丈六尺许。上安布帆八叶，以受八风。中贯木轴，附设平行齿轮。帆动轴转，激动平齿轮，与水车之竖齿轮相搏，则水车腹页周旋，引水而上。此制始于安凤官滩，用之以起水也。

　　　　长芦所用风车，以竖木为干，干之端平插轮木者八，如车轮形。下亦如之。四周挂布帆八扇。下轮距地尺余，轮下密排小齿。再横设一轴，轴之两端亦排密齿与轮齿相错合，如犬牙形。其一端接于水桶，水桶亦以木制，形式方长二三丈不等，宽一尺余。下入于水，上接于轮。桶内密排逼水板，合乎桶之宽狭，使无余隙，逼水上流入池。有风即转，昼夜不息。……

　　　　又按：一风车能使动两水车。譬如风车平齿轮居中，驭驶两水车竖齿往来相承，一车吸引外沟水，一车吸引由汪子流于各沟内未成卤之水。

图6-59　17世纪江苏宝应立轴式风车（采自Jan Nieuhoff绘，Needham，
Science and Civilisation in China，Vol. 4，Part Ⅱ，fig. 688）

晚清林昌彝《砚耕绪录》卷十三则介绍了立轴风车的装用方法：

　　　　山阴汪禹九《雨韭盦笔记》载造风车车水之法，极为巧便，尝谓船使风篷，随河路之湾曲尚可宛转用之，若于平地作风车以转水车，可代桔槔之多费人力，亦不必如舟帆之随时转侧也。风车之篷用布蒲、竹篾者，皆可架车于平地四面有风处，风车圈各有笋，互相接续于水车，如钟表内铜圈然。其水车一如田间常用之式，置于水中亦有笋以接风车，随之而转。又风车上下另加篷两扇，斜侧向里，留篷以逼风入车更得力。惟水车置于河道内，殊碍行船，可于堤外开一水窦，通堤内开沟三五丈，引水入大池中，池中置水车，岸上置风车，随风所向转水灌田。……昔余过浙江处州，舟中曾见乡村中用此法以车水。

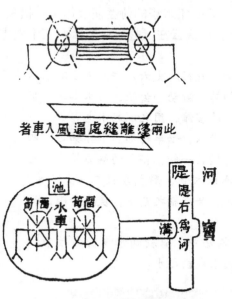

图 6-60　立轴风车的装用方法

其中，"风车圈"系指卧置大齿轮，"笋"即齿轮的齿。另加的两扇"篷"起着导风于风轮的作用，扩大了风能利用面积（图 6-60）。

据陈立调查，20 世纪 50 年代初，仅渤海之滨的汉沽塞上区和塘大区就有立轴式风车约 600 部。民间有诗云："大将军八面威风，小桅子随风转动，上戴帽子下立针，水旱两头任意动。"[1]

1982 年，江苏阜宁县沟墩地区的盐场尚有立轴式风车，该车有 2 丈 4 尺高，4 丈多宽，但已有损坏。1985 年 10 月，同济大学机械史课题组对沟墩风车进行了调查。由于当时风车已被拆作别用，他们请出一位制作过风车的老木匠和一些曾使用过该风车的老人，详细叙述了立轴风车的结构、尺寸、材料与安装及操作使用情况。得知实物最大尺寸长约 14 米，宽 11.2 米，高 10.6 米。风帆尺寸规格均为 4.2 米 × 2.8 米，大小齿轮齿数分别为 88、18，直径分别为 3.5 米及 0.7 米。[2] 根据抢救的资料及其他史料，课题组为中国科技馆制作了一套模型。

立轴式风车采用形似八棱柱的框架结构，又称"走马灯"或大风车（图 6-61）。立轴上部镶接 8 根辐杆，下部镶接 8 根座杆。桅杆与辐杆、座杆、旋风榄、篷子股相联，挂上风帆，即构成风轮。立轴与铁环的配合，以及针子与铁轴托（铁碗）的配合，构成两副滑动轴承。平齿轮固定在立轴下部，与一个小的竖齿轮（旱头，有 17 或 18 个齿）啮合。竖齿轮通过其方孔，装在直径约 7 寸的大轴上，并可在轴上左右移动，以实现齿轮的啮合与分离，起离合器的作用。大轴上装着主动链轮（水头，12 个齿），驱动龙骨。

风帆的构造原理与中国式船帆无异。每面帆以滕圈套在桅杆上，上端系游绳（升帆索）吊挂

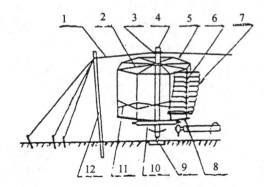

图 6-61　汉沽立轴式风车结构简图

1. 扬绳（4 根粗铁丝或木杆拉在大柱上）　2. 辐杆（伞盘秤）　3. 铁环（将军帽）　4. 立轴（大将军，直径大于 8 寸，高 22 尺）　5. 旋风榄　6. 桅杆（小桅子）　7. 风帆（风篷，8 个）　8. 座杆　9. 针子（锥形铁轴端）　10. 平齿轮（车盘，车圈，直径 10 尺，88 个齿）　11. 篷子股（支杆）　12. 大柱。
注：括号内为别名与规格。

①　陈立，为什么风力没有在华北普遍利用——渤海海滨风车调查报告，科学通讯，第 2 卷，1951，(3)。
②　易颖琦、陆敬严，中国古代立轴式大风车的考证与复原，农业考古，1992，(3)。

在辐杆的滑车上。帆的靠近立轴的一边用缆绳（帆脚索）拉系在临近的一个桅杆下部。通过收放游绳来调节帆的高低及帆的受风面积。风吹帆，推动桅杆，使立轴和平齿轮转动，驱动翻车。风压与帆的面积、升挂高度及安装角度有关。风大时，一个平齿轮可驱动两台甚至三台翻车。

在风车启动之前，调节转速的主要措施是选择风帆的升挂高度，另一办法是增减缆绳的长度，改变风帆与缆绳及风轮半径方向的夹角。根据刘仙洲所记，天津塘沽地区风车的风帆在拉紧时与风轮半径重合（图 6-62）。苏北阜宁风车的风帆在拉紧时与风轮半径成一初始角（图 6-63）。[①]

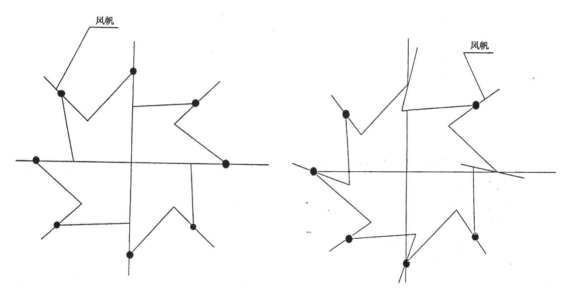

图 6-62　天津塘沽风车挂帆法　　　　　图 6-63　阜宁风车挂帆法

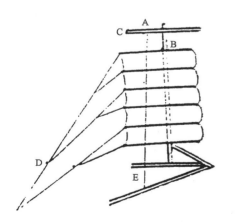

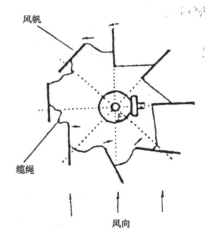

图 6-64　风向调节原理

①　易颖琦、陆敬严，中国古代立轴式大风车的考证与复原，农业考古，1992，（3）。

启动风车时，用绳子拴住座杆，使风车静止，让平齿轮与竖齿轮啮合，视风力的大小用游绳把风帆升到一定高度，将系着游绳的挂绳木卡挂在桅杆上的小木钉上；放开栓座杆的绳子，风车即开始驱动翻车。止动时，在距座杆外端不远处立一杆子，随着风车的转动，依次将挂绳木从小木钉上击脱，风帆遂落下，风车停转。也有不用挂绳木和小木钉，而用小铁钩和铁环的。[1]

立轴式风车最为巧妙之处在于风车运转过程中风帆的方向自动调节（图 6-64）。在气流的推动下，每当帆转到顺风一边，它就自动趋于与风向垂直，所受风力最大；当帆转到逆风一边时，就自动转向与风向平行，所受阻力最小。这一原理使得风车不受风向变化的影响，也不改变风车的旋转方向。风轮的转速通常为每分钟 8 转左右。风力过大时应停止使用。否则，转速超过翻车及传动系统允许的范围时，将损坏整套装置。

20 世纪五六十年代中国还有很多立轴式风车。由于它体积庞大，占地面积较多，20 世纪 80 年代中期已被电动或内燃机水泵替代。

# 三　卧轴式风车

明末清初学者方以智所撰《物理小识》记："用风帆六幅车水灌田者，淮、扬海堘皆为之。"清代曾廷枚《音义辨同》卷七又记："有若水车桔槔，置之近水旁，用篾篷如风帆者五六，相为牵绊，使乘风引水也。"与近现代的记载和实物相比较，可以肯定，以上所记载的装置是一种可挂三至六面风帆的卧轴式风车。因它的轴是斜卧的木杆（现代有用钢管的），故又称为"斜杆式风车"。这种风车分布在中国东南沿海地区。

1993 年，连云港市赣榆县盐场（柘汪乡西林子村）使用 10 多台卧轴式风车，用于驱动翻车提盐水（图 6-65、图 6-66、图 6-67）。这种风车最多可挂 6 面风帆。为了便于绘图时表现结构，测绘时仅挂了三面帆，这已能使翻车运转提水了。图 6-68 中，主动齿轮、双轮、竖齿轮的直径和齿数均相同（见图 6-69）。图 6-69 中，22 为轮毂，23 为铁箍，24 为木齿。双轮实际上是在一个较长轮毂上制成的双齿轮。整个风车，除了少数铁件外，均为木制，并以杉木为主。木杆制成的卧轴，大端(装齿轮)直径约为180毫米，另一端直径100毫米；

图 6-65　赣榆卧轴式风车与翻车

---

① 易颖琦、陆敬严，中国古代立轴式大风车的考证与复原，农业考古，1992，(3)。

图 6-66 卧轴式风车驱动的翻车及传动齿轮

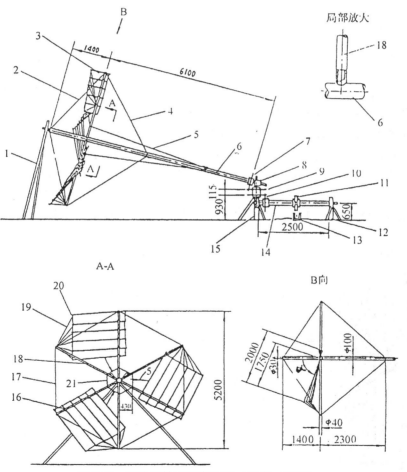

图 6-67 赣榆卧轴式风车视图（单位：毫米）

1．人字支架　2．弦绳（铁丝）　3．风帆（布质）　4．弦绳（铁丝）　5．游绳（升帆索）
6．卧轴　7．主动齿轮　8．睡枕（木轴座，见图6-68）　9．双轮　10．竖齿轮　11．主动链
轮（拨轮）　12．支架　13．翻车水槽　14．大轴（直径140）　15．支架与铁立轴　16．绳圈
17．弦绳（铁丝）　18．桅杆　19．缆绳（帆脚索）　20．帆竹（帆桁）　21．弦绳

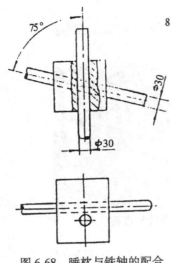

图 6-68　睡枕与铁轴的配合

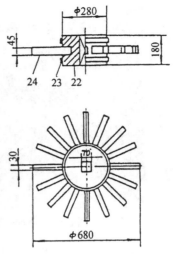

图 6-69　齿轮构造

钢管制成的卧轴直径为 75 毫米。为了延长使用寿命，木零部件制成后要先打泥子，再涂桐油。

　　卧轴式风车所用风帆也是典型的中国式船帆。调节缆绳（帆脚索），使帆面与风轮的回转平面的夹角为 10°左右（图 6-67 中，α≈80°）。旋转力矩的产生原理与荷兰塔式风车相似，即利用风帆上与风的气流垂直方向的分力。当风力为 3～4 级时，风轮转速约为每分钟 30 余转；风力 4～6 级时风车运转最佳，转速约为每分钟 40～50 转。风力 8 级时转速可达每分钟 80 转，但已不适于驱动翻车。根据风向的变化，操作者可搬动人字架，在水平面 300°范围内绕睡枕移动卧轴，使风轮对着风向。张帆方法与立轴式风车相似：游绳（升帆索）绕过弦绳（21）上的小绳圈，将风帆拉得张开，游绳的另一端拴在距主动齿轮不远的卧轴上。拉紧绕在卧轴上的绳子及移动人字架，都可以使风轮停止转动。

　　比起立轴式风车，卧轴式风车不能自动适应风向变化，但构造简单，使用简便，占地面积较少。现在，除苏北个别盐场以外，福建莆田盐场也有 200 余台卧轴式风车。

　　中国民间还有传统的卧轴式儿童玩具小风车。明代《帝京景物略》（1635）记载了一种双叶片卧轴式小风车："剖秫秸二寸，错互贴方纸，其两端纸各红绿。中孔以细竹横安秫竿上，迎风张而疾趋，则转如轮。红绿浑浑如晕，曰风车。" 20 世纪有一种更复杂的玩具风车（图 6-70）。用秫秸弯成一小轮辋，把一些纸条的一端贴在轮毂上，外端依次贴在轮辋上。每一纸条都扭转约 90°，成为叶片。在轴上装一个或两个横板（凸板），卧轴下方扭紧的小绳（相当于弹性件）上穿一根或两根横杆，杆下是一面小鼓。有风时，风轮迎风而转。无风时，持风车大致沿其轴心线方向奔跑，气流推动风轮转动。风轮转动时，横板拨动横杆，横杆敲响小鼓。另外，还有一种简单的纸风车。取一块方纸，沿对角线剪开，但不能剪过中心区。这样，形成了四块相连的等腰三角

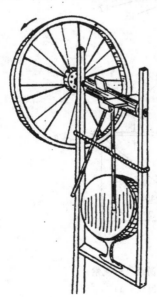

图 6-70　轮形玩具风车

形。按相同顺序，将每块三角形的一个底角弯折到中心。用一根细木钉或铁钉穿过中心的五层纸，插在一根短棒(如秫秸杆)上即成一具风车，其运转原理与图6-70中的风轮相同。

从原理上讲，玩具风车的发明可能不晚于（甚至可能早于）实用风车的出现。南宋光宗、宁宗、理宗（1190～1264）时，画院待诏李嵩绘过一幅《货郎图》，图中货担前端的筐上所插四叶形物很像玩具风车（图6-71）。[1]在辽阳三道壕东汉墓中的壁画上，有一个人手持轮形物跑动的画面。刘仙洲认为，这个人手持的就是玩具风车。[2]但由于轮的直径接近人的身高，它更像车轮（图6-72）。在找到可靠的文献和考古资料之前，还不能肯定南宋以前何时有玩具风车。

图 6-71　《货郎图》中的四叶片"风车"

图 6-72　东汉墓壁面上的手持轮形物

---

① 文物参考资料，1958（6）。

② 刘仙洲，中国机械工程发明史（第一编），科学出版社，1962年。

关于中国风车的起源，一种推断是：实用风车由扇演变而来，即由扇和帆演变成立轴式风车，扇→轮扇→扬扇、扇车→风车→风轮→卧轴式风车。中国风车设计者的灵感还可能源自立式水轮、卧式水轮、走马灯等流体推动的旋转装置，也可能受到了外来技术的影响。[①]

文献研究表明，风车最早出现于波斯。9世纪的故事说，7世纪时波斯工匠能建造风磨。波斯风磨的风车为立轴式，风轮被护墙围着，每面墙的一侧都有一个风口，立轴直接驱动风轮上方或下方的磨盘。欧洲有关风车的可靠记载见于12世纪，以非斜的卧轴为主，如塔式风车。欧洲风车的叶片有刚性材料制成的，也有用布帆的，有的帆式如地中海的三角船帆。

元太祖十四年（1219），耶律楚材（1190～1244）随太祖西征。他作诗（收入《湛然居士文集》卷六）记载了在西域所见的风车：“寂寞河中府，西流绿水倾。冲风磨旧麦（注：西人作磨，风动机轴以磨麦），悬碓杵新粳（注：西人皆悬杵以舂）。”

清康熙年间王士祯《池北偶谈》卷二十三描写到：

> 西域哈烈、撒马儿罕诸国多风磨，其制筑垣墙为屋，高处四面开门，门外设屏墙迎风。室中立木为表，木上用围置板乘风。下置磨石，风来随表旋动，不拘东西南北，俱能运转，风大而多故也。

同一时期，纳兰成德《渌水亭杂识》又记：“西人风车，藉风力以转动，可省人力。此器扬州自有之，而不及彼之便易。”

将上述记载与河中府、哈烈的地理位置联系起来，大约“西域”的风磨是从波斯传入的，并可能进一步东传。

至少在元太祖西征之前80年左右，有人已经在南宋控制区内将风车用作翻车的动力。迄今未发现中国境内使用风磨的记载，因此，波斯风车的具体设计制造技术并未被介绍到中国。但是，有可能在南宋初期以前，受此启发，将中国传统风帆的构造原理与机械装置的转动原理结合起来，从而创造了独特的中国立轴式风车。在此基础上，后又制成了卧轴式风车。当王徵、邓玉函（J. Terrenz）编译《远西奇器图说录最》（1627）介绍国外风车时，中国风车技术早已成熟并被一些风能资源丰富的地区大量采用。

# 第五节　热力的利用

## 一　走　马　灯

宋代文献描述了一种带有活动物影的玩赏灯具——“马骑灯”、“马骑人物”。金盈之《醉翁谈录》中记载北宋开封的灯市：

> 上元自月初开东华门为灯市。十一日车驾谒原庙回，车马自阙前皆趋东华门外，如水之趋下，辐之凑毂。又有……镜灯、字灯、马骑灯、风灯、水灯……诸灯之最繁者棘盆灯为上。是灯于上前为大乐坊，以棘为垣，所以节观者，谓之棘盆。

南宋范成大（1126～1193）在《石湖居士诗集》卷二十三《上元纪吴中节物俳谐体》三十二

---

① 张柏春，中国风力翻车构造原理新探，自然科学史研究，1995，14（3）。

韵上，有"转影骑纵横"的句子，自注："马骑灯"。南宋姜夔（1163～1203）在《白石道人诗集》卷下《观灯口号十首之七》有"纷纷铁马小回旋，幻出曹公大战年"的描述。南宋《乾淳岁时记》上也有同样的描写："灯品至多，若沙戏影灯，马骑人物，旋转如飞。"吴自牧《梦梁录》卷十三《夜市》对南宋京城的描述是："杭城大街，买卖昼夜不绝，……春冬扑卖玉栅小球灯，……走马灯……等物。"周密在《武林旧事》卷二中回忆南宋京城道，灯品上有"……罗帛灯之类尤多。或为百花，或细眼间以红白号万眼罗者，此种尤奇。此外有五色蜡纸菩提叶。若沙戏影灯，马骑人物，旋转如飞"。

明清文献对"走马灯"也有明确记述。光绪三十二年（1906）刊印的《燕京岁时纪·走马灯》记："走马灯者，剪纸为轮，以烛嘘之，则车驰马骤，团团不休。烛灭则顿止矣。"

对比上述记载，可以断定，"马骑灯"、"马骑人物"、"走马灯"是同一种灯，其构造如图6-73所示。①在一个柱状纸灯笼中装一个可转动的立轴。立轴的中部，沿水平方向纵横装四根左右的细铁横杆。每根横杆外端都粘上纸剪的人马等。在立轴的上部横装一个叶轮，俗称伞。各叶片的装置方法与卧轴式风车及玩具风车相似，即沿一个转向斜置。叶轮下方，在立轴下端近旁，装一盏灯或烛。当灯或烛燃烧时，所产生的燃气上冲，推动叶轮带着立轴和横杆回转。在夜间，人们可以看到灯罩上的活动人马影子，很有趣。还可以把活动人、马等制作得更复杂。显然，走马灯已具有燃气轮机的雏型。

图 6-73　走马灯

由宋代的记载来推断，走马灯的发明不晚于公元1000年左右。在《乾淳岁时记》和《武林旧事》中，若"马骑人物，旋转如飞"是对"影灯"的补充解释，那么，影灯当是马骑灯或走马灯的原名。唐代中国就盛行上元节玩灯的习俗，当时已有关于影灯的记载。陈元龙《格致镜原》上引郑处诲《明皇杂录》："上在东都遇正月望夜，移仗上阳宫，大陈影灯。"《说郛·影灯记》："洛阳人家上元以影灯多者为上，其相胜之辞，曰：千影万影。"《全唐诗·崔液上元夜六首之二》："神灯佛火百轮张，刻像图形七宝装，影里如间金口说，空中似散玉毫光。"从宋代流行"马骑灯"来看，唐代的"影灯"很可能就是走马灯。

# 二　火　箭

古代"火箭"一词有两个涵义，一是纵火的箭，二是以火力喷射而前进的箭。潘吉星先生对此有专门系统的研究。②本节讨论的就是第二类，即火作为推进动力的火箭。它通常是将含硝量较高的固体火药装入纸筒中，筒上部用一层薄泥封闭，筒内开一空腔，筒下留一小孔，其中插装药线。再将火药筒绑在枪或箭杆上。点燃火药后，定量气流从药筒底部小孔高

① 刘仙洲，中国机械工程发明史（第一编），科学出版社，1962年，第71～78页。

② 潘吉星，中国火箭技术史稿——古代火箭技术的起源和发展，科学出版社，1987年，第9页。

速喷向箭后低压区，产生相当的反作用力，推动火箭向前运动（图6-74）。

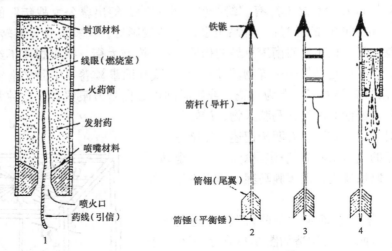

图 6-74　中国古代火箭结构示意图[①]

1. 火箭结构剖示图；2. 箭杆各部件；3. 装配后的火箭；4. 点燃后的火箭

火箭发明的首要前提是有发射剂——固体火药。至迟在唐代中期（9世纪）已有关于原始火药的可信记载。[①]五代末、北宋初已经有了真正的军用火药。约12世纪前半叶制成固体火药，并用于制造娱乐用烟火。接着又出现了反作用装置"起火"。烟火和起火的发展为火箭武器的发明准备了发射剂（固体火药）、药线和制作反作用装置的技术经验。

对于火箭起源的年代，有不同的观点。南宋诗人杨万里在《海䲢赋后序》中记载了1161年长江下游采石之战中宋军使用的"霹雳炮"。潘吉星考证，"霹雳炮"是一种纸筒中装固体火药的大型"起火"式武器，点燃后发射升空，降落时自行爆炸。[②]金人从南宋汉人那里学到了制造火箭的技术，1232～1233年金人在金蒙开封府之战中使用了纵火"飞火枪"，其形制和构造原理可能就是《武备志》所描述的"飞枪箭"，即导杆较长的火箭武器（图6-75）。这种火箭很快被蒙古军队掌握，并被用于1235年开始的远征欧洲。15世纪波兰史学家描述了蒙古人使用的火箭，说箭筒下部有起喷管（"火门"）作用的圆锥形凹槽。

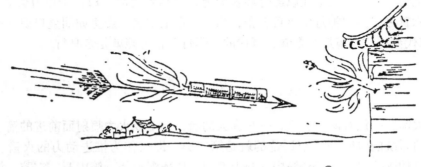

图 6-75　西方人所描绘的 1232 年 "飞火枪"[②]

---

① 潘吉星，中国火箭技术史稿——古代火箭技术的起源和发展，科学出版社，1987年，第9页，图见第5页。
② 潘吉星，中国火箭技术史稿——古代火箭技术的起源和发展，科学出版社，1987年，第54～55页，图见第51页。

明代火箭多达几十种。其中，单飞火箭（单支火箭）继承宋元火箭的遗制，分为飞刀箭、飞枪箭、飞剑箭、燕尾箭等。"三飞"火箭的药筒长 8 寸，导杆长 6 尺，杆下端有羽翎制成的 7 寸长尾翼，射程为 500 步(2500 尺)。明代继续利用一枚或多枚火箭将炸弹投向敌方目标，制成若干种原始飞弹，如飞空击贼震天雷炮、神火飞鸦(图 6-76)和四十九矢飞帘箭等。

图 6-76　神火飞鸦（采自《武备志》卷一三一）

从元代起，人们将多支火箭用总药线连起来集成一束。点燃总药线后，多支单飞火箭一窝蜂似地射出，造成密集火力。明代出现了多达 100 支单飞箭组成的集束火箭。当时的发射装置和情景如图 6-77 和图 6-78 所示。

多级火箭技术是明代推进动力的一项重大成就。为了增加火箭的射程，可以考虑增多筒内火药，但这受到材料和结构等方面的限制。于是，火箭匠师们把几支火箭串联起来。当第一级火箭燃烧完毕时，又引燃下一级火箭，这样就发明了逐级推动的多级火箭。《武备志》记载了两种二级火箭，即"火龙出水"（图 6-79）和"飞空砂筒"（图 6-80）。

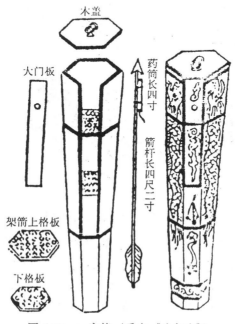

图 6-77　一窝蜂（采自《武备志》）

图 6-78　火笼箭的发射

图 6-79　"火龙出水"的一级启动和二级启动（采自《武备志》卷一三二）

　　"火龙出水"的构造原理是：龙头、龙尾下部内装各含 1.5 斤发射药的火箭筒两枚，火门向下，用总药线相连，组成第一级火箭。在龙腹内装放数枚火箭，亦用一总药线相连，组成第二级火箭。再将龙腹内火箭总药线连接到龙头、龙尾下火箭筒药线上。总重量可能有一二十斤。点燃龙头、龙尾火箭筒总药线，火龙遂飞向目标。当第一级火箭燃毕时，腹内火箭被引燃，从龙口内射出，继续飞向目标。水战时，若从水面发射，则可在水面上飞行两三里。

"飞空砂筒"由两个内盛发射药的起火作推进器，但两者喷火口的方向正好相反。通过"溜子"（发射筒）点燃第一个起火，整个装置飞向目标。达到射程时，与第一个起火连有药线的爆仗被引爆，喷出砂子，迷伤敌人眼睛。爆仗爆炸时引燃第二个起火，将装置推射给发射者，使敌方"莫识"。但由于无很好的方向控制系统，返回时飞行方向可能不理想。

清代，传统火箭向少而精的方向发展，有的单飞火箭射程达六七百步（990～1155米）。大约在禁烟运动时，王文澜制造了五种火箭。[1]它们的推进部分相同：铁筒长约一尺三寸，直径约二寸八九分。筒后正中间，通过螺丝接一个六七寸长的铁管，管内接七尺长木柄。筒内装发射剂（顺药），筒后开五个直径约三分的小孔，各装一引线。装在铳形发射架上，点燃引线，气流从五个小孔喷出，可将火箭推数里远。火箭前端可装爆破剂，或装一支至数支小火箭。从推进原理看，它是"火龙出水"的后裔。从螺丝等结构看，它受到了西方技术的影响。

1850年，丁拱辰和丁守存携样器赴广西桂林研制火箭。其构造原理与王文澜所制基本相同，尺寸略小，射程为二百丈（746米）。这类火箭当属于稍加改进的英国康格里夫型。

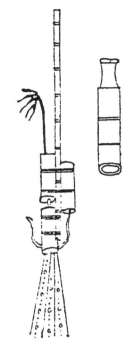

图6-80 飞空砂筒（采自《武备志》卷一二七）

## 三 喷气飞行试验

根据西方文献的描述，明代初期中国已有利用火箭作动力的飞行试验。1945年美国火箭专家基姆（Herbert S. Zim）在《火箭与喷气发动机》（Rockets and Jets）一书中讲述了一位中国官员的天才构想和大胆试验：

> 必须提一下万虎（Wan Hoo，音译）的事迹。如果记载正确的话，这位快要活到15世纪的中国绅士和学者，是一位试验火箭的官员。让我们把万虎评价为试图利用火箭作为交通工具的第一个人。他先是制得两个大风筝，并排安放，并将一把椅子固定在风筝之间的构架上。他在构架上绑上47支他能买到的最大的火箭。当一切就绪后，万虎坐在椅子上，并命其仆人们手持火把。这些助手们按口令用火把点燃所有47支火箭。随即发出轰鸣，并喷出一股火焰。实验家万虎却在这阵火焰和烟雾中消失了。这种首次进行火箭飞行的尝试没有成功。[2]

美国人麦克唐纳（James Macdonald）根据史料说明，绘出了万虎及其火箭飞行器的图（图6-81），附在基姆的书中。虽然万虎的飞行试验失败了，但其构思却有划时代的意义。前苏联火箭专家就此认为："中国人不仅是火箭的发明者，而且也是首先企图利用固体燃料火箭将人载到空中去的幻想者。"

① 李崇州，中国直杆火箭系统研究，自然科学史研究，1994，13（4）。
② 潘吉星，中国火箭技术史稿——古代火箭技术的起源和发展，科学出版社，1987年，第72页。

### ROCKETS AND JETS

turn of the fifteenth century, if records are correct, was an official who experimented with rockets. Let's give Wan-Hoo credit for being the first to try to use rockets as a means of transportation. Wan-Hoo first secured two large kites, arranged them side by side and fixed a chair to a framework between them. On the frame he attached 47 of the largest rockets he could buy. When all was

WAN-HOO AND HIS ROCKET VEHICLE

arranged Wan-Hoo sat down on the chair and commanded his coolies to stand by with torches. At a signal these assistants ran up and applied their torches to all 47 rockets. There was a roar and blast of flame. Wan-Hoo, the experimenter, disappeared in a burst of flame and smoke. The first attempt at rocket flight was not a success.

图 6-81　明代万虎及其火箭飞行器[①]

　　基姆的史料可能来自中文手抄本。由于他在书中未注明史料出处，我们无从查对原始记载，也难以肯定 Wan Hoo 究竟指谁。刘仙洲曾猜想 Wan 指"万"或"完"姓，后来又认为可能是军队中的官名"万户"。[②]　"万户"是元代的官名，而故事发生在明初（14 世纪末）。《明史·兵志》记，明初万户一职已废，改称都指挥使。因此，Wan Hoo 不是指官职。[③]

　　① 潘吉星，中国火箭技术史稿——古代火箭技术的起源和发展，科学出版社，1987年，图见第 73 页。
　　② 刘仙洲，中国机械工程发明史（第一编），科学出版社，1962年，第 71～78 页。
　　③ 潘吉星，中国火箭技术史稿——古代火箭技术的起源和发展，科学出版社，1987年，第 74 页。

# 参 考 文 献

陈立．1951．为什么风力没有在华北普遍利用——渤海海滨风车调查报告．科学通讯，2（3）

陈文华．1991．中国古代农业科技史图谱．北京：农业出版社

刘仙洲．1962．中国机械工程发明史（第一编）．北京：科学出版社

陆敬严．1993．中国古代兵器．西安：西安交通大学出版社

潘吉星．1987．中国火箭技术史稿——古代火箭技术的起源和发展．北京：科学出版社

清华大学图书馆科技史研究组．1985．中国科技史资料选编——农业机械．北京：清华大学出版社

孙机．1980．从胸带式系驾法到鞍套式系驾法——我国古代车制略说．考古，（5）

孙机．1984．中国古代马车的系驾法．自然科学史研究，3（2）

王振铎．1989．科技考古论丛．北京：文物出版社

席龙飞．1985．中外帆和舵技术的比较．船史研究，（1）

严可均．1958．全上古三代秦汉三国六朝文·全晋文，卷五十．北京：中华书局

易颖琦，陆敬严．1992．中国古代立轴式大风车的考证与复原．农业考古，（3）

袁仲一，程学华．1983．秦陵二号铜车马，考古与文物：3~61．

张柏春．1994．中国传统水轮及其驱动机械．自然科学史研究，13（2）、（3）

张柏春．1994．云南几种传统机械的调查研究．古今农业，（1）

张柏春．1995．中国古代固定作业农业机械的牲畜系驾法概述，古今农业，（2）

张柏春．1995．中国风力翻车构造原理新探．自然科学史研究，14（3）

中国农业博物馆．1986．中国古代耕织图选集．中国农业博物馆

周世德．1989．中国古船桨系考略．自然科学史研究，8（2）

唐立．平成二年．雲南省西雙版納傣族の製糖技術と森林保護．就実女子大学史学論集

Joseph Needham．1965．Science and Civilisation in China．Vol. 4，Part Ⅱ，Mechanical Engineering．Cambridge：Cambridge University Press

# 第七章　整体机械

## 第一节　秦陵铜车马

　　1980 年在秦始皇陵封土西侧 20 米处的一座陪葬坑内，发掘出两乘大型彩绘铜车马，见图 7-1 和图 7-2。每乘铜车驾有四匹铜马，车上各有一御官俑。它们是供秦始皇幽灵出游御用仪仗队中的两乘车。前乘一号车为立车，又名高车；后乘二号车名安车。大小约为真实车马的 1/2，从御俑、车马、乃至各组成部分，都是仿照实体形态用金属制成，车马通体彩

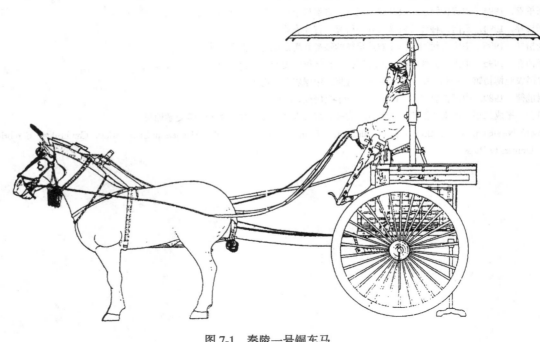

图 7-1　秦陵一号铜车马

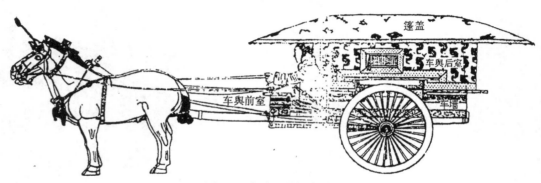

图 7-2　秦陵二号铜车马

绘，以大量的金银构件为饰。俑马栩栩如生，车轮驱动后仍可载舆行驶。铜车马结构复杂、制作技艺精湛，不仅是举世无双的精美工艺品，而且是秦代机械工程的杰出代表。它的发掘，是继被誉为世界"第八大奇迹"的秦始皇兵马俑坑之后，反映中国古代文明的又一瑰宝，亦为研究秦代机械结构的设计、金属构件的冶铸和制造工艺，以及相应的技术管理措施等，提供了极为珍贵的实物资料。

# 一　铜车马的结构分析

## （一）铜车马的整体结构与车的形制

秦陵一、二号铜车马都是两骖、两服、四马驾驶的双轮单辕车。由轮轴、辕、衡以及用以乘载的舆三大部分组成。舆置于轴上，舆下两侧的轸部藉助于上窄下宽、上平下有半圆形凹口的伏兔与轴相交，用皮条将三者紧缚成一体。车辕置于舆下轴上，辕与轴中心十字相交，交接处藉助当兔及革带把三者缚成一体。舆前后两边下的轸与辕相交处，亦藉助革带把二者缚成一体。衡置于辕上，两者成十字交叉，用革带将其缚成一体。为防止衡左右移位或从辕端滑脱，用革带将辕端一半环索形键和衡中部半环形银质鼻纽束扎在一起。通过上述联接方法，把衡、辕、轴、舆紧紧联结成一体。牵引衡辕，车轮转动，载舆以行。每个联接点上的革条捆缚，使之在牢固联接中有适度的活动，以适应道路的起伏倾侧引起的车身前倾后仰和左右偏摆，使车舆在行驶中保持平衡，乘车人感到舒适、平稳。

一号和二号铜车马均属两骖、两服、四马驾驶的双轮单辕制，但车舆的形制结构和武器配备各不相同。

一号车马通长 225 厘米，高 152 厘米，舆呈长方形，四周立栏板，前有轼，后辟门，较为轻便灵巧。车轮较大，车舆高，御者站立在车上，车的正中竖有一柄独杆圆盖的车伞。据《晋书·舆服志》记载，"坐乘车谓之安车，倚乘车谓之立车，亦谓之高车"。因此，在一号铜车马清理简报中，将它定为立车。一号车舆和秦兵马俑坑发现的各类战车，形制略为相似，并且车上配备了弩、矢、盾等各种武器，因此也可将它归为战车和兵车。据《左传》中记载："兵车无盖"，即古代兵车的特点之一是"不中不盖"，四面敞露顶上无盖。一号车上却有一长柄圆顶伞，正好遮住整个车舆和御官俑。这似乎与战车的标准有矛盾。其实不然，此伞并不固定在车舆的桄上，而是插在置于舆内活动的底座上，可根据需要随时取留。据考证，自秦汉以来，当战车逐渐转入步战后，立车中的有盖车只是作为前导和扈从偶有保留。从铜车马的出土情况看，一号立车在前，二号安车在后，一号车是二号车的前导。因此可认为一号车既是轻便的战车，也是仪仗队中前导的立车。

二号车马通长 317 厘米，高 106.2 厘米。此车的特征是车舆较长，平面呈"凸"字形，分为前后两室，两室之间以滍板相隔，前室面积较小，舆底近似正方形，宽 35 厘米，进深 36.2 厘米，内有跪坐的铜御官俑一尊，左侧辟门，以供御者上下。舆底四周有轸。据《考工记》记载："轸之方也，以象地也。"四轸之间铜板上铸有 1.45 厘米×1.45 厘米的斜方格皮条编织纹（图 7-3）。说明原来是以皮编织物作为舆底，富有弹性，可免颠簸之劳。舆底正面有 2 厘米×2 厘米的正方格纹，方格突起成浮雕形，质地显得轻软，类似软垫，古代名之为鞇。后室底部近似方形，舆广 78 厘米，进深 88 厘米。舆底四周有轸，左右两轸之间有三条前后纵置的枕，在枕上又有左右构置的 20 根横条。四轸和纵、横交置的枕及横条一起构成舆底的框架，在框架上铸有斜方格形的皮条编织纹，以编织物作为舆底，图 7-4。舆底上面反扣着近似正方盘形的大铜板，上面绘有鲜艳的几何图案花纹，原物像厚厚的软垫，铺于舆底之上，古代名之谓"重茵（或茵）"。四周有车湖（即箱板），前湖的左右两湖各有一窗，窗上安有可移动的窗板以备开合，后边有单片门扇，供主人登车。门窗可随意开关，开窗则凉爽，闭窗则温暖，故又称"温凉车"。车的上部有一长 178 厘米、宽 129.5 厘米的椭圆形篷盖，把前后两室均盖于篷盖之下。整个车的形状像后来的轿车，安稳舒畅、富丽典雅，除御官俑的佩剑外，无其他兵器配备。在二号车的一条辔绳末端，上有"安车第一"的刻文。由此可知，这是一辆供人乘坐安息的"安车"，是秦始皇仪仗队中的一辆副车。

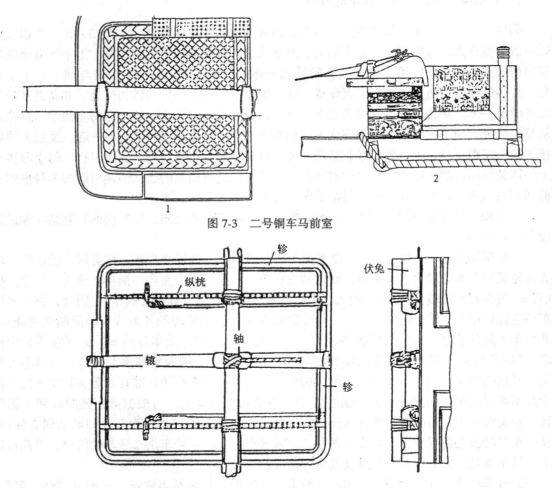

图 7-3  二号铜车马前室

图 7-4  舆底结构示意图（采自《西北农业大学学报》95（23）专辑）

秦陵铜车双轮单辕的结构形式虽然在殷代已基本定型，但每一部分的结构与前代相比，又有许多特点，在车速、牢固、平稳、舒适等方面均优于前代。带有圆盖的立车，在秦汉之前虽已出现，但只在画像石上有所反映，从无实物出土；而二号铜车前后两室截然分开的车舆形制，则是考古上的首次发现。一、二号铜车舆的不同形制结构，真实地反映了秦始皇时期御用舆服制，车舆不同，用途也不同。

## （二）铜车典型部件的结构分析

### 1. 轮轴结构

铜车轮轴部件，按具有的功能划分，由支承件（车轴）、转动件（车轮）、联接件（書、辖）、调整件（挡圈）和垂挂件（飞铃）组成。其结构见图7-5。

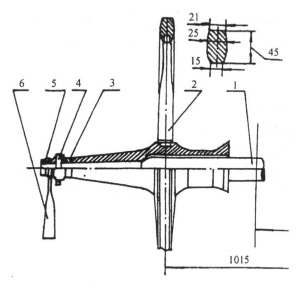

图 7-5　轮轴部件结构
1. 车轴　2. 车轮　3. 挡圈　4. 辖　5. 書　6. 飞铃
（采自《西北农业大学学报》95（23）专辑）

车轴为青铜铸件，其尺寸见表7-1。中间置于舆下部分为中空的圆柱形，两侧伸出舆外持轮部分为实体，形状逐渐由圆柱形收缩成圆锥形，直径在两者联接处为纺锤形光滑的圆弧过渡。轴两端各有一与轴线垂直的长方通孔，用以穿辖固書。根据受力分析，车轴在行驶中是不转动的，除摩擦引起的扭矩外，主要承受弯曲应力。轴的设计采用了中空的圆柱形截面以及中间大两端逐渐减小的变截面形式，完全符合力学及材料学原理，既提高了强度降低了弯曲应力，又减轻了重量。

表 7-1　车轴尺寸　　　　　　　　　　　　　　　　（毫米）

| 序号＼分类 | 总长 | 舆下部分（圆柱形） | | 舆外伸出部分（圆锥形） | | | 贯辖长方孔截面尺寸（长×宽） |
|---|---|---|---|---|---|---|---|
| | | 长度 | 直径 | 一侧长度 | 直径 | | |
| | | | | | 大径 | 小径 | |
| 1号铜车 | 1340 | 740 | 43.4 | 300 | 40 | 15.6 | 9.6×5.4 |
| 2号铜车 | 1430 | 760 | 50 | 335 | 45 | 19 | 9.6×5.4 |

车轮由轮毂、轮辐和牙（即轮辋）组成，图7-5所示。轮毂外形像腰鼓形，各部分尺寸见表7-2。向舆一端称贤，向轴头一端称軹。在毂长距軹端约2/3及距贤端1/3处，毂围的直径最大。在此圆周上均匀地凿有30个"T"形沟槽，用以安装辐条。与《考工记》记载的"叁分毂长，二在外，一在内，以置其辐"相符合。贤端内孔为圆柱形，軹端为圆锥形，两者联接处为光滑的内圆弧过渡，曲率比车轴的相应部分稍小。根据轮毂的结构尺寸可知，

轮毂内孔与轴在中间圆柱形部分不接触，在圆锥形部分形成间隙配合，并在轴径变化的过渡圆弧处，与锥孔呈线性接触。根据受力分析，轮子在行驶过程中主要承受径向力，并承受一定轴向力。采用上述结构，使之能同时承受径向和轴向载荷，并实现轴向止推，起到现代向心推力轴承的作用，既使轮子转动灵活，又能阻止其轴向窜动。另外，轴和毂孔过渡圆弧处曲率差形成的间隙，便于存储润滑脂，以减少摩擦阻力。

表 7-2　轮毂尺寸　　　　　　　　　　　　　　（毫米）

| 序　号 \ 分　类 | 总长 | 置辐处（最大径） | | 贤端（向舆一端）（圆柱形） | | | 轵端（向轴头一端）（圆锥形） | | |
|---|---|---|---|---|---|---|---|---|---|
| | | 外径 | 内径 | 长度 | 外径 | 内径 | 长度 | 外径 | 内径 |
| 1 号铜车 | 240 | 96 | / | / | 82 | 41 | | 42 | 21 |
| 2 号铜车 | 294 | 100 | 56 | 110 | 87 | 45 | 184 | 40 | 21 |

一、二号铜车的轮径各为 66.4 厘米及 59.0 厘米，各部分尺寸见表 7-3。每轮有轮辐 30 根，材料为青铜铸件，截面形状沿轴向变化，靠近轮毂一侧（称"股"）呈扁圆形，靠近牙的一侧（称骹）逐渐变为近似圆柱形。轮辐嵌入毂内的榫头（称菑）截面为扁长方形，嵌入牙内的榫头（称蚤）截面为正方形。轮辐的形状和尺寸见图 7-6。牙的截面为鼓形，中间宽，内外侧窄。

表 7-3　车轮尺寸　　　　　　　　　　　　　　（毫米）

| 序　号 \ 分　类 | 轮径 | 轮　辐 | | | 轮牙高 | 轮牙宽 | | |
|---|---|---|---|---|---|---|---|---|
| | | 总长 | 股长 | 骹长 | | 外侧 | 中部 | 内侧 |
| 1 号铜车 | 664 | 245 | 155 | 90 | 40 | 20 | 24 | 14 |
| 2 号铜车 | 590 | 200 | 115 | 95 | 45 | 21 | 25 | 15 |

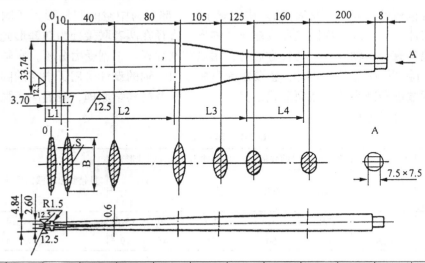

| L | 10 | 40 | 60 | 80 | 95 | 105 | 115 | 125 | 135 | 145 | 150 | 180 | 200 |
|---|---|---|---|---|---|---|---|---|---|---|---|---|---|
| S | 4.66 | 5.94 | 7.02 | 6.92 | 7.40 | 7.60 | 7.78 | 8.10 | 8.48 | 8.80 | 9.48 | 9.98 | 9.94 |
| B | 33.40 | 32.22 | 31.16 | 28.24 | 21.76 | 19.18 | 16.18 | 14.00 | 12.90 | 11.78 | 11.20 | 10.96 | 10.52 |

图 7-6　轮辐的形状和尺寸（采自《西北农业大学学报》95（23）专辑）

车轮是车的重要部件，对车的性能好坏起着决定性的作用。《考工记》中辩证地分析了轮径大小与人登车难易及牵引难易程度之间的关系："轮已崇，则人不能登也；轮已庳，则于马始终古登阤也。"根据现代滚动摩擦理论，在滚动摩擦与滑动摩擦系数一定的情况下，滚动阻力与轮径成反比。因此轮径的大小要适中，太大则车身高度增加，登车困难；太小则牵引吃力，犹如经常上坡一样。《考工记》中说："六尺有六寸之轮，轵崇三尺有三也。加轮与璞焉，四尺也。人长八尺，登下以为节。"认为车身之高取人高之半较为合适。据实测，二号车的真实高度约为秦兵马俑坑武士俑平均高度的九分之四，基本符合《考工记》的设计原则，与按现代人机工程原理计算得到的尺寸亦极为相近。另外，一号车是轻便的战车，选用的轮径较大，车速较高；二号车是舒适的安车，选用的轮径较小，上下方便。由此可见，轮径的选择与车的不同功能也是相适应的。

轮辐是联接轮牙与轮毂的零件，承受并传递载荷。最原始的车轮为滚木或辐板式，以后逐渐发展成辐条式。开始轮辐数较少，商周以后随着制造工艺的进步，轮辐数逐渐增多，至秦代以 30 根为定制。秦陵一、二号铜车，其轮辐均为 30 根，与《考工记》中"轮辐三十，以象日月"相符。从力学原理考虑，轮辐增多，轮牙和轮毂受力均匀。由于强度高，各部分尺寸减小，轮子重量减轻，同时轮子刚度增加，使轮子与地面接触面积小，滚动阻力大大减小。轮辐截面形状如图 7-6 所示，从轮辐的设计来考虑，轮辐在工作过程中承受拉力、压力与弯矩，其中弯矩对强度的影响最大。把轮辐插入轮毂端（菑）看成是固定支承，插入轮牙端（蚤）看成是弹性支承，从蚤到菑轮辐所受的弯矩逐渐增加，而轮辐的截面积和抗弯截面模量也越来越大（图 7-7），可见轮辐的设计符合等强度理论。此外，由图 7-7 表中各截面处

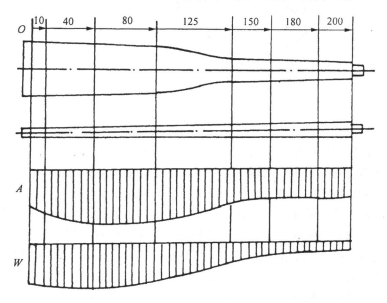

| $L$（mm） | 10 | 40 | 80 | 125 | 150 | 180 | 200 |
|---|---|---|---|---|---|---|---|
| 截面积 $A=\pi BS/4$（mm²） | 122 | 150 | 138 | 89 | 84 | 86 | 82 |
| 抗弯截面模量 $W=\pi B^2S/32$（mm³） | 509 | 604 | 541 | 157 | 117 | 117 | 108 |
| 空隙长度/辐条厚度 | 1.92 | 2.35 | 3.08 | 3.52 | 3.42 | 3.83 | 4.27 |

图 7-7　轮辐的截面积和抗弯截面模量（采自《西北农业大学学报》95（23）专辑）

辐条间空隙长度与辐条厚度的比值可以看出，上述轮辐的形状，使靠近牙端的轮辐间空隙增大，便于在泥地行驶时不被堵塞，亦符合《考工记》中"叁分辐之长而杀其一，则虽有深泥亦弗之溓也"之要求。说明轮辐形状的设计是很科学的。

　　轮牙与地面接触，重力和地面反力均作用其上。同时，车轮是在马的牵引力和地面反力作用下滚动前进的，其受力分析如图 7-8。这就要求轮牙不仅要有足够的强度、坚固耐用，而且要有良好的力学特性，如滚动阻力小、有较大的转动惯量、转向灵活，不易沾泥等。在设计轮牙断面形状时，还应考虑车子的功能和地面情况。二号铜车是安车，一般在坚实的地面上行驶。其轮牙断面采用牙外侧宽与高度之比为 1:2.4 的腰鼓形。根据力学分析，轮牙宽度小，则着地面积小，在坚实的路面上滚动就会减小阻力，提高车速；同时轮子容易侧向滑动而转向灵活，这对于没有同一回转中心的行走装置来说尤为重要。而采用较大的轮牙高度，可增加轮子的质量，产生较大的转动惯量。另外，牙两侧是光滑的外凸曲面，即使在泥途中行驶，车轮转动时亦会将泥沿曲面甩出，既不沾泥，又利于行驶。

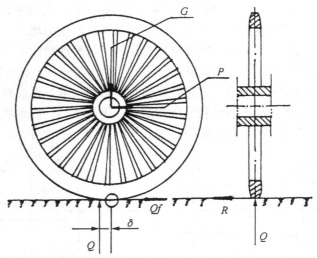

图 7-8　车轮受力分析（采自《西北农业大学学报》95（23）专辑）

　　车轮在滚动过程中会产生轴向力，因此防止车轮的轴向移动是车获得良好性能的重要因素。輨、辖、挡圈是安装在车轴两端头，用于限制车轮轴向位移的一种机构。輨是圆管形的银铸件，大端圆柱凸台朝向轮毂，内孔为圆锥形，与轴形成锥度小过盈配合；在与圆柱凸台相连的圆柱曲面处，有一截面为 5.4 毫米×9.6 毫米、自上而下有很小斜度的径向方通孔。辖是有一定斜度的长方形银质键，它贯穿輨与轴，起固定輨的作用。辖的上下各有一小孔，穿以铜丝防止脱落。挡圈位于位置固定的輨与转动的轮毂之间，既可调整车轮的轴向位移，又可减少接触端面的摩擦力和轴向力。上述机构设计巧妙、结构合理、工作可靠，起到了现代螺纹联接的紧固作用，使车轮保持正常转动，并减小驱动力。

　　2．辕衡结构

　　辕衡是铜车的牵引机构。中间两匹服马的颈部各驾一轭，两轭分别缚于衡的左右两侧，衡和辕固联，辕位于舆下轴上，通过当兔与轴联接，服马负轭牵动衡、辕，引车以行。

　　两乘铜车的辕均为曲辕，辕体中空。后段位于舆下部分平直，伸出舆前部分向上仰起。二号铜车的车辕如图 7-9 所示。它的水平长度为 2400 毫米，其中舆下平直部分长为 1245 毫米，舆前上仰部分长为 1215 毫米，有 390 毫米的曲度。辕后端距地面高度等于车轴高（320毫米），辕前端缚衡处的高度等于马颈高（710 毫米）。《考工记》说：“国马之辀，深四尺有七寸。”郑玄注：“国马……高八尺，兵车，乘车轵崇三尺有三寸，加轸与轐七寸，又并此辀深，则衡高八尺七寸也，除马之高则余七寸为衡颈之间也。”就是说曲辕后段之高应约为辕前端衡高的二分之一。二号铜车这两者之比例为 32∶71，与《考工记》之说基本相符。这样可使马不压低，轴不提高，车舆保持平正。可见当时已掌握了车与马、人之间高度的适当配比规律。

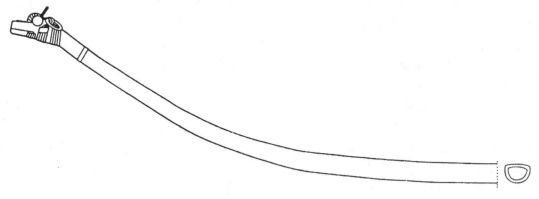

图 7-9　二号铜车的车辕

与直辕相比，曲辕（辀）对牵引性能有很大改善。上坡时车的受力情况如图 7-10 所示。由受力平衡方程式

$$Q - G\cos\theta + R\sin\alpha = 0 \quad rR\cos\alpha - rG\sin\theta - Q\delta = 0$$

可得出
$$R = \left[ G\left(\sin\theta + K\cos\theta\right)\right] / \left(\cos\alpha + K\sin\alpha\right)$$

式中，$K = \delta/r$，$r$ 为车轮半径。

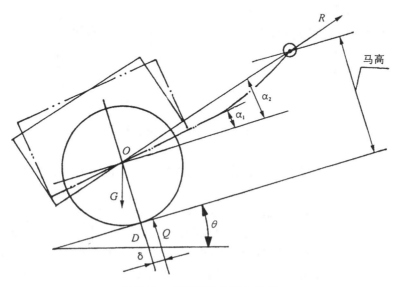

图 7-10　上坡时车的受力分析
（采自《西北农业大学学报》95（23）专辑）

由图 7-10 可知，曲辕和直辕相比，上坡时牵引力 $R$ 与坡面夹角 $\alpha$ 由 $\alpha_2$ 减小到 $\alpha_1$，因此爬坡所需的牵引力 $R$ 就会减小。同时由于夹角 $\alpha$ 的减小，上坡时不会因上抬车辕而失稳，下坡时也不会压马背。《考工记》中指出："今夫大车之辕挚，其登又难；既克其登，其覆车也必易。此无故，唯辕直且无桡也。是故大车平地既节轩挚之任，及其登阤，不伏其辕，必缢其牛。此无故，唯辕直且无桡也。故登阤者，倍任者也，犹能以登。及其下阤也，不援其邸，必缢其牛后。此无故，唯辕直且无桡也。"说明古人完全掌握了曲辕可以改善牵引性能的道理。

车辕的长度对牵引性能也有影响，在曲度相同的条件下，车辕越长，牵引力与前进方向的夹角 $\alpha$ 越小，牵引力的利用率越高。但车辕越长，转向越困难。秦始皇陵兵马俑坑出土的其他马车，车舆的长度小于宽度，属短舆车。辕在舆下的长度约为车辕长度的 $1/3$。而二号铜车，车舆长为 1240 毫米，宽为 780 毫米，是长舆型车。辕在舆下的长度约为辕长的 $1/2$。这种变化是与车舆进深的逐渐增加相适应的。

衡的形状近似圆柱形，中间粗两端细，衡上缚结双轭，缚轭处为扁长方体。衡置于辕上，与辕的前端交叉成十字形，在交叉处的衡上有一半环形银质纽鼻，在辕端有一粗壮的绳索穿过环鼻，把衡紧紧缚于辕端。半环的作用是便于保持衡在辕左右两侧的长度相等，以防止缚扎皮条松动而使衡向左右两侧滑动而失去平衡。衡上有四个半环形银轵，用以载辔，衡上缚有两轭，分别驾于左右服马的颈上，用以牵引车前进（图 7-11）。

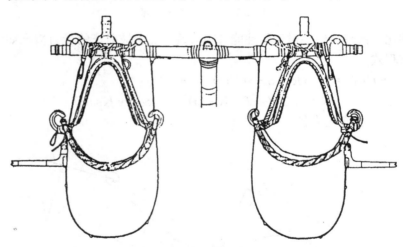

图 7-11　衡与轭（采自《秦陵铜车马》）

3．立伞和篷盖结构

立伞是一号铜车的一个独立部件，置车舆内底部，由伞盖、伞座、伞柄、夹紧套环等部分组成（图 7-12）。

伞座由两部分组成，下部为底座，起固定和支承伞柄的作用；上部为座杆，与座底铸接，起夹持和固定伞柄的作用。伞座是十字拱型的青铜铸件（图 7-13）。顶面正中向前有一个长 120 毫米、宽 28 毫米、深 25 毫米的凹槽，用以放置伞柄以及与伞柄交接的平板。在右拱腿前侧方，有一个与凹槽方向垂直的长孔，内装可左右移动的方形曲柄销。当销子位于最右侧时，缩入底座内，伞柄可以取出；当销子移至最左侧时，其端头插入左拱腿的方孔中，固定与锁紧伞柄底部平板。从力学角度考虑，十字拱型底座，采用对称的同面四点支承，加

图 7-12　立伞侧视图

强了伞座在车上的稳定性。

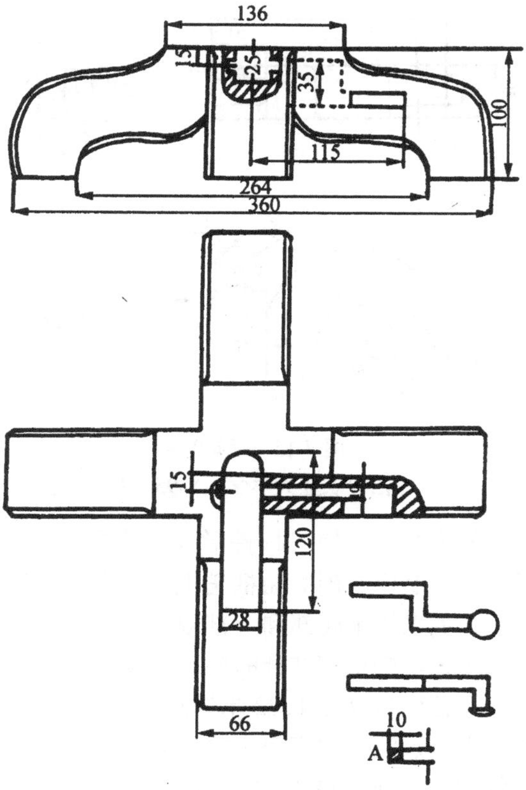

　　座杆为两头粗中间细的方形银铸件（图
7-14），底部铸接在底座左侧，座杆上部铸接
一半环，通过圆柱销与另一活动半环组成活
铰联接，实现两半环的开启和关闭。活动半
环用楔形的半榫联接（图 7-14）与固定半环
形成内径 28 毫米、厚度 22 毫米的夹紧环套
（图 7-15）。在活动半环楔形榫头的上斜面上
开有槽口，在与固定环为一体的座杆顶端，
自上而下开有一个垂直的楔形孔，底部为斜
面的垂直销可在孔内上下移动，行程受下部
大孔长度的限制。当夹持伞柄关闭活动半环
时，活动环楔形斜面先将垂直销顶起，完全
插入后，垂直销靠重力自动落入斜面的槽口
内，将半环锁住。开启时，先将垂直销提起，
打开锁紧机构，再将活动半环拉开，取出伞
柄。在此采用了一对相互垂直的楔形配合机
构，结构简便，工作可靠。

　　伞柄全长 1.06 米，中部呈中空的圆柱
形，外表面有两段各为 170 毫米长的精美的
错金银花纹装饰。上部为喇叭形的盖斗，在

图 7-13　底座（采自《西北农业大学学报》95(23)专辑）

直径为 84 毫米的圆环上，布有 22 孔与伞弓配合（图 7-17），伞底部有一小段实体，用销与
平底形成活销联接；平板另一端通过销联接与另一圆杆相连，当此圆杆另一方端头插入伞柄

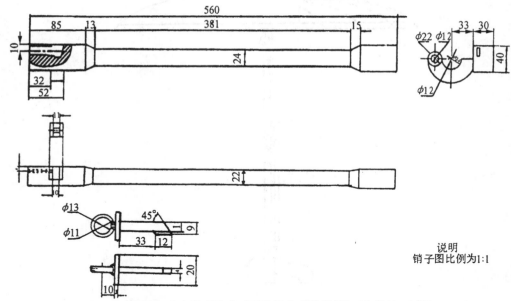

图 7-14　座杆与垂直销（采自《西北农业大学学报》95·(23) 专辑）

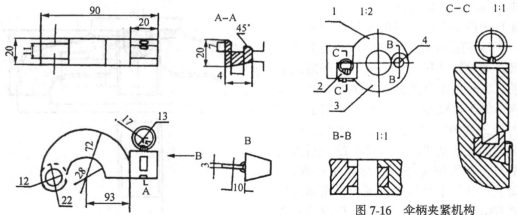

图 7-15　活动半环

（采自《西北农业大学学报》95 (23) 专辑）

图 7-16　伞柄夹紧机构

（采自《西北农业大学学报》95 (23) 专辑）

1. 固定半环　2. 垂直销　3. 活动半环　4. 圆柱销

下部的方孔时，使三杆件形成一位置固定的刚体（图 7-18）。当伞柄及基部插入底座凹槽后，移动底座右侧的曲柄销把手至最左端，使销子压在平板上，固定和锁紧平板。由此可见，伞柄采用了底部和上部双重的固定夹持机构，因此工作可靠。也是将功能要求与机构学、工艺学知识相结合的典型代表。

　　伞盖由直径为 1.22 米的圆形铜板制成，中间部分基本为平面，厚度 4 至 5 毫米；外沿逐渐平缓过渡为曲率较小的弧形，壁厚也逐步变薄，最薄处 2 毫米。伞弓从伞顶端盖斗呈放射状均匀排列，共 22 根。伞弓截面为圆柱形，靠近盖斗部分为方形，嵌铸在盖斗内；另一端微成弧形伸出伞盖，与盖弓帽形成锥度过盈配合，并通过销钉联接，使两者结合更可靠。在相邻两弓之间，有圆柱形的短条槫相联，以联接和固定伞弓位置。为防止伞盖脱落和位移，盖弓帽上的倒勾将伞盖边缘勾住，使伞盖与伞弓联成一体（图 7-19）。

图 7-17　伞柄立部结构

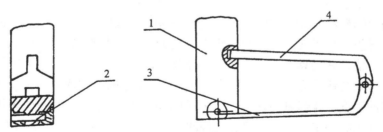

图 7-18　伞柄底部连接（采自《西北农业大学学报》95（23）专辑）

1. 伞柄　2. 销　3. 平板　4. 圆形杆件

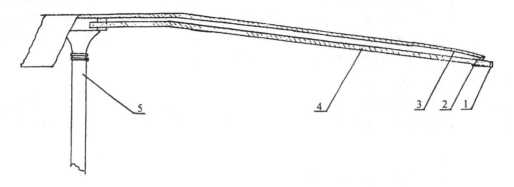

图 7-19　伞顶的连接（采自《西北农业大学学报》95（23）专辑）

1. 盖弓帽　2. 销钉　3. 伞盖　4. 伞弓　5. 伞柄

二号车舆的篷盖为椭圆形，长178厘米、最宽129.5厘米。由支承的铜骨架和一块椭圆形铜片组成。骨架呈脊骨形，中间有一条纵行的脊梁，中间扁平，两端收杀成椭圆形。全长180厘米，中间微拱，宽3.5厘米，厚1至1.5厘米，两端弯下，端头各套一银质盖弓帽。在脊梁两侧，等距离左右对称分布着鱼刺形的弓，每侧18根，在脊梁处间距为5厘米。弓为圆柱体呈弧状，末端都套有银质盖弓帽。各弓之间借助于槫联接，使整个盖骨联成一体，各弓的末端分别卡于后车㳇上端相应的圆形卯口内，形成盖形车篷骨架。通过盖弓帽上的倒钩，将覆盖在骨架上的龟盖状铜篷盖钩住，以免位移和脱落，与一号伞盖联接方式相同。

# 二　铜车马的制造工艺

秦陵一、二号铜车马虽然形制不同，但制造工艺基本相同。除一些金银饰件外，主要由锡青铜的零部件组装而成。现以二号铜车马为例，说明其制造工艺特征。二号铜车马共有3462个零部件，其中青铜铸件1742个，金制件737个，银制件983个，总重量1241公斤。

## （一）冶铸工艺

### 1. 铜铸件的合金成分

铜车马的铜铸件主要是锡青铜，二号铜车主要零部件合金成分测试结果见表7-4[1]，其中铜约占82%～86%，锡8%～12%，铅0.12%～3.76%。另据测试，四匹铜马的合金成分为：铜约占90%，锡6%～7%，铅0.7%～1%。根据现代常用的铜锡铸造合金机械性能状态图可知，当含锡量小于6%～7%时，显微组织处于α单相区，合金塑性最好；当含锡量再增加时，显微组织处于（α+σ）共析组织，延伸率下降强度提高；当含锡量达到10%时，强度接近最大值，并仍具有较高的塑性，合金熔点降低，组织细化[2]。可见车舆各部分和车盖合金成分中的含锡量为8%～12%是合理的。而车撑的结构简单，主要用于支撑车的重量，要求更高的强度，含锡量高达20%；弓和槫为细长又有曲度的圆柱体零件，用于承托篷盖支架，既要求有一定强度，又要有良好的铸造性能，其含锡量为6.47%～8.6%，相对比车撑低得多。根据青铜合金理论，铅的含量在0.5%～1%时，对提高合金的流动性最好，铜车马合金成分中铅的含量大都在1%以下。上述分析说明，秦代时工匠们已掌握了青铜合金中各种金属成分的性能，并能根据铸件不同的形体结构和用途，采用不同的合金配比。铜车马中青铜合金配比的应用，虽与《考工记》中的"六齐"略有不同，但与现代锡青铜配比却非常相似，[3][4] 表明秦代使用的铜合金配比更合理、更符合实际。

### 2. 铸造工具——范和芯

铜车马铸造的范和芯多数已不存在，但在多处断裂的残口中，仍保留有不少内范和范芯的残留物。观察结果表明，铸造时使用的是泥质陶范，一些粗大的部件（如辕、轴）和局部

① 袁仲一、程学华，秦陵二号铜车马，考古与文物，1983，（1）：53。
② 杨玉芳，秦陵二号铜车马材质分析，考古与文物，1983，（1）：109。
③ 夏文干，秦陵二号铜车马主体材料的化学成份，考古与文物，1983，（1）：119。
④ 杨玉芳，秦陵二号铜车马材质分析，考古与文物，1983，（1）：115。

表 7-4　二号铜车各部件主要成分含量一览表

| 顺序号 | 名称 | 主要成分含量% | | | 总量 | 测试单位 | 测试方法 |
|---|---|---|---|---|---|---|---|
| | | 铜 | 锡 | 铅 | | | |
| 1 | 车潸 | 82.70 | 13.57 | — | 96.37 | 黄河机械厂 | 滴定法化学分析 |
| 2 | 篷盖 | — | 10.73 | — | — | 黄河机械厂 | 滴定法化学分析 |
| 3 | 轮牙 | 84.45 | 9.17 | 0.12 | 93.74 | 西北大学 | 原子吸收光谱 |
| 4 | 车毂 | 83.77 | 8.32 | 0.54 | 92.63 | 西北大学 | 原子吸收光谱 |
| 5 | 车辐（一） | 86.01 | 9.21 | 0.37 | 95.59 | 西北大学 | 原子吸收光谱 |
| 6 | 车辐（二） | 84.12 | 13.57 | 0.70 | 98.39 | 黄河机械厂 | 滴定法化学分析 |
| 7 | 车衡 | 83.80 | 11.05 | 0.55 | 95.40 | 黄河机械厂 | 滴定法化学分析 |
| 8 | 车辕脊头 | 86.05 | 10.89 | 1.50 | 98.44 | 黄河机械厂 | 滴定法化学分析 |
| | 车辕脊中 | 85.72 | 11.05 | 1.20 | 97.97 | 黄河机械厂 | 滴定法化学分析 |
| | 弓（一） | 83.16 | 6.47 | 3.76 | 93.39 | 西北大学 | 原子吸收光谱 |
| | 槫 | 82.00 | 8.60 | 2.80 | 93.40 | 黄河机械厂 | 滴定法化学分析 |
| | 弓（二） | 85.70 | 11.68 | — | 97.38 | 黄河机械厂 | 滴定法化学分析 |
| | 弓（三） | 86.05 | 10.74 | 1.50 | 98.39 | 黄河机械厂 | 滴定法化学分析 |
| 9 | 轵与潸结合处的流出物 | 81.70 | 8.60 | 2.81 | 92.61 | 西北大学 | 原子吸收光谱 |
| | | 81.78 | 12.00 | 1.43 | 95.21 | 黄河机械厂 | 滴定法化学分析 |
| 10 | 车撑 | 余量 | 20 | 2 | — | 红旗机械厂 | 直读光谱仪半定量分析 |

过厚的铸件，采用填范法铸成中空体。内范的泥质较细，外层灰白色，内部黑色并掺有植物纤维及谷物等炭痕。有些部位（如马腿与马体铸接处）的范芯内，插有排列成一定形状的瓦片[①]，用以增强铸接处范芯的强度。

　　舆底下方的轸和桄，组成舆底的框架，其内部均有泥质范芯，芯内有铜质芯骨，截面为矩形，范芯均用铜支钉支撑。特别值得提出的是在轸和桄、桄和伏兔的交接处、轸的拐角及负重处均为铜质芯，芯内又有铜芯骨，只有辕和轸的相交处是实体[②]。为了加强轸、桄的强度，在一些部位上不直接铸成实体而采用铜芯，一方面是为了减轻总体重量，避免实体大部

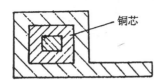 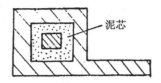

图 7-20　铜芯与泥芯
（采自《西北农业大学学报》95（23）专辑）

① 袁仲一、程学华，秦陵二号铜车马，考古与文物，1983，（1）：54。
② 邢力谦，先秦铸造技术及秦陵铜车马制造工艺的研究，西北工业大学硕士学位论文，1987年，第51页。

件浇铸后产生较大的缩孔。另一方面，由于轸、桄和舆底板为同范铸成，采用铜芯支撑芯骨，便于将芯骨组装成一整体框架，然后在芯骨外翻制泥芯（图7-20）。

3．铸造方法

（1）浑铸法与分铸法。

铜车马的体积大，结构复杂。无论是车、马或俑，都是由若干零件分别铸造，然后用不同方法、依一定顺序铸接在一起的，即分铸法。零件与零件之间的联接，分别采用嵌铸、焊铸及其他工艺方法。铜车马的零件大小不同、厚薄不均、形状各异。一次铸成、形体最大的铸件是马体、车辕、舆底和篷盖等，采用浑铸法。这些大铸件成中空体，内部设置泥芯或铜芯，芯内有芯骨，横以铜支钉支撑。外范多数由多块陶范拼合，范块之间设卯榫，拼合后外部糊以泥草。由于各铸件外表面已锉磨光整并涂以彩绘，合范痕迹已无法辨认。

单体铸件中面积最大的是二号车的篷盖和一号车的伞盖。篷盖约2.3平方米，成龟背状拱形曲面体，中间最厚处4毫米，边沿厚度仅1毫米；伞盖直径1.28米，中间厚度为4毫米，边沿厚度2毫米。根据篷盖的金相组织分析，推测其制造方法为先铸出面积略小、厚度为4毫米的拱形曲面，然后加热边缘部位，经锻打变薄而成。[1]

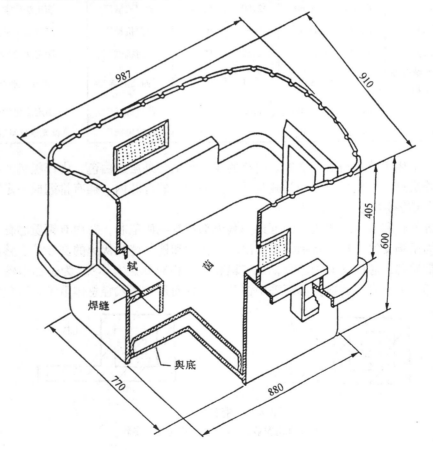

图7-21　车舆结构（采自《秦陵二号铜车马》）

---

① 邢力谦，先秦铸造技术及秦陵铜车马制造工艺的研究，西北工业大学硕士学位论文，1987年，第74页。

在各种铸件中以车舆的形体最大，造型复杂。它由舆底、两輢、车耳、车辖、前后栏板、车箱上层的围板等组成（图 7-21），铸造面积达 2.5 平方米。形状多层曲折，不但有直线、平面，还有弧线、曲面，有的为实体，有的部分为空心体。如此巨大复杂的铸件，不但要求范的分型正确，而且要浇口、冒口的设置合适，铜液流畅。另外车舆两侧的车窗为镂空成菱花形的窗板，厚度仅 1.2～2 毫米。能铸出如此精美的薄铸件，可见当时铸造工艺之精湛。

（2）嵌铸法。

铜车马的结构复杂，对于不能一次完成的复杂铸件及各零件之间的联接，较多地采用了嵌铸法接铸，这是铜车马铸造中的一个特征。例如铜车轮的毂、辐、牙联接；轭与衡联接；舆与辕、轴联接；篷盖的弓与槫的联接；铜马的四腿、马尾、双耳等与马体的联接；铜俑头顶的冠与俑顶的联接；俑头、俑手与俑体的联接等。以铜车轮的铸造为例，出土时二号车右轮的部分辐条已断折，有的辐两端榫头从毂和牙的卯口内脱出，毂上的卯口比较规整，有两层台阶。说明毂和辐是分别制作的预制件。一种看法认为毂和辐是采用所谓的"红套法"联接[1]，然后装入牙范内，再浇铸牙。根据是有两处辐的榫头从毂和牙中完整脱出，套接面上仍保留原始的加工痕迹。另一种看法认为，先铸造辐条然后分别装入已制好的毂和牙的范内，同时浇铸毂和牙，使三者连为一体[2][3]（图 7-22）。根据上述两种看法，用"红套法"工艺上有许多困难：首先红套时需把毂加热到炽红状态，三十条辐依次锤击镶入毂内，而且要保持较高的装配位置精度，操作困难；其次，制造用于红套的带有阶梯孔的毂范远比用于直接铸接的毂范复杂；从辐的断口处测量，辐的榫头尺寸虽然比较一致，且经过锉磨，但对于红套的卯口来说互换性仍不好。在用嵌铸法做镆与铤的铸接模拟实验时，也出现过铸接后镆铤从镆头中脱落的现象，脱落后铤端的加工痕迹依然存在。可见毂与辐和辐与牙的联接均采用嵌铸法的可能性大。[4]

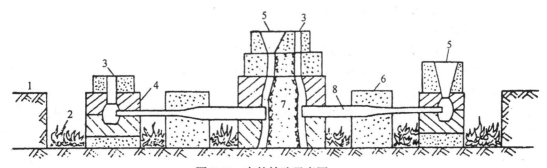

图 7-22　车轮铸造示意图
1. 地面　2. 火池　3. 排气孔　4. 牙范　5. 浇口　6. 砂土或草泥　7. 毂范和芯　8. 辐

在嵌铸法联接中，有多处采用了两种不同金属的铸接，如衡与银轭；马络头上的金当卢、金片、银片与下面的铜片；银环与铜节约；铁铤与铜镆的联接等。这构成了秦代在嵌铸法运用上的又一特点。

---

① 华自圭，秦陵铜车马连接技术的初步考证，考古与文物，1983，（1）：131。
② 袁仲一、程学华，秦陵铜车马的结构及制作工艺，西北农业大学学报，1995，（增刊）：61。
③ 侯介仁、杨青，秦陵铜车马的铸造技术研究，西北农业大学学报，1995，（增刊）：91。
④ 华自圭，秦陵铜车马连接技术的初步考证，考古与文物，1983，（1）：125。

（3）铸焊法。

这是一种古代的熔化铸焊工艺。即在被焊接的两个制件间留出一定缝隙，在缝隙处造范，形成焊缝铸型，以一定量过热的熔融铜液浇入形成焊缝。其工艺类似于一般的铸造过程。[①]在铜车马中，铸焊法的应用非常灵活，形式也多种多样。例如，二号铜车的轼与舆的铸焊（图7-20）。轼与车舆前边栏板内侧的折沿相连，接缝长72厘米，宽0.4厘米，出土时

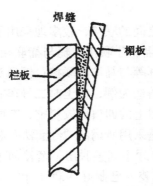

大部分焊缝已裂开，仅有9厘米完好无损。轼的背面沿合缝线粘附着一道不规则的铜液流块，可明显地看出浇注接缝的痕迹。合金成分为铜81.78％，锡12％，铅1.43％；其金相组织为细小的等轴晶体。表明采用了与栏板化学成分相近的合金浇铸接缝，使轼与栏板焊接在一起。又如茵和舆底的联接（图7-21），茵即车内的软垫。二号车中茵为青铜制件，形同一倒置的方盘扣放在舆底上。修复时发现，在茵的下面，茵和舆底在四个角上与铸造的铜柱联接在一起，铜柱周围的陶范仍保留着。原来是在舆底以及茵的四角相应位置处各开一个孔径相同的孔，在孔周围造范浇铸铜液，形成四个圆柱，把茵和舆连成一体。另外，在舆的右栏板上沿，有一楣板是"贴"上去的，楣板和栏板之间有浇注焊料形

图7-23　栏板的铸焊

成的焊缝（图7-23）。车舆的栏板与轼，栏板与轸，弓与潎的联接等均采用了这种铸焊方法。

铸焊法还应用于两种不同金属的铸接，如一号铜车前栏板外侧的两个银质承弓器，分别和铜质前栏板联接成悬臂状。据分析也是采用的铸焊法联接。

熔化铸焊法始于春秋末期、战国初期。到秦代，这种铸焊技术已被广泛应用，形式灵活多样，工艺掌握熟练，这在铜车马的制造上得到了具体反映。

（4）包铸法。

在车的轭与衡、衡与辕、辕与前后轸、辕与轴及轴、伏兔与舆下的纵桄等交接处，都铸有皮带缠扎纹，表示此处是用皮条缠扎固结的。对于这些交接处的铸接方法，目前有两种看法：一种认为是在主要部件上采用嵌铸法铸接，然后再在交接处单独造范，浇注皮带缠扎纹样，即所谓"包铸法"[②]。另一种认为是用铸接法一次造型浇铸而成。如辕、轴、伏兔的铸接，在舆下造型接铸辕，再在辕下造型接铸轴，在浇注辕、轴时随之把皮带纹、伏兔、当兔一次铸出，使彼此铸接在一起。因为辕、轴和舆的形体大，胎壁厚，各联结点上仅包铸一层厚度为1毫米左右的铜液，很难使其牢固地结合成一体。根据出土现场观察，铜车马坑塌陷，经重力砸压，辕、轴都已断折，而各联接点上的皮带纹却完整无损。可见包铸的可能性较小，而接铸的可能性较大。[③]

除上述几种铸造方法外，在铜马、御者以及篷盖上，对于由铸造引起的较大缩孔和砂眼等缺陷，还采用了在凹坑内浇注铜液填补，然后将表面修磨平整的铸补工艺，以及镶嵌修补工艺等，用以消除表面缺陷，使铸造表面光滑平整。

①，②　邢力谦，先秦铸造技术及秦陵铜车马制造工艺的研究，西北工业大学硕士学位论文，1987年，第61页。

③　袁仲一、程学华，秦陵铜车马的结构及制作工艺，西北农业大学学报，1995，（增刊）：62～63。

## （二）机械联接及组装工艺

二号铜车的 3462 个零部件，通过各种联接方式将它们组装成一体，共计有 3780 个联接口。其中，嵌铸、铸焊等不可卸接口 609 个，其余均为可拆卸的机械联接。它们是迄今仍在广泛应用的镶嵌联接、键联接、销钉联接、过盈配合联接等。现分述如下：

### 1. 镶嵌联接

二号铜车的车舆两侧，各有一扇长方形的窗，窗上装有活动的窗板（图 7-24）。窗一侧车舆的厢板为空腹，其间隙恰好容纳窗板的厚度。开窗时把窗板推入腹腔，闭窗时再把窗板从腹腔中抽出。腹腔由内外两层板组成，内层板是车厢的原板，外层板另外单铸再镶嵌上去。从破碎的左侧厢板处观察，发现外侧板的上下两侧各有榫头，在与其相应的车厢板上各有凹槽，将外侧壁板的榫头镶嵌在凹槽内，严密合缝组成空腔的夹壁。

图 7-24　推拉车窗

二号铜车的舆底呈上下两层，下层舆底和车舆一次铸成，上层茵的大小和形状与舆底相同，四周有 3 厘米高的折沿，将其外扣嵌入舆四周的车厢板之间，形成和舆底之间的空腔。在空腔的四周和中央，用铜钉支撑，以增强其承载能力。这是以榫卯结合方式的镶嵌联接。

另外，右骖马额顶竖立的纛的底座呈半球形，上面镶嵌着 16 颗谷粒状金珠（图 7-25）。它是在半球形铜片上先预制孔，然后以过盈配合方式嵌入，经抛光彩绘而成。类似的镶嵌工艺还有每匹马的鬃花、缨络等。

### 2. 贯以销的榫卯联接

这是铜车马中应用最广的联接方式。例如铜车马中的鞅、辔、鞦、鞴、缰、胁驱、络头、颈靼等，是仿照真实的皮带由许多金属构件组成的链条。相邻两个构件，一个做出榫头，一个做出卯口，榫头套在卯口内，再贯一销钉使两者联接起来。销钉的直径在 1～1.5 毫米之间（图 7-26）。如此首尾相连组成链条（图

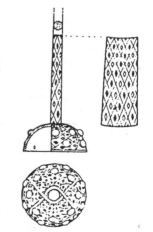

图 7-25　纛座
（采自《秦陵二号铜车马》）

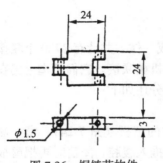

图 7-26  铜链节构件

7-27）。由于榫头和卯口的形状不同，因而组成链条的形式也各异。有的只能左右活动，而不能上下活动，如靷接近车舆部分的链条；有的可以上下自由活动，如金银节相间的络头上的链条等。这是根据链条不同的作用，对榫卯口进行了巧妙地设计和扣接。这种联接方法的广泛使用表明，我国秦代在小孔加工、销钉制造以及钳工装配方面已达到很高的水平。

**3.  键联接**

铜车马中典型的键联接有两处，一是装在铜车轴两端头用以限制轮毂轴向位移的辖軎装置；二是一号铜车立伞夹紧机构的自锁装置。现分述如下。

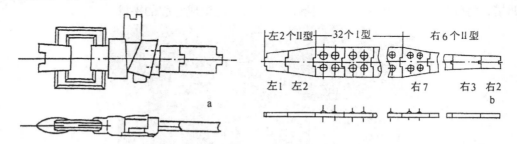

图 7-27  骖马马鞅联接（采自《西北农业大学学报》95（23）专辑）
a. 马鞅与方策联接；b. 马鞅节约件榫卯联接

辖是截面为长方形、自上而下有很小斜度的键，軎是套在轴上圆管形的构件。在车轴和軎的相应部位，开有和辖截面尺寸相应的长方孔，并自上而下有一定斜度。键插于軎轴的方孔内，使軎和轴固联。键与方孔的配合为锥度间隙配合，为防止辖在车行驶过程中由于振动而脱落，辖的上下各有一小孔，穿以铜丝缚紧（图 7-28）。

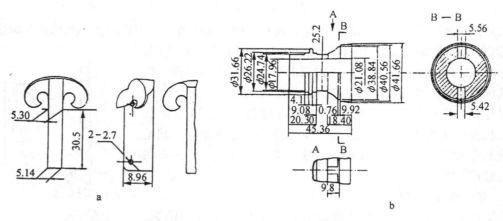

图 7-28  辖軎结构（采自《西北农业大学学报》95（23）专辑）
a. 辖；b. 軎

铜伞的夹紧机构见图 7-15，其中活动半环的垂直销与固定半环的楔形榫头，组成了一对相互垂直的楔形键联接。锁紧时，垂直销靠自垂落入楔形键上斜面的槽口内，将半环锁住，起到夹持伞柄和锁紧作用。开启时，将垂直销提起，楔形键和槽口脱开，便可打开锁紧机构。

#### 4．过盈配合联接

过盈配合是靠结合零件配合面之间的过盈来联接零件的一种方法。铜车马中多处采用了这种联接。例如，用以支撑一号铜车伞盖和二号铜车篷盖的伞弓末端，都套有银质盖弓帽。根据出土时伞弓和盖弓帽脱落的情况发现，伞弓端头有一定锥度，盖弓帽内为锥孔，靠近大端侧面有一小销孔（图7-29），两者之间形成锥度过盈配合。这种锥度过盈配合具有可多次重复装配、定位精度要求不高的特点，并可用修配方法进行制造和安装，以获得可靠联接。另外在一号车舆栏板交接处各有一圆柱形的角柱，二号车舆前室也有一个角柱，角柱与套在其上的银质盖帽（图7-30）之间为圆柱形过盈配合。

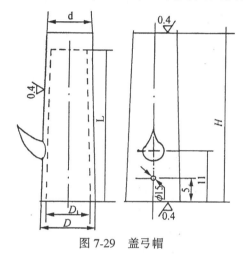

图 7-29　盖弓帽

（采自《西北农业大学学报》95（23）专辑）

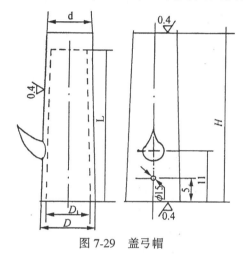

图 7-30　柱角盖帽

#### 5．销联接

铜车马零件中，根据不同的作用，形成了多种形式的销联接，有亚腰形、活页形、曲柄形等。例如，二号铜车的门扇与门框以及前窗的窗板和窗框的联接，为活页形圆柱销联接，其形状和功能与现代门窗所用的活页完全相同。图7-31为木车马的铜活页构件，由两个活页板和销轴组成，每个活页板由上下夹板组成，并有上下夹板同轴的销孔各两个，孔径2.7毫米，在有的孔径中残存直径为2.7毫米的铆钉，铆接痕迹清晰可辨，用以联接夹板中的木构件。图7-16立伞伞柄夹紧机构中活动半环与固定半环的联接、图7-18中伞柄底部平板与伞柄的联接、平板与圆形杆件的联接等，都是铰链形的圆柱销联接。二号铜车后门的门扇

图 7-31　铜活页构件

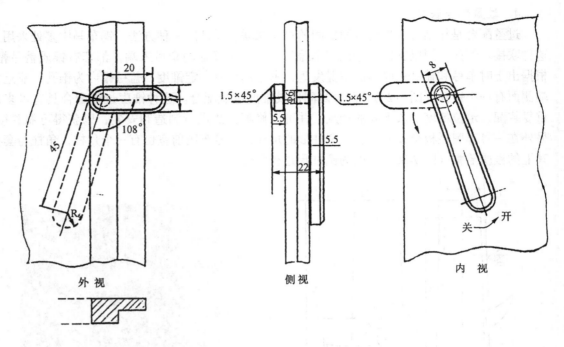

图 7-32　门扣结构（采自《西北农业大学学报》95（23）专辑）

上，有一曲柄形银转轴（图 7-32），转轴一端有一短横栓，另一端有一长柄作为把手。扭动把手，门栓随之联动，使门可以方便地开合，此种销联接为曲柄形。另外左右骖马靷环端头的交叉上用的是亚腰形铜轴联接；在马的各种装饰品以及飞铃上都使用了销钉联接等。说明至秦代，已形成了形式多样、规格不同的销联接。

除上述几种联接外，在铜车马中还应用了弯钉联接、铆接、扣接等技术。例如伞盖和伞弓的联接，在伞弓末端的盖弓帽上都铸有一银钉，银钉穿入伞盖相应部位的小孔中，然后将银钉端头打弯，使伞盖与伞弓联成一体。铆接也是用得较广的一种联接，例如铜马肚带上的金银铜钉，都是用铆接方法固定的。而左右骖马腹部的靷、来约马胸的鞅，驾车时要系结，卸驾时要解除，其开合处联接采用方策扣接方式。另外，左右骖马颈部的缰索，是由 79 节金、银管组成的链条，管与管之间采用金丝制成的纽环相套的扣接法组成活动自如的索链；马的络头和轭双脚之门连接的横带和索，在其开合处采用活动的销钉联接，销钉可插上或拔出以资开合。

### （三）其他加工工艺

铜车马的制造，除了上述主要的铸造工艺及联接技术外，还应用了錾凿、错金银、嵌补、冲、钻、焊、锉磨、磨削、研磨、抛光等工艺。

#### 1. 錾凿雕刻

铜车马的造型准确，神态生动。据观察考证，在很多细部都运用了精湛的雕刻技艺。例如，左骖马的鬃花，从折断处观察，立鬃中部右侧，有一錾凿的凹槽，凹槽的錾痕十分清楚，说明鬃花是将上部弯曲的铜片嵌入凹槽雕刻制成的。立鬃的顶部有密集的、直径约 1 毫米的圆环纹，酷似剪鬃后的鬃头，这些圆环纹是用空心冲冲凿而成；马腿部的细小皱纹则是用刻划的阴线表示的。铜俑造型神韵生动，五官清秀。在嘴的上层有两片浮雕成八字型的胡须，双眉的眉丝呈羽形。缕缕胡须、眉丝以及面部的细微皱纹，都是凿刻而成的。俑手的制作也极为精细，指甲和关节上的皱纹都是经修整刻划而成的。另外，一号铜车马及木车马上各有两个银质撑弓器，形状如伸颈昂首的仙鹤（图 7-33），体为方筒形，表面有象征翅尾的勾连卷云纹。鹤顶的羽毛系凿刻而成，表面花纹与底面高度差为 0.36 毫米，亦为浮雕而成。

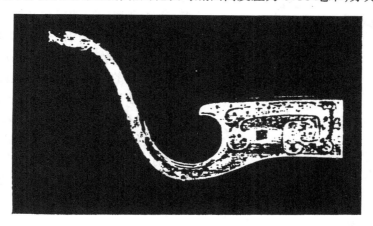

图 7-33　银质撑弓器（采自《西北农业大学学报》95（23）专辑）

2. 错金银

错金银工艺是錾凿和镶嵌工艺的结合。一号车伞柄中部有两段各长 17 厘米的错金银伞杆，另配有一个错金银的银质小弩机。构件表面有金、银相间的装饰花纹，状似卷云，十分精美（图 7-34）。从局部脱落的部位观察，系以错金、银法相嵌而成。即在铜质基体上按纹样錾刻成梯形断面的凹槽，然后分别在凹槽中嵌入金、银片，轻轻锤打，使其和铜槽牢固相嵌，表面锉磨平整形成金银相间的精美花纹。从弩机托上个别脱落部位观察，凹槽深仅 0.1～0.2 毫米，錾凿的凹槽底部有明显的纵向加工纹路。表明错金银工艺在秦代已应用相

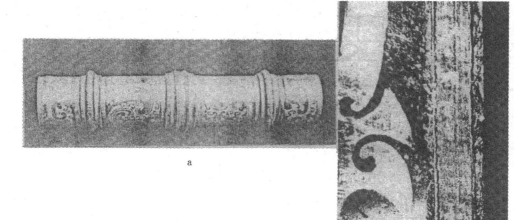

a　　　　　　　　　　　　　　b

图 7-34　错金银构件（采自《西北农业大学学报》95（23）专辑）
a. 伞柄；b. 弩机托上局部脱落的凹槽

当熟练，并具备了制造性能优良錾刻工具的技能。

　　3．嵌补

　　铜车马主要的青铜铸件铸造后，表面残留许多气孔、缩孔等表面缺陷，因此多处采用了嵌补工艺。例如马体表面有许多修补气孔的补绽。从脱落的补绽处观察到气孔均凿成矩形凹槽，补绽所用铜片的宽度和厚度基本相似，背面基本平整，凹槽内的空隙未被铜液堵塞，可见是用镶嵌法修补的。另外银质撑弓器和银轪上也有明显的嵌补绽，在一个撑弓器上镶补了153处（图7-33），两个最小补绽分别为0.4平方毫米和0.5平方毫米，最大的两个分别为11.3毫米×2.4毫米和4.2毫米×3.5毫米；在轪的一个侧面上就有24个嵌补的补绽全部凿成矩形坑，最小的为0.6平方毫米，边处平直，

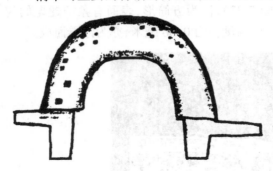

图7-35　镶补的银轪
（采自《西北农业大学学报》95（23）专辑）

用银片镶补（图7-35）。由此可见秦代精湛高超的镶嵌工艺。

　　4．钻削、研磨、抛光

　　铜车马的一些金银件及小件制作也十分精致，多处采用了钻削、研磨、抛光等工艺。如軎、柱角盖及盖弓帽均为圆柱形或圆锥形银铸件，内孔形状规正，有一定拔模斜度。軎的外表面有明显的圆周加工纹路，同一零件各道阳弦纹直径的长轴在同一方向，与短轴互成90°，底部圆周壁厚基本符合正弦规律，似以内锥孔定位，工件旋转磨削抛光而成；柱角盖帽圆周面及顶面加工痕迹细密，亦似由抛光研磨而成（图7-30）。盖弓帽母线的直线度误差小于0.20毫米，靠近大端直径1.5毫米的小孔，外表面平整，内表面有翻边，是钻削塑性材料的典型状态特征（图7-36）。

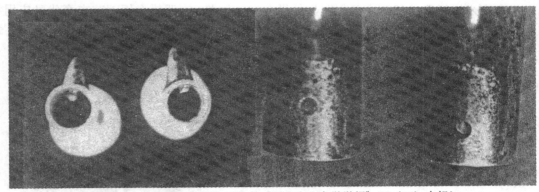

图7-36　盖弓帽上的钻孔（采自《西北农业大学学报》95（23）专辑）

　　四匹马的颈项下各挂一团缨络，缨络呈穗状，由波折形细铜丝制成（图7-37）。缨络的细铜丝束集于一铜质圆球上，在球上钻有很多直径为1毫米的小孔，有的为通孔，有的为盲孔，每个孔眼内穿入三四根长度参差不齐的扭曲铜丝。铜丝截面呈扁圆形，直径在0.1～0.5毫米之间，呈正弦状弯曲，波长基本相等为5毫米，波幅高在2.1～2.7毫米之间，似模压成形。孔内塞有铜楔，以防铜丝脱落。马饰的各种链节，每个节一端开槽呈"凹"形，

一端呈"凸"形，端面上均钻有 1～1.5 毫米的小孔（图 7-26），贯以销钉，榫卯相扣。另外，左右骖马颈部各套一件金银节相间组成的项圈，共 84 节（图 7-38），项圈下部内侧有一半环银条，是用锻打法制成再经锉磨，锉痕清晰可见。银条的一端插于小孔内，用焊接法固着，焊点清晰；另一端有一孔连一银钮，银钮插于项圈一节的小孔内，用白色粘剂固着。项圈的金银节呈管形，合缝紧密看不到接缝，采用何种联接工艺不明。

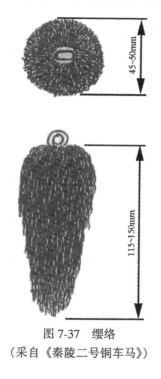

图 7-37　缨络
（采自《秦陵二号铜车马》）

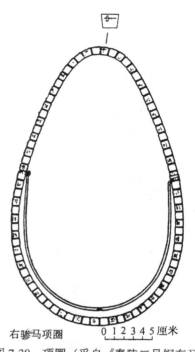

右骖马项圈　　0 1 2 3 4 5 厘米

图 7-38　项圈（采自《秦陵二号铜车马》）

综上所述，秦陵铜车马代表了中国两千多年前金属制造工艺的辉煌成就，是古代机械设计、机械制造、冶金、工艺技术和多种学科知识综合应用的典范。它凝聚了中国古代劳动人民的聪明才智，在中国和世界科学技术发展史上写下了光辉的一页。

# 第二节　水运仪象台

## 一　水运仪象台的出现

北宋元祐年间，当时的吏部尚书苏颂，主持研制了水运仪象。该水运仪象台于元祐元年（1086）开始设计，于元祐三年（1088）建成小样。元祐七年（1092）水运仪象台"大木样"完工。它并不是一个简单的仪器，简直就是一座天文台。异常高大，它共分三层：上层置可以观察天体的浑仪；中层置可以演示天象的浑象；下层有五层木阁，能详细地记录时间。这样大的工程，当然不可能凭苏颂一人之力完成，他在吏部找来年轻的韩公廉，又找了一些年轻人与学生共同合作。根据苏颂所作《新仪象法要》中的"进仪象状"[①] 中提到的人

———————————

① 宋·苏颂，《新仪象法要》，四库全书。

就有太史局的周日严、于太古、张仲宜，吏部的年轻史员袁惟几、苗景、张端、刘仲景，学生侯永和、于汤臣等。这充分说明他继承了优秀的传统，吸取各家之长加以创新，终于制成了水运仪象台。

苏颂等人的伟大创造，并非一帆风顺，也曾受到某些人的反对。当时任太史局直长的赵齐良，曾上奏北宋皇帝哲宗，他说宋朝的天下按五行学说是以火德王的。这个仪象台名曰"水运"，对国家不是吉兆，因为水可以克火。他请求皇帝更改台名，实际上是认为有严重的政治问题。所以在宋代，该仪象台命名为"元佑混天仪象"，取消了"水运"字样，并将它放在京城西南角，因为按五行说，西方是金，南方是火，放在西南方用以镇水。致使苏颂当时没有为该仪器命名，这是很可悲的。"水运仪象台"是后人为之命名的，这一点从苏颂的《新仪象法要》中亦可以看出。

在水运仪象台建成之后，苏颂一度辞去官职，专门撰写了《新仪象法要》一书。关于《新仪象法要》的成书日期，有着不同的说法，可能是1096年。该书是苏颂他们所建的仪象台的设计说明书。全书不过三万字，但有大量的图形，介绍了仪象台的结构、部件、部分零件的尺寸等等。该书共分三卷，卷上着重介绍其仪象台的外观、主要零件及性能；卷中主要介绍了多种星图；卷下着重介绍其内部结构等。

水运仪象台在金兵攻陷汴梁（今河南开封）时（1127）遭到破坏，其间相隔39年。逃到临安（现杭州）的南宋朝廷和卖国贼秦桧，曾找到苏颂的后人，并派人到温州访求苏颂遗书，也请教过大学者朱熹，拟恢复仪象台旧观，结果没有搞成。从宋代以后，苏颂的水运仪象台就一直没有恢复。

到清代乾隆年间，《新仪象法要》一书被收入《四库全书》，只是收入《四库全书》时说该书的图数不够精确，这也可能是版本不同之故。[①]

中国的天文学发展早，水平也较高，并具有浓郁的中华文化特色，曾长时间正确地记录了各种观测的结果，并制作了一批水平甚高的天文仪器，在科学史上占有很高的地位，只是对天文仪器的制作，一贯相当保密。而苏颂所主持制作的水运仪象台以及《新仪象法要》一书，既是中国古代天文学上的顶峰，同时也反映了中国古代在静力学、动力学、光学、数学、机械制造及自动控制等领域的辉煌成果。反映出当时科学技术的惊人水平。

## 二　水运仪象台的驱动与传动装置

下文分别介绍水运仪象台的驱动、传动过程、擒纵装置等。水运仪象台的外观如图7-39所示。

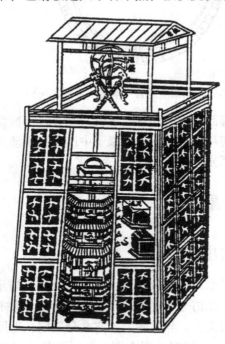

图 7-39　水运仪象台外形图
（采自《新仪象法要》）

① 管成学，《新仪象法要》版本源流考，古籍整理研究学刊，1988，(3)：2~4。

## （一）水运仪象台的驱动系统

### 1. 水运仪象台的驱动装置

其驱动原理如图 7-40 所示，图左虚线内的部分为驱动的控制系统，其原理将在下一部分介绍。

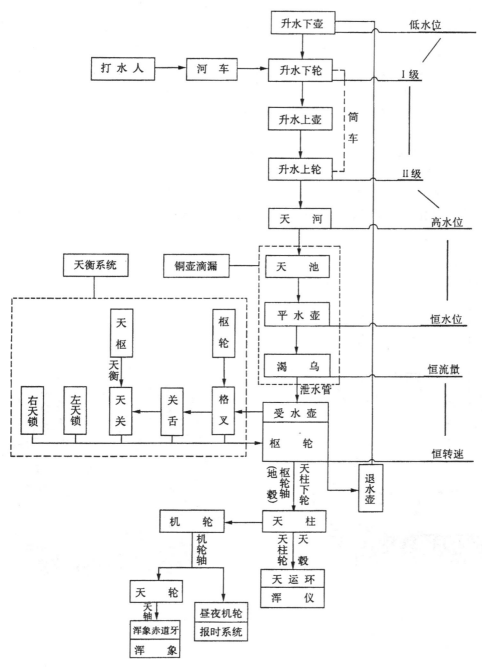

图 7-40 水运仪象台水的循环过程

水运仪象台是由枢轮（巨大的水轮）来驱动的。运转过程中要保证枢轮匀速运转，以及枢轮的来水要有保证。其供水机械的作用，首先是不停顿地提水、供水，以保证枢轮运转。水运仪象台驱动的主要部件是：该机械设有一种俗称铜壶滴漏的仪器，它是在一个高低不同的壶架上，有两个方形水槽。又高又大的一个叫天池，天池起着蓄水池的作用。水再从天池中流入平水壶中，平水壶一方面接受天池的水源，同时设有泄水管和一定口径的渴乌（即壶嘴），使平水壶可以保住一定的水位高度，又可保持恒定流量，保证枢轮具有恒定转速。

当来水经过枢轮后泄入返水壶中，水位降低，再流入升水下壶中。为了使流水循环使用，有打水的操作车水机械。车水机械由升水下轮、升水下壶、升水上轮、升水上壶、河车、天河组成。打水人搬动河车（即舵轮），将水从升水轮（即筒车）分两级提高，灌入天河（即受水槽）中，从而使一定数量的水循环不息，带动枢轮不停运转。

水运仪象台中，枢轮的周转由天关等组成的控制系统（即擒纵装置）加以控制，保证枢轮匀速运转，天关等组成的控制系统将在后面加以讨论。

图 7-40 即根据水位高低，介绍了水力驱动原理及过程。

2. 控制枢轮转动的装置[①]

在水运仪象台上有一套控制枢轮匀速转动的装置，即擒纵装置。对此，《新仪象法要》书中做了介绍，如图7-41所示（枢轮未画），它安装在枢轮上方和近傍，由天关等零件组

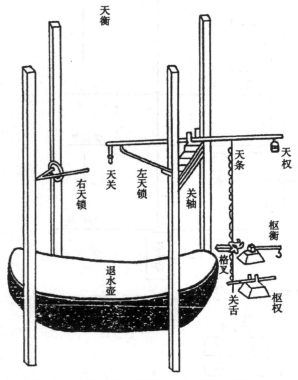

图 7-41　水运仪象台控制水轮匀速转动系统
（采自《新仪象法要》）

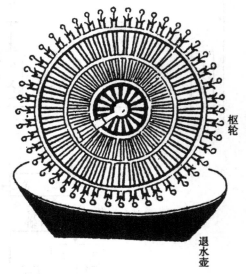

图 7-42　水运仪象台中的枢轮
（采自《新仪象法要》）

---

①　详见《新仪象法要》一书。

成，其结构描述如下：

在枢轮之旁所设天条、格叉、关舌等零件，当枢轮不转动的时候，在枢轮圆周上有一突出部分，即勾状铁拨子架在格叉之上。当枢轮边缘受水壶内接受漏水未到一定重量的时候，天关反抗着天权和天条等的重力，阻止着枢轮不使它转动。当枢轮的受水壶接受漏水达到一

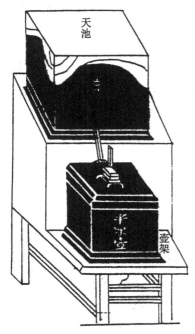

图 7-43　水运仪象台中的天池和平水壶
（采自《新仪象法要》）

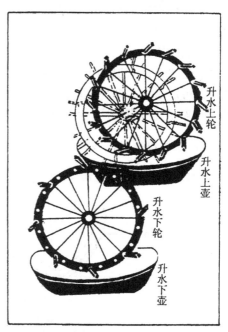

图 7-44　水运仪象台中的升水上、下轮
（采自《新仪象法要》）

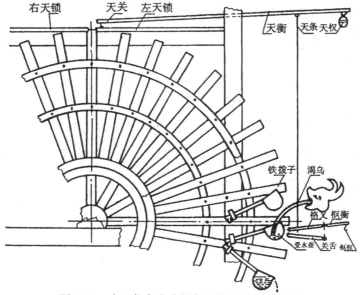

图 7-45　水运仪象台中控制水轮匀速转动原理
（采自《李约瑟文集》）

定重量的时候，格叉处因压力增大而下降，同时经过天条使天关被提上升，由格叉经天条推动横杆，使横杆右面下降，左面上升，这样就使枢轮转动。但枢轮转过一壶之后，格叉处所受压力去掉，关舌和格叉等重又上升，同时经过天条又使天关下落，枢轮又被阻止。这样，只要能保证枢轮受水等时性，也就能保证枢轮转动的等时性。

右天锁相当于一个止动卡子，正如《新仪象法要》所说，它具有防止枢轮倒转的作用，而左天锁的功用，可能是防止天关升起过高，枢轮转动过快。

其控制作用，如图 7-45 所示。

在枢轮之下设有退水壶，以接受由枢轮下流的水，在《新仪象法要》的图中，枢轮之所以没画，可能是为了避免枢轮影响观察，但所有零件都是围绕枢轮动作的。其控制机构，已相当于后来西方钟表中广泛应用的擒纵机构，是极有意义的一种发明。

### (二) 水运仪象台的传动装置①

水运仪象台的传动过程如图7-46所示，其装置也可从图上看出。主要部分有两套齿轮

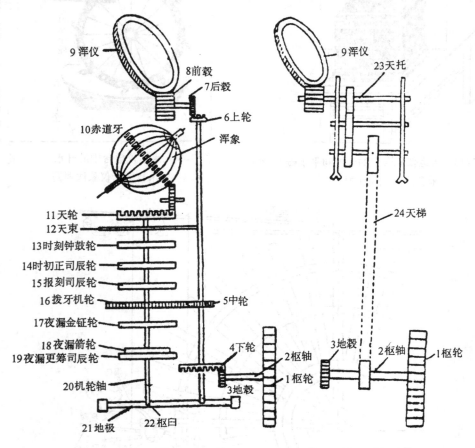

图 7-46　水运仪象台的传动过程
(采自《中国机械工程发明史》)

---

① 刘仙洲，中国机械工程发明史，科学出版社，1962 年，第 111～113 页。

系统，这两套轮系的起点是枢轮，其终点分别是浑仪和浑象。带动浑象的轮系，同时带动计时装置。轮系的作用：一是分动，二是减速，所以传动装置比较复杂。现将其传动装置简介如下。

1．第一套齿轮系统

这套轮系枢轮带动浑象，传动过程如下：

$$\boxed{枢\quad 轮} \longrightarrow \boxed{齿轮\ 3、4} \longrightarrow \boxed{齿轮\ 5、6} \longrightarrow \boxed{齿轮\ 11、惰轮} \longrightarrow \boxed{浑象\ 10}$$

$$\boxed{齿轮\ 13\sim 15、17\sim 19} \longrightarrow \boxed{计时装置}$$

《新仪象法要》一书，给出了一部分齿轮的齿数，如说齿轮 16 和齿轮 11 有 600 个齿（即 $Z_{16} = Z_{11} = 600$），有的齿数书中并未给出，刘仙洲先生的研究做了补充，如说浑象每天周转一周。所以浑象一定也是 600 个齿（即 $Z_{10} = 600$），并假定齿轮 3 及齿轮 5 的齿数均为 6（即 $Z_3 = Z_5 = 6$），齿轮 4 的齿数为 96（即 $Z_4 = 96$），则枢轮的转数即可求出，枢轮到浑象的传动比：

$$i_{3、10} = \frac{\omega_3}{\omega_{10}} = \frac{n_3}{n_{10}} = \frac{Z_4 \times Z_{16} \times Z_{10}}{Z_3 \times Z_5 \times Z_{11}} = \frac{96 \times 600 \times 600}{6 \times 6 \times 600} = 1600$$

即每小时 $66\frac{2}{3}$ 周，这就是枢轮转动的速度。

齿轮 16 同时带动五层木阁动作，所以各层木阁中的齿轮也为每昼夜一周。它们分别带动了木阁中的木人动作（其中齿轮 18 与 19 重叠，这当是出于自动控制的需要）。《新仪象法要》一书介绍了各层木阁中的动作，如木人如何开门表演，木人的衣着等。

2．第二套齿轮系统

第二套齿轮系统是枢轮带动浑仪工作，传动过程如下：

$$\boxed{枢轮} \longrightarrow \boxed{齿轮\ 3、4} \longrightarrow \boxed{齿轮\ 6、7} \longrightarrow \boxed{齿轮\ 8、9} \longrightarrow \boxed{浑仪}$$

根据刘仙洲先生研究，齿轮 6 有 3 个齿（即 $Z_6 = 3$），同时齿轮 7 和 8 齿数相同（即 $Z_7 = Z_8$），而枢轮每天回转 1600 周（即 $Z_3 = 1600$），浑仪上的天运轮（即齿轮 9）每天回转一周，齿数即可求出。

枢轮到浑仪之传动比：$i_{3、9} = \dfrac{\omega_3}{\omega_9} = \dfrac{n_3}{n_9} = \dfrac{Z_4 \cdot Z_7 \cdot Z_9}{Z_3 \cdot Z_6 \cdot Z_8} = 1600$

则浑仪上天运轮之齿数 $Z_9 = \dfrac{1600 \times 3 \times 6}{96} = 300$，则浑仪上天运轮之齿数为 300。

上述齿轮传动系统是照刘仙洲所著《中国机械工程发明史（第一编）》中的介绍叙述的，图也参照该书绘制。但是书和图与王振铎先生的复原品有些不同。在第一套齿轮传动系统中，在浑象 10 与天轮 11 之间并无别的齿轮。所幸该齿轮是一惰轮，它并不影响传动比数值，只影响浑象 10 的旋转方向，而正确地决定枢轮的转向，即可解决这一问题。王振铎先生认为，没有该齿轮，这从结构上想些办法也可解决问题。此外，

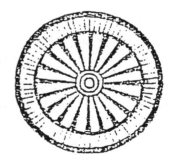

图 7-47　水运仪象台中的"天轮"
（采自《新仪象法要》）

王振铎先生复原品齿轮齿数，也和刘仙洲先生的介绍有些不同，但他们对轮系基本看法是一致的。

3．另一种传动装置

在《新仪象法要》（卷下）中，还给出了第 2 套轮系的另一套传动装置。这套传动装置中运用了链传动，它的传动过程如下：

$$\boxed{枢轮} \longrightarrow \boxed{链轮} \longrightarrow \boxed{齿轮减速} \longrightarrow \boxed{浑仪}$$

这一套传动装置在第四章中已做了介绍。

上述传动装置都是由轴支承，在轴的两端有轴承，文中不再详述。

# 三　水运仪象台的主要结构和动作过程

## （一）水运仪象台的主要结构

介绍其结构，即以王振铎先生的复原品[①] 作为根据。王先生的复原比较符合《新仪象法要》等古籍的记载，较为合情合理。

《新仪象法要》的记载中，多有未详之处，如水运仪象台的总体尺寸，一部分齿轮的齿数，枢轮的回转速度，漏壶的恒定流量等。但只要知道了水运仪象台的运动规律，这些数据是可以补足的。

水运仪象台原台总体尺寸，以宋代水矩尺计算高是三丈五尺六寸五分（合 12 米弱），宽度是二丈一尺。从台基到露台的台面是二丈一尺四寸五分。全台呈正方形，上窄下宽的木构建筑，四面以木为柱，共分 3 层。

在水运仪象台的下层，设有向南的两个门。靠北面的位置是打水人搬动轮舵，操作站立的地方。在它的前面，有一组车水机械，即升水下轮、升水下壶、升水上轮、升水上壶、河车、天河。在这一组打水机械的东面是天池和平水壶。在台的中央即枢轮，它的直径大约是一丈一尺，它是全台的原动力，是由 72 条木辐，挟持着 36 个水斗和 36 个勾状铁拨子组成的水轮。在枢轮顶部附设一组称谓天衡、天关、天权和左右天锁的杠杆装置，控制枢轮匀速转动。在枢轮的下部设有退水壶，而后使退下的水再流到升水下壶去。枢轮联着枢轴，带动齿轮 1、2，分别驱动浑仪、浑象及计时装置，而带动浑仪的长轴是天柱，天柱的总长为一丈九尺。

在天柱之南有一套所谓昼夜机轮的装置，它与古代走马灯的结构原理相似，一直伸到中层，带动浑象，同时带动木阁中的机轮，现将底层的机轮装置介绍如下。

先从底层的最上面说起，由上向下，第一层木阁为昼夜钟鼓轮：上有不等高的三重小立柱，可以拨动 3 个木人的拨子，以关拨作用拉动木人手臂；到一刻钟时，木人击鼓，时初时摇铃；时正时扣钟。

第二层木阁为昼夜时初正轮：轮辋边挂有 24 个司辰木人，手执时辰牌，牌面间隔书写 12 支数初正，如子正，丑初，丑正……亥正等。

第三层木阁为报刻司辰轮。轮辋边挂有 96 个司辰木人。除 24 个木人报时初正外，余木

---

①　王振铎，科技考古论丛，文物出版社．1989 年，第 235～274 页。

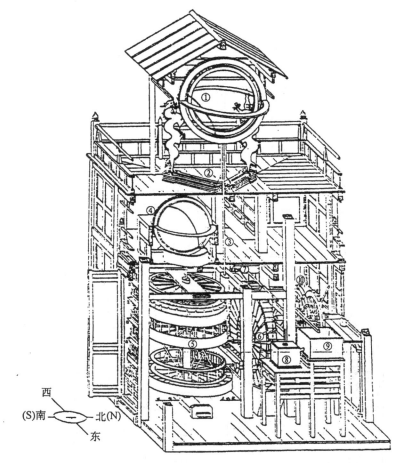

水运仪象台复原透视图　①浑仪　②鳌云、圭表　③天柱　④浑象、地极　⑤昼夜机轮
⑥枢轮　⑦天衡、天锁　⑧平水壶　⑨天池　⑩河车、天河、升水上轮

图7-48　王振铎先生复原之水运仪象台的透视图

（采自《科技考古论丛》）

人报刻。如第二层木人转到中门前报子正时，报刻司辰即也出现在门前报初刻，上下相呼应，其所报刻排列如下，子正：初刻、一刻、二刻、三刻；丑初：初刻、一刻、二刻、三刻；寅正：……

第四层木阁为夜漏金钲轮，是由两叠的轮辋制成。上重轮辋有3层的孔洞，是按夏至、冬至、春分、秋分来分度的，犹如今天铣床的分度盘，孔洞中插入更筹木箭杆，按季节分层插入排列。冬至时箭筹排列较密，夏至时较疏，利用箭筹与拨子的作用，拉动木人按更筹击钲报更数。

第五层木阁为夜漏司辰轮，轮辋设三十八司辰木人，这批木人不是固定在轮上的，而是可以移动的。它们的位置根据箭筹的位置来改变，也就是随节气来排列。司辰所执牌面书写内容是：日入、昏、一筹、二筹、三筹、四筹、二更、一筹，……五更……四筹、待旦，一刻……九刻，晓，日出。因为它是宫中用的更漏，为了提早布置朝会，需要较长的待旦时刻，所以它的更筹排列特点是收更较早。

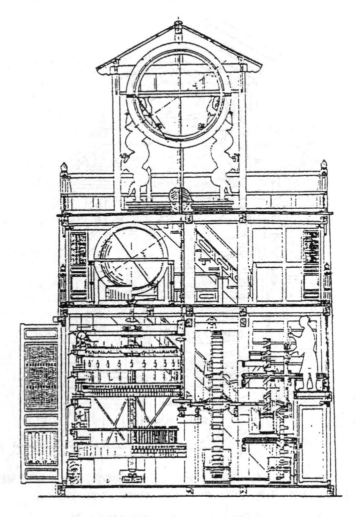

图 7-49　王振铎先生复原之水运仪象台复原图（东立面）
（采自《科技考古论丛》）

在这一组昼夜机轮南面，设有一座木阁，将全部机轮隐藏起来。打开台体的双门，就能看到按时出现的司辰木人和打击乐器动作的木人。这一发明是水运仪象台的重要创造。以上为下层的情况。

中层的情况，除与下层一样设有扶梯外，南北各有内开的门。门外设有栏杆，在中层的南部有浑象一座，此外别无他物。比较合理的推测为，其他的地方可能是用来放置图书、进行记录推算工作之处。浑象半隐柜中，半在柜外。在赤道环线上装有齿轮牙距，球下木柜中设有齿轮。这样就可以将宇宙空间星座的运行表现在浑象之中。这个仪器是苏颂根据隋代的制度加以增删而制作的。

上层台面也叫露台，在露台的周围设有栏杆。中心设有浑仪一座，它在中层浑象的北面。仪座是十字型的水平仪，可以注水取平，名叫"水趺"。水平仪四端有龙柱 4 根，上托浑仪。水平仪的中心有一个支承浑仪的托架叫"鳌云"。浑仪是由 3 组环形仪表组成，第一重为六合仪（由阳级、阴讳、天常三环组成），它是计算空间与时间的一组标准仪器；第二重为三辰仪（由三辰仪双环、赤道单环、黄道双环，四象单环和天运单环组成），主要是测量日月运行的轨迹、星座的位置和厘定节气的仪器；第三重为四游仪双环和望筒直距，这两件设备是将一个设有镜头的望远镜架在一个可以上下左右移动的双规环中，用来窥测日月星宿，以便计算其位置和相互间距离。

不难看出，该水运仪象台是相当复杂的。惟因复杂，在看法上难免不同。关于枢轮的转数以及部分齿轮的齿数，王振铎先生与刘仙洲先生的看法就不一样，王先生认为枢轮每25秒落水一斗，一刻钟转一周，24小时转96周。作者认为刘仙洲先生的说法与王振铎先生的说法都是可行的，都可自圆其说，但以何为宜，可以在今后的研究与实践中加以确定。

### （二）水运仪象台的运动过程

水运仪象台是以枢轮为全台的动力，而枢轮是以水循环不息来驱动的。为保证枢轮能匀速运动，在枢轮上有一自动控制系统，它与日后西方钟表中广泛采用的擒纵机构相同。通过轴与齿轮啮合，枢轮一方面带动浑象演示天象，同时带动计时装置准确报时报刻；另一方面枢轮还带动浑仪以观测天体，这样就组成了兼有浑仪、浑象和计时装置的水运仪象台。

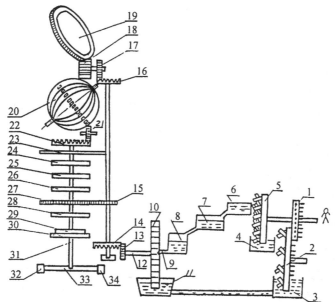

1. 河车　2. 升水下轮　3. 升水下壶　4. 升水上壶　5. 升水上轮　6. 天河　7. 天池
8. 平水壶　9. 渴乌　10. 枢轮　11. 中壶　12. 枢轴　13. 地毂　14. 下轮　15. 中轮
16. 上轮　17. 前毂　18. 后毂　19. 浑仪　20. 赤道牙　21. 惰轮　22. 天轮　23. 天束
24. 时刻钟鼓轮　25. 时初正司辰轮　26. 报刻司辰轮　27. 拨牙机轮　28. 夜漏金钲轮
29. 夜漏箭轮　30. 夜漏更筹司辰轮　31. 机轮轴　32. 地极　33. 枢臼　34. 地足

图 7-50　水运仪象台的运动过程

## 四　水运仪象台的意义

水运仪象台在许多方面有创造性，达到了很高的水平。

## （一）功能方面

中国的浑象、浑仪、计时装置发展都很早，而水运仪象台的意义在于其上的浑象、浑仪及计时装置都很精确，而且把它们做成一体。

中国至迟在战国时代已经有了测量天体的仪器——浑仪，只是这种仪器的详情和起源，后世难以尽知。现知道自汉代以来，在《春秋文耀钩》中已有了浑仪的记载，以后各代史书都记载了浑仪。

最早传下详细结构的浑仪，是东晋时前赵的史官丞南阳孔挺于光初六年（323）所写的作品。《隋书·天文志》中介绍了这种仪器。至后魏明元帝永新四年（412），造了一架铁制浑仪。到了唐代初年由于工艺水平和科学技术的发展，使得天文学家李淳风制造了一架更为复杂精密的浑仪，这个浑仪在贞观七年（633）制成。北宋时代制造的浑仪就更多了，这些都是宋代生产力和科学技术高度发展的结果。在水运仪象台上所制作的浑仪更是复杂的仪象台中的一部分，该仪器有一定的创造性，它还设法调正到使太阳经常在窥孔的视场中，这样一来观察起来就更准确了。这个设计思想是非常先进的，在欧洲直到 11 世纪才出现，已经比水运仪象台晚了 600 年了。所以说北宋的浑仪制造已发展到高峰。

浑象的基本构造是一个圆球，上面画了星辰、黄道、赤道等天球上几个特殊的圈线。最早明确记载的浑象当是东汉时张衡制作的，但是浑象的出现有可能更早一些。在张衡之后，三国时吴国的陆绩、王蕃都制作过浑象。后来，吴国的葛衡、南北朝时宋的钱乐之、梁代的陶宏景都曾制作过浑象。隋代耿询也制造过浑象，《隋书·耿询传》说耿询的浑象可以不借人力。至苏颂在制作水运仪象台时，更利用了中国传统的浑象特点，集中反映在其水运仪象台上。

在苏颂的水运仪象台上使用了机械计时装置。中国机械计时装置出现也可追溯到张衡的发明，到唐代梁令瓒等人所制开元水运浑天，事实上也是一种计时装置。这种综合体发展到北宋时也形成了高峰，水运仪象台就是一个典型的代表。

## （二）动力方面

根据史料的记载可知张衡的天文仪器上是由水力推动的，以后之天文仪器大都由流水推动。张衡所制作的浑象很准确。由此推断，以后所制的浑象误差也不大。但这些浑象何种结构才能使其准确，古籍上均无详细记载，至水运仪象台上才很好地解决了这一问题。水运仪象台上是通过一套很复杂的擒纵系统来控制水轮运转的。

同时在水运仪象台上将浑仪、浑象及计时装置用同一水轮驱动，保证各部分之间运转同步。

在 1956 年 3 月的英国《自然》杂志上，刊登了著名的中国科技史研究者李约瑟博士的文章。他说："我们已可以确定在 7 世纪到 14 世纪间，中国有制造天文钟的悠长的传统。"并认为"中国的天文钟的传统，似乎很可能是后来欧洲天文钟的直接祖先"。他还将苏颂的有关文献译出。以后他在《中国科学技术史》正式出版时又说："我们借此机会申明，我们以前关于钟表机构……完全是 14 世纪早期欧洲的发明的说法是错误的。中国许多世纪之前，就已有了装有另一擒纵器的水力传动机械装置。"

## （三）传动方面

中国的齿轮大约出现于战国或秦，到汉代出现的指南车上已有很复杂的齿轮装置。而齿轮运用于天文仪器上，则可能是从张衡开始的，在他所制作的浑象上，使用了一套齿轮减速系统，以控制浑象及计时装置。在其后的天文仪器上齿轮系统就用得比较普遍了。

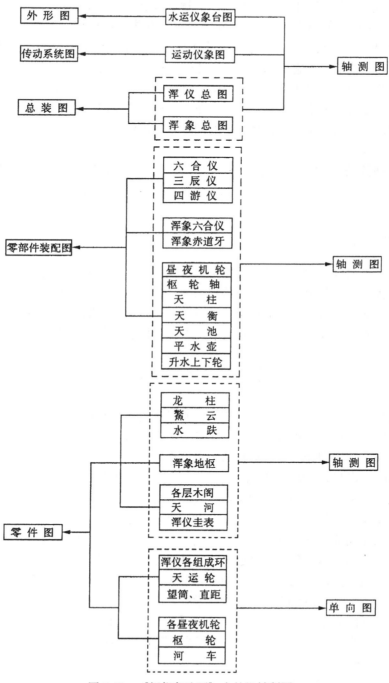

图 7-51　《新仪象法要》中的机械制图

至于苏颂之水运仪象台上，齿轮系统就更复杂了，它可以带动浑仪、浑象以及计时装置，使五层木人同时表演。

### （四）制图方面

在《四库全书·新仪象法要提要》上曾说《新仪象法要》一书"上卷自浑仪至水趺共十七图，中卷自浑象至冬至晓中图共十八图，下卷自仪象台至浑仪圭表共二十五图，图名各有说"。该设计图中包括总装图、装配图、零件图等，有些是透视图，有些是示意图（参看图7-51），反映了水运仪象台的设计思想，因此这些图无疑是水运仪象台的重要技术文件。

这些图一点一线都有着它的意义，绝不是信手拈来，任意挥毫的。曾被人称作"图样界划，不爽毫发"[①]。从图样的幅面上看，画法比较平衡、稳定，比例恰当，疏密适度。这就不难看出《新仪象法要》中的图形，已向专业化、科学化发展，形成了自己独立的风格与技术体系，再配以简要的文字说明，将复杂的问题表达得清清楚楚，有着划时代的意义。在制图上也达到了很高的水平。

《新仪象法要》的字体也很工整清晰，整齐美观，是后代印刷字体的重要源头之一。

在第四章第五节之机械制图史中，对《新仪象法要》中制图学上的成就有专门论述，于此不复赘述。

### （五）其他方面

苏颂制作之水运仪象台，在其他方面也颇有创造性，比如为了防止雨雪，在浑仪上方覆盖着一个名"板屋"的蓬板房，从《新仪象法要》的图上观察，屋顶由九条木板铺成，文中还说屋顶可以脱摘。现代天文台的屋顶是可以转动或开启的，以便望远镜的观察，而远在千年前，我们的祖先已就发明了这种简便易行的方法，以便浑仪的观测。

## 五　现代对水运仪象台的研究

由于水运仪象台在历史上的地位很重要，所以近世对于水运仪象台的研究也比较关注。

早在 1953 年，《机械工程学报》第一卷第一期就刊登了刘仙洲先生的《中国在原动力方面的发明》一文，其中即介绍了水运仪象台之原动力。

在 1954 年的《机械工程学报》第二卷第一期上，刘仙洲先生又发表了《中国在传动机械方面的发明》一文，文中详细介绍了水运仪象台之齿轮传动系统。

刘仙洲先生是现代最早研究苏颂仪象台和《新仪象法要》的学者之一。他在 1956 年到意大利参加第八届国际科学史会议时，发表论文介绍了中国在古代计时器方面的成就，提出了中国早在北宋时的水运仪象台上就已出现了计时器上的擒纵装置，指出它比以后欧洲钟表业上出现的擒纵装置要早好几个世纪，中国是擒纵机构发明的祖先，从而纠正了以往西方学者的看法。随后，即 1956 年 12 月在《天文学报》上，刘仙洲先生发表《中国在计时器方面的发明》一文，详细介绍了水运仪象台的传动系统以及机器功能。在 1962 年出版的刘先生的《中国机械工程发明史（第一编）》第五章第五节中，也对水运仪象台做了介绍。1956 年

----

① 参见《钦定四库全书提要·新仪象法要》。

科学规划委员会决定复原水运仪象台，1957 年 1 月由王振铎先生主持水运仪象台的复原工作。

王振铎先生由 1957 年 1 月到 5 月完成了水运仪象台的复原设计，在工作中得到故宫博物院、中国自然博物馆和中科院自然科学史研究室的帮助。到 1958 年 6 月 1 日，这一世界上最早的天文钟的秘密终于被初步揭开。王振铎先生首先对《新仪象法要》等原始资料进行整理、归纳分析，解决了机械安装和传动的问题，并按比例绘出各部分图形，然后再将苏颂的原图制成初步透视图，补入机械设备和必要的建筑构件，着重解决结构和制造等问题，继而绘成施工图并组织施工。所制模型为原型的 1/5。王先生根据《新仪象法要》和其他古籍的记载，对水运仪象台的各部分都予以仔细的考虑和周详的安排。

水运仪象台的复原成功，不但在科学研究上有重要意义，而且也适应了博物馆陈列的需要，兼有提高和普及两方面的作用。

其后，王振铎先生在《文物参考资料》（1958 年 9 月）发表论文，介绍了水运仪象台复原工作情况。1989 年 7 月王振铎先生出版《科技考古论丛》一书时，又对该文做了修改，改名《宋代水运仪象台的复原》。

近年来，中国台湾和日本也相继对水运仪象台做了复原。一些学者认为，有关水运仪象台的研究和复原尚存在一些疑点和待商榷之处，有待学术界继续探讨解决。

# 六　苏颂及其《新仪象法要》

苏颂，字子容，北宋真宗天启四年（1020）11 月 23 日诞生于福建同安。

北宋仁宗庆历二年（1042），22 岁的苏颂考中进士，起初任汉阳军判官，以后改任苏州观察推官，此后又任江宁县知县。以后苏颂为其父守灵，卜居丹阳。

皇佑三年前后，苏颂守孝期满，任南京留守推官，而留守就是大文学家欧阳修，他对苏颂极为重视和信任。

皇佑四年（1052），32 岁的苏颂因政绩甚佳，得到举荐，被任命为官阁校勘，不久迁任大理寺丞，至和元年（1054）又任同知太常礼院。以后还担任过其他职务，但主要都是编校古籍，共 9 年。在这 9 年中，苏颂以廉洁稳重自守，当时的丞相对他十分赏识。

北宋嘉祐七年（1062），根据苏颂本人意欲离开京城的请求，任命他为颖州（今安徽阜阳县）知州。第二年被召回，在京城任职。治平四年（1067），他第一次参与外交事务，任辽国使臣的伴送使，以后又担任其他职务，深得皇帝的信任。

熙宁四年（1071）苏颂出任外任。后又召苏颂回京，撰修国史。

神宗元年初（1078）苏颂暂代开封府知府，被御史弹劾，被贬濠州（今安徽凤阳县）任濠州知州。不久苏颂因受别人牵连，又被免职，但是皇帝对他还是信任不减，不久又任命他为沧州（今河北沧县）知州。

元丰四年（1081）年已花甲的苏颂，又奉召到京城任职。

哲宗元祐元年（1086），皇帝下诏命苏颂建造新的浑仪。第二年改任苏颂为吏部尚书兼侍读学士。同年八月十六日，皇帝下诏开始水运仪象台的研制工作。元祐三年（1088）"小样"制作完成，并开始制作"大木样"。元祐四年苏颂被任命为翰林学士承旨，元祐五年五月升任尚书左丞，并摄行枢密院枢密使的职务。元祐七年（1092），水运仪象台竣工。同年六月，72 岁的苏颂登上了丞相高位，掌管全国的行政大权，后以"年老多病"为由，坚决要求辞官。

元祐八年（1093）3 月，苏颂被免去职务。半年后出任扬州知州，元祐九年又被调任西京河南府知府，他极力推辞不去，要求离开政界。可能在这一年他即开始潜心撰写《新仪象法要》一书，三年后全书完成。

绍圣四年（1097）苏颂再次告归，此时他已 77 岁了。

建中靖国元年（1101）苏颂在润州逝世，享年 82 岁，崇宁元年（1102）11 月被安葬于江苏丹徒县义理乡乐安亭五州山之东北阜。

苏颂是一位杰出的中国古代机械发明家，他主持研制了水运仪象台，著有《新仪象法要》，《本草图经》等重要科技典籍，并遗有《苏魏公文集》72 卷，《华戎鲁王信录》234 卷等著作。

## 参 考 文 献

杜白石，杨青，李正. 1995. 秦陵铜车马的牵引性能分析. 西北农业大学学报. 23（专辑）:47～51

管成学. 1988.《新仪象法要》版本源流考. 古籍整理研究学刊.（3）:2～4

侯介仁，杨青. 1995. 秦陵铜车马的铸造技术研究. 西北农业大学学报. 23（专辑）:89～93

刘仙洲. 1962. 中国机械工程发明史. 北京：科学出版社

阮元（清）. 1980. 十三经注疏. 北京：中华书局

苏颂（宋）. 新仪象法要. 四库全书

王振铎. 1989. 科技考古论丛. 北京：文物出版社

闻人军. 1992. 考工记译注. 上海：上海古籍出版社

杨青，杜白石. 1995. 秦陵铜车马轮轴部件设计的力学和机械学原理. 西北农业大学学报. 23（专辑）:41～46

杨青，吴京祥，程学华. 1995. 秦陵一号铜车立伞结构的分析研究. 西北农业大学学报. 23（专辑）:52～58

杨青，吴京祥，程学华. 1991. 秦陵铜车马典型构件的分析. 科学月刊. 22（11）:863～868

袁仲一，程学华. 1983. 秦陵二号铜车马. 考古与文物.（1）:1～61

袁仲一，程学华. 1983. 秦始皇陵二号铜车马清理简报. 文物.（7）:1～11

袁仲一，程学华. 1991. 秦始皇陵一号铜车马清理简报. 文物.（1）:1～13

袁仲一，程学华. 1995. 秦陵铜车马的结构及制作工艺. 西北农业大学学报. 23（专辑）:59～65

# 第八章 农业机械[①]

## 第一节 综　述

中国自古以农立国，传统农业和农业机械有着悠久的历史。农业机械在整地、播种、中耕除草、收获贮藏、农产品加工、灌溉和运输等方面，都发挥了重大作用。在农机具的不断改革和创新中，逐渐形成了中国自己的特点和传统。中国古代的很多农机具，是在精耕细作的基础上创制的。在农业发展过程中，农机具和精耕细作之间有着互相促进的密切关系，有些农机具一直沿用至今。

## 一　农业机械在古代农业中的地位和作用

农业机械和工具，在中国古代称为"农器"或"田器"。《管子》说，"耕者必有一耒，一耜，一铫，若其事立"，"一农之事，必有一耜、一铫、一镰、一耨、一椎，然后成为农"。《盐铁论》指出，"铁器，民之大用也"，"铁器者，农夫之死生也"。王祯《农书》说："盖器非田不作，田非器不成。"该书在论及新创制的农具时还指出："信乎人为物本，物因人而用也。"认为农具是由人创造的，而创造农具又是为了人的需要。

中国传统的精耕细作农业是建立在农器完备、不误农时的基础上的。《礼记·月令》早就指出，季冬六月"令农计耦耕事，修耒耜，具田器"。宋代《陈旉农书》也说："工欲善其事，必先利其器，器苟不利，未有能善其事者也。利而不备，亦不能济其用也。"该书在引用前人强调为抢农时而必需备有相应农具的论述后说："当是时也，器可以不备以供用耶？"还说："故凡可以适用者，要当先时预备，则临时济用矣。苟一器不精，即一事不举，不可不察也。"这种认识传于后世，如清代《补农书》指出："凡农器不可不完好，不可不多备，以防忙时意外之需，粪桶尤甚。诸项绳索及蓑笠、斧锯、竹木之类，田家一阙，废工失时，往往因小害大。"书中还特举出因未备农具而遭受严重损失的事例，如浙江桐乡县于"崇祯庚辰五月十三日，水没田畴，十二以前种者，水退无患。十三以后，则全荒矣。有人以蓑笠未具，不克种田，以致饥困。俗云为一钱饿倒一家"。该书最后指出："书云'唯事事乃有其备，有备无患'，推此可戒其余。世人多金以备玩器，而惜小费以治田器，岂非惑之甚乎。"总之，为不误农时，要备足完好的农器。这是中国古代的传统观念，也是农机具生产与制备的指导思想。

中国很早就有农机具方面的专著和图谱。唐陆龟蒙《耒耜经》记载当时先进的江东犁等农具，反映了发展水平较高的江南水田耕作情况。杜诗《农器图》可算是中国最早的农具图绘专著，宋代曾之谨也著有《农器谱》，记述耒耜，耰锄、车戽、蓑笠、铚刈、筱篢、杵臼、斗斛、

① 本章系参考刘仙洲、陈文华、王星光、宋兆麟、卫斯等学者的有关论著写成，所征引的主要参考文献见章末所列目次。

斧斤瓿、仓庾等 10 个门类，但两书均未留传下来。图文结合，流布至今的最早农学著述，首推南宋楼琦的《耕织图》。元代王祯编撰的《农书》，绘制了大量农器图谱，大都是当时所用农具的真实写照，着眼于表达农具的具体结构。王祯《农书》的农器图谱，占全书篇幅的五分之四，有图 306 幅，著录农具 527 种，为农书编修开辟了一条新路。明代的《三才图会》、《天工开物》、《便民图纂》、《农政全书》都载有农具图谱，大多依《耕织图》和王祯《农书》摹绘，也有的是按照相同主题重绘的。

中国古代十分重视农具的创新，试以灌溉机械为例，早期的提水工具桔槔，"一日浸百畦，用力甚寡而具功多"（《庄子·外篇·天地第十二》）。汉代的水车"其巧百倍于常"。而据《天工开物》记载，手摇拨车"竟日之功，可灌二亩"。脚踏水车则"大抵一人竟日之力，灌田五亩。"牛转翻车则又"倍之"，可灌田十亩。如使用筒车，既省人力畜力，又可昼夜不息，"百亩无忧"。

中国幅员辽阔，各地区农业生产水平是不平衡的。先进地区的农具，推广到落后地区，就能产生相当显著的增产效果，如《三国志》所载后汉时敦煌地区还"不甚晓田，常灌溉滀水，使极濡洽，然后乃耕。又不晓作耧犁，用水及种。人牛功力既费，而收谷更少"。到三国时，皇甫隆为敦煌太守，才把西汉已经发明的耧犁推广到该地，"教作耧犁，又教衍溉，岁终率计，其所省庸力过半，得谷加五"。

## 二　中国农业机械发展简况

西汉是中国农业机械发展的重要时期，许多农业机械是在这一时期发明的。代田法是汉武帝时搜粟都尉赵过总结前人经验加以改进推广的先进耕作方法，它要求开辟宽深各一尺的垄沟，所需劳动量比原先的漫田撒播大为增加。这样，就需要一种效率更高的开沟起垄机械，即赵过发明的耦犁。

关于耦犁，《汉书·食货志》称"亩五顷，用耦犁。二牛三人"，记载极为简略。它既然是为代田法服务的，必定是开沟起垄的整地机械。犁铧可以开沟，而要翻土起垄就必须有犁壁。陕西咸阳地区出有西汉时代的马鞍型双面犁壁。如将它套在犁铧上，就可以一面开沟一面将泥土翻向两侧起垄。由此推测，出土文物中那种长 23.3～29 厘米、后宽 26～28 厘米的西汉铁铧以及和它配套的双面犁壁可能就是耦犁上的部件。如果考虑到犁过之后有一部分土掉落沟中，就更接近代田法沟宽一尺的规格。至于"二牛三人"操作方法，有的学者认为是二人牵牛，有的认为是"一人牵牛一人压辕一人扶犁"①。陕西米脂出土的东汉画像石有一幅牛耕图，图中只有一人扶犁，但两个牛鼻子是用一条绳穿在一起的，虽未表现牵牛者，实际应有一人牵引。同样，直长辕也应有一人压辕，被省略。

耦犁的使用大大提高了耕地效率。《淮南子·主术训》说"一人蹠耒而耕不过十亩"，相比之下，耦犁可耕 160 多亩，提高十几倍。这就使得原来的徒手播种方式不能与之适应。于是赵过发明了一种先进的播种机械耧犁。崔实《政论》称之为："三犁共一牛，一人将之，下种挽耧，皆取备焉，日种一顷。"它和耦耕的工效比较接近。有了这两种机械，代田法推行也就有了保证。

---

① 宋兆麟，西汉时期农业技术的发展，考古，1976，(1)。

汉代耕地和播种机械的发明促进了粮食加工机械的改革。原来用人力操作的杵臼已不敷需要,于是发明了踏碓和"役水而舂,其利百倍"(桓谭《桓子新论》)的水碓。它的出现要求簸扬谷糠的工效相应提高,因此,又发明了扇谷用的风车。它的工效比人工簸扬也提高了十几倍。

东汉末年毕岚发明翻车用以浇洒道路,三国时马钧加以改进引用于农业。

综上所述,汉代农业机械的重大变革,标志着中国传统农业机械已进入成熟时期。

唐代前期较为安定的社会环境,使汉魏以来农业机械所取得的成就得以在全国范围推广,并发明了牛转翻车,脚踏翻车,立井水车和靠水流自动提水灌溉的立轮筒车等。

唐代农业机械的最大成就是曲辕犁的出现。由于这种犁只要一头牛就可牵引,改变了战国汉魏以来长期采用的二牛抬杠。[①]这一耕犁的重大变革具有深远的影响,为历代所长期沿用。

宋代经济中心转移到江南,南方人口剧增,耕地不足,已出现"田尽而地,地尽而山"的局面。农业经营从此走上以提高单产为主的道路,精耕细作的水平更加提高,农具的制造也要适应这一客观要求。为此,耕犁的结构趋于轻巧,出现了挂钩和软套将犁身和服牛工具分离开来,更加灵活轻便。这样,牛耕不但可以用于水田、平地,而且可以推广到山区,在梯田上使用。可以说,耕犁发展到此算是达到完善的地步了。宋元时期的农业机械非常发达。据王祯《农书》记载,共有农机具 105 种之多。如用于垦耕整地的犁、耕盘、碌碡。播种工具如耧、砘车、秧马。中耕工具如牛拉的耧锄,南方使用的耘荡,耘瓜薅马,耘耙等。灌溉工具有翻车、筒车、辘轳等。收获脱粒有飏扇、麦钐等。谷物加工工具有飏扇、水碾、水转连磨、水击面罗、槽碓、水轮三车、油榨等。宋元时期中国农业机械已发展到能适应精耕细作及多熟种植的较为成熟的阶段。明清两代基本上是沿用其成果而做局部的改进。大部分农机具为适应小农生产的需要而趋于小型化。随着社会经济发展,为适应经营地主的大面积耕作也出现了一些大型农业机械,如代耕架、大风车等。本章着重讨论犁和磨的起源与演变。

## 第二节　犁的起源及其演变

犁耕是农作物种植的基本作业。在具有精耕细作传统的中国农业生产领域,耕犁是最重要的农器。中国的畜力有壁耕犁,在世界畜力犁谱系中,以其有特色的框架、部件而风格独具。如今它仍在中国的耕地上发挥着增进农业产量的作用。

## 一　耕犁的起源

中国的耕犁源于本土。在畜力耕犁出现之前,曾经历过人拉石质犁形器或木犁的时期。只有在人拉犁不断发展和冶铁技术发明的基础上,驯服和使唤牲畜的技能也达到熟练时,牛耕才能产生和发展起来。

从现有考古材料看,石质犁形器在中国长江下游的太湖流域,黄河流域的中下游地区以及东北、内蒙古等地的新石器时代遗址中均有发现,出土地点达 30 余处,其器型有如下几种:

(1) 舌状犁形器。

以山西闻喜汀店仰韶文化遗址和吉林长春新立城新石器时代遗址出土实物为代表。从刃

---

① 宋兆麟,唐代曲辕犁研究,中国历史博物馆馆刊,1979,(1)。

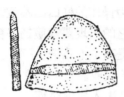

图 8-1　舌状犁形器

部划痕来看，系耕地时斜插土中，向前牵引，受到摩擦所致；前端的擦痕是直的，两侧有磨划的斜线。舌状犁形器保留了耜的基本形状，正是由耜耕向犁耕转化的过渡形态，见图 8-1。

（2）双刃三角形犁形器。

这类器件在长江下游流域介于马家浜文化与良渚文化之间的遗址中，以及在黄河流域的龙山文化遗址中均有发现，体形扁薄、形若等腰三角形，两长边为刃，夹角在 40°～50° 之间，江浙沪一带出土的往往在器的中部凿有 1 至 4 个圆孔，并在后端有一弧形或方形凹缺，使两腰如后掠式翼。一般长约 20 厘米，厚 1～2 厘米，多用片状页岩制作。背面平直，保留着页岩的自然劈裂面，未见磨痕。正面稍稍隆起，正中平坦如背面，两侧磨出较锋利的刃部，腰侧有磨损的痕迹。

这种犁形器配备有木犁床，其尖部由两部分构成，下为垫木，上为木极。犁形器嵌在两者中间，穿以木钉，刃部外露，有利于克服石质犁形器易于损坏的缺点，见图 8-2。

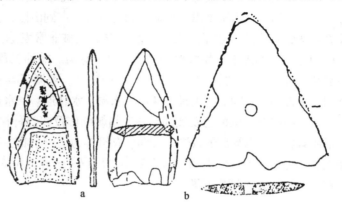

图 8-2　双刃三角形石犁
a. 仰韶文化石犁（河南孟津小潘沟出土）；b. 良渚文化石犁（浙江杭州水田畈出土）

（3）单刃三角形犁形器。

此类器件在江浙地区良渚文化遗址中发现较多，在黄河流域属龙山文化早期的山西襄汾陶寺遗址，曲沃方城等遗址中也有出土。这种犁形器略呈三角形，单刃，顶端有一斜向的把柄，有一刃边和一斜边向外延伸，使第三边中部内凹形成缺口，体形较大而厚重，制作较粗糙，往往仅于刃部磨光，其余两边较粗厚，留有明显的打琢痕迹，不少器上有穿孔。从器形分析，应在斜上方把手处捆绑木柄，是用绳索牵引破土划沟用的，见图 8-3。

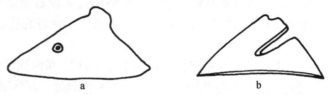

图 8-3　单刃三角形石犁
a. 良渚文化石犁（江苏吴县洞庭西山消要湾出土）；
b. 良渚文化石犁（浙江老和山出土）

以上三种犁形器，舌状犁形器更多地保留了耜的特征，属于犁形器的早期类型。其后，人们发现犁形器前端呈三角形，使之沿水平方向滑行，更宜于破土耕作，就产生了三角形犁形器。随着农业进一步发展，水利灌溉成为迫切需要，又发明了可用于开沟作渠的单刃三角形犁形器。它们有时和双刃三角形犁形器同出，也有随着青铜器物一起出土的，可见是较晚出现的犁形器类型。

犁形器背面都留有安装木柄的痕迹，其宽度为 4.2～6 厘米，它和石耜有很大区别。石耜的木柄只安装在耜的上端，犁形器的木柄则一直伸到犁尖。这就表明它不是像耜那样插地起土的。犁形器是体形很大而厚度不超过 1 厘米的石板，很容易折断。它们只在正面留有磨擦的痕迹，背面毫无擦痕，不像石耜两面都有摩擦痕迹。石耜入地角度较直，留下的擦痕是垂直线条，而犁形器的擦痕都是横向线条。这说明，犁形器起土既非垂直下插，也不是平贴地面，而是和地面以锐角倾斜向前推进，必定要有人在前面牵引，才能破土前进，这一演变是在商周时期完成的。石犁形器用人力作动力；只有人力牵引的犁耕发展到一定阶段，才可能改为畜力牵引，见图 8-4。

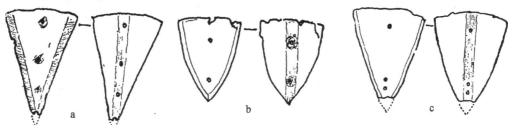

图 8-4　石犁
a. 江苏丹徒出土；b. 浙江余杭出土；c. 浙江余姚出土

犁形器是从耒耜演变而来，但构造和使用方法都不大相同。石耜是用手脚按踏入土做间歇运动，而犁形器是用人力拉牵做连续运动。这两种农具各有自己的特点及不同的功用。可以设想，先人们在使用石耜时，为减轻劳动强度，先是在耜上系绳由另一人协助拉曳，以后逐步改进，改变耜的形制，加强拉牵的力量，将倒退着铲土改为前进翻土，于是，出现了雏形的犁。其后，将犁绳子改为木杆，就成为锸犁。这种固定的木杆可说是犁辕的雏型，见图 8-5。

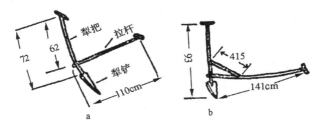

图 8-5　锸犁
a. 山西晋东南的锸犁；b. 山西晋城岗头村的锸犁

独木杆容易松动，人们在木杆和扶手（犁梢的前身）之间装上一根直或横的短木棍（犁箭的前身），于是一部初具规模的耕犁就形成了。图 8-6 是由耜演变到犁的过程。

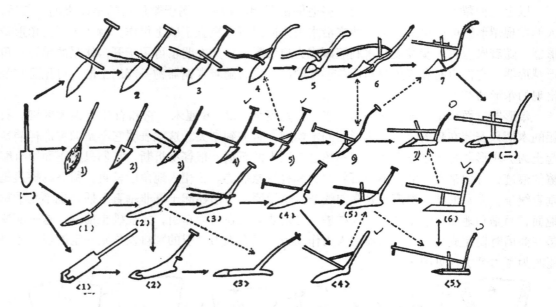

图 8-6　由耜到犁演变示意图（采自陈文华《论农业考古》）

在商周遗址中也发现有上述类型的犁形器,如浙江余杭、杭州、余姚、江苏丹徒、山西芮城、陕西凤翔所出,说明石质犁形器耕作曾经历长期延续的过程,对其后铜犁和铁犁的产生有直接的影响。商周时期掌握冶铜技术,青铜犁也有发现,但这一时期使用的绝大多数是石犁而不是铜犁。

商周时期的甲骨文、金文已有耕与牛耕的记载。甲骨文已有人曳犁而耕的字形。据罗振玉《殷墟书契前编》（六·五五·七）记载:"□□卜,亘贞。乎（呼）ᨅ𤔲自……。"其中的"𤔲"字,从"子"从"扶",像人拉犁之形。此辞乃卜问是否召集人拉犁耕于某地之事。甲骨文还有"ᨅ"或"ᨅ",勾像犁头,小点像犁头启土,辔在牛上,亦即后来的犁字。据此,有的学者认为殷代可能已用牛耕。

## 二　铁犁的出现和牛耕的推广

春秋战国和秦汉时期是中国耕犁和牛耕的重要发展时期。冶铁术的发明和铸铁技术的进步,解决了自新石器时代以来犁耕迟迟不得推广的关键问题。从此,铁犁完全取代了石质犁形器的地位。

1. 铁铧的演变及定型

战国秦汉是中国传统耕犁的基本特征初步形成的时期。从大量考古资料看,破土垦耕的铁铧已经定型,它的不同形式可分别用于开垦荒地、犁耕熟田和开沟作渠。

汉代的犁铧,除个别地区尚有铜制和木制的外,大都已是铁制。这是因为,铧是耕犁发土的锋口,它在犁的前端承受最大的冲击力和摩擦力。铧的前端呈锐角或钝角,前低后高,中部凸起,有的上有凸脊,而下面板平,有的上下都有凸起,从而利于入土和发土。以后的犁铧大抵是沿着这一基本形制发展和演变的。

2. 犁壁的使用

由耜变为犁,其重要的功能之一是使犁起的土壤破碎和翻转,为此须加上犁壁。耕犁的这一演进，是在实践中依据力学原理不断革新的结果。陆龟蒙在《耒耜经》中开篇就说："犁，利也。"这个解释就具有力学的含意。

犁壁又称犁镜，犁镜，犁碗，犁面，犁盆。犁壁装在铧上，是一种复合装置。犁铧只能耕开土壤，由于从中间突破，它在前耕的同时向两边翻土成沟。犁铧翻土功能不强。但对耕地的要求，是边破碎土壤，边翻转土壤，特别在收获之后，地面往往长有杂草，使耕开的土壤自行挤压破碎并把杂草压在下面是非常必要的。如果是深耕，不但要把杂草埋在下面做肥料，而且要具有杀虫的作用。起到这种挤压破碎并翻转土壤作用的就是犁壁。它是在犁镜后上方安上一个向一侧倾斜的凹面铁镜。耕地时，藉助犁镜的作用犁起的土块不断向一侧翻转，也使耕犁所受到的阻力大为减少，对从两牛拉一犁改为一牛一犁起了决定性作用。

犁壁起于何时，学者们有不同的认识。刘仙洲据《考工记》"车人为耒，庇长尺有一寸，……坚地欲直庇，柔地欲句庇，直庇则利推，句庇则利发，倨句磬折渭之中地"的记载，认为中国战国时期已有犁壁。但迄今并无战国时期的犁壁出土，所见到的最早实物属汉代，出自山东、河南、陕西等地。陕西出土的汉代犁壁，有向一侧翻土的菱形壁、板瓦形壁和向两侧翻土的马鞍形壁，说明犁壁的设计和使用已达相当的水平。

**3. 耕犁的进步**

"农以力为功"为人所共知。汉代是直辕犁的时代。直辕犁又可分为二牛抬杠的单直辕犁和单牛或双牛牵引的双直辕犁两类，其演变过程大致如下：

直辕犁
　　单直辕犁（二牛抬杠）
　　　　二牛三人耦犁
　　　　二牛二人耕作
　　　　二牛一人耕作
　　双直辕犁（一牛或二牛）
　　　　二牛二人耕作
　　　　一牛一人耕作

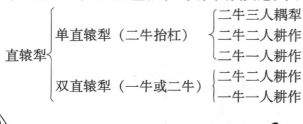

1. 武威磨嘴子西汉末年木牛犁模型

2. 平陆枣园村王莽时期壁画墓牛耕图

3. 绥德东汉画像石牛耕图

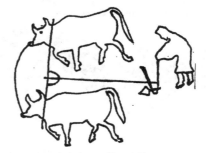

4. 米脂东汉画像石牛耕图

图 8-7　牛耕图

二牛抬杠的单直辕犁的耕作法，经历了二牛三人，二牛二人和二牛一人的演变过程。据《汉书·食货志》记载，赵过推广牛耕，"用耦犁，二牛三人"。在耕牛还未完全驯服，还不十分适应犁耕的情况下，是需要由专人牵引的。同时，在耕犁不具备调节深浅的犁箭装置的情况下，用专人按辕以控制深浅，也是为提高犁耕所必需的。耦犁是赵过倡导推广的一种耕作方法。这种落后的耕作形式，正是牛耕推广初期的实情。

随着犁耕的发展，从西汉后期到东汉，犁架已由犁梢、犁床、犁辕、犁衡、犁箭所组成，具备了畜力犁的主体构件。犁床又称犁底，由耒耜发展成为犁，首先是在耒的下部增加了横曲贴地的犁床。由于有了犁床，从耕具本身来看，便由自上而下跐入的耒耜，变成贴地前行的耕犁。从操作来看，便由一跐一坯的间歇运动，变成直线前进的连续运动。从生产效率来看，便由一点一坑的坯土，变为连续不断地坯土，从而大大提高了耕作效率。甘肃武威西汉木犁模型，平陆西汉牛耕图，绥德和米脂东汉牛耕图，都把犁床刻画得清楚醒目。当然也有犁梢，即犁柄和犁床并没有截然分开，而是由一根曲木下接犁铧。这种早期耕犁仍较多地保留了耒耜的遗迹，见图8-7。

图 8-8  牛耕图

犁辕是畜力犁不可缺少的传力部分。汉代单长辕犁须有两头牲畜牵引，双长辕多由一头牲畜牵引。调整犁箭的木楔，使犁辕与犁床之间的夹角张大或缩小，可使犁头深入或浅出。早在汉代，犁箭就已出现，如平陆西汉牛耕图，滕县、睢宁、绥德、米脂东汉牛耕图所示。滕县和睢宁两张东汉犁，犁箭中部特别刻画出可活动的木楔，见图8-8和图8-9。

图 8-9  汉代牛耕图（山东邹城出土）

由于犁箭的发明以及驾驭耕牛的技能更为熟练，西汉中晚期以后，出现了二牛二人和二牛一人耕作法，逐步取代了二牛三人的犁耕方法。二牛之间用牛环，牛辔连系，一人扶柄犁田。运用牛环和牛辔导牛，表明采取牛鼻穿引的措施。战国时期的《吕氏春秋·重己》和汉代的《淮南子·主术训》都有关于穿牛鼻的记载。牛鼻穿环，系以绳索（即牛辔），利用牛环、牛辔导引和调转耕牛，可省去专门的牵牛人。汉代二牛一人耕作的形象资料多有发现，如山西平陆枣园西汉末年壁画牛耕图，江苏睢宁东汉牛耕画像石等。这些图像都是二牛驾犁、一人扶柄耕作。二牛抬杠式的耕犁由最初的三人掌握，进步到二人操作，最后为一人耕作，说明耕作技术不断提高、耕犁日趋完善。汉代是二牛抬杠犁耕法定型和完善的时期。

双辕犁的出现是汉代犁耕发展的重要标志。在山东省滕县宏道院发现的东汉牛耕画像石，表现的是一牛挽拉的双直辕犁，一人在后掌犁，一人在前牵辔导牛耕作的情景；除此画像石外，江苏睢宁东汉画像石上也有二牛挽拉双辕犁的形象。汉代以后，在河南渑池出土有南北朝时期的可由一牛挽拉的双直辕耘犁。在甘肃嘉峪关魏晋墓壁画中也有一牛挽拉双辕犁耕作的形象。这种双直辕犁20世纪50年代还在中国北方使用。《农具图谱》中载有山东掖县的双直辕独脚犁、河北宁河县的双直辕水田耠子和河北军粮城也有双辕的劐子，这些犁均可用于耕地开沟。此外，中国古代制车技术十分发达，由牛牵引的双辕大车在《考工记》中已有记载，江苏睢宁东汉画像石上既有牛拉双辕犁，又有双辕农车的图像。从双辕牛车的结构得到启示去制造双辕犁；在设计方法上是没有多大困难的。

双辕犁比单辕犁有一定的优越性，双辕把耕牛限制在两辕内，在耕作时能保证挽拉的平稳，克服了用二牛挽拉单直辕出现的挽力不均，以致犁废及沟垄歪斜的缺陷，易于为耕者所接受。汉代牛疫频繁，耕牛极贵，在急需耕牛的情况下，采用一牛挽拉的双辕犁确实是可以大力推广的。从出土的汉代犁铧看，计有大、中、小三种类型，从而适应不同的耕作需要。黄河中下游地区，经过几千年的开垦，荒地逐步减少，熟地大量增加，陕西出土的小铧，即适应耕翻熟地。这类犁铧体积小，重量轻，由一牛挽拉即可胜任。因此，单牛双辕犁的出现应是合乎情理的。《说文解字》："辈，两壁耕也。"段注："谓一田中两牛耕，一从东往，一从西来也。"一牛挽犁耕田，到东汉已经反映到文字结构上，其产生自应更早。一牛能够挽犁耕田，除土地条件允许，也说明犁具重量的减轻，反映了犁耕的进步。

汉代畜力挽犁多用肩轭，山西平陆西汉牛耕图和江苏睢宁、陕西米脂东汉牛耕图，反映的都是二牛抬杠式的肩轭。这种肩轭不如更进步的曲轭可使牛发挥出更大的拉力，但比起更为原始的角轭，即把犁衡拴在牛角上来牵引，显然是得力多了。

## 三　犁架构件的发展及完善

双辕犁在魏、晋、隋、唐时期得到广泛的应用。据《晋书》记载：东晋咸康七年（341）"贫者全无资产，不能自存，各赐牧牛一头。若私有余力，乐取官牛垦官田者，其依魏晋旧法。"说明已推行单牛挽拉的耕作方式。南北朝时期是一牛一人耕作方式的巩固阶段。《魏书·恭宗记》云："初，恭宗监国，曾令曰：'……其制有司课畿内之民，使无牛家以人牛力相贸，垦殖锄耨，其有牛家与无牛家一人种田二十二亩，偿以私锄功七亩，如是为差，至与小，老无牛家种田七亩，小老偿以锄功二亩。'"这里所谓"人牛力相贸"，是一种以牛力换人工的办法，即有牛人家出牛一头，为无牛人家耕种22亩；无牛人家则为有牛家耘锄7亩作为报偿。这种办法包含有互助的性质，实行的是等价交换原则。这是畿内通行一牛一人耕作方式的明证。又《魏书·高祖纪》载："牧守令长，勤率百姓，无令失时。同部之内，贫富相通。家有兼牛，通借无者，若不从诏，一门之内，终身不仕。守宰不督察，免所居官。"所谓"兼牛"，是指一家有两头以上的耕牛。一家之内如有两头以上耕牛的，除留一头供自家使用外，其余都要借给无牛人家使用。后来，孝文帝在太和九年（485）颁布均田令"丁牛一头受田三十亩"，并规定丁牛要输纳一定数额的租调，这种法令条文正是一牛一人耕作方式的反映。

隋唐时期，一牛一人的耕作方式更趋完善。唐代屯田令，按土质优劣，各配牛一头。考古发现也提供了许多实物证据。如甘肃嘉峪关魏晋墓屯垦画像砖就有二牛各驾一犁耕作的形象。广东连县出有西晋时期一人扶犁耕作的模型。

曲辕犁是唐代耕犁发展的重大成就，具有里程碑的意义。陆龟蒙在《耒耜经》记述江东地区的曲辕犁，其形制和构造已很复杂。该书在"跋"中称此为"田家三宝"之一，并非过誉。犁的部件中，"冶金而为之者，曰犁镵、曰犁壁。斫木而为之者，曰犁底，曰压镵，曰策额，曰犁箭，曰犁辕，曰犁梢，曰犁评、曰犁建、曰犁盘。木与金凡有一事"（图 8-10）。

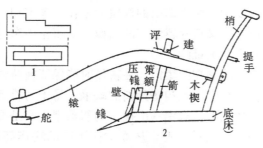

图 8-10　唐代曲辕犁复原图

《耒耜经》所记江东犁各构件的形制、功用、尺寸辨析如下。

（1）犁镵。

铸铁部件，为铧的前身，但二者存有区别，如《农书》所载："铧与镵颇异，镵狭而厚，铧阔而薄。"在使用上也各有特长，即"开垦生地，宜用镵，翻转熟地，宜用铧。……然北方多用铧，南方多用镵，虽各习尚不同，若取其便，则生熟异器，当以老农之言为法"。陆龟蒙是三吴人，所以称铧为镵。曲辕犁的犁镵长一尺四寸，宽六寸，它的功用是切开土块和切断草根，并使切下的土块移到犁壁上，即"起其垅者，镵也"。

犁镵的前身是舌。在牛耕才出现的时候，在木质犁头上镶以铁舌。

（2）压镵。

木制，宽四寸，长二尺，主要用来固定犁壁，并紧压犁镵于犁底，其功用后来合并于犁箭。

（3）策额。

木制，前端抵住犁壁，使之定位，并防止其摆动。其功用后来也合并于犁箭。《耒耜经》称："镵之次曰策额，言可以插其壁也，皆贴然相戴。"根据文后记述，可以设想策额是与犁底平行，连接犁箭与压镵，其前端用装压镵以固定犁壁。唐以前的耕犁没有压镵和策额，犁壁直接安装在箭柱上。为了更好装置犁壁，唐代新增了这两个部件。这反映唐代对犁壁已有更多的研究和改进。唐宋以后，犁身向轻简方向发展，将犁壁直接嵌入犁箭柱上，取消了压镵和策额。

（4）犁辕。

木制，是有适当弯曲度的长木杠，后端和犁梢相连，前部适当部位凿孔，套在犁箭上，最前端与犁槃相连，是受力和牵引的主要部件。唐犁主要改进之点即在犁辕。由直辕到曲辕的转变，是为提高耕作的效率。最初是从犁箭得到启发，用犁箭来调节犁辕和犁底的夹角，要求辕与梢的结合榫卯可以上下旋动。犁箭的可调节范围很有限，否则辕与梢的结合处的强度便会受到影响。犁辕在很长时间是直的。辕与底之间的距离须满足镵和犁壁起土、翻土的要求。辕与底的夹角调小到一定程度，即辕与底相交成锐角，同样会发生未设置犁壁之前的那种弊病，即箭前、辕下因粘满粘土阻力过大而使耕作中断。于是，既可降低耕犁受力点，又可使辕、箭相交处与底保持合适高度的曲辕犁的发明势在必行。只有改直辕为曲辕，才能不改变施力方向而达到省力的目的。

以曲辕代替直辕，明显地降低了犁的受力点。在耕牛轭高一定的情况下，对直辕来说，畜力 $F_拉$ 与犁所受阻力 $F_阻$ 不在一条直线上，二者之间有一个相当的垂直距离。因而，必定产生逆时针方向的力矩 $M_1$（图 8-11），使犁发生逆时针方向的转动，犁镵的入土将愈陷愈深，以致很快不能工作。为此，必须设法平衡掉力矩 $M_1$，才能使耕犁持续地沿地平前进。实际采取的措施是：

①调节犁箭，减少犁辕和犁底的夹角，亦即降低犁的受力点，缩小拉力与阻力作用线之间的垂直距离。但对直辕来说，靠调节犁箭来缩小距离是非常有限的。

②扶犁时，通过犁梢加在犁底后端向下作用的一个力 $F_2$，形成顺时针力矩 $M_2$（图 8-11），可使耕犁保持沿地平方向前进。但向下的力加大了犁对地的正压力，而正压力与摩擦力成正比，即 $F'' = \mu \cdot N$。于是畜力不仅要克服土地阻力 $F_阻$，还要克服摩擦力；这对有效利用畜力和提高耕作效率是极为不利的。

而对曲辕来说，$F_拉$ 与 $F_阻$ 之间的垂直距离缩小，使耕犁能较好地沿地面前进。这就大大提高了畜力的有效使用和耕作效率。因而设计合理的曲辕犁在犁田时可仅使犁镵接地，犁底悬空前进（图 8-11）。这就是唐代曲辕犁的主要优点和重大意义所在。

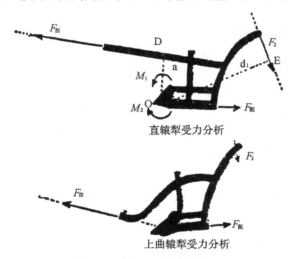

图 8-11　曲辕犁受力分析

（5）犁箭。

即犁柱，木制。它的下端贯穿在犁额、压镵、犁底的孔中，并把这三个构件固定在一起，上端贯穿犁辕，并使辕的位置固定。《耒耜经》说："自策额达于犁底，纵而贯之曰箭。"还说："辕有越，加箭，可弛张焉。"犁箭与辕的结合处是可活动的，以此改变辕与底之间的夹角，调节耕地的深浅。

（6）犁评。

木制，长一尺三寸，中凿长槽，套在犁箭向上延伸的部位。犁评底面平滑，便于进退，上前端较厚（高），后端较薄（庳），依照倾斜线刻成若干度，使耕地深浅的调节有所规范。

（7）犁建。

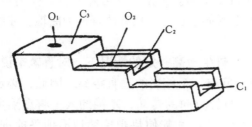

图 8-12　唐代曲辕犁犁评复原图

是一根弯曲的木栓，其功用在限制犁辕和犁评不致从犁箭上端滑脱，即《耒耜经》所说："评之上，曲而衡之者曰建。建，楗也，所以柅其辕与评，无建则二物跃而出，箭不能止。"为了避免脱出，犁建做成中间低两头高的式样。《耒耜经》又说："建惟称。"即犁建的大小粗细以适用为度（图 8-12、8-13）。

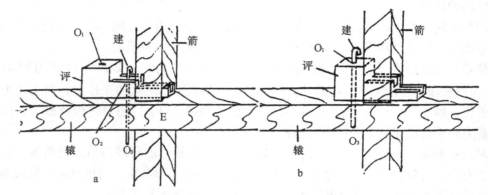

图 8-13　唐代曲辕犁犁评使用示意图

犁箭、犁评、犁建都是调节耕地深浅的部件。犁评通过提高或降低系结点起到这一作用，如图 8-14 所示，$L_1$、$L_2$ 表示由调整犁评位置使犁辕取得不同高度。当犁评插入犁箭较少时，犁建通过犁评和犁辕的孔，将犁评固定在辕上，此时犁辕顶点的水平高度为 $L_1$。耕作时，犁梢根点 O 和犁槃保持在地平线 $L_3$ 上。犁镵的尖点 $B_1$ 入土深度为 $L_3$ 至 $L_5$。设其高为 8 寸，犁底与水平线 $L_5$ 的夹角 $\angle OB_1L_5$ 约为 20°。若改变犁评插入位置，犁辕被压下 $L_1$ 至 $L_2$ 的距离。犁箭底点 C 和犁箭与犁辕的相交点的距离相对变化，这时，$D_2C$ 的长度比 $D_1C$ 减少 $L_1$ 至 $L_2$ 的距离（图 8-14b），犁辕的水平顶点由 $D_1$ 降到 $D_2$。犁辕的顶端下降，但其曲线和长度并未变化，犁槃也仍保持在地平线 $L_3$。这样犁身必然以 O 点为中心逆时针转动，亦即犁梢向左下方移动，犁梢和犁辕的支点从图中的 $E_1$ 下移到 $E_2$，犁底和犁镵以 O 点为轴心向右上方移动，犁镵的前端由 $B_1$ 上移到 $B_2$。如这个距离为 4 寸，犁底与地平线夹角约成 10°。这样，由于犁评的调节，使犁地深度由 8 寸变为 4 寸。这也就是《耒耜经》所说"进之则箭下，入土也浅"的道理；反之，"退之则箭上，入土也深"（图 8-14）。

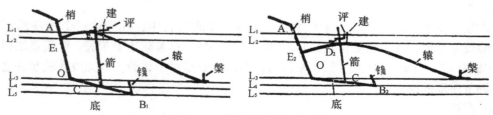

图 8-14　横梯式犁评工作原理

## 四　犁的曳引、操用及配套作业

中国耕犁的曳引动力是以牛为主。《国语·晋语》说："宗庙之牺，为畎亩之勤。"商鞅变法推行耕战政策，注重以牛耕田。到汉代，应劭《风俗演义》强调"牛乃耕农之本，百姓所仰，为用最大"，"国家之为强弱"。宋李焘《续资治通鉴长编》也说："农家以牛为耕种之本。"《陈旉农书》专设"牛说"一节，称"牛最农事之急务"，"牛之功多于马也审矣"。王祯《农书》说："今劝农有官，牛为农本。"《盐铁论》记载"农夫以马耕战"、"马行则服轭，止则就犁"。说明汉代也用马耕地。牛的颈部突起，可较容易地把轭套在上面，牵拉得力。马骡驴等役畜的牵拉力则受挽具影响。春秋时期采用胸肩束带法，到北魏时期出现护肩法，曳引力才得以充分利用。宋元时代，耕索和牛套已很完备并得到广泛使用，从而变牛犁相连为牛犁各自独立，加快了犁辕由长变短、由直变曲的过程，其作用不可忽视。

宋人扬威"耕获图"有扶犁耕作的场面。三农人各扶一犁。犁体轻巧，为上曲辕犁，单牛曳引，牛犁分开，服牛牵引装置应为绳套，在小地块中可回转自如。王祯《农书》有耕盘和牛轭图，耕盘两旁多有耕索，与"以曲木，窍其两旁，通贯耕索"的牛轭连为一体，组成牛套。

牛套的使用，促使耕犁发生变化。牛与犁既已分开，就不再需要以前那样长的犁辕。所以，宋元时犁辕已大为缩短，只是先前长辕的一半或者更短，并更弯曲，呈上曲形。从王祯《农书》的耕犁图可见，犁的结构已趋向简化，省去了犁评、犁建、犁箭，而是在柄和辕交叉处安一木楔，靠木楔入柄的深浅来改变辕的高低，以控制耕地深浅。如上文所述，也省去了策额与压镵。尽管少了多种部件，这种耕犁的功能不但不减弱，反而有所增强，而且轻巧灵便，操作灵活。这种短辕犁在唐代虽已出现，但推广使用及完备化应在宋元时期。

牛套与耕犁分而为二，其间由绳索连系。绳索易断，其后以铁钩环代替。王祯《农书》在耕盘上绘有圆环，应是连接牵引钩的。明清之际已使用Ｓ型挂钩，使耕犁运行回转更加灵便，辕首的环也随之变为钩，有的更配置了双钩，可起调节耕垡宽窄的作用。如挂在双钩上则耕幅宽，便于开沟作垄及耕熟地。如果挂在一个钩上，则犁用偏刀，耕幅窄，利于耕生地及垦荒。上述耕索的利用，耕牛和犁架的各自独立，可说是现代机耕耕具的先声，在农业机械发展史上是有重要地位的。

## 五　耧　犁

汉武帝时赵过创用耧犁已如上文所述。东汉时，耧犁在边陲地区尚未通行，《说文》亦无耧字。《魏略》载曹魏嘉平年间（249～254），"皇甫隆为敦煌太守，民不晓作耧犁。及种，人牛功力既费，而收各更少。皇甫隆乃教作耧犁，所省庸力过半，得谷加五"。可知魏时耧犁已渐及边地。

《齐民要术·耕田篇》注谓："耧有三脚者，有两脚者，不如一脚之为得也。"三脚两脚及独脚耧，今仍使用。王祯《农书》"农器图谱"有耧车图称："今燕、赵、齐、鲁之间，多有两脚耧，关以西有四脚耧，但添一牛功不速也。"所述耧的分布情况和现在相仿。

据《齐民要术》记载，耧的用途主要是直接耧播和以耧耩地开沟后另行播种。直接耧播

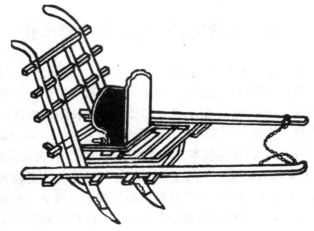

图 8-15　耧车图（采自王祯《农书》）

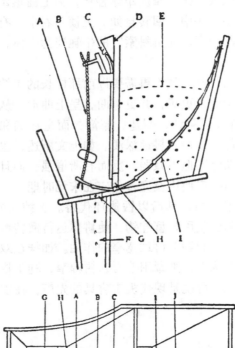

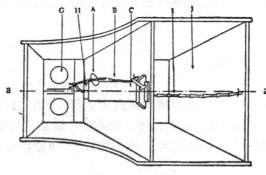

图 8-16　耧车工作原理图

在该书中称为"耧下"或"耧头下之"，属于条播，用于谷、大豆、小豆、大麦、小麦、胡麻和红蓝花的播种。以耧耩地或开沟作垅然后另行播种，又可分为撒播、点播和窝播三类。其中，撒播用于小豆、麻、胡麻、泽蒜、胡荽、柘、楮、紫草等；点播用于蒜、葱、苜蓿等；窝播用于姜等。耧还有两项特殊的用途：一是虽属条播但又不是直接耧播的"耧辕淹种"。这种方法适用于粟、黍、穄、粱、秫等的良种繁育和旱稻的播种，目的在于节约种子和不伤种芽。二是用于雨后拔苗移栽。《齐民要术》所反映的情况表明，当时三种耧都在使用且各具优点，可满足播种生产的需要（图 8-15、8-16）。

耧犁将开沟、下种、覆盖压实等工作由同一机械来完成。以两脚耧为例，两个金属制的小铧是开沟器，后部中间是空的，由两个木制的空圆桶与上边的子粒槽相通。播种时，由扶耧人控制耧柄高低以调整开沟器入土，亦即播种的深浅。子粒槽下部前方由一个长方开口和耧斗相通。耧斗存贮种子。在播种以前，根据种子种类、子粒大小、土壤干湿等情况，调节子粒槽开口上的活动闸板，并由楔子管紧，以控制子粒流量。为防止子粒在开口处堵塞，悬装一竹竿，其前端伸入耧斗下部，后端用绳挂在支柱上。为使竹竿摇摆，在下部缚上一小石块或铁块，播种时，由扶耧人微微摇动耧柄，使竹竿也随着摆动，子粒就不致拥塞。子粒从耧斗漏到子粒槽，自动分为两股，经漏孔流入圆桶，再从开沟器下方播入土壤。在耧后的木框上，用绳悬挂一硬木棒（一般剖面为方形），把它横放在播种的两垄之上，自动荡平土壤，把子粒埋在土壤下。这样，耧犁就兼具开沟、下种和覆盖的功能。

# 六　明代的几种人力犁

明代有几种人力犁。据谈迁《枣林杂俎》"木牛"条称："成化二十一年（1485）户部左侍朗隆庆李衍、总督陕西边备，兼理荒政，发禀赈饥，作木牛。取牛耕之耒耜而制为五：曰坐犁、曰推犁、曰抬犁、曰抗犁、曰肩犁。可水耕、可山耕，可陆耕，或用二人，多则三人。多者自举，少者自合。一日可耕三四亩，作木牛图布之。"又吴葆仪《郧阳府志》"人耕之法"云："欧阳必进，字任夫，江西安福进士。嘉靖甲辰（1544）抚郧阳。牛疫，无以营农。必进仿唐王方翼遗制造人耕之法。施关键，使人推之，省力而功倍，百姓赖焉。惜其法不传。"

明天启六年（1625），王徵《新制诸器图说》记载了他发明的称为"代耕"的人力犁。后来他得知西方有同类的装置，载在他所译的《奇器图说》一书中。图说称：

> 以坚木作辘轳二具，各径六寸，长尺有六寸，空其中，两端设轵，贯于轴，以利转为度。两端为方柄，入架木内，期无摇动。架木前宽后窄，前高后低，每边两枝，则前短而后长。长则三尺有奇，短止二尺三寸，两枝相合如人字样。即于人字交合处作方孔，安其轴。两人字相合，安轴两端。又于两人字两足各横安一桄木，则架成矣。架之后长尽处安横桄，桄置两立柱，长八寸，上平铺以宽板，便人坐而好用力耳。先于辘轳两端尽处，十字安木橛，各长一尺有奇。其十字两头反以不对为妙。辘轳中缠以索，索长六丈，度六丈之中安一小铁环，铁环者所以安犁之曳钩者也。两辘轳两人对设于三丈之地。其索之两端各系一辘轳中，而犁安铁环之内。一人坐一架，手挽其橛则犁自行矣。递相挽亦递相歇。虽连扶犁者三人手，而用力者则止一人，且一人一手之力足敌两牛。况坐而用力，往来自如，似于田作不无小补。

屈大均《广东新语》"木牛"条称："木牛者代耕之器也。以两人字架施之，架各安辘轳一具，辘轳中系以长绳六丈，以一铁环安绳中以贯犁之曳钩，同时，一人扶犁，二人对坐架上，此转则犁来，彼转则犁去，一人而有两牛之力，耕具之最善者也。"所述构造及运用情况，似与王徵所述相同，其特点是采用绞车以绳索牵引耕犁，见图 8-17。

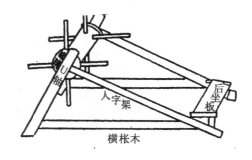

图 8-17　代耕图
（采自王徵《新制诸器图说》）

# 第三节　磨及其近支机械

# 一　转　磨

　　磨是古代谷物加工最重要的工具。各地出土的转磨甚多。在陶制明器中，有的将磨置于盘的承座上，有的将磨置于支架上，有时带漏斗，谷物加工后由漏斗落入容器中。王祯《农书》称："主磨曰脐。"脐即磨下扇中央的凸榫及上扇底部的圆卯。《农书》又说："注磨曰眼，转磨曰鞔，承磨曰盘，载磨曰床。"眼即进料口，鞔为推磨的木柄。盘指磨下的承盘，床指承托磨及盘的支架。

　　1. 早期石磨盘的出现与应用

　　磨作为谷物加工工具，是和原始农业同时产生的。最早的石磨盘和石磨棒，是野生植物和农作物的加工工具。旧石器时代晚期已有石磨盘，沿用甚久。它在黄河流域及以北地区有广泛的分布，其详细图形，见本书第二章。

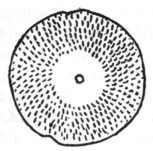

战国晚期石磨　陕西临潼秦故都出土

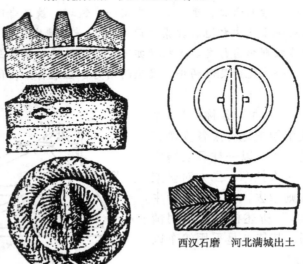

西汉石磨　河南洛阳烧沟出土

西汉石磨　河北满城出土

图 8-18　秦汉之际的转磨

2. **转磨的产生及演变**

转磨是由具有一定厚度的两块扁圆形石料构成，称为磨扇，石材多用花岗岩类。下扇中间装上短轴，用铁制成，或用硬木制作再包上铁圈。两扇相合，下扇固定，上扇绕着短轴旋转，两扇相合面的中部留下空腔，其余部分上下都凿出磨齿。上扇备一个或两个通孔，俗称磨眼。操作时，转动上扇，使谷粒由磨眼漏下，受磨，再由两扇的夹缝中流入磨盘。

中国的转磨最初名磑，后或称砻，《说文解字》作"礳"，"硙"，又称"古者，公输班作硙"。目前考古发现的最早石转磨出自秦都栎阳，为战国时期的制品。中国转磨的发展可分为三个阶段：秦汉属萌芽阶段，磨齿以凹坑型为主，有枣粒形、圆形、菱形、三角形、长方形等。这些磨齿使谷物不能迅速外流，磨眼易堵塞，有的甚至残留在凹坑里，所加工的粉状谷物中，会掺杂一些完整谷粒。

洛阳烧沟出土的西汉晚期石转磨，磨石粗糙不平，其上刻有散乱无章的斜线磨齿。河南唐河县石灰窑村画像石墓出土的陶磨，磨齿呈辐射型。这是西汉时期探索新型磨齿的尝试，见图8-18。

东汉三国是磨齿多样化的发展时期。凹坑磨齿仍在使用。西汉时处于萌芽状态的辐射形、分区斜线形磨齿得到推广，具有辐射形磨齿的转磨在河北、山东、安徽、河南、陕西、江苏、湖北皆有出土。它的变体即锥点辐射纹，旋窝纹，偶有出现但并不普遍。分区斜纹磨出现于河南、安徽、山东、江苏、湖北等省，分布范围、流行时间与辐射形磨齿相同。

分区斜线型磨齿又分为四区斜线，六区斜线，八区斜线几种式样。它们同辐射型磨齿一样，可说是东汉三国时期转磨不断革新的写照，见图8-19。

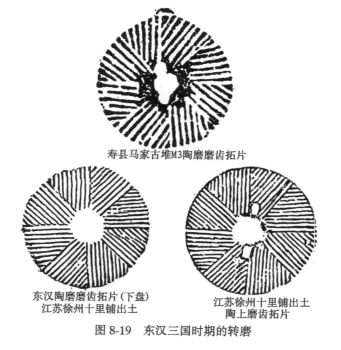

寿县马家古堆M3陶磨磨齿拓片

东汉陶磨磨齿拓片（下盘）
江苏徐州十里铺出土

江苏徐州十里铺出土
陶上磨齿拓片

图8-19　东汉三国时期的转磨

西晋到隋唐是转磨的成熟阶段。这一时期，大多数转磨的磨齿已是八区斜线纹。辐射形磨齿的缺点主要是齿槽分布不均，中间太密而边缘太疏。四区斜线型仍带有辐射形磨齿的弊病。只有八区斜线型磨齿才能做到各区齿槽排列整齐，平行等分，匀称协调，疏密得当，磨面平整，沟深一致。这种磨齿型式一直流行到现代几无变化（图 8-20），其他型式的磨齿全被淘汰。

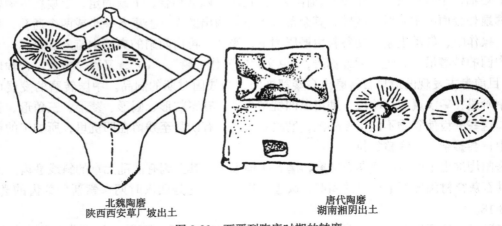

北魏陶磨
陕西西安草厂坡出土

唐代陶磨
湖南湘阴出土

图 8-20　西晋到隋唐时期的转磨

战国、西汉、三国的转磨大都发现于黄河流域，而长江流域，珠江流域和辽河流域均罕见。黄河流域在西汉为产麦区。小麦须磨成面粉，才便于食用，因而转磨为农家所必备。而稻谷只需去掉外壳，产稻区也就较少使用转磨。据此，中国转磨应源自黄河流域。

## 二　砻

砻是转磨的一种，但其功用和用材不同于石转磨。《说文解字》说："砻，䃺也。"段玉裁《说文解字注》解释道："䃺者，石硙也。此云䃺也者，其引伸之义，谓以石䃺物曰砻也。今俗谓磨谷，取名曰砻。"

王祯《农书》"农器图谱"称："砻，䃺谷器，所以去谷壳也。……编竹作围，内贮土泥，状如小磨，仍以竹木排为密齿，破谷不致损米。就用拐木穿贯砻上掉轴以绳悬檩上，众力运肘转之，日可破谷四十余斛。……初本用石，今竹木代者亦便。又有砻磨，上级甚薄，可代谷砻，亦不损米，或人或畜转之，谓之砻磨。复有畜力挽行大木轮轴，以皮弦或大绳绕轮两周，复交于砻之上级，轮转到则绳转，绳转则砻亦随转；计轮转一周，则砻转十五余周，比用人力既速且省。"这其实是利用一种纯轮机械增速传动（参看图 8-21 右图）。

《天工开物》亦称："凡稻谷去壳用砻。……砻有二种，一用木为之，截木尺许，质多用松，斫合成大磨形；两扇皆凿纵斜齿，下合植笋，穿贯上合，空中受谷。木砻攻米二千余石，其身乃尽。凡木砻，谷不甚燥者，入砻亦不碎。故入贡军国，漕储千万，皆出此中也。一土砻，析竹匡围成圈，实洁净黄土于内，上下两面，各嵌竹齿。上合箪受空谷，其量倍于木砻。谷稍滋湿者，入其中即碎断。土砻攻米二百石，其身乃朽（图 8-21）。

土砻图
（采自王祯《农书》）
（《古今图书集成》重绘）

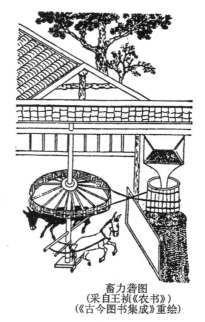
畜力砻图
（采自王祯《农书》）
（《古今图书集成》重绘）

图 8-21　砻图

考古资料揭示了砻在古代的应用情况。湖北云梦痢痢墩一号东汉墓出土的陶砻，上扇边缘的柄有孔可安装推杆。湖北鄂城东吴墓的石砻出土时有推杆。操作时，手扶推杆，杆前端的搭钩钩住上扇磨柄之孔，又用绳将有横木吊起，即所谓"以绳悬檩上"。如不用绳，则下用支木顶住，使推杆保持水平。操作者握住横木，一推一拉，即可使砻运转。

关于风磨和水磨见上文第六章，此处从略。

# 第四节　中国古代农业机械的特点

中国古代农业机械的发展是根植于传统农业的基础上的。它的发展既体现了中国农业精耕细作的传统，又体现了古代机械工程技术发展的水平。每一件新式农机具的产生，无不与材料的更新、工艺制作水平的提高，以及数学、力学知识的应用有关，从而使农机具更合理、省力，使用方便，适应了农业生产的需要。

## （一）重视改革和创新

如犁的发展，就是由一根尖木棒发展为耒耜，由耒耜发展为犁，再由无壁犁发展为有壁犁，由直辕犁发展为曲辕犁。犁在唐代已经定型，但宋元时期又出现了装在犁上用于开垦荒地的䦆刀。王祯《农书》说，（䦆刀）"辟荒刃也，其制如短镰，而背则加厚。尝见开垦芦苇蒿莱等荒地，根株骈密，虽强牛利器，鲜不困败。故于耕犁之前，先用一牛引曳小犁，仍置刃裂地，辟及一垄，然后犁䤲随过，覆坡截然，省力过半。又有于木犁辕首里边，就置此刃，比之别用人畜，尤省便也"。这说明䦆刀有两种：一种装在小犁上，样式像厚背的短镰刀，作用是先割断根茬，继用耕犁翻土。另一种是附装在犁辕头上，位在犁䤲之前面。耕地时由䦆刀先割断盘结的根株，再由犁䤲翻土，更为省便，这是很重要的创造，是后来各国新式犁

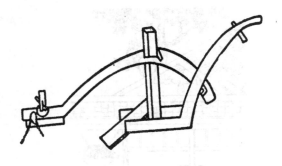

图 8-22　犁刀图（采自王祯《农书》）

上不可缺少的构件之一（图 8-22）。

### （二）因地制宜和形式多样

王祯《农书》曾指出："铧与镵颇异，镵狭而厚，惟可正用。铧阔而薄，翻覆可使。老农云：开垦生地宜用镵，翻转熟地宜用铧。盖镵开生地著力易，铧耕熟地见功多。然北方多用铧，南方皆用镵，虽各习尚不同，若取其便，则生熟异器，当以老农之言为法，庶南北互用，镵铧不偏废也。"这说明，铧宜于耕熟地，而镵则宜于翻荒地，要因地制宜，合理选用。

犁壁有菱形、板瓦形、方形缺角、树叶形等。除了单面翻土的，还有可两侧翻土的马鞍状犁壁。王祯《农书》指出："夫镴形不一，耕水田曰瓦缴，曰高脚。耕陆田曰镜面，曰碗口，随地所宜制也。"说明犁壁之所以有多种形式，主要是因地制宜所致。

又据王祯《农书》称："辊碡草禾轴也，其轴木径可三四寸，长约四五尺，两端俱作转篓挽索，用牛拽之。夫江淮之间，凡漫种稻田，其草禾齐生并出，则用此辊碡，使草禾俱入泥内。再宿之后，禾乃复出，草则不起。又尝见北方稻田，不解插秧，惟务撒种，却于轴间，交穿板木，谓之雁翅，状如砺碡而小，以辗打水土成泥，就碾草禾如前。"文中特别说明："江南地下，易于得泥，故用辊轴。北方塱田颇少，放水之后，欲得成泥，故用雁翅辗打，此各随地之所宜用也。"这反映了同一种农具要根据不同地区的情况，装上不同的零部件进行改制，来满足耕作要求。由于注意因地制宜这一原则，很多农机具有不同的形制和适应性，其制造特点是结构简单轻巧，合乎力学原理，能经济利用动力，一般不要求高速运动，消耗在农具移动或转动上的动力较少，非常适合以人畜为动力的精耕细作的技术要求。

中国古代农机具关键性零件集中制造与一般零件分散制造相结合的办法，也使其形式多样化。例如犁镜的制造是集中于山西阳城地区，通过若干集散地行销全国。这种农机具制造体制，即在今天也有借鉴的意义。

### （三）配套和通用性

中国古代农机具很重视配套使用。特别是宋元以后和小生产方式相适应达到了相当完善的地步。作为农机具体系，耕作有软套犁、播种有耧子，压实覆盖有砘车，收割用推镰笼具，运输工具在平地有大车，山地有独轮车，打场脱谷用辊轴，连枷，石碾，飏扇，加工有石磨，水磨等。由于配套齐全，农机具的利用率相当高。

再以整地来说，旱作地区为达到保墒抗旱的要求，就要以犁、耙、耢等配合使用；水田也常在犁耙之后，再配合用耖，这样才能达到较高的耕作质量。在收获农机具中，麦钐、麦绰、麦笼是三件成为一套。王祯《农书》说："芟麦等器，中土人皆习用，盖地广种多，必制此法，乃易收敛，比之镰获手葇，其功殆若神速。"麦钐即是"芟麦刃"，也就是长镰，"比铚刀薄而稍轻"，"其刃务在刚利"。它是割麦用的薄刃长镰刀，用时安装在麦绰柄上。麦绰是"抄麦器"，"蔑竹编之，一如箕形"，但比箕深而大，有三尺长的木柄，"上置钐刃，下横短拐"。麦钐旁有一条绳，系在一根短轴上。平时麦钐和麦绰是分开的，用时合装在一起。

收麦时右手握住短拐棍，左手就提起短轴，两手一起动作成半圆形前抢，就可把麦子割下，整齐地集聚在麦绰的箕形竹笼中，待满再倒在麦笼里。麦笼是一种平口竹笼，放在有四个轮子的木座上。割麦时"腰系钩绳牵之"，且割且行，"笼满则异之积处，往返不已，一笼日可收麦数亩"。这种配合成套的收麦工具，正如王祯《农书》所说："夫笼钐绰三物而一事，系于人之一身，而各周于用。"还说："尝见北地芟取荞麦，亦用此具，但中加密耳。"又说："利刃由来与铚同，岂知芟麦有殊功；回看万顷黄云地，不用刈镰捲已空"。麦熟容易落粒，因此自古即十分重视及时收割，有"收麦如救火"的农谚。这种三位一体的配合收麦农具，就是为此而创制的。

中国古代很重视一种农机具有多种用途，即所谓"一器数用，简而不陋"。许多农机具不仅构造简单，而且通用性广。如华北的耣子，可用于翻地、开沟、除草、掘收甘薯等等。石滚碾可用于玉米、大豆、高粱、小麦等多种作物的脱壳。由于通用性广，用不多的农具即可完成多种农作物的多种作业。

又如唐代就有的碌碡，"觚棱而已，咸以木为之，坚而重者良。……然北方多以石，南人用木。盖水陆异用，亦各从其宜也。……俱用畜力挽行，以人牵之，碾打田畴上，块堡易为破烂。及碾捍场圃间，麦禾即脱秳穗，水陆通用之"。即碌碡既能碾压土堡使之细碎，又能使谷物脱粒，一物兼有两种用途，而且还能水陆两用。

### （四）古今新旧兼用并存

中国古代农机具虽不断有变革和创新，但对于原有的农机具并不一概否定。王祯《农书》认为："昔神农作耒耜以教天下，后世因之，佃作之具虽多，皆以耒耜为始。然耕种有水陆之分，而器用无古今之间。所以较彼此之殊效，参新旧以兼行。"这段议论很精辟，一方面指出农具的种类由少到多是不断发展的，一方面又强调尽管有旱田和水田的不同，但农具却要新旧兼用不可偏废。这种指导思想是从实际出发的，也是正确的。古代多数农具一直沿用至今，甚至有些长期认为失传的农具，实际上仍在使用。这是有内在的事理依据的。如踏犁，《宋会要辑稿》说："踏犁之用可代牛耕之功半，比镢耕之功则倍。"宋代《岭外代答》也说："静江民颇力于田，其耕地，先施人工踏犁，乃以牛平之。踏犁形如匙，长六尺许。末施横木一尺余，此两手所提处也。犁柄之中，于其左边施短柄焉，此左脚所踏处也，踏可耕三尺，则释左脚而以两手翻泥，谓之一进。迤逦而前，泥垄悉成行列，不异牛耕。"又说："广人荆棘费锄之地，三人二踏犁，夹掘一穴，方可五尺，宿莽互根无不翻举，甚易为功，此法不可不存。"宋景德年间（1004～1007）因缺乏耕牛曾推广过踏犁。长期以来人们以为踏犁已经失传，事实上这种农具现在仍在广西壮族自治区继续使用。

从王祯《农书》"农器图谱"所载二百余种农具可知，除一部分新创外，大部分仍是前代传下来的。如碓、碾、磨等开始用人力，后来发展为用畜力，水力或风力。但人力碓并未被淘汰，直到现在有的地区还在使用。这一古今兼用、新旧并用的传统，在今天仍是值得重视的。

### （五）便巧易修和价廉可代

中国古代的农业机械和工具，一般都比较轻便灵巧。以曲辕犁为例，它虽有11个零部件，很多零部件是用木制，只有犁铧和犁壁才用铁制，牵引装置也较简便。耧主要也是竹木构造，只有耧脚铁制。耢和挞更为简单。耢是用柳条或荆条编成的无齿耙，但碎土平土的效果很好。挞是用带着枝条和叶子的树杈扎成扫帚状把，使用时在上面压些石块泥土，而平细土块和镇压的效果却很好。即便是龙骨水车那样大型的农业机械，也主要用木材，木制部分即使坏了也容易修理。因此造价低廉，且便于就地取材制造和修理。王祯《农书》也指出："镵、犁之金也。……若剜土既多，其锋必秃，还可接铸，贫农利之。"

### （六）善用自然能源，力争高效

中国古代的农业机械，十分重视对自然力的应用。如利用水力的农业机械，主要用于灌溉和加工。元代发明的"水轮三事"，兼有磨、砻、碾三物的功用，即"初则置立水磨，变麦作面，一如常法"，"复于磨立外周，造碾圆槽，如欲谷米，惟就水轮轴首，易磨置砻"，"既得粝米"，"则去砻置碾，碿斡循槽碾之，乃成熟米"。这一机三事有"变而能通，兼而不乏，省而有要"的优点，"便民之话法，造物之潜机"。又如"水击面罗"，王祯《农书》说："水击面罗，随水磨用之，其机与水排俱同。……罗因水力互击桩柱，筛面甚速，倍于人力，又有就磨轮轴作机击罗，亦为捷巧。"结构便巧，一物数用，效率很高，是中国水力农用机械的突出优点，风力翻车（即利用风力驱动的龙骨水车）也是如此。

## 参 考 文 献

曹毓英. 1982. 中国牛耕的起源和发展. 农业考古. (2)：96～101

陈文华. 1981. 试论我国农具史的几个问题. 考古学报. (4)：407～426

陈文华. 1984. 试论我国传统农具的历史地位. 农业考古. (1)

荆三林，李趁有. 1985. 中国古代农具发展史略. 北京：农业出版社

孔令平. 1989. 犁耕起源问题的再研究. 农业考古. (2)：212～221

刘仙洲. 1993. 中国古代农业机械发明史. 北京：科学出版社

鲁才全. 1980. 汉唐之间的牛耕和犁耙糖耧. 武汉大学学报（哲学社会科学版）. (6)：86～96

宋湛庆. 1986. 中国传统农业与现代农业. 北京：中国农业科技出版社

宋兆麟. 1979. 唐代曲辕犁研究. 中国历史博物馆刊. (1)：225～234

王星光. 1989. 中国传统耕犁的发生、发展及演变. 农业考古. (1)：219～226. (2)：229～237

王星光. 1990. 中国传统耕犁的发生、发展及演变. 农业考古. (1)：226～273. (2)：200～206

阎文儒，阎万石. 1980. 唐陆龟蒙《耒耜经》注释. 中国历史博物馆刊. (2)：49～57

卫斯. 1987. 我国圆形石磨起源历史初探. 中国农史. (1)：26～29

杨荣垓. 1988. 曲辕犁新探. 农业考古. (2)

张涛. 1990. 试论石磨的历史发展及意义. 中国农史. (2)：48～53

张振新. 1977. 汉代的牛耕. 文物. (8)：57～62

周昕. 1990.《耒耜经》所述曲辕犁升降机构分析. 古今农业. (1)：49～52

# 第九章  纺织机械①

纺织机械是中国古代机械的重要组成部分，李约瑟所举中国古代重大科技发明，纺织机械就占了很大的比例，如纺车、缫丝车、提花织机等都是中国所独有的，对世界机械史作出了巨大的贡献。

浙江余姚河姆渡、河南磁山裴李岗等新石器早期遗址中均发现了不少纺轮和织机部件，如机刀、经轴、布轴等，据此已可复原出原始的纺坠和腰机来。而以后的纺织机具则是由某种动力通过传动来进行工作，它们出现在春秋战国前后，那就是踏板织机和纺车。

纺车、缫丝车、踏板织机和提花织机是中国古代纺织机械中最有特色的部分，在漫长的历史发展过程中，中国的纺织机械形成了自己的特点。

## 第一节  纺  车

### 一  纺坠——纺车出现前的纺纱工具

纺坠又称纺专、纺锤，由拈杆与纺轮组成，是纺车出现前的成纱工具，在本书第二章中已有叙述。现知最早的纺轮是在河北磁山遗址发现的，距今已有约 7000 年的历史。几乎与此同时的浙江河姆渡遗址中也发现了不少纺轮。此外，如著名的半坡遗址、大汶口遗址等都有形状不一的纺轮出土，最多的一次要数青海柳湾遗址的发现，计有一百多枚。出土的纺轮种类非常丰富，按质料分有石、骨、陶、玉等，论形状有圆形、球形、锥形、台形、蘑菇形、齿轮形、束腰形等，不少纺轮还刻绘有精美的图案（图 9-1）。

浙江杭州瑶山十一号墓出土了一件属于良渚文化时期的玉质纺坠，距今约有四五千年。这是最早的一件有拈杆和纺轮同时出土的纺坠实物，其纺轮质为白玉，直径 4.3 厘米、孔径 0.6 厘米、厚度 0.9 厘米，拈杆质为青玉，杆长 16.4 厘米，杆截面呈圆形，上尖下粗，拈杆尖部有一小圆孔，当穿一短木，作为定拈装置。此外，新疆丰尼雅汉代遗址中也出土了一件木制的纺坠，

图 9-1  纺轮

---

① 本章由作者据个人的研究成果，并参考夏鼐、陈维稷、高汉玉、宋兆麟、王序、祝大震等学者的论著编撰而成，参考文献目录详见章末。

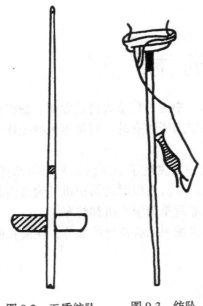

图9-2　玉质纺坠
（浙江余杭出土）

图9-3　纺坠
（采自《蚕桑辑要》）

其中纺轮和拈杆保存完好，总长16.5厘米。由此我们可知其使用方法：纺纱时先将纱线于拈杆顶端固定，然后依靠纺轮较大的转动惯性来手旋自转对纱线进行加拈，加拈一段后再将此段纱线绕于拈杆之上，纺纱即成（图9-2）。根据民族学的调查，拈杆上的定拈装置除横插短木外还有刻缺口、刻螺旋线等多种。

纺坠的记载首见于《诗经·小雅·斯干》："乃生之女，载寝之地，载衣之裼，载弄之瓦。"据释，瓦即纺专，亦即纺坠。但关于纺坠形制的完整记载却迟至元代王祯《农书》上才出现，而且是关于利用茧丝下脚料进行绢纺加工的："拈绵轴制作小碢，或木或石，上插细轴，长可尺许。"这里的拈绵就是纺坠。《广蚕桑说辑补》中称其为纺坠："其坠梗用竹长一尺，削令圆润如箸，一头留节，贯上钱十余文，使这重坠。一头刻成螺旋深痕，以便嵌线不致滚脱。套入五、六寸长之芦管，管大亦如指。"这种纺坠在今日江南农村中到处可见（图9-3）。

# 二　手摇纺车

至迟到战国秦汉时期，手摇纺车已经出现，但在当时它的主要用途却是丝绸生产中的摇纬、并丝等。纺车之用于纺纱大致经过了如下过程：首先，生丝在缫好之后必须络丝，因热汤缫丝会促使溶胀而相互粘接。这种籰子之间的丝线转移显然快于纺坠上的丝线卷绕，然后便受启发产生了摇纬的纬车。纬车由大的转轮和小锭子加纤管结合而成，这就是纺车的基本形制。由此，纺车的各种用途逐步生成，包括纺纱。久而久之，人们就专门以纺纱这一用途来命名这一机械了，以致产生纺车是为纺纱而发明的误解。

其实，纺车只不过是一个高效的卷绕加速机构。它通过大轮和小轮的大小差异，即传动比较大，先摇手柄（或脚踏曲柄）带动大轮，此时，摇手柄与大轮的角速度相同，但大轮线速度明显加快；然后，大轮用轮绳传动带动直径较小的小轮——锭子，在线速度不变的情况下使小轮的角速度加快；总的效果是卷绕的效率大大提高。若是在这一机构上同时安上多个锭子，即一个大轮带动多个小轮，则卷绕效率又可成倍增加。安徽麻桥的出土物可以证明，纺车在魏晋南北朝时期被广泛用于纺纱，使纺纱的效率得以大大提高。

麻桥东吴墓中出土的一只纺锭：木质，表面涂黑漆，长20.1厘米、直径1.1厘米，一端有木榫，另一端有三道凹槽，

图9-4　二锭纺车
（根据敦煌壁画复原）

应是固定卷绕丝线位置而刻。这只纺锭应是目前所知最早的纺车上的部件。此后，我们还能在敦煌莫高窟 K98 和 K6 中的五代《华严经变》壁画上看到两架二锭手摇纺车图像。两图大同小异。K98 图的纺车包括车架、绳轮和装纺锭用的锭架。车架似有透视上的问题，中间一木应是着地的木架；竖木应是安装绳轮之处，绳轮显然是木制；竖木之顶有锭架，锭架木制，呈弧形，上有两个明显的置锭孔。K6 图亦有车架的绳轮，绳轮亦是木制，但在轮轴上可以看到明显的手摇曲柄；车架有两根竖木，顶上未绘锭架，但有线状物把两竖木相连，推测可能亦是安装锭子的装置。两图均稍有不明，但综合起来能看清这是一台手摇二锭纺车。我们可按照 K98 中的纺车做主要原型，结合 K6 纺车做出这种二锭纺车的复原（图 9-4）。这种手摇二锭纺车的形制当与北宋王居正《纺车图》中描绘的手摇二锭纺车相似。这种纺车可用于麻纤维的纺纱，在操作过程中需要两人通力合作，一人在摇手柄的同时专司摇轮，另一人主管纱线的供应及变换纱线的位置。

在中国少数民族地区还保留着更多锭数的手摇纺车，如在广西地区有三锭手摇纺车，主要用于麻纺。在新疆地区则有六锭的手摇纺车，主要用于毛纺。

## 三　脚　踏　纺　车

在手摇纺车的基础上，脚踏纺车开始出现。其最早记载可见于宋代刻本《列女传》的鲁寡陶婴图，图中有一女性正在使用一台三锭的脚踏纺车。元朝时期，关于脚踏纺车的记载更多。王祯《农书》记载了两种纺车。木棉纺车专用于纺棉，而小纺车专用于加麻缕。操作时，"左手握其棉筒不过二、三，绩于莩维，牵引渐长。右手均拈，俱成紧缕，就绕维上"。徐光启《农政全书》也有类似的记载。

脚踏纺车中最常见的为三锭，张春华《沪城岁事衢歌》载：

> 以屈木之连属者锯之，下如二股，上如柱，统计约高二尺，竖二股于横木上，木长不及二尺。木两端之向内者，又横卧二股，长有二尺余，股之尽处，以木之厚而较方者合之。其柱之端空之，举所谓纺车头者横贯其内，其形如半月，内外各一，相愚寸许。脊有三齿，安小管于上，以所谓锭子横缀管中。柱子下二股交合处，横圆木长半尺许，木上着轮，另有一木长四尺余，锐其一端，窍轮而受之。其一端于合属卧股之处，作齿承之，以两足旋运。先于锭上绕纱数尺，粘于条子，随轮飞动，绸绎而出，各纺纱。

但王祯《农书》中的小纺车有五锭（图 9-5），图中显示，这种纺车在加工麻缕时使用了一种导纱器，使得纺纱者一手能持五股纱线。版本较晚的《天工开物》中也有一张描绘五锭脚踏纺车的《纺缕图》，图中仍为五锭，却不见导纱器，据研究应是使用了一种带有六齿的牵伸器，这是一个非常重要的进步。

然而，用于绢纺生产的脚踏纺车通常只用单锭。《豳风广义》记载了打绵线的方法："以苇筒带节安于铁定上，令紧，露定尖二、三分，右脚踏转搅板，脚稍向下一踏，轮自转动，又脚跟在板后一踏，自然一上一下，其快如风，习三、五日自熟。左手执茧箸，右手轻轻横扯丝头纺之，指缝夹一箸以上线（图 9-6）。"这种打绵线纺车与棉纺车不同的原因在于"木棉芒短易扯，一手挽轮，一手扯绵，便纺成线；丝绵芒长，力劲难扯，一手执茧，一手扯丝，必须用脚踏纺车方能成线"。正因为这个原因，棉纺或可用手摇单锭，或可用脚踏多锭，而绢纺只能用脚踏单锭，两者有所区别。

　　脚踏纺车较手摇纺车有了较大的进步，大幅度地提高了劳动生产力，但效率更高的是大纺车。

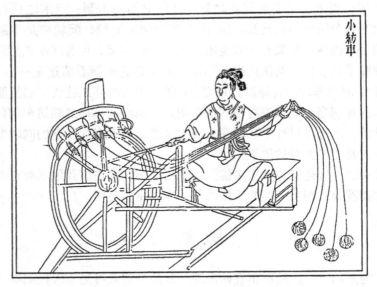

图 9-5　小纺车（采自王祯《农书》）

图 9-6　丝纺车

## 四　大　纺　车

大纺车是在各种小纺车的基础上逐步发展起来的。与五锭小纺车可兼用于麻、棉或丝加捻的性质不同，大纺车专用于丝麻加捻。到明清时棉纺普及，麻更少用，大纺车也就几乎专用于捻丝，不少地区就将其称为捻丝车了。

大纺车的记载最早见于王祯《农书》：

> 其制长余二丈，阔约五尺，先造地树木框，四角立柱，各高五尺，中穿横桄，
> 上架枋木。其枋木两头山口，卧受捲纑。长轵铁轴，次于前地。树上立长木座，
> 座上立臼以承轵底铁簨。轵上俱用杖头铁环，以枸轵轴。又于额枋前排置小铁叉，
> 分勒绩条，转上长轵。仍就左右别架车轮两座，通络皮弦，下径列轵，上栉转轵。
> 旋鼓，或人或畜，转动左边大轮，弦随轮转，众机皆动，上下相应，缓急相宜，遂
> 使绩条成紧，缠于轵上。

这种大纺车由于没有牵伸引细条纱的能力，因此只能用于加捻，从王祯《农书》中看，大纺车在起初主要用于麻缕的加捻，但他又说"新置丝纺车一如上，但差小耳"。说明这种大纺车也用于捻丝。除了用人或畜作动力外，当时还用水力作动力。王祯《农书》载："水转大纺车所加水轮，与水转碾磨之法俱同。中原麻苎之乡，凡临流处多置之。今特图写，庶他方绩纺之家，效此机械，比用陆车，愈便且省，庶同获其利。"（图9-7）

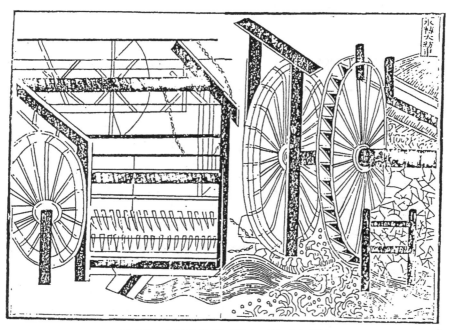

图9-7　水转大纺车（采自王祯《农书》）

明清时期，将大纺车用于蚕丝加捻合线的情况更加普遍。卫杰在《蚕桑萃编》一书中介绍了江浙及四川等地区应用大纺车的情况，并将其分成水纺和旱纺两类。

> 纺丝之法，惟江浙四川为精。山陕云贵亦习打丝法，以一人牵，一人用小转车

摇丝而走，以五六丝七八丝合为一缕不等，费力多而得缕少。若江浙纺法，则以一人摇车前拱，车之下笒子五十个，两边各用竹壳盛水，以一边二十五丝各入水中，由水中圆转而上。初纺以二、三缕合一，再纺以五六缕合一，三纺以七八缕合一。一人每摇车一周，可得五十缕，二周得一百缕。较之各省转丝之法，以一人作一百人工，此江浙水纺也。江浙水纺之法，因其水多浊质，须用砂缸澄清。故其纺需水，所以涤尘灰而发光亮。若蜀中旱纺，以毡子系于其下，用锦江清水浸透。纺时笒子五十六个，每丝从毡上牵过，与江浙纺法车式同，惟江浙丝从竹壳水中走过，四川则从湿毡上挪过。丝上渣滓，一一去净。每人纺一周丝五十六缕，二周丝一百十二缕。较之东豫山陕滇黔各省二人摇丝之法，殆以一人而得一百一十二工之效，比江浙水纺亦多得十二缕。此四川旱纺法也。

从卫杰所载图文来看，两种大纺车基本上均与近代浙江绍兴和湖北江陵一带遗存的拈丝车一致，有着以下特点：一是车架的形制由王祯《农书》中的长方形变为梯形架，上狭下宽，具有较好的稳定性；二是锭子排列在前后两面均有，每台锭子数增多，达50～60个，大大提高生产率；三是在大纺车上增加了专为丝线而设置的给湿定形装置，江浙地区用的是竹壳水槽，让加拈的丝线通过蓄水的水槽吸湿，增加强度，故卫杰称为水纺，而四川地区用的则是湿毡，含湿的毡子也能给丝线提供湿度，但较之水槽却干得多了，故称为旱纺（图9-8）。丝线在加工过程中经过给湿可以提高丝条张力，防止脱圈，且有利于稳定拈度和涤净丝条，增加光泽。这在近代浙江民间的拈丝车中也可以看到（图9-9）。

现以《蚕桑萃编》中的江浙水纺车为例，将大纺车的整个机构分成以下几个部分来分别叙述：

### 1. 车架部分

车架即支承纺纱锭子和卷纱筴子的支架。车架的主体是四根高为四尺的马腿木，其侧面

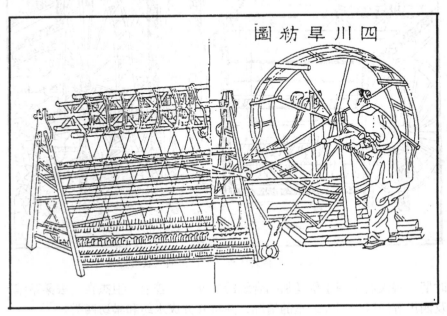

图9-8　四川旱纺车（采自卫杰《蚕桑萃编》）

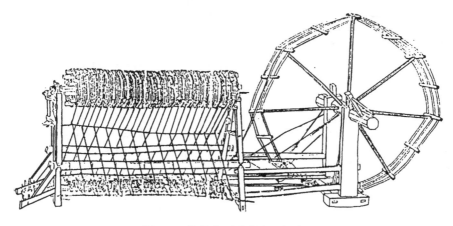

图9-9　拈丝车（现存浙江绍兴）

处每侧是三根横撑木，底一根长二尺五寸，中一根长一尺一寸，上一根长六寸五分。车架两侧之间由承担加拈和卷绕功能的荡板、大盘摇木和小盘摇木等连接固定。

2. 加拈、络纹和卷绕机构

需要加拈的丝线被绕在纺丝钉即锭子上，纺丝钉置于荡板之上。荡板由枣木两块为之，每块长六尺四寸，宽二寸，高三寸，两块之间相隔三寸由横撑四根固定。块上一半锯钉含口，一半穿钉眼，上各二十五孔，下各二十五孔，两块共二百孔，可以互翻使用。但每次只能用一百孔，即五十只纺丝钉。而旱纺车的每块荡板上置竹码子两排，一边五十六块，共一百一十二块，两边共二百二十四块，一半开含口，一半穿小眼，平列竽筒，竽筒实为五十六只。

纺丝钉由车绊带动。车绊用线带长三丈五尺，一头套于大车轮上，一头套于络子上，在两轮之间回转。车绊在两块荡板间以横S形绕过纺丝钉锭脚，同时带动两块荡板上的两排纺丝钉旋转而使丝线加拈。由于车绊是以S形带动纺丝钉的，原本相邻的纺丝钉就会得到相反的拈向，但在大纺车上的设计是相邻纺丝钉位于不同的荡板之上，有着相反的方向，因此最后得到的拈向却是一致的。这就便于纺纱后纱线的统一加工。

卷绕由油绳带动，油绳长一丈八尺，径如指。油绳一头套于车轴上，一头通过一组四个油辘轳即四个滑轮带动花幔转动。两边的丝线首先从纺丝钉中拉出，由压水柱把丝线压在水鼓辘中然后再通过，如在四川旱纺车上则是通过由水淋和水淋竹组成的湿毡。丝线从水槽中出来后由摇柱竹托起到达大盘摇木，大盘摇木上有管丝钉将丝线分隔开来，不使纠绞。然后，丝线由小盘摇木压住，到龙竿竹处两边丝线汇合并由龙竿竹分绞，在旱纺车上则先集中到撩眼相当于今之集绪器处再分绞。分绞后的丝线通过交棍竹络绞，再统一绕上花幔。

3. 传动部分

传动的主体是车轮。车轮有底座称为车柁，车柁上又有车架耳两根，高三尺三寸，宽四寸五分，厚一寸八分，上开含口，深五寸，以为轴承，以架车轴。车轮圆径六尺，车幅十根，外用耳盘竹二块盘绕，轮宽一寸六分。车轴长三尺，一头为木拐把，即摇柄。摇柄之外还有拔头两个，轴径三寸五分，厚一寸五分，均在外手车轴。一个拔头上套油绳，通过油辘轳带动花幔转动，另一个拔头上套交绳，带动络绞机构运动。

表 9-1　历代所载各式大纺车部件对照

| 《王祯农书》 | 《蚕桑萃编》江浙水纺车 | 《蚕桑萃编》四川旱纺车 | 用途解释 |
|---|---|---|---|
| 柱 | 马腿木 | 象腿木 | 纺车的四根支架 |
| 横桃 | 横撑木 | 横撑木 | 支架上的横撑 |
|  | 大盘摇木 | 门坎 | 用管丝钉分隔丝线的横杆 |
|  | 小盘摇木 | 搅丝竿 | 压住丝线的横杆 |
| 长木座 | 荡板 | 荡板 | 固定锭子的底盘、锭座 |
| 臼 |  | 竹码子 | 承锭子之座 |
| 小铁叉 | 管丝钉 | 管丝钉 | 用于分隔丝线 |
|  | 水鼓辘 | 水淋 | 水槽或毡槽 |
|  | 压水柱 | 水淋竹 | 压杆压住丝线使其过此 |
|  | 摇柱竹 |  | 托起丝线 |
|  | 龙杆竹 | 起丝杆 | 分开前后两组丝线 |
|  |  | 天平竹 | 络绞杆之穿耳 |
|  |  | 撩眼 | 集合丝线的横杆 |
|  | 交棍竹 | 交棍竹 | 络绞杆 |
|  | 交板竹 |  | 络绞部件之一 |
| 枋木 | 木纱帽 | 木纱幔 | 支承幔轴之轴承 |
| 卷卢（长轩） | 花幔 | 花幔 | 用于头纺二纺的丝幔 |
| 铁轴 | 幔轴 | 幔轴 | 丝幔之轴 |
|  | 活牙 |  | 幔轴之端的齿轮 |
| 卷卢（长轩） | 筒幔 | 筒幔 | 用于三纺的丝幔 |
|  | 车柁 | 车托坭 | 转轮支架之底座 |
|  | 车架耳 | 车架耳 | 转轮支架 |
|  | 顶横撑 |  | 连接车架耳与马腿木 |
|  | 顶撑椿 |  | 固定马耳朵之承架 |
|  | 车轴 | 车轴 | 转轮之轴 |
|  | 拨头 | 活头 | 转轮一头之轴轮 |
| 鼓 | 木拐把 | 木拐把 | 转轮摇手柄 |
|  | 车标 | 车标 | 转轮之辐 |
| 大轮 | 车轮 |  | 转轮 |
|  | 耳盘竹 | 耳盘竹 | 盘而成轮 |
|  | 鸦雀口 | 鸦雀口 | 转轮之辐口 |
|  | 交辘铲 | 搅滚 | 络绞盘 |
|  | 油辘铲 | 交滚 | 控制幔轴转动的一组滑轮 |
|  |  | 赶路滚 | 导引交绳的滑轮 |
|  |  | 抬滚 | 导引交绳的滑轮 |
|  |  | 龙门柱 | 四根，高二尺二寸，用途不明 |
|  | 马耳朵 | 猫耳头 | 用于络绞盘的定向滑轮 |
|  | 交绳 | 交绳 | 用于络交的传动带 |
|  | 油绳 | 幔绳 | 用于幔轴转动的传动带 |
| 小轮 | 引头络 | 滑车 | 与车轮对应的小车轮 |
| 皮弦 | 车绊 | 麻辫 | 用于转锭的传动带 |
|  | 线筒子 | 线筒子 | 计纺线之长度用 |
| 轾 | 纺丝钉 | 管子钉 | 锭子 |
|  | 竿筒 | 竿子 | 纡管 |
|  | 分交针 | 分交针 | 清理丝线交口的辅助工具 |

# 第二节 缫 丝 机 械

## 一 原始缫丝工具

最初的缫丝工具应是一种绕丝器。从甲骨文和金文中经常出现的一些字来看，这种绕丝具通常为工字形，在考古中亦多有发现。江西贵溪崖墓中出土了战国时期的纺织工具，其中有不少绕纱板，板形呈工字形；云南江川李家山古墓时属战国至汉初，其中出土了五件扁平的工字形青铜整体铸件；云南晋宁石寨山也出土了时属汉代的工字形铜器和一些形似"干"的工具，均应属绕丝具之类。从这些工字形工具的规格尺寸来看可分成两类，一类柄长约为30~40厘米，另一类柄长在60~70厘米之间，这两种工字形工具在用途上也许是有所不同的，长的一类在绕丝时颇觉不便，有可能作为整丝工具；而短的一类很可能就是作为缫丝工具。

甘肃武都柏林乡石桥村保存有一种极为简易的缫丝工具，类似的工具在湖南湘西土家族苗族自治州也有发现（图9-10，9-11）。两者均由两大部分组成：一是手握的绕丝工具，一

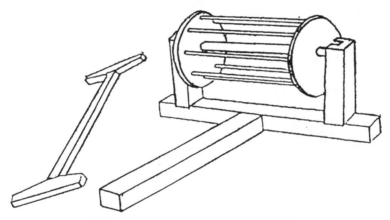

图 9-10 石桥缫丝具（现存甘肃武都）

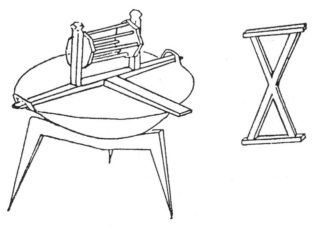

图 9-11 湘西缫丝具（现存湖南湘西）

是装在简易 T 形架上的鼓轮和水锅，两者配合便可进行缫丝生产。两地的 T 形架和鼓轮的形制基本相同，由七八根细竹子或细木棍围成一个直径约在 10 厘米左右的圆柱，便是鼓轮。鼓轮中间有轴，搁于 T 形架上，T 形架则平稳地放在缫丝水锅上。两地的绕丝工具则小有区别，石桥者为工字形，湘西者则为 X 形，但其使用原理和方法却是一致的，用手握住绕丝工具的中间，把丝绕在两端的平行直木上。在实际缫丝过程中，各茧丝首先在 T 形架上的集绪器上集绪，然后通过鼓轮卷绕，再绕上工字形工具。鼓轮的存在增强了丝的抱合，提高了丝质，是缫丝机械的重要进步。与此类缫丝工具相当的年代约为商代或更早。

## 二　手摇缫车

真正的手摇缫车约出现在商代。在当时的青铜器中，我们发现了一件铭有"壬茧"两字的青铜甗。甗是一种由甑和鬲结合而成的蒸食器。鬲为三足如袋，下可烧火加热，内可盛水，甑为蒸具，其底有孔。这种甗就是用来煮茧兼作缫丝锅的热水容器。而缫丝工具的形制，则可从铭文中看出。壬是圆形丝筐的表示，一般应为手摇，繁体的茧字是对缫丝架的形象描绘，这种架子相当于后世脚踏缫车上的"牌楼"，架上应有鼓轮，缫丝时两绪同时进行，茧丝自甗中抽绪后合成生丝，经鼓轮而后达到丝筐（图 9-12）。这种形式的手摇缫车在今日越南境内仍在使用，应是最原始的手摇缫车形式。

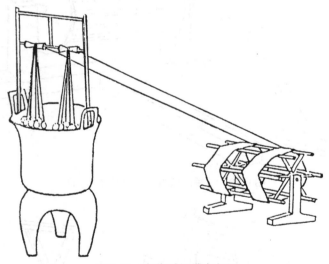

图 9-12　商代手摇缫车复原

手摇缫车在唐代仍是主要的缫丝工具，但形制上则有所改善。到清代《豳风广义》中记载的手摇缫车则是最完善的形制：

其法用小锅一口，径一尺余者，周围用土墼泥成风灶，火门向上，柴往下烧：火焰绕锅底而后出，锅后相去六、七寸，再安一小锅。后作长烟洞，使烟远出，免致薰逼线丝之人。锅高与缫人坐而心齐。左边安大水盆一口，较与锅高二、三寸，盆上横安丝车一个。靠盆边又立插一木棍，名为丝老翁，以挂清丝头。缫盆右边安置丝，离缫盆三、四寸。

缫丝之时，缫人将丝老翁上清丝约十数根总为一处，穿过丝车下竹筒中扯起，从前面搭过辊轴，从轴下面掏来，于辊轴上拴一回，再从拴过中掏缴一回，不可拴成死过，须令扯之滑利活动。将丝挂在摇丝竿铜钩中，又将丝头拴在丝轩平桄上，此时搅动轩轮，丝车随之辊转，摇丝竿自然摆动，其丝均匀绷在轩上（图9-13）。

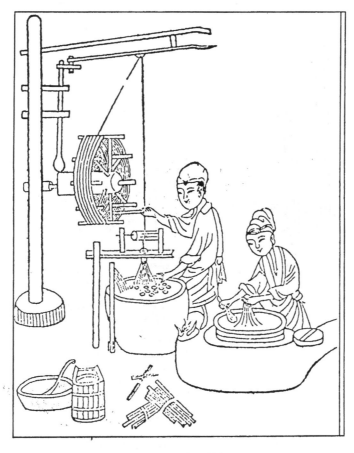

图9-13　手摇缫车

## 三　脚踏缫车

　　至宋代，脚踏缫车已在大江南北被广泛使用。它的出现标志着缫丝生产力的飞跃发展，脚踏可以减轻劳动强度，加快丝篗旋转速度，并可把一只手从摇柄中解放出来，进行字绪、理绪、添绪等工作，利于提高丝质。脚踏缫车很早就可以分成南北两种类型。

　　秦观《蚕书》有目前所见关于脚踏缫车最早的详细记载，文中虽没有提到传动的方式，但王祯认为，这里漏掉了脚踏传动部分的内容。根据王祯《农书》的补充，秦观缫车便成了北缫车的代表；而时间稍晚的南宋《蚕织图》中所描绘的应是南缫车的代表。把踏板缫丝机械分为南北两类是王祯《农书》中首先提出的，但从其所绘南、北缫车的图例来看，两者的区别似乎不大，倒是缫丝工艺有热釜、冷盆之别。王祯诗云："南州夸冷盆，冷盆细缴何轻匀，北俗尚热釜，热釜丝圆仅多绪。即今南北均所长，热釜冷盆俱此轩，一头转机须足踏，钱眼添梯丝度滑。"王祯自己也说是"俱此轩"，看来两者差别的确不大。

明清之际，湖丝遍天下。其所用缫车被称为嘉湖丝车，这在宋应星《天工开物》中有着简明的介绍并配以图示。此后在许多蚕桑书籍中都有记载，特别是清代湖州人徐有珂的《缫车图说》中更有详细的尺寸记载，在沈秉成的《蚕桑辑要》中有看缫丝车主要部件的分解图，在今天的南浔辑里丝产地也还能找到这类缫车（图9-14），这使我们对这类脚踏缫车可作出详细的分析。

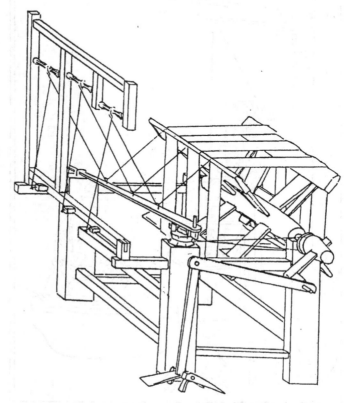

图9-14　南浔丝车（现存浙江湖州南浔）

脚踏缫车由三大部分组成，即机架部分、集绪和拈鞘部分、络绞和卷绕部分。

1. 机架

机架在秦观《蚕书》中称为车床。徐有珂《缫车图说》中载："其床方，有四柱，下近足处四面皆有横档，上则两旁及后有之，而虚其前。"前两柱名钳口脚，状如钳口，为承受丝篗用，后两柱左为太平脚，右有仙人椿，仙人椿乃一竖木，牡娘凳就置于此上，后柱左右横档穿入，出柱之外，谓之龙头，主要就是用于支承"牌楼"；而秦观所谓的"建柄长寸有半"即指此椿。

2. 集绪和拈鞘

集绪是让各个茧子抽出的蚕丝并到一起成为生丝，拈鞘则是使生丝在卷绕到子之前自身进行纠绞，这样可以使生丝抱合更紧，增加光洁和匀度，提高生丝的品质。

集绪和拈鞘均在一木制框架上完成，由于此框架状似民间牌坊，故称牌坊或牌楼，这也许是最形象的一种称呼。徐有珂说："镬上端立牌楼，牌楼如 ⊏ 形，虚其左上三垂。"这是三绪缫车，亦有二绪缫车。《广蚕桑说辑补》中画出了双钱眼的牌坊："长柱，响绪各二，尚有三钱眼者，其牌坊之长柱、响绪各三。"

　　牌楼只是一个架子，其主要部件是集绪器和鼓轮。集绪器根据所用不同材料而分别称为钱眼、竹针眼或丝眼等，但用得最多的是铜钱。秦观《蚕书》说："为板长过鼎面，广三寸，厚九黍，中其厚插大钱一，出其端横之鼎耳，复镇以石，绪总钱眼而上，谓之钱眼。"然而，钱眼之孔太大，所集之丝粗细不匀，以后逐渐少用而改用竹针或金属丝绕所成的眼子。故《天工开物》中有竹针眼之称，有些书籍则更明确地称为丝眼或做丝眼。

　　鼓轮常用刻有竖条槽的空心细竹管或芦管为之，形如古锁，故秦观称其为锁星："为三芦管，管长四寸，枢以圆木，建两竹夹鼎耳，缚枢于竹，中管之转以车，下直钱眼，谓之锁星。"而宋应星则称其为星丁头，"以竹棍做成香筒样"。鼓轮在转动之时常发出飒飒之声，唐诗"檐头字索缫车鸣"已十分明确地说出了鼓轮的声音，后世亦因此称其为响绪或丝叫子。这种竹制鼓轮上刻槽或做香筒的目的是为了减小转动惯量并有利于离心脱水。鼓轮和集绪器及络绞器三者可以构成丝鞘，起到拈鞘作用。

　　3. 卷绕和络绞

　　脚踏缫车由踏脚板通过一个曲柄连杆机构而传动。徐有珂说："脚踏板之根钉于地，耳上出贯脚板，板形似鞋底。上植一柱如役，又作活脱辐而出一臂磬折而前，凿其端以纳摇手。故脚踏其板，则臂一前一却，轴向前自下而转矣。"正是这种曲柄连杆机构的应用，才使局部的直线往复运动转化为圆周运动，才使脚踏缫车得以工作。文中之轴即丝箴，又称车或大关车，常为四辐，三固一活，活者中间塞以掺，绕丝时还要在两旁加两根短柱撑住，丝绕满后脱掺、脱辐，然后取丝。秦观说："制车如辘轳，必活其两辐，以利脱丝。"宋应星所绘之图中亦可明显看出掺的存在。

　　缫车上最为奇特的是络绞装置，若是没有络绞装置，生丝自集绪器卷绕到丝箴就始终在一条直线上运动，无法均匀卷绕。因此，络绞装置的作用就是使生丝的卷绕在一定的范围内来回摆动。在脚踏缫车上，络绞装置与传动装置相连。秦观《蚕书》说："车之左端，置环绳，其前尺有五寸，当车床右足之上，连柄长寸有半，合柄为鼓，鼓生其寅，以受环绳，绳以车运，如环无端，鼓因以旋。鼓上为鱼，鱼半出鼓，其出之中，建柄半寸，上承添梯。添梯者，二尺五寸片竹也，其上楝竹为钩，以防丝窍。左端以应柄，对鼓为耳，方其穿以闲添梯。故车运以牵环绳，绳簇鼓，鼓以舞鱼，鱼振添梯，故丝不过偏。"这里的络绞装置与后世已完全一致，文中环绳即后来之牡娘绳。《广蚕桑说辑补》云："绳以棉绞者为上，棕绞者次之。"绳只是一种传动带，它把箴子的转动传送到牡娘凳上来；牡娘又称牡妞墩等，其作用相当于现在的偏心盘，它有着一组装置，秦观所说的带有寅的鼓是其主体，寅处即受绳处；鼓上之鱼及柄后来称为摇钉头；添梯后称作丝秤，今称络绞杆，梯和秤都是其形象的称呼，但简单地可称之为送丝杆；杆上揉竹为钩，钩即导丝钩。整个络绞装置就是为了使丝均匀卷绕，不至于过偏。故《湖蚕述》亦说："当取丝掺入秤上之送丝钩，俾之左右移动。秤左右移，丝亦左右移，其上轴也给横斜交错而无直缕。"

　　在具体操作过程中，牡娘凳呈圆周运动，带动丝秤的一头也作圆周运动，由于丝秤的另一头贯在钉口中，只能作往复直线运动，而丝秤的长度较大，故送丝钩的运动轨迹亦接近于直线往复运动。

图9-15　南浔丝车上的络绞装置

但是，根据重叠规律，只有当络篊速比为无穷小数时，才能使丝绞卷绕均匀。根据我们的实测，南浔丝车的牡娘凳束腰直径为8厘米，丝篊轴直径为7厘米，而徐有珂记载的母样凳腰径为3寸，轴右头径为2.8寸，这样可以算得络篊速比前者为1.1428571……，后者为1.0714286……，均为无穷小数，说明了这一络绞机构的成功，可以避免生丝卷绕的不均匀（图9-15）。

**表9-2　历代缫丝车各部件名称对照表**

| 秦观《蚕书》 | 宋应星《天工开物》 | 沈秉成《蚕桑辑要》 | 徐有珂《缫车图说》 | 民间别称 | 今　名 |
|---|---|---|---|---|---|
| 车床 | | 车床 | 车床 | 车床 | 机架 |
| 竹枢 | | 牌坊 | 牌楼 | 牌坊 | |
| 钱眼 | 竹钉眼 | 做丝眼 | 丝眼 | 穿丝眼 | 集绪器 |
| 锁星 | 星丁头 | 响绪 | 竹牵子 | 丝叫子 竹豁 | 鼓轮 |
| 添梯 | 送丝干 | 丝秤 | | 抽枪 送丝杆 | 络绞杆 |
| 钩 | 送丝钩 | | | 送丝钩 | 络绞器 |
| 鼓 | 磨不 | 牡娘镫 | 母样凳 | 母妞凳 | 偏心盘 |
| 环绳 | | 牡娘绳 | | 母妞绳 | 传动带 |
| 车 | 大关车 | 车轴 | | 篊子 | 篊子 |
| | | 踏脚板 | 脚踏板 | | |
| | | | 臂 | | 曲柄连杆 |
| 鼎 | 锅 | | 镬 | 镬子 | 缫丝锅 |
| 筋 | 竹签 | 做丝手 | | | 索绪帚 |

# 第三节　踏板织机

## 一　踏板斜织机

踏板织机是中国纺织史上的一项重要发明，它把原始织机上手提综片开口改为脚踏提综开口，使织工能腾出手来专门用于投梭打纬，大大提高了生产力。

根据史料，踏板织机在春秋战国时期已经出现，但其真正的图像却迟至东汉时期才能在大量汉画石中看到。目前所知有着织机形象的纺织画像石中有山东滕县宏道院、黄家岭、后台、西户口、龙阳店（二块），山东嘉祥县武梁祠，山东长清孝堂山郭巨祠，山东济宁晋阳山慈云寺，江苏铜山洪楼和青山泉，江苏沛县留城镇，江苏邳县白山故子一号墓，江苏泗洪曹庄，安徽宿县褚兰东汉墓，四川成都曾家包东汉墓所出，共计十六块（图9-16、9-17）。而实际的数量还不止于此。这些画像石上描绘的大多是曾母训子的故事，因此画中的织机反映了当时一般家庭织造技术的水平。更令人称奇的是由法国学者里布夫人收藏的汉代斜织机釉陶模型，生动逼真，成为研究踏板织机的重要资料。

从以上汉代织机资料分析，可知它们之间有共性也有个性。共性是机身倾斜，且有踏板，故而这类织机常被人们称为踏板斜织机，但它们之间似有着提综装置的区别，因此我们可将其作更细的分类。

从宏道院、龙阳店和慈云寺等汉画石上的斜织机可复原成提压式双蹑单综机。提压式双蹑单综机是我们对夏鼐先生研究复制的斜织机的称呼，其织机提综开口的特点是有两块踏脚板控制一片综，一块踏脚板通过一根杠杆与织机中部相连，另一块踏脚板则似直接与织机中部相连。在夏鼐的复原中，杠杆与综片的上端相连，起着提升综片的作用，与此连接的踏脚

图 9-16　纺织汉画石（江苏铜山洪楼出土）

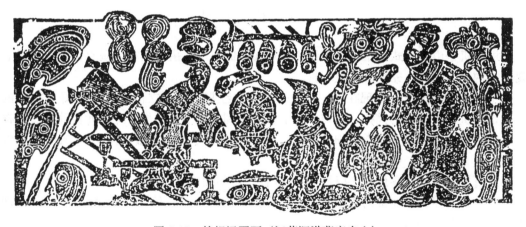

图 9-17　纺织汉画石（江苏泗洪曹庄出土）

板一踏下，综片就向上提；而另一踏脚板则与综片下端相连，踏下踏脚板，综片就被往下拉，使由分经杆控制的梭口开得更为清晰，故称为提压式双蹑单综机（图 9-18）。

　　然而，武梁祠、洪楼、曹庄等地发现的画像石上的织机形制则与上述不同，它虽也用两块踏脚板，但踏脚板与综片的连接方法却非常特殊。在织机的经面之下、中部偏上处似有两根相互垂直的短杆伸出，短杆通过柔性的绳索或刚性的木杆分别与两块踏脚板相连。从后世的立机推测，这类斜织机应该采用了中轴装置，中轴上的一对成直角的短杆通过曲柄或绳子与两块踏脚板分别构成两副连杆机构，这一点似乎可在釉陶斜织机模型中得到更为明确的证实。以后的立机子的研究也证明了这一点。

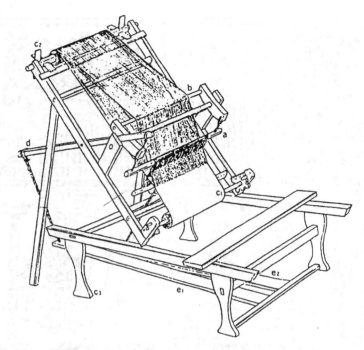

图 9-18　提压式斜织机复原（夏鼐复原）

# 二　踏板立机

　　踏板立机是由中轴式双蹑单综斜织机发展而来的机型，由于其径面垂直，故称立机。它是现知结构最为明确、完整的踏板织机。

　　关于立机的最早记载出现在敦煌，敦煌文书中经常出现"立机一匹"、"好立机"的名称，应是立机所织棉布的代称，敦煌壁画上也能找到立机子的图像。此后元代薛景石《梓人遗制》中则对立机子作了非常详细的记载，共 1197 字，我们可以据此作出立机子的零件图和整体复原（图 9-19、9-20）。

　　薛景石提及立机子零件共 29 种，漏述 3 种，可归纳成 15 条：

　　机身，即支撑整个立机的两根直木，并非指整个机架。其长 55～58 寸，两身之距即为立机子宽，外距 32 寸；

　　小五木，五木是对装有配件的轴杆的通称。小五木是机身上端的一根横木，上有掌手一对，用于限定掌滕木，被称为上前掌手，中插滕木；

　　大五木，即中轴，是整个织机的中枢，它后装引手，通过连杆将中轴与脚踏板相连并由脚踏板牵动；前装掌木，又称下前掌手，用于支撑滕木的下端；下装垂手，其口子与曲胳肘子相连，用于推拉压径木和推动综片运动；

　　马头，这是一对伸出在机身之前的木板，板上钻眼，以承受豁丝木、高粱木、约缯木（含鸦儿木）。从薛氏附图来看，木板形状如马头，但很难进行准确的尺寸描述。大约如下，马头长 22 寸、广 6 寸、厚 1 寸～1.2 寸。距机身 2.2 寸处装豁丝木，由豁丝木斜上 8.0 寸处为高粱木，再斜下 5.2 寸处为约缯木。三木之长均与马头外距之宽等，其形均为圆杆，其中豁丝木用于分经开口，高粱木用于固定经丝位置，约缯木是为了装配鸦儿木，而鸦儿木实为一杠杆，上端与曲胳肘子相连，下端与悬鱼儿相连，起着提综杆的作用；

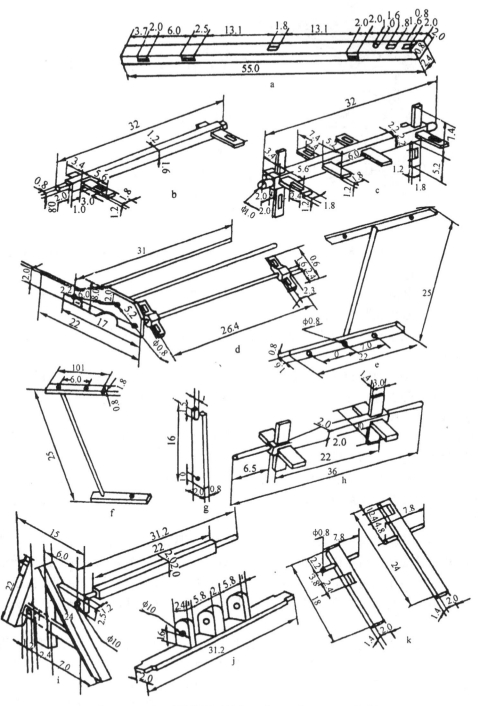

图9-19　立机子零件图（单位：寸，1寸≈31.10毫米）
a. 机身；b. 小五木；c. 大五木；d. 马头；e. 曲胳肘子；f. 悬鱼儿；
g. 掌滕木；h. 滕子；i. 脚踏与卷轴；j. 脚踏五木；k. 长短脚踏
（赵丰绘制）

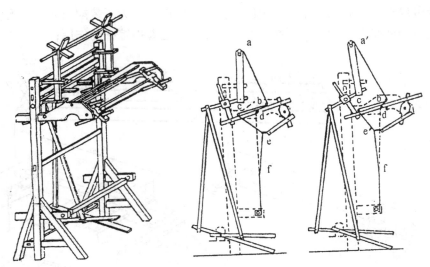

图 9-20　立机子复原（赵丰复原）

曲胳肘子，前连鸦儿木上端，后连垂手，正如肘子与臂、手相连，故名。长 22 寸、广 1.6 寸。中部应有压经木一根；

悬鱼儿，因其形状像鱼，故名。其实它就是综框的提杆，长 10 寸、广 1.8 寸、厚 0.8 寸，下部有一圆眼可安装综杆；

掌滕木，是用于支撑滕子的木杆，上开槽口，下由下前掌手支撑，上由上前掌手扶持，木高 16 寸；

滕子，即经轴，由轴和耳组成轴长 36 寸，方广 2.0 寸，或作八楞，两端作榫，架于掌滕木之口子上，除去滕耳等位置，实际卷绕经丝的宽度只有 16 寸不到；

脚柱与卷轴，脚柱是支撑机身的支架，中有机胳膝，长 15 寸、广约 2.5 寸、厚 1.2 寸，穿过机身和前后脚柱，在机身前量 6.0 寸处作卷轴眼，安装卷轴，卷轴即布轴，长随立机之宽，圆榫方体，上开水槽，槽长 22 寸；

脚踏五木，是安装踏板的横档，档如平板，长随立机之宽，广厚不定，两头作榫穿于顺栓之中。立机需要两片脚踏板，故而脚踏五木上要安装四个兔耳，每对兔耳间钻有轴眼，以安装长短脚踏；

长短脚踏，长脚踏在右，长 24 寸、广 2.0 寸，短脚踏在左，长 18 寸、广 2.0 寸，两个踏脚均有转轴踏动，但与连杆连接处两者有所不同，长踏脚在转轴后，短踏脚在转轴前；

横桄，其主要作用是固定机架并限制部分零件主要是垂手子的活动空间，生于两根机身之间，根数不定，约为两根至三根，一根在小五木之下、大五木之上；其余在马头之下、机胳膝之上；

连杆，采用木质，呈刚性，而且是非刚性不可，分别连接左引手与短踏脚、右引手与长踏脚，其长度可由作图法测得：与短脚踏相连者为 42 寸，与长脚踏相连者为 29 寸；

筬，即箱，用于打纬，长 24 寸、广 1.4～1.6 寸，内凿池槽，长 21.4 寸；

梭子，投纬所用，长 13～14 寸，中心广 1.5 寸、厚 1.2 寸，开口子长 6.5～7.0 寸，中心钻虬蜉眼儿，即引出纬丝之口。

立机子的运动过程如下：当织工踏下长踏脚时，连杆就顶起其相连的右引手，中轴向前转动，前掌手下降，经轴也因此下降而放松其张力，在中轴向前转的同时，中轴上的垂手子向后移动，拉动与垂手子相连的曲胳肘子，曲胳肘子又带动鸦儿木一端往后，其另一端就把悬鱼儿往前拉，这样，综片就提起经线作一次开口。当另一块短踏脚被踏下时，与短踏脚相连的连杆就被往下拉，中轴向后转动，前掌手上升，顶起掌滕木，经轴也随之上升，垂手子向前移动，推动曲胳肘子，悬鱼儿通过鸦儿木而得到放松，穿过综片的一组经丝被放松，而由曲胳肘子中间压经木控制的一组经丝则位于经丝上层，形成新的开口。由于短踏脚与连接处位于机身之前，踏下时拉动中轴，使与长踏脚相连的连杆也作向下运动，就把与连杆连接处在机身后的长踏脚压下，通过转轴，其机身前的部分就上升，给织工下一次踏板创造了机会。

　　踏板立机与普通踏板织机的区别在于：其一，经面垂直；其二，经轴可以升降；其三，采用刚性连杆及踏板与连杆的巧妙连接方式；其四，由于转动的中轴和升降的经轴使经丝张力在两次开口过程中得到了补偿及平衡，即使经丝张力的变化减小到最低程度。可以说，踏板织机是中国古代踏板织机中最为巧妙、最为出色的一种。

## 三　双蹑双综机和单蹑单综机

　　双蹑双综机是由两块踏脚板分别控制两片综而开口的。这种机型出现较迟，目前所知最早的资料是在传为南宋梁楷绘制的《蚕织图》中，元代程棨所绘《耕织图》中也有相似的图像，此外，据此翻刻或参照此图绘制的一些书籍和绘图中也有此类形象。

　　以上所述各图中的双蹑双综机可更准确地称为单动式双综机。由图来看，其机身基本平置，卷轴与织工坐时的胸口平齐，经轴较高，机身中后处立一直木，相当于斜织机或立机子上的马头，直木上装两轴，可以转动。踏板一长一短，长踏脚与一根杠杆相连，由此控制一片综，而短踏脚则首先与一根压经棒相连，然后再与两根短杠杆相连，通过另一根轴控制另一片综。由于长短踏脚分别控制各自的综，相互之间并没有联系，因此我们称其为单动式双蹑双综机。

　　单动式双蹑双综机也运用了张力补偿原理，当由长踏脚控制的一组经丝提升时，由于短踏脚未踏，与其相连的压经棒处于放松状态，而当长踏脚放松，这一组经丝就得到松弛，此时，短踏脚带动压经棒将其下压，使经丝不至于太松，同时又使开口更加清晰。

　　缂丝机也是一种单动式双蹑双综机，但它的形制与上述具有经丝张力补偿功能的双蹑双综机有区别。缂丝机是由两根踏脚杆分别通过鸦儿木控制两片综以起平纹的，控制方向是在织机右侧而不是在后面（图9-21）。

　　约于明、清之际，另一种双蹑双综机型出现了，可称为互动式双蹑双综机。这种织机的特点是采用下压综开口，由两根踏脚板分别与两片综的下端相连，而在机顶用杠杆，其两端分别与两片综的上部相连。这样，当织工踏下一根踏脚板时，一片综就把一组经丝下压，与此同时，此综上部又拉着机顶的杠杆，使另一片综提升，形成一个较为清晰的开口。要开另一个梭口时，就踏下另一块踏脚板。这种开口机构十分简洁明了，成为清代各地十分流行的素机机型。《蚕桑萃编》中的织绸图，用的就是这种互动式双蹑双综机，这在江南农村中称为绢机，其实亦用来织棉布（图9-22）。《双林镇志》中记载了绢机上的一些部件："机上坐身者曰坐机板，受绢者曰轴，绞绸者曰紧交棒，过丝者曰筘，装筘者曰筘腔，撑绢者曰幅撑，挂筘者曰捋滚绳，上曰塞木，推竿者曰送竿棒，提丝上下者曰滚头，有架有线，挂滚头者曰丫儿，踏起滚头以上下者有踏肺棒，有横沿竹。"现在还能在民间看到的双蹑双综机，基本上就是这种形制。

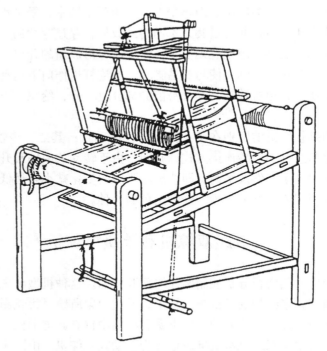

图 9-21　缂丝机（现存江苏苏州）

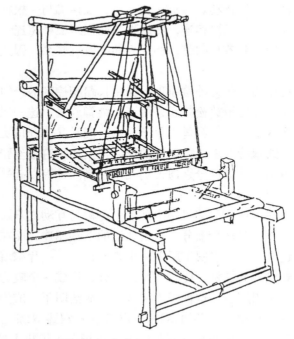

图 9-22　绢织机（现存浙江湖州）

　　在众多的汉画石织机中，还有江苏沛县、山东长清、四川成都等汉画石为单蹑斜织机。这种机型明显与双蹑织机不同，它只使用一块踏脚板，显然只能控制一片综。这种机型或许能与后世一直流传的卧机子相联系。

　　卧机子在《梓人遗制》称作小布卧机子，在《天工开物》中则被称为腰机，而在民间的使用中又有多种称呼，如夏布机、织布机等，在江西、陕西一带十分常见。该织机的机架由立身子和卧身子构成，立身子顶端是一对鸦儿木，鸦儿木前端挂着综片，后端则与踏脚板相连，但在两者之间还连有一个悬鱼儿，悬鱼儿中穿一辊轴，其实就是压经棒，立身子上向后伸出马头，滕子即经轴就安置于此，卷布轴缚于织工腰上，因此宋应星称其为腰机。这种卧机利用一块踏脚板和鸦儿木相连提综开口，此时悬鱼儿上的压经棒就将另一组经丝压下，使张力得以补偿并开口更清晰。当踏脚板放开时，织机恢复到由豁丝木进行的开口。这也是一种应用了张力补偿原理的织机，结构十分巧妙。因此《天工开物》云：“普天下织葛苎棉布者，用此机法，布帛更整齐坚泽，惜今传之犹未广也。”见图9-23。

图9-23　卧机子

　　另一种单蹑式织机与上稍有不同，它尽管也是单蹑，却没有张力补偿装置。它只用一蹑，常常还是一个脚套，踏下此蹑或拉动此套，就会使织机上的一片综提起下层经丝，形成开口。这种织机在中国少数民族地区尚有遗存，如云南文山苗族和云南哈尼族所使用的斜梯式织机就属此类，湖南通道侗族地区织侗锦所用的织机也属此类（图9-24）。这说明这类织机在中国有着广泛的分布和古老的起源。值得注意的是这类织机在古代日本和韩国也普遍应用，推测是由中国传过去的。

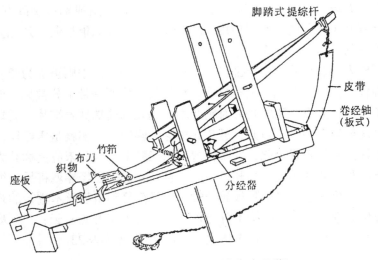

图 9-24　单蹑式织机（现存湖南通道）

## 第四节　提花织机与提花技术

### 一　从综杆式提花到综蹑式提花

提花技术是中国古代纺织技术的重要组成部分。它把复杂的织机开口信息用综或花本贮存起来，反复使用，控制另一次开口，使织机能织成图案精美、色彩缤纷的织物。

提花技术由挑花技术发展而来，综杆式提花是一种较初级的提花技术，它一般被用在原始腰机上，亦可用于双轴织机，即在一根刚性硬杆上绕线成综，手提开口。海南黎族所用的提花腰机乃是一种典型实例（图 9-25）。

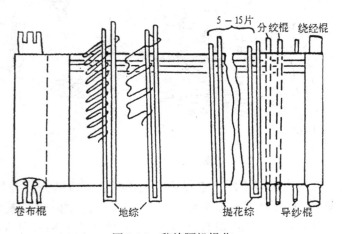

图 9-25　黎族腰机提花

黎族腰机上常用的提花综杆共有 15 根，形状类似于横向的 U 形，长约 40 厘米，竹质，上面一根横杆作提手用，下面一根横杆上绕有线综，需要提起的经线被穿入综眼。由于综眼上开口，有一定的高度，经线就能较自由在 4～5 厘米的综圈内活动。这样，当一根经丝穿过前后若干综杆的情况下，前后综杆的综圈并不会互相妨碍经丝的提升，提花信息也就得到了贮存。这种原始腰机上的多综杆提花方法应该在商代已经出现。我们在商代青铜器上发现了多处提花丝物的遗迹，从这些织物来分析，当时应已采用提花技术进行织造，但由于当时尚无踏脚织机，因此推测这一工作是由多综杆原始腰机来完成的。

到踏板织机出现的时代，提花综杆也就与踏板开口装置相配合，形成了多综多蹑提花机。蹑是踏脚板，综也应成为具有一定自重的综片或综框。

关于多综多蹑机最详细的记载是《三国志·魏志·方技传》中的裴松之注："马钧思绫机之变，不言而世人知其巧矣。旧绫机五十综者五十蹑，六十综者六十蹑，先生患其丧功费日，乃皆易以十二蹑，其奇文异变。"从文中来看，旧绫机的综片数总是和踏板数相等，显见其综片和踏板有着一一对应的关系，而且数量较大，故被称作多综多蹑机。

多综多蹑提花机的机型在古代图像中并未发现，但在现在四川成都附近的农村中却能找到这类机型的实例，当地称其为丁桥织机（图9-26）。其实这只是一种栏杆机，在全国各地应有广泛的分布。一般这类织机有2～8片地综，40～60片花综，每片综由一块踏脚板控制，因此踏脚板总数可达70片左右。其所用综片分为两种，一是提综，又称范子，综眼上开口，踏脚板通过鸦儿木将范子提升，主要用作花综；另一种是伏综，又称占子，综眼下开口，踏脚板直接拉动占子的下边框将综片压下，经丝也就下沉，其位置的回复由机顶弓棚的弹力完成，主要用作地综。当然，丁桥织机不等于汉魏时期的多综多蹑机，但其主要原理是相通的。

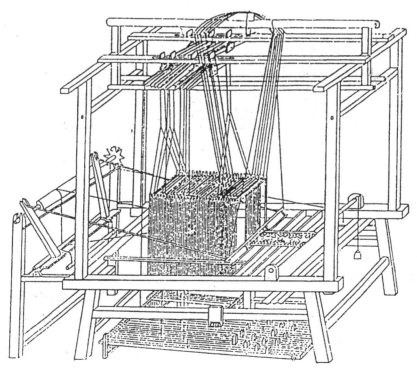

图9-26　多综多蹑机（现存四川双流）

多综多蹑提花机的特点是织物的经向循环不能太大，太大的经向循环必须有足够的综片数，而过多的综片会使织机开口不清，无法织造，但其纬向循环却能很大，一般可达通幅。对照出土汉锦实物及马钧所改旧绫机的记载来看，这种多综多蹑机被看作是汉代提花机的主要机型。但它在唐宋以后逐渐少用，而专用于绦带的织制。

## 二　竹编花本提花机

挑花杆常用竹制，故而由挑花发展而来的花本式提花也首先使用竹编花本。这些竹编花本由细竹杆和综丝编成，在古代称为篗。它是提花技术发展过程中的重要阶段。

竹编花本机的形制今日亦有遗存，广西境内保存颇多，当地一般称为竹笼机或猪笼机。其特点是一只挂在机上的大竹笼，竹笼上排列着 100 根左右的提花竹棍，与吊综绳结成花本。在提花开口时，它经历了以下步骤：凡是要提升的经丝穿入在提花竹棍之前的综线，不提升的经丝则在竹棍之后，这样提花竹棍就能把两组综线分开，然后把竹笼提升，使经丝形成开口，再用压经板和开口竹管等工具使开口更加清晰，而作为花本的竹棍则移到竹笼的另一面排在最后，以作下一循环，这一原理十分科学（图 9-27）。另一种竹编花本机的形制是直编的花本，花本的已用过和未用过部分分别位于经丝的上面和下面，这种机型在云南傣族地区还能看到，是专用于织制傣锦的织机（图 9-30）。

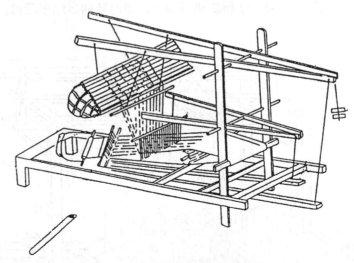

图 9-27　竹笼机（现存广西宾阳）

竹编花本提花机的机型虽在近代发现，但在古代史料中亦能找到踪迹。东汉王逸在其著名的《机妇赋》中描述的那台提花机，用的就应该是一种竹编花本。赋文如下：

> 胜复回转，刲象乾形，大匡淡泊，拟则川平。光为日月，盖取昭明。三轴列布，上法台星。两骥齐首，俨若将征。方员绮错，极妙穷奇。虫禽品兽，物有其宜。兔耳跧伏，若安若危。猛犬相守，窜身匿蹄。高楼双峙，下临清池。游鱼衔饵，灪瀿其陂。鹿卢并起，纤缴俱垂。宛若星图，屈伸推移。一往一来，匪劳匪疲。

文中胜为经轴，复为卷布轴，大框为平直的经面，光即综纩，用两片地综，故称日月交替，三轴实为经轴、卷轴和承受花本的轴，两骥为支承地综的架子，猛犬为与打纬用箱相连的木架，高楼是支承花本及转轴的高架，游鱼即为梭子，鹿卢应指与转轴相连的花本，类似于竹笼机上的竹笼，星图即指花本，竹笼之转，花本变化，正如星图推移。因此，文中所说的三轴、高楼、鹿卢、星图等都是竹编花本机上可能具备的特征。唐代施肩吾《江南织绫词》中所称"女伴如来看新簇，鸳鸯正欲上花枝"中的"簇"也应是竹编花本机的花本。

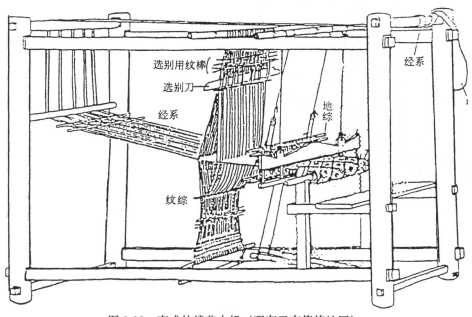

图 9-28　直式竹编花本机（现存云南傣族地区）

## 三　线制小花本提花

线制小花本是竹编花本直接发展演变而来。南朝刘孝威《郡县（今湖北宜城东南）遇见人织率尔寄妇》中描写织机是"机顶挂流苏，机旁垂结珠"。此中流苏似指从机顶悬垂的综丝，结珠则可能是悬于机旁的花本，因此此诗描写的可能就是一台线制花本提花机。

线制花本在唐代史料中更为常见。元稹《织妇词》中描写荆州贡绫户"变缲撩机苦难织"，正是指此，"缲"就是束综提花机花本上的耳子线，变缲是指每提一次花时要变换一根耳子线，撩机就是把花本拉起提花。但是，线制小花本提花机的图像直至南宋时才出现，中国历史博物馆藏《耕织图》中的提花罗机和原藏故宫博物院《蚕织图》中的提花绫机均属此类（图 9-29，9-30）。这类提花机的机身平直，中间高耸花楼，花楼悬挂线制花本，又称束综，一拉花者正在用力地向一侧拉动花本。花本下连衢线，衢线穿过衢盘，下用竹制小棍称之为衢脚使其悬垂于机坑之中。花楼之前有两片地综，脚踏板通过鸦儿木将地综踏起。织机用筘，筘连叠肋木以打纬。

唐宋时期的线制小花本提花机在元代《梓人遗制》中有着详细的记载，称为"华机子"，机身前后两楼，但基本呈水平状态，因此这种织机又被称为水平式线制小花本机或水平式小花楼机（图 9-31），《天工开物》称其为"均平不斜之机"，多用于织制绫罗纱绮等薄型的丝织物。

《天工开物》中还记载了斜身式小花楼机："凡花机通身长一丈六尺，隆起花楼，中托衢盘，下垂衢脚（水磨竹棍为之，计一千八百根）。对花楼下掘坑二尺许，以藏衢脚（地气湿者，架棚二尺代之）。提花小厮坐立花楼架木上，机末以的杠两枝，直穿二木，约四尺长，

图 9-29　提花绫机（采自宋人《蚕织图》）

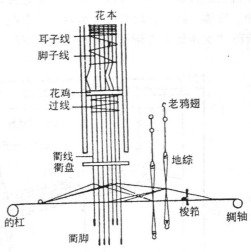

图 9-30　提花绫机的工作原理

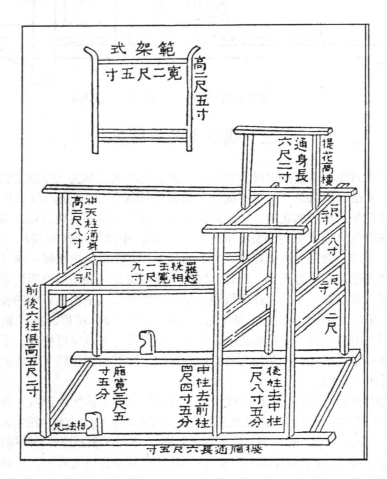

图 9-31　水平式小花楼机（采自《豳风广义》）

其尖插于筘两头。叠助，织纱罗者视织绫绢者减轻十余斤方妙。其素罗不起花纹，与软纱绫绢踏成浪梅小花者，视素罗只加桄两扇。一人踏织自成，不用提花之人，闲住花楼，亦不设衢盘与衢脚也。其机式两接，前一接平安，自花楼向身一接斜倚低下尺许，则叠助力雄。若织包头细软，则另为均平不斜之机，坐处斗二脚，以其丝微细，防过叠助之力也。"与书中所附的花机图结合（图9-32），另外再根据浙江湖州双林的绫绢织机（图9-33），大致可以分析这种斜身式小花楼机的构成。

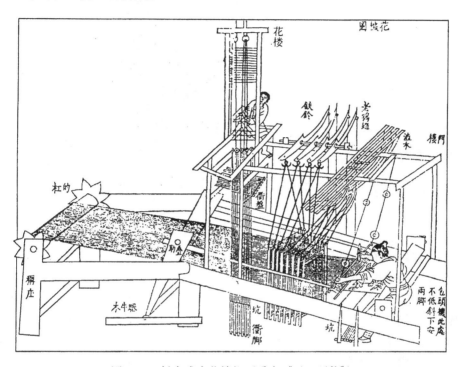

图9-32　斜身式小花楼机（采自《天工开物》）

**1．机架**

机架又称机身，宋应星说通长一丈六尺，约相当于今之五米，这是目前所知史料中最早的关于斜身式小花楼提花机总长度的记载。机架分前后两接，前接倾斜，到机头处最低，机头织工须有地坑方能坐下。前接机头之上架起门楼，形如门框，因织工上机织造须从此门入，故称门楼。门楼与位于织机中部的机身楼柱架相望，上架二纵梁，是吊框绳、涩木和老鸦翅等部件依托处。后接基本水平，机后支架称为称庄，是支承经轴的机构，经轴在文中称的杠，平时又称滕（音称）子，故名称庄。

**2．送经与卷经机构**

送经机构为经轴，位于机后，如宋应星所说"机末以的杠卷丝"。卷经机构在机头，称为卷轴。

**3．开口系统**

开口系统分为两个，一是地综系统，一是花综系统。在花机图中，可以看到地综系由伏综和起综组成，伏综又称障子，即下开口的综片，下由踏脚杆连接控制下压，上由涩木即竹制的弓棚控制回复；起综又称范子，即上开口的综片，由踏脚杆通过老鸦翅控制上提，依靠范子的自重回复。宋应星所绘花机上共有四片障子和四片范子，可以织制提花绫织物，而

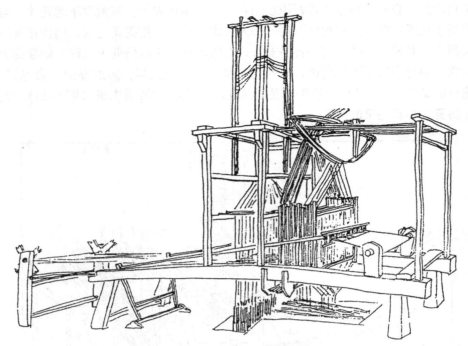

图 9-33　双林绫绢花织机

有些织机上有五片障子和五片范子，则可织制五枚正反缎织物。如是织制纱罗织物，则需要增加绞综，故宋应星说，视素罗只加桃两扇。

　　提花装置是小花楼织机中最重要的机构。宋应星说："隆起花楼，中托衢盘，下垂衢脚。"花楼位于织机中上部，是安置花本和提升纤线的地方。拽花工处在花楼中间位置，这样能顾及花楼的上下，便于操作提花。衢盘在花楼之下，经丝之上，由十多根衢盘竹组成，托在头道、二道楼柱的下横档上。衢盘竹可按织物的花数多少进行倍增减。由衢盘竹分开的衢线，上接丈纤下的丈栏，下接衢脚线，中间穿入经丝。衢脚线下连衢脚，衢脚是长约一尺半的小竹棍，宋应星称之为水磨竹棍，计一千八百根，对花楼下掘坑二尺，以藏衢脚。织制时提花者坐在花楼之上，根据花本拉起纤线，提起应该显花的经丝；而织工则踏下脚踏杆，压下伏综或提起起综，控制经丝的升降。两组系统的组合结果是使所有的经丝按照织物组织的设计升降，织工在投纬之后，就织得所需的织物。

　　4．打纬机构

　　打纬用筘，但打纬之时需用辅助设施增加打纬之力，《天工开物》中称其为叠助。叠助即立人，在立人底座上，对开竖立两根立人柱，柱顶端为马头，各穿入一根撞杆，由立人销固定。撞杆前端插入框夹"燕窝"，用上下二根牛鼻绳调节固定。撞杆长度文中记为四尺，但从花机图的比例和实际分析来看，其长度不应短于八尺。

　　撞杆的倾斜程度直接关系到打纬的力度。宋应星文中说明了"均平不斜之机"和"斜倚之机"的主要区别在于前者打纬力微，适织包头细软，而后者力雄，可织较厚重的织物。事实上，如织较厚重的织物，就需打纬力大，立人宜高，撞杆宜斜，此时织机机头直接着地，踏脚杆入机坑，机身斜倚，是为斜身式小花楼机。若织轻薄型织物，则用水平式花楼机即可。宋应星在花机图机头处注曰："包头机此处不低斜，下安两脚。"包头纱或包头绢都是轻薄型织物，故所用织机机头处不低斜，下安两脚，抬起机头，支平机身。

　　线制小花本提花机上使用的花本称为扒花，花本越大，扒花数越多，每扒花相互并不相连，只是平行挂在机顶，但脚子线却总与衢线相连。这样可以较灵活地调整花本以适应各种不同的需要。

表 9-3　小花楼束综提花机部件名称对照表

| 元薛景石<br>《梓人遗制》 | 明宋应星<br>《天工开物》 | 清汪日桢<br>《湖蚕述》 | 名部件用途<br>注　解 |
|---|---|---|---|
| 机身 | | | 织机前部两根横向的主直木 |
| 后靠背楼子 | 门楼 | | 机头上方木架 |
| 椿子 | | 滚头 | 上开口地综即起综 |
| 醮椿子 | | 滚头 | 下开口地综即伏综 |
| 特儿木 | 老鸦翅 | 丫儿 | 提起综之杠杆，又称鸦儿木 |
| 立人子 | | | 鸦儿木架 |
| 鸟坐木 | | | 固定鸦儿木之轴 |
| | 铁铃 | | 鸦儿木与起综连接用 |
| 后顺桄 | | | 安立人子之木 |
| 弓棚 | 涩木 | 塞木 | 伏综回复装置 |
| 弓棚架 | | | 固定弓蓬用 |
| 前顺桄 | | | 安置弓棚架之木 |
| | | 踏肺棒 | 脚踏杆 |
| | | 横沿竹 | 连鸦儿木和脚踏杆之竹 |
| 机楼 | 花楼 | 花楼 | 提花装置所在 |
| 机楼扇子立颊 | | | 提花楼柱 |
| 檉桃 | | | 楼柱横档 |
| 冲天云柱 | | | 装花本支柱 |
| 龙脊杆子 | | | 盖冲天柱 |
| 遏脑 | | | 盖楼柱顶 |
| 文轴子 | | | 提花本滚柱，又名叫机 |
| 井口木 | 花楼架<br>木 | 接板 | 拉花者坐 |
| 牵拔 | | | 吊挂花本钱之横杆 |
| | | 花本线 | 脚子线，花本上直线 |
| | | 撷花线 | 耳子线，花本上横线 |
| | | 直线 | 提花综线，与花本线相连 |
| | 衢盘 | | 使综线均匀分布之竹架 |
| | 衢脚 | 旗脚竹 | 综线底之小竹棍，可使综线回落 |
| | | 旗脚线 | 综线与衢脚之连线 |
| | | 旗坑潭 | 容衢脚之坑 |
| 筘 | | 筘 | 筘，打纬用 |
| 框 | | 筘腔 | 筘框 |

续表

| 元薛景石<br>《梓人遗制》 | 明宋应星<br>《天工开物》 | 清汪日桢<br>《湖蚕述》 | 各部件用途<br>注　解 |
|---|---|---|---|
| 鹅材 | | | 连接上下筘框用 |
| 鹅口 | | | 筘框上连撞杆处 |
| | | 捋滚绳 | 悬挂筘用 |
| 立杆 | | 送竿棒 | 连立人与筘之柄 |
| 立人子 | | | 撞杆支架，以增加筘打纬之力 |
| 卧牛子 | 叠助 | | 叠助基座 |
| 梭子 | 眠牛木 | 梭子 | 投纬用 |
| 卷轴 | | 轴 | 卷布轴 |
| 兔耳 | | | 卷轴轴座 |
| | | 紧交棒 | 绞紧卷轴用 |
| | | 紧交绳 | 绞绳 |
| | | 幅撑 | 幅撑 |
| | | 坐机板 | 织工坐处 |
| 滕子轴 | 的杠 | 狗头 | 经轴 |
| | 称庄 | | 经轴支架 |
| 耳版 | | | 经轴定位齿轮，又称羊角 |

# 四　线制大花本提花

　　线制花本提花机发展的顶峰是线制大花本提花机，又称大花楼机。其代表机型是南京妆花机，它的特点在于花本大，耳子线多达十余万根，普通的小花楼甚至采用多扒花也无法满足其需要。因此，大花本被再次分离出来，形成环状，悬挂于机后，并将其与机顶上的衢线形成一一对应的关系。这样，每拉动一根耳子线，织机上的衢线就带动经丝而提升，形成开口。这一根耳子线用过之后就把它转移到线制大花本环的最后位置，这样就能使图案得到循环重复了。

　　大花本提花机一般均为斜身式，又可分为两种类型，即坑机型和旱机型。但其机身结构并无大别，可分为机身架部件、花楼提花机构、开口机构、打纬机构和送经机构五大部分，这些机构与小花楼提花机基本相同。但各部分部件名目更为繁多，晚清江宁人陈作霖曾在《凤麓小志》中记录当时南京地区"织缎之机名目百余"，是极为珍贵的线制大花本提花机史料。其中极大部分一直沿用至今。现将历代各主要著作中关于大花楼织机的部件名称一并列表于下。

表 9-4　大花楼束综提花机部件名称对照表

| 清卫杰<br>《蚕桑萃编》 | 清陈作霖<br>《凤麓小志》 | 南京<br>云锦机名 | 各部件用途<br>注　解 |
|---|---|---|---|
| 机身 | | 机身 | 前部两根主直木 |
| 机腿 | 腰机脚 | 机腿 | 机身支柱 |
| | 腰机横档 | 机身横档 | 机身横档 |
| 坐板 | 坐板 | 坐板 | 织工坐用 |
| | 厢板 | 厢板 | 障范定位用 |
| 排雁 | 排雁 | 排檐 | 后部两根主直木 |
| 排雁槽 | 排雁槽 | 排檐槽 | 排雁连机身槽 |
| | 鼎桩 | 顶桩 | 机后顶枪脚木桩 |
| | 站桩 | | 固定机腿之石桩 |

| 清卫杰<br>《蚕桑萃编》 | 清陈作霖<br>《凤麓小志》 | 南京<br>云锦机名 | 各部件用途<br>注　解 |
|---|---|---|---|
| 抵机石 | 鼎机石 | 鼎机石 | 顶机头之石 |
|  |  | 门楼 | 机头上方木架 |
| 三架梁 | 三架梁 | 三架梁 | 安弓蓬用 |
| 赶著力 | 鹦哥架 | 鹦哥架 | 安鹦哥架用 |
| 鹦哥 | 鹦哥 | 鹦哥 | 提范子之杠杆 |
| 鸽子笼 | 仙桥 | 城墙垛 | 鹦哥架 |
| 穿心干 | 穿心竹 | 过山龙 | 鹦哥子轴 |
| 弓棚簐 | 弓蓬 | 弓蓬 | 障子回复装置 |
| 豆腐箱 | 鸽子笼 | 豆腐箱 | 固定弓蓬用 |
| 菱角钩 | 菱角钩 | 菱角钩 | 鹦哥下挂范子用 |
| 高佬 |  |  | 三架梁高支柱 |
| 矮佬 | 鸭子嘴 | 鸭子嘴 | 三架梁低支柱 |
| 鸡冠 | 鸡冠 | 鸡冠 | 调节三架梁高低 |
|  |  | 干出力 | 与鹦哥架对称之木 |
| 栈 | 障 | 障子 | 下开口地综 |
| 范子 | 范子 | 范子 | 上开口地综 |
| 横眼竹 |  | 横沿竹 | 连鹦哥和脚竹 |
| 天平架 |  |  | 架横沿竹用 |
| 脚竿竹 |  | 踏竿 | 脚踏杆 |
| 龙骨 | 龙骨 | 龙骨 |  |
|  | 脊刺 | 范脊子 |  |
| 扒挡竹 | 合档竹 | 隔幛竹 | 分隔范、障用 |
|  | 带障绳 | 带障绳 | 连障与踏杆 |
| 弓棚绳 | 钓障绳 | 吊障绳 | 连障与弓蓬 |
|  | 络脚绳 | 连脚绳 | 连踏杆与横沿竹 |
|  | 肚带绳 | 肚带绳 | 连障与带障绳 |
| 钩簐 | 钓簐 | 吊范簐 | 从鹦哥吊范子 |
| 五星绳 | 拽范绳 | 竖沿绳 | 连横沿竹与鹦哥 |
| 老鼠尾 | 老鼠尾 | 老鼠闩 | 固定横沿竹左端 |
|  | 脚竹钉 | 脚竹芯 | 固定踏杆一端 |
|  | 脚竹桩 | 脚竹桩 | 固定脚竹芯 |
|  |  | 花楼 | 提花装置所在 |
| 楼柱 | 楼柱 | 楼柱 | 提花楼柱 |
|  | 横档 | 楼柱横档 | 楼柱横档 |
| 燕翅 |  | 燕翅 | 搁提花坐板用 |
| 小排雁 |  | 小排雁 | 燕翅内侧木板 |
| 花楼柱 | 冲天柱 | 冲天柱 | 装花本支柱 |
| 椿橙盖 | 冲天盖 | 冲天盖 | 盖冲天柱 |
| 盖头 |  | 火轮圈 | 盖楼柱顶 |
| 花鸡 |  | 花机 | 提花本滚柱 |
| 魁挑橙 |  | 花锛 | 装花鸡支架 |
| 枕头 |  | 坐板枕头 | 枕拽花坐板 |
| 八字撑 |  | 八字撑 | 撑燕翅用 |
| 大坐板 |  | 拽花坐板 | 拽花者坐 |
| 千斤筒 | 千斤筒 | 千斤筒 | 吊挂纤线之竹筒 |
| 纤线 |  | 牵线 | 提花综线 |
| 猪脚 | 猪脚 | 柱脚 | 衢脚 |
| 猪脚盘 | 猪脚盆 | 柱脚盘 | 编排衢脚之竹竿 |
| 猪脚线 | 猪脚线 | 柱脚线 | 综综与衢脚之连线 |
|  | 猪脚坑 | 机坑 | 容衢脚之坑 |
| 过线 |  | 耳子线 | 花本上横线 |

| 清卫杰<br>《蚕桑萃编》 | 清陈作霖<br>《风麓小志》 | 南京<br>云锦机名 | 各部件用途<br>注　解 |
|---|---|---|---|
| 花本线 | | 脚子线 | 花本上直线 |
| 架花竹 | | 挂花竹 | 挂花本用 |
| 打经板 | 打丝板 | 打丝板 | 压于经丝上 |
| 起撒竹 | 渠撒竹 | 渠头竹 | 编纤线之衢盘 |
| 筘 | 筘 | 竹筘 | 打纬用 |
| | 筘齿 | 筘齿 | 筘齿 |
| | 边齿 | 边齿 | 用于边经之筘 |
| | 核齿核档 | 黑齿黑档 | 筘上标记 |
| 上筐 | 筐匣 | 筐匣 | 上筘框 |
| 下筐 | 筐盖 | 筐盖 | 下筘筐 |
| | 筐闩 | 筐闩 | 连接上下筘框 |
| | 燕子窝 | 燕子窝 | 框上连撞杆处 |
| 底条 | 底条 | 底条 | 筘框边托梭板 |
| 吊框绳 | 钓筐绳 | 吊筐绳 | 悬挂筘用 |
| 牛眼珠圈 | 牛眼睛 | 吊筐子 | 吊筐绳上铁环 |
| 扶梭板 | 护梭板 | 护梭板 | 框边部件 |
| 扶撑 | | 幅撑 | 幅撑 |
| 撞竿 | 樟杆 | 撞杆 | 连立人与筘之柄 |
| 虾须绳 | 虾须绳 | 虾须绳 | 系撞杆与筘 |
| 搭马 | 搭马 | 高压板 | 控制撞杆运动 |
| 将军柱 | 搭马竹 | 踏马竹 | 连搭马之踏杆 |
| 锯齿 | 锯子齿 | 锯子齿 | 调节撞杆制动位置 |
| 钓鱼杆 | 钓鱼杆 | 钓鱼杆 | 调搭马之弹簧 |
| | 过梭板 | 搁梭板 | 放梭之板 |
| 立人 | 立人 | 立人 | 撞杆支架 |
| | 立人钉 | 立人芯 | 立人摆动之轴心 |
| 狮子口 | | 狮子口 | 立人上开口 |
| | 立人筲 | 立人销 | 撞杆与狮子口之销 |
| 立人盘 | 立人盘 | 立人盘 | 立人基座 |
| 贵连 | 鬼脸 | 鬼脸 | 支托撞机石用 |
| 抵盘石 | 撞机石 | 撞机石 | 增加撞机力 |
| | 立人桩 | 立人桩 | 固定立人之石桩 |
| 海底 | | 海底 | 立人底座 |
| 梭子 | 梭子 | 梭子 | 梭子投纬用 |
| | | 纤管 | 绕彩纬挖梭用 |
| 文刀 | 文刀头 | 纹刀头 | 织金线用 |
| | 边鹅眼 | 边鹅眼 | 纹刀头小眼 |
| 纬绷 | 纬盆 | 纬盆 | 装纬管用 |
| 锯头 | 局头 | 局头 | 卷布轴 |
| | 衬局 | 衬局 | 卷轴上衬纸 |
| | 局头槽 | 局头槽 | 卷轴上水槽 |
| 扎伏 | 穿扎 | 穿扎 | 槽中竹压条 |
| | 压伏 | 压伏 | 槽外木压条 |
| | 拖机布 | 拖机布 | 卷轴上盖布 |
| 狗脑 | 狗脑 | 狗脑 | 卷轴轴座 |
| | 海底楔 | 海底楔 | 轴座下部紧固件 |
| | 靠山楔 | 靠山楔 | 轴座侧紧固件 |
| 搅尺 | 较尺 | 绞尺 | 绞紧卷轴用 |
| | 千斤桩 | 千斤桩 | 绞尺支点 |
| | 辫 | 辫带 | 绞绳 |
| 短绳 | 遭线 | 遭线 | 计织成长度 |

续表

| 清卫杰《蚕桑萃编》 | 清陈作霖《风麓小志》 | 南京云锦机名 | 各部件用途注解 |
|---|---|---|---|
|  | 遭线管 | 遭线管 | 计织成长度 |
| 敌花 | 迪花 | 迪花 | 经轴 |
|  | 包迪布 | 包迪布 | 经轴衬布 |
| 枪脚 | 枪脚 | 枪脚 | 经轴支架 |
| 枪脚盘 | 拖泥 | 枪脚盘 | 经轴支架底座 |
| 羊角 | 羊角 | 羊角 | 经轴定位齿轮 |
| 打角方 |  | 搭角方 | 制动羊角用 |
| 拽放绳 |  |  | 手拉放经轴 |
| 老缩绳 |  |  | 套住羊角 |
| 边扒 | 边爬 | 边扒 | 卷绕边经用 |
|  | 绺头爬 |  | 卷绕经轴余丝用 |
| 扶边绳 | 伏辫绳 | 伏辫绳 | 防纬管滚出 |
| 海棒 | 云棒 | 核棒 | 找断头竹棒 |

这样的大花本提花机功能已臻完善，一般只需在部分部件中作相应改动，便能织出妆花缎、大花织金绸、金宝地、妆花纱罗、妆花改机等各类大型复杂提花丝织物，特别是明清时期的一些妆花袍料，遍匹无重复纹样，所需花本极大，亦在大花本提花机上织制。《天工开物》载："凡上贡龙袍，我朝局在苏、杭，其花楼高一丈五尺，能手两人，扳提花本，织过数寸，即换龙形。各房斗合，不出一手。赭黄亦先染丝，工器原无殊异，但人工慎重与资本皆数十倍，以效忠敬之谊。"见图9-34。

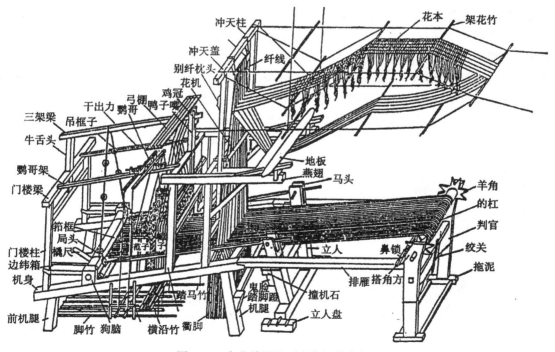

图9-34　大花楼织机（现存江苏南京）

# 五　提花技术的发展脉络

从提花开口原理出发来看中国古代各种提花技术的发展脉络，可以看出它以挑花技术为源头，却有着两条不同的发展途径。

挑花是用挑花棒或挑花刀按图案的要求将上浮的经丝挑起，穿过经面，再用挑花棒或其他的开口杆进行开口，投过梭子，然后再继续下一次挑花。这是最原始的逐一挑织法。后来，挑花又有了成组挑织即挑一批织一批和对称挑织即先逐一挑织并不抽出挑花棒再逆序使用后抽出挑花棒等方法，使挑花技术得到一定发展，但从根本上看，它因无法重复使用挑花信息而限制了生产力的发展。

挑花的缺陷关键在于挑花杆是刚性的，位于前面的挑花杆阻碍了后面挑花杆上信息的传递，而必须在后排挑花杆抽出之后，后排挑花杆才能起到作用，但此时前排挑花杆上的信息也就无法贮存。为解决这一问题，古代人民开始探索新的方法，从而产生了能贮存挑花信息的织机——提花机。

途径之一是把刚性的挑花杆软化，即用线来代替挑花杆。柔性的线一方面仍能像挑花杆一样把经丝分成上下两层，同时还能弯曲制成具有一定高度的综圈，其高度足以允许后排综线在提升经丝时不受阻碍，这就是线综。于是所有挑制的信息都互不影响，可以反复使用，这就是多综式提花技术。当它使用综杆开由手提开口时，就是综杆式提花技术，通常在原始腰机或双轴织机上进行。当它与踏板织机结合由脚踏控制综片提升时，就是多综多蹑机。这一途径的要点是提花信息仍然直接贮存在综上，其发展也就到此为止了。

另一条途径是将挑好的提花信息与经丝分离，单独贮存，再通过某种联系把提花信息传递到经丝上。这样的信息贮存单位就是花本，这种提花方法可称之为花本式提花。竹编花本应是最初级的花本提花形式，从刚性竹棍、通幅循环以及纤线直接与经丝相连等特点来看，具有竹笼机形式的提花技术应是花本提花的第一阶段。为提高工效并克服竹棍太长容易出错的问题，竹棍被软绳替代，挑好的花本挂于机顶，由专门的辅助工进行拉花，这就是线制小花本提花，又称小花楼束综提花机。但小花本的大小还受到花楼高度和人力的限制，花本不能过长，因此，当龙袍袍料等需要特别大的图案循环时，人们就将花本再做一次分离，即有花本脚子线上再做一个花本，这样就可以不增加原有综线的长度而使新的花本无限大，贮存

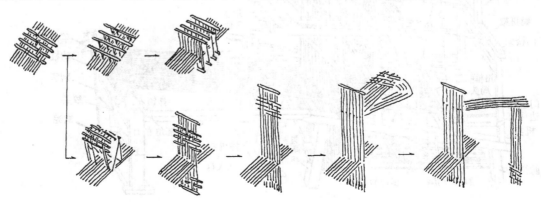

图 9-35　提花技术发展脉络

的信息无限多，这就是线制大花本提花机，它标志着古代提花技术的最高水平（图9-35）。

从发展的阶段性来看，商代以前尚未出现提花织物，因此推测为挑花期。商至西周已有较原始的几何纹提花织物出现，推测应以多综杆提花为主。战国秦汉应是多综多蹑和竹编花本机的时代，它们都适应织造经向循环小而纬向循环大的狭长图案织物，并有部分史料为证。六朝至隋唐之际，线制小花本提花机已经出现，可用于织制纬锦和其他各提花织物，它基本上取代了以前的两种机型。唐末五代时出现线制大花本提花机，辽宁省博物馆所藏的五代贞明二年（916）织成金刚经应是大花本提花机的产物。整个宋元明清时期，占据提花技术主导地位的就是这两种机型，一直到出现纹版提花机为止。

## 第五节　特殊织机及其织法

### 一　特殊罗织机及其织法

中国古代流行一种特殊的链式罗组织，从商周开始到明清为止。其中在唐以前，这种组织的罗占有罗织物中的绝对优势。对于链式罗，必须使用专门的织机，但这种织机直到元代才被载录于《梓人遗制》（图9-36）。

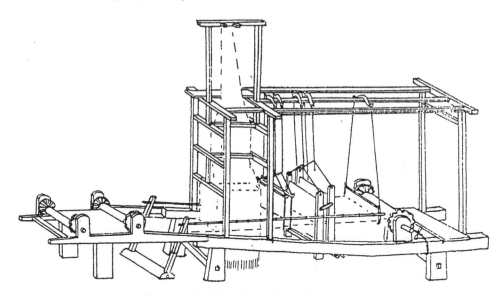

图9-36　罗机子（采自薛景石《梓人遗制》）

罗机子的机架机身与其他织机无很大区别。机身长七尺至八尺，前有兔耳承卷轴，后有滕子，中间机架称为立颊，高三尺六寸，机架顶部横档为遏脑，遏脑上出引手子，上面安置鸦儿木。文中未记踏脚板，但由鸦儿木的存在来看，踏脚板必有无疑，文中亦未记鸦儿木的数量，但从附图及罗机子原理推测，应为四片鸦儿木。

罗机子上最有特色的专门用具是斫刀、文杆、泛扇椿子三件。

斫刀是古老的打纬工具，在丝绸技术发展到一定水平后，几乎所有织机都用筘或木手进行打纬，而罗机使用斫刀正说明其所织的罗无法用筘打纬，这正是链式罗织制技术的特征。薛景石载："斫刀二尺八寸，广三寸六分至四寸，厚一寸二分，背上三池槽各长四寸，心内斜钻蚍蜉眼儿。"蚍蜉眼儿是一引出纬丝的小孔，在斫刀上斜钻蚍蜉眼儿，很可能说明此斫刀还保留了早期刀杼的某些特征。

文杆，"随刀之长，大头园径一寸，小头梢得八分，出尖"。文杆即挑花杆，可知，中国早期链式罗的大部分简单图案应由挑花织成，而且是逐一挑织。但到后来，亦可使用提花技术。故薛景石说："如织华子随华子。"

泛扇椿子是罗机上最为重要的起纹装置，即现在所谓的绞综。其中又分为大泛扇椿子和小泛扇椿子："大泛扇椿子长二尺四寸，小头广八分，厚六分，大头广一寸四分，厚八分。从头上向下量三寸四分画眼子，眼长八分，上梁子眼至下梁子眼，橃外通量一尺二寸。小扇椿子小头广六分，厚四分，大头广八分，厚六分。上下橃梁子眼外一尺二寸，横广二尺四寸明，前后用。"薛景石又说："或素，不用泛扇子，如织华子随华子，当少做泛扇子。"由此理解，大泛扇椿子是直接用于起绞综，而小扇椿子则是配合起绞或是起地绞的地综。通过许多学者对马王堆或新疆出土汉代织物的研究，认为链式罗中最典型的组织四经绞罗确可由二片绞综和二片地综来完成，如果再起小花，则可采用挑花杆挑花。

# 二　普通罗织机及其织法

普通纱罗组织是指有固定绞罗织物，这类织物在汉代毛织物上曾出现，但其流行期却是从唐末开始的，宋元明清时十分普及。其所用的织机在宋人《蚕织图》（图9-37）、元代《耕织图》、明代夏厚纂《机织图》中均有形象描绘、《梓人遗制》、《天工开物》均有所述及。

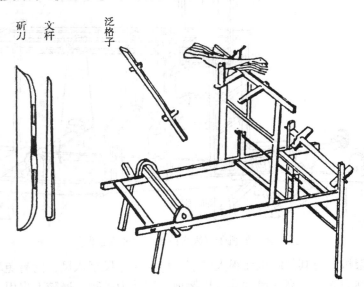

图9-37　普通提花罗机（根据宋人《蚕织图》绘制）

上述各图或史料所记普通罗织机均为花罗织机，即专织纱罗织物的小花本提花机，其基本机型是小花楼织机，但在机上配以专门的绞综开口机构，便成花罗织机。《梓人遗制》称其为白踏椿子："长二尺六寸，上广二寸，厚六分，下广二寸二分，厚八分。从头向下量三寸二分，心内钻圆眼子，再从头上向下量四寸二分，边上凿梁子眼一个。梁子眼各长一寸一分，上眼子下楞齐向下更画梁子眼一个，下眼下量九寸四分外，下是双梁子眼，从下倒向上量二寸八分，合心又钻圆眼子一个。梁子长二尺八寸，广一寸一分，厚四分。"从其例图和《耕织图》等图来看，罗机上共有两组综片，一组靠近花楼，为普通综片，共两片，一为地综，一为后综，作用不同。另一组靠近织工，即为绞综，它由两个综框构成，综框间有一活动连杆将其连接，两综框可在各自连杆控制的范围内上下活动，每一综框内各有一片基综和一片半综组成，完全对称的两综框才组成一个完整的绞综，故被称为结偶式绞综。它类似于今日的马鞍型绞综，能够在花楼机上完成纱罗织物的织制。绞综一能开绞转梭口，绞综二和后综配合就能织开放梭口，而地综可以完成普通梭口（图9-38）。

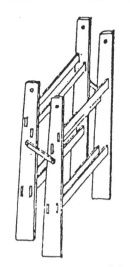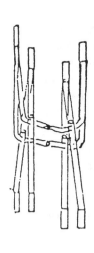

图9-38　普通罗机的绞综

# 三　绒　织　机

　　绒织机最早出现在汉代，绒圈锦是其代表。织制绒圈锦所用的织机应该与织制普通汉锦的织机相似，只是对用经丝量较大的绒经和普通地经设置不同的经轴，称为双经轴。

　　绒织物的真正流行在清代。其使用仍与其他织机相仿，织提花织物漳缎用花楼机，织素绒或雕花绒用专门漳绒机，但其实它只是一带花楼的一种斜身式织机。绒织机上有特征的部件是其起绒杆和送经装置。

　　起绒杆使织物形成绒圈，它先以假织的形式被织入织物，然后抽出就形成绒圈，或经割绒后则成绒毛。起绒杆通常由细铁丝或细竹杆制成，较织物幅宽稍长。

　　绒织机的送经装置一般仍是双经轴，一个经轴装起绒经，用经量较大，另一经轴装地经，用经量小。但如遇到提花起绒织物，则每根绒经的用量都不相同，很难用一个绒经轴来送经，因此就在织机后排放塔形筒子架，架上安置层层筒子，每根绒经都由筒子上直接引出，这样，每根绒经均可随意多少。卷布装置亦稍有区别，为避免将织出的绒头压坏，织物只是绕过卷布而卷绕在可层层架空的转轮上。漳缎和云锦中的金彩绒就使用这样送经和卷取装置。

# 参 考 文 献

陈维稷．1984．中国纺织科学技术史（古代部分）．北京：科学出版社

高汉玉．1981．中国古代提花机的原理与发展．中国纺织科技史资料．第三集

胡玉端．1980．从丁桥织机看蜀锦织机的发展——关于多综多蹑织机的调查报告．中国纺织科学技术史资料．第1
　集

蒋猷龙．1984．石桥古缫丝工具初探．中国纺织科技史资料．第16集

李也贞．1980．黎族的腰机提花．中国纺织科学技术史资料．第2集

刘伯茂．1980．竹笼机调查．中国纺织科学技术史资料．第3集

彭泽益．1962．中国近代手工业史资料（1840～1949）．第一卷．北京：中华书局

宋兆麟．1965．西双版纳的纺织技术．文物．（4）

宋兆麟．1985．考古发现的打纬刀．中国历史博物馆博物馆刊．（7）

孙毓棠．1980．释关于汉代机织技术的两段史料．中国纺织科技史资料．第1集

屠恒贤．1983．战国时期丝织品的研究及复制．华东纺织工学院研究生毕业论文

王大道．1980．云南青铜时代纺织初探．中国考古学会第一次年会论文集．北京：文物出版社

王　序．1989．"八角星纹"与史前织机．J. Int. Assoc. Costume. （6）：32～44

夏　鼐．1972．我国古代蚕、桑、丝、绸的历史．考古．（2）

夏　鼐．1985．中国文明的起源．北京：文物出版社

尤振尧．1990．从画象石刻《纺织图》看汉代徐淮地区农业生产状况．古今农业．（1）

袁宣萍．1987．中国古代绫织物及其织造技术的研究．浙江丝绸工学院研究生论文

赵　丰．1984．南浔丝车及其缫丝工艺的调研．丝绸史研究．（3）

　　　　1986．《蚕织图》的版本及所见南宋蚕织技术．农业考古．（1）

　　　　1991．《姜敬说织》与双轴织机．中国科技史料．（1）

　　　　1992．良渚织机复原研究．东南文化．（2）

　　　　1992．唐代丝绸与丝绸之路．西安：三秦出版社

周启澄．1988．History and present situation of Chinese drawloom. Journal of China Textile University. （4）

朱新予．1985．浙江丝绸史．杭州：浙江人民出版社

　　　　1992．中国丝绸史．北京：纺织工业出版社

祝大震．1983．试论江陵丝纺车的复原和它与王祯《农书》中水转大纺车的关系．中国纺织科技史资料．第十二集

邹景衡．1981．《列女传》织具考．蚕桑丝织杂考．台湾：三民书局

吉本忍［日］．1987．手织机的构造．机能论的分析与分类．国立民族学博物馆研究报告12卷2号

前田亮［日］．1992．手织机的研究．京都：京都书院

Becker J, Wagner B. 1987. Pattern and Loom . Copenhagen：Rhodos International Publishers

Broudy E. 1979. The Book of Looms. A History If the Handloom from Ancient Times to the Present, London：Studio
　　Vista

Kuhn D. 1977. Die Webstehle des Tzu-jen i-chin der Yean-Zeit. Koln：Franz Steiner Verlag GmbH

　　　　1988. Textile Technology：Spinning and Reeling. Science and Civilization in China. Vol. 5, Part IX, Cambridge：
　　Cambridge University Press

# 第十章 西方机械的传入

明代，中国科学发展缓慢，但传统技术却更加成熟，一些技术成就仍处于世界先进行列。几乎在同一时期（14～16世纪）欧洲的文艺复兴带来了科学文化的繁荣。16～17世纪的欧洲发生了科学革命，涌现了哥白尼（Nicolaus Copernicus，1473～1543）、伽利略（Galilei Galileo，1564～1642）等科学巨匠，也出现了达·芬奇（Leonardo da Vinci，1452～1519）这样的杰出机械设计家。这时，中国在科学和某些技术领域已明显地落后于欧洲。然而，由于中西交流渠道不畅，到16世纪中期中国人对西方科技的变化几乎一无所知。16世纪下半叶起，欧洲传教士远涉重洋来华传教。在传教过程中，传教士发现西方科技是帮助他们冲破文化障碍和中国政府闭关政策的有效手段，于是，传教士把一些能引起中国人感兴趣的科技知识和实物传入中国，使欧洲钟表和其他机械渐被中国人了解或采用。1723年起，清朝政府驱逐传教士，西方科技的传入几乎陷于停顿，时间长达百余年。而在此期间，近代科学在西方达到很高的水平，技术与工业发生了革命。近代意义上的西方机械技术把古代意义上的中国机械技术抛在了后面。

19世纪中叶，中西方技术首先在战场上见面。鸦片战争中，中国兵器不敌西方蒸汽机轮船和枪炮，这使中国的某些官员清醒地认识到自己技术的落后，并试图首先引进和仿造西式船炮、枪弹，由此开始了机械工程的近代化。洋务运动起，一方面，逐渐增多的新式工厂采用近代机械，甚至制造近代机械；另一方面，广大的农村和远离通商口岸的地区还大量地使用着中国传统的机械。为了发展近代机械技术，新式学堂开始培养工程技术人员，一些西方机械著作也陆续被译成中文。本章主要探讨16世纪末至20世纪初西方机械的传入问题，即机械书籍的传入和机械实物及制造技术的传入。

## 第一节 西方机械著作的传入

16世纪末以后，一些饱学的来华传教士与那些对西方科技感兴趣并有心将先进科技用于社会实践的中国学者交往颇多，并合作编译书籍，介绍西方科技，其中有几部专述机械的著作。

## 一 徐光启与熊三拔的《泰西水法》

中国学者徐光启（1562～1633）于1603年与意大利耶稣会士利玛窦（Matteo Ricci，1552～1610）在南京相识，从此对西方科技产生兴趣，并与传教士研讨有关问题。利玛窦去世后，徐光启邀请意大利耶稣会士熊三拔（Sabbathin de Ursis，1575～1620）合作译书，向中国人介绍适用的或先进的西方水利技术，以"富国足民"。1612年，他们出版了译著《泰西水法》六卷。该书的水利学价值和物理学意义引起了中国学者的重视。实际上，它的卷一（龙尾车）、卷二（玉衡车和恒升车）及卷六的部分图纯属机械专著。

### （一）龙尾车

龙尾车，就是"旋水而上"的螺旋式水车，为公元前 3 世纪古希腊科学家阿基米德（Archimedes）所发明。使用时，一端架在水中，另一端架在岸上（图 10-1）。其构造及制作方法等如下：

图 10-1　龙尾车全图
（采自《泰西水法》卷六）

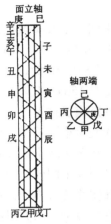

图 10-2　轴及其等分法
（采自《泰西水法》卷六）

"圆木为轴"，长短取决于提水扬程，又以轴长（l）的 $\frac{1}{25}$ 为轴径。轴径过小，则"水为不升"。若轴长过丈，轴径至少 3 寸；若轴长 2 丈，轴径至少应有 8 寸。

八等分轴端圆周，在轴端面用墨线画过等分点和轴心的径线，另在轴面画 8 根过等分点并平行于轴心的直线（图 10-2）。以 $\frac{1}{8}$ 圆弧所对弦长为度，等分轴面上的8根平行线，即 b′c′ = b″c″（图

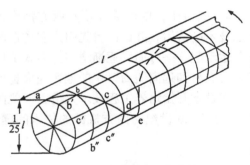

图 10-3　螺旋线画法（作者绘）

10-3）。按"勾股求弦之法"，在轴面纵横线交点（a、b、c、d、e……）之间画斜线，连成一条螺旋线。沿螺旋线立"螺墙"，墙高一般不超过轴长的 $\frac{1}{8}$。轴过长时，墙高与轴径相等。

立墙之法有编制和垒制两种。编制的墙要"密而平"，垒制的墙要"坚而无堕"，但都必涂上涂料，封住缝隙，以防漏水。涂料是沥青和蜡，或熟桐油和石灰、瓦灰（油灰）、或生漆和石灰、瓦灰（漆灰）。编墙时，沿螺旋线在轴上齐插一列位于径向的竹柱，再以柱为经，以麻、纻、菅、布、箴之类的绳为纬，顺螺旋线编墙（图 10-4）。垒墙时，取桑槿之类柔木的皮，裁成宽度相等的条，用沥青和蜡，沿螺旋线层层涂垒。根据轴径的大小，螺墙可设

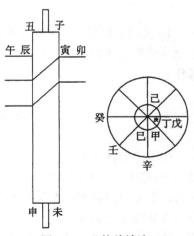

图 10-4　立柱编墙法
（采自《泰西水法》卷六）

1～10道，书中以2道为例。墙与墙之间形成螺沟。

在轴的两端靠墙处，凿成直角相交于轴心的两对通孔，沿孔榫装两组木柱，在柱外端用坚韧的弧形木作围柱的两个环，环的外径与墙缘对齐。将木板内表面削成弧形，再用涂料把木板拼粘于墙缘，形成柱面"围"。围板的两端贴在环上，并用铁环箍紧。围板较长时，中间再增加一两道铁环，或用绳束紧并涂上涂料（图10-5）。每块围板的宽在一寸以上，厚度视围径大小而定。在围与墙缘之间、围板与围板之间及围外，均涂以涂料，保证形成不漏的水道。围板所用涂料以漆灰为上，油灰次之。用沥青和蜡作围的涂料时，暑日要加遮盖。

在环内、轴面外、四柱之间形成了螺旋水道的入水口和出水口。这两种水口的另一制法是，用环板将墙端盖住，而在围板两端各开出孔来。

在木轴两端装细铁轴，制成上枢和下枢。为保证龙尾车体的静平衡与动平衡，两个枢一定要与木轴同心。用木柱或砖石制成上、下两架，分别设在水中和岸边，架的"山口"处设铁管，以承枢。下枢的铁管高度以保证水能进入螺旋水道入水孔为准则。

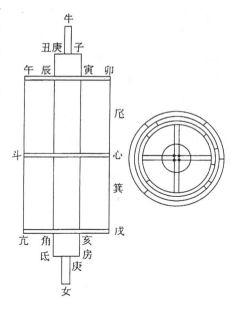

图10-5　制环与围之法
（采自《泰西水法》卷六）

龙尾车的运转可通过齿轮来传动。从动齿轮可供选择的固定位置有7个，即围的中间和两端、轴的两端、两个枢的端部。在围上时，夹围而设辐，辐端设辋，辋上装齿。在木轴和枢上时，在轴或枢端制出方形截面，与轮毂的方孔配合，轮毂上装齿（图10-6）。齿轮装在什么位置，取决于地势和原动力的特点。若车大而轴长，扬程高，则齿轮装在围的中部，叶围轮。若用立式水轮驱动，齿轮装在龙尾车的下部，与水轮卧轴一端的齿轮（他轮、接轮）

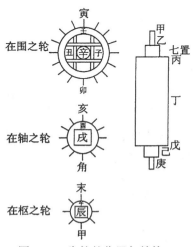

图10-6　齿轮的位置与结构
（采自《泰西水法》卷六）

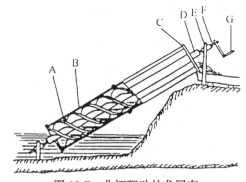

图10-7　曲柄驱动的龙尾车
（作者绘）

A. 螺墙　B. 围　C. 铁环
D. 轴　E. 架　F. 枢　G. 曲柄

啮合。若"平地受水"，而用人力、畜力、风力驱动，齿轮装在龙尾车的上部，与人车（即人踏拐木）或马牛骡车或风车的卧轴上的齿轮（他轮、接轮）啮合。若龙尾车较小，可不用齿轮，而在上枢的方端处装曲柄（衡、柱），再将摇杆（棹枝）一端套在柄柱上，一人或多人摇转，就像手摇翻车（即拔车）那样（图10-7）。龙尾车是外来的技术，而上述几种则是中国传统的动力机械。

龙尾车运用了螺旋输送原理。提水时，轴的旋转方向与螺旋的上升方向相反（图10-3）。螺旋面的任何一小段都可视为斜面。水沿斜面下流，却随螺旋而上升，相当于斜面托水向上平移。不过，龙尾车轴与水平面夹角不能过大。书中说"按三五之法准之"，即若"岸高九尺，轴长一丈五"。这个规定显得死板。实际上，如图10-8所示，只要螺旋升角 $\alpha < \beta$，即 $\alpha + \varphi < 90°$，就能达到提水的目的。

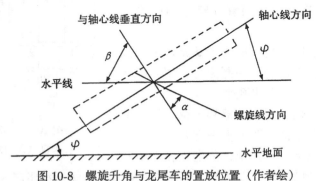

图10-8　螺旋升角与龙尾车的置放位置（作者绘）

若扬程过大，龙尾车则不便制作得太长，可把几台车累接而上。累接之法，可凭车两端的齿轮相啮合，从而"以一力转数轮"。

### （二）玉衡车

玉衡车，即一种双缸活塞式水泵。它由双筒（缸）、砧（活塞）、双提、壶、中筒、盘、衡、轴、架等组成，具体构造如下：

"炼铜或锡为双筒"，筒径为 d，筒高为 2d。筒底开直径为 $\frac{d}{2}$ 的孔，孔上装一个用方铜板制成的"舌"（即活门）。通过一组枢纽，舌铰接在筒底。另有两个直径为 $\frac{d}{3}$ 的弯管，分别锡焊在两个筒面的底部，弯管上口与筒口等高（图10-9）。

"炼铜以为壶"，壶的容积为双筒的1.5倍。壶的纵截面为椭圆形，由底、盖两部分拼合而成，并用两交叉铁环束紧，再以锡补缝。壶底开两个椭圆孔，分别与两弯管的上口锡焊在一起。壶底两孔上各设一舌，制法与双筒底部相同，两舌的枢共用一纽（图10-10、图10-11）。所有的舌都是"恒入而不出"的单向阀，合时"密而无漏"，开时无滞。

"炼铜或锡以为中筒"，筒径与弯管相同，长度视扬程而定，下端与壶以锡焊相接，上口"宁缩无赢"（图10-12）。中筒也可以由三段组成，两端为数寸长的金属管，中间一段用竹木筒代替。

"炼铜或锡以为盘"，盘的容积与壶相同，盘底与中筒上口锡焊在一起。与弯管直径相同的出水管锡焊在盘的侧孔处（图10-12）。

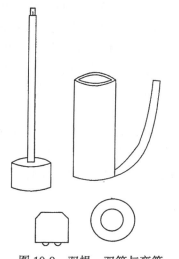

图 10-9 双提、双筒与弯管
（采自《泰西水法》卷六）

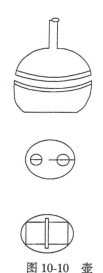

图 10-10 壶
（采自《泰西水法》卷六）

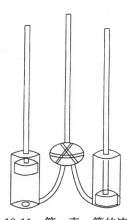

图 10-11 筒、壶、管的连接
（采自《泰西水法》卷六）

用坚木作砧（活塞）。砧与筒"密切而无滞"，在筒内不得摇摆。砧上接直径为 $\frac{d}{3}$ 的提柱。柱长视井深而定，上端削成方榫，铰接于衡。

"直木为衡"。衡长不超过井口直径，两端销孔与提柱铰接。另做一轴，长于衡，两端截面为圆。衡与轴十字相交，以榫、凿固定在一起。轴的一端设长二三尺的小衡，小衡两端设二木杆，小衡为弦，其余为股。以一个小木杆为柄，摇柄转轴（图 10-12）。

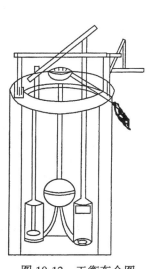

图 10-12 玉衡车全图
（采自《泰西水法》卷六）

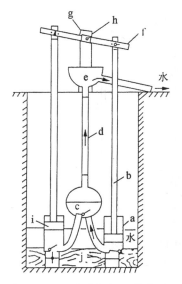

图 10-13 玉衡车视图（作者绘）
a. 双筒 b. 双提（提柱） c. 壶
d. 中筒 e. 盘 f. 衡 g. 架 h. 轴 i. 砧

在井口两旁以木或砖石为架，轴就固定在架的"山口"（轴承）上。在井底水中设榆木梁，梁上有两个沉孔以承双筒，沉孔之内有通孔。

玉衡车的设计完全符合流体力学原理。摇柄转轴，当左提柱带着左砧上升时，左筒内形成真空，壶的左舌关闭，左筒底的舌打开，大气压将井水压入左筒。同时，右提柱带着右砧下降，右筒内压力增大，右筒底的舌关闭，壶的右舌打开，右筒中的水被压入壶内（图 10-13）。左提柱升至最高点后转而下降，左筒的工作过程如上述的右筒，右筒的工作过程如上述左筒。这样，两提柱和砧交替升降，"左右相禅"，水不断经双筒进入壶内，再经中筒、盘和出水管而溢入地上的盛水器具。

古希腊发明家希罗（Hero of Alexandria）曾于公元 1 世纪设计了一种双缸活塞式压力泵[①]，邓玉函（Jeannes Terrenz）、王徵在《远西奇器图说录最》（1627）中对这种泵作了描述，并称之为"水铳"。从构造原理方面看，玉衡车肯定是希罗式水泵的后裔。不过，以摇柄转轴法驱动玉衡车，力臂较小，不及摇动延长的衡杆省力。

### （三）恒升车

恒升车，即单缸活塞式水泵，具体构造如下：

"刳木以为筒"，筒长视井深而定，下端以四足盘托在水中，上端出井口，以架夹持固定（图 10-14）。筒径取决于井的大小和汲水的多少。筒可制成圆形或方形截面，外用铁环箍紧，筒长则环多。圆筒可用竹管制成。筒底开孔，圆筒开方孔，孔的边长为筒径的 $\frac{4}{7}$；方筒则开圆孔，孔径为筒的边长的 $\frac{5}{7}$。舌装在底孔之上，合时"密而无漏"，开时无滞。筒上端接出水管（图 10-15）。

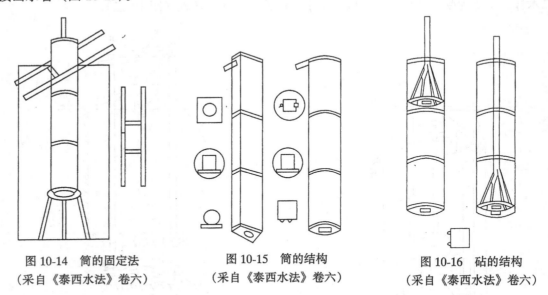

图 10-14　筒的固定法　　　　　图 10-15　筒的结构　　　　　图 10-16　砧的结构

（采自《泰西水法》卷六）　　　（采自《泰西水法》卷六）　　　（采自《泰西水法》卷六）

"炼铜以为砧"，砧（活塞）的中部开孔，孔的形状与大小与筒底的孔相同。孔上装舌，构造与筒底的舌相同。"直木为柱"，柱径为筒径的 $\frac{1}{5}$。柱底接四根铜杆或铁杆，杆接在砧上

---

① John Peter Oleson, Greak and Roman Mechanical Water-Lifting Devices: The History of Technology, University of Toronto Press, 1984, fig. 13, fig. 14.

成四足，且不妨碍舌的开合（图 10-16）。

砧入筒中，"密切而无滞"。"求密之法，稍弱其砧之径，以毡罽之属、皮革之属附于砧之四周"。

"直木以为衡"，两端缀以重石块，前端铰接着提柱。凿直木为轴，两端架在支柱的"山口"中，中间与衡以榫、凿相连。衡被分成两段，比例为 2∶3，手摇长端提水（图10-17）。

恒升车的工作原理与玉衡车相似。压下衡的长端（即图10-18 中的右端），砧上升，砧上的舌关闭，砧下形成真空，筒底的舌打开，大气压将井水压入筒内。抬起衡的长端，砧下降，筒底的舌关闭，砧上的舌打开，筒内水升入砧上部。提砧时，水随之上升，直到从出水口流出。

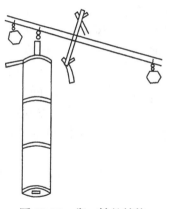

图 10-17　衡、轴的结构
（采自《泰西水法》卷六）

恒升车有实取和虚取两种，因此，砧上的柱也有两种，长者用于实取，短者用于虚取。井浅用实取，井深用虚取。实取时，砧下降到筒底，上升至出水口。虚取时，先在砧上部注入几寸深的水，以保证筒与砧之间、舌与砧孔之间不透气。砧最多下降数尺，"升降于无水之处，以气取之"，"气尽而水继之"。书中进一步解释："天地之间悉无空际，气水二行之交无间也。是谓气法，是谓水理。"从现代科学的观点来看，水和空气都遵循着流体力学的规律，砧先抽出空气，再抽出水。按上述分法，玉衡车属于实取式水泵。

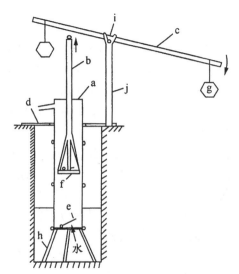

图 10-18　恒升车视图（作者绘）

a. 筒　b. 柱　c. 衡　d. 架　e. 舌
f. 砧　g. 石块　h. 足　i. 轴　j. 支架

### （四）龙尾车、恒升车的应用

《泰西水法》刊刻后在中国产生了一定的影响，《远西奇器图说录最》、徐光启的《农政全书》（1639）都参考或收入了《泰西水法》中的提水机械部分。清初纳兰成德在《渌水亭杂识》中描述了用风车驱动的龙尾车，并认为恒升车的原理与中国风箱相同。的确，风箱与恒升车、玉衡车在活门、活塞的运用方面有许多相同之处，不同之处在于具体结构和流体的性质。

据文献记载，清代江苏有人试用过龙尾车、恒升车。松江人徐朝俊为徐光启五世孙，擅长天文学、钟表机械等。据《明斋小识》记载他于嘉庆十四年（1809）制成龙尾车，以一名儿童驱动灌田。太守唐陶山为推广此种水车而"刊图颁各县"。

齐彦槐曾任金匮知县、苏州知府。据《梅麓诗钞》记，他按《泰西水法》制造过龙尾车和恒升车，认为一台龙尾车"当翻车之五"。试用时，"塘宽十亩，深二尺，戽干七寸，才三刻许"。林则徐对齐彦槐此举颇为赏识，奏请推广龙尾车等，但未果。

在制造和使用过程中，人们也发现了龙尾车的局限性和缺点。钱泳在《覆园丛话》中说，（乾隆年间）有人在苏州制龙尾车，"不须人力，令车盘旋自行，一日一人可灌田三四十亩"。然而，"一车需费百余金，一坏即不能用。余谓农家贫者居多，分毫计算，岂能办此"。郑光祖《一斑录》记，道光十六年清江浦治河时，用"三千金"制成一台龙尾车，"车大四五抱，扛抬需百夫，坏墙垣以出，试于池沼，立刻告涸。然运转甚重，推挽亦必多人，乃才试一二，而关键已坏，然即不坏，亦全资人力，非果能自为行运也。卒归废弃焉"。除以上因素外，技术成熟、性能良好的中国传统翻车和筒车的广泛应用，也排斥着用途相同的龙尾车。

有趣的是，若将虚取式恒升车的筒缩短，下面再接细的直管至水中，支架固定在筒上，它就变成了后世中国民间所用的"洋井"。恒升车可能在中国经历了类似的演变过程。

## 二　王徵《新制诸器图说》与《远西奇器图说录最》

明末，出现了两部专述机械的书《新制诸器图说》与《远西奇器图说录最》，前者是在西方钟表技术的影响下问世的，后者是传教士与中国人合作编译的。

### (一) 王徵和邓玉函

王徵（1571～1644），陕西泾阳人。其父懂经学和算学。其舅张鉴为关中名儒，会制机械。王徵7岁开始师从张鉴。17岁入邑库读书。万历二十二年（1594），考中举人。受儒家传统的影响，他立志以天下为己任，热衷于以奇巧的技术解决实际问题。做秀才后，经常坐思卧想璇玑、指南车、连弩等奇巧机械。《两理略》自序称"虽诸制亦皆稍稍有成，而几案尘积，正经学业荒废尽矣"[①]，以致9次进京考进士都未考中。

大约在万历四十三年（1615）冬或次年春，王徵进京考进士时，与庞迪我（D. de Pantoja）等传教士相识，后来加入了耶稣会。天启二年（1622），中进士。不久，到广平府任推官，曾治水修闸。天启四年（1624）三月，因继母去世而回籍守制。这期间，读到艾儒略（J. Aleni）于1623年写成的《职方外纪》，从中了解到新鲜的奇人奇事，遂对西方机械产生了极大兴趣。天启五年（1625）春，王徵邀金尼阁（N. Trigault）到陕西传教，并通过金尼阁的《西儒耳目资》一书，了解拉丁文字母读法。在与传教士交往过程中，王徵了解了欧洲机械钟表（自鸣钟），深受其工作原理的启发。他在《两理略》卷二中写到：

> 忆余少时，妄意武侯木牛流马，必欲仿而行之。辄准杜氏《通典》尺寸作法，再四为之摩拟，迄无能成，然弗肯中止。往往考古证今，旁咨远访，穷索苦思，忘食寝，废酬应，一似痴人。乃痴想之极，会得西儒自鸣钟法，遂顿生一机巧，私仪必可成也。如法作之，果遂成。不敢妄拟木牛流马，爰名之为自行车焉。从是以后，学问功夫，颇觉实落；思致想头，颇觉圆活。而心灵跃跃，又若时时有所开动。……于是或偶遇大兴作，或遇大扼要，或偶触大繁难不易行事，辄动一番思索，辄加一番料理，辄增一番见解作用。

王徵曾在广平令工匠依式制造鹤饮、虹吸、恒升车、龙尾车、活枥等机械，用于排水，见者"称其便利"。其中，虹吸、恒升车和龙尾车当是参考了熊三拔与徐光启编译的《泰西水法》（1612）。天启六年（1626），王徵将自己的设计汇集成《新制诸器图说》一卷，简称《诸器图说》。

---

① 王徵著，李之勤校点，王徵遗著，陕西人民出版社，1987年。

来华传教士多为饱学之士，其中邓玉函（Johann Terrez，1576～1630）通晓医学、数学、天文学、力学、博物学。他生于德国康斯坦茨（今属瑞士），俗名 Schreck，青少年时游学罗马，入日尔曼公学，1604 年在罗马加入灵采研究院（Accademia dei Lincei）。1611 年 4、5 月，伽利略（Galileo）、邓玉函先后成为该院的院士。是年 11 月，邓玉函加入耶稣会。他与伽利略、开普勒（Kepler）等科学家多有交往，了解欧洲科学的进展。金尼阁于 1613 年从中国启程返回欧洲，1614 年抵达罗马。邓玉函请求来华传教，并协助金尼阁募集准备带往中国的书籍。金尼阁、邓玉函、汤若望（J. A. S. von Bell）、罗雅谷（G. Rho）等教士于 1618 年启程于里斯本，1619 年 7 月携七千余部书籍抵达澳门。1621 年邓玉函到浙江学习汉语、传教，后来北上京城。

约在天启六年十一月（1626 年 12 月或 1627 年 1 月），王徵到北京，与龙华民（N. Longobardi）、邓玉函、汤若望等传教士交游，并向他们请教《职方外纪》所述及的机械。传教士们把多种西方书籍介绍给王徵，其中与机械有关的书就不下千余种。王徵看了这些书，"心花开爽"，并发现"间有数制"与自己的设想相合。王徵接触过拉丁文，又可以根据图来想象机械的构造原理，但却读不懂文意。于是，他请邓玉函帮助译成中文。他们合作编译一个月，于天启七年正月（1627 年 2 月或 3 月）完成《远西奇器图说录最》三卷，简称《远西奇器图说》或《奇器图说》。天启七年五月，王徵补扬州推官。是年 7 月，《奇器图说》、《诸器图说》合刻于扬州。1629 年 9 月邓玉函奉命协助徐光启、李之藻等人修治历法。崇祯年间，王徵从政不顺，但有感于西方机械应用气压、风力、水力诸法，他设计或制成"四伏、四活、五飞、五助"等 20 余种机械。崇祯十三年（1640）冬，王徵在《奇器图说》和《诸器图说》的基础上加以发挥，总结自己的新设计，撰写了《额辣济亚牗造诸器图说》，但其中的设计未必实用。

### （二）《诸器图说》的内容

图，是重要的工程语言。宋代以前，用图描述机械的古书不多。北宋时，苏颂在《新仪象法要》中用多幅机械图系统描述天文计时装置。元代，王祯《农书·农器图谱》、薛景石《梓人遗制》都以"图说"的方式记述机械技术。王徵"少年时偶读《武功县志》，见苏若兰织锦回文图说"，照图尝试，深受启发。[①] 后来，又见到有关西方机械的图说。这种经历使他选择以图说的方式编写机械书籍。

《诸器图说》收入了王徵已制成的机械和他自认为"必可行"的设计，共 9 种：

虹吸：以活塞（韝）鼓水，使之从低处沿管升至高处的提水机械。其原理与《泰西水法》所述的恒升车相近。

鹤饮（图 10-19）：利用杠杆原理设计的提水机械。杠杆为槽式，一端有水斗，另一端有出水口。它综合了槽碓和桔槔的工作原理。

轮激：通过一对直角啮合的增速齿轮，以人摇曲柄驱动的磨。与中国传统的磨、碾和扇车相比，这个设计并无明显的新意和优点。

风磑：王徵根据金尼阁的介绍绘制的风磨。它的构造原理属于波斯式，立轴下方接磨盘，立轴上部是风车，风车为立装的四扇平面叶片。由于风车周围无导风围墙，叶片又不能

---

①　王徵著，李之勤校点，王徵遗著，陕西人民出版社，1987 年。

图 10-19　鹤饮

自动调整迎风角度，风车难以运行。大概金尼阁描述有误，或王徵理解欠准确。

准自鸣钟推作自行磨：通过传动比为 480 的齿轮系，以重垂驱动磨盘。

准自鸣钟推作自行车（图 10-20）：驱动和传动原理与自行磨相同，传动比为 1920，设有提升重物（即作为动力的重垂）的机构。王徵说："其机难以尽笔，总之，无木牛之名，而有木牛之实用。或以乘人，或以运重。人与重，正其催行之机云耳。曾制小样，能自行三丈。若作大者，可行三里。"据《两理略》卷一记载，大概在广平时，王徵曾令工匠制成一具自行车，车内附一小式自转磨和弩。经试验，"车果不须人而自行，磨亦随之而自转，车上弩则张满，矢列弦上。机一动，辄相连自发，直射至二门外"。机械的技术参数通常为非线性关系，因此，小样在传动方面可行，制成大的机械后就未必可行了。

轮壶（图 10-21）：以重垂为动力的可报更报时的计时器。装有更漏、小钟、小鼓、拨动时辰牌的小木人、总传动比为 480 的传动齿轮系等。其中，"十字微机"的拨齿具有"左推右阻"的调速功能。这种"微机"当是立轴摆杆式擒纵机构，"轮壶之妙，全在于此"。王徵"曾制一具在都中，见者多人"。显然，轮壶的核心机构系仿制欧洲机械钟表，而更漏、

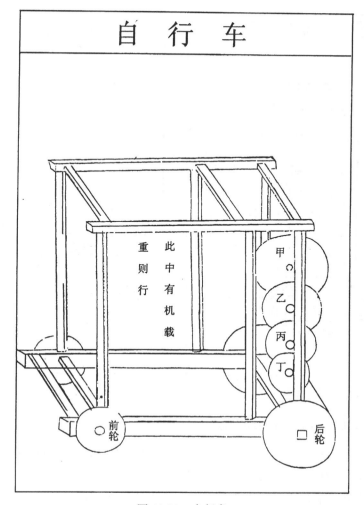

图 10-20　自行车

木人击钟鼓机构则属于中国的传统报时装置。

　　代耕（图 10-22）：人力曳犁装置。相距较远的两人各坐在一具木架上，交替扳动架上的绞车，绕在两具绞车上的长绳引犁耕作。王徵制成后，"试之有效"。这种设计比较新颖，但功效恐怕不及畜力犁。

　　新制连弩：在改进出土铜质实物的基础上制作的铁弩机。它"不但简质易作，更觉力劲而费省"。

　　《诸器图说》以分析传动机构为主，其中不乏巧妙的构思，但也有些想当然的成分。例如，"自行磨"、"自行车"的传动比过大，需要重量大的重垂或重物才能驱动，缺少控制能量缓释的机构，间歇提升重垂或重物又增加了不必要的工序，因而"机构上似乎说得通，实际上恐怕不能应用"[1]。王徵最突出的科技成就是把西方的机械技术和力学介绍到中国。

　　①　刘仙洲，王徵与我国第一部机械工程学，机械工程学报，1958，6（3）。

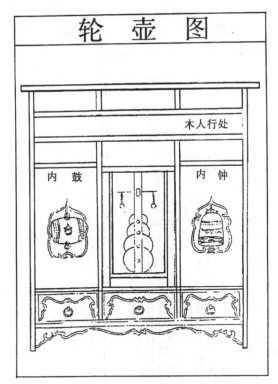

图 10-21　轮壶

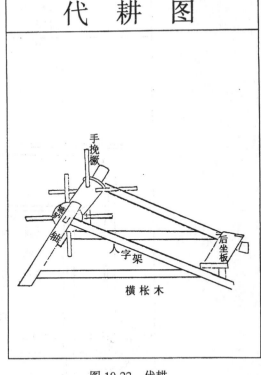

图 10-22　代耕

### （三）《奇器图说》体例和内容的选定

据王徵的"序"记载，当他提出翻译机械书籍时，邓玉函以一个欧洲学者的眼光，阐述了机械技术与数学、力学的关系，提出了译书的步骤：

"译是不难，第此道虽属力艺之小技，然必先考度数之学而后可。盖凡器用之微，须先有度有数。因度而生测量，因数而生计算，因测量计算而有比例，因比例而后可以穷物之理，理得而后法可立也。不晓测量计算，则必不得比例；不得比例，则此器图说必不能通晓。测量另有专书，算指具在《同文》，比例亦大都见《几何原本》中。"

在邓玉函的帮助下，王徵凭着自己的算学功底，仅用数日就通晓了"度数之学"的梗概。于是，他们选择外文"图说"，由邓玉函口授，王徵译绘成书。

王徵怀着济世利民的责任感，继承中国的技术传统，着重选择"最切要、最简便、最精妙"的实用机械，凡认为实用价值不大、不易制造、造价高、重复和繁琐的内容均不译。他反对以"君子不器"之说来鄙视西方技术，在"序"中强调："学原不问精粗，总期有济于世。人亦不问中西，总期不违于天。兹所录者虽属技艺末务，而实有益于民生日用、国家兴作甚急也。……明睹其奇而不录以传之，余心不能已也。"可见，技术专家的务实精神有助于他们接受外来文明。

邓玉函和王徵对机械的认识共同决定了《奇器图说》的体例和内容。

在"序"之后，有九则"凡例"：

（1）正用：指出治机械学必修重学、穷理格物之学、度学、数学、视学等七科。

（2）引取：列出《泰西水法》、《几何原本》、《同文算指》、《自鸣钟说》等18种参考书。

（3）制器器：列举画铜铁规矩、作鸡蛋形规矩、螺丝转（蜗杆）铁钳、作螺丝转形规矩、螺丝转母、双翼钻等19种工具。

（4）记号：为20个西洋字母注汉语语音。

（5）每用物名目：给出星轮、鼓轮、灯轮、杠杆、曲柄、活桔槔、螺丝等66种零部件或机械的术语。

（6）诸器所用：列举29种动力及动力转换装置。

（7）诸器能力：说明机械的11种功能，如能以小力胜大重，能使重者升高。

（8）诸器利益：说明机械的18种用途。

（9）全器图说：即图说部分的分类目录。

"凡例"之后的"卷第一·力艺"相当于总论，分"表性言"、"表德言"来表述机械的"内性"和"外德"，"总括此学之大略"。

"卷第一"之后列出"力艺四解"的目录：第一卷重解，讨论静力学问题；第二卷器解，专述用于起重、引重、转重的所谓"最巧之器"；第三卷力解，计划介绍机械的动力；第四卷动解，计划介绍机械的工作方式，以及推、曳、手转、足踏等人力驱动机械的方式。

总的来说，《奇器图说》的体例和内容安排比较合理。然而，由于成书时间仓促，这部书的内容组织和校刻比较混乱。例如，"卷第一"后又安排了"第一卷"；目录中列有"第三卷"和"第四卷"，而正文却将这性质相近的两卷合为一卷；目录中包括"人飞图说"，实际上书中没有这部分内容。再者，图文的符号有时不符。

### （四）《奇器图说》的内容述评

《奇器图说》前两卷概括介绍了静力学的基本原理，第三卷逐类介绍比较复杂的机械。

第一卷分61款，介绍地心说，地球尺寸，重力，物体的几何形状、形心、重心及其求法，流体与凝体（固体）的重量和体段（体积），水的流动性与压力，浮力与本重（比重）的数量关系。

第二卷有92款，分类叙述简单机械。第1～8款为简单机械的用途、制作材料、模（结构）、种类等。

第9～55款为天平、等子（类似于杆秤）、杠杆、滑车（定滑轮和动滑轮），主要讨论杠杆的平衡原理及有关计算实例，但还没有"力矩"的概念和一般计算方法。

第56～71款为轮盘，将轮分为球、尖圆（圆锥）、长圆（圆柱）、辋轮，辋又分为牙齿、波浪、加板（似叶轮）、灯轮、双角（似人字齿）、水筒（带网纹）、风扇等9种，辋轮还包括曲柄（曲拐、曲轴）、辘轳（绞车），最后列出用作部件的行轮、搅轮、踏轮、攀轮、水轮、风轮、齿轮和飞轮。所有的轮都是利用轮径与轴径之差来实现力的传递。

第72～92款为藤线器（螺旋、蜗杆），即藤线（螺旋线）沿柱面、球面、圆锥面上升而形成的柱螺旋、球螺旋、锥螺旋。第82款指出了螺旋与斜面的关系："斜面转行圆柱上即藤线形。"第84和85款说明了螺旋升角与轴向作用力的关系，"藤线愈密，其能力愈大"，"两柱不等，藤线高等，柱大则能力亦大"。第92款介绍如何根据力的大小来确定螺旋升角。第74～87款介绍了螺杆与螺母，说明欧洲可以制造内、外螺旋。第87款指出了钢、铜、坚木这三种制作藤线器的材料，"小藤线器，牡者（外螺旋）用钢，牝者（内螺旋）可用红铜"，"然大器则必用钢"，且宜用油来润滑。第 75 款强调，"运重之学"离不开藤线器，它的用途最广，能力最大，可用于起重、压榨、印书。还说："能通其所以然之妙，凡天下之器都无难作者矣。"显然，这句话夸大了螺旋的作用。

第三卷有 54 种图说，或简或繁地介绍几十种机械的构造、工作原理、选材与制作、安装和使用方法等，其中包括王徵个人的理解和心得。

起重有 11 种图说。前 7 种为杠杆、滑车、绞车、曲柄等机构组合而成的人力起重机械，文中包括简单的静力学分析。第十一图以人推绞车为动力，传动机构由针式和鼓式齿轮组成。第十图以人踏行轮为动力，传动机构中采用了铁制蜗轮蜗杆。与一般的齿轮传动相比，蜗轮蜗杆机构的优点是传动比大，具有自锁性，结构紧凑。第八图（图 10-23）、第九图的链传动和提升原理与中国龙骨水车、高转筒车相似。将第八图与西方学者找到的原图（图 10-24）相对照[①]，可以发现，王徵大概理解有误，把总图中的蜗轮蜗杆机构错画为辘轳式的曲柄机构，即所谓"瓜瓣辘轳"。若按第八图制作机械，操作者扳动曲柄时将十分吃力，可能还会发生传动机构的倒转，整个装置难以正常运转。

图 10-23　曲柄机构

引重有 4 种图说，属于沿水平方向牵引重物的机械，所用传动机构与起重图说类似。其中，第一、二图说把蜗轮称作"斜铁螺丝转"或"螺丝转齿"，把蜗杆称作"铁螺丝转"或"长螺丝转"。蜗轮蜗杆机构的轮齿之间相对滑动速度大，磨损大，因此用金属制作为宜。

_____

① Joseph Needham, Science and Civilisation in China, Vol. 4, Part Ⅱ, Cambridge University Press, 1965, p. 211～225.

图 10-24　蜗轮蜗杆机构

转重有 2 种图说，为井口提升机械，第一图以人摇曲拐为动力，第二图采用了飞轮。两者的传动比较大，操作时比较省力，但提升速度较慢。由于机构比较复杂，运转过程中的功率损失较多，制作费工费时。如果不是提升很重的物体，就没必要用这两种机械取代中国传统的辘轳。

取水有 9 种图说，为提水机械。第一图以一个立式水轮为动力，通过一个类似于中国筒车的戽水轮和三具相互啮合的阿基米德螺旋式水车，向高处提水。第二图用一个卧式水轮同时驱动三具阿基米德螺旋式水车，逐级提水。它的卧式水轮构造与中国式不同，"轮之齿（叶片）各以立板作之，外端弯曲如杓样，向水势冲处，水冲其杓，杓杓相推"。第三图为人力恒升车（活塞式水泵），人摇带飞轮的曲柄，驱动活塞。恒升车的构造见《泰西水法》。第四图为荷兰卧轴塔式风车驱动的水车。水车由井中的长水筒、联珠式循环皮球索和卧轴构成。"风轮转轴，轴转皮球之索从筒底递转而上，递塞其水，直从筒中递涌而上，而后吐之井上池中也。"从构造原理来看，这种水车可能是中国后世"解放式"水车的先驱。第五图和第七图类似于王徵设计的鹤饮。第六图（图 10-25）为卧式水轮驱动的提水机械。水轮立轴上的圆锥凸轮机构交替推起桔槔的两只水桶。第八图（图 10-26）为人力双缸活塞水泵。行轮两侧的曲拐分别驱动一具恒升车的活塞。对照西方人的原图（图 10-27）[1]，可以看出第八图把曲拐和活塞的关系画错了。在中国，活塞、活门（阀）是唧筒、猛火油柜和木风箱的重要部件。取水第九图是旋转式水泵。

---

① Joseph Needham, Science and Civilisation in China, Vol. 4, Part Ⅱ, p. 211~225.

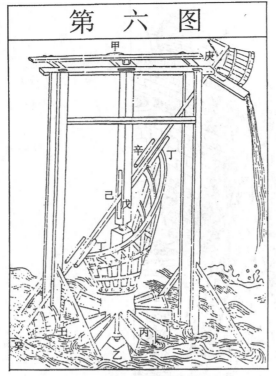

图 10-25　卧式水轮

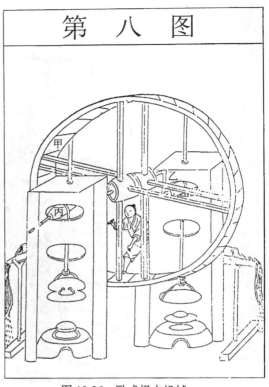

图 10-26　卧式提水机械

图 10-27　活塞水泵

　　转磨有 15 种图说。第一图为人力旋转磨。人踏斜轮（斜踏轮），斜轮的侧齿与卧轴的齿轮啮合，卧轴驱动磨的立轴。第二图为行轮驱动的双磨。第三图为人力磨。二人摇动立轴的双曲拐，就像中国的人力砻那样。它的飞轮与中国轧车的相似。第四图（图 10-28）为交替使用人力和重力的磨。操作者用绞盘把吊在滑轮组下面的重物提升到高处，然后让重物自然下落，滑轮组的绳索拉转磨盘。令王徵"梦想不及"的是滑轮组的"迟迟垂重之法"。第五图（图 10-29）为车载畜力磨，或称营地磨（field mill）。四轮车上两端各置一磨，磨下的齿轮与一个大平齿轮啮合，大平齿轮的立轴上接横梁，梁两端装立柱。车固定不动时，两匹马各牵引一柱环行，驱动二磨。王徵设想用四叶风扇取代马匹。第六图为人力磨。一至三人踏动行轮的外缘横桄，通过齿轮驱动两具磨。第七至十二图、第十四和十五图均为风力磨，立轴式风车通过齿轮机构驱动二至四部磨。第七图（图 10-30）的风车有四个布框叶片，"布框可展可收，向风吹处则自然展开，受风过则自收，递展而递相受风"。这一迎风原理与中国立轴式大风车相似，但两者的构造迥异。第八图的风车有四个硬叶片，每个叶片是由两块木板拼成的长斗，夹锐角的一面迎风。第九图风车的立轴上装了个卧轮盘，12 个叶片吊接在轮盘缘下，叶片迎风时展开到垂直位置，转到另一侧时收到水平位置。第十图风车可以视为倒置的第九图，叶片的迎风调节原理与第七图相同。第十一图风车（图 10-31）的结构与《诸器图说》中风磨的风车相同，但增加了导风墙。第十二图风车只比第十一图增加了四个叶片。第十四图风车的立式叶片呈弯曲状。第十五图风车在磨的下方，叶片形状像水轮。第十三图为人力磨，传动机构由摇杆、曲拐、飞轮、齿轮等组成。

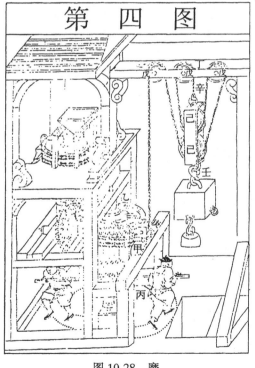

图 10-28　磨

　　解木有 4 种图说。第四图是简单人力锯木机。木材平放在机架上，两条锯的上端系在两根弹性竹弓上，下端由两个人掌握。人向下拉锯，然后以竹弓的弹力向上面拉。这种使用竹

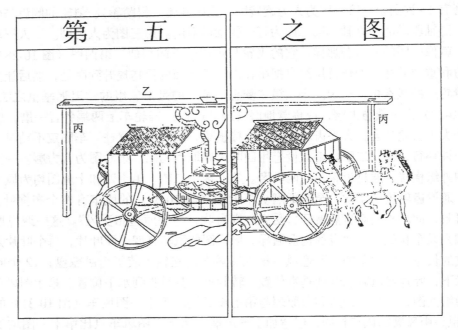

图 10-29　畜力磨

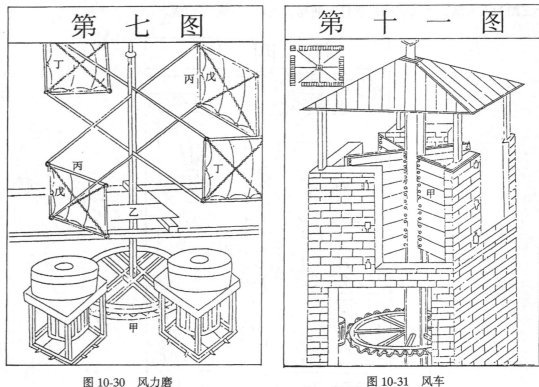

图 10-30　风力磨　　　　　　　　图 10-31　风车

弓的方法也见于中国传统的弹棉弓、腰机和锥井机。第三图的人力锯机比第四图复杂。二人摇转曲柄摇杆机构，实现锯的往复运动。机架上另设绞车，实现木料的进给。第一图（图

10-32）和第二图均为水力锯木机，工作原理大同小异，传动机构包括齿轮系、棘轮（斜铁齿轮、锯齿铁轮）、棘爪和配装飞轮的曲柄等。在水轮的驱动下，曲柄导杆机构使锯条作往复运动；通过棘轮棘爪机构，锯条的运动又使木料自动进给。这种复杂的机构组合在当时的中国尚属新设计。刘仙洲查对过西方水力锯木机图（图10-33），发现王徵和邓玉函的文字描述与绘图均有漏误。[①]

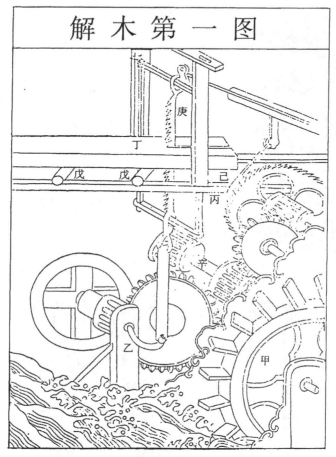

图 10-32　水力锯

解石图为一种畜力锯石机。一匹马带动立轴和轴上的齿轮旋转，通过齿轮和曲柄摇杆机构，使平行四连杆机构中的几根锯条作往复运动，切割石料。

转碓图为一种人力碓。人摇长轴两端的曲柄，轴上的几个小凸杆拨起碓杆。轴上装了三个飞轮，目的是利用惯性。与中国碓不同的是，它的碓杆是沿着机架上的导孔垂直升降。

书架图为一种旋转式鼓轮形书架（图10-34）。由于三组齿轮的巧妙组合，当立装的轮架转动时，架上的书随架升降，但始终斜立不倒。不过，作者的图与文字描述不符。对照西方的原图（图10-35），才发现王徵少画了一组齿轮。

水 日晷图为一种水钟（图10-36）。日晷盘面指针安在一根卧轴的端部，轴上固定一个

---

① 刘仙洲，王徵与我国第一部机械工程学，机械工程学报，1958，6（3）。

图 10-33  水力锯木机械

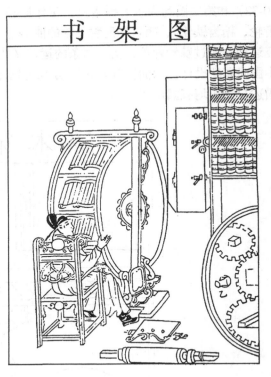

图 10-34  轮形书架

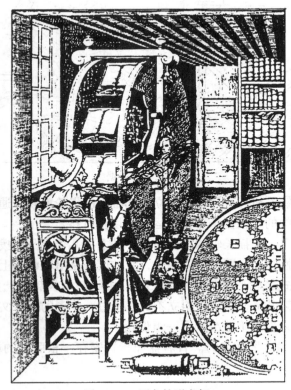

图 10-35  西方轮形书架

轮子，轮上绕一根绳。绳的一端悬吊重垂，另一端吊木块，木块浮于容器内的水上。容器底部开一个小孔，水徐徐而出，木块下降并带动指针转动。同样的驱动机构又见于明代学者周述学所撰《神道大编历宗通议》中的浑仪更漏。[①]

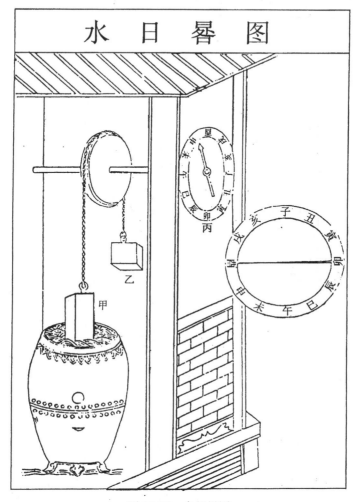

图 10-36　水日晷图

代耕图是一种人力犁，传动原理与《诸器图说》里的"代耕"相似。用绳子将犁上的绞车与远处的两个木架连起来，二人扳动绞车引犁，一人扶犁。这种装置消耗人的体力，机动性也不及牛耕。

水铳有 4 幅图。第一图（图 10-37）描绘出一种人力双缸活塞式压力水泵。它的缸和水管中均有单向阀。当人提压衡杆时，两个缸（铜筒）中的活塞（铜柁）交替将缸底的水压入弯管，汇入总管喷出，用于灭火。第二图是将水铳装在船形底座上。第三图则是将水铳安在四轮小车上。第四图说明如何在灭火时使用水铳。王徵曾"作小样，试之良验"。水铳的构造原理基本上与《泰西水法》所述的提水机械"玉衡车"相同，它们都源自公元 1 世纪古希

---

①　白尚恕、李迪，周述学在计时器方面的贡献，自然科学史研究，1984，3（2）。

腊发明家希罗（Hero of Alexandria）的设计。

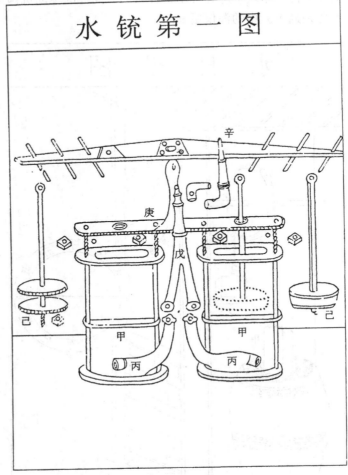

图 10-37　水铳

综观上述，在《奇器图说》中，对中国人来说基本上属于新事物的是：阿基米德螺旋式水车、双缸活塞式水泵、压力水泵、旋转式水泵、锯木机、锯石机、车载营地磨、风力磨、塔式卧轴风车、硬叶片立轴风车等机械，以及动滑轮、由定滑轮和动滑轮组成的滑轮组、螺旋、蜗轮蜗杆机构、鼓轮、棘轮棘爪机构、圆锥凸轮机构、双曲拐（曲轴）、杓式叶片的卧式水轮、行轮、斜踏轮等机构。它们和其他机械成就一起为近代机械的发明奠定了基础。不过，从当时的实用角度来看，《奇器图说》中有的设计显得华而不实，一些传动机构也大同小异。

**(五)《奇器图说》所据外文蓝本及其中文版本**

王徵在"表性言"中称："今时巧人之最能明万物之所以然之理者，一名昧多，一名西门。又有绘图刻传者，一名耕田，一名剌墨里。此皆力艺学中传授之人也。"这里列举的四个人当是邓玉函和王徵所选西方书籍的作者。

据北堂图书馆馆长惠泽霖（H. Verhaeren）考证，《奇器图说》所据蓝本大部分保存在该馆，其中一部是作者赠给邓玉函的。他认为，《奇器图说》的第一、二卷多取自斯蒂文 (A Simon Stevin, 1548~1620, 旧译西门) 的《数学札记》下册 (Hypomnemata Mathematica…Mauritius, Princeps Auraicus, Comes Nassoviac…, 1608)；第二卷还取自罗马建筑师维特鲁威的《建筑术》(De Architectura, 1567) 第十章 (北堂藏本，p. 332~350)，Vitruvius 可译为味多维斯，即味多；第三卷多采自意大利工程师拉梅里 (Agostino Ramelli, 1531~1590, 即刺墨里) 的《论各种工艺机械》 (Le Diversee Artificiose Machinedel Capitano, 1588)；很少部分采自德国矿冶学家阿格里科拉 (G. Agricola, 1494~1555, 即耕田) 的《矿冶全书》(De Re Metallica, Libri XII, 1556)。[1]惠泽霖注意到，《数学札记》下册开始属几何学，主要讨论测量、计算、比例等，即邓玉函建议王徵预先学习的内容。该书第四篇为静力学，重心、杠杆、天平、等子、滑车、辘轳等部分皆与《奇器图说》前两卷所论吻和。

严敦杰先生认为，味多系指欧洲科学家和工程师韦达 (Francois Viete, 1540~1603)。他发现，《奇器图说》第二卷与伽利略《力学》(Le Mecaniche, 1600) 的力学诸器之所用、运动与重心诸定义、等子与杠杆、辘轳与绞盘、滑车、螺旋、阿基米德螺旋、力之冲击诸章"颇相暗合"，浮力部分与伽利略《论水中物体的性质》(Discurso…intorno alle cose che stanno in su I'acqua, 1612) 的内容相合。[2]鉴于邓玉函与伽利略的关系，《奇器图说》的部分内容很可能取自伽利略的论著。

李约瑟 (Joseph Needham) 等西方学者查对了一些西文著作，认为味多是指意大利人宗卡 (Vittorio Zonca, 1569~1602) 的音译。他们推断，《奇器图说》的大部分内容取自如下几部书：

(1) 贝松，《数学和机械工具博览》(Jacques Besson. Theatre de Instruments Mathematiques et Mecaniques, 1578)；

(2) 费冉提乌斯，《新机器》(Faustus Verantius. Machinae Novae, 1615)；

(3) 拉梅里，《论各种工艺机械》；

(4) 宗卡，《机器和建筑的新天地》(Vittorio Zonca. Novo Teatro di Machinie Edificii, 1607 & 1621)。

有的内容可能还参考了另外几种文献，例如：

(5) Jerome Cardan. De Subtilitate, Nuremberg, 1550.

(6) Hussite, the anonymous. Technical drawings of military engineering by the anonymous Hussite Wars, c. 1430. MSS. Cod.

(7) Jacopo Mariano Taccola. De Mechinis (Libri Decem), c. 1438~1449.

(8) Heinrich Zeising. Thetrum Machinarum, 1613.

据"今时巧人"这句话判断，味多很可能是宗卡，但这并不能排除邓玉函和王徵参考了维特鲁威的著作。综合以上考证，可以列出下表[3][4]：

①　惠泽霖著，景明译，王徵与所译《奇器图说》，上智编译馆馆刊，1947, 2 (1)。

②　严敦杰，伽利略的工作早期在中国的传布，科学史集刊，科学出版社，1964 (7)。

③　Joseph Needham, Science and Civilisation in China, Vol. 4, Part II, p. 211~225.

④　惠泽霖著，景明译，王徵与所译《奇器图说》。

| 内　容 | 原著的作者 | 考　证　者 | 内　容 | 原著的作者 | 考　证　者 |
|---|---|---|---|---|---|
| 起重第一图 | | | 转磨第二图 | Ramelli | 惠泽霖 |
| 第二图 | | | | Vitruvius | 李约瑟 |
| 第三图 | | | 第三图 | Ramelli | 惠泽霖 |
| 第四图 | | | 第四图 | Ramelli | 惠泽霖 |
| 第五图 | | | 第五图 | Zonca | 李约瑟 |
| 第六图 | | | | Targone | |
| 第七图 | | | 第六图 | Verantius | Horwitz |
| 第八图 | Besson | Horwitz | | | Reismuller |
| | | Reismuller | 第七图 | Verantius | 李约瑟 |
| 第九图 | Ramelli | 惠泽霖 | 第八图 | Verantius | 李约瑟 |
| 第十图 | Ramelli | 惠泽霖 | 第九图 | Verantius | 李约瑟 |
| | Verantius | 李约瑟 | 第十图 | Verantius | 李约瑟 |
| 第十一图 | Ramelli | 惠泽霖 | 第十一图 | Verantius | 李约瑟 |
| 引重第一图 | Ramelli | 惠泽霖 | 第十二图 | Verantius | 李约瑟 |
| 第二图 | Ramelli | 惠泽霖 | 第十三图 | Hussite | 李约瑟 |
| 第三图 | | | 第十四图 | Verantius | 李约瑟 |
| 第四图 | | | | Besson | |
| 转重第一图 | Ramelli | 惠泽霖 | 第十五图 | | |
| 第二图 | Ramelli | 惠泽霖 | 解木第一图 | di Giorgio | 李约瑟 |
| | Taccola | 李约瑟 | | Leonardo | |
| 取水第一图 | Ramelli | 惠泽霖 | | Zeising | |
| 第二图 | Ramelli | 惠泽霖 | 第二图 | Ramelli | 惠泽霖 |
| | Cardan | 李约瑟 | 第三图 | Besson | 李约瑟 |
| 第三图 | Ramelli | 惠泽霖 | 第四图 | Villard | 李约瑟 |
| | Agricola | 李约瑟 | 解石 | Ramelli | 惠泽霖 |
| 第四图 | Ramelli | 惠泽霖 | | di Giorgio | 李约瑟 |
| 第五图 | Ramelli | 惠泽霖 | | Leonardo | |
| 第六图 | Besson | 李约瑟 | 转碓 | Hussite | 李约瑟 |
| 第七图 | Zonca | 李约瑟 | 书架 | Ramelli | 惠泽霖 |
| | di Giorgio | | 水日晷 | Vitruvius | 李约瑟 |
| 第八图 | Zonca | Reti | 代耕 | Besson | 李约瑟 |
| | di Giorgio | Reismuller | 水铳第一图 | Heron | 李约瑟 |
| | Zeising | Feldhaus | | Zeising | |
| 第九图 | Ramelli | 惠泽霖 | 第二图 | | |
| 转磨第一图 | Ramelli | 惠泽霖 | 第三图 | | |
| | Zonca | 李约瑟 | 第四图 | | |

根据以上考察，《奇器图说》翻译了出版不久的文献，有选择地介绍了 17 世纪初以前西方的重要机械。

《奇器图说》和《诸器图说》合在一起出版了多次，版本情况大致如下：

（1）天启七年本，金陵武位中校梓，书前是武位中作的后序。清嘉庆二十一年（1816）王徵 7 世孙王介加入《明关学名儒先端节公全集序》和《陕西通志·王徵传》。

（2）雍正年间（武英殿本）《古今图书集成·经济汇编·考工典卷二九四》本，删去了第一卷、第二卷。

（3）清乾隆年间《四库全书》子部谱录类本。

（4）清道光十年（1830）来鹿堂藏本，金陵武位中校，安康张鹏羾梓，删去王介的序。张鹏羾所作的序文对王徵制作机械的事作了夸张的描述。

（5）道光二十四年（1844）守山阁丛书本（道光本、鸿文书局景道光本、博古斋景道光本），金山钱熙祚校。书前加入《四库全书提要》，删去其他序文，用甲乙丙丁等汉字取代了图说中的拉丁字母。书后有钱熙祚作的跋。

（6）清华大学图书馆存手抄本，新安吴怀古校，有武位中、王应魁的序文。封面写着"郑虎文检校，石笥山房藏书正本"。从不用拉丁字母注图说来推断，似在守山阁丛书版之后。

（7）清光绪三年（1877）本。《诸器图说》排在前边，仍用拉丁字母注图说，但书名和序文中的"奇器"已改为"机器"。

（8）民国二十五年（1936）商务印书馆丛书集成本，据守山阁丛书本影印初编。

### （六）《奇器图说》和《诸器图说》所反映的东西方技术差异

将中国传统机械和《奇器图说》中的设计相比，不难发现，中国和西方在解决同一类问题时采用了不同的技术手段。从实用角度来看，两者各有所长，并显示出互补性。例如，西方有机械钟表和活塞式水泵，中国有刻漏和活塞式风箱；在提水机械方面，中国用龙骨水车，西方有阿基米德螺旋式水车；在人力驱动装置方面，中国用结构紧凑的足踏拐木，西方则用可产生较大力矩的足踏行轮或斜轮；在直角啮合齿轮传动方面，中国用一对齿形相同的齿轮，西方则用一个针轮和一个鼓轮。然而，《奇器图说》的"表性言"和"表德言"却明显地反映出中西技术在思想方法和理论方面的差异。实际上，这两段文字基本上讲述了西方学者和受西方人影响的王徵对力学、机械及其关系的认识。"表性言"定义了几个基本概念，"力艺，重学也"，"力，是气力、力量"，"艺，则用力之巧法、巧器"，"重学，其总司维一，曰运重"。"表性言"进一步解释了"力艺"的作用：

> 其作用有四，一为物理，二为权度，三为运动，四为致物。理如木之有根本也。……人能穷物之理，则自能明物之性。一理通而众理可通，一法得而万法悉得矣。穷理原为学者之急务。……四用似有先后，而实皆相联。假如欲致物，不得运动法则不能致；欲运动，不得权度则运动无法；而权度不根诸穷理则将熟权熟度焉？

"表德言"指出，"力艺之学"为工匠之上的"工作之督府"：

> 其尊贵有五，一能授诸器于百工，二能显诸器之用，三能明示诸器之所以然，四能于从来无器者自制新器，五能以成法辅助工作之所不及。

实际上，"表性言"既把"力艺之学"看做一种理论方法，又把它当成技艺，并分析了若干技术要素：

　　　　其造诣有三，一由师傅，一由式样，一由看多想多做多。凡学皆须三者而成。而此力艺之学赖此三者更亟。不得师傅不会做，不有式样亦不能凭空自做。两者皆有矣，而眼不熟，心想不细，手做不勤，终亦不能精于此学。

　　　　材者，力艺学中之材料也。……模，即体制。盖有材料而不有体制作模，则必不能成一器。然体制虽或千百不同，而其实则各各次第相承而不紊。

这里的"体制"是指不同零部件和机构的组合方式。王徵把零部件之间的关系比作人的宗法关系。"表性言"和"表德言"还强调了"力艺学"与数学、测量学的联系："力艺之学根于度数之学，悉从测量、算数而作。种种皆有理有法，故最确当而毫无差谬者惟此学为然。"

　　上述认识及全书的体例表明，与中国传统机械技术观不同的是，《奇器图说》的作者试图用力学和几何学方法分析几种基本的简单机械，进而理解复杂机械的构造原理，并从零件、部件、功用诸角度去认识机械。这正是西方近代学者建立机械学的基本思路。17世纪20年代，动力学和运动学尚未建立，因此，邓玉函和王徵只能将比较成熟的静力学方法应用于简单机械，而不能对复杂机械进行力学分析。尽管如此，他们仍是中国将力学和数学方法应用于机械工程的先驱。刘仙洲认为，《奇器图说》和《诸器图说》是中国第一部机械工程学。[①]

　　中西技术观念和方法的差异，预示着双方未来机械工程发展水平的差距。当中国工匠沿着经验积累的道路改进机械时，西方则逐步将技术与科学联系起来，特别是与新兴产业相结合，孕育了机械工程的新时代。自18世纪工业革命起，重要机械发明不断涌现。19世纪后半叶，在经典力学、数学等学科的基础上形成了机构学、机械动力学。20世纪初，机构学和机械动力学相结合，成为机械设计和分析的理论基础。1840年以后，中国才开始较全面地学习西方技术。

### （七）《奇器图说》和《诸器图说》的影响

　　王徵编译《奇器图说》，主要是为了把西方机械技术移植到中国，让它们在实际生产和生活中发挥作用。他参考西方人的设计，亲自设计或试制了若干种机械。据研究，清代曾有人根据《奇器图说》和《诸器图说》，制造过代耕、水铳和提水机械。康熙中期，吴暻在《西斋集》卷十二的《水匦歌》注文说："世传西洋水匦，为救火之具。其制，以木为匦，铜为筒，中可贮水数斛，筒之下机轴连环。用人力挤之，水便上射东西高下，随手所向，远至数十步外，迩来闽人亦能为之，余因作歌以纪其异。"道光时期，梁章钜（1775～1849）在《浪迹丛谈·水仓》中记载了扬州救火时"设水龙一二具，扬州俗语谓之水砲"。水匦、水龙系指水铳。据《徐辛庵行述》记载，徐士芬（1791～1848）在北京任职时曾参照《农政全书》和《奇器图说》，制成恒升车，用于从井中提水灌溉稻田，效果很好。他在《议仿制恒升车取水灌田疏》中向道光皇帝推荐这种机械，并将一部样机送交军机处，请求在"顺天府就近试行"，但未能如愿。

---

① 刘仙洲，王徵与我国第一部机械工程学，机械工程学报，1958，6（3）。

　　总的来说，《奇器图说》所介绍的机械绝大多数当时都未能在中国推广应用，其原因是多方面的。首先，中国使用着许多在功能上与西方不相上下的机械，这些土生土长的机械基本上适应了当时以家庭为生产单位的小农经济。中国工匠已经熟练掌握了它们的设计、制造、使用、维修等技术环节，可以因地制宜地选材、制作。外来技术总有某些不同于本国传统的东西，掌握它们、评判它们的功效都需要一个尝试的过程。因此，如果没有特殊的优势、迫切的需求或有力的推广措施，外来的技术是不易被广泛采用的。其次，《奇器图说》对有的技术介绍不够充分，甚至出现了错误，说明作者不甚得要领。例如，蜗轮蜗杆机构的制作有一定的难度，而作者却没具体介绍它的详细结构和制造工艺。另外，古代机械的运转速度比较低，传动比通常不太大，齿轮、绳轮传动已满足了一般的传动要求。这样，蜗轮蜗杆机构的优点就不易被充分显示。再次，中国人对《奇器图说》所反映的技术观念和知识体系比较陌生，一时难以准确理解其意义。按照实用的标准来评判，就很容易忽视它们的其他价值。例如，《四库全书提要》认为，"表性言"和"表德言"二篇"俱极夸其法之神妙，大都荒诞恣肆，不足究诘。然其制器之巧实为甲于古今。寸有所长，自宜节取"。那些对"外夷"有偏见的人容易认同这种观点。在此背景下，难怪"力艺之学"水土不服。再者，古代工匠大多是文盲，因而书本对他们的影响不及实物的示范效果好。

　　《奇器图说》和《诸器图说》的重要价值在于传播新知识，以及对后世中国机械学科建立的影响。各个生产和生活领域都有自己的机械，这容易使人们孤立地看待某种机械。这两部书的多次出版，有助于读者认识机械技术的系统性和完整性。更可贵的是，邓玉函和王徵把机械工程作为一门学问来看待，并试图建立它的框架。《奇器图说》固定使用或创造了许多中文物理和机械名词术语，如重学、力艺学、重心、本重、杠杆、流体、凝体、行轮、踏轮、飞轮、曲柄、齿轮、针轮、鼓轮、锯齿轮、螺丝、机器、起重等，其中一些沿用到19世纪中叶以后。20世纪30年代，刘仙洲受国民政府教育部委托统一机械名词术语时，参考《奇器图说》等书籍，编订了英汉对照《机械工程名词》。这项工作对中国机械学科的建立有着积极的作用。

## 三　传教士的蒸汽动力试验

　　传教士除了与中国学者编写科技书籍外，还亲自做试验。17世纪70年代，耶稣会士南怀仁（Ferdinand Verbiest，1623～1688）曾在北京制作一辆以冲动式汽轮为动力的四轮模型车，并向康熙帝做了演示。这在蒸汽动力史上，特别是中国机械史上，是一个重要事件。

　　南怀仁，字敦伯，比利时人，1641年入耶稣会，1656年从意大利热那亚启程赴中国，1658年到澳门，1660年奉诏进京参加修历。1681年（康熙二十年），他就试验汽轮一事草成一文，六年后发表于德国出版的《欧洲天文学》（Astronomia Europea）。抗战时，上海耶稣神学院胡司铎（Father Francis Rouleau）据南怀仁的文稿，撰写了《汽车发明于中国》（The Auto was invented in China, Catholie Review, Nov. 1942）一文。胡司铎译成英文的南怀仁文稿又被刘仙洲译成中文：

　　　　三年以前，当余试验蒸汽之力时，曾用轻木制成一四轮小车。长二尺，且极易转动。在车之中部，设一火炉，炉内满装以燃烧之煤，炉上则置一汽锅。在后轮之轴上，固定一青铜制之齿轮。其齿横出，与轴平行。此齿轮与另一立轴上之小齿相衔。故当立轴转动时，车即被推而前进。

在立轴之上，别装一直径一尺之大轮。轮之全周装置若干叶片，向周围伸出。当蒸汽在较高压力之下，由汽锅经一小管向外急剧喷射时，冲击于轮叶之上，使轮及轴迅速旋转，结果车遂前进。在相当高速度之下，计可行一小时以上（以汽锅内能发蒸汽之时间为准）。

当试验时，为防止此车直行过远，在后轴之中间，装置一杆（或称之曰舵），可任意变换方向。舵柄分成╳形。在╳部之间，另装一杆，并在杆上另装置一直径较大且极易于转动之手轮。当拟使之向一边转动时，无论偏右或偏左，则转此手轮，使至适当之地位。并用一螺旋将舵管定于应在之倾斜位置。用此种转向装置，可使此车沿一圆周驶行。且按照使舵倾斜之程度，可得到所行曲线之曲率变大变小之结果，因以适应试验地点之广狭。

此机之试验，表明一种动力之原理，使余得随意应用于任何形式之转动机械。例如一小船，可由汽锅中蒸汽之力使在水面环行不已。余曾制成一具献赠皇帝之长兄。汽轮之本身置于船腹之中，只有蒸汽由汽锅外出之声音可以听得，与实际之风声或水在船边之冲激声相类似。其次，余曾在汽锅之上另焊一小管，分一小部分蒸汽，使由之逃出，并使小管之外端如一笛之吹口。结果当蒸汽外逃时，所发之音一似夜莺之啼声。又曾用一具于钟楼，以为时钟运转之原动力。

总之，此种动力之原理既已成立，则任何其他有利益及兴趣之应用，均不难思索而得也。[1]

李约瑟（Joseph Needham）转述了杜赫德（du Halde，1674～1743）对这次试验的描述[2]，译成中文如下：

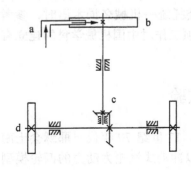

图 10-38　蒸汽动力模型车
的传动机构

a. 蒸汽喷管　b. 汽轮（涡轮、叶轮）
c. 传动齿轮　d. 后轮

帝对气力机械亦引为新奇。以薄木制四轮车一具。车之中央置有满装生煤之铜制容器，其上装有蒸汽设备（eolipile）。风力来自一活动小轮上之小槽内，小轮状如风磨之轮，其轴旋转，车即行动。为免走失之虞，车依圆径行动。

在二后轮之轴上装有一轴。另有一轴装于此轴之一端，并穿过另一轮之中心。此轮略大于车轮，且距车稍远。其行动则循另一不同之圆径。

应用此一行动原理，制成一小舟装于四轮之上。蒸汽设备藏于舟之中央。空气来自另二小槽中，噗噗喷动小帆，使之转动不已。机械系暗藏者，人仅闻如风之声，或如水流舟旁之声。[3]

由于几经转译，这两段译文难免有不确切之处。笔者认为，

①　刘仙洲，中国在热机历史上之地位，东方杂志，1943，39（18）。
②　Joseph Needham, Science and Civilisation in China, Vol. 4, Part Ⅱ, p. 225～226.
③　李约瑟著，钱昌祚、石家龙、华文广译，中国之科学与文明，第八册，机械工程（上），台湾商务印书馆，1985年，第 381～382 页。

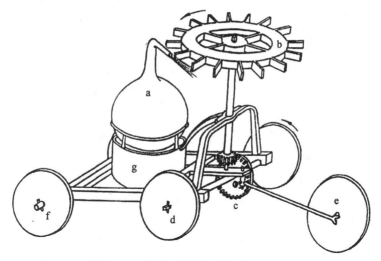

图 10-39　蒸汽动力模型车的复原推测

a. 汽锅与蒸汽喷管　b. 汽轮　c. 传动齿轮（灯轮、针轮）　d. 后轮　e. 转向轮　f. 前轮　g. 炉

汽轮即涡轮，"小帆"即叶片，"手轮"即转向轮，汽锅即形状如球的蒸汽发生器。另外，舵杆应装在后轴中部的车架上，并可以绕架上的销轴水平转动。选定转角后，舵杆可用一个螺旋杆锁紧在销轴上。舵杆端部的轮子稍大于车轮，起转向作用，既像船的尾舵，又像现代汽车的转向轮。基于这种理解，笔者断定四轮小车的传动机构应如图 10-38 所示，进而推测它的具体构造如图 10-39 所示。把车轮换成桨轮，装在船上，就成了蒸汽动力船。[①]

应当说，来华传教士们对图 10-39 中的构造并不陌生。灯轮式齿轮早在 16 世纪末已随机械钟表来到中国。叶轮、灯轮式齿轮与针型齿轮的直角啮合、螺旋等结构设计在《远西奇器图说录最》（1627）中已有详细介绍。在中国传统水碓、水磨等机械中也有成熟的叶轮（水轮）、直角啮合的齿轮传动等。南怀仁通晓西方天文学、力学、机械，曾制造仪器，铸造火炮。他完全可以运用西方（甚至中国的）机械技术来制造蒸汽动力模型车和船。

李约瑟在他的著作中讲到，1671 年意大利耶稣会士闵明我（Philippe-Marie Grimaldi，1639～1712）为康熙帝组织了科学会谈和蒸汽动力演示。[②]闵明我于 1669 年来华，1671 年奉诏入朝，协助修历

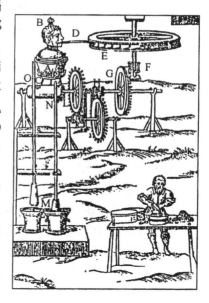

图 10-40　布兰卡的汽轮机械

（采自《16、17 世纪科学技术和哲学史》）金属容器 A 中的水被火加热，产生的蒸汽通过导管 D 冲击到汽轮的叶片上，使汽轮通过齿轮系驱动捣矿机。

①　张柏春，17 世纪南怀仁在中国所做蒸汽动力试验之探讨，科学技术与辩证法，1995（4）。

②　Joseph Needham, Science and Civilisation in China, Vol. 4, Part Ⅱ, p. 225～226.

及机械工事，因而很可能参与了蒸汽动力模型车和船的制造。根据南怀仁完成文稿的时间，估计制造模型车和船的时间为 1678 年或 1679 年[①]。这种推断比较可靠。

南怀仁、闵明我的设计很可能源自西方的构思。

亚历山大里亚的希罗（Hero of Alexandria，约公元 1 世纪）发明了利用蒸汽反作用力而旋转的汽转球（aeolipile），即雏形反动式汽轮。这个设计将热能转变成了机械能，但不实用。文艺复兴后，关于蒸汽动力的构思又有所发展。1629 年，意大利人布兰卡（Giovanni Branca，1571~1640）在罗马出版了一部著作（Le Machine derverse del Signor Giovanni Branca，etc.），其中描述了一种冲动式汽轮（图 10-40）。[②]

南怀仁曾于 1654 年到罗马，攻神学。他很可能读到布兰卡的著作，受到启发。他在自己的文稿中对汽轮与齿轮传动的结构描述与图 10-40 极为吻合。另外，闵明我在意大利时也许了解到布兰卡的设计。

总之，耶稣会士主要受西方机械技术的影响，在中国完成了一次了不起的可运行的蒸汽动力模型车和船试验。令人深思的是，他们的工作竟未激发中国人做类似的或进一步的尝试，甚至连中文记载都没有。

## 四　西方机械著作的编译

1840 年起，中国上层人士意识到国家面对着来自西方、拥有坚船利炮的强敌。一些有识之士怀着为保卫国土献策的责任感，积极寻访先进的武器装备，尤其是了解并向国人介绍西方的枪炮、轮船等技术，以求革新自己的技术。

福建人丁拱辰早年出国经商，1840 年回国。1841 年著成《演炮图说》，呈献官方，希望帮助当局改进火炮技术。1842 年 8 月，清政府注意到这部书，同意采纳其造炮、测试演放火炮之法。1843 年丁拱辰将《演炮图说》修订成《演炮图说辑要》，其中的《西洋火轮车、火轮船图说》专门绘图介绍了蒸汽机、轮船、蒸汽机车及自己试制模型机的情况。丁拱辰的著作影响了同一时期的中国学者郑复光等人。郑复光向丁拱辰请教过蒸汽机和轮船方面的知识，自己著成《火轮船图说》，并注意到蒸汽机的某些机构也见于中国传统的机械之中。1846 年魏源修订《海国图志》时，特别增加了轮船等近代技术的图说，郑复光的《火轮船图说》、"西洋人原著"的《火轮舟车图说》均在其中。这类书虽然不能指导人们很快学会蒸汽机技术，但它们使很多人了解了蒸汽机、轮船、机车等技术的梗概，促进了近代技术的启蒙。

19 世纪 60 年代，洋务运动兴起时，近代机械被逐批引入中国，并开始制造枪、炮和轮船等近代兵器装备。在买机器和请外国技术人员的同时，某些中国学者和官员意识到翻译出版西方技术书籍是中国人掌握近代技术的途径之一。1867 年初，曾国藩将徐寿、华蘅芳、徐建寅等调到新成立的江南机器制造总局，本想让他们协助造轮船。但徐寿到制造局后，不久就提出"翻译西书"。在总办冯焌光、沈保靖的支持下，1868 年 3 月制造局委托傅兰雅

---

① 方豪，蒸汽机与火车轮船发明于中国，东方杂志，1943，39（3）。

② 亚·沃尔夫（Abraham Wolf）［英］著，周昌忠等译，16、17 世纪科学技术和哲学史，商务印书馆，1985 年，第 607~608 页。

(John Fryer，1839～1928）向英国订购科技图书 50 余种。不久，傅兰雅与徐建寅试译出《运规约指》。接着，伟烈亚力（Alexander Wylie，1815～1887）和徐寿合译了《汽机发轫》，这是第一部专论蒸汽机的译著。1868 年 6 月，江南制造局设立翻译馆，徐寿、傅兰雅等人进馆，翻译"有裨制造之书"和其他书籍。10 余年间，翻译的机械工程著作包括：

《汽机发轫》，伟烈亚力口译，徐寿笔述。

《汽机必以》，傅兰雅口译，徐建寅笔述。

《汽机新制》，傅兰雅口译，徐建寅笔述。

《汽机锅炉图说》，傅兰雅译。

《兵船汽机》，傅兰雅口译，华备钰笔述。

《汽机命名说》，傅兰雅辑，徐寿编。

《汽机中西名目表》，制造局译书时机械名词以此为准。

《器象显真》，傅兰雅口译，徐建寅笔述。

《西画初学》，傅兰雅编。

《匠海与规》，傅兰雅口译，徐寿笔述。

《制机理法》，傅兰雅口译，华备钰笔述。

《金工教范》，王汝骓、范熙庸合译。

《机工教范》，王汝骓译。

《铸金论略》，傅兰雅口译，汪振声笔述。

《机动图说》，傅兰雅口译，徐寿笔述。

《纺织机器图说》，傅兰雅编。

《农器汇说》，傅兰雅编。

《工程机器器具图说》，傅兰雅编。

《造瓷机器择要》，傅兰雅编。

《金类器皿机器图说》，傅兰雅编。

《机器造冰法》，傅兰雅辑，卜济舫译。

《开煤器法图说》，傅兰雅口译，王树善笔述。

《铁甲丛谈》，傅兰雅口译，徐寿笔述。

《造管法》，傅兰雅口译，徐寿笔述。

《考试司机》，傅兰雅口译，钟天纬笔述。

在这些书中，除了蒸汽机、轮船方面的内容外，其他机械知识大都是第一次以中文方式被介绍到中国。有的著作翻译比较及时，如英国人蒲尔纳（J. Bourne）1865 年写成的《蒸汽机的原理和用法》一书在英国很流行，中文译本《汽机必以》于 1872 年出版。由于负责制造局技术的外国人不熟悉中文，上述译著对局中制造工作帮助不大，但在社会上有一定影响。实践证明，从培养人才的角度来看，办学堂比译书见效快。

## 第二节　西方机械及其制造技术的传入

### 一　欧洲机械钟表的传入与仿制

欧洲真正的机械钟出现于13世纪以后。这些比较原始的钟，体积庞大且重，以重锤驱动齿轮装置，采用擒纵机构，多安装在建筑物上。因制作粗糙，其误差每天达半小时左右。14世纪的机械制造工艺没能保证时钟的精度，但当时出色的设计使时钟有望实现走时准确和小型化。

15世纪欧洲出现了钟表匠用的简单车床和齿轮加工机械，还出现了可进入家庭的挂钟。1500至1510年，德国纽伦堡的钟表匠亨莱恩（Peter Henlein）以发条取代重锤，使时钟小型化，首次制造出直径8厘米以上的怀表。16世纪起，工匠传统与科学传统的结合推动了钟表技术的发展，力学的发展为钟表的设计奠定了理论基础。发明家创造了多种先进的钟表机构，先进的制造技术使钟表走时更精确。

#### （一）欧洲机械钟表的传入

1540年葡萄牙人建议教皇派教士到中国。1551年，耶稣会士沙勿略（Francisco Javier）来到广东沿海的上川岛，但因明朝的海禁政策而未能登上大陆，翌年病死在岛上。1557年后，葡萄牙商人获准在澳门居留。1562年耶稣会士到澳门开办会所，但无法到其他地方传教。

1578年，耶稣会印度及远东教务视察员范礼安（Alexandre Valignani）抵澳门，提出新的传教策略，即从学习中文、适应中国习俗入手。1579年意大利教士罗明坚（Michel Ruggieri）应范礼安之邀到澳门，开始学习汉语，准备进入内地。翌年12月罗明坚随葡萄牙商船首次进入广州。1581年春，罗明坚二次进广州，当地的海道副使安排他暂住暹罗使团朝贡时所用的住所。罗明坚送给总兵黄应甲一块机械表，总兵表示愿意领他去朝廷。[①] 罗明坚为加强传教活动，建议范礼安派利玛窦（Matteo Ricci）来中国。1582年8月7日，利玛窦来到澳门，并从印度带来一架欧洲制造的带有车轮的大机械钟。

在朝廷实行禁海的情况下，新任两广总督陈瑞为了获利，决定与葡萄牙使臣商议通商事务。于是，1582年春，罗明坚、巴乃拉（Mattia Penella）作为使节，携重礼去肇庆见老而弥贪的陈瑞，换得好感和礼遇，并请求在肇庆居留。他俩离开肇庆时，陈瑞要求为自己寻找珍品。后来，病在澳门的罗明坚让巴乃拉送礼时转告陈瑞，他在康复后要亲自送去一架大机械钟。巴乃拉送礼回到澳门不久，陈瑞来信急要"大自鸣钟"，使教士们"惊喜交集"。1582年12月，罗明坚、巴范济（F. Passio）携三棱镜、利玛窦带来的机械钟等礼物赶到肇庆府，讨得陈瑞的欢喜，被安排住在东关天宁寺。1583年1月4日，罗明坚调准那架铜制机械钟，装好了专门配制的钟罩和各种花饰，把欧洲的24小时制改为12时辰制，将阿拉伯字换成中国字，每天分成100段，每段分成100分，以符合中国人的习惯。是年3月，正当罗明坚筹划在肇庆建传教场所时，陈瑞被解职。他怕承担引外国人居住的责任，故令教士们

①　裴化行（H. Bernard），天主教十六世纪在华传教志，商务印书馆，1936年，第190页。

离开肇庆。

　　大概是由于肇庆府内有人告诉新总督郭应聘，外国教士有希奇的珍贵礼品，及到肇庆居住的益处，郭总督命令知府王泮派人去澳门请教士回来居住。1583 年 9 月 10 日，罗明坚、利玛窦带着许多欧洲的奇巧之物来到肇庆。4 天后，郭应聘欣然允诺他们择地建教堂。当罗明坚要回澳门筹款时，王泮请求为自己定制一架钟表。罗明坚把一位来自印度果阿的加那利钟表匠带到肇庆，王泮找来两名当地最好的工匠到教堂协助制钟。尽管那个外来的钟表匠因一场官司而被提前遣返澳门，但钟还是在 1584 年制成了。几个月后，因家中无人能上钟，王泮又把此钟送回教堂，供来客们取乐。人们把教堂陈列的小钟表、三棱镜、地图等物品，以及教堂上的大机械钟当作新奇之物，一睹为快。在肇庆的经历，使教士们看到了欧洲奇器和学术成就的威力，以后开辟新教区时常以钟表、三棱镜等物赠送给要人。耶稣会会长阿瓜维瓦（Caudio Aquaviva）致函中国传教团，答应提供机械表和座钟各一件。所送座钟结构复杂，能报时报刻。

　　范礼安并不满足于在肇庆取得的成果。他任命利玛窦为在中国的传教团监督，主张去北京争取皇帝对传教的认可。1595 年，利玛窦到南昌，送给建安王朱多炡一架卧钟，其记时制为中国式，能指示日出和日没的时刻、每月昼夜的长短。这是件极受赞美的礼物。1598 年初，利玛窦等教士随南京礼部尚书王忠铭赴南京，携带了两架大致相同的机械钟，一架是阿瓜维瓦会长送给传教团的，另一架是菲律宾主教送给范礼安的。为求得王忠铭的帮助，利玛窦送给他一架钟。1598 年 6 月利玛窦等教士带着礼物来到北京，却无法见皇帝，只好经苏州、杭州等地回南京。利玛窦在南京展览了所带机械钟等物品，参观者十分踊跃。在南京时，澳门神学院院长李玛诺（Emmanuel Diaz）送给利玛窦一架较小的机械钟，这样，又多了一件送给皇帝的礼物。利玛窦重新装饰了这架有发条和铜齿轮的小钟，用子、丑、寅、卯等标出钟面上的时刻，以一只雄鹰的嘴对准时刻，在拱型钟顶上刻出精致的龙。1600 年 5 月利玛窦等人再次从南京启程赴北京。当他们被太监马堂扣在天津卫时，万历帝想起了关于外国人给他送钟表的报告，遂下旨令送礼者来北京。1601 年 1 月 24 日利玛窦到京。皇帝很欣赏那两架机械钟，把较小的留在身边，第二年令工部为有摆锤的大钟修建了木阁楼。皇帝因这些讨人欢心的礼物而对教士们有了好感，也对欧洲文明产生了兴趣。为了正常维护使用机械钟，他指定 4 名钦天监学员向教士讨教。利玛窦再三向皇帝请求在北京居住，经过一番周折，终于在宣武门内得到了住处。他们还获得了进宫修钟的权利。

　　利玛窦在北京的成功，巩固了传教士在肇庆、韶州、南昌、南京等地的地位。此后，他们又在上海（1609）、杭州（1612）、松江（1622）、福州（1625）、宁波（1640）等地开办教区，同时把钟表和其他欧洲文明成果介绍给中国人。一些工匠和读书人重视起外来的机械钟。1627 年以前，有一部《自鸣钟说》问世，可惜已失传。

　　清兵入关后，耶稣会士转而求得清朝的庇护。清朝皇帝和臣僚们对钟表之类的机械用品和玩赏物十分喜爱，对献钟表的教士给予优待或赐给礼物。传教士和使节总要选送精美的钟表给皇帝。康熙帝对欧洲科技兴趣甚浓，收藏了不少钟表。乾隆帝对钟表类机械玩赏物的兴趣超过康熙帝，所藏钟表更多。咸丰十年火烧圆明园时，仅紫禁城内就库存钟表 431 架，圆明园存有钟表 441 架。

　　康熙时期欧洲商人就开始在广州出售钟表。乾隆后期，钟表的进口量日趋增大，在一些地方出现了"西洋热"，钟表成了不少权贵家庭必备之物。嘉庆四年（1799）正月，乾隆朝的权臣和珅被处罪时，家中有大时钟 10 架，小钟表 300 余架，洋表 280 余个。曹雪芹撰《红楼梦》，反映了乾隆朝权贵家庭的状况。书中第七十二回说，一个"金自鸣钟"可卖五百六十两银子。

明末以后输入到中国的钟表种类较多。最初来华的钟表多以重锤为动力。《澳门纪略》描述了清初澳门三巴寺使用机械钟的情形，并说"自鸣钟"有挂钟、桌钟（座钟）、问钟、乐钟、自行表。《红楼梦》第六回说，"刘姥姥只听咯当咯当的响声，……忽见堂屋中柱子上挂着个匣子，底下又坠着一个秤砣似的，却不住的乱晃。"显然，这是架内有挂摆的摆钟。《红楼梦》第四十五回又说，宝玉"回手向怀内掏出一个核桃大的金表来"。这表明，摆钟和怀表在康熙至乾隆时期已进入中等权贵之家。

在 18 世纪末以前的中国，挂钟以重锤驱动，为家庭通用时钟。摆钟以发条驱动，可随处放置。闹钟即时辰醒钟，为上朝参典的大臣所用。问钟可随时问时，一拨即发，便于夜间使用。乐钟上有小锤敲击数只甚至数十只大小不等的钟碗，能产生有节奏的乐声。表是"机轴如钟，收大为小"，单针指时和刻，两针并指分，三针并指秒，四针并指日。当时，擒纵机构的摆分为挂摆、担摆、圆摆、梳摆、管摆、蟹螯摆六种，钟表零件还包括齿轮、发条、游丝、棘轮、螺旋，等等。

钟表的不断进口，终于导致中国钟表修造业的形成，促进中国工匠直接掌握实用技术。在仿造过程中，人们逐渐认识产品中所蕴含的原理、设计思想、制造工艺等技术内容，但这一过程通常比较缓慢。

### （二）皇家的钟表制造

康熙朝时，端凝殿内贮藏着宫内的钟表。康熙二十八年（1689）起文献称此处为"自鸣钟处"，雍正元年（1723）划归养心殿造办处。雍正朝初期自鸣钟处在养心殿已有钟表作坊，雍正十年（1732）正月正式称为做钟处。

清宫主要是通过聘用外国人来引进钟表技术。来自欧洲的匠师擅长钟表及附加机械玩赏物的设计、制造和维修保养。康熙朝就有葡萄牙人安文思（G. de Magalhaens）、瑞士人林济各（Stad Lin）、陆伯嘉（Jacobus Brocard）、严家乐（Slaviczek）等在宫内任职。法国教士杜德美（Pierre Jastoux）也曾参加制钟表。1707 至 1740 年，林济各制作了各式钟表，使宫内制钟技术达到很高水平。雍正七年（1729），法国钟表专家沙如玉（Valen Tinus Chalier）进宫参加造钟表。乾隆朝做钟处的钟表制造达到鼎盛，聘请的欧洲钟表专家最多，包括席澄源（Adeodat）、杨自新（Ir Gilles Thebault）、汪达洪（Mathaeus de Ventavon）、李衡良，后三者都是法国人。乾隆三十八年（1773），耶稣会已被教皇下令解散，再无懂钟表的会士来华。于是，乾隆帝下令邀请其他钟表专家到北京，后来进宫造钟的外国人有德天赐（Adeodat）、巴茂真（Carolus Paus）等。皇帝乐于给造钟有功者赏赐。汪达洪说："王公大臣常请西士为之修理钟表，钟表在中国为数不少，惟仅二人能修理。"[①]应该说，这种说法只适于汪达洪在宫内时的北京和某些地区，而不是全国。

做钟处工匠多时超过百人，服役者包括一些中国匠役。其中，广东督抚选送的广匠技艺最高。有的广匠既擅长制钟表，又懂音乐、绘画等。但总的来说，外聘的欧洲钟表匠师技术

---

① 方豪，中西交通史，岳麓书社，1987 年，第 761 页。

更高。

宫内制造钟表的程序不同于一般的作坊。匠师们通常是按皇帝的要求来制作、修理御用品。一件钟表类似玩赏机械的创作，首先由皇帝提出符合自己情趣的样式、功能要求，再指定专人绘图，经皇帝审定后才能开始制造。在制造过程中或制成后，皇帝还可能随时要求更改，直到满意为止。有时，画家甚至天文学家也要参与制造。

清宫所制钟表称得上计时器与机械玩具相结合的高雅工艺品。除了一般的时钟机构外，还以复杂的传动机构实现多种功能，展现精巧的人、物和景象，包括射箭报时、持剑或盾的偶像、演示天体运动、写字铜人、取槌击钟铜人、执锤击琴铜人、鸣叫的飞雀、持花自行人、自行虎或狮、跑马、浮水鸭、自行船、鸣炮、音乐、水法等"玩意"。乾隆十四年（1749）后所造紫檀楼阁式钟，构造精巧复杂，内有 7 根发条操纵着机械"玩意"、自动报时和奏乐等，繁而有秩。有些钟尺寸较大，体现了皇家的庄严。乾隆十八年（1753），席澄源、杨自新设计了一种"自行、鳌山、陈设三件"，所用 8 根发条中，有的长达一丈四尺，宽有二寸。

欧洲和中国的匠师们把西方技艺与中国传统艺术风格有机地结合起来，制造出的钟表符合帝后和宠臣们的鉴赏和要求。例如，清初制造了一些中国风格的木楼更钟，其造型以亭、台、楼、阁为主，报更时间可据节气变化来调整。乾隆年间做钟处所造紫檀雕花更钟，高3.65 米，重 1000 多公斤，以重锤驱动。宫内数千人作息以此钟为号。

清初，宫中主要制造以重锤驱动的钟，重锤以铜皮灌铅制成，用羊肠弦或丝绳吊起。康熙朝《庭训格言》记载，宫内有造机械钟者，因发条工艺较难，"故不得其准也"。后来，康熙帝"自西洋人得作发条之法"制钟表十架。乾隆朝做钟处所用发条购自广州。例如，乾隆二十六年（1761）四月，造办处奏请粤海关监督采办广钢 2000 斤，翌年闰五月得到广钢2094 斤，打造大小发条 134 根。[1] 发条所用材料应是弹性好的钢，"广钢"当是进口的。宫内钟表匠师可能使用了专用的人力小车床和钻具，外国人应当熟悉它们。由于御用钟表构造复杂，做工要求高，钟表匠师可能要耗费一两年或更长的时间才能制成一架。乾隆十五到二十四年（1750 到 1759），兴旺的做钟处仅制成钟表 56 架。乾隆朝以后，做钟处再很少制钟表。晚清时，欧洲钟表匠师和广匠相继离宫。至同治、光绪年间，连钟表修理都难以胜任了。

### （三）民间的钟表制造

仿造，是近代以前民间掌握外来技术的主要形式。1626 年以前，王徵曾仿制过一架名为"轮壶"的机械钟。它以重锤为动力，以活动木偶报时。从文字描述来看，"轮壶"中能"左推右阻"的十字"微机"当是立轴摆杆式擒纵机构。除了王徵以外，明末清初还有一些人尝试仿造欧洲机械钟表。《宣城县志》卷二十七记载，（安徽）宣城的芮伊"性多巧思，能手制自鸣钟"。江宁（南京）人吉坦然仿制成一架名为"通天塔"的机械钟，但"制造粗糙，聊具其形耳，小用即坏矣"。另一个叫张硕忱的人，"自制自行时盘，暨两响小铳，皆精妙不让西人也"[2]。传教士阿尔代若·赛米都神父曾去过南京、上海、杭州等地。他在 1637 年的

---

① 鞠德源，清代耶稣会士与西洋奇器，故宫博物院院刊，1989，(1~2)。

② 清·刘献廷，广阳杂记，中华书局，1957 年，3：141；2：99。

《旅游记》中说，中国人已经开始制作小座钟。

清代，随着钟表的不断输入，在一些地方形成了早期的钟表制造业。广州作为中西贸易口岸，成了进口钟表的主要集散地。广州钟表作坊的出现不晚于乾隆朝初期，也许始于康熙年间。1815 年，在广州出售钟表的外国人查理斯·麦格尼克承认，他遇到了中国产品的竞争。这证明，当时广州或附近的钟表作坊已具备一定的生产能力。南京的钟表制造发端于明末，但大约在 1853 年以前仅有钟表作坊 4 家，清末时超过 20 家。文物研究表明，康熙朝初期苏州就能制造梳摆钟、时辰醒钟、竖表。据苏州陆墓五村"钟表义冢碑"的碑文记载，嘉庆二十一年（1816）苏州从事钟表制造的人很多，且不少人原籍是南京。康熙年间，松江人徐翊英参考教堂上的进口货，为府衙制作了一架机械钟。乾隆朝《娄县志》卷二十七称，松江制钟表始自徐翊英。1851 年，在宁波的美国传教士马克格温向美国专利委员会报告说，苏州有钟表作坊 30 家，杭州有 9 家，宁波有 7 家[①]。其实，扬州、镇江等地也有钟表作坊。通常，一个钟表作坊有两三个人参加制钟，"老婆拉风箱"，"儿子学徒"，人数多的也仅四五个人，一个工匠每月约可造一两架钟表。

最著名的国产钟表当推广东的"广钟"和苏州的"苏钟"。故宫所藏广钟，体高一般为 1 米左右，底座长宽均在 40 厘米左右[②]。在造型艺术方面，主要反映中国传统文化的风格，有佛塔、宝葫芦、仙鹿、麒麟、白猿献桃等景物。故宫的广钟还附有能做多种动作的偶像（人、鸟、兽）、花、流水、字幅，以及奏乐装置等，显示了广东匠师设计制造复杂机械传动机构的能力。

康熙年间的苏钟采用中国的"时辰"为报示显示单位，具体打点方法是：

| 时辰 | 子 | 丑 | 寅 | 卯 | 辰 | 巳 | 午 | 未 | 申 | 酉 | 戌 | 亥 |
|---|---|---|---|---|---|---|---|---|---|---|---|---|
| 初 | 九下 | 八下 | 七下 | 六下 | 五下 | 四下 | 九下 | 八下 | 七下 | 六下 | 五下 | 四下 |
| 正 | 一下 | 二下 | 一下 | 二下 | 一下 | 二下 | 一下 | 二下 | 一下 | 二下 | 一下 | 二下 |

可见，一昼夜共打 96 下，子时、午时各打 9 下。18 世纪，有些苏钟已采用 24 小时制，并配两个指针，以发条或重锤为动力。有的钟匠还在罗马字盘上仿标了连他们自己都不认识的外文字母，大概是为了冒充洋货以利促销。苏钟所配装的演示装置和玩偶有童偶、击钟铜人、跳加官、跑马、鸣鸟、射箭、水法、奏乐、八仙过海等。清代后期，苏州以生产大、中、小配套的插屏钟（又称"本钟"）为主。这种产品结构紧凑，无附加装置，采用链条、塔轮式结构，使发条缓缓输出能量，有效地提高了走时精度。这种壳体形似中国古屏风的实用型钟表，成了当时的名牌。南京、上海等地也生产过插屏钟。南京还生产红木更钟、打时刻三套钟、带日月或干支的字盘钟、船用圆摆钟、带玩偶的三套钟。中国也有能力制作怀表。福建人孙孺理善制"一寸许之自鸣钟"。同治年间，北京德丰斋钟表铺制造以菊花为商标的怀表，分三、五、七、九菊，称为菊表。清代中国所造钟表已被美国、英国和法国的若干博物馆收藏。

钟表，特别是那些有附属装置的精品，由很多零件组成。因此，小作坊在技术、质量方

---

① 陈凯歌，清代苏州的钟表制造，故宫博物院院刊，1981，（4）。

② 商芝楠，清代宫中的广东钟表，故宫博物院院刊，1986，（3）。

面难以求得全面改进，也不易提高生产效率。随着产量的增加，工匠们选择了委托加工部分零部件的办法，于是形成了专业分工，在苏州、南京、广州等地出现了钟机、钟碗、链条、发条、红木外壳、钟盘、瓷面、镌花等类专门作坊。这种分工使钟表业在竞争中改进零部件制造技术，促成名优产品。苏州"张荣记"作坊在嘉庆朝就专制优质钟碗，品种有 60 多个，最大的口径 20 厘米，最小的约 2 厘米。"张荣记"摸索出了一套制钟碗的工艺，其特点是：以恰当的原料配比铸出铜合金钟碗；钻孔时，在钟碗内放冷水，并多次换水，以消减钻孔生热对音质的不良影响。这样，"张荣记"钟碗以音准、悦耳动听而闻名，销往上海、南京、扬州、杭州、北京等地。清代中后期，苏州所造钟机逐步定型为大、中、小三种，被许多作坊用于装配完整的钟表。

松江府华亭县（今松江县）的徐朝俊长期研习天文学、钟表和其他技术。他所撰《自鸣钟表图法［说］》总结了自己和其他工匠们的技术和经验，反映了 18 世纪末中国的钟表技术水平。全书分为钟表名目、钟表事件名目、事件图等 10 部分，附图 51 幅。其中，"轮齿"与"作法"两部分说明了选定齿轮系传动比和齿数的方法，以及制作轮轴、齿轮、发条等零件的工艺与要领，强调"作齿之法，分得匀，锉得准，打磨得光"。对工艺要点的描述很精炼。例如，"作游丝之法，用细钢丝，以利刀两面刮削，圈作小盘，微火逼成燕子青色，择其软硬恰好者配用。作发条法，用钢打薄如锯条，锉匀刮光，剪齐捲好，烧红蘸火，复融铅以退其性。装入肠壳以配用"。"修停摆法"、"修打钟不准法"、"装拆钟表法"、"用钟表法"诸节都介绍了宝贵的技巧，包括各种故障及排除法。"钟表琐略"指出了材料选择要求及制作工艺，述及热处理工艺、银焊、玻璃件加工等。由书中的描述可知，当时制作和修配钟表的工具有锉、钳、刮刀、剪、圆錾、钻、锤等。作者提到，"作轮轴要极圆，近用线床，规矩最准"。"线床"当是人力专用小车床。

鸦片战争后，在进口钟表的冲击下，不少钟表作坊转向修理旧货，甚至被迫关闭。少数追求规模生产的工场或工厂才有较大的发展潜力。创办于咸丰二年（1852）的张恒隆钟表店，较早就使用了铣轮片的"开轮车"、车轴头的"小钢车"等手摇机械。光绪三十一年（1906）孙廷源、孙梅堂父子在宁波创办美华利钟厂，1912 年迁厂至上海。10 余年间，该厂发展到 300 余人，用机器制造插屏钟、大钟、天文钟、亭式钟、玻璃门钟、车站钟、落地钟等数千架，产品在 1915 年巴拿马时钟展览会上获得金质奖。不过，美华利钟厂所用发条为法货。

实物输入是古代技术传播的方式之一。比起书本介绍，这种直观的方式使外来技术的功效易被评价，也容易引起工匠的模仿。中国能工巧匠就是从简单模仿进口货开始，逐步建立了自己的钟表制造手工业。然而，仿造并不等于掌握了全部钟表技术及其科学基础。人们可以据实物去模仿其构造，揣摩其原理与具体设计，却难以较快地搞清设计思想、理论依据和某些特殊工艺。这样，就只好步他人后尘。

欧洲近代机械钟表的完善是技术发明与科学方法不断结合的产物。近代力学理论、数学方法和实验方法被引入钟表设计与制造，使钟表技术不再局限于经验积累的模式。遗憾的是，近代数学和力学方法没有与钟表携手进入中国。通常，工匠没有文化基础，文人不懂技术，少数对技艺感兴趣的读书人不易接触到来自欧洲的技术专著和钟表匠师。直到 1809 年才出版了钟表师所撰中文专著《自鸣钟表图法［说］》。该书反映了当时中国钟表匠师的设计经验与制作诀窍，实用价值很高，但在理论上无法与当时西方的认识相比。

引进人才是技术传播的另一重要方式。传教士来华的最终目标是传播教义，而不是帮助中国发展新技术。他们只是把钟表和有关技艺作为传教的开路手段之一，带入中国上层社会。他们的活动范围限于教堂和宫廷，与那些专心于技术的优秀中国匠师接触不多。在清宫，皇帝关心的是得到称心的玩赏物，传教士也仅仅为此而尽其所能，谁也无意在中国广泛推广钟表技术。这样，做钟处成了外国人主持的御制玩具作坊。可悲的是，做钟处竟未培养出一批中国钟表大师。在此情况下，民间钟表业凭借中国工匠的才智自发地发展，不能及时全面地掌握先进的技术，很难转变成工业化的行业。

# 二　近代机械的引进与仿制

## （一）近代机械制造技术的引进

美国人富尔顿（R. Fulton）把蒸汽机装在船上，制成了实用的轮船"克勒蒙特"（Clermont）号，于 1807 年 8 月试航成功。此后，美国和欧洲不断改进轮船，使它逐渐成为重要的运输工具，但在 1860 年前帆船仍占主导地位。

1822 年，东印度公司（Eest India Company）的职员巴茨（Robarts）曾把一艘小轮船的零件运抵广州，准备组装成船，未果。1830 年，麦金托士洋行（Mackintosh & Co.）的小轮船"福士"（Forbes）号第一次在中国领海出现。之后，又有其他轮船来到中国领海。这时，中国只有少数思想敏锐的知识分子注意到轮船和蒸汽机。1831 年福建的丁拱辰随一艘外国商船出国谋生，并十分注意外国的炮式船制。

1840 年以前在中国活动的外国兵船主要是装备着火炮的双桅和三桅帆船，它们尺寸大、结构坚固。1840 年，英军的小轮船用于引导兵船或投递文书等。鸦片战争爆发后，中国人首先感受到英军帆船的坚固和火炮的威力。1841 年初，小轮船直接参加作战，机动灵活。不久，较大的轮船也参加了作战。1842 年中国战败。1856 年，英国发动了第二次鸦片战争，以蒸汽机为动力的大小兵船成为主力舰。这时世界上船舶动力发展很快。1860 年以后，蒸汽轮船的耗煤量很快下降，轮船遂成为航运和水战的主要船舶。

1839 年，林则徐充满信心地筹划海防，并研究西方军事技术，组织翻译了英国人慕瑞（Hugh Murray）的《地理大全》（Cyclopaedia of Geography），取名《四洲志》。他还收集研究有关外国火器和兵船的资料，明确提出"师敌之长技以制敌"。少数忧国的有识之士也积极宣传和介绍西方火炮、轮船等。不过，这时的清政府比较注重研究火炮，对轮船则不大重视。

林则徐被革职后，魏源继续向国人介绍西事。在《四洲志》的基础上，魏源编著《海国图志》，1842 年出版了 50 卷，1847 年增为 100 卷，其中介绍了蒸汽机、轮船和火炮的构造与制造方法。在序言中，他明确主张"师夷之长技以制夷"，认为"夷之长技有三：一战舰，二火器，三养兵练兵之法"，提议国家或商民投资设厂制造火炮、轮船、蒸汽机、火车、风锯、水锯、自转碓、龙尾车等，以为"我有制造之局，则一二载后，不必仰赖于外夷"。但魏源的主张当时未被清政府和中国社会普遍接受。在亚洲，中国长期具有文化、经济和科技等方面的优势，使中国人滋长了优越感，以致妄自尊大，面对严峻的现实仍不情愿承认自己的落后，更不愿意向夷人学习。在英法联军攻入北京之前，清政府的大多数官员对中国传统的船炮技术和清军抱有幻想，坚持用各种传统的办法抵抗侵略军。1842 年广东绅士潘世荣雇匠制造了一只小轮船，但"不甚灵便"。清政府得知后以"不适用"为由，下令"毋庸雇觅夷匠制造，亦毋庸购买"①。后来英国人李国泰（Horatio Nelson Lay）怂恿清政府购买装备着火炮的轮船，亦被拒绝。尽管"师夷之长技以制夷"未能成为国策，但对当时社会上一部分人和以后的洋务运动都有很大影响。

1856年到1860年第二次鸦片战争中，清军的战败迫使中国社会认真对待近代船炮和机器，某些政府上层人物终于意识到，西方列强是千古未遇的装备精奇的劲敌。在清政府内部形成了以奕䜣、曾国藩、李鸿章、左宗棠、沈葆桢、丁日昌等人为代表的洋务派。为了"自强"、"御侮"、"靖内患"、"求富"，他们先后提出引进和仿制近代船炮，并努力付诸实施。

1860年后清政府急于"安内"，镇压太平军，西方列强也有意助剿。1861年1月5日两江总督曾国藩上奏，提议"将来师夷智以造炮制船，尤可期永远之利"②。半个月后总理各国事务衙门成立，奕䜣等人再次奏请购买外国船炮，获准。于是，总理各国事务衙门令曾国藩、薛焕"酌量办理"外国枪炮的购买与仿制。同年8月23日，曾国藩又在奏折中提出购买与仿造"外洋船炮"。这正与奕䜣、桂良等人"所谋暗合"。

1861年12月，曾国藩在安庆率先创办内军械所，聘用徐寿（1818～1884）、华蘅芳（1833～1902）等人，用手工工艺修造枪炮弹药等，1862年开始试制小轮船。同一时期，薛福成等人通过英国人赫德（Robert Hart）和李国泰向英国订购军舰。

李鸿章采纳英国军人马格里（Sir Halliday Macartney）的建议，于1862年在上海松江办洋炮局，制造炮弹，以资攻剿太平军。不久，这个洋炮局演变成3个局，分别由丁日昌、韩殿甲、马格里主持。1863年，马格里和刘佐禹主持的洋炮局移到苏州。1864年1月，马格里又怂恿李鸿章买下了英国舰队所配备的蒸汽机和"镟木、打眼、铰螺旋、铸弹诸机器"，装备了苏州洋炮局。"镟木、打眼"机器当是车床和钻床，这是中国官方第一次采用蒸汽机和机床③。

1863年11月，容闳（1828～1912）得知曾国藩接受幕僚们关于建设"西式机器厂"的建议后，根据自己"普通知识所及"和"在美国时随时观察所得"，向曾国藩提出了以建"母厂"为起点的机械工业发展方向。他说"中国今日欲建设机器厂，必以先立普通基础为主"，"即此厂当有制造机器之机器，以立一切制造厂之基础也"④。这里，"制造机器之机器"当指普通机床设备，"母厂"并"非专为制造枪炮者，乃能造成制枪炮之各种机械者"，即机床设备制造厂。这个想法就是以发展机床设备制造业为起点，显然大大超出了洋务派当时造炮制船的目标。不久，曾国藩派容闳出国购买"制造机器之机器"。1864年，通过美国机械工程师哈金司（J. F. Haskisn），容闳在马萨诸塞州（Massachusetts）菲奇堡（Fitchburg, Mass）城的朴得南公司（Putnane Machine Co.）订造机器。

1865年，李鸿章会同曾国藩奏设机器制造局，并委派丁日昌筹办。是年6月，丁日昌购买美商在上海虹口经营的旗记铁厂（Thos. Hunt & Co.），并入原丁日昌、韩殿甲主持的两个洋炮局，创办了江南机器制造总局（以下简称江南制造局）。同年，容闳从美国订购的

①　齐思和整理，筹办夷务始末（道光朝），第五册，中华书局，1964年，第2470～2471页。
②　齐思和整理，筹办夷务始末（咸丰朝），第八册，中华书局，1979年，第2669页。
③　张柏春，中国近代机床的引进与仿制，科学技术与辩证法，1990（5）。
④　中国史学会，洋务运动，第四册，上海人民出版社，第509～510页。

100 余台机器运到上海，装备了江南制造局。这是中国第一次成批引进蒸汽机、机床等近代机械①。1867 年夏，江南制造局迁到高昌庙，下设机器厂、木工厂、铸铜铁厂、熟铁厂、轮船厂、锅炉厂、枪厂、工程处。到 1891 年，除上述 8 个厂外，还有炮厂、火药厂、枪子厂、炮弹厂、水雷厂、炼钢厂、广方言馆、翻译馆等机构，人员达 3500 余人，装备着 662 台机床、361 台蒸汽机、2000 马力蒸汽机驱动着的轧钢机等机器设备，成为当时中国规模最大的工厂。1867 年到 1904 年，江南制造局共生产各种枪 69808 支，各种炮 587 尊，兵船 8 艘，机器设备近 700 台。1905 年该局分成江南船坞和兵工厂，1912 年江南船坞又易名为江南造船所。

19 世纪 60 年代，洋务派切实感受到制器人才匮乏，也看到了中国技术传统和文人的缺陷，并开始考虑如何培养人才，培养"制器之人"。

容闳回国后一直想在中国发展近代教育。1867 年他劝曾国藩在江南制造局设立学校，培养自己的机械工程师。但直到 1896 年，江南制造局才办工艺学堂，仿照日本大阪工业学校章程，设化学工艺、机器工艺两科。机器工艺科教授"重力汽热诸理法"，学制四年。教学由局内人员担任，华衡芳教数学，徐华封教化学，王世绶教工艺，杨渐逵教绘图，华备钰教机器。1905 年工艺学堂与广方言馆合并，改为工业学堂。同年又改称兵工学堂，设有机器专科班。江南制造局工艺学堂办得晚，始终未能培养和锻炼出能独立主持技术工作的骨干，以致局内技术工作长期依赖外国人。

1866 年左宗棠创办福州船政局，聘请法国人日意格（Prosper Marie Giquel）为监督。同年左宗棠离闽，推荐沈葆桢接办船政局。该局 1869 年开始生产，到 1874 年已拥有木模厂、大机器厂、转锯厂、截铁厂、打铁厂、钟表厂（制造船舶仪表）、样板厂、铸铁厂、轮机厂、合拢厂（装配厂）、水缸厂（造锅炉）、拉铁厂、锤铁厂、锯木厂、铜厂、储材厂、船厂（有 3 个船台）、前后学堂，人员约有 2600 人，机器设备主要购自法国，成为当时中国最大的专业造船厂。到清末，该局共造成兵船 40 艘，占同期国内自造兵船 58 艘的近 70%。1866 年左宗棠奏设福州船政学堂，翌年 1 月开学，分前后两学堂，聘请外国人任教。前学堂开设机器学、机械制图、蒸汽机构造、数学、物理、法语等课程，培养船舶设计制造人员和技术工人。后学堂培养船舶驾驶人员。学堂重视理论与实践相结合，教学要求严格，培养出一些有实际设计制造能力的技术人才，如前学堂学生吴德章、罗臻禄等人。1873 年底，大批外国技术人员被解聘，中国工程技术人员开始主持造船。不过，船政局并没有抓好技术人员的继续教育。

1873 年底，沈葆桢奏请派船政学堂学生赴法国"深究造船之方，及其推陈出新之理"②。此议最后得到李鸿章等人的支持而付诸实施。1875 年船政局派魏瀚、陈兆翱、陈季同三人赴法学习制造。翌年 6 月，李鸿章令李凤苞、日意格拟定留洋章程，最后由他们三人讨论、定稿。依据这个章程，1877 年船政局正式向欧洲派留学生。到 1911 年，清政府共向欧洲派了 107 名留学生，其中学造船的 41 人，学机械制造的 4 人，学蒸汽机的 2 人，学飞机的 1 人。1909 年另有 23 人去英美学习飞机和潜艇。

1911 年以前，清政府引进"制器之器"，还开办了金陵机器局（1865，原苏州洋炮局）、

---

① 张柏春，中国近代机械简史，北京理工大学出版社，1992 年，第 13 页。

② 中国史学会，洋务运动，第五册，上海人民出版社，第 140 页。

天津机器局（1867）、福州机器局（1869）、兰州机器局（1872）、广州机器局（1874）、山东机器局（1875）、湖南机器局（1875）、四川机器局（1877）、吉林机器局（1881）、神机营机器局（1883）、云南机器局（1884）、台湾机器局（1885）、汉阳枪炮厂（1892）、陕西机器局（1894）、新疆机器局（1895）、山西机器局（1898）等二十几个局厂，均以制造军械为主。随着铁路运输业的发展，各路相继开办大小铁路机车车辆修造厂，如吴淞机厂、京张铁路机厂、津浦铁路工厂等。它们拥有较好的机床和专用设备，修造机械的能力较强。制造军械的机器局在近代机械工业中占有重要的地位，后来大都成为重要的兵工厂，它们培养的技术工人中有不少成为民营工厂的技术骨干或创办者。

　　清政府经营的机器局有一定的机械制造潜力。例如，江南制造局曾为天津机器局仿制部分机器设备；在 1867 年到 1876 年间仿制各种机床 168 台，占该局机床总数的 2/3。由于各局的生产不是随市场需要制造机器，而是按政府的意志制造船炮，最终没有一个机器局充分发挥制造潜力，成为"立一切制造厂之基础"的"机器母厂"。这样，不仅各机器局重复进口了大量相同或类似的机器设备，而且中国产业近代化过程中所需要的机器设备不得不长期依赖进口。这个悲剧的主要根源应当是清政府在军事上的急功近利、经济上死守传统的产业结构，以及对近代技术和工业体系的认识肤浅与片面。实际上，洋务派所理解的"制器之器"并非普通的机床设备，而是制造军械的专用机器设备。

　　清代军事工业的发展受到人才和材料等方面的限制。在引进技术办工业的初期聘请外国技术专家是必要的，但长期依赖外国人就不可取了。中国近代冶金工业起步晚于军事工业，钢铁产量低、质量差，因此，工业发展所需原材料不得不依赖进口。此外，由于没有发展机床、动力机械、仪器等基础性制造行业，一些关键的零部件、仪器和机器设备长期须从国外购买。清政府办工业是被逼出来的，往往采取一些"急来抱佛脚"的措施，无长期的、系统的具体规划，全国管理形成独立的条块，官僚在各自的条块中各行其事。因此，厂址和引进内容的选择、产品的安排往往不是根据全局性需要，而是因人而定。坚持"中体西用"的洋务派沿用某些陈旧管理办法，造成许多弊端，工厂像个衙门，不讲经济效益，浪费严重。机器局的资金来自政府投资，不靠自身盈利，缺乏进取的动力。到 19 世纪 90 年代后期，由于战争消耗、对外赔款、官僚挥霍，以及对办洋务失去信心，政府对机器局的投资锐减，致使多数局的生产萎缩。

　　尽管洋务派引进机器仅限于制造枪炮和兵船，但已遭到保守势力的极力反对。

### （二）近代民用机械的输入

　　1842 年 8 月，中英签订《南京条约》，中国被迫开放通商口岸。1843 年 10 月，中国按英国意愿制定了海关税则，开始丧失关税自主权，为外国人向中国倾销商品创造了条件。事实上，外国商人不仅倾销商品，而且还开办了工厂。首先，为了适应航运发展的需要，外商在中国先后开办了一些船舶修造厂。1841 年英军占领香港以后，榄文船长（Captain John Lamont）在香港经营榄文船坞（Lamont Dock），修造船舶。1845 年，英国大英轮船公司（Peninsular and Oriental Shipping Co.）开辟了到中国的航线。同年该公司监管修船的职员苏格兰人柯拜（John Couper）在广州黄埔从中国人手中租得一个船坞，并扩建成柯拜船坞（Couper Dock），从事修船业务。为谋取更多的经济利益，外国厂商也在中国其他行业尝试机器生产。19 世纪 60 年代，外商在上海用机器缫丝、碾米、磨面，在东北制豆饼。1880 年英国人创办胥各庄修车厂，这是中国第一家铁路机车车辆制造厂。1899 年该厂迁到唐山，更名为唐山修车厂，后发展成机车车辆生产能力最强的厂。外商的机器生产加重了对中国的经济侵略，冲击着中国传统的经济结构，同时在产业近代化方面起了示范作用。

洋务派看到了机器的民用价值。1865 年 9 月李鸿章说："洋机器于耕织、印刷、陶植诸器皆能制造，有裨民生日用，原不专为军火而设。"他预料："数十年后，中国富农大贾必有仿照洋机器制作以自求利者，官法无从为之区处，不过铜钱、火器之类仍照例设禁。"[①] 其实不久中国民营工业便开始用机器。例如，上海发昌机器厂于 1869 年开始用近代车床。1873 年陈启沅在广东创办机器缫丝厂。少数洋务派官员考虑到军事等方面的需要，尝试用机器生产。1874 年李鸿章提出开办直隶磁州煤矿，委托英商订购采矿机器，以资倡导。1875 年，沈葆桢命人购买"凿山钢钻全副"，开采台湾鸡笼煤矿。为"利民实政"，左宗棠决定进口织呢、织布、掘井、开河等机器。他在 1878 年请胡光墉订购德国织呢机、蒸汽机等，筹建兰州织呢局，并于 1880 年开工生产。1879 年，马建忠、罗应旒提议修铁路，使用火车。王韬则提倡教农民用新式纺织机器和农机具。19 世纪 80 年代起，在洋务派的倡议下，中国在采矿、冶金、纺织、铸钱、制糖、制火柴等行业开始用机器生产。至清末，20 世纪初以前世界上发明的若干种类机械已输入到中国（见表 10-1）。[②]

中国近代工业所需的机器基本上是靠进口，而进口贸易几乎被在华洋行所垄断。他们所经营的机器包括世界上一些著名厂家的产品。例如，英国喜克哈葛里夫公司（Hicks Hargraves Co.）的蒸汽机，Blackston、National、International、Deutz、Benz、Man、Ruston、Pitter、Parsons 等牌号内燃机，美国西屋公司（Westinghouse Elec. Co.）、德国西门子公司（Siemens A. G.）的电机，英国柏拉脱公司（Platt Bros. & Co. of Oldham）、道卜生巴罗机器厂（Dobsen Barlow. Ltd.）、推司公司（Messrs Tweedale）的纺织机械等等。不仅如此，他们卖给中国厂商的机器中掺有伪劣产品，甚至把涂上新漆的旧机器当作新机器卖给中国人。

机器的逐渐采用必然要求发展相应的机械修造业。外商开办了一些船舶修造厂和铁路机厂，但仍不能满足需要。外商办的工厂使中国人看到了机器生产的优越性，一些人在这些工厂还学到了技术。在上海、广州等沿海地区，有些手工作坊开始接触机器和轮船，承接有关的修配业务。随着资金和技术经验的积累，有的作坊逐渐发展成小的民营机器修造厂，如广州陈联泰厂（1839）、上海发昌厂（1866）、天津德泰机器厂等。一些曾在外资工厂或官办机器局工作过的技术工人、旧手工业的铜铁匠们成了这类民营机器厂的技术骨干。

1895 年中国在甲午战争中失败。中日签订了《马关条约》，规定日本人可以在通商口岸"任便从事各项工艺制造"，可以"将各项机器任随装运进口，只交所定进口税"，"在中国制造一切货物"照输入中国之货物一体办理课税。随后，英美等国根据最惠国待遇也获得了同样权利。从此，外国厂商纷纷在华投资或设厂、倾销商品，机器进口量逐渐增加。这严重损害了中国的利益，激起了民众的强烈不满。迫于形势，清政府宣称要"力行实政"，包括"造机器"、"立学堂"。这时，中国工商界也深感权利不可再失。纷纷集资购置机器，办厂开矿。1895 至 1913 年，新设民营机器厂不下数十家。1913 年资本在万元以上的厂有 7 家，民

　　① 中国史学会，洋务运动，第四册，上海人民出版社，第 14 页。
　　② 张柏春，中国近代机械简史，北京理工大学出版社，1992 年，第 19～22 页。

### 表 10-1　近代机械输入中国的情况

| 类　别 | 名　称<br>（发明、成熟年代） | 输入中国的情况 |
|---|---|---|
| 动力机械 | 蒸汽机<br>（1705～1776）<br><br>蒸汽透平机<br>（1882～1884）<br>煤气机<br>（1794～1860）<br>发电机<br>（1831～1866）<br><br><br><br><br><br><br>电动机<br>（1831～1888） | 1840 年后外商开办的船舶修造厂首先使用蒸汽机<br>1864 年李鸿章为苏州洋炮局购置了蒸汽机<br>1907 年，上海电光公司（Shanghai Electric Company）装置派生斯 800kW 蒸汽透平机<br>1879 年文汇报开始用煤气机作动力，大约在 19 世纪末以后，煤油发动机也输入中国<br>1879 年 4 月英国人为欢迎美国总统路过上海，从国外运来一台 10 马力引擎发电机和一些照明器材，装在上海公共租界，5 月 17、18 日两次在欢迎会上使用<br>1882 年英商投资创办上海电光公司，7 月用美国造的 12kW 蒸汽机发电机组<br>1888 年清廷建西苑电公所，1890 年发电，容量不超过 20 马力<br>1907 年比利时国际远东公司（Companie Internationale Extreme Orient）在上海法租界卢家湾昌班路设发电站，用柴油机发电<br>1913 年在昆明附近的螳螂川装用德国造的水轮发电机组，建成水电站<br>1904 年上海已有工厂租用电动机，同年唐山铁路机厂用电机驱动机床 |
| 机　床 | 镗床（1774）<br>车床（1779）<br>卧式铣床（1818）<br>龙门刨床<br>（1817～1825）<br>插床（1830）<br>牛头刨床（1836）<br>汽锤（1839）<br>六角车床（1845）<br>摇臂钻床（1862）<br>万能铣床（1862）<br>磨床（1864） | 1840 年以后外商开办的船舶修造厂首先使用机床<br>1864 年李鸿章为苏州洋炮局购置了车床、钻床等机器<br>1865 年容闳从美国购回 100 余台机器，其中主要是机床，还有蒸汽机，具体种类不详<br>1869 年上海发昌机器厂采用车床 |
| 交通机械 | 轮船（1807）<br><br><br><br>机　车<br>（1802～1829）<br><br>汽　车<br>（1769～1886）<br><br><br><br>有轨电车（1879）<br>无轨电车（1882）<br>飞机（1903） | 1830 年"福士"（Forbes）号小轮船出现在中国领海<br>1856 年怡良购买轮船一艘，为中国人购用轮船之始<br>1864 年清政府向英国订购的轮船舰队驶到中国，但清政府又将它们退回，19 世纪 70 年代后期清政府开始进口军舰<br>1865 年 8 月英国人杜兰德在北京宣武门外演试小火车，后被拆除<br>1876 年 7 月 3 日，英商在吴淞口与上海之间修筑窄轨铁路，使用"先导"（Pioneer）号蒸汽机车，重 15 吨，时速 15～20 英里，不久被拆掉<br>1901 年（光绪二十七年）匈牙利人黎恩斯（Leinz）输入上海两辆汽车，于次年在租界行驶<br>约在光绪二十八年（1902）清政府进口一辆汽车，供慈禧太后在颐和园游览乘坐。这辆车的汽油发动机为 4 马力<br>1906 年比商时昌洋行在天津经营有轨电车<br>1914 年上海开始用无轨电车<br>1911 年 2 月冯如携带自制的双翼飞机从美国回到广州，拟筹建广东飞行器公司，翌年试飞时牺牲<br>1911 年初法国人环龙（R. Vallon）在上海作飞行表演<br>1911 年 3 月清政府驻英公使刘玉麟奉陆军大臣荫昌之命，从英国购买了一架飞机，运到北京后便成了展品<br>1911 年春，从法国归来的秦国镛驾 Gaudron 式双翼机在北京南苑试飞成功 |

续表

| 类　别 | 名　称<br>（发明、成熟年代） | 输入中国的情况 |
|---|---|---|
| 纺织机械 | 缲丝机 | 大约在 1861 年，怡和洋行（Jardine, Matheson & Co.）的美哲（John Major）在上海开办纺丝局（Silk Reeling Establishment），用了 100 台意大利式缲丝机 |
| | 织呢机 | 1873 年陈启沅在广东办机器缲丝厂<br>1878 年左宗棠决定订购机器，筹办兰州织呢局，翌年春所购德国蒸汽机、纺线机、清毛机、剪毛机、漂染机、织呢机等运到上海并转往兰州，1880 年 9 月 16 日开工生产 |
| | 棉纺织机<br>（1733～1801） | 1878 年秋，戴恒、郑观应等筹办上海机器织布局，1882 年春李鸿章奏准其 10 年专利，该局先后从美国、英国购买轧花机、弹花机、梳棉机、清花机、纺纱机、织布机等，1890 年开始生产<br>1892 年湖北织布纺纱官局开工，采用英国造的纺纱机、织布机<br>1898 年湖北制麻官局用机器制麻 |
| | 电力织机（1853） | 清末，杭州已有电力织绸机 |
| 农业机械 | 磨面机<br>（1795 年后） | 1863 年英商上海得利火轮磨坊（Shanghai Steam Flour Mill）以蒸汽机驱动机器磨面粉<br>1878 年朱其昂在天津办贻来牟机器磨坊，用一台蒸汽机驱动的磨面机加工面粉 |
| | 制豆饼机<br>制砖茶机<br>轧花机 | 1867 年英商在东北牛庄开设机器豆饼厂<br>1874 年俄商在汉口英租界建立了一使用蒸汽机的新式砖茶厂<br>1875 年江苏奉贤始有程恒昌轧花厂<br>1886 年在宁波成立通久源机器轧花厂，用 40 部日本造的踏板轧花机，翌年又以蒸汽机作轧花机的动力 |
| | 田间作业机械等<br>（19 世纪 20～30<br>年代起） | 1880 年有人在天津附近租荒地 5 万亩，用机器生产<br>1897 年浙江有人用机器灌溉农田<br>1900 年美商在上海设美昌机器米厂<br>1907 年，瑞丰垦务公司在讷漠河两岸用蒸汽拖拉机开垦荒地，同年，广东侨商陈国圻在黑龙江办兴东垦殖公司，用了蒸汽拖拉机、耕作机械、收割机<br>1909 年有人在东北创设阿什河制糖公司，用机器制糖 |
| 矿冶机械 | 轧　机<br>（1751～1848） | 1871 年福州船政局用机器轧制 15 毫米以下的钢板和 6～120 毫米的圆钢和方钢 |
| | 采煤机械<br>石油开采机械<br>铜铁开采机械 | 1874 年李鸿章委托英商安特生赴英国订购采煤机，欲开直隶磁州煤铁矿<br>1876 年开始勘察直隶开平煤矿，1881 年开始用机器采煤<br>1877 年唐廷枢雇美国矿师在台湾后垅石油矿凿井试探，失败<br>1886 年贵州机器矿务总局（青谿）成立，后于 1890 年用机器炼铁<br>1887 年清政府办云南铜矿，用少量机器采铜 |
| | 高炉、平炉（1865）<br>转炉（1855～1878） | 1890 年江南制造局 15 吨平炉投产，日产钢 3 吨<br>1890 年汉阳铁厂引进高炉、转炉、平炉、轧钢机、风钻、凿岩机等 |

续表

| 类 别 | 名 称<br>（发明、成熟年代） | 输入中国的情况 |
|---|---|---|
| 其他机械 | 印刷机 | 1850 年英商妥安门（H. Shearman）用手摇印刷机印《北华捷报》<br>1872 年英商在上海申报馆始用手摇轮转机，1891 年后以蒸汽机为动力<br>1879 年上海用机器印刷《文汇报》 |
| | 制火柴机 | 1880 年英商美查在上海开设燧昌自来火局（SuiChong Match Factory），开始用机器制造火柴 |
| | 制冰机（1844） | 1880 年英商办上海机器制冰厂（Shanghai Ice Association） |
| | 造纸机（1800） | 1881 年美商办华章纸厂（Shanghai Paper Mill Company），采用成套机器造纸 |
| | 制家具机 | 1885 年外商的上海百货商店福利公司（Hall & Holtz Co-operative Co.）建立了一个机器制造家具厂 |
| | 卷烟机 | 1891 年美商将一台卷烟机器输入到中国，开始了卷烟生产，同年，英商在天津办老晋隆洋行（Mustard & Co.），输入卷烟机 |
| | 制饮料机 | 1892 年外商在上海办泌药水厂（The Aquarius Co.），用蒸汽机等机器制造汽水、啤酒等饮料 |
| | 制油漆机 | 1915 年上海开林油漆公司成立，用了汽锅、制白铅机、湿碎粉机等 |

用机器工业员工达 18 450 人，其中规模较大的有上海求新制造机器轮船厂、汉口扬子机器厂、上海大隆机器厂、汉口周恒顺机器厂。民营机器厂虽然有了一定的发展，但无论在规模还是在技术和资金方面，都远敌不过外商开办的船厂、铁路机厂，无力同外商竞争。外商办的船厂、机厂仅有 30 余家，而产值却远高于中国民营机器厂。

与官营机器局相比，民营机器厂资金少，技术落后，设备陈旧，原材料紧张。一般的厂都没有专门的工程师，掌管技术的人大多是早期的技术工人或学徒。由于中国丧失了关税自主权，国产机械设备市场得不到必要的保护，民营机器厂处境艰难。工厂规模越大，受市场和原材料供应变化左右的程度也越大，发昌机器厂被外商挤垮也就不足为怪了。

### （三）近代机械的仿制

#### 1. 动力机械与交通机械的仿制

早期的研制者多是凭着兴趣和社会责任感自发地研究轮船和蒸汽机等。这方面的开创者当推丁拱辰。据《演炮图说辑要·西洋火轮车、火轮船图说》记载，丁拱辰曾目睹过小型蒸汽机车，"粗知机械之大概"，又"召良匠督配尺寸，造小火轮车一乘"。这台小蒸汽机车长 1 尺 9 寸，宽 6 寸，载重 30 余斤，配置铜质直立双作往复式蒸汽机（见图 10-41）。他还"就火轮车机械，造一小火轮船"，船长 4 尺 2 寸，明轮。"放入内河驶之，其行颇疾，惟质小气薄，不能远行。"后来他又绘成轮船图，却因"无制器之器"，不能造大的实用轮船。广东绅士潘世荣于 1842 年雇匠制造了一只实用的小轮船，但"不甚灵便"。在香港，榄文船长（J. Lamont）的船坞制造了一艘 80 吨轮船，于 1843 年 2 月 7 日下水。1856 年，一个美国军官雇佣宁波工人，在吴淞造过 2 艘 40 吨的小轮船。

徐寿和华衡芳在数学、化学、物理学等方面均有造诣。约在 1857 年，他们在上海研读了合信（Benjamin Hobson，1816～1873）1855 年写的《博物新编》。1862 年，曾国藩聘请徐寿、华衡芳、吴嘉廉、龚芸棠、徐建寅等人研制轮船和军械。在研制过程中，他们将理论分析与试验结合起来，以《博物新编》中略图等为主要参考材料，由华衡芳负责推算，徐寿负责制造，试制小样。在此过程中，他们还曾到外国轮船上观察，"心中已得梗概"。经过 3

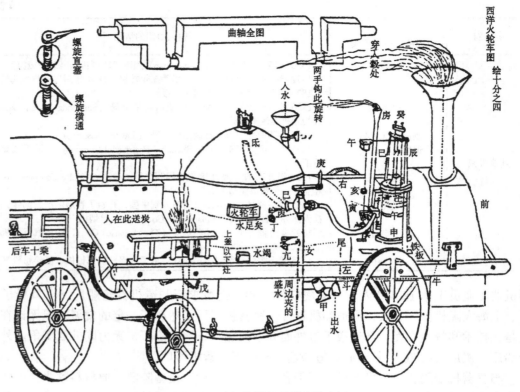

图 10-41  丁拱辰绘制的西洋火轮车图

个月的努力，终于试制成功一台缸径 $1\frac{7}{10}$ 英寸、每分钟 240 转的小蒸汽机，"甚为得法"。于是，着手设计制造轮船。1863 年试制出螺旋桨推进的轮船，但"行驶迟钝，不甚得法"。1865 年农历三月又在南京试制成功木质明轮轮船，曾国藩"勘验得实"后，将其命名为"黄鹄"号。该船长 55 尺，重 25 吨，时速 20 余里；蒸汽机为单缸，缸径 1 尺，缸长 2 尺；回转轴、锅炉和烟囱的钢铁是进口的。

1865 年后江南制造局请外国人主持技术，仿造兵船。据《江南制造局记》造船表记载，1866 年制造局就造成 3 艘双暗轮（螺旋桨推进）铁壳轮船。1868 年 8 月制成明轮轮船"恬吉"（后改称"惠吉"）号，木质船身，392 马力的蒸汽机为外国旧货，锅炉与船体为局中自造。1869 年制成的暗轮"操江"号的 400 马力蒸汽机、锅炉和船体均为自造。从这以后到1911 年仅造 12 艘兵船。1912 年为招商局制造的长江客轮"江华"号，长 330 英尺，宽 47英尺，排水量 4130 吨，3000 马力，时速 14 海里，船体、主机和锅炉均由造船所制造，吃水浅，船身灵活，省煤，是当时最好的长江客轮。江南船坞时期还制造了以内燃机为动力的轮船，如 1908 年制造的 20 马力单螺旋桨柴油机柚木船、1911 年制造的 110 马力双螺旋桨柴油机钢制驳船。江南制造局机器厂还曾制造一台 300 马力蒸汽机，作为全机器厂机床的原动机。这台蒸汽机转速为 60 转/分钟，有大小汽缸各一个，机座、汽缸、活塞、汽制球座等为铸铁件，挺杆、摇杆、曲拐、总轴、偏心轮等运动件为锻件，轴枕、汽缸软垫等为铜件，铸件用铁购自湖北或英国，钢为局中自炼，黄铜购自国外。

福州船政局在制造兵船和船用蒸汽机方面成绩显著。1869 年 6 月船政局造的第一艘 150

马力运输船"万年清"号下水。翌年 6 月，在外国技术人员主持下首次仿造成功往复式蒸汽机，该机为两汽缸，150 马力，安装在"安澜"号炮舰上。1876 年一位英国海军军官在描述船政局所造的 150 马力船用蒸汽机时，认为"它们的技艺与最后的细工可以和我们英国自己的机械厂的任何出品相媲美而无愧色"[①]。可见，船政局的蒸汽机制造工艺水平是比较高的。1875 年船政局前学堂学生吴德章、罗臻禄、游学诗、汪乔年等人设计出 50 马力木壳兵船，制造成功后取名"新艺"号。此后，中国人主持制造了一些性能尚佳的船舰。1876 年船政局开始仿制复式高压蒸汽机，该机为两汽缸，4 个大气压，750 马力，制成后装置在"超武"号铁胁船上。1883 年，留学归国的杨廉臣、李寿田、魏瀚监造的中国第一艘巡洋舰"开济"号下水。这艘船排水量 2200 吨，复式蒸汽机功率为 2400 马力，抗沉性好。1899 年 1 月造成的鱼雷快舰"建威"号功率达到 6500 马力，排水量 850 吨，时速 23 海里，船身、船机自造，为船政局所造的最快的兵船。另据《益闻录》记述，天津机器局于 1880 年试制成一艘式如橄榄的潜水艇，入水半浮水面，装有水标和吸气机，可从水下发射鱼雷，中秋节下水试航时行动灵活。

小轮船也是民营机器厂较早发展的产品。1876 年上海发昌机器厂在出售自制的小轮船。后来，可造小轮船的厂家逐渐增多，如上海的求新制造机器轮船厂、汉口的扬子机器厂、广州的陈联泰机器厂。有的厂能制造几百马力的轮船。例如，1906 年求新制造机器轮船厂就制造了 300 马力船用蒸汽机，每分钟 100 转。1908 年求新厂制成"新泰"号钢板客货快轮，长 16 英丈，载重 300 吨，搭客 300 余人，发动机为 320 马力蒸汽机，时速 11 英里。

1881 年在胥各庄修车厂，根据英国工程师金达（C. W. Kinder）绘制的设计图，一些来自广东等地的中国工人利用火锤、小型化铁炉和手摇机床等简陋设备，制造出中国第一台蒸汽机车"中国火箭"号（Rocket of China，也称"龙号"）。这台机车为 0—3—0 型，全长 5693 毫米，构造简单，锅炉为煤矿用起重机的旧锅炉，车架用矿场一号竖井的槽钢制成，蒸汽机汽缸用钢镗制，车轮用生铁铸成。1881 年 6 月 9 日这台机车上路行驶，牵引力约有 100 吨，可拉 12 吨煤车两辆。胥各庄修车厂迁到唐山后规模渐大，可装配制造中型机车，如 1903 年所造的 2—6—0 式机车。民营的求新制造机器轮船厂、扬子机器厂可造铁路客货车辆。

20 世纪初，民营机器厂开始仿制内燃机。1905 年左右广州均和安机器厂陈桃川从香港购得一台 8 马力煤气机，约在 1908 年，陈沛霖、陈拨廷利用部分外购件仿制成功单缸卧式低速 8 马力煤气机，其中曲轴、磁电机等零件和附件由香港购进。大约在 1909 年，求新制造机器轮船厂仿照一台从茂成洋行买来的煤气机，制成 8 马力煤气机。以上两台煤气机当是中国最早的内燃机产品。宣统二年（1910）求新厂又仿制成 25 马力火油发动机（Lampless Kerosene Oil Engine），每分钟 500 转，每小时耗煤油 10 斤，用于碾米、抽水、轧花等。

中国在航空机械方面起步较早，但多是在国外取得成就。例如，1907 年冯如（1883～1912）开始在美国设厂研制飞机，1909 年 9 月 22 日他驾第三架自己设计制造的飞机试飞成功；1910 年谭根在美国创制了性能先进的水上飞机。这些成果表明，在同等条件下发展新技术，中国人并不比任何一个民族差。国内也有航空方面的尝试。1894 年谢缵泰在国内设计制造铝壳飞艇，艇上装有发动机和螺旋桨，当年就试飞成功，可惜清政府不重视他的工

<hr>

①　中国史学会，洋务运动，第八册，上海人民出版社，1961 年，第 370 页。

作。清政府于1910年8月派留日归来的刘佐成、李宝焌在北京南苑建厂制造飞机，翌年6月制成第2号飞机，试飞时坠毁。

2．其他机械的仿制

1865年，丁日昌购买旗记铁厂创办江南制造局时，先逐渐仿制厂中制器之器。曾国藩记述道，"各委员详考图说"，"就原厂中洋器，以母生子，触类旁通，造成大小机器30余座，即用此器以铸炮"，"先铸实心，再用机器车刮旋挖，使炮之外光如镜，内滑如脂"。显然，这次所仿制的"制器之器"主要是机床，这当是中国第一次仿制机床。此后不久，容闳购买的机器到局。1867年以后制造局所造的机床和其他机器设备如（表10-2）所列，基本上用于本局扩充生产。

表 10-2 同治六年五月至光绪三十年（1867～1904）
江南制造局制造的机器设备

| 机器名称 | 数量（台） | 开始制造的时间 |
|---|---|---|
| 车　　床 | 138 | 至迟同治十二年（1873） |
| 刨　　床 | 47 | 同　　上 |
| 钻　　床 | 55 | 同　　上 |
| 锯　　床 | 9 | 同治十三年（1874） |
| 开齿轮机器 | 8 | 至迟同治十二年（1873） |
| 卷铁板机器 | 5 | 同　　上 |
| 卷炮弹机器 | 3 | 同　　上 |
| 汽　　锤 | 4 | 同　　上 |
| 大锤机器 | 3 | 同　　上 |
| 印锤机器 | 4 | 同　　上 |
| 砂　　轮 | 10 | 同　　上 |
| 磨石机器 | 16 | 同　　上 |
| 挖泥机器连运船 | 2 | 同　　上 |
| 绞螺丝机器 | 3 | 同治十三年（1874） |
| 剪刀冲眼机器 | 3 | 同　　上 |
| 翻砂机器 | 28 | 光绪元年（1875） |
| 造炮子泥心机器 | 3 | 同　　上 |
| 舂药引机器 | 5 | 光绪三年（1877） |
| 起重机器 | 84 | 同　　上 |
| 筛砂机器 | 5 | 光绪四年（1878） |
| 试铁力机器 | 2 | 同　　上 |
| 造枪准望机器 | 5 | 光绪五年（1879） |
| 剪铁机器 | 4 | 光绪七年（1881） |
| 轧　　机 | 5 | 同　　上 |
| 抽水机 | 77 | 光绪八年（1882） |
| 造皮带机器 | 4 | 光绪十一年（1885） |
| 压铅条机器 | 1 | 同　　上 |
| 汽炉汽机 | 32 | 同　　上 |
| 磨刀机器 | 2 | 光绪十二年（1886） |
| 汽　　炉 | 15 | 同　　上 |

| 机器名称 | 数量（台） | 开始制造的时间 |
|---|---|---|
| 磨枪头炮子机器 | 4 | 光绪十三年（1887） |
| 压模机器 | 3 | 同　　上 |
| 压铁机器 | 1 | 光绪十八年（1892） |
| 压钢机器 | 1 | 光绪十九年（1893） |
| 锯钢机器 | 1 | 同　　上 |
| 炼钢炉 | 9 | 光绪二十年（1894） |
| 水力压机 | 1 | 光绪二十一年（1895） |
| 装铜帽机器 | 4 | 同　　上 |
| 造铜引机器 | 1 | 光绪二十三年（1897） |
| 敲铁机器 | 2 | 同　　上 |
| 试煤机器 | 1 | 光绪二十八年（1902） |
| 发电机器 | 1 | |
| 压书机器 | 1 | |

　　其他机器局也有类似的仿制过程。1867 年天津机器局开办时曾制造车床、刨床、钻床、锯床等，装备自身。至迟在 1874 年福州船政局制造了单锻压力为 7 吨的汽锤，装备了它的锤铁厂。民营机器厂所造的机器，除部分用于扩充自身生产，大多数投放到市场中，但产量很低。

　　早在 1872 年以前，广州陈联泰号作坊曾仿制了一台木制的脚踏车床自用。1877 年上海发昌机器厂兼制车床。此后还有其他民营厂仿制车床。1910 年上海泰记机器厂仿制出钻床。1911 年以前，求新制造机器轮船厂制造了一种剪钢板及钢板冲眼机，它一端剪钢，一端冲眼，中间可剪三角钢。以上便是民营机器厂早期生产的几种机械加工设备。

　　1854 年起陈启沅到南洋经商，并"考求机器之学"。他在安南见到法国人办的缫丝工场，大受启发。1872 年他回到广东南海县筹办继昌隆缫丝厂。当时按他的设计，陈联泰号将一套旧轮船机器改制成缫丝机器，包括锅炉、蒸汽机、缫丝机，到 1873 年这项工作全部完成。从此缫丝机成了陈联泰号的产品之一。在甘肃，1877 年左宗棠手下的总兵赖长自制水轮机，将羊毛织成呢片。赖长还曾仿制抽水机和灭火机具。上海是中国早期机器制造业最发达的地方。1887～1890 年，上海永昌机器厂通过协作，仿制意大利式缫丝机。到 1895 年该厂已能仿制全套缫丝机。1887 年上海张万祥锡记铁工厂开始仿制日本式轧花机，锻件为手工打制，"墙脚"靠翻砂厂协作，皮辊向五金行及日本定制。到 1898 年上海皮鞋匠才用牛皮试制出皮辊。1896 年朱志尧设计出棉籽轧油机，制成后使用效果良好。1899 年上海泰培烟厂顾阿毛仿制美式钢皮带卷烟机 3 台，供该厂自用。1901 年上海协记机器厂仿制成日本式钢皮带卷烟机。1900 年，李涌昌厂仿制印刷机，曹兴昌机器厂仿制出平面对开印刷机。1910 年求新制造机器轮船厂出售该厂仿制的日本式铁木脚踏织布机、轧花机、剥花衣机、棉子剥壳机、花核轧机、水汽蒸饼机、榨油机、碾米机、铜元春饼机等。两年之后，上海家兴工厂制造出手摇袜机。1913 年左右上海万昌机器厂等开始制造冰棍机。上海以外地区较早仿制新式的农机具等。例如，1897 年张謇在江苏南通办厂，制造面粉机、榨油机、碾米机和纺织机具；1898 年直隶丰润县制造新式农机；汉阳周恒顺机器厂在 1905 年已能制造成套砖茶、榨油机械，1907 年前后生产出 15～30 马力抽水机和 60～80 马力卷扬机。

辛亥革命后，中国进入了一个新的历史时期，机械工业继续有所发展，但只是从 20 世纪 50 年代起，才逐步建成了自己的机械工程技术体系。

## 参 考 文 献

邓玉函，王徵．1627．远西奇器图说录最

刘仙洲．1962．中国机械工程发明史（第一编）．北京：科学出版社

清华大学图书馆科技史研究组．1985．中国科技史资料选编——农业机械．北京：清华大学出版社

王徵．1627．新制诸器图说

王徵（李之勤校点）．1987．王徵遗著．西安：陕西人民出版社

熊三拔，徐光启．1612．泰西水法

张柏春．1992．中国近代机械简史．北京：北京理工大学出版社

张柏春．1995．明末《泰西水法》所介绍的三种西方提水机械．农业考古，（3）

张柏春．1995．明清时期欧洲机械钟表技术的传入及有关问题．自然辩证法通讯，17（2）

张柏春．1995．十七世纪南怀仁在中国所做蒸汽动力试验之探讨．科学技术与辩证法，（4）

张柏春．1996．王徵《新制诸器图说》辨析．中国科技史料，17（2）

张柏春．1996．王徵与邓玉函《远西奇器图说录最》新探．自然辩证法通讯，18（1）

Joseph Needham．1965．Science and Civilisation in China．Volume 4．Part Ⅱ．Mechanical Engineering．Cambridge：Cambridge University Press．p. 211～225

# 结　　语

　　中国机械工程技术从远古时期的工具和简单机械到由木料、青铜、钢铁等材质制作的各种古代机械与装置，再于近代引入西方机械，进而从 20 世纪 50 年代起建立了自己的现代化的机械工程技术体系，经历了一个漫长而曲折的历程。

　　至迟在秦汉时期，中国机械工程技术已具有相当高的水平，成就至为辉煌，在一些方面曾处于世界领先地位。一直到宋元时期，仍涌现许多重要的创造发明，其中有些堪称现代机械工程技术的起源或雏形。中国的机械工程技术通过各种途径传到欧亚等地区，也为世界文明的进步作出了贡献。从明代中叶起，封建思想的束缚、专制统治的压迫、对民众的超经济掠夺，使古老的帝国失去活力、日益衰颓，机械工程技术也发展缓慢，逐渐落后于西方。

　　自清代以来，中国处于由传统社会向现代社会转化的大变革时期。百年沉沦，使中国人痛感愚昧、贫困对国计民生之扼窒与摧残；百年奋起，使中国人深切地懂得必须以理性的态度反思既往，正面现实，为自身争取美好的未来，俾能昂立于世界民族之林。在改革开放的历史新时期，中国又一次面临新的机遇和挑战。这就更需要依据确凿的史实，做踏实的研究，从历史的演变和比较分析中得到启示与借鉴，包括机械工程技术史这一侧面在内。同时，这也是现代人文建设所必备的基础性学术工作。

　　历史常有相似之处，例如，陈腐保守的思想曾阻碍近代机械的引进达半世纪之久；又如，官僚体制及陈规陋习曾严重干扰了先进技术的引进、消化、创新；举措失当的重复引进和急功近利的短期行为又对机械工程技术的现代化进程造成了危害与损失。凡此种种，都值得我们深思并认真予以总结和改进。

　　历史给人以智慧。以史为镜是中国史学的优良传统。这个传统在新的历史时期仍应大力提倡和发扬，这正是我们写作本书的主旨。尽管限于学识才力，现在呈献给读者的这本书主要是理清中国古代机械工程技术的基本发展线索，未能从史学上做更深层次的探讨。

　　应当说，就中国机械工程技术的内史来看，长期以来也存在着结构性缺陷。人们的工程技术活动，来自人们的技术观与技术思想。因而，技术观与技术思想的研究理应成为机械工程技术史研究的一个重要方面。和中国古代的科学观一样，中国古代的技术观也具有整体、有机的特质。天人合一、阴阳五行，生克、和异等哲学思想与对事物生息变化的理论诠释，无不对各种手工业技术的发生、衍变产生过重大的影响。从《易经》的"制器尚象""开物成务"、"天工人其代之"到《考工记》的天时、地气、材美、人巧合一学说再到宋应星以"天工开物"命名的巨著以及该书"财者，天生地宜，而人功运旋而出者也"，"金木受攻而物象曲成"、"盖人巧造成异物也"等论述，其间一脉相承的历史联系是明显可辨的。近年来，这一领域的研究已引起国内外学者的重视并做了一些有价值的探索，但仍只是开始；至于机械工程技术与社会发展相互关系的外史的研究则更接近空白，亟待弥补。这一研究现状也正是本书局限于内史陈述的缘由所在。

　　中国机械工程技术史的研究是有重要学术价值和现实意义的。这一学科现仍处于成形的阶段，有许多基础工作等待我们去做。本书的编撰只是大体反映了既有的研究成果，钩沉发微，推陈出新，犹期于来日。

# 索　引

# 后 记

机械工程技术史的现代研究在中国是肇自本世纪二三十年代。在艰难时世中，刘仙洲先生和王振铎先生为中国科学技术史的这一重要学科分支，做了开拓和奠基的工作。其后，李约瑟博士所著《中国科学技术史》物理卷第2分册，对中国古代机械工程技术成就作了较系统的论述，多有建树。本书是在前辈学者的研究基础上，汲取近些年来众多学者的学术成果，结合新发现的考古资料和文献考订、现场考察、模拟实验及综合性研讨所得编撰而成的。在编撰体裁上，试图从机械学和机械史研究的自身内涵与要求出发，做出相应的章节安排，以从纵向的时序和专业的分支对中国古代机械工程技术的历史发展给予较为完整的阐述。

本书的编撰构想始自90年代初，历时七年方有成，须感谢科技史界同仁的鼎力相助与各位作者的精诚合作。本书由陆敬严、华觉明负责筹划，钱小康、张柏春做了大量组织、协调工作。具体编撰分工为：绪论，第一章中国古代和近代机械工程发展概述，陆敬严；第二章工具和简单机械，钱小康；第三章机构，冯立升；第四章机械零件与制图，杨青，钱小康，陆敬严，刘克明；第五章材料、制作工艺与质量管理，何堂坤，杨青；第六章动力，张柏春；第七章整体机械，陆敬严，杨青；第八章农业机械，刘克明；第九章纺织机械，赵丰；第十章西方机械的传入，张柏春；结语，黄麟雏；索引，钱小康，华觉明，张柏春；全书统稿，陆敬严、钱小康，华觉明。

本书承机械工程界前辈、中国机械史学会理事长雷天觉院士给予指导，中国机械史学会副理事长郭可谦教授主审，科学出版社的姚平录和侯俊琳先生为本书编辑刊行做了大量工作，徐秋圆女士绘制了众多插图，作者在此谨表谢忱。

限于学识才力，本书必定有许多错失和不当之处，我们谨期待着读者的批评与指正。

中国科学技术史·机械卷编委会
1999年9月

# 总　　跋

　　凡是听到编著《中国科学技术史》计划的人士，都称道这是一个宏大的学术工程和文化工程。确实，要完成一部 30 卷本、2000 余万字的学术专著，不论是在科学史界，还是在科学界都是一件大事。经过同仁们 10 年的艰辛努力，现在这一宏大的工程终于完成，本书得以与大家见面了。此时此刻，我们在兴奋、激动之余，脑海中思绪万千，感到有很多话要说，又不知从何说起。

　　可以说，这一宏大的工程凝聚着几代人的关切和期望，经历过曲折的历程。早在 1956 年，中国自然科学史研究委员会曾专门召开会议，讨论有关的编写问题，但由于三年困难、"四清"、"文革"，这个计划尚未实施就夭折了。1975 年，邓小平同志主持国务院工作时，中国自然科学史研究室演变为自然科学史研究所，并恢复工作，这个打算又被提到议事日程，专门为此开会讨论。而年底的"反右倾翻案风"，又使设想落空。打倒"四人帮"后，自然科学史研究所再次提出编著《中国科学技术史丛书》的计划，被列入中国科学院哲学社会科学部的重点项目，作了一些安排和分工，也编写和出版了几部著作，如《中国科学技术史稿》、《中国天文学史》、《中国古代地理学史》、《中国古代生物学史》、《中国古代建筑技术史》、《中国古桥技术史》、《中国纺织科学技术史（古代部分）》等，但因没有统一的组织协调，《丛书》计划半途而废。1978 年，中国社会科学院成立，自然科学史研究所划归中国科学院，仍一如既往为实现这一工程而努力。80 年代初期，在《中国科学技术史稿》完成之后，自然科学史研究所科学技术通史研究室就曾制订编著断代体多卷本《中国科学技术史》的计划，并被列入中国科学院重点课题，但由于种种原因而未能实施。1987 年，科学技术通史研究室又一次提出了编著系列性《中国科学技术史丛书》（现定名《中国科学技术史》）的设想和计划。经广泛征询，反复论证，多方协商，周详筹备，1991 年终于在中国科学院、院基础局、院计划局、院出版委领导的支持下，列为中国科学院重点项目，落实了经费，使这一工程得以全面实施。我们的老院长、副委员长卢嘉锡慨然出任本书总主编，自始至终关心这一工程的实施。

　　我们不会忘记，这一工程在筹备和实施过程中，一直得到科学界和科学史界前辈们的鼓励和支持。他们在百忙之中，或致书，或出席论证会，或出任顾问，提出了许多宝贵的意见和建议。特别是他们关心科学事业，热爱科学事业的精神，更是一种无形的力量，激励着我们克服重重困难，为完成肩负的重任而奋斗。

　　我们不会忘记，作为这一工程的发起和组织单位的自然科学史研究所，历届领导都予以高度重视和大力支持。他们把这一工程作为研究所的第一大事，在人力、物力、时间等方面都给予必要的保证，对实施过程进行督促，帮助解决所遇到的问题。所图书馆、办公室、科研处、行政处以及全所的同仁，也都给予热情的支持和帮助。

　　这样一个宏大的工程，单靠一个单位的力量是不可能完成的。在实施过程中，我们得到了北京大学、中国人民解放军军事科学院、中国科学院上海硅酸盐研究所、中国水利水电科学研究院、铁道部大桥管理局、北京科技大学、复旦大学、东南大学、大连海事大学、武汉交通科技大学、中国社会科学院考古研究所、温州大学等单位的大力支持，他们为本单位参加编撰人员提供了种种方便,保证了编著任务的完成。

为了保证这一宏大工程得以顺利进行,中国科学院基础局还指派了李满园、刘佩华二位同志,与自然科学史研究所领导(陈美东、王渝生先后参加)及科研处负责人(周嘉华参加)组成协调小组,负责协调、监督工作。他们花了大量心血,提出了很多建议和意见,协助解决了不少困难,为本工程的完成做出了重要贡献。

在本工程进行的关键时刻,我们遇到经费方面的严重困难。对此,国家自然科学基金委员会给予了大力资助,促成了本工程的顺利完成。

要完成这样一个宏大的工程,离不开出版社的通力合作。科学出版社在克服经费困难的同时,组织精干的专门编辑班子,以最好的纸张,最好的质量出版本书。编辑们不辞辛劳,对书稿进行认真地编辑加工,并提出了很多很好的修改意见。因此,本书能够以高水平的编辑,高质量的印刷,精美的装帧,奉献给读者。

我们还要提到的是,这一宏大工程,从设想的提出,意见的征询,可行性的论证,规划的制订,组织分工,到规划的实施,中国科学院自然科学史研究所科技通史研究室的全体同仁,特别是杜石然先生,做了大量的工作,作出了巨大的贡献。参加本书编撰和组织工作的全体人员,在长达10年的时间内,同心协力,兢兢业业,无私奉献,付出了大量的心血和精力。他们的敬业精神和道德学风,是值得赞扬和敬佩的。

在此,我们谨对关心、支持、参与本书编撰的人士表示衷心的感谢,对已离我们而去的顾问和编写人员表达我们深切的哀思。

要将本书编写成一部高水平的学术著作,是参与编撰人员的共识,为此还形成了共同的质量要求:

1. 学术性。要求有史有论,史论结合,同时把本学科的内史和外史结合起来。通过史论结合,内外史结合,尽可能地总结中国科学技术发展的经验和教训,尽可能把中国有关的科技成就和科技事件,放在世界范围内进行考察,通过中外对比,阐明中国历史上科学技术在世界上的地位和作用。整部著作都要求言之有据,言之成理,经得起时间的考验。

2. 可读性。要求尽量地做到深入浅出,力争文字生动流畅。

3. 总结性。要求容纳古今中外的研究成果,特别是吸收国内外最新的研究成果,以及最新的考古文物发现,使本书充分地反映国内外现有的研究水平,对近百年来有关中国科学技术史的研究作一次总结。

4. 准确性。要求所征引的史料和史实准确有据,所得的结论真实可信。

5. 系统性。要求每卷既有自己的系统,整部著作又形成一个统一的系统。

在编写过程中,大家都是朝着这一方向努力的。当然,要圆满地完成这些要求,难度很大,在目前的条件下也难以完全做到。至于做得如何,那只有请广大读者来评定了。编写这样一部大型著作,缺陷和错讹在所难免,我们殷切地期待着各界人士能够给予批评指正,并提出宝贵意见。

《中国科学技术史》编委会

1997 年 7 月